U0422234

普通高等教育“十一五”国家级规划教材
教育部普通高等教育精品教材
中央网信办暨教育部评选的**国家网络安全优秀教材奖**

教育部高等学校信息安全专业教学指导委员会
中国计算机学会教育专业委员会 共同指导

网络空间安全重点规划丛书

网络安全
——技术与实践（第3版）

刘建伟 王育民 编著

清华大学出版社
北京

内容简介

全书共分3篇15章。第1篇为网络安全基础，共3章，主要讨论网络安全的基础知识；第2篇为密码学基础，共5章，详细讨论各种密码算法和技术，特别深入地介绍我国已公布的标准密码算法；第3篇为网络安全技术与应用，共7章，深入介绍网络实践中常用的一些网络安全技术及产品。

本书内容丰富，概念清楚，语言精练。在网络安全基本知识和密码学理论的阐述上，力求深入浅出，通俗易懂；在网络安全技术与产品的讲解上，力求理论联系实际，面向具体应用。本书在每章的后面提供了思考题和练习题，以便于读者巩固所学的知识点；在书末也提供了大量的参考文献，便于有兴趣的读者继续深入学习有关内容。

本书可作为信息安全、信息对抗技术、密码学等专业的本科生教材，也可以用作网络空间安全一级学科的研究生教材。对于广大网络安全工程师、网络管理员和IT从业人员来说，本书也是很好的参考书和培训教材。

图书在版编目（CIP）数据

网络安全：技术与实践/刘建伟，王育民编著. —3版. —北京：清华大学出版社，2017（2024.8重印）
（网络空间安全重点规划丛书）
ISBN 978-7-302-46758-8

Ⅰ. ①网… Ⅱ. ①刘… ②王… Ⅲ. ①计算机网络–网络安全–研究 Ⅳ. ①TP393.08

中国版本图书馆CIP数据核字（2017）第042441号

责任编辑：张　民
封面设计：常雪影
责任校对：白　蕾
责任印制：丛怀宇

出版发行：清华大学出版社
网　　址：https://www.tup.com.cn，https://www.wqxuetang.com
地　　址：北京清华大学学研大厦A座　　邮　　编：100084
社 总 机：010-83470000　　邮　　购：010-62786544
投稿与读者服务：010-62776969，c-service@tup.tsinghua.edu.cn
质 量 反 馈：010-62772015，zhiliang@tup.tsinghua.edu.cn
课 件 下 载：https://www.tup.com.cn,010-83470236

印 装 者：三河市人民印务有限公司
经　　销：全国新华书店
开　　本：185mm×260mm　　印　　张：30.25　　字　　数：696千字
版　　次：2005年6月第1版　　2017年5月第3版　　印　　次：2024年8月第15次印刷
定　　价：66.00元

产品编号：070984-03

前言

为了加强网络空间安全专业人才的培养，教育部已正式批准在 29 所大学设立网络空间安全一级学科博士点，全国已有 128 所高校相继设立了信息安全或信息对抗本科专业。为了提高网络空间安全人才培养质量，急需编写出版一批高水平的网络空间安全优秀教材。

作者作为教育部高等学校信息安全专业教学指导委员会委员和中国密码学会理事，参与编写了教育部高等学校信息安全专业教学指导委员会编制的《高等学校信息安全专业指导性专业规范》。在本书的编写过程中，力求使本教材的知识体系和知识点符合《高等学校信息安全专业指导性专业规范》的要求，并加入了对国产密码算法的阐述。

全书共分 3 篇 15 章。第 1 篇为网络安全基础，共 3 章，主要介绍网络安全的基本概念、计算机网络的基础知识，以及 TCP/IP 协议族的安全性。第 2 篇为密码学基础，共 5 章，主要介绍密码学中的各种密码算法和协议。第 3 篇为网络安全技术与应用，共 7 章，主要介绍 PKI/CA、密钥管理、无线网络安全，以及防火墙、VPN、IDS 和身份认证等网络安全技术与应用。

本书主要有以下特色：

（1）基本概念清晰，表述深入浅出。在基本概念的阐述上，力求准确而精练；在语言的运用上，力求顺畅而自然。作者尽量避免使用晦涩难懂的语言描述深奥的理论和技术知识，而是借助大量的图表进行阐述。

（2）内容全面，涵盖密码学和网络安全技术。本书既介绍了现代密码学的知识，又阐述了网络安全的理论与技术，特别适合于将密码学和网络安全合并为一门课进行授课的高校。

（3）理论与实践相结合。针对某些网络安全技术和产品，本书给出相应的网络安全解决方案，从而使读者能够深入而全面地了解网络安全技术的具体应用，以提高读者独立分析问题和解决问题的能力。

（4）每章后面都附有精心斟酌和编排的思考题。通过深入分析和讨论思考题中所列问题，读者可加强对每章所学基本概念和理论的理解，从而进一步巩固所学的知识。

（5）本书详细列出了大量的参考文献。这些参考文献为网络空间安全学科的研究生和密码学、信息安全、信息对抗技术等专业的本科生，以及其他网络安全技术人员提供了深入研究相关专题的途径和资料。

本书可作为密码学、信息安全和信息对抗技术等专业的本科生教材和网络空间安全学科的研究生教材，也可以作为网络安全工程师的参考书和培训教材。

本书由刘建伟、王育民编著，并对全书进行了审校。第1章由刘建伟编著，第2章由杜瑞颖编著，第3章由杜瑞颖和刘建伟编著，第11～14章由刘建伟编著，第4～10章和第15章由王育民和刘建伟编著。

感谢伍前红教授、尚涛副教授、毛剑老师、关振宇老师、修春娣老师、张宗洋老师给予的支持与帮助。感谢陈杰、刘巍然、毛可飞、周星光、王蒙蒙、何双羽、程东旭、刘哲、李大伟、程昊苏、钟林、王朝、姜勇、周林志等博士研究生，以及宋晨光、苏航、冯伯昂、周修文、陶芮、夏丹枫、樊一康、齐婵、刘懿中、王培人、马寒军、雷奇、李珂、崔键、史福田、杜岗、王沁、梁智等硕士研究生在书稿的整理过程中给予作者的大力支持与帮助。

由于作者水平所限，书中难免会存在错误和不妥之处。敬请广大读者朋友批评指正。

作　者
于北京

目　录

第 1 篇　网络安全基础

第 2 篇 密码学基础

第3篇　网络安全技术与应用

第 1 篇

网络安全基础

第1章 引　言

在计算机发明之前，人们主要靠物理手段（如保险柜）和行政手段（如制定相应的规章制度）来保证重要信息的安全。在第二次世界大战期间，人们发明了各种机械密码机，以保证军事通信的安全。虽然这些机械密码机在今天看来其安全性非常有限，但它们在第二次世界大战中战功卓著，其设计的精巧令人惊叹。第二次世界大战期间使用的各种机械密码机如图1-1所示。

图1-1　第二次世界大战期间使用的各种机械密码机

自1946年2月14日世界上第一台计算机ENIAC在美国宾夕法尼亚大学诞生以来，人们对信息安全的需求经历了两次重大的变革。计算机的发明给信息安全带来了第一次变革。计算机用户的许多重要文件和信息均存储于计算机中，因此对这些文件和信息的安全保护成为一个重要的研究课题。人们迫切需要自动的加密工具对这些重要文件和机密数据进行加密，同时需要对这些文件设置访问控制权限，还需要保证数据免遭非法篡改。这一切均属于计算机安全的研究范畴。

计算机网络及分布式系统的出现给信息安全带来了第二次变革。人们通过各种通信网络进行数据的传输、交换、存储、共享和分布式计算。网络的出现给人们的工作和生活带来了极大的便利，但同时也带来了极大的安全风险。在信息传输和交换时，需要对通信信道上传输的机密数据进行加密；在数据存储和共享时，需要对数据库进行安全的访问控制和对访问者授权；在进行多方计算时，需要保证各方机密信息不被泄漏。这些均属于网络安全的范畴。

实际上，上述两种形式的安全并没有明确的界限。目前，几乎所有的计算机均与

Internet 相连，计算机主机的安全会直接影响网络安全，网络安全也会直接导致计算机主机的安全问题。例如，对信息系统最常见的攻击就是计算机病毒，它可能最先感染计算机的磁盘和其他存储介质，然后加载到计算机系统上，并通过 Internet 传播。

本书主要讨论网络安全，涉及内容非常广泛，既包括计算机网络安全的问题，又包括通信网安全的问题。为了便于读者对本书所讨论的内容有比较感性的认识，下面先举几个与网络安全有关的例子。

（1）用户 Alice 向用户 Bob 传送一个包含敏感信息（如工资单）的文件。出于安全考虑，Alice 将该文件加密。恶意的窃听者 Eve 可以利用数据嗅探软件在网络上截获该加密文件，并千方百计地对其解密以求获得该敏感信息。

（2）网络管理员 Alice 向计算机 Bob 发送一条消息，命令计算机 Bob 更新权限控制文件以允许新用户可以访问计算机。攻击者 Eve 截获并修改该消息，并冒充管理员向计算机 Bob 发出修改访问权限的命令，而 Bob 误以为是管理员发来的消息并按照 Eve 的命令更新权限文件。

（3）在网上进行电子交易时，客户 Alice 会将订单发给商家 Bob。Bob 接到订单后，会与客户的开户行联系，以确认客户的账户存在并有足够的支付能力。此后，商家将确认信息发给客户，并自动将货款划拨到商家的账户上。如果 Bob 是不法商家，他在收到货款后，会拒绝给客户发货，或者抵赖，否认客户曾经下过订单。

（4）用户 Alice 购买了一部移动电话，在使用网络服务之前，她必须通过注册获得一个 SIM 卡或 UIM 卡。当她打开手机时，网络会对 Alice 的身份进行认证。如果 Alice 是一个不法用户，她可以使用盗取的 SIM/UIM 卡免费使用网络提供的服务；当然，如果基站是假冒的，它也会获取 Alice 的一些秘密个人信息。

虽然以上例子无法涵盖网络中存在的所有安全风险，但是这些例子使我们对网络安全的重要性有了初步的了解。

一般来说，信息安全有以下 4 个基本目标：

（1）**保密性**（confidentiality）。即确保信息不被泄漏或呈现给非授权的人。

（2）**完整性**（integrity）。即确保数据的一致性；特别要防止非授权地生成、修改或毁坏数据。

（3）**可用性**（availability）。即确保合法用户不会无缘无故地被拒绝访问信息或资源。

在今天的网络环境下，还有一个基本的目标是不能被忽视的，它就是合法使用。

（4）**合法使用**（Legitimate Use）。确保资源不被非授权的人或以非授权的方式使用。

为了支持这些基本的安全目标，网络管理员需要有一个非常明确的安全策略，并且需要实施一系列的安全措施来确保安全策略所描述的安全目标能够得以实现。本书描述的两大类分别属于通信安全和计算机安全的范畴。通信安全是对通信过程中所传输的信息施加保护；计算机安全则是对计算机系统中的信息施加保护，它包含操作系统安全和数据库安全两个子类。此外，还有一类属于网络安全的范畴，它包括网络边界安全、Web 安全及电子邮件安全等内容。通信安全、计算机安全和网络安全措施需要与其他类型的安全措施，诸如物理安全和人员安全措施配合使用，才能更有效地发挥作用。本章主要介绍如下一些基本的概念：

- 网络安全需求。
- 安全威胁与防护措施。
- 网络安全策略。
- 安全攻击的分类。
- 网络攻击的常见形式。
- 网络安全服务。
- 网络安全机制。
- 网络安全的一般模型。

在后面的章节中，将详细讨论网络安全实践中常用的理论和技术，并结合一些具体的网络应用，介绍一些网络安全产品和网络安全解决方案。

1.1 对网络安全的需求

在人们的日常生活及赖以生存的这个世界中，信息、信息资产及信息产品已经变得至关重要。加强网络安全的必要性可以从具体发生的安全事件中得到证明。公开报道的安全事件实际上只占很小的比例，事实上，人们不愿对所发生的安全事件进行宣扬，其原因有很多。在政府部门中，泄漏有关安全漏洞及系统脆弱性信息是受到严格控制的，与安全有关的信息也是严格保密的，因为一旦公布了这些信息，敌手就会利用这些信息来攻击其他类似的系统，从而给这些系统带来潜在的威胁。在商业市场中，人们不愿公开与安全有关的信息也是出于自身利益的考虑。例如，银行及其他金融机构都不愿公开承认他们的系统存在安全问题，因为公开其安全问题会使用户对银行在保护其财产方面的能力产生怀疑，从而将他们的资金或资产转移到其他金融机构或银行。造成这种对安全信息进行封锁的状况还受到来自法律和潜在损失等因素的影响。例如，若某个公司保存有许多用户的信息，公司要对这些信息的任何非授权泄漏承担法律责任。因此，一旦计算机系统受到入侵造成所保护信息泄漏，该公司不会公开承认信息的丢失。虽然政府部门和商业部门对本部门发生的安全事件的报道有着极其严格的限制，但是由于网络的广泛使用，要对发生安全事件的信息进行全面的保护与限制是不可能的。

1.1.1 网络安全发展态势

在今天的计算机技术产业中，网络安全是急需解决的最重要的问题之一。由美国律师联合会（American Bar Association）所做的一项与安全有关的调查发现，有40%的被调查者承认在他们的机构内曾经发生过计算机犯罪事件。在过去的几年里，Internet继续快速发展，Internet用户数量急剧攀升。随着网络基础设施的建设和Internet用户的激增，网络与信息安全问题越来越严重，因黑客事件而造成的损失也越来越巨大。

第一，计算机病毒层出不穷，肆虐全球，并且逐渐呈现新的传播态势和特点。其主要表现是传播速度快，与黑客技术结合在一起而形成的“混种病毒”和“变异病毒”越来越多。病毒能够自我复制，主动攻击与主动感染能力增强。当前，全球计算机病毒已达8万多种，每天要产生5～10种新病毒。

第二，黑客对全球网络的恶意攻击势头逐年攀升。近年来，网络攻击还呈现出黑客技术与病毒传播相结合的趋势。2001年以来，计算机病毒的大规模传播与破坏都同黑客技术的发展有关，二者的结合使病毒的传染力与破坏性倍增。这意味着网络安全遇到了新的挑战，即集病毒、木马、蠕虫和网络攻击为一体的威胁，可能造成快速、大规模的感染，造成主机或服务器瘫痪，数据信息丢失，损失不可估量。在网络和无线电通信普及的情况下，尤其是在计算机网络与无线通信融合、国家信息基础设施网络化的情况下，黑客加病毒的攻击很可能构成对网络生存与运行的致命威胁。如果黑客对国家信息基础设施中的任何一处目标发起攻击，都可能导致巨大的经济损失。

第三，由于技术和设计上的不完备，导致系统存在缺陷或安全漏洞。这些漏洞或缺陷主要存在于计算机操作系统与网络软件之中。例如，微软的Windows XP操作系统中含有数项严重的安全漏洞，黑客可以透过此漏洞实施网络窃取、销毁用户资料或擅自安装软件，乃至控制用户的整个计算机系统。正是因为计算机操作系统与网络软件难以完全克服这些漏洞和缺陷，使得病毒和黑客有了可乘之机。由于操作系统和应用软件所采用的技术越来越先进和复杂，因此带来的安全问题就越来越多。同时，由于黑客工具随手可得，使得网络安全问题越来越严重。所谓“网络是安全的”说法只是相对的，根本无法达到“绝对安全”的状态。

第四，世界各国军方都在加紧进行信息战的研究。近几年来，黑客技术已经不再局限于修改网页、删除数据等惯用的伎俩，而是堂而皇之地登上了信息战的舞台，成为信息作战的一种手段。信息战的威力之大，在某种程度上不亚于核武器。在海湾战争、科索沃战争及巴以战争中，信息战发挥了巨大的威力。

今天，“制信息权”已经成为衡量一个国家实力的重要标志之一。信息空间上的信息大战正在悄悄而积极地酝酿，小规模的信息战一直不断出现、发展和扩大。信息战是信息化社会发展的必然产物。在信息战场上能否取得控制权，是赢得政治、外交、军事和经济斗争胜利的先决条件。信息安全问题已成为影响社会稳定和国家安危的战略性问题。

1.1.2 敏感信息对安全的需求

与传统的邮政业务和有纸办公不同，现代的信息传递、存储与交换是通过电子和光子完成的。现代通信系统可以让人类实现面对面的电视会议或电话通信。然而，流过信息系统的信息有可能十分敏感，因为它们可能涉及产权信息、政府或企业的机密信息，或者与企业之间的竞争密切相关。目前，许多机构已经明确规定，对网络上传输的所有信息必须进行加密保护。从这个意义上讲，必须对数据保护、安全标准与策略的制定、安全措施的实际应用等各方面工作进行全面的规划和部署。

根据多级安全模型，通常将信息的密级由低到高划分为秘密级、机密级和绝密级，以确保每一密级的信息仅能让那些具有高于或等于该权限的人使用。所谓机密信息和绝密信息，是指国家政府对军事、经济、外交等领域严加控制的一类信息。军事机构和国家政府部门应特别重视对信息施加严格的保护，特别应对那些机密和绝密信息施加严格的保护措施。对于那些被认为敏感但非机密的信息，也需要通过法律手段和技术手段加以保护，以防止信息泄漏或被恶意修改。事实上，一些政府部门的信息是非机密的，但它们通常属于敏感信息。一旦泄漏这些信息，有可能对社会的稳定造成危害。因此，不能通过未加保护的通信媒介传送此类信息，而应该在发送前或发送过程中对此类信息进行加密保护。当然，这些保护措施的实施是要付出代价的。除此之外，在系统的方案设计、系统管理和系统的维护方面还需要花费额外的时间和精力。近年来，一些采用极强防护措施的部门也面临着越来越严重的安全威胁。今天的信息系统不再是一个孤立的系统，通信网络已经将无数个独立的系统连接在一起。在这种情况下，网络安全也呈现出许多新的形式和特点。

1.1.3 网络应用对安全的需求

Internet 从诞生到现在只有短短几十年的时间，但其爆炸式的技术发展速度远远超过人类历史上任何一次技术革命。然而，从长远发展趋势来看，现在的 Internet 还处于发展的初级阶段，Internet 技术存在着巨大的发展空间和潜力。

随着网络技术的发展，网络视频会议、远程教育等各种新型网络多媒体应用不断出现，传统的网络体系结构越来越显示出局限性。1996 年，美国政府制定了下一代 Internet（Next Generation Internet，NGI）计划，与目前使用的 Internet 相比，它的传输速度将更快、规模更大，而且更安全。

1.2 安全威胁与防护措施

1.2.1 基本概念

所谓**安全威胁**，是指某个人、物、事件或概念对某一资源的保密性、完整性、可用性或合法使用所造成的危险。攻击就是某个安全威胁的具体实施。

所谓**防护措施**，是指保护资源免受威胁的一些物理的控制、机制、策略和过程。脆弱性是指在实施防护措施中或缺少防护措施时系统所具有的弱点。

所谓**风险**，是对某个已知的、可能引发某种成功攻击的脆弱性的代价的测度。当某个脆弱的资源的价值越高且成功攻击的概率越大时，风险就越高；反之，当某个脆弱资源的价值越低且成功攻击的概率越小时，风险就越低。风险分析能够提供定量的方法，以确定是否应保证在防护措施方面的资金投入。

安全威胁有时可以分为故意（如黑客渗透）和偶然（如信息被发往错误的地方）两类。故意的威胁又可以进一步分为被动攻击和主动攻击。被动攻击只对信息进行监听（如搭线窃听），而不对其进行修改。主动攻击却对信息进行故意的修改（如改动某次金融会话过程中货币的数量）。总之，被动攻击比主动攻击更容易以更少的花费付诸实施。

目前尚没有统一的方法来对各种威胁加以区别和进行分类，也难以理清各种威胁之间的相互关系。不同威胁的存在及其严重性随着环境的变化而变化。然而，为了解释网络安全服务的作用，我们将现代计算机网络及通信过程中常遇到的一些威胁汇编成图表，如图 1-2 和表 1-1 所示。下面分 3 个阶段对威胁进行分析：①基本的威胁；②主要可实现威胁；③潜在威胁及分类。

1.2.2 安全威胁的来源

1. 基本威胁

下面 4 种基本安全威胁直接反映本章开篇时所划分的 4 个安全目标：

（1）**信息泄漏**：信息被泄漏或透露给某个非授权的人或实体。这种威胁来自诸如窃听、搭线或其他更加错综复杂的信息探测攻击。

（2）**完整性破坏**：数据的一致性通过非授权的增删、修改或破坏而受到损坏。

（3）**拒绝服务**：对信息或资源的访问被无条件地阻止。这可能由以下攻击所致：攻击者通过对系统进行非法的、根本无法成功的访问尝试使系统产生过量的负荷，从而导致系统的资源在合法用户看来是不可使用的。拒绝服务也可能是因为系统在物理上或逻辑上受到破坏而中断服务。

（4）**非法使用**：某一资源被某个非授权的人或以某种非授权的方式使用。例如，侵入某个计算机系统的攻击者会利用此系统作为盗用电信服务的基点，或者作为侵入其他系统的“桥头堡”。

2. 主要的可实现威胁

在安全威胁中，主要的可实现威胁应该引起高度关注，因为这类威胁一旦成功实施，就会直接导致其他任何威胁的实施。主要的可实现威胁包括渗入威胁和植入威胁。

主要的渗入威胁有如下几种：

（1）**假冒**。某个实体（人或系统）假装成另外一个不同的实体。这是突破某一安全防线最常用的方法。这个非授权的实体提示某个防线的守卫者，使其相信它是一个合法实体，此后便攫取了此合法用户的权利和特权。黑客大多采取这种假冒攻击方式来实施攻击。

（2）**旁路控制**。为了获得非授权的权利和特权，某个攻击者会发掘系统的缺陷和安全漏洞。例如，攻击者通过各种手段发现原本应保密但又暴露出来的一些系统“特征”。攻击者可以绕过防线守卫者侵入系统内部。

（3）**授权侵犯**。一个授权以特定目的使用某个系统或资源的人，却将其权限用于其他非授权的目的。这种攻击的发起者往往属于系统内的某个合法的用户，因此这种攻击又称为“内部攻击”。

主要的植入类型的威胁有如下几种：

（1）**特洛伊木马**（Trojan Horse）。软件中含有一个不易觉察的或无害的程序段，当被执行时，它会破坏用户的安全性。例如，一个表面上具有合法目的的应用程序软件，如文本编辑软件，它还具有一个暗藏的目的，就是将用户的文件复制到一个隐藏的秘密文件中，这种应用程序就称为特洛伊木马。此后，植入特洛伊木马的那个攻击者就可以阅读到该用户的文件。

（2）**陷门**（Trapdoor）。在某个系统或其部件中设置“机关”，使在提供特定的输入数据时，允许违反安全策略。例如，如果在一个用户登录子系统上设有陷门，当攻击者输入一个特别的用户身份号时，就可以绕过通常的口令检测。

3. 潜在威胁

在某个特定的环境中，如果对任何一种基本威胁或主要的可实现的威胁进行分析，就能够发现某些特定的潜在威胁，而任意一种潜在的威胁都可能导致一些更基本的威胁发生。例如，在对信息泄漏这种基本威胁进行分析时，有可能找出以下几种潜在的威胁：

（1）窃听（Eavesdropping）。

（2）流量分析（Traffic Analysis）。

（3）操作人员的不慎所导致的信息泄漏。

（4）媒体废弃物所导致的信息泄漏。

图 1-2 列出了一些典型的威胁及它们之间的相互关系。注意，图中的路径可以交错。例如，假冒攻击可以成为所有基本威胁的基础，同时假冒攻击本身也存在信息泄漏的潜在威胁。信息泄漏可能暴露某个口令，而用此口令攻击者也可以实施假冒攻击。表 1-1 列出了各种威胁之间的差异，并分别进行了描述。

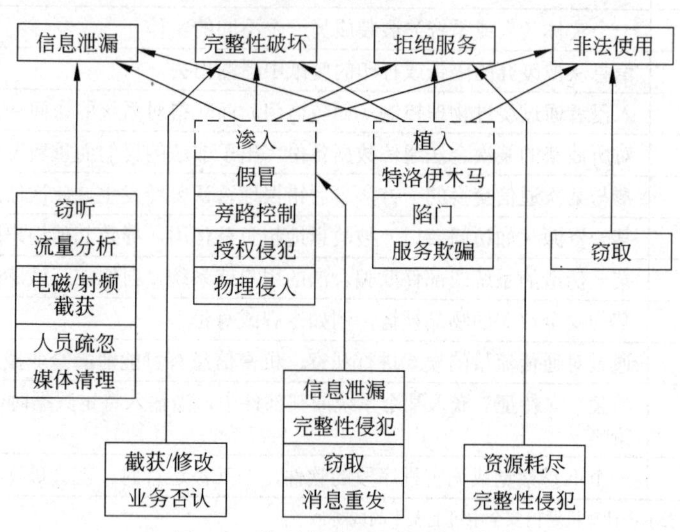

图 1-2　典型的威胁及其相互关系

对 3000 种以上的计算机误用案例所做的一次抽样调查显示，最主要的几种安全威胁如下（按照出现频率由高至低排列）：

（1）授权侵犯。

（2）假冒攻击。

（3）旁路控制。

（4）特洛伊木马或陷门。

（5）媒体废弃物。

在 Internet 中，网络蠕虫（Internet Worm）就是将旁路控制与假冒攻击结合起来的一种威胁。旁路控制就是利用已知的 UNIX，Windows 和 Linux 等操作系统的安全缺陷，避开系统的访问控制措施，进入到系统内部。而假冒攻击则通过破译或窃取用户口令，冒充合法用户使用网络服务和资源。

表 1-1　典型的网络安全威胁

威　胁	描　述
授权侵犯	一个被授权以特定目的使用系统的人，却将此系统用于其他非授权的目的
旁路控制	攻击者发掘系统的安全缺陷或安全脆弱性，以绕过访问控制措施
拒绝服务*	对信息或其他资源的合法访问被无条件地拒绝
窃听攻击	信息从被监视的通信过程中泄漏出去
电磁/射频截获	信息从电子或机电设备所发出的无线频率或其他电磁场辐射中被提取出来
非法使用	资源被某个非授权的人或以非授权的方式使用
人员疏忽	一个被授权的人为了金钱等利益或由于粗心，将信息泄漏给非授权的人
信息泄漏	信息被泄漏或暴露给某个非授权的人
完整性侵犯*	数据的一致性由于非授权的增删、修改或破坏而受到损害
截获/修改*	某一通信数据在传输过程中被改变、删除或替换
假冒攻击*	一个实体（人或系统）假装成另一个不同的实体
媒体废弃物	信息从被废弃的磁带或打印的废纸中泄漏出去
物理入侵	入侵者通过绕过物理控制（如防盗门）而获得对系统的访问
消息重发*	对所截获的某次合法通信数据备份，出于非法的目的而重新发送该数据
业务否认*	参与某次通信交换的一方，事后错误地否认曾经发生过此次信息交换
资源耗尽	某一资源（如访问接口）被故意地超负荷使用，导致其他用户服务中断
服务欺骗	某一伪造的系统或部件欺骗合法的用户或系统，自愿放弃敏感的信息
窃取	某一安全攸关的物品被盗，例如令牌或身份卡
流量分析*	通过对通信流量的模式进行观察，机密信息有可能泄漏给非授权的实体
陷门	将某一“特征”嵌入某个系统或其部件中，当输入特定数据时，允许违反安全策略
特洛伊木马	一个不易察觉或无害程序段的软件，当其被运行时，就会破坏用户的安全性

说明：带*的威胁表示在计算机通信安全中可能发生的威胁。

1.2.3　安全防护措施

在安全领域中，存在多种类型的防护措施。除了采用密码技术的防护措施外，还有其他类型的安全防护措施：

（1）**物理安全**。包括门锁或其他物理访问控制措施、敏感设备的防篡改和环境控制等。

（2）**人员安全**。包括对工作岗位敏感性的划分、雇员的筛选，同时也包括对人员的安全性培训，以增强其安全意识。

（3）**管理安全**。包括对进口软件和硬件设备的控制，负责调查安全泄漏事件，对犯罪分子进行审计跟踪，并追查安全责任。

（4）**媒体安全**。包括对受保护的信息进行存储，控制敏感信息的记录、再生和销毁，确保废弃的纸张或含有敏感信息的磁性介质被安全销毁。同时，对所用媒体进行扫描，以便发现病毒。

（5）**辐射安全**。对射频（RF）及其他电磁（EM）辐射进行控制（又称 TEMPEST 保护）。

（6）**生命周期控制**。包括对可信系统进行系统设计、工程实施、安全评估及提供担保，并对程序的设计标准和日志记录进行控制。

一个安全系统的强度与其最弱链路的强度相同。为了提供有效的安全性，需要将不同种类的威胁对抗措施联合起来使用。例如，当用户将口令遗忘在某个不安全的地方或受到欺骗而将口令暴露给某个未知的电话用户时，即使技术上是完备的，用于对付假冒攻击的口令系统也将无效。

防护措施可用来对付大多数安全威胁，但是采用每种防护措施均要付出代价。网络用户需要认真考虑这样一个问题：为了防止某个攻击所付出的代价是否值得。例如，在商业网络中，一般不考虑对付电磁（EM）或射频（RF）泄漏，因为它们对商用环境来说风险很小，而且其防护措施又十分昂贵。但在机密环境中，我们会得出不同的结论。对于某一特定的网络环境，究竟采用什么安全防护措施，这种决策属于风险管理的范畴。目前，人们已经开发出各种定性和定量的风险管理工具。如果要进一步了解有关的信息，请参看有关文献。

在本书中，主要讨论与通信网络有关的安全问题。网络安全事实上可以更广泛地定义为“通信安全”，加密仅仅是通信安全的一个方面。其实网络安全涉及了非常宽广的技术领域，而这些技术的广泛应用直到今天才成为可能。考虑到在现实中存在着各种强有力的密码分析方法，人们不得不考虑采用复杂防护措施需要付出的各种代价。

1.3　网络安全策略

所谓**安全策略**，是指在某个安全域内，施加给所有与安全相关活动的一套规则。所谓安全域，通常是指属于某个组织机构的一系列处理进程和通信资源。这些规则由该安全域中所设立的安全权威机构制定，并由安全控制机构来描述、实施或实现。

安全策略是一个很宽泛的概念，这一术语以许多不同的方式用于各种文献和标准。一些有关的分析表明，安全策略有几个不同的等级。

（1）**安全策略目标**：是一个机构对于所保护的资源要达到的安全目标而进行的描述。

（2）**机构安全策略**：是一套法律、规则及实际操作方法，用于规范一个机构如何管理、保护和分配资源，以便达到安全策略所规定的安全目标。

（3）**系统安全策略**：描述如何将一个特定的信息系统付诸工程实现，以支持此机构的安全策略要求。

在本书中，术语“安全策略”通常是指系统级的安全策略。但是，读者必须牢记，它仅仅是广义安全策略概念的一个组成部分。

下面对影响网络系统及各组成部分所涉及的安全策略的某些主要方面进行讨论。

1.3.1 授权

授权（Authorization）是安全策略的一个基本组成部分。所谓**授权**，是指**主体**（用户、终端、程序等）对**客体**（数据、程序等）的支配权利，它等于规定了谁可以对什么做些什么（Who may do what to what）。在机构安全策略等级上，一些描述授权的例子如下：

（1）文件 Project-X-Status 只能由 G.Smith 修改，并由 G.Smith，P.Jones 及 Project-X 计划小组中的成员阅读。

（2）一个人事记录只能由人事部门的职员进行添加和修改，并且只能由人事部门的职员、部门经理及该记录所属的那个人阅读。

（3）假设在多级安全系统中，有一密级被定义为“Confidential-secret-top”。只有所持许可证级别等于或高于此密级的人员才有权访问此密级的信息。

这些安全策略的描述也对各类防护措施提出了要求。例如，采用人员安全措施来决定人员的许可证级别。在计算机和通信系统中，主要安全需求可以由一种称为“访问控制策略”的系统安全策略反映出来。

1.3.2 访问控制策略

访问控制策略隶属于系统级安全策略，它迫使计算机系统和网络自动地执行授权。以上有关授权描述的示例（1）、（2）和（3）分别对应于以下不同的访问控制策略：

（1）基于身份的策略。该策略允许或拒绝对明确区分的个体或群体进行访问。

（2）基于任务的策略。它是基于身份的策略的一种变形，它给每一个个体分配任务，并基于这些任务来使用授权规则。

（3）多等级策略。它是基于信息敏感性的等级及工作人员许可等级而制定的一般规则的策略。

访问控制策略有时也被划分为强制性访问控制策略（Mandatory Access Control Policies）和自主性访问控制策略（Discretionary Access Control Policies）两类。强制性访问控制策略由安全域中的权威机构强制实施，任何人都不能回避。强制性安全策略在军事和其他政府机密环境中最为常用，上面提到的策略（3）就是一个例子。自主性访问控制策略为一些特定的用户提供了访问资源（如信息）的权限，此后可以利用此权限控制这些用户对资源的进一步访问。上述策略（1）和策略（2）就是两个自主性访问控制策略的例子。在机密环境中，自主性访问控制策略用于强化“须知”（Need to know）的**最小权益策略**（Least Privilege Policy）或**最小泄漏策略**（Least Exposure Policy）。前者只授予主体为执行任务所必需的信息或处理能力，而后者则按照规则向主体提供机密信息，并且主体承担保护信息的责任。访问控制策略将在后面的章节中详细讨论。

1.3.3 责任

所有安全策略都有一个潜在的基本原则，那就是“责任”。在执行任务时，受到安全策略约束的任何个体需要对其行为负责。它与人员安全之间建立了非常重要的联系。某些网络安全防护措施，如对工作人员身份及采用这些身份从事相关的活动进行认证，都直接支持这一原则。

1.4 安全攻击的分类

X.800 和 RFC 2828 对安全攻击进行了分类。它们把攻击分成两类：被动攻击和主动攻击。被动攻击试图获得或利用系统的信息，但不会对系统的资源造成破坏。而主动攻击则不同，它试图破坏系统的资源，影响系统的正常工作。

1.4.1 被动攻击

被动攻击的特性是对所传输的信息进行窃听和监测。攻击者的目标是获得线路上所传输的信息。信息泄漏和流量分析就是两种被动攻击的例子。

第一种被动攻击是窃听攻击，如图 1-3（a）所示。电话、电子邮件和传输的文件中都可能含有敏感或秘密信息。攻击者通过窃听，可以截获这些敏感或秘密信息。我们要做的工作就是阻止攻击者获得这些信息。

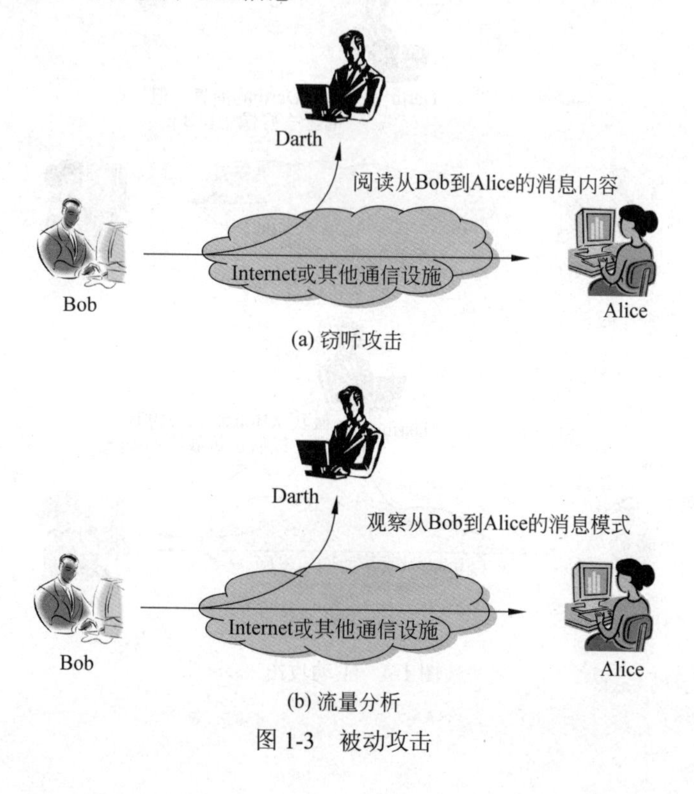

(a) 窃听攻击

(b) 流量分析

图 1-3 被动攻击

第二种被动攻击是流量分析，如图1-3（b）所示。假设已经采取了某种措施来隐藏消息内容或其他信息的流量，使攻击者即使捕获了消息也不能从中发现有价值的信息。加密是隐藏消息的常用方法。即使对信息进行了合理的加密保护，攻击者仍然可以通过流量分析获得这些消息的模式。攻击者可以确定通信主机的身份及其所处的位置，可以观察传输消息的频率和长度，然后根据所获得的这些信息推断本次通信的性质。

被动攻击由于不涉及对数据的更改，所以很难被察觉。通过采用加密措施，完全有可能阻止这种攻击。因此，处理被动攻击的重点是预防，而不是检测。

1.4.2 主动攻击

主动攻击是指恶意篡改数据流或伪造数据流等攻击行为，它分成4类：

① 伪装攻击（Impersonation Attack）；

② 重放攻击（Replay Attack）；

③ 消息篡改（Message Modification）；

④ 拒绝服务（Denial of Service）攻击。

伪装攻击是指某个实体假装成其他实体，对目标发起攻击，如图1-4（a）所示。伪装攻击的例子有：攻击者捕获认证信息，然后将其重发，这样攻击者就有可能获得其他实体所拥有的访问权限。

重放攻击是指攻击者为了达到某种目的，将获得的信息再次发送，以在非授权的情况下进行传输，如图1-4（b）所示。

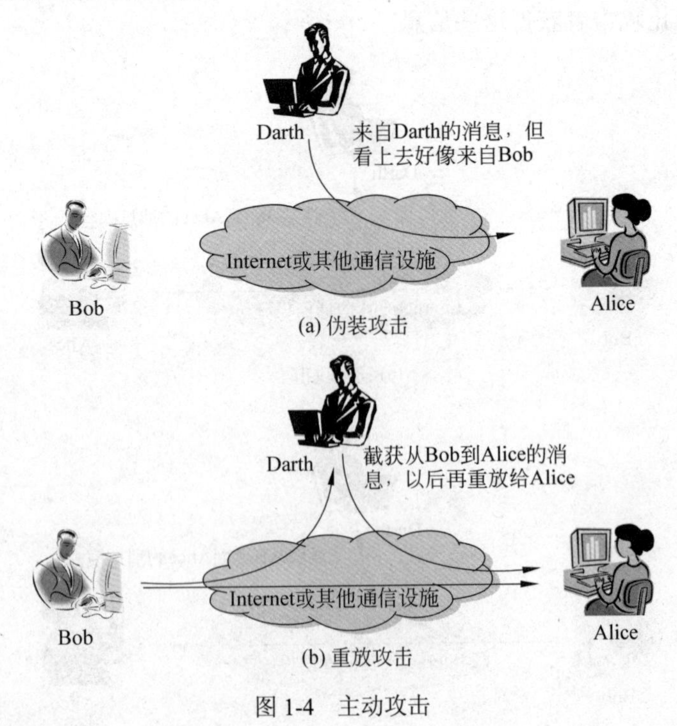

图1-4 主动攻击

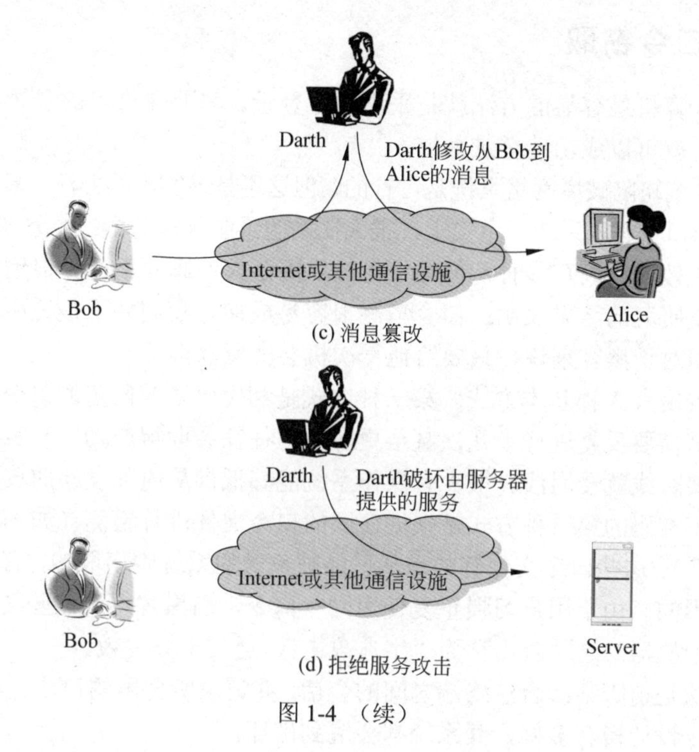

(c) 消息篡改

(d) 拒绝服务攻击

图 1-4 （续）

消息篡改是指攻击者对所获得的合法消息中的一部分进行修改或延迟消息的传输，以达到其非授权的目的，如图 1-4（c）所示。例如，攻击者将消息“Allow John Smith to read confidential accounts”修改为“Allow Fred Brown to read confidential file accounts”。

拒绝服务攻击则是指阻止或禁止人们正常使用网络服务或管理通信设备，如图 1-4（d）所示。这种攻击可能目标非常明确。例如，某个实体可能会禁止所有发往某个目的地的消息。拒绝服务的另一种形式是破坏某个网络，使其瘫痪，或者使其过载以降低性能。

主动攻击与被动攻击相反。被动攻击虽然难以检测，但采取某些安全防护措施就可以有效阻止；主动攻击虽然易于检测，但却难以阻止。所以对付主动攻击的重点应当放在如何检测并发现它们上，并采取相应的应急响应措施，使系统从故障状态恢复到正常运行。由于检测主动攻击对于攻击者来说能起到威慑作用，所以在某种程度上可以阻止主动攻击。

1.5 网络攻击的常见形式

在前面已经讨论了网络中存在的各种威胁，这些威胁的直接表现形式就是黑客常采取的各种网络攻击方式。下面将对常见的网络攻击进行分类。通过分类，可以针对不同的攻击类型采取相应的安全防护措施。

1.5.1 口令窃取

进入一台计算机最容易的方法就是采用口令登录。只要在许可的登录次数范围内输入正确的口令，就可以成功地登录系统。

虽然利用系统缺陷破坏网络系统是可行的，但这不是最容易的办法。最容易的办法是通过窃取用户的口令进入系统。事实上，很大比例的系统入侵是由口令系统失效造成的。

口令系统失效的原因有多种，但最常见的原因是人们倾向于选择很糟糕的口令作为登录密码。反复研究的结果表明：口令猜测很容易成功。我们并不是说所有人都采用了很差的口令，但对于黑客来说，只要给他一次机会就可以得手。

口令猜测攻击有 3 种基本方式。第一种方式是利用已知或假定的口令尝试登录。虽然这种登录尝试需要反复进行十几次甚至更多，但往往会取得成功。一旦攻击者成功登录，网络的主要防线就会崩溃。很少有操作系统能够抵御从内部发起的攻击。

攻击者获得密码的第二种方式是根据窃取的口令文件进行猜测（如 UNIX 系统中的/etc/passwd 文件）。这些口令文件有的是从已经被攻破的系统中窃取的，有的是从未被攻破的系统中获得的。由于用户习惯重复使用同一口令，当黑客得到这些文件后，就会尝试用其登录其他机器。这种攻击称为“字典攻击”，通常十分奏效。

第三种方法是窃听某次合法终端之间的会话，并记录所使用的口令。采用这种方式，不管用户的口令设计得有多好，其系统都会遭到破坏。

通过以上讨论可以得出结论：在选择好的口令方面，加强对用户的培训是非常重要的。大多数人习惯选择简单的口令。虽然人们也试图选用难以猜测的密码，但收效不大。据统计，攻击者如果掌握一本小字典，他就有 20%的机会进入系统。况且现在可以获得的字典很多，大的可以达到几十兆字节。字典里几乎包括所有单词和短语，还有各种个人信息，如电话号码、地址、生日、作家名字等。

如果无法阻止选择低级的口令，那么对口令文件进行严格保护就变得非常关键。要做到这点，就必须进行以下操作：

（1）对某些服务的安全属性进行认真配置，如 SUN 操作系统中的 NIS 服务。

（2）对可以使用 tftpd 协议获得的文件加以限制。

（3）避免将真正的/etc/passwd 文件放在匿名 FTP 区。

某些 UNIX 系统提供了对合法用户的口令进行杂凑计算并将该杂凑值进行隐藏的功能。杂凑后的口令文件称为“影子”或“附属”口令文件。我们强烈建议充分利用系统的这一功能。除了 UNIX 系统之外，还有很多系统也具备对口令进行杂凑和隐藏的功能。

要彻底解决使用口令的弊端，就要完全放弃使用口令机制，转而使用基于令牌（Token-based）的机制。如果暂时还不能做到，起码要使用一次性口令方案，如 OTP（One-Time Password）。

1.5.2 欺骗攻击

黑客的另外一种攻击方式是采用欺骗的方式获取登录权限。泄密通常发生在打电话和聊天的过程中。请看 Thompson 与网络管理员的一段谈话：

This is Thompson. Someone called me about a problem with the *ls* command. He'd like me to fix it.

Oh, OK. What should I do?

Just change the password on my login on your machine; it's been a while since I've used it.

No problem.

从上面的谈话可以看出，Thompson 欺骗网络管理员改变口令，使他能够成功登录到其计算机上。还有其他欺骗方式，如利用邮件欺骗。请看攻击者发出的这封邮件：

From: smb@research.att.com

TO: admin@research.att.com

Subject: Visitor

We have a visitor coming next week. Could you ask for your SA to add a Login
for her? Here's her passwd line; use the same hashed password.

Pxf: 5bHD/k5k2mtTTs:2403:147:Pat:/home/pat:/bin/sh

注意，这封邮件明显带有欺骗行为。如果 Pat 是一个来访者，她不会将家里的机器口令拿到外面使用。因此，在没有搞清对方的真正意图之前，就不能随意采取行动。当你收到一个朋友的电子邮件，警告你“sulfnbk.exe 是一个病毒文件，必须删除。请转告你的朋友”时，这种电子邮件很可能就是一个骗局。如果你照此去做，你的系统就会中毒并遭到破坏。不幸的是，很多人都会上当，因为这个邮件毕竟是自己的朋友发送来的。

1.5.3 缺陷和后门攻击

网络蠕虫传播的方式之一是通过向 finger 守护程序（Daemon）发送新的代码实现的。显然，该守护程序并不希望收到这些代码，但在协议中没有限制接收这些代码的机制。守护程序的确可以发出一个 gets 呼叫，但并没有指定最大的缓冲区长度。蠕虫向“读”缓冲区内注入大量的数据，直到将 gets 堆栈中的返回地址覆盖。当守护程序中的子程序返回时，就会转而执行入侵者写入的代码。

缓冲器溢出攻击也称为“堆栈粉碎”（Stack Smashing）攻击。这是攻击者常采用的一种扰乱程序的攻击方法。长期以来，人们试图通过改进设计来消除缓冲器溢出缺陷。有些计算机语言在设计时就尽可能不让攻击者做到这点。一些硬件系统也尽量不在堆栈上执行代码。此外，一些 C 编译器和库函数也使用了许多对付缓冲器溢出攻击的方法。

所谓缺陷（Flaws），就是指程序中的某些代码并不能满足特定的要求。尽管一些程序缺陷已经由厂家逐步解决，但是一些常见问题依然存在。最佳解决办法就是在编写软件时，力求做到准确、无误。然而，软件上的缺陷有时是很难避免的，这正是今天的软件中存在那么多缺陷的原因。

Morris 蠕虫及其许多现代变种给我们的教训极为深刻，其中最重要的一点是：缺陷导致的后果并不局限于产生不良的效果或造成某一特定服务的混乱，更可怕的是因为某一部分代码的错误而导致整个系统的瘫痪。当然，没有人有意要编写带有缺陷的代码。只要采取相应的步骤，可以降低其发生的可能性。

第一，在编写网络服务器软件时，要充分考虑如何防止黑客的攻击行为。要检验所有输入数据的正确性。如果程序中使用了固定长度的缓冲器，要确保这些缓冲器不会产生溢出。如果使用了动态分配存储区的方法，要考虑内存或文件系统的占用情况，同时还要考虑到在系统恢复时也要占用内存和磁盘空间。

第二，必须对输入语法做出正确的定义。如果不能真正理解“正确”这两个字的含义，就不能做出正确性检查。如果不知道什么是合法的，就无法写出输入语法。有时，对于语法正确性的检查需要借助于某些编译工具。

第三，必须遵守“最小特权”原则。不要给网络守护程序授予任何超出其需要的权限。特别是在设置防火墙的访问控制规则时，轻易不要授予用户超级用户权限。例如，我们会给本地邮件转发系统的某些模块授予一定的特权，使其能将用户发送的信息复制到另外一个用户的邮箱里。而对于网关上的邮件服务器，通常不设置任何特权，它所做的事情仅局限于将邮件从一个网络端口复制到另一个网络端口。

如果进行恰当的设计，即使是那些好像需要授权的服务器，也不再需要授权。例如，UNIX 的 FTP 服务器，允许用户使用 root 权限登录，并能够绑定到 20 端口的数据通道上。对于 20 端口绑定是协议的要求，但可以采用一个更小的、更简单的和更明确的授权程序来做这件事。同样，登录问题也可以由一个前端软件来解决。该前端软件仅处理 USER 和 PASS 命令，放弃授权要求，并执行无特权程序。

最后需要指出：不要为了追求效率而牺牲对程序正确性的检查。如果仅仅为了节约几纳秒的执行时间而将程序设计得既复杂又别出心裁，并且又需要特权，那么你就错了。现在的计算机硬件速度越来越高，节约的这点时间毫无价值。一旦出现安全问题，在清除入侵上所花费的时间和付出的代价将是非常巨大的。

1.5.4 认证失效

许多攻击的成功都可归结于认证机制的失效。即使一个安全机制再好，也存在遭受攻击的可能性。例如，一个源地址有效性的验证机制，在某些应用场合（如有防火墙地址过滤时）能够发挥作用，但是黑客可以使用 rpcbind 重发某些请求。在这种情况下，最终的服务器就会被欺骗。对于这些服务器来说，这些消息看起来好像源于本地，但实际上来自其他地方。

如果源机器是不可信的，基于地址的认证也会失效。虽然人们可以采用口令机制来控制自己的计算机，但是口令失窃也是常见的事情。

某些认证机制失效是因为协议没有携带正确的信息。TCP 和 IP 都不能识别发送用户。X11 和 rsh 协议要么靠自己去获得这些信息，要么就没有这些信息。如果它们能够得到信息，也必须以安全的方式通过网络传送这些信息。

即使对源主机或用户采用密码认证的方式，往往也不能奏效。如前所述，一个被破坏的主机不会进行安全加密。

窃听者可以很容易地从未加密的会话中获得明文的口令，有时也可能对某些一次口令方案发起攻击。对于一个好的认证方案来说，下次登录必须具有唯一的有效口令。有时攻击者会将自己置于客户机和服务器中间，它仅仅转发服务器对客户机发出的“挑战”（challenge，实际上为一随机数），并从客户机获得一个正确的“响应”。此时，攻击者可以采用此“响应”信息登录到服务器上。有关此类攻击可参见相关文献。

通过修改认证方案消除其缺陷，完全可以挫败这种类型的攻击。基于“挑战/响应”（Challenge/Response）的认证机制完全可以通过精心设计的安全密码协议来消除这种攻击的威胁。

1.5.5 协议缺陷

前面讨论的是在系统完全正常工作的情况下发生的攻击。但是，有些认证协议本身就有安全缺陷，这些缺陷的存在会直接导致攻击的发生。

例如，攻击者可对 TCP 发起序列号攻击。由于在建立连接时所生成的初始序列号的随机性不够，攻击者很可能发起源地址欺骗攻击。为了做到公平，TCP 的序列号在设计时并没有考虑抵御恶意的攻击。其他基于序列号认证的协议也可能遭受同样的攻击。这样的协议有很多，如 DNS 和许多基于 RPC 的协议。

在密码学上，如何发现协议中存在的安全漏洞是非常重要的研究课题。有时错误是由协议的设计者无意造成的，但更多的安全漏洞是由不同的安全假设所引发的。对密码协议的安全性进行证明非常困难，人们正在加强这方面的研究工作。现在，各种学术刊物、安全公司网站和操作系统开发商经常公布一些新发现的安全漏洞，我们必须对此加以重视。

安全协议取决于安全的基础。例如，安全壳协议（Secure Shell，SSH）是一个安全的远程存取协议。SSH 协议具有这样一个特点：用户可以指定一个可信的公钥，并将其存储于 authorized keys 文件中。如果客户机知道相应的私钥，该用户不用输入口令就能登录。在 UNIX 系统中，该文件通常位于用户主目录下的.ssh 目录中。现在来考虑这样一种情况：有人使用 SSH 登录到某个加载了 NFS 主目录的主机上。在这种情况下，攻击者就可以欺骗 NFS 将一个伪造的 authorized keys 文件注入其主目录中。

802.11 无线数据通信标准中的 WEP 在设计上也存在缺陷。目前，针对 WEP 的攻击软件在网络上随处可见。这一切说明，真正的安全是很难做到的。工程师在设计密码协议时，应当多向密码学家咨询，而不是随意设计。信息安全对人的技术素质要求非常高，没有进行专业学习和受过专门培训的人员很难胜任此项工作。

1.5.6 信息泄漏

许多协议都会丢失一些信息，这就给那些想要使用该服务的攻击者提供了可乘之机。这些信息可能成为商业间谍窃取的目标，攻击者也可借助这些信息攻破系统。Finger 协议就是这样一个例子。这些信息除了可以用于口令猜测之外，还可以用来进行欺骗攻击。

有时，电话号码和办公室的房间号也可能很有用，可以根据电话号码本推理出该组织的结构。

在某些公司的网站上，往往提供了在线的电话号码查询。其实，公司的这些电话号码信息也应该是保密的。因为，当猎头们需要某些具有专业技能的人员时，他们可以根据这些信息打电话找到他们想要的专业人才。

另一个丰富的数据来源是 DNS。在这里，黑客可以获得从公司的组织结构到目标用户的非常有价值的数据。要控制数据的流出是非常困难的，唯一的办法是对外部可见的 DNS 加以限制，使其仅提供网关机器的地址列表。

精明的黑客当然深谙其理，他根本不需要你说出有哪些机器存在。他只需进行端口号和地址空间扫描，就可寻找感兴趣的服务和隐藏的主机。这里，对 DNS 进行保护的最佳防护措施是使用防火墙。如果黑客不能向某一主机发送数据包，他也就不能侵入该主机并获取有价值的信息。

1.5.7 指数攻击——病毒和蠕虫

指数攻击能够使用程序快速复制并传播攻击。当程序自行传播时，这些程序称为蠕虫（Worms）；当它们依附于其他程序传播时，这些程序就叫做病毒。它们传播的数学模型是相似的，因而两者之间的区别并不重要。这些程序的流行传播与生物感染病毒非常相似。

这些程序利用在很多系统或用户中普遍存在的缺陷和不良行为获得成功。它们可以在几个小时或几分钟之内扩散到全世界，从而使许多机构蒙受巨大损失。Melissa 蠕虫能够阻塞基于微软软件的电子邮件系统达 5 天之久。各种各样的蠕虫给 Internet 造成巨大的负担。这些程序本身更倾向于攻击随机的目标，而不是针对特定的个人或机构。但是，它们所携带的某些代码却可能对那些著名的政治目标或商业目标发起攻击。

有许多方法可以减少感染病毒的概率。最基本的方法是不使用流行的软件。如果采用自行编写的操作系统或应用程序，就不太可能受到感染。目前，针对微软的视窗操作系统的病毒有很多，但 Macintosh 和 UNIX 用户却很少受到病毒感染。现在这种情况正在发生变化，尤其是针对 Linux 的攻击越来越多。我们已发现 Linux 蠕虫和一些交叉平台的蠕虫能够通过几种平台进行传播，或者通过直接网络访问、网页浏览和电子邮件进行传播。

如果不与受感染的主机通信，就不会感染病毒。通过对网络访问和从外部获得的文件进行严格的控制，就会大大地降低遭受感染的风险。需要引起注意的是，有些病毒是经人工传播的。有人会将消息转发给他的所有朋友，并指示他们将此信息再转发给他们的所有朋友，以此类推。那些缺乏计算机知识的用户就会照此去做。这样，接收到这一消息的用户就会受到感染。在某些情况下，这些消息往往指示你删除某个关键的文件。如果真的照此去做，你的计算机就会受到损害。

对于已知的计算机病毒，采用流行的查杀病毒软件来清除非常有效。但是这些软件必须经常升级，因为病毒的制造者和杀毒软件厂商之间正进行着一场较量。现在，病毒隐藏的隐蔽性越来越高，使得杀毒软件不再局限于在可执行代码中寻找某些字符串。它们必须能够仿效这些代码并寻找滤过性病毒的行为特征。由于病毒越来越难以发现，病毒检测软件就不得不花更多的时间来检查每个文件，有时所花费的时间会很长。病毒的制造者可能会巧妙地设计代码，使杀毒软件在一定的时间内不能识别出来。

1.5.8 拒绝服务攻击

在前面讨论的攻击方式中，大多数是基于协议的弱点、服务器软件的缺陷和人为因素而实施的。拒绝服务（Denial-of-Service，DoS）攻击则与之不同，它们仅仅是过度使用服务，使软件、硬件过度运行，使网络连接超出其容量。目的是造成自动关机或系统瘫痪，或者降低服务质量。这种攻击通常不会造成文件删除或数据丢失，因此是一种比较温和的攻击。

这类攻击往往比较明显，较容易发现。例如，关闭一个服务很容易被检测到。尽管攻击很容易暴露，但要找到攻击的源头却十分困难。这类攻击往往生成伪装的数据包，其中含有随机和无效的返回地址。

分布式拒绝服务（Distributed Denial-of-Service，DDoS）攻击使用很多Internet主机，同时向某个目标发起攻击。通常，参与攻击的主机却不明不白地成为攻击者的帮凶。这些主机可能已经被攻击者攻破，或者安装了恶意的代码。DDoS 攻击通常难以恢复，因为攻击有可能来自世界各地。

目前，由于黑客采用DDoS攻击成功地攻击了几个著名的网站，如Yahoo、微软及SCO等，它已经引起全世界的广泛关注。DDoS其实是DoS攻击的一种，不同的是它能够使用许多台计算机通过网络同时对某个网站发起攻击。它们的工作原理如下：

（1）黑客通过 Internet 将木马程序植入尽可能多的计算机上。这些计算机分布在全世界不同的区域。被植入的木马程序绑定在计算机的某个端口上，等待接受攻击命令。

（2）攻击者在 Internet 的某个地方安装一个主控程序，该主控程序中含有一个木马程序所处位置的列表。此后，主控程序等待黑客发出命令。

（3）攻击者等待时机，做好攻击命令前的准备。

（4）等攻击的时机一到，攻击者就会向主控程序发出一个消息，其中包括要攻击的目标地址。主控程序就会向每个植入木马程序的计算机发送攻击命令，这个命令中包含攻击目标的地址。

（5）这些木马程序立即向攻击目标发送大量的数据包。这些数据包的数量巨大，足以使其瘫痪。

从主控程序向下发出的攻击命令中通常使用伪装的源地址，有些则采用密码技术使其难以识别。从植入木马程序的计算机发出的数据包也使用了伪装的IP源地址，要想追查数据包的来源非常困难。此外，主控程序常常使用ICMP响应机制与攻击目标通信。许多防火墙都开放了ICMP。

现在网络上流行许多DDoS攻击工具，还有它们的许多变种。其中之一是Tribe Flood Network（TFN）。从许多网站上都可以获得其源代码。黑客可以选择使用各种 Flood 技术，如UDP Flood，TCP SYN Flood，ICMP响应Flood，Smurf攻击等。从主控程序返回的ICMP响应数据包会告诉木马程序采用哪一种Flood攻击方式。此外，还有其他DDoS工具，如TFN2K（比TFN更先进的工具，可以攻击Windows NT和许多UNIX系统），Trinoo和Stacheldraht等。最后一个工具十分先进，它具有加密连接和自动升级的特征。

现在一些新的工具越来越高明。Slapper 是一个攻击 Linux 系统的蠕虫，它可以在许多网络节点中间建立实体到实体（peer-to-peer）的网络，使主控程序的通信问题变得更容易。还有一些工具则使用 IRC 信道作为控制通道。

对于拒绝服务攻击，没有什么灵丹妙药，只能采取一些措施减轻攻击的强度，但绝对不可能完全消除它们。遇到这种攻击时，可以采取以下 4 种措施：

（1）寻找一种方法来过滤掉这些不良的数据包。

（2）提高对接收数据进行处理的能力。

（3）追查并关闭那些发动攻击的站点。

（4）增加硬件设备或提高网络容量，以从容处理正常的负载和攻击数据流量。

当然，以上这些措施都不是完美的，只能与攻击者展开较量。到底谁能取得这场斗争的胜利，取决于对手能够走多远。

1.6 开放系统互连安全体系结构

研究信息系统安全体系结构的目的，就是将普遍性的安全理论与实际信息系统相结合，形成满足信息系统安全需求的安全体系结构。应用安全体系结构的目的，就是从管理上和技术上保证完整、准确地实现安全策略，满足安全需求。开放系统互连（Open System Interconnection，OSI）安全体系结构定义了必需的安全服务、安全机制和技术管理，以及它们在系统上的合理部署和关系配置。

由于基于计算机网络的信息系统以开放系统 Internet 为支撑平台，因此本节重点讨论开放系统互连安全体系结构。

OSI 安全体系结构的研究始于 1982 年，当时 ISO 基本参考模型刚刚确立。这项工作是由 ISO/IEC JTC1/SC21 完成的。国际标准化组织（ISO）于 1988 年发布了 ISO 7498-2 标准，作为 OSI 基本参考模型的新补充。1990 年，国际电信联盟（International Telecommunication Union，ITU）决定采用 ISO 7498-2 作为其 X.800 推荐标准。因此，X.800 和 ISO 7498-2 标准基本相同。

我国的国家标准《信息处理系统开放系统互连基本参考模型——第二部分：安全体系结构》(GB/T9387.2—1995)(等同于 ISO 7498-2)和《Internet 安全体系结构》(RFC 2401）中提到的安全体系结构是两个普遍适用的安全体系结构，用于保证在开放系统中进程与进程之间远距离安全交换信息。这些标准确立了与安全体系结构有关的一般要素，适用于开放系统之间需要通信保护的各种场合。这些标准在参考模型的框架内建立起一些指导原则与约束条件，从而提供了解决开放互连系统中安全问题的统一方法。

为了有效评估一个机构的安全需求，并对所使用的安全产品和安全策略进行评估和选择，安全管理员需要采用某种系统的方法来定义系统对安全的需求，并对这些需求进行描述。在集中处理环境下，要准确地做到这一点非常困难。随着局域网和广域网的使用，问题将变得更加复杂。

ITU-T 推荐方案 X.800（即 ISO 安全框架）定义了一种系统的评估和分析方法。对于网络安全管理员来说，它提供了一种安全的组织方法。由于这个框架是作为国际标准开发的，所以被广泛使用。一些计算机和电信服务提供商已经在其产品和服务上开发出这些安全特性，使其产品和服务与安全机制的结构化定义紧密地联系在一起。

通过对OSI安全架构的讨论，可以对许多概念进行初步了解。下面重点讨论安全体系结构中所定义的安全服务和安全机制，以及两者之间存在的关系。

1.6.1　安全服务

X.800对安全服务做出定义：为了保证系统或数据传输有足够的安全性，开放系统通信协议所提供的服务。RFC2828也对安全服务做出了更加明确的定义：安全服务是一种由系统提供的对资源进行特殊保护的进程或通信服务。安全服务通过安全机制来实现安全策略。X.800将这些服务分为5类共14个特定服务，如表1-2所示。这5类安全服务将在后面逐一进行讨论。

表1-2　X.800定义的5类安全服务

分　类	特定服务	内　容
认证（确保通信实体就是它所声称的实体）	同等实体认证	用于逻辑连接建立和数据传输阶段，为该连接的实体的身份提供可信性保障
	数据源点认证	在无连接传输时，保证收到的信息来源是所声称的来源
访问控制		防止对资源的非授权访问，包括防止以非授权的方式使用某一资源。这种访问控制要与不同的安全策略协调一致
数据保密性（保护数据，使之不被非授权地泄漏）	连接保密性	保护一次连接中所有的用户数据
	无连接保密性	保护单个数据单元里的所有用户数据
	选择域保密性	对一次连接或单个数据单元里选定的数据部分提供保密性保护
	流量保密性	保护那些可以通过观察流量而获得的信息
数据完整性（保证接收到的数据确实是授权实体发出的数据，即没有修改、插入、删除或重发）	具有恢复功能的连接完整性	提供一次连接中所有用户数据的完整性。检测整个数据序列内存在的修改、插入、删除或重发，且试图将其恢复
	无恢复功能的连接完整性	同具有恢复功能的连接完整性基本一致，但仅提供检测，无恢复功能
	选择域连接完整性	提供一次连接中传输的单个数据单元用户数据中选定部分的数据完整性，并判断选定域是否有修改、插入、删除或重发
	无连接完整性	为单个无连接数据单元提供完整性保护；判断选定域是否被修改
不可否认性（防止整个或部分通信过程中，任意一个通信实体进行否认的行为）	源点的不可否认性	证明消息由特定的一方发出
	信宿的不可否认性	证明消息被特定方收到

1. 认证

认证服务与保证通信的真实性有关。在单条消息下，如一条警告或报警信号认证服务是向接收方保证消息来自所声称的发送方。对于正在进行的交互，如终端和主机连接，就涉及两个方面的问题：首先，在连接的初始化阶段，认证服务保证两个实体是可信的，也就是说，每个实体都是它们所声称的实体；其次，认证服务必须保证该连接不受第三方的干扰，例如，第三方能够伪装成两个合法实体中的一方，进行非授权的传输或接收。

该标准还定义了如下两个特殊的认证服务：

（1）**同等实体认证**。用于在连接建立或数据传输阶段为连接中的同等实体提供身份确认。该服务提供这样的保证：一个实体不能实现伪装成另外一个实体或对上次连接的消息进行非授权重发的企图。

（2）**数据源认证**。为数据的来源提供确认，但对数据的复制或修改不提供保护。这种服务支持电子邮件这种类型的应用。在这种应用下，通信实体之间没有任何预先的交互。

2. 访问控制

在网络安全中，访问控制对那些通过通信连接对主机和应用的访问进行限制和控制。这种保护服务可应用于对资源的各种不同类型的访问。例如，这些访问包括使用通信资源、读/写或删除信息资源或处理信息资源的操作。为此，每个试图获得访问控制权限的实体必须在经过认证或识别之后，才能获取其相应的访问控制权限。

3. 数据保密性

保密性是防止传输的数据遭到诸如窃听、流量分析等被动攻击。对于数据传输，可以提供多层的保护。最常使用的方法是在某个时间段内对两个用户之间所传输的所有用户数据提供保护。例如，若两个系统之间建立了 TCP 连接，这种最通用的保护措施可以防止在 TCP 连接上传输用户数据的泄漏。此外，还可以采用一种更特殊的保密性服务，它可以对单条消息或对单条消息中的某个特定的区域提供保护。这种特殊的保护措施与普通的保护措施相比，所使用的场合更少，而且实现起来更复杂、更昂贵。

保密性的另外一个用途是防止流量分析。它可以使攻击者观察不到消息的信源和信宿、频率、长度或通信设施上的其他流量特征。

4. 数据完整性

与数据的保密性相比，数据完整性可以应用于消息流、单条消息或消息的选定部分。同样，最常用和直接的方法是对整个数据流提供保护。

面向连接的完整性服务保证收到的消息和发出的消息一致，不存在对消息进行复制、插入、修改、倒序、重发和破坏。因此，面向连接的完整性服务也能够解决消息流的修改和拒绝服务两个问题。另一方面，用于处理单条消息的无连接完整性服务通常仅防止对单条消息的修改。

另外，还可以区分有恢复功能的完整性服务和无恢复功能的完整性服务。因为数据完整性的破坏与主动攻击有关，所以重点在于检测而不是阻止攻击。如果检测到完整性遭到破坏，那么完整性服务能够报告这种破坏，并通过软件或人工干预的办法来恢复被破坏的部分。在后面可以看到，有些安全机制可以用来恢复数据的完整性。通常，自动恢复机制是一种非常好的选择。

5. 不可否认性

不可否认性防止发送方或接收方否认传输或接收过某条消息。因此，当消息发出后，接收方能证明消息是由所声称的发送方发出的。同样，当消息接收后，发送方能证明消息确实是由所声称的接收方收到的。

6. 可用性服务

X.800和RFC2828对可用性的定义是：根据系统的性能说明，能够按照系统所授权的实体的要求对系统或系统资源进行访问。也就是说，当用户请求服务时，如果系统设计时能够提供这些服务，则系统是可用的。许多攻击可能导致可用性的损失或降低。可以采取一些自动防御措施（如认证、加密等）来对付这些攻击。

X.800将可用性看做是与其他安全服务相关的性质。但是，对可用性服务进行单独说明很有意义。可用性服务能够确保系统的可用性，能够对付由拒绝服务攻击引起的安全问题。由于它依赖于对系统资源的恰当管理和控制，因此它依赖于访问控制和其他安全服务。

1.6.2 安全机制

表1-3列出了X.800定义的安全机制。由表可知，这些安全机制可以分成两类：一类在特定的协议层实现，另一类不属于任何的协议层或安全服务。前一类被称做特定安全机制，共有8种；后一类被称为普遍安全机制，共有5种。

表1-3 X.800定义的安全机制

<table>
<tr><th></th><th>分类</th><th>内容</th></tr>
<tr><td rowspan="8">特定安全机制（可以嵌入合适的协议层以提供一些OSI安全服务）</td><td>加密</td><td>运用数学算法将数据转换成不可知的形式。数据的变换和复原依赖于算法和一个或多个加密密钥</td></tr>
<tr><td>数字签名</td><td>附加于数据单元之后的数据，它是对数据单元的密码变换，可使接收方证明数据的来源和完整性，并防止伪造</td></tr>
<tr><td>访问控制</td><td>对资源实施访问控制的各种机制</td></tr>
<tr><td>数据完整性</td><td>用于保证数据元或数据流的完整性的各种机制</td></tr>
<tr><td>认证交换</td><td>通过信息交换来保证实体身份的各种机制</td></tr>
<tr><td>流量填充</td><td>在数据流空隙中插入若干位以阻止流量分析</td></tr>
<tr><td>路由控制</td><td>能够为某些数据动态地或预定地选取路由，确保只使用物理上安全的子网络、中继站或链路</td></tr>
<tr><td>公证</td><td>利用可信的第三方来保证数据交换的某些性质</td></tr>
<tr><td rowspan="5">普遍安全机制（不局限于任何OSI安全服务或协议层的机制）</td><td>可信功能度</td><td>根据某些标准（如安全策略所设立的标准）被认为是正确的，就是可信的</td></tr>
<tr><td>安全标志</td><td>资源（可能是数据元）的标志，以指明该资源的属性</td></tr>
<tr><td>事件检测</td><td>检测与安全相关的事件</td></tr>
<tr><td>安全审计跟踪</td><td>收集潜在可用于安全审计的数据，以便对系统的记录和活动进行独立地观察和检查</td></tr>
<tr><td>安全恢复</td><td>处理来自诸如事件处置与管理功能等安全机制的请求，并采取恢复措施</td></tr>
</table>

1.6.3 安全服务与安全机制的关系

根据 X.800 的定义，安全服务与安全机制之间的关系如表 1-4 所示。该表详细说明了实现某种安全服务应该采用哪些安全机制。

表 1-4 安全服务与安全机制之间的关系

安全服务	加密	数字签名	访问控制	数据完整性	认证交换	流量填充	路由控制	公证
对等实体认证	Y	Y			Y			
数据源认证	Y	Y						
访问控制			Y					
保密性	Y						Y	
流量保密性	Y					Y	Y	
数据完整性	Y	Y		Y				
不可否认性		Y		Y				Y
可用性				Y	Y			

注：Y 表示该安全机制适合提供该种安全服务，空格表示该安全机制不适合提供该种安全服务。

表 1-5 安全服务与协议层之间的关系

安全服务	协议层						
	1	2	3	4	5	6	7
对等实体认证			Y	Y			Y
数据源点认证			Y	Y			Y
访问控制			Y	Y			Y
连接保密性	Y	Y	Y	Y		Y	Y
无连接保密性		Y	Y	Y		Y	Y
选择域保密性							Y
流量保密性						Y	Y
具有恢复功能的连接完整性	Y		Y				Y
不具有恢复功能的连接完整性				Y			Y
选择域有连接完整性			Y	Y			Y
无连接完整性							Y
选择域无连接完整性			Y	Y			Y
源点的不可否认							Y
信宿的不可否认							Y

注：Y 表示该服务应该在相应的层中提供，空格表示不提供。第 7 层必须提供所有的安全服务。

1.6.4　在 OSI 层中的服务配置

OSI 安全体系结构最重要的贡献是总结了各种安全服务在 OSI 参考模型的 7 层中的适当配置。安全服务与协议层之间的关系如表 1-5 所示。

1.7　网络安全模型

一个最广泛采用的网络安全模型如图 1-5 所示。通信一方要通过 Internet 将消息传送给另一方，那么通信双方（也称为交互的主体）必须通过执行严格的通信协议来共同完成消息交换。在 Internet 上，通信双方要建立一条从信源到信宿的路由，并共同使用通信协议（如 TCP/IP）来建立逻辑信息通道。

从图 1-5 中可以看出，一个网络安全模型通常由 6 个功能实体组成，它们分别是消息的发送方（信源）、消息的接收方（信宿）、安全变换、信息通道、可信的第三方和攻击者。

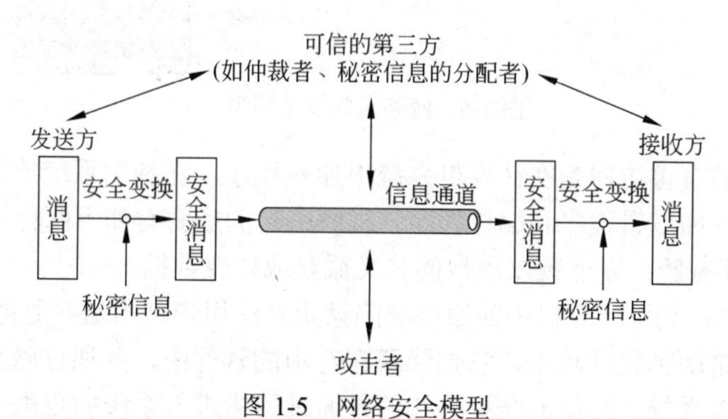

图 1-5　网络安全模型

在需要保护信息传输以防攻击者威胁消息的保密性、真实性和完整性时，就会涉及信息安全，任何用来保证信息安全的方法都包含如下两个方面：

（1）对被发送信息进行安全相关的变换。例如对消息加密，它打乱消息使得攻击者不能读懂消息，或者将基于消息的编码附于消息后，用于验证发送方的身份。

（2）使通信双方共享某些秘密信息，而这些消息不为攻击者所知。例如加密和解密密钥，在发送端加密算法采用加密密钥对所发送的消息加密，而在接收端解密算法采用解密密钥对收到的密文解密。

图 1-5 中的安全变换就是密码学课程中所学习的各种密码算法。安全信息通道的建立可以采用本书第 10 章讨论的密钥管理技术和第 14 章讨论的 VPN 技术实现。为了实现安全传输，需要有可信的第三方。例如，第三方负责将秘密信息分配给通信双方，而对攻击者保密，或者当通信双方就关于信息传输的真实性发生争执时，由第三方来仲裁。这部分内容就是本书第 9 章要讨论的 PKI/CA 技术。

网络安全模型说明，设计安全服务应包含以下 4 个方面内容：

（1）设计一个算法，它执行与安全相关的变换，该算法应是攻击者无法攻破的。

（2）产生算法所使用的秘密信息。

（3）设计分配和共享秘密信息的方法。

（4）指明通信双方使用的协议，该协议利用安全算法和秘密信息实现安全服务。

本书讨论的安全服务和安全机制基本上均遵循图 1-5 所示的网络安全模型。但是，还有一些安全应用方案不完全符合该模型，它们遵循图 1-6 所示的网络访问安全模型。该模型希望保护信息系统不受有害的访问。大多数读者都熟悉黑客引起的问题，黑客试图通过网络渗入到可访问的系统。有时他可能没有恶意，只是对闯入或进入计算机系统感到满足；或者入侵者可能是一个对公司不满的员工，想破坏公司的信息系统以发泄自己的不满；或者入侵者是一个罪犯，想利用计算机网络来获取非法的利益（如获取信用卡号或进行非法的资金转账）。

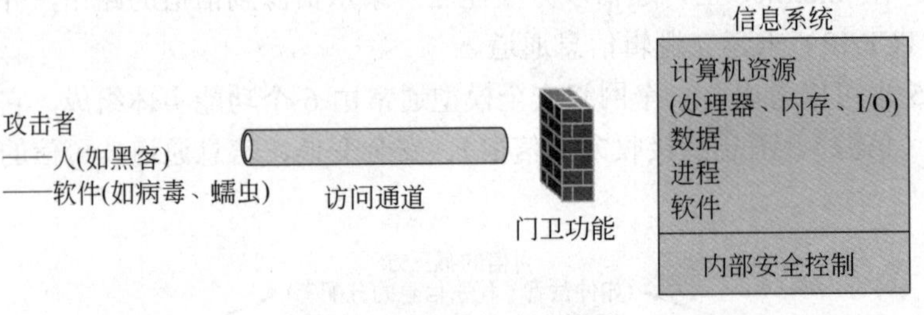

图 1-6　网络访问安全模型

另一种类型的有害访问是在计算机系统中加入程序，它利用系统的弱点来影响应用程序和实用程序，如编辑程序和编译程序。程序引起的威胁有如下两种：

- **信息访问威胁**：以非授权用户的名义截获或修改数据。
- **服务威胁**：利用计算机中的服务缺陷禁止合法用户使用这些服务。

病毒和蠕虫是两种软件攻击，它们隐藏在有用的软件中，并通过磁盘进入系统，也可以通过网络进入系统。网络安全更关心的是通过网络进入系统的攻击。

对付有害访问所需的安全机制可分为两大类，如图 1-6 所示。第一类称为门卫功能，它包含基于口令的登录过程，该过程只允许授权用户的访问。本书第 15 章的身份认证技术就属于此类安全机制。第二类称为内部安全监控程序，该程序负责检测和拒绝蠕虫、病毒及其他类似的攻击。一旦非法用户或软件获得了访问权，那么由各种内部控制程序组成的第二道防线就监视其活动、分析存储的信息，以便检测非法入侵者。本书第 12 章的防火墙技术和第 13 章的入侵检测技术均属于此类安全机制。

习　题

一、填空题

1. 信息安全的 3 个基本目标是__________、__________和__________。此外，还有一个不可忽视的目标是__________。

2. 网络中存在的 4 种基本安全威胁有__________、__________、__________

和__________。

3. 访问控制策略可以划分为__________和__________。

4. 安全性攻击可以划分为__________和__________。

5. X.800 定义的5类安全服务是__________、__________、__________、__________和__________。

6. X.800 定义的 8 种特定的安全机制是__________、__________、__________、__________、__________、__________、__________和__________。

7. X.800 定义的 5 种普遍的安全机制是__________、__________、__________、__________和__________。

二、思考题

1. 请简述通信安全、计算机安全和网络安全之间的联系与区别。

2. 基本的安全威胁有哪些？主要的渗入类型威胁是什么？主要的植入类型威胁是什么？请列出几种最主要的威胁。

3. 在安全领域中，除了采用密码技术的防护措施之外，还有哪些其他类型的防护措施？

4. 什么是安全策略？安全策略有几个不同的等级？

5. 什么是访问控制策略？什么是强制性访问控制策略？什么是自主性访问控制策略？

6. 主动攻击和被动攻击有何区别？请举例说明。

7. 网络攻击的常见形式有哪些？请逐一加以评述。

8. 请简述安全服务与安全机制之间的关系。

9. 请画出一个通用的网络安全模型，并说明每个功能实体的作用。

10. 什么是安全威胁、安全防护和风险？

11. 什么是授权？

第2章 计算机网络基础

21世纪的重要特征就是数字化、网络化和信息化，是一个以网络为核心的信息时代。网络现已成为信息社会的命脉和发展知识经济的重要基础。

本章主要介绍网络体系结构、分组交换技术以及 Internet 的基本知识，为第 3 章 Internet 协议的安全性分析打下基础。

2.1 计算机网络的定义

最简单的定义：计算机网络是一些互相连接的、自治的计算机系统的集合。

通用定义：凡将地理位置不同、并具有独立功能的多个计算机系统通过通信线路和设备连接起来、以功能完善的网络软件实现网络中资源共享的系统，称为计算机网络。

最简单的计算机网络是包含两台计算机的网络；最庞大的计算机网络就是 Internet，它也称为“网络的网络”（Network of Networks）。

2.2 计算机网络体系的结构

2.2.1 网络体系结构的定义

连接在网络上的两台计算机要相互传送文件，必须完成以下几方面的工作：

（1）两台计算机之间必须有一条传送数据的通路。

（2）发起通信的计算机必须将数据通信的通路激活。所谓激活就是要发出一些信令，保证要传送的计算机数据能在这条通路上正确发送和接收。

（3）要告诉网络如何识别接收数据的计算机。

（4）发起通信的计算机必须查明对方计算机是否已准备好接收数据。

（5）发起通信的计算机必须弄清楚，在对方计算机中的文件管理程序是否已做好文件接收和存储的准备工作。

（6）若两台计算机的文件格式不兼容，则至少其中一台计算机应完成格式转换。

（7）对出现的各种差错和意外，应当有可靠的措施保证对方计算机最终能收到正确的文件。

综上所述，计算机网络系统是非常复杂的系统，计算机之间相互通信涉及许多复杂的技术问题。相互通信的两台计算机必须高度协调地工作才行。

在计算机网络中要做到实体之间有条不紊地交换数据，就须遵守一些事先约定好的规则。这些规则明确规定了所交换的数据的格式以及有关的同步问题。这些为进行网络中的数据交换而建立的规则、标准或约定就是网络协议（Protocol）。

网络协议类似于人类协议，只不过交换报文和采取动作的实体是某些设备的硬件和软件组件，如图 2-1 所示。网络中的通信是指在不同系统中的实体之间的通信。一个协议定义了在两个或多个通信实体之间交换的报文格式和次序，以及在报文传输和/或接收或其他事件方面所采取的动作。

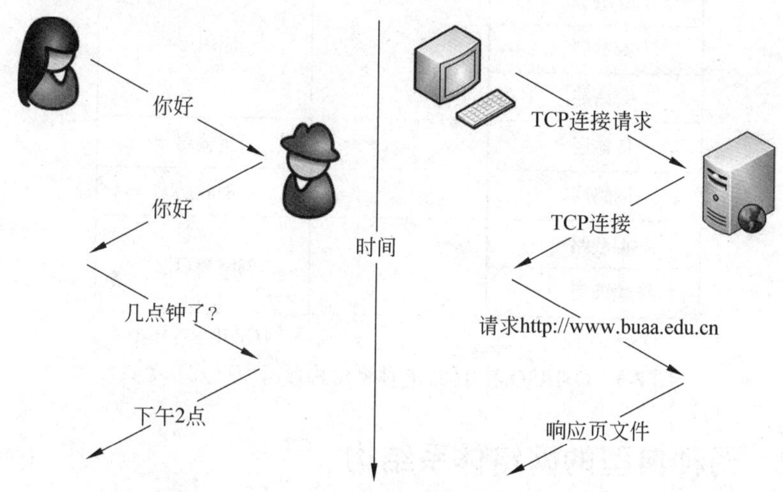

图 2-1　人类通信协议和计算机网络通信协议

为了设计、理解和应用复杂的网络，人们提出了将网络分层的设计思想，如图 2-2 所示。“分层”可以将庞大、复杂的问题转换为若干较小、简单和单一的局部问题，这样就易于理解、研究和处理。

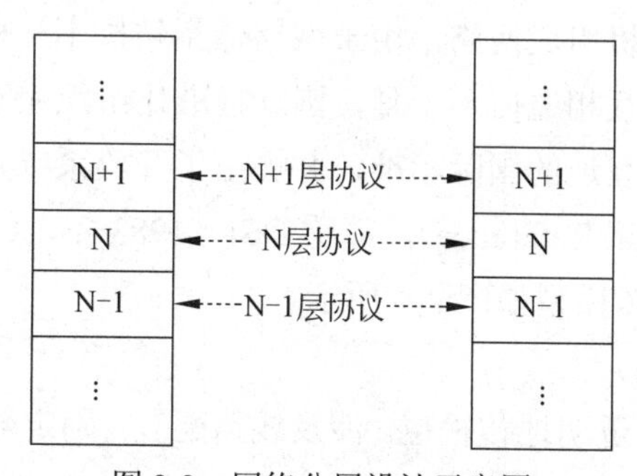

图 2-2　网络分层设计示意图

最早提出分层思想的是 ARPANET 网。从 ARPANET 的成功可以看到，尽管连到网上的主机和终端的型号及其性能各不相同，但由于它们共同遵守了计算机网络的协议，所以可以相互通信。

体系结构通常都具有可分层的特性，因此网络体系结构都采用层次结构。分层时应注意使每一层的功能非常明确。若层数太少，就会使每一层的协议太复杂；若层数太多，又会在描述和综合各层功能的系统工程任务时遇到许多麻烦。计算机网络的层次、各层协议及层间接口的集合，称为网络的体系结构。也可以说计算机网络的体系结构是构成计算机网络的各组成部分及计算机网络本身所必须实现的功能的精确定义。但是这些功能究竟是用硬件或者软件来完成，则是一个遵循这种体系结构的实现问题。换句话说，实现方式不属于网络体系结构。网络体系结构有很多种，图 2-3 给出了 OSI/ISO 和 TCP/IP 体系结构参考模型及其关系。

OSI参考模型	TCP/IP参考模型
应用层	应用层
表示层	
会话层	
传输层	传输层
网络层	网际层
数据链路层	网络接口层
物理层	

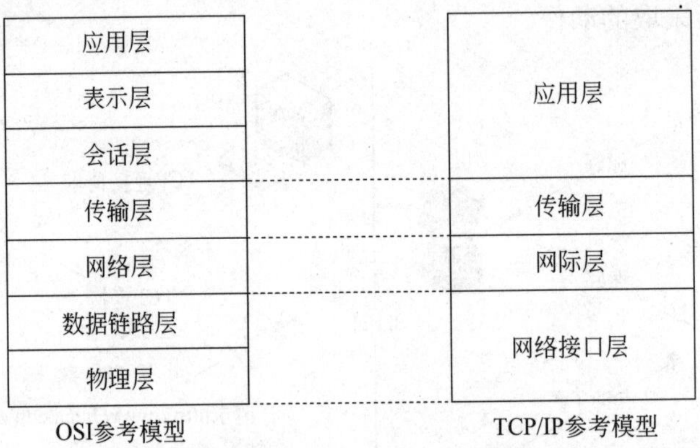

图 2-3　OSI/ISO 和 TCP/IP 体系结构参考模型及其关系

2.2.2　两种典型的网络体系结构

1. OSI/ISO 体系结构

世界上第一个网络体系结构 SNA（System Network Architecture），是 IBM 公司于 1974 年提出的。凡是遵循 SNA 体系结构的设备都可以很方便地进行互连。许多公司也纷纷建立自己的网络体系结构，如 DEC 公司提出的 DNA（Digital Network Architecture）体系结构，用于本公司的计算机组成网络。由于网络体系结构不一样，一个公司的计算机很难与另一个公司的计算机互相通信。于是，国际标准化组织 ISO 在 1977 年就开始制定有关异种计算机网络如何互连的国际标准，并提出了开放系统互连参考模型（OSI/RM，Open System Interconnection Reference），简称 OSI。1983 年，OSI 成为 ISO 7498 国际标准。OSI/ISO 体系结构参考模型如图 2-4 所示。

OSI 的 7 层功能如下：

- 物理层：在链路上透明地传输位。涉及线路配置、确定数据传输模式、信号形式、编码及连接传输介质。
- 数据链路层：把不可靠的信道变为可靠的信道，在链路上无差错地传送帧。
- 网络层：在源节点—目的节点之间进行路由选择、拥塞控制、顺序控制、传送包（分组），保证报文的正确性。

- 传输层：提供端—端间可靠的、透明的数据传输，保证报文顺序的正确性和数据的完整性。
- 会话层：建立通信进程的逻辑名字与物理名字之间的联系，提供进程之间建立、管理和终止会话的方法，处理同步与恢复问题。
- 表示层：实现数据转换（格式、压缩、加密等），提供标准的应用接口、公用的通信服务、公共数据表示方法。
- 应用层：对用户不透明的各种服务，如 E-mail。

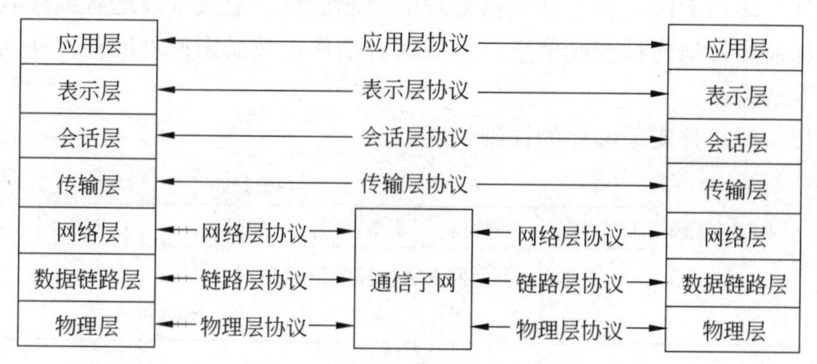

图 2-4　OSI 体系结构参考模型

2. TCP/IP 体系结构

1969 年，美国国防部高级研究计划局（Advanced Research Project Agency，ARPA）资助了一个项目，该项目通过使用点到点的租用线路建立一个包交换的计算机网络，这个网络被称为 ARPANET，它为早期网络研究提供了一个平台。ARPA 制定了一套协议，指明了单个计算机如何通过网络进行通信，其中，传输控制协议（Transmission Control Protocol，TCP）和网际协议（Internet Protocol，IP）是其中两个主要的协议，这套协议后来被称作 TCP/IP 协议族。TCP/IP 体系结构参考模型如图 2-5 所示。

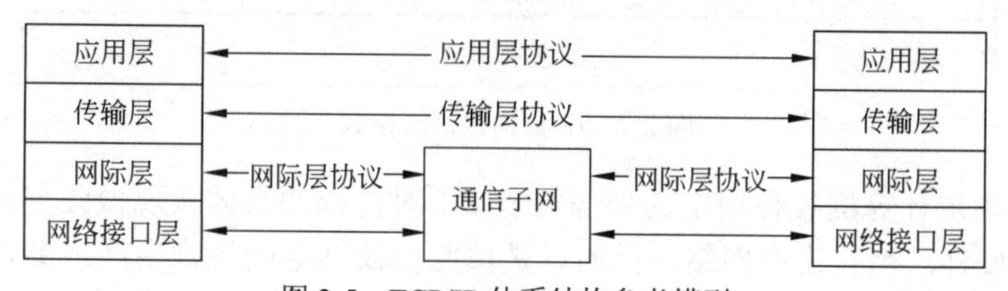

图 2-5　TCP/IP 体系结构参考模型

TCP/IP 体系结构的网络接口层可以包括多种通信网。如以太网、电话网、PPP 和同步数字系列（Synchronous Digital Hierarchy，SDH）等。Internet 体系结构仅关注了网络层与这些通信网的接口，如何传输帧是通信网自己的事情。

IP 协议支持多种网络技术互联以形成一个逻辑网络，提供了主机到主机的端到端通道。TCP 和 UDP 提供了应用进程到应用进程的端到端传输通道。

从用户的角度看，实现异构网络互联的关键就是使各种网络类型之间的差异对自己透明。在 TCP/IP 协议族中，能够屏蔽底层物理网络的差异，向上提供一致性的协议就是 IP 协议。

2.2.3 网络协议及协议封装

一个网络协议主要由以下三个要素组成：

（1）语法，即数据与协议控制信息（Protocol Control Information，PCI）的结构或格式。其中数据是服务用户要求传送的信息；协议控制信息俗称首部，是控制协议操作的信息。例如，图2-6和图2-7分别给出了以太网MAC帧的语法格式和IP数据报的语法格式。

（2）语义，即用于协调和进行差错处理的控制信息，定义了发送者或接收者所要完成的操作。如需要发出何种控制信息，完成何种动作以及做出何种应答；在何种条件下数据必须重发或丢弃。

（3）同步，即事件实现顺序的详细说明。

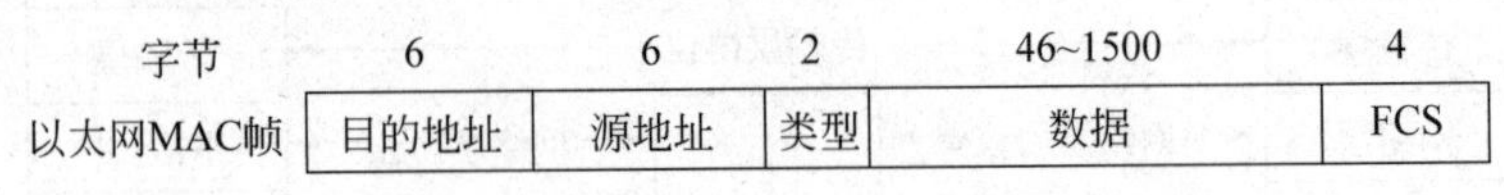

图2-6　以太网MAC帧的语法格式

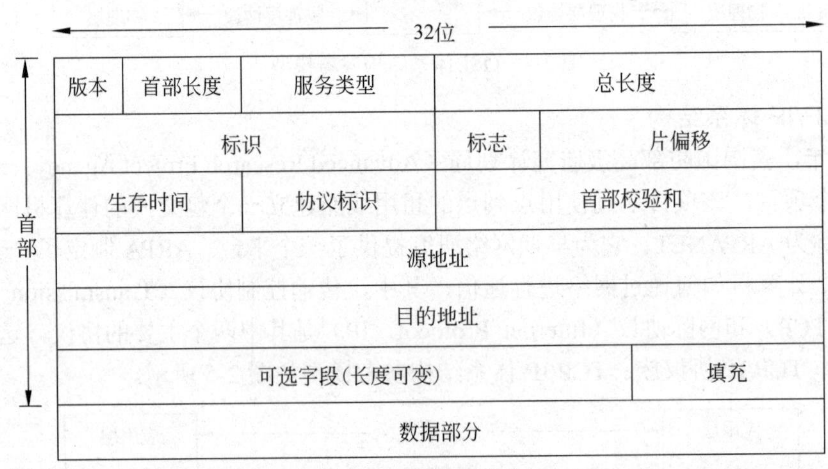

图2-7　IP数据报语法格式

协议只确定计算机各种规定的外部特点，不对内部的具体实现做任何规定。计算机网络软、硬件厂商在生产网络产品时，是按照协议规定的规则生产产品，使生产出的产品符合协议规定的标准，但生产厂商选择什么电子元件、使用何种语言是不受约束的。

在计算机网络中，每层都有各自的传送数据单位，这个数据单位因为是协议之间交换的，故称作协议数据单元（Protocol Data Unit，PDU）。N层的协议数据单元记作（N）协议数据单元。通常应用层的协议数据单元称作用户数据或用户消息；传输层的协议数据单元称作数据段（segment），也称作报文（message）；网络层的协议数据单元称作分组或包（packet）；数据链路层的协议数据单元称作帧（frame）；物理层协议数据单元称作位（bit）。

层与层之间交换数据的封装过程如图2-8所示。图2-9给出了TCP/IP协议间的封装关系。

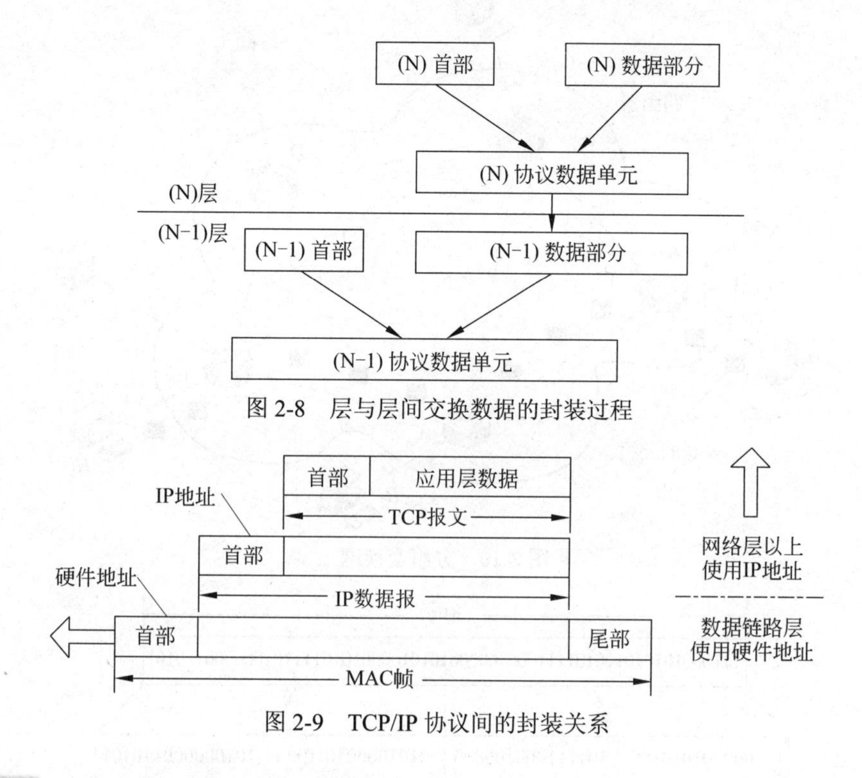

图 2-8　层与层间交换数据的封装过程

图 2-9　TCP/IP 协议间的封装关系

2.3　分组交换技术

2.3.1　分组交换技术的概念

20 世纪 60 年代美苏冷战时期，美国国防部领导的远景研究规划局 ARPA 提出要研制一种生存性（survivability）很强的网络。这种网络的特点是，网络中各个节点同等重要，避免某个节点成为打击目标；在战争中即使网络中的某些线路遭到破坏，网络的通信任务仍然能够完成。这种网络就是后来的计算机通信网络，也称为分组交换网络。分组交换网的示意图如图 2-10 所示。

2.3.2　分组交换的特点

分组交换的工作原理：在发送端先把较长的报文划分成较短的、固定长度的数据段。每一个数据段前面添加上首部即构成分组。每一个分组的首部都含有地址等控制信息。分组交换网中的路由器根据收到的分组的首部中的地址信息，把分组转发到下一个路由器。用这样的存储转发方式，分组被送到最终目的地。接收端收到分组后剥去首部，把收到的数据恢复成为原来的报文。分组交换的工作原理如图 2-11 所示。

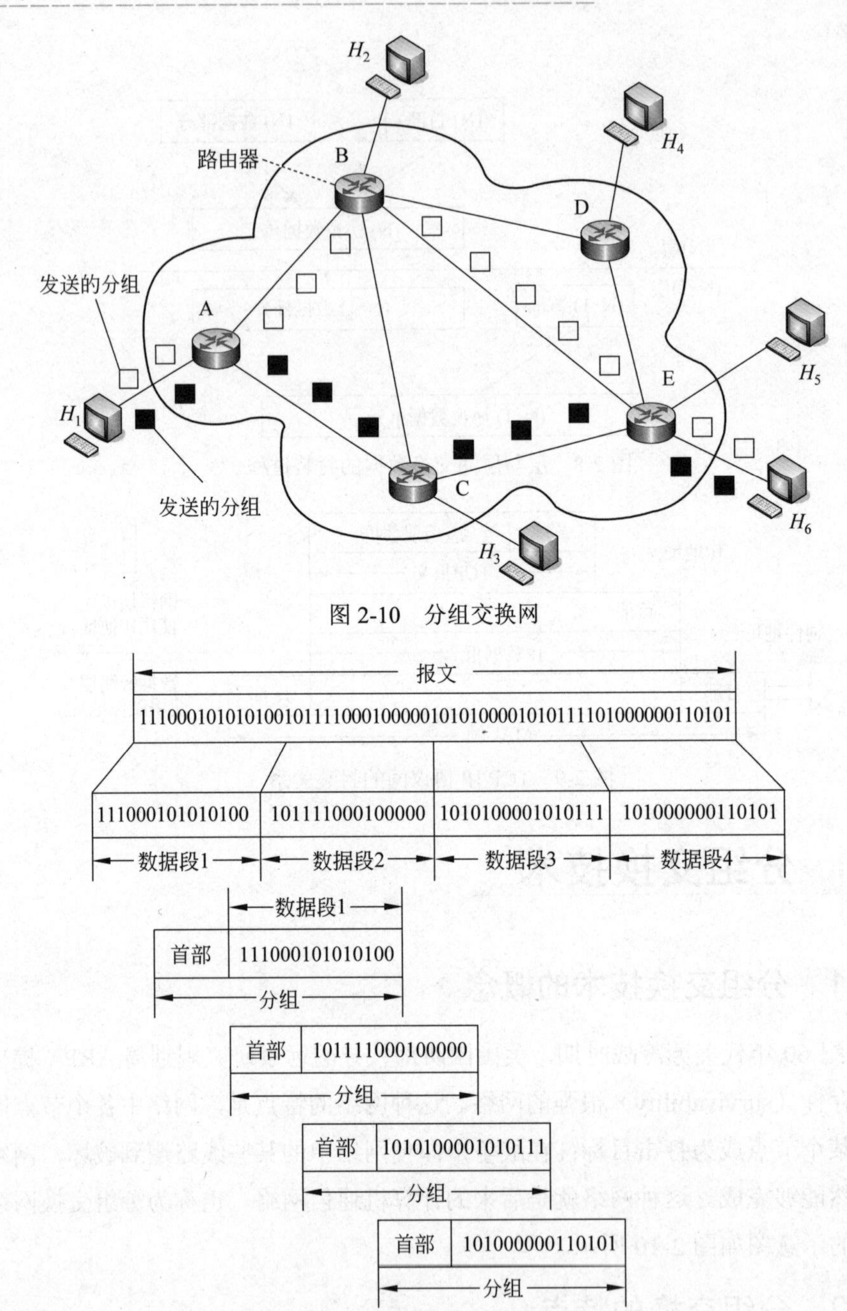

图 2-10　分组交换网

图 2-11　分组交换的工作原理

2.4　Internet 的基本知识

2.4.1　Internet 的构成

Internet 是一个世界范围的 Network of Networks，Networks 意味着有多个网络，包括

局域网、城域网和广域网。出现多种网络类型的原因是因为没有任何一种类型的网络可以满足所有需求。局域网受地理跨度限制，广域网不能提供低费用本地通信。

根据工作方式，可以把 Internet 划分为边缘部分和核心部分。边缘部分由连接在 Internet 上的主机（用户的终端、服务器）组成。用户直接使用边缘部分进行通信和资源共享。核心部分由大量网络和连接这些网络的路由器组成。Internet 的组成要素如图 2-12 所示。

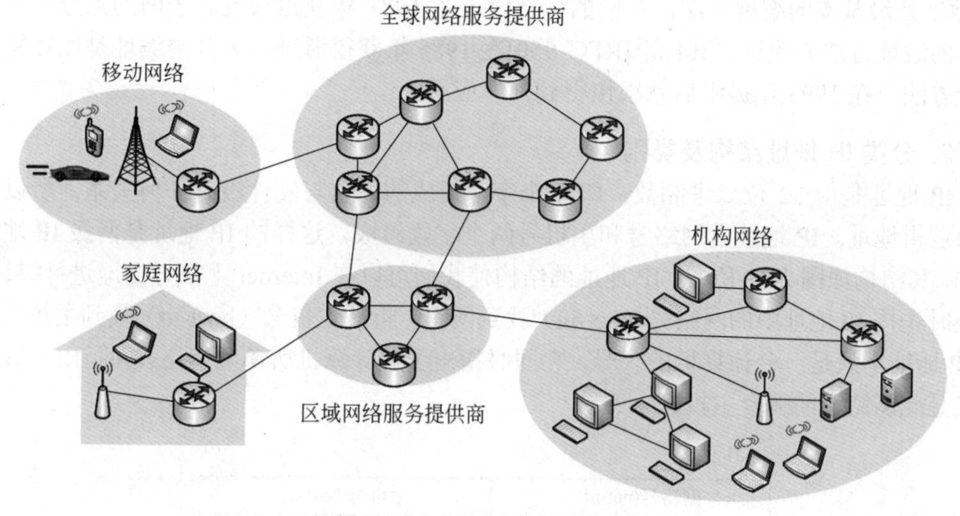

图 2-12 Internet 的组成要素

2.4.2 服务类别

1. 面向连接的服务

面向连接的服务要求通信双方在传输数据之前首先建立连接。数据传输过程包括建立连接、传输数据和释放连接三个阶段。在 Internet 中，TCP 协议提供面向连接的服务，为应用程序提供可靠的端到端字节流服务。为保证传输层服务的可靠性与稳定性，TCP 协议提供检错、重传、流量控制和阻塞控制等许多功能。

2. 无连接的服务

无连接的服务不要求通信双方在传输数据之前建立连接，是“尽力传递”（Best-effort Delivery）的服务。在 Internet 中，IP 协议和 UDP 协议提供的都是无连接的服务。IP 不提供差错检查或者追踪，它尽最大努力使传输数据到达目标，但是并不提供任何服务质量保证。同理，UDP 没有拥塞控制，也不提供可靠交付。无连接的服务也叫数据报服务，因此通常将 IP 协议的协议数据单元称为 IP 数据报，将 UDP 协议的协议数据单元称为 UDP 数据报。

2.4.3 IPv4 地址

1. 概述

每台连在 Internet 上工作的主机都应该有相应的地址标识。虽然网卡地址可以作为地址标识，但是因为网卡地址是硬件地址，地址的编址方式决定了它不易管理。而IP地址则不同，它不但可以确切地标识网上的每一个主机，而且易于管理。

Internet上的主机至少拥有一个IP地址。任何两台主机的IP地址不能相同，但是允许一台主机拥有多个IP地址。

IP地址的划分经过了三个阶段：分类的IP地址、子网的划分和无分类编址。分类的IP地址是最基本的编址方法，相应的标准协议在1981年获得通过。子网的划分是对最基本的编址方法的改进，其标准[RFC 950]在1985年获得通过。无分类编址是比较新的编址方法，在1993年提出后就很快得到推广应用。

2. 分类IP地址结构及类别

IP地址是由32位二进制数，即4个字节组成的，它与硬件没有任何关系，所以也称为逻辑地址。IP地址由网络号和主机号两个字段组成，这样的IP地址是两级IP地址结构，其结构如图2-13所示。IP地址的结构使我们可以在Internet上很方便地进行寻址。寻址时先按IP地址中的网络号（net-id）找到网络，再按主机号（host-id）找到主机。所以IP地址不只是一台计算机的代号，它同时指出了该计算机所属的网络，并指出了该计算机是此网络上的哪台主机。

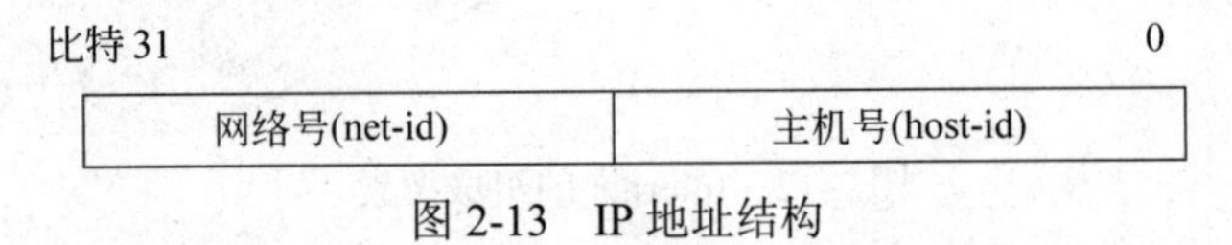

图2-13　IP地址结构

考虑到有的网络拥有很多主机，而有的网络上的主机则很少，因此为了便于对IP地址进行管理，将IP地址划分成五类，即A类到E类，如图2-14所示。目前大量使用的IP地址是A、B、C三类。当某单位申请到一个IP地址时，实际上只是获得了一个网络号，具体的各个主机号由本单位自行分配。

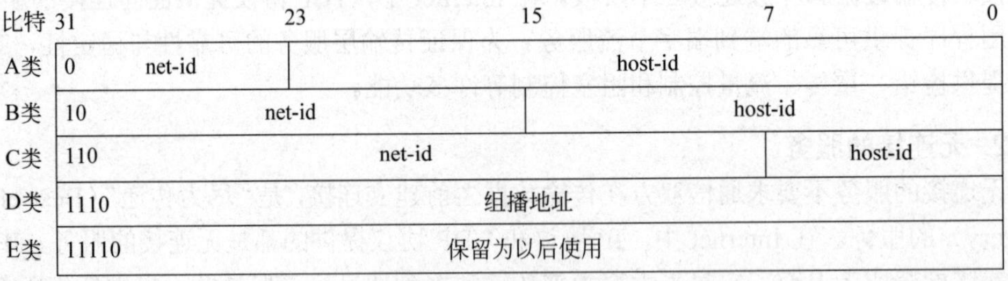

比特 31　23　15　7　0

A类	0	net-id	host-id
B类	10	net-id	host-id
C类	110	net-id	host-id
D类	1110	组播地址	
E类	11110	保留为以后使用	

图2-14　IP地址的类型

另外，IP定义了一套特殊地址格式，称为保留地址。这些特殊地址包括网络地址，直接广播地址，有限广播地址，本机地址。

- 网络地址：在IP地址中当主机号为全0时，可用来指明单个网络的地址。它不会出现在目的地址中。如10.0.0.0（A类），175.89.0.0（B类），201.123.45.0（C类）。
- 直接广播地址：在IP地址中当主机号为全1、网络号不为0时，表示一个物理网络上的所有主机。它不会出现在源地址中。在这种情况下，包的一次发送将到达一个特定网络上所有的计算机。如 201.114.64.255 是网络 201.114.64.0 的广播地址。

- 有限广播地址：IP 地址的 32 位都为 1 时为有限广播地址。它不会出现在源地址中。有限广播指在一个本地物理网（该主机所在的网络）的一次广播。在系统启动时，计算机还不知道自己所在的网络号，便可将有限广播地址作为目的地址来发送 IP 数据报。
- 本机地址：当 IP 地址的 32 位都为 0 时为本机地址。它不会出现在目的地址中。当计算机拨号上网时，主机需要去 Internet 服务提供商（Internet Service Provider，ISP）获得一个 IP 地址。但是当使用启动协议时，TCP/IP 协议族仍然要求使用合法的 IP 源地址。为了处理这一情况，计算机使用本机地址作为其源地址。

3. 子网及子网掩码

两级 IP 地址有其缺点：第一，IP 地址空间的利用率有时很低；第二，给每一个物理网络分配一个网络号会使路由表变得太大，导致网络性能变坏。

在 IP 地址中增加一个 subnet-id 字段，使两级的 IP 地址结构变为三级的 IP 地址结构，这种做法称为划分子网（Subnetting）。划分子网是单位内部的事情，单位对外仍然表现为没有划分子网的网络。子网号 subnet-id 是从两级 IP 的主机号部分“借用”的若干位。

	Net-id	Subnet-id	Host-id
子网掩码	1 1 1 1 1 1 1 1 1 1 1 1 1 1 1 1 1 1 1 1 1 1 1 1		0 0 0 0 0 0 0 0

图 2-15　三级 IP 地址的类型及子网掩码

每个子网都有自己的网络地址。当外面的分组进入到本单位网络后，本单位的路由器需把分组转发到确定的子网上。此时，需要利用子网掩码计算子网的网络地址。子网掩码的构成如图 2-15 所示，Net-id 和 Subnet-id 部分所有位设置为 1，Host-id 部分所有位设置为 0。将子网掩码和分组中目的 IP 地址进行逐位“与”运算，所得的结果就是子网的网络地址。

例 2-1　已知 IP 地址为 202.112.64.19，子网掩码为 255.255.255.240，则 IP 地址 202.112.64.19 的二进制形式为

$$11000010\ 01110000\ 01000000\ 00010011 \tag{2-1}$$

子网掩码 255.255.255.240 的二进制形式为

$$11111111\ 11111111\ 11111111\ 11110000 \tag{2-2}$$

式（2-1）和式（2-2）进行逐位“与”运算，得出网络地址为

$$11000010\ 01110000\ 01000000\ 00010000 \tag{2-3}$$

该网络地址的十进制形式为

$$202.112.64.16 \tag{2-4}$$

4. 无分类编址（CIDR）

在变长子网掩码（Variable Length Subnet Mask，VLSM）提出之前，一个划分子网的网络中所有子网使用的都是一个相同的子网掩码。1987 年，[RFC 1009]提出在一个划

分子网的网络中可同时使用几个不同的子网掩码，即根据子网的大小使用 VLSM，旨在进一步提高 IP 地址资源的利用率。这种方法可对 IP 地址按需分配，子网上主机多就多分配 IP 地址，子网上主机少就少分配 IP 地址。

在 VLSM 的基础上又进一步研究出无分类编址方法，即无分类域间路由选择（Classless Inter-Domain Routing，CIDR）。CIDR 两级编址的记法如图 2-16 所示。

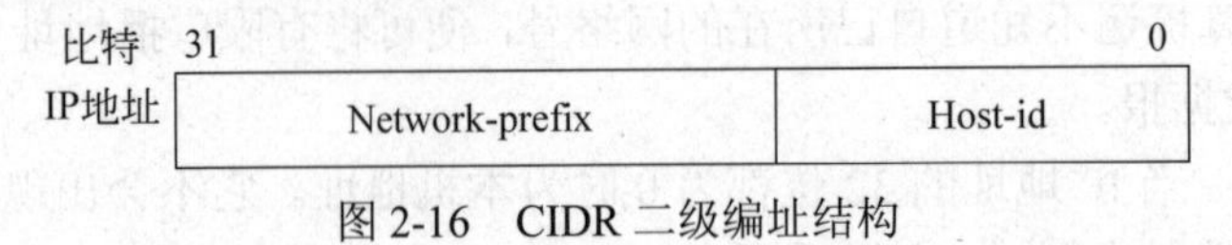

图 2-16　CIDR 二级编址结构

CIDR 的表示方法为在 IP 地址后面加上一个斜线“/”，斜线后标注网络前缀所占的比特数。如 IP 地址 128.14.32.0/20 隐含地指出 128.14.32.0 的掩码是 255.255.240.0。

CIDR 将网络前缀都相同的连续 IP 地址组成“CIDR 地址块”。一个 CIDR 地址块可以表示很多地址。这种地址的聚合常称为路由聚合，它使得路由表中的项目大大减少。

另外 IP 地址还分为全球地址和内网地址/专网地址。RFC1918 指明的内网地址/专网地址是：

10.0.0.0	到	10.255.255.255	或记为	10.0.0.0/8
172.16.0.0	到	172.31.255.255	或记为	172.16.0.0/12
192.168.0.0	到	192.168.255.255	或记为	192.168.0.0/16

5. IP 地址与物理地址

在 IP 数据报的首部既有源 IP 地址也有目的 IP 地址，但是在通信中路由器只根据目的 IP 地址进行路由选择。一个路由器至少有两个 IP 地址和两个 MAC 地址。路由器的 IP 地址不会出现在 IP 数据报中。

物理网络的数据链路层看到的只是 MAC 帧。IP 数据报被封装在 MAC 帧中。在不同的网络上传送数据时，MAC 帧的首部会发生变化。IP 地址和硬件地址的关系如图 2-17 所示。

2.4.4　端口的概念

端口是传输层的概念。端口号（Port Number）是按照应用进程的功能对应用进程实行的标识。端口号的长度为 16 位。端口号分为两类，一类是熟知端口号，其数值一般为 0～1023。当一种新的应用服务程序出现时，必须为它指派一个熟知端口。例如，HTTP 协议对应的端口号是 80，SMTP 协议对应的端口号是 25，FTP 协议对应的端口号是 21。另一类则是一般端口，用来随时分配给请求应用服务的客户进程。

每台主机对端口号实行独立编号，因此端口号只具有本地意义。如主机 A 和主机 B 上都可以拥有各自的端口号为 5001 的进程。在通信过程中，采用端口号和 IP 地址绑定使用。端口号和 IP 地址绑定后形成的标识称为插口（Socket），表示为

Socket = (IP Address : Port Number)

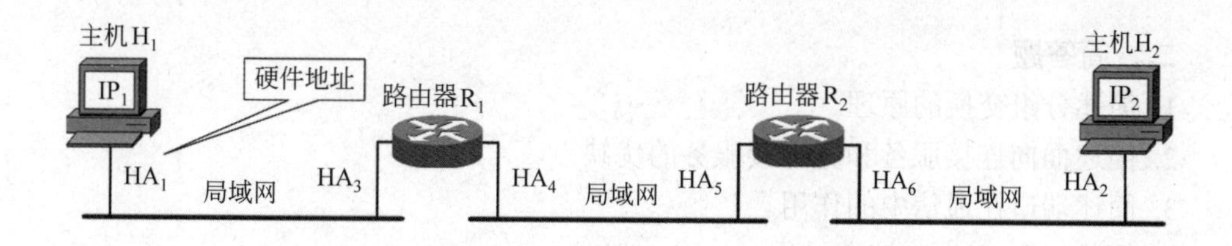

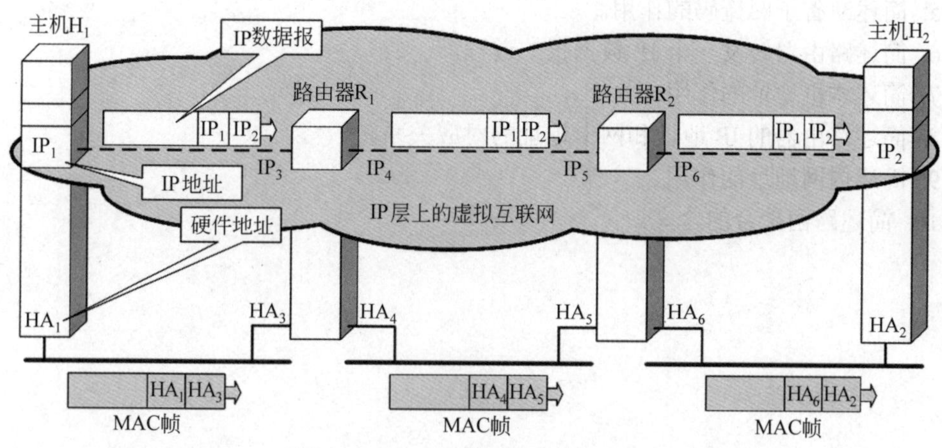

图 2-17 IP 地址和硬件地址的关系

TCP 是面向连接的传输层协议。TCP 的连接是一对端点的连接，插口清晰地标识出这条连接的源地址和目的地址。

端口号对应主机中的一个应用进程，编程语言通常用 port 表示。例如，一个 TCP 连接表示为

TCP Connection :: = (Socket 1, Socket 2) = ((IP1: Port1), (IP2: Port2))

其中，IP1 表示源主机 IP 地址，Port1 表示该主机上的一个应用进程；IP2 表示目的主机 IP 地址，Port2 表示目的主机上的一个应用进程。例如，一个客户端和某一邮件服务器的 TCP 连接表示为

TCP Connection :: = ((203.114.112.3:5001), (201.112.105.25:25))。

习　　题

一、填空题

1. 主机的 IPv4 的地址长度为_______位，主机的 MAC 地址长度为_______位。
2. 端口号长度是_______位，插口号的长度为_______位。
3. 一个主机的 IP 地址为 211.103.25.233，所在子网的子网掩码为 255.255.255.224，该主机所在子网的网络地址为_______，该子网的广播地址为_______。
4. 路由器至少拥有_______IP 地址。
5. TCP 是_______连接的、提供可靠_______的协议。
6. 228.141.32.0/23 网络前缀为_______位，掩码是_______。

二、简答题

1. 简述分组交换的原理。
2. 简述面向连接服务和无连接服务的优缺点。
3. 简述端口在通信中的作用。
4. 简述一个 TCP 连接的过程。
5. 简述缺省子网掩码的作用。
6. 简述路由器转发一个 IP 数据报的过程。
7. 简述本机地址的作用。
8. 简述路由器的 IP 地址和网卡地址的对应关系。
9. 简述内网地址的作用。
10. 简述路由聚合的含义。

第3章 Internet协议的安全性

TCP/IP协议族在诞生之初，网络中的用户彼此之间被认为是互相信任的，没有提供任何安全措施。现今，已不能认为网络中的用户是互相信任的，不能认为网络是安全的。

3.1 Internet协议概述

Internet协议的主要协议及其层次关系如图3-1所示。

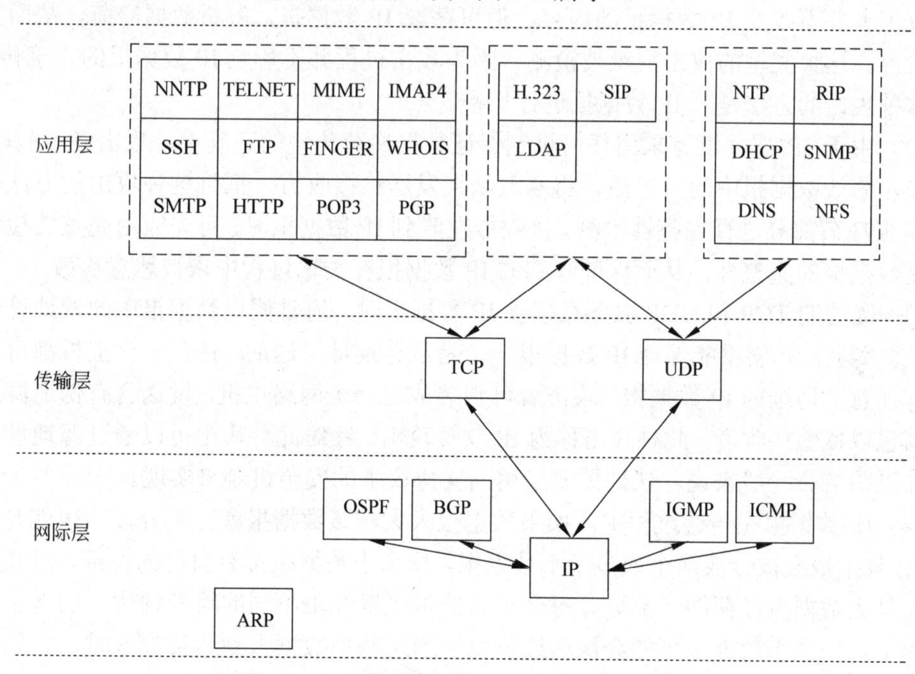

图3-1　TCP/IP协议族不同层次划分示意图

3.2 网际层协议

3.2.1 IP协议

1．概述

网际协议（Internet Protocol，IP）是TCP/IP协议族的核心，也是网际层中最重要的协议。IP数据报构成了TCP/IP协议族的基础。典型的IP数据报有几百个字节，其中首部占20～60字节，其余为数据净荷部分。

IP层接收由更低层（例如网络接口层）发来的数据包，对数据包进行处理后交付到更高层（TCP或UDP协议）；相反，IP层也把从TCP或UDP协议来的数据包传送到更低层。IP采用尽最大努力交付的服务，是一种不可靠的无连接数据报协议。每个IP数据报独立路由，各个数据报可能沿不同路径由发送方传送到接收方，因此，IP无法确认数据报是否丢失、失序或延迟到达。另外，虽然IP首部中存在校验位，但此校验位只用于检测IP数据报首部的正确性，并没有使用任何机制保证数据净荷传输的正确性，因此，无法确认IP数据报是否损坏。较高层的协议（如TCP）负责处理这些问题，以便为应用程序提供一条可靠的网络通信链路。

2．IP协议的安全问题及防护措施

IP协议存在一系列典型的安全问题。

（1）IP数据报在传递过程中易被攻击者监听、窃取。此种攻击是一种被动的攻击方式，攻击者并不改变IP数据报的内容，但可截取IP数据报，解析数据净荷，从而获得数据内容。这种类型的攻击很难被检测，因为攻击过程并不影响IP数据报的正确传递。针对这种攻击的方法是对IP数据报进行加密。

（2）由于IP层并没有采用任何机制保证数据净荷传输的正确性，攻击者可截取IP数据报，修改数据报中的内容后，将修改结果发送给接收方。抵抗这种攻击的方法是对IP数据报净荷部分进行完整性检测。接收方在收到IP数据报时，可先应用完整性检测机制检测数据报的完整性，从而保证收到的IP数据报在传输过程中未被恶意篡改。

（3）高层的TCP和UDP服务在接收IP数据报时，通常假设数据报中的源地址是有效的。事实上，IP层不能保证IP数据报一定是从源地址发送的。任意一台主机都可以发送具有任意源地址的IP数据报。攻击者可伪装成另一个网络主机，发送含有伪造源地址的数据包以欺骗接收者。此种攻击称为IP欺骗攻击。针对此种攻击可以通过源地址鉴别机制加以防御。一般来说，认证需要采用高层协议中的安全机制来实现。

（4）IP数据报在传递过程中，如果数据报太大，该数据报就会被分段。也就是说，大的IP数据报会被分成两个或多个小数据报，每个小数据报都有自己的首部，但其数据净荷仅是大数据报净荷的一部分。每个小数据报可以经由不同的路径到达目的地。在传输过程中，每个小数据报可能会被继续分段。当这些小数据报到达接收方时，它们会被重组到一起。按照协议规则，中间节点不能对小数据报进行拼装组合。一般来说，包过滤器完成IP数据报的分段和重组过程。然而，正是由于IP数据报在传输过程中要经历被分段和重组的过程，攻击者可在包过滤器中注入大量病态的小数据报，来破坏包过滤器的正常工作。当重要的信息被分成两个IP数据报时，过滤器可能会错误地处理数据报，或者仅传输第2个IP数据报。更糟的是，当两个重叠的IP数据报含有不同的内容时，重组规则并不提示如何处理这两个IP数据报。许多防火墙能够重组分段的IP数据报，以检查其内容。

（5）使用特殊的目的地址发送IP数据报也会引入安全问题。如发送目的地址是直接广播地址的 IP 数据报，发送这样的数据包是非常危险的，因为它们可以很容易地被用来攻击许多不同类型的主机。许多攻击者已将定向广播作为一种网络攻击手段。其实许多路由器具有阻止发送这类数据包的能力，因此，强烈建议网络管理员在配置路由器时，一定要启用路由器的这个功能。

3.2.2 ARP 协议

1．概述

在通常情况下，当我们访问一台机器的时候一定可以知道它的逻辑地址，而物理地址就不一定知道。如果不知道物理地址则不能把网络层的数据包封装成 MAC 帧，完不成通信。ARP 协议正是为了解决这个问题而设置的。

在每台主机上都设置有一个所在网段上的各主机和路由器的 IP 地址到硬件地址的映射表，也称为 ARP 高速缓存。在数据发送方，当网络层的数据报要封装成 MAC 帧时，首先在高速缓存中查看有无该数据报首部的目的地址所对应的硬件地址，若有，则将该硬件地址写入 MAC 帧的目的地址中，完成数据报的封装。若无，ARP 协议则在本局域网上广播发出一个 ARP 请求分组。在 ARP 请求分组中，发送方的 IP 地址和发送方硬件地址，以及目标 IP 地址都是应该写入已知的数据，要寻找的目标硬件地址写入全 0。当该请求分组到达每一个机器上时，每一台机器都要拿自己的 IP 地址和请求分组中的目标 IP 地址进行比较，如果不同则不做任何动作；若相同则发送一个 ARP 相应分组给请求方（这里不再使用广播，而是单播）。在相应分组中发送方写明了自己的硬件地址。当这一通信过程完成时，通信双方都要对自己的 ARP 高速缓存进行修改，添加上一条记录。

2．ARP 协议的安全问题及防护措施

通过上述 ARP 协议的工作原理可知，一名黑客只要能把他的主机成功插入某个网段，这台主机就能够接收到所在网段的 ARP 请求分组，从而获知该网段上主机 IP 和 MAC 地址的对应关系。从这里也可以看出，ARP 攻击仅仅在内网进行，它无法对外网（互联网、非本区域内的局域网）进行攻击。局域网中有一台主机 C，其 MAC 地址为 00-aa-00-F2-c8-04，现在假设它感染了 ARP 木马。 那么主机 C 将会向某主机 A 发送一个伪造的 ARP 响应，告知主机 A：主机 B 的 IP 地址 192.168.10.8 对应的 MAC 地址是 00-aa-00-F2-c8-04（其实是主机 C 的 MAC 地址），于是，主机 A 将这个对应关系写入自己的 ARP 缓存表中。以后当主机 A 向主机 B 发送数据时，都会将本应发往主机 B 的数据发送给攻击者（主机 C）。同样地，如果攻击者向主机 B 也发送一个伪造的 ARP 响应，告诉主机 B：主机 A 的 IP 地址 192.168.0.1 对应的 MAC 地址是 00-aa-00-F2-c8-04，主机 B 也会将数据发送给攻击者。至此攻击者就控制了主机 A 和主机 B 之间的流量，他可以选择被动地监测流量，获取密码和其他涉密信息，也可以伪造数据，改变主机 A 和主机 B 之间的通信内容。这种攻击称为 ARP 欺骗。

为了解决 ARP 攻击问题，可以在网络中的交换机上配置 802.1x 协议。IEEE 802.1x 是基于端口的访问控制协议，它对连接到交换机的用户进行认证和授权。在交换机上配置 802.1x 协议后，攻击者在连接交换机时需要进行身份认证（结合 MAC、端口、账户、

VLAN和密码等），只有通过认证后才能向网络发送数据。攻击者未通过认证就不能向网络发送伪造的ARP报文。

另外，建立静态ARP表，也是一种有效地抵抗ARP攻击的方法，而且对系统影响不大。缺点是破坏了动态ARP协议。

3.2.3 ICMP协议

1．概述

Internet控制报文协议（Internet Control Message Protocol，ICMP）是一个重要的错误处理和信息处理协议，运行在网际层。它可以用来通知主机到达目的地的最佳路由，报告路由故障，或者因网络故障中断某个连接。ICMP的主要功能之一是向IP节点发送一个简单消息，并将消息回显到发送主机。因而，它可以提供目的节点的可达性和到达目的节点所采用的传输路径等信息，在网络监控和故障诊断方面具有重要作用，是网络管理员常用的两个监控工具——Ping和Traceroute的重要组成部分。

ICMP提供了IP路由和交付问题的关键反馈信息，以及重要的IP诊断和控制能力，可用于网络的可达性分析、拥塞控制、路由优化和超时错误报告等方面[Jeffrey等 2014]。ICMP 最典型的用途是差错报告。例如，当某个网关发现传输错误时，该协议会立即向信源主机发送ICMP报文，报告出错信息，让信源主机采取相应处理措施。在运行Telnet、FTP或HTTP会话时，通常会遇到如“目的网络不可达”之类的错误报文，这些报文就是在ICMP中产生的。

IPv6有新版本的ICMP。ICMPv6与ICMPv4的很多消息是相似的，如Echo请求与应答消息、路由请求和公告等，但ICMPv6也新增了一些消息，如路由器重编号等。

2．ICMP协议的安全问题及防护措施

ICMP 能够提供有关网络配置和连接状态等信息，为网络监控和故障诊断提供了重要依据。然而，黑客也能够利用ICMP提供的这些信息，进行各种网络攻击和信息侦察。例如，一些黑客会滥用ICMP来中断某些连接，网上流行的nuke.c黑客程序就采用了这类攻击方式。此外，ICMP还存在一些典型的安全问题。

（1）ICMP重定向攻击。ICMP可以用来对主机之间的消息进行重定向，同样，黑客也能够用ICMP对消息进行重定向，进而使得目标机器遭受连接劫持和拒绝服务等攻击。一般来说，重定向消息应该仅由主机执行，而不是由路由器来执行。仅当消息直接来自路由器时，才由路由器执行重定向。然而，网络管理员有时可能会使用ICMP创建通往目的地的新路由。这种非常不谨慎的行为最终会导致非常严重的网络安全问题。

（2）ICMP路由器发现攻击[James等 2014]。在进行路由发现时，ICMP并不对应答方进行认证，这使得它可能遭受严重的中间人攻击。例如，在正常的路由器响应ICMP询问之前，攻击者可能会假冒正常的路由器，使用伪造的响应信息应答ICMP询问。由于在路由发现的过程中，ICMP 并不对应答方进行认证，因此接收方将无法知道这个响应是伪造的。

（3）防火墙穿越攻击。通过防火墙穿越攻击技术（Firewalking），攻击者能够穿越某

个防火墙的访问控制列表和规则集，进而确定该防火墙过滤的内容和具体的过滤方式。尽管防火墙面临着启用 ICMP 所带来的风险，但在防火墙上封堵所有的 ICMP 消息并不妥当。这是因为主机常采用一种称为 Path MTU 的机制，来测试究竟多大的数据包可以不用分段发送，而这种测试需要依赖于地址不可达的 ICMP 数据包穿过防火墙。

3.2.4 IGMP 协议

1. 概述

IGMP（Internet Group Management Protocol）作为因特网组播管理协议，是 TCP/IP 协议族中的重要协议之一，所有 IP 组播系统（包括主机和路由器）都需要支持 IGMP。IGMP 运行于主机和组播路由器之间，用来在 IP 主机和与其直接相邻的组播路由器之间建立、维护组播组成员关系。到目前为止，IGMP 共有三个版本，即 IGMP v1、v2 和 v3。

IGMP 实现的主要功能包括：主机通过 IGMP 通知路由器希望接收或离开某个特定组播组的信息；路由器通过 IGMP 周期性地查询局域网内的组播组成员是否处于活动状态，实现所连网段组成员关系的收集与维护。

2. IGMP 协议的安全问题及防护措施

IGMP 组播报文在 IP 数据包的基础上封装了组播地址等信息，鉴于组播报文基于 UDP 进行传输并缺少用户认证措施，网络中任何主机都可以向组播路由器发送 IGMP 包，请求加入或离开，导致非法用户很容易加入组播组，窃听组播数据或者发动其他针对计算机网络系统的攻击。目前，针对 IGMP 协议的攻击主要有以下几种：

（1）利用查询报文攻击。利用具有较低数值的 IP 地址路由器发送伪造的查询报文，由当前的查询方转变为响应查询请求，并且不再发出查询报文。攻击产生的效果包括：组播路由器对子网内各主机的加入请求不做任何响应，将屏蔽合法用户；组播路由器对子网内主机撤离报文不做响应，造成该子网内不存在组播用户，但是，组播数据又不断向该子网组播路由器发送请求报文，浪费有限的带宽和资源。

（2）利用离开报文进行 DoS 攻击。子网内非法用户通过截获某个合法用户信息来发送伪造的 IGMP 离开报文，组播路由器接收到报文后误认为该合法用户已经撤离该组播组，则不再向该用户发送询问请求，导致该合法用户不能再接收到组播数据包，造成拒绝服务攻击。

（3）利用报告报文攻击。非法用户伪装报告报文，或截获合法用户的报告报文向组播路由器发送伪造报文，使组播路由器误以为有新用户加入，于是将组播树扩展到非法用户所在的子网，此后非法用户就可以接收到来自组播路由的组播报文，并分析该报文以展开新的攻击。

IGMP 安全性的基本要求是只有注册的合法主机才能够向组播组发送数据和接收组播数据。但是，IP 组播很难保证这一点。首先，IP 组播使用 UDP，网络中任何主机都可以向某个组播地址发送 UDP 包；其次，Internet 缺少对于网络层的访问控制，组成员可以随时加入和退出组播组；最后，采用明文传输的 IGMP 组播报文很容易被窃听、冒充和篡改，使得组播安全性问题仍然是一个技术难点。

针对以上安全问题，一种有效的安全增强措施是利用 IGMP v3 的扩展性在组播报文中未使用的辅助字段部分增加认证信息，即在每个首次加入组播的报文中添加关联主机身份的认证信息，组播路由器接收到认证信息并通过公钥密码技术实现成员身份的认证，随后，在发送给组播成员的查询信息中添加成功/失败标识的认证信息。通过此认证机制来保证 IGMP 的安全运行。

3.2.5 OSPF 协议

1. 概述

由于 Internet 规模太大，所以常把它划分成许多较小的自治系统（Autonomous System，AS）。自治系统内部的路由协议称为内部网关协议，自治系统之间的协议称为外部网关协议。常见的内部网关协议有 RIP 协议和 OSPF 协议；外部网关协议有 BGP 协议。OSPF 协议和 BGP 协议都位于网络层，但 RIP 协议位于应用层。OSPF 协议是分布式的链路状态路由协议。链路在这里代表该路由器和哪些路由器是相邻的，即通过一个网络是可以连通的。链路状态说明了该通路的连通状态以及距离、时延、带宽等参数。在该协议中，只有当链路状态发生变化时，路由器才用洪泛法向所有路由器发送路由信息。所发送的信息是与本路由器相邻的所有路由器的链路状态。为了保存这些链路状态信息，每个路由器都建立有一个链路状态数据库，因为路由器交换信息时使用的是洪泛法，所以每个路由器都存有全网的链路状态信息，也就是说每个路由器都知道整个网络的连通情况和拓扑结构。这样每个路由器都可以根据链路状态数据库的信息来构造自己的路由表。路由表内包含有数据包去往目的地地址的下一跳路由信息。OSPF 协议是 TCP/IP 工作的基础。

2. OSPF 协议的安全问题及防护措施

OSPF 的报文中包含了认证类型以及认证数据字段，如图 3-2 所示。其中主要有密码认证、空认证以及明文认证这 3 种认证模式。明文认证是将口令通过明文的方式来进行传输，只要可以访问到网络的人都可以获得这个口令，易遭受来自网络内部的攻击。密码认证则能够提供良好的安全性。为接入同一个网络或者是子网的路由器配置一个共享密钥，然后这些路由器所发送的每一个 OSPF 报文都会携带一个建立在这个共享密钥基础之上的消息认证码。当路由器接收到报文之后，根据路由器上的共享密钥以及接收到的报文通过 MD5 Hash 函数生成一个消息认证码，并将生成的消息认证码与接收到的消

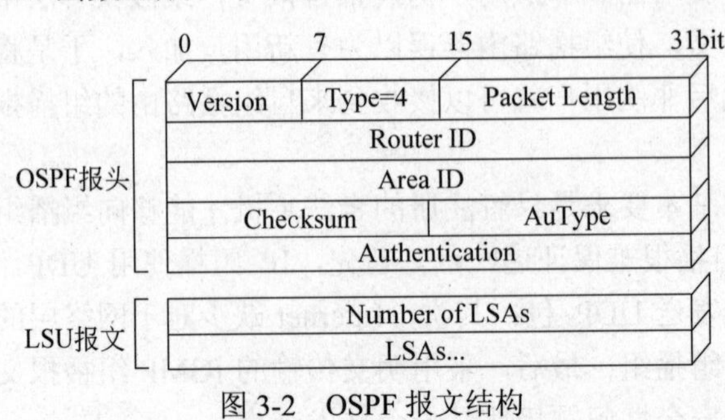

图 3-2 OSPF 报文结构

息认证码进行对比，如果两者一致就接收，反之则丢弃。OSPF 协议规定了认证域，但其作用非常有限。主要原因有：

（1）即使 OSPF 提供了较强的认证，但某些节点仍然使用简单的口令认证。那些能够戏弄路由协议的人也就有能力收集到本地以太网上传送的口令。

（2）在路由对话中，如果有一个合法的用户遭到破坏，那么它的消息就不再可信。

（3）在许多路由协议中，每台机器只对它邻近的计算机对话，而这些邻近的计算机将会重复旧的会话内容。这样，欺骗就会得到传播扩散。路由信息确定了两条通道：一条是从主叫机器到目标主机，另一条是从目标主机返回到主叫机器。第 2 条通道可以是第 1 条的逆通道，也可以不是。当它们不是逆通道的时候，就叫非对称路由。这种情况在 Internet 上非常普遍。当网络有多个防火墙时，就会产生问题。从安全的角度看，返回通道通常更加重要。当目标主机遭到攻击的时候，反向流动的数据包是通过什么通道到达攻击主机的呢？如果敌人能够破坏路由机制，那么目标主机就会被欺骗，使其相信敌人的机器是一台真正可信赖的机器。如果这种情况发生，那么依赖于源地址验证的认证机制将会失败。

3.2.6 BGP 协议

1. 概述

BGP（Border Gateway Protocol）是边界网关协议，它将单一管理的网络转化为由多个自治系统分散互联的网络。它通常工作于 ISP 内部或 ISP 之间，有时也工作于 Intranet 内部。BGP 使用 TCP 作为路由交换的底层传输协议，其以增量的更新实现路由信息交换。首个 BGP 协议版本在 RFC1105 中规定，目前实际运行版本为 BGP-4（RFC4271）。有关 BGP 的详细描述可参阅相关文献[Stewart 1999]。

2. BGP 协议的安全问题及防护措施

BGP 协议最主要的安全问题在于：每个自治系统向外通告自己所拥有的 CIDR（Classless Inter-Domain Routing）地址块，并且协议无条件信任对等系统的路由宣告，这就导致一个自治系统向外通告不属于自己的前缀时，也会被 BGP 用户认为合法，从而接受和传播。有研究人员[Li 等 2013]将问题归结为 BGP 缺乏一个安全可信的路由认证机制，即 BGP 无法对所传播的路由信息的安全性进行验证。为了抵抗针对 BGP 协议的攻击，研究人员主要提出了两类方案：路由认证类方案和前缀劫持检测类方案。

路由认证类方案利用数字证书、签名和其他密码学技术来保护路由信息的真实性和完整性。

（1）首先出现的是针对劫持 BGP TCP 会话的 MD5 BGP 认证技术[Heffernan 1998]。会话者通过验证 TCP 伪首部、首部、数据段和共享秘密的 MD5 杂凑值，来实现认证。这种方法比较成熟，也具有很高的效率，但是其安全性随着 MD5 算法的安全性减弱已经逐渐降低。

（2）S-BGP 方案[Kent 等 2000a，2000b]利用 PKI 技术来增强 BGP 的安全性。该方案在 BGP 会话者接收到的整个路径上提供数字签名链。这种方案受到 PKI 技术的制约，存在计算开销大等问题。同时，受制于各厂商和管理机构的标准难于统一，该方案推广与部署困难。

（3）为了解决 S-BGP 方案不易部署等缺陷，出现了许多基于 S-BGP 的改进方案。如 Cisco 公司的 soBGP 方案[White 2003]、IRV（Interdomain Routing Validation）方案[Goodell 等 2003]以及 IETF 的 SIDR 工作组开发的 RPKI（Resource Public Key infrastructure）& BGPsec 方案[Lepinski 2012a，2012b]。

前缀劫持检测类方案利用异常检测（Anomaly Detection）技术提取 BGP 协议运行中的异常信息，对前缀劫持行为进行检测，从而提高 BGP 的安全性。

（1）多源 AS（Multiple Origin AS，MOAS）检测技术[Zhao 等 2001]通过获取网络中控制平面的信息，对比 MOAS 列表的一致性，来区分有效的 MOAS 和攻击的 MOAS。PHAS（Prefix Hijack Alert System）检测技术通过审查 BGP 协议获得的路由数据，发现前缀劫持威胁，并向管理者通报路由异常[Lad 等 2006]。

（2）主动探测技术是利用数据平面反馈的信息来发现前缀劫持行为。根据观测点（Vantage Point）与被测自治系统位置的对应关系，可以分为由外及内探测[Zheng 等 2007]和由内及外探测[Zhang 等 2010]两类主动探测技术。

为了综合利用以上两类检测技术的优点，研究人员也提出了将主动探测技术和 MOAS 检测技术结合的前缀劫持混合检测技术[Hu 等 2007]。

3.3 传输层协议

本节主要讨论传输层协议及其安全性分析。传输层的任务是在源主机和目的主机之间提供可靠的、性价比合理的数据传输功能，向下利用网络层提供给它的服务，向上为其用户（通常为应用层中的进程）提供高效、可靠和性价比合理的服务。传输层的存在使得传输服务有可能比网络服务更加可靠，丢失的分组和损坏的数据可以在传输层上检测出来，并进行纠正。Internet 传输层有两个主要协议，一个是面向连接的 TCP 协议，一个是无连接的 UDP 协议。

3.3.1 TCP 协议

1. 概述

TCP 是一个面向连接的可靠传输协议，提供了一些用户所期望的而 IP 协议又不能提供的功能。如 IP 层的数据包非常容易丢失、被复制或以错误的次序传递，无法保证数据包一定被正确递交到目标端。而 TCP 协议会对数据包进行排序和校验，未按照顺序收到的数据包会被重排，而损坏的数据包也可以被重传。TCP 协议的原始正式定义位于 RFC793 中，此外在 RFC1122 中详细阐述了一些错误的修补方案，在 RFC1323 中又进一步作了扩展。

2. TCP 协议的安全问题及防护措施

目前针对 TCP 协议的攻击主要可以划分为以下三类。

第一类攻击是针对TCP连接建立阶段的三次握手过程。TCP是一个面向连接的协议，即在数据传输之前要首先建立连接，然后传输数据，当数据传输完毕后释放所建立的连接。TCP 使用三次握手来建立连接，这种方式大大增强了传输的可靠性，如防止已失效的连接请求报文段到达被请求方，产生错误造成资源的浪费。具体过程如图 3-3 所示。但与此同时，三次握手机制却给攻击者提供了可以利用的漏洞，这类攻击中最常见的就是 SYN FLOOD 攻击，攻击者不断向服务器的监听端口发送建立 TCP 连接的请求 SYN 数据包，但收到服务器的 SYN 包后却不回复 ACK 确认信息，每次操作都会使服务器端保留一个半开放的连接，当这些半开放连接填满服务器的连接队列时，服务器便不再接受后续的任何连接请求，这种攻击属于拒绝服务（DoS）攻击。防御这类攻击的主要思路是在服务器前端部署相应的网络安全设备（如防火墙设备）对 SYN FLOOD 攻击数据包进行过滤。

第二类攻击针对 TCP 协议不对数据包进行加密和认证的漏洞，进行 TCP 会话劫持攻击。TCP 协议有一个关键特征，即 TCP 连接上的每一个字节都有它自己独有的 32 位序列号，数据包的次序就靠每个数据包中的序列号来维持。在数据传输过程中所发送的每一个字节，包括 TCP 连接的打开和关闭请求，都会获得唯一的标号。TCP 协议确认数据包的真实性的主要根据就是判断序列号是否正确，但这种机制的安全性并不够，如果攻击者能够预测目标主机选择的起始序号，就可以欺骗该目标主机，使其相信自己正在与一台可信主机进行会话。攻击者还可以伪造发送序列号在有效接收窗口内的报文，也可以截获报文并篡改内容后再发送给接收方。防御此类攻击的思路是在 TCP 连接建立时采用一个随机数作为初始序列号，规避攻击者对序列号的猜测。

第三类攻击是针对 TCP 的拥塞控制机制的特性，在 TCP 连接建立后的数据传输阶段进行攻击，降低网络的数据传输能力。拥塞控制是 TCP 的一项重要功能，所谓拥塞控

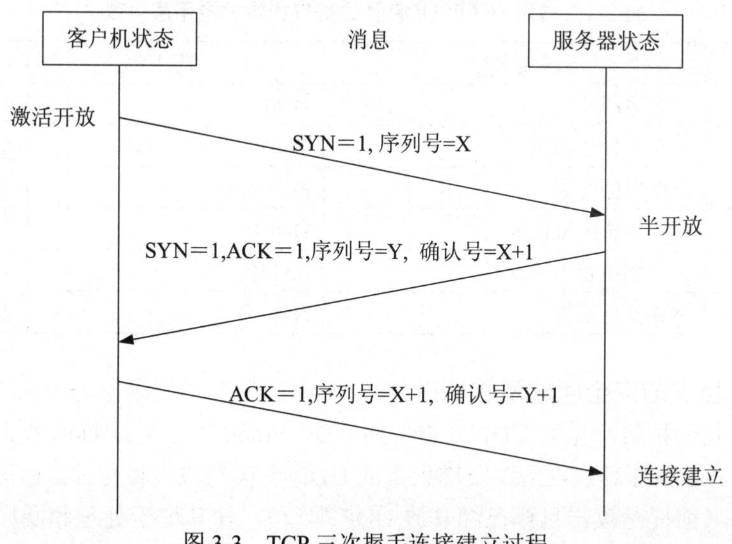

图 3-3 TCP 三次握手连接建立过程

制就是防止过多的数据注入网络，使网络中的链路和交换结点（路由器）的负荷不致过载而发生拥塞，TCP 的拥塞控制主要有以下 4 种方法：慢启动、拥塞避免、快重传和快恢复。发送端主机在确定发送报文段的速率时，既要考虑接收端的接收能力，又要考虑网络的传输能力。因此，每一个 TCP 连接都需要维护接收窗口和拥塞窗口两个状态变量，接收窗口是接收端主机根据其目前的接收缓存大小所许诺的最新窗口值；拥塞窗口的大小表示了当前网络的传输能力，由发送端设置。发送窗口取这两者中的较小值。攻击者会利用发送端计算拥塞窗口的漏洞，通过降低拥塞窗口大小来降低发送窗口的大小。拥塞窗口的计算采用了所谓的慢启动（slow start）算法，其具体特征就是拥塞窗口在传输正常时成指数增长，增长到一定阈值后按线性增长，一旦出现数据包传输超时，则拥塞窗口变为最小值，阈值变为原来一半。有经验的攻击者可以利用这种特性，周期性地制造网络关键节点的拥塞，不断触发拥塞窗口的慢启动过程，最终达到降低正常数据传输能力的目的。因为此类攻击的具体手段比较灵活，防御此类攻击的难度较大，需要网络管理人员实时监测网络的异常流量，避免攻击者制造网络关键节点的拥塞。

3.3.2 UDP 协议

1. 概述

相较于 TCP 提供的丰富功能，UDP 协议只在 IP 的数据报服务之上增加了很少的一点功能，即端口的功能和差错检测的功能。虽然 UDP 用户数据报只能提供不可靠的交付，但 UDP 在某些方面有其特殊的优点：第一，发送数据之前不需要建立连接，因此减少了开销和发送数据之前的时延；第二，不使用拥塞控制，也不保证可靠交付，因此，主机不需要维持许多参数的、复杂的连接状态表；第三，UDP 用户数据报只有 8 个字节的首部开销；第四，由于没有拥塞控制，网络出现的拥塞不会使源主机的发送速率降低。这对某些实时应用是很重要的。

表 3-1 列出了常用的几种使用 UDP 协议进行传输的应用层协议及相应端口号。

表 3-1　常用的使用 UDP 协议进行传输的应用层协议

序　号	应用名称	应用层协议	端口号
1	域名系统	DNS	53
2	简单文件传输协议	TFTP	69
3	网络时间协议	NTP	123
4	动态主机配置协议	DHCP	67、68
5	简单网络管理协议	SNMP	161、162
6	网络文件系统	NFS	2049

2. UDP 协议的安全问题及防护措施

DoS 攻击是一种最常见的 UDP 攻击，而 UDP Flood 攻击又是 DoS 攻击中最普遍的流量型攻击。其攻击原理：攻击源发送大量的 UDP 小包到攻击目标，目标可以是服务器或者网络设备（前提是攻击目标已经开放 UDP 端口），使其忙于处理和回应 UDP 报文，系统资源使用率飙高，最后导致该设备不能提供正常服务或者直接死机，严重的会造成全网瘫痪。可以说 UDP 攻击是一种消耗攻击目标资源，同时也消耗自己资源的攻击方式，技术含量较低。

使用 UDP 进行传输的应用层协议之间差异极大，因此不同情况下的 UDP 攻击需要采取不同的防护手段：（1）如果攻击包是大包，则根据攻击包大小设定包碎片重组大小，通常不小于 1500，极端情况下可以考虑丢弃所有 UDP 碎片；（2）当攻击端口为业务端口，根据该业务 UDP 最大包长设置 UDP 最大包以过滤异常流量；（3）当攻击端口为非业务端口，通常通过设置 UDP 连接规则，要求所有去往该端口的 UDP 包，必须首先与 TCP 端口建立 TCP 连接，不过这种方法需要借助专业安全设备。

3.4 应用层协议

3.4.1 RIP 协议

1．概述

RIP（Routing Information Protocol）是一种动态内部路由/网关协议，适用于简单的 IP 网络。该协议虽然解决的是网络互联的路由问题，但它是应用层协议。RIP 协议最早在 RFC 1058 中提出，RIPv2（RFC1723）是它的改进方案。RIPv2 新增了变长子网掩码的功能，支持无类域间路由、支持组播、支持认证功能，同时对 RIP 路由器具有后向兼容性。

RIP 采用距离矢量算法与相邻的路由器交换路由信息，它以“跳数”（即 metric）来衡量到达目的地的距离。路由器到直连网络的 metric 标记为 0，每经过一个路由器到达下一网络时 metric 增加 1。为限制收敛时间，RIP 规定一条有效路由信息的 metric 不能超过 15，这就使得该协议不能应用于大型的网络。

RIP 的工作原理如下：（1）路由器最初启动时只包含了其直连网络的路由信息，随后定期（30s）和相邻路由器交换路由信息（就是路由器当前的路由表），路由信息以 RIP 报文传送。（2）路由器根据接收到的 RIP 报文来更新路由表，具体方法是添加或更新自己的路由表项。（3）如果接收到与已有表项的目的地址相同的路由信息，则分为三种情况对待：第一种情况，已有表项的来源端口与新表项的来源端口相同，那么根据最新的路由信息更新其路由表；第二种情况，已有表项与新表项来源于不同的端口，那么比较它们的 metric 值，将 metric 值较小的一个作为自己的路由表项；第三种情况，新旧表项的 metric 值相等，通常的处理方法是保留旧的表项。（4）若接收到的目的网络不在自己的路由表中，则把该项目加到路由表中，并将其 metric 值加 1。经过一系列路由更新，网络中的每个路由器都具有一张完整的路由表，这个过程称为收敛。RIP 协议使用 UDP 的 520 端口来发送和接收 RIP 报文。路由器每隔 30s 向其邻居路由器发送本地路由表。如果经过 180s 都没有接收到更新报文，那么将其标记为不可达，即 metric 值标记为 16。如果在其后的 120s 仍然没有收到更新信息，就将该路由从路由表中删除。

2．RIP 协议的安全问题及防护措施

RIPv1 有其固有的不安全因素，它没有使用认证机制并使用不可靠的 UDP 协议进行传输。RIPv2 的分组格式中包含了一个选项可以设置 16 个字符的明文加密字符串或者对 MD5 杂凑值的签名。虽然 RIP 报文很容易伪造，但 RIPv2 中对 MD5 杂凑值的签名与认证使得欺骗的操作难度大大提高。攻击者可以伪造 RIP 路由更新信息，并向邻居路由器发送，伪造内容为目的网络地址、子网掩码地址与下一条地址，经过若干轮的路由更新，网络通信将面临瘫痪的风险。此外，攻击者会利用一些网络嗅探工具（如 tcpdump 和 rprobe 等），来获得远程网络的 RIP 路由表，通过欺骗工具（如 srip）伪造 RIPv1 或 RIPv2 报文，再利用重定向工具（如 fragroute）截取、修改和重写向外发送的报文，以控制网络中的报文信息。

针对 RIP 的不安全因素，中小型网络通常采取以下的两种防范措施：

（1）将路由器的某些接口配置为被动接口，配置为被动接口后，该接口停止向它所在的网络广播路由更新报文，但是允许它接收来自其他路由器的更新报文。

（2）配置路由器的访问控制列表，只允许某些源 IP 地址的路由更新报文进入列表。

目前，大多数企业网络使用的是采用 MD5 安全机制的 RIPv2 协议，或者是移植了安全认证机制的 OSPF 协议来提高安全性。

3.4.2 HTTP 协议

1．概述

超文本传输协议（Hyper Text Transfer Protocol，HTTP）是一种承载于 TCP 协议之上的应用层协议，能够从服务器传输超文本到本地浏览器，是互联网上应用最广泛的一种网络协议。HTTP 协议是一个客户端终端和服务器端之间请求和应答的标准，具体过程：首先由客户端发起一个请求，建立到服务器指定端口（默认是 80 端口）的连接，HTTP 服务器接收请求后，会向客户端返回一个状态，包括协议版本号、成功或错误的代码和返回内容等信息，客户端收到信息后通过浏览器显示内容，最后断开连接。

2．HTTP 协议的安全问题及防护措施

由于 HTTP 协议设计之初未进行安全方面的考虑，数据是直接通过明文进行传输的，不提供任何方式的数据加密，因此存在较大的安全缺陷。

（1）攻击者可以通过网络嗅探工具轻易获得明文的传输数据，从而分析出特定的敏感信息，如用户的登录口令、手机号码和信用卡号码等重要资料。

（2）HTTP 协议是一种无状态的连接，在传输客户端请求和服务器响应时，唯一的完整性检验就是在报文头部包含了数据传输长度，而未对传输内容进行消息完整性检测，攻击者可以轻易篡改传输数据，发动中间人攻击，因此 HTTP 协议不适合传输重要信息。

针对 HTTP 协议的这些安全问题，超文本传输安全协议（Hyper Text Transfer Protocol Secure，HTTPS）在 HTTP 协议和 TCP 协议之间增加了安全层来增强安全性，安全层主要通过安全套接层（Secure Sockets Layer，SSL）及其替代协议传输层安全协议（Transport Layer Security，TLS）实现。与 HTTP 协议不同，SSL 协议通过 443 端口进行传输，主

要包含记录协议（SSL Record Protocol）和握手协议（SSL Handshake Protocol），记录协议确定了对传输层数据进行封装，具体实施加密解密、计算和校验等安全操作。握手协议使用 X.509 认证，用于验证传送数据，协商加密算法，并利用非对称加密算法进行身份认证和生成会话密钥等操作，从而对通信双方交换的数据加密，保证客户与服务器应用之间的通信不被攻击者窃听。

HTTPS 协议通过增加安全层，可实现双向身份认证、生成会话密钥、传输数据加密、数据完整性验证和防止数据包重放攻击等安全功能，主要改进在于使用非对称加密算法在不可信的互联网上安全传输了用来对称加密的会话密钥，从而建立了安全信道，因此很多银行和邮箱等安全级别较高的服务都使用 HTTPS 协议。但由于 HTTPS 协议会额外增加握手过程并对数据进行加密，因此会在一定程度上拖慢网页加载速度。

由于 SSL 使用了非对称加密算法来传输会话密钥，在大多数情况下，HTTPS 协议本身不会直接遭遇威胁，针对 HTTPS 协议的攻击方式主要是发生在 SSL 连接还未发生时的中间人攻击，利用 SSLstrip 工具可攻击从非安全连接到安全连接的通信，即从 HTTP 到 HTTPS 的过程中发起中间人攻击，模拟客户端向服务器提供证书，再从安全网站收到流量提供给客户端，进而窃取敏感信息。

多数 SSL 加密的网站都使用名为 OpenSSL 的开源软件包，2014 年 4 月曾爆发著名的心脏滴血（Heartbleed）漏洞，影响了全球绝大多数使用 HTTPS 协议的安全网站，目前该漏洞已被修补。

3.4.3 TELNET 协议

1．概述

远程登录（Telnet）协议是 TCP/IP 协议族中的一员，是 Internet 远程登录服务的标准协议。Telnet 协议可以让用户使用的本地计算机成为远程主机系统的一个终端。用户可以在本地终端上使用 Telnet 协议远程访问服务器并输入命令，命令会在服务器上执行，并将执行结果返回给用户。Telnet 协议侧重于访问远程主机所拥有的信息资源，如果希望在本地计算机与远程主机间传递文件，那么相较而言 FTP 协议会更加快捷有效。Telnet 协议默认采用 TCP 23 号端口。

2．Telnet 协议的安全问题及防护措施

Telnet 协议现今并不多用，许多服务器都禁止了 Telnet 服务。因为在注重安全性的现代网络环境中，我们不再假设通信网络与通信各方是可信任的，大多数 Telnet 会话都来自不可信的终端，这些终端与服务器之间的网络也是不可信任的。而工作在上述环境下的 Telnet 协议是一种明文传输协议，它明文传输用户的通信内容，包括用户名和密码。因此 Telnet 协议缺乏对数据保密性与完整性的保护，具体存在以下两类主要安全问题：

（1）攻击者可以通过嗅探器（Sniffer）监听 Telnet 会话，并记录用户名和口令组合甚至所有会话内容。事实上，近年来在许多主要 ISP 的主机上都发现存在嗅探器。这些嗅探器捕获 Internet 业务流的成功率相当高，它们记录 Telnet，FTP 和 rlogin 会话的前 128 个字符，这足以记录目标主机的地址、登录用户名和口令。

（2）除了监听Telnet会话等被动的攻击方式，攻击者还可以采取主动的攻击方式，比如从通信线路着手劫持Telnet会话并在认证完成后篡改或插入一些命令，或者在会话结束后仍然保持已建立的连接。事实上，已经有黑客团体掌握了使用TCP劫持工具的方法，他们能够在某种条件下劫持TCP会话。对黑客团体而言，Telnet和rlogin会话是极具吸引力的目标。在Telnet会话遇到上述的主动攻击时，即使用户没有采用传统的静态口令，而是采用一次性口令（One-Time Password，OTP）或称动态口令的机制（它采用密码学中的HMAC算法构造的动态口令，这部分内容将在后续章节中详细讨论）认证登录，也只能避免泄露用户名与静态口令的组合，而不能避免会话被劫持。

对Telnet会话进行加密是解决上述安全问题的可行方案。但是，如果通信双方互不信任，单钥加密（在后续章节中会详细介绍）则有害无益，因为通信一方必须将密钥提供给不可信的另一方，这样会泄漏该密钥。目前存在多种Telnet的加密解决方案，比如stel，SSLtelnet，stelnet和SSH。虽然也已经出现了对Telnet加密的标准化版本，但是尚不清楚有多少用户使用它。而SSH已经成为远程登录事实上的标准协议。

3.4.4 SSH协议

1．概述

安全壳（Secure Shell，SSH）协议是一种在不安全的网络上建立安全的远程登录或其他安全网络服务的协议，由IETF的网络工作小组（Network Working Group）所制定。SSH是建立在应用层和传输层基础上的安全协议。SSH设计的原意是为了取代原UNIX系统上的rcp，rlogin和rsh等不安全的指令程序，现被用来取代Telnet实现安全的远程登录，并可以为POP，FTP甚至PPP等网络应用程序提供一个安全的“隧道”。SSH提供多种身份认证和数据加密机制，并采用“挑战/响应”机制替代传统的主机名和口令认证。SSH对所有传输的数据使用RSA公钥加密算法进行处理，避免了如Telnet等传统的网络服务程序明文传输口令和数据带来的信息泄露隐患，同时能够有效防止“中间人攻击”（Man-in-the-middle Attack）、DNS欺骗和IP欺骗。SSH协议默认采用TCP 22端口。

SSH的通信流程主要分为6步：建立TCP连接、版本协商、算法协商、密钥建立和服务器认证、用户认证、通信会话。

2．SSH协议的安全问题及防护措施

SSH协议主要由3层协议组成：传输层协议、用户认证协议和连接协议，其中高层协议要运行在底层协议的基础上，因此远程登录过程的安全性是由3个安全协议共同保证的。SSH协议虽然为目前来讲较可靠，专为远程登录会话和其他网络服务提供安全性的协议，但仍有一些安全性问题需要关注，并会面临多种网络攻击。

（1）服务器认证。SSH协议主要面向互联网网络中主机之间的互访与信息交换，拥有一套以主机密钥为基础的完备的密钥机制。然而在某些安全性不高的网络环境中，没有可信的认证机构对服务器的真实性进行验证；同时为了用户的客户端使用方便，SSH协议提供了一个可选功能，即在客户机第一次连接到服务器时，可以不对服务器的主机密钥进行验证。这一功能会产生一些安全问题，虽然此时客户端与服务器之间的通信仍

然是加密的，第三方不可能获得双方通信的内容，但攻击者可能假冒成真正的服务器，从而使得整个系统的安全都受到威胁。因此，在系统中，应尽量避免把该功能设为默认配置，即必须尽可能检验主机密钥，使用验证服务器正确性的方法，例如要求传送 SHA-1 哈希算法生成的主机公钥的 MAC 值等。

（2）协议版本协商。SSH 协议运行的第一步是进行服务器与客户端协议版本的协商。服务器会打开端口 22 与客户端建立 TCP 连接，之后发送的包含协议版本号的 TCP 报文至客户端，客户端接收报文并解析，之后返回服务器一个包含协议版本号的报文。如果双方的版本号不同，由服务器决定是否可以运行；如果可以，则双方都以较低的版本运行。如果攻击者采用有安全漏洞的版本建立连接，协商的结果是采用有安全漏洞的 SSH 协议版本，则可能会采取进一步的攻击。所以在 SSH 协议软件的配置中需考虑版本问题，对于采用的软件版本有安全问题的通信方，可以采用中断 TCP 连接的办法。SSH 是 Client /Server 结构，并且有两个不兼容的版本，分别是 1.x 和 2.x，其中 1.x 存在许多安全问题，已很少使用。

（3）主机密钥文件安全。SSH 协议在工作时，服务器的主机密钥存储在一个 root 用户可读的主机密钥文件中，如果该文件被窃取或篡改，则会对协议的认证机制造成严重威胁。攻击者可以利用有效的主机密钥实施一系列攻击，如假冒攻击、重放攻击和中间人攻击等。因此，主机密钥文件必须用非常安全的机制进行管理。

OpenSSH 是 SSH 的替代软件，其源代码是开放的，而且是免费的，且同时支持 SSH 1.x 和 2.x，预计将来会有越来越多的人使用 OpenSSH。现在已经有各种基于 Windows 的 SSH 版本，这些版本的功能和价格各不相同。PuTTY 是一个不错的免费自由软件，该软件不需要安装就可以运行。

3.4.5 DNS 协议

1．概述

域名系统（Domain Name System，DNS）是一个分布式数据库系统，用来实现域名到 IP 地址或 IP 地址到域名的映射。在 Internet 上，域名与 IP 地址之间是一一对应的。域名虽然便于人们记忆，但机器之间只能通过 IP 地址互相识别，它们之间的转换工作称为域名解析，域名解析的工作需要由专门的域名解析服务器来自动完成。域名解析服务器也称作 DNS 服务器，DNS 服务使用的是 53 号端口。

2．DNS 协议的安全问题及防护措施

从安全的角度看，DNS 存在一定的问题。在正常工作模式下，备份服务器可使用“区转移”来获得域名空间中所属信息的完整备份，黑客也常使用这种方式快速获得攻击目标列表。如果将前向命名和后向命名分离，则可能会带来安全问题，黑客若能够掌控部分反向映射树，就能实施欺骗，也就是说，反向记录中可能含有可信赖的那台机器的名称（伪造）。针对 DNS 的攻击还有破坏力更强的变种，攻击者在发起呼叫之前，会扰乱目标机器中 DNS 响应的高速缓存，当目标机器进行交叉检验时，验证结果似乎是成功的，但此时黑客却已经获得了访问权。另外，黑客采用呼叫响应的方式来淹没目标的 DNS 服务器，可使其陷入混乱，此类攻击案例十分常见，黑客只需用非常简单的程序就可以

捣毁DNS的高速缓存。

虽然我们无法阻止黑客对DNS的不断攻击，但是可以通过采取相应的措施加以控制，如可以对授权的第二级服务器限制“区转移”功能的使用。DNSsec是DNS的安全扩展（Domain Name System Security Extensions），由IETF提供的一系列DNS安全认证机制组成，它可以对DNS记录进行数字签名，是消除欺骗性DNS记录的最简便的方法。当某个区的所有者有不良动机时，DNSsec就会签署一个欺骗性的记录，进而可以有效防止此类欺骗。此外，对域的签名可以离线进行，从而降低了域签名私钥泄漏的风险。虽然DNSsec对付以上欺骗攻击很有效，但也有一些不足之处，所以它迄今还没有成为主流的DNS查询方式。

3.4.6 SMTP协议

1. 概述

E-mail是Internet上使用最广泛的服务之一。尽管网络上有多种邮件收发服务，但最常用的就是简单邮件传输协议（Simple Mail Transfer Protocol，SMTP）[Klensin 2001]。SMTP协议属于TCP/IP协议族，SMTP服务使用的是25号端口。

传统SMTP使用简单的协议传输7b ASCII文本字符，SMTP会话样本日志记录如图3-4所示，箭头表明数据的流向。它还有一种扩展形式，称为ESMTP，允许扩展协商，包括8b的传输。这样，它就不仅能够传输二进制的数据，还可以传输非ASCII字符集。从图3-4中可以看出：远程站点sales.mymegacorp.com向本地主机fg.net发送了一封电子

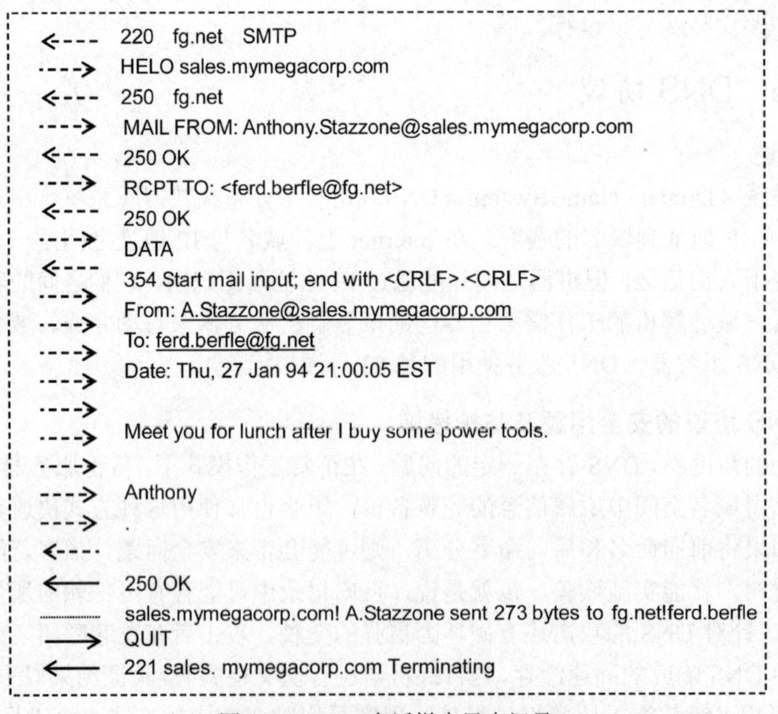

图3-4 SMTP会话样本日志记录

邮件。这是一个简单的协议，网络管理员和黑客都知道如何使用这些命令，他们可以手工输入这些命令。

注意：主叫方在 MAIL FROM 命令中指明了一个返回地址。在这种情况下，本地主机没有可靠的办法来验证该返回地址的正确性。你确实不知道是谁用 SMTP 给你发送了邮件。如果你需要更高的可信度或保密性，就必须使用更高级的安全机制。

一个组织机构至少需要一个邮件服务器。内部网络用户的邮件服务器通常设置在网关上。这样，内部的管理员只须从网关上的邮件服务器上获得他们的邮件。此网关能够保证外出的邮件头部符合标准。如果本地的邮件服务器出现问题，管理员可以方便、及时地解决邮件服务器故障。

通过采用邮件网关，公司内部的每个人都可以有一个单独设立的邮箱。但是这些邮件账户列表必须严加保护，以防被人窃取而成为黑客攻击的目标。

2．SMTP 协议的安全问题及防护措施

从安全的角度看，基本的 SMTP 自身是完全无害的，但是它可能成为拒绝服务攻击的发源地。攻击者可以采用拒绝服务攻击阻止用户合法使用该邮件服务器。假设攻击者能控制 50 台机器，每台机器都向邮件服务器发送 1000 个 1MB 大小的邮件，恐怕邮件系统很难处理数量如此之多的邮件。

邮件的别名有时也会给黑客提供一些有用的信息。像下面的一些命令

```
VRFY <postmaster>

VRFY <root>
```

通常可以把邮件别名翻译成实际的登录名称。它可能提供一些关于谁是系统管理员、攻击成功后哪个账户最有价值等线索。这些信息是敏感的还是不敏感的，完全是安全策略问题。

EXPN 子命令扩展了邮件列表的别名。这个命令存在很大的问题，这可能会导致机密性的丧失。要避免这种风险，一种有用的做法是将暴露的邮件服务器主机的别名指向一台内部的机器，这台机器从外部是不可达的，从而消除这种扩展所带来的风险。

不管运行何种邮件服务程序，应该将其配置成仅接受那些要么来自你的网络中的邮件，要么是那些发给你的用户的邮件。所谓的“开放中继”（Open Relay）就是允许在任何人之间进行邮件传递，这是非常危险的。许多网站都拒绝接收那些来自已知“开放中继”的电子邮件。

SMTP 攻击者（spammer）寻找 SMTP 服务器是为了传递他们的 spam（垃圾邮件）。他们需要连接到高带宽的 E-mail 服务器上，将简单的信息传递到不同的地址。SMTP 服务（尤其是 Sendmail）是入侵系统的最常用方法之一，因为它们必须完整地暴露于 Internet，且邮件的路由是复杂的（暴露+复杂=弱点）。

如果想支持移动用户，可以使用 SMTP 认证。它最好与加密 SMTP 会话结合起来使用[Hoffman 2002]。SMTP 认证的主要目的是要避免“开放中继”的存在。因为“开放中继”能吸引 spammer，并导致在网站上添加一条 reject all mail from this clowns 信息。这

种 SMTP 的用法有时被称为“邮件托付”（Mail Submission），以便与更通用的邮件传输相区别。

3.4.7 MIME 协议

1．概述

多用途网际邮件扩充协议（Multipurpose Internet E-mail Extension，MIME）最早于 1992 年就应用于电子邮件系统，后来也用于浏览器。服务器通过说明发送的多媒体数据的 MIME 类型，来告诉浏览器该多媒体数据的类型，从而让浏览器知道接收到的哪些信息是 MP3 文件，哪些是 Shockwave 文件等。

2．MIME 协议的安全问题及防护措施

当 MIME 应用于浏览器时，浏览器收到文件后，会进入插件系统进行查找，查出哪种插件可以识别并打开收到的文件。如果浏览器不确定调用哪种插件系统，它可能会告诉用户缺少某插件，或者直接选择现有的某个插件来尝试打开收到的文件。传输的信息中缺少 MIME 标识可能导致的情况很难估计，因为某些计算机系统可能不会出现故障，但某些计算机系统可能会因此崩溃。

当 MIME 应用于电子邮件系统时，撇开邮件客户端软件的缺陷不谈，自动运行 MIME 编码消息就潜藏着巨大的风险，因为这些消息中被编码的结构信息能够指示客户端软件要采取何种行动。

对于 MIME 还存在一种分段攻击。有一种 MIME 类型，它允许将单个电子邮件消息分成几段。如果消息的分段做得很巧妙，就可以用来逃避基于网关的病毒检测。当然，如果邮件客户端软件不能重组这些分段的消息，这种攻击也是无效的，然而微软的 Outlook Express 确实可以重组这些分段的消息。解决这个问题有两种方法，一是在网关上重组这些消息，二是拒绝那些分段发来的邮件。

MIME 存在的其他风险包括邮寄可执行程序和含有危险动作的 PostScript 文件。通过电子邮件发送可执行程序是传播蠕虫和病毒的主要根源。当然，攻击者也可能通过电子邮件发送一条含有伪造的“From:”命令行的 MIME 消息。许多流行的蠕虫和病毒就是采用这种方式传播的。

上述这些问题和其他一些安全问题在 MIME 技术文档中已有详细说明。但是，很多基于 Windows 系统的邮件服务器几乎都忽视了这些建议。

3.4.8 POP3 协议

1．概述

邮局协议（Post Office Protocol，POP）是一个邮件接收协议，它的第 3 个版本称为 POP3。它规定了如何将个人计算机连接到遵循 POP3 协议的接收邮件服务器并下载电子邮件，是 Internet 电子邮件的第一个离线协议标准。其具体过程是：电子邮件发送到邮件服务器，客户机通过邮件客户端软件连接服务器，并下载所有未阅读的电子邮件，同时删除保存在邮件服务器上的邮件（目前很多 POP3 服务器在邮件被下载后，并不删除邮件）。当客户机长时间保持在线时，邮件客户端软件会每隔一定的时间就获取一次新的邮件。POP3 服务允许用户设置本地浏览器的接收/发送邮件服务器名称，客户机采用 POP3 和 SMTP，用同一个或不同的邮件服务器来收发电子邮件。在 TCP/IP 中，POP3 服务采用的 TCP 端口号为 110。

2．POP3 协议的安全问题及防护措施

POP3 非常简单，服务器可用 Perl 脚本程序非常容易地实现它。正是因为它简单，所以它也非常不安全。在使用 USER/PASS 组合的旧版本中，用户在访问邮箱时采用的口令是以明文传输的，攻击者很容易窃取到用户名和口令，从而获取用户邮箱中的所有邮件。最近开发的邮件客户端软件采用 APOP 命令来收取邮件，以安全地传输用户口令。APOP 基于口令认证中常用的“挑战/响应”机制，对用户名和口令进行加密。但 APOP 对邮件内容不作保护，即使得不到用户名和口令，攻击者也很容易窃取到以明文形式传输的邮件内容。以上两种协议均将口令以明文形式存储在服务器上，一旦服务器遭到攻击，则可能造成用户名和口令的泄露。此外，攻击者也可能对认证交换的口令发起字典攻击。为保障邮件安全传输，可以利用 SSL/TLS 协议对传输的数据进行加密。目前，很多站点支持基于 SSL/TLS 的 POP3 服务，但有些客户端不支持这一服务。

如果邮件服务器运行的是 UNIX 操作系统，那么 POP3 服务器软件在认证结束前通常以 root 用户权限运行，用户必须在服务器上开设一个账号。其实这很不利：一方面它增加了邮件服务器的管理难度，另一方面意味着用户可以登录到邮件服务器上。这种设计思想非常危险，因为用户可能给服务器带来非常大的安全风险。尽管如此，仍然可以使用 POP3 服务器收发邮件，但要保证 POP3 服务器仅对其用户数据库和电子邮件进行维护。

3.4.9　IMAP4 协议

1．概述

Internet 消息访问协议（Internet Message Access Protocol，IMAP）是由美国斯坦福大学的 Mark Crispin 教授研发的一种邮件获取协议。它的主要作用是邮件客户端（如 MS Outlook Express）可以通过这种协议从邮件服务器上获取邮件的信息并下载邮件。正如 POP3 是 POP 的第 3 个版本一样，IMAP4 是 IMAP 的第 4 个版本，它提供了同 POP3 一样方便的邮件下载服务，而且在对邮箱的访问控制功能上比 POP3 更加强大。IMAP4 运行在 TCP/IP 之上，使用的端口号是 143。

IMAP4 同样提供了方便的邮件下载服务，让用户能进行离线阅读，但 IMAP4 还有其他一些功能。首先，IMAP4 提供的摘要浏览功能可让用户在阅读完所有邮件的到达时间、主题、发件人、大小等信息后才做出是否下载的决定；其次，用户还可以享受选择性下载附件服务。例如一封邮件里含有 5 个附件，用户可以选择下载其中的两个附件；第三，在支持离线阅读的同时，IMAP4 既允许用户把邮件存储和组织在服务器上，也允许用户把邮箱作为信息存储工具。

IMAP4 协议适用于 C/S 构架中，IMAP4 协议是对提供邮件访问服务且使用广泛的

POP3 协议的另一种选择，基本上两者都是规定个人计算机如何连接到互联网上的邮件服务器进行收发邮件。IMAP4 协议支持对服务器上的邮件进行扩展性操作，IMAP4 也支持 ASCII 码明文传输密码。

与 POP3 不同的是，IMAP4 能支持离线和在线两种模式来传输数据：①在离线方式中，客户端程序会不间断地连接服务器下载未阅读过的邮件到本地磁盘，当客户端需要接收或者发送邮件时才会与服务器建立连接，这就是离线访问模式。POP3 典型地以离线方式工作。②在线模式中，一直都是由客户端程序来操作服务器上的邮件，不需要像离线模式那样把邮件下载到本地才能阅读（即使用户把邮件下载到本地，服务器上也会保存一份副本，而不会像 POP 协议那样把邮件删除）。用户可以通过客户端程序或者 Web 在线浏览邮件。一些 POP3 服务器也提供了在线功能，但是，它们没有达到 IMAP4 的浏览功能的级别。

IMAP4 是分布式存储邮件方式，本地磁盘上的邮件状态和服务器上的邮件状态，可能和以后再连接时不一样。此时，IMAP4 的分布式存储机制解决了这个问题。IMAP4 邮件的客户端软件能够记录用户在本地的操作，当连上网络后会把这些操作传送给服务器。当用户离线的时候服务器端发生的事件，服务器也会告诉客户端软件，比如有新邮件到达等，以保持服务器和客户端的同步。

IMAP4 协议处理线程都处于 4 种处理状态的其中一种。大部分的 IMAP4 命令都只会在某种处理状态下才有效。如果 IMAP4 客户端软件企图在不恰当的状态下发送命令，则服务器将返回协议错误的失败信息，如 BAD 或 NO 等。

总的来说，IMAP4 同时兼顾 POP3 和 WebMail 的优点，是当前一种较好的通信协议。目前支持 IMAP4 的免费邮件系统并不多，较常见的有 777 免费电子邮箱（http: // mail.777.net.cn）等。

IMAP4 使用户可以对服务器上的邮箱进行远程访问。它可以使客户机和服务器的状态同步，并支持多重文件夹。如同 POP3 一样，邮件仍然通过 SMTP 发送。

典型的 UNIX IMAP4 服务器提供了与 POP3 服务器相同的访问方式，同时还增加了许多功能。虽然 POP3 服务器已能满足用户的需求，但是 IMAP4 服务器的应用也很有潜力。

2. IMAP4 协议的安全问题及防护措施

IMAP4 能够支持一些认证方法，并且有些方法非常安全。前面提到的“挑战/响应”机制很有用，但是它并没有达到人们预期的安全性。在“挑战/响应”机制中使用了一个共享的秘密，这个秘密信息必须存储在服务器上。如果将该秘密与域字符串进行杂凑运算，这对消除口令的等值性可能会更有利。

对于 IMAP4 来说，最大的牺牲是协议的复杂度太高，它当然也需要一个更复杂的服务器。如果该服务器能够采用小而简单的认证模块恰当地实现，认证的安全性将会得到保障。但是，这需要对服务器的设计进行验证。

3.4.10 PGP 协议

1. 概述

PGP（Pretty Good Privacy）协议是常用的安全电子邮件标准之一。1991 年，Phil Zimmermann 提出 PGP，可用于文本、E-mail、文件或整个磁盘分区的签署或加密，也可用于提高 E-mail 通信的安全性。PGP 安全体制包括 5 种服务：认证、保密、压缩、电子邮件兼容性和分段。详细描述见表 3-2。

表 3-2 PGP 服务概述

功　能	使用算法	描　述
数字签名	DSS/SHA 或 RSA/SHA	消息的 Hash 码利用 SHA-1 产生，将此消息摘要和消息一起用发送方的私钥按 DSS 或 RSA 加密
消息加密	CAST 或 IDEA，或使用 3DES 或 RSA	将消息用发送方生成的一次性会话密钥按 CAST-128 或 IDEA 或 3DES 加密。用接收方公钥按 Diffie-Hellman 或 RSA 算法加密会话密钥，并与消息一起加密
压缩	ZIP	消息在传送或存储时可用 ZIP 压缩
电子邮件兼容性	基数 64 转换	为了对电子邮件应用提供透明性，一个加密消息可以用基数 64 转换为 ASCll 串
分段	——	为了符合最大消息尺寸限制,PGP 执行分段和重新组装

2. PGP 协议的安全问题及防护措施

PGP 安全电子邮件能解决邮件的加密传输问题，验证发送者的身份验证问题，错发用户的收件无效问题，因而得到广泛应用。但 PGP 仍然存在一些安全问题。

（1）PGP 存在公钥篡改的安全问题。随着 PGP 的普及，多用户系统上也出现了 PGP，这样暴露明文和密钥或口令的可能性增大，公钥篡改将导致使用的公钥与公钥持有人的公钥不一致，使得合法通信者无法解密文件或其敌手可以伪造签名。所以，当用户使用别人的公匙时，需要保证它是直接从对方处得来或是由另一个可信的人签名认证过的。同时，用户要保持对自己密钥环文件的物理控制权，确信没有人可以篡改自己的公匙环文件。

（2）PGP 签名上的时间戳不可信。任何想伪造一个“错误”时间戳的人都可以通过修改系统时间达到目的。而在商业上有利用 PGP 签名的时间来确认责任的需要，因此有必要建立第三方的时间公证体系，由公证方在邮件上签上标准的时间，来解决 PGP 时间戳不可靠的问题。目前，对时间可靠性有要求的场合，用户可以采用国际标准时间戳协议 RFC3161 来解决。

（3）PGP 的信任模型存在缺陷。为从陌生人那里得到有效的公钥证书，PGP 中引入了介绍人，却同时带来了信任问题。因为在 PGP 中，用户没有任何依据来判断一个人的信任等级，只能通过直觉来对一个用户的信任度进行设置，如果设置不当就会造成安全隐患。另外，PGP 缺乏有效的证书管理体系。证书为保证公钥的真实性提供了一种有效机制，而在 PGP 中证书的管理完全由用户自己来完成，错误的信任假设和管理的不当，会影响到 PGP 的安全性。PGP 中虽然提供了吊销证书的功能，却没有提供任何将吊销信息通知其他用户的方式，用户使用被吊销的证书是件很危险的事情，很有可能造成泄密。

3.4.11 FTP 协议

1. 概述

文件传输协议（File Transfer Protocol，FTP）是 TCP/IP 协议族中的重要协议之一，它是 Internet 文件传送的基础。简单地说，FTP 就是完成两台计算机之间的复制。若将文件从远程计算机复制到本地的计算机，称为“下载”（download）文件；反之，则称为“上传（upload）”文件。FTP 标准命令采用的 TCP 端口号为 21，Port 方式数据端口为 20。

客户机首先使用 FTP 命令打开一条通往服务器的控制通道。然后，服务器与客户机之间可以通过两种模式打开数据通道。在主动（Port）模式中，客户机通过 PORT 命令将一个随机的端口号通知服务器，服务器随后通过 20 号端口呼叫客户机的指定端口建立数据连接。在被动（PASV）模式中，客户机向服务器发送一条 PASV 命令，服务器随机选择一个端口号并通知客户机，从而建立数据连接。

2. FTP 协议的安全问题及防护措施

（1）使用 PORT 命令会引起一系列安全问题。首先，主动模式是由服务器主动对客户机进行连接。一旦这个连接受到黑客的攻击，那么防火墙无法对其作出正确的处理。其次，使用 PORT 命令还可能引起 FTP 反弹攻击（FTP Bounce Attack）。由于客户机在 PORT 命令中发送了自己的 IP 和端口号，攻击者能够对该客户机的端口进行扫描。采用这种攻击方式，攻击者能够打开一条通往任意一台机器的通道。

（2）攻击者可以将 Java 程序伪装成 FTP 客户机从而发动攻击。例如，假设攻击者希望连接到防火墙后面某台机器的 Telnet 端口，那么他会设法将这个 Java 程序嵌入到目标 Web 页面文件中。当有人在该站点上运行此 Java 程序时，它就会打开一条通往 Web 页面的 FTP 连接。只要伪装的 FTP 客户机发出一条 PORT 命令，指明采用 23 号端口 Telnet 到目标主机上，此时防火墙就会打开该端口。

（3）访问 FTP 服务器要使用口令登录，但是该口令能够很容易地被探测或猜测到。在运行 FTP 协议时，客户机与服务器之间的消息（包括口令）是以明文的形式传输的，这就导致了泄露口令的风险。

（4）在 ftpd 守护程序中，历史上存在很多缺陷，而这些缺陷可能导致严重的安全漏洞。例如，ftpd 守护程序开始时以 root 用户权限运行，但它不能在登录后掩盖其特权用户身份。

对于以上安全问题，可以采取一些防护措施。为了避免使用 PORT 命令造成的安全问题，现在，Internet 上大多数的 FTP 服务器和主流浏览器都支持 PASV 命令。如果 FTP 使用 PASV 命令，那么在配置防火墙的安全措施时，就可以禁止所有进入的 TCP 连接。除此之外，为了防止泄露口令，可以使用密文来传输用户名和口令。

3.4.12　TFTP 协议

1．概述

简单文件传输协议（Trivial File Transfer Protocol，TFTP）是用来在客户机与服务器之间进行简单文件传输的协议，提供不复杂、开销不大的文件传输服务。TFTP 承载在 UDP 上，提供不可靠的数据流传输服务，不提供存取授权与认证机制，使用超时重传方式来保证数据的到达。与 FTP 相比，TFTP 要小得多。现在最普遍使用的是第 2 版 TFTP（TFTP Version 2，RFC 1350）。TFTP 服务使用 UDP 69 端口。

2．TFTP 协议的安全问题及防护措施

TFTP 协议比较简单，因为它只提供文件传输而不能验证文件是否成功传送。由于在可靠性与安全性上没有保证，所以它的应用没有像 FTP 一样普及。不过由于它不用消耗太多的网络资源用于传输数据，所以 TFTP 常用于一些对连接的安全性要求不高的场合。它常用于启动路由器、无盘工作站、X11 终端和嵌入式设备等。适当配置 TFTP 守护程序，可以限制客户端只能访问服务器端的一个或两个目录，这两个目录通常为 usr/local/boot 和 X11 字库。但在过去，许多厂商发布的 TFTP 软件并不限制访问服务器端的任何目录，黑客能轻易地利用它从事非法活动。下面就是黑客实施口令破解攻击的一个实例。

```
$ tftp  target.cs.boofhead.edu
tftp> get  /etc/passwd  /tmp/passwd
Received 1205 bytes in 0.5 seconds
Tftp>  quit
$crack  </tmp/passwd
```

我们知道，现在网络上存在很多用来进行口令破解的“字典”。如果采用一个普通字典猜对口令的概率是 25%，那么攻击者就很容易攻破一台机器。同时，与该机器相连的其他机器也难逃厄运。因此，除非真的需要此协议，否则不应该在任何机器上运行该协议。如果所使用的机器上确实已经安装了此协议，则应确保对它进行正确配置，只允许那些符合访问控制策略的文件进行传送。很多路由器（特别是低端的路由器）都使用 TFTP 上传可执行的映像文件或配置文件。上传配置文件特别危险，因为精明的黑客可能上传伪造的文件（即使伪造文件很困难），并通过配置文件中所包含的口令对系统发起攻击。因为 TFTP 的安全问题，所以即便用 TFTP 也往往只开放其下载权限而不分配上传权限。

3.4.13　NFS 协议

1．概述

NFS（Network File System）即网络文件系统，是一个基于 TCP/IP 网络的文件共享协议。NFS 协议允许一个系统在网络上与他人共享目录和文件。通过使用 NFS 协议，用户和程序可以像访问本地文件一样访问远端系统上的文件，在远端系统的共享磁盘上进

行诸如修改、删除和创建文件操作。NFS 协议采用基于远程过程调用（RPC）的分布式文件系统结构，客户机可以很方便地请求服务器系统的远程执行。目前，RPC 已经得到很多操作系统的支持，包括 Solaris，Linux 及 Microsoft Windows。

2．NFS 协议的安全问题及防护措施

（1）NFS 没有用户验证机制，只验证 RPC/Mount（句柄加载）请求。NFS 协议采用的基本工具是文件句柄。文件句柄是一个能够识别磁盘上所有文件和目录的独特字符串。所有的 NFS 请求都使用文件句柄、操作和与此操作有关的一些参数加以描述。大多数文件句柄中还包含一个随机数，由伪随机数生成器产生（有些旧版本的 NFS 所使用的随机数的随机性不足，因此种子密钥是可预测的）。文件系统根目录（Root Directory）的初始句柄在加载（mount）时获得。任意一台持有根文件句柄的客户机都具有访问该文件系统的永久权限，然而服务器并没有对每次操作都强制验证客户端的访问控制权限。因此，NFS 这种基于加载的访问控制是非常不恰当的。

（2）NFS 服务器使用的 2049 端口号在选择上存在问题。该端口号处于“无特权的”范围内，而该范围的端口一般应该分配给那些普通的进程。因此，必须对包过滤器做适当配置，以阻止 UDP 会话访问 2049 号端口。还有些版本的 NFS 使用了随机的端口，采用 rpcbind 提供地址信息。

（3）NFS 恶意客户机可对服务器实施拒绝服务攻击。某个具有访问服务器优先权或能伪造返回数据包的客户机，有可能创建一个 setuid 程序或创建一个设备文件。它会不停地取消或打开它与服务器的连接，从而影响到其他客户机对服务器的正常访问。有些 NFS 客户端含有禁止这种行为的选项。如果你的客户机从不可信的资源加载了文件系统，切记要利用这些选项。

（4）NFS 服务器可对客户机植入可疑程序。通过 NFS 浏览文档时，会出现一个更加敏感的问题。对于服务器来说，要在客户机上植入某种恶意的程序（如 ls）非常容易，这种程序很可能用于某些非法操作。对于客户机来说，最佳的防护是对所有外来的文件进行检查，删除那些可执行的代码。

3.4.14 SNMP 协议

1．概述

简单网络管理协议（Simple Network Management Protocol，SNMP）是为了解决 Internet 上的路由管理问题而提出，被应用于支持网络管理系统，以监测连接到网络上的设备是否有任何引起管理上关注的情况。简单网络管理协议模型由 4 部分组成：管理节点、管理站、管理信息库和管理协议。SNMP 协议的应用范围非常广泛，被应用于诸多种类的网络设备、软件和系统中，并被认为是网络设备厂商、应用软件开发者及终端用户的首选管理协议。SNMP 的主要作用是控制路由器、网桥及其他网络单元，用来读/写各种设备信息，如操作系统、版本、路由表、默认的 TTL、流量统计、接口名称和 ARP 映射表等，其中有些信息是非常敏感的。例如，出于商业原因，许多 ISP 会对其流量统计信息严加保护。

2. SNMP 协议的安全问题及防护措施

SNMP 协议已有 3 个版本，分别为 SNMPv1、v2、v3。SNMPv1、v2 的安全性问题主要为：

（1）SNMPv1、v2 中，因其代理可被多个管理站管理，被管设备鉴别管理站合法性是通过团体名和源地址检查实现的，团体名为固定长度字符串，因而容易被攻击者采用穷举等办法破解；

（2）SNMP 数据被封装在 UDP 中传输，攻击者通过嗅探监听，捕获管理站与被管设备之间交互信息，即可获得 SNMP 消息中的明文团体名；

（3）攻击者通过嗅探监听截获管理站发往被管系统的管理消息后，通过对消息数据恶意重组、延迟和重放即可实现对被管设备的攻击[1]。

与 SNMP v1、v2 相比，SNMP v3 具有更高的安全性，如增加了密码学的认证方式，可选择加密算法。最重要的是，它给不同用户授予了访问 MIB 的不同权限。但采用密码认证可能要耗费系统资源，而路由器 CPU 的计算能力通常比较弱，也带来了很大制约。

SNMPv1、v2 由于缺少鉴别和加密机制，通常采用如下防护措施：

（1）在不必要情况下关闭 SNMP 代理，不提供 SNMP 服务[2][3]；

（2）修改设备缺失的团体名，设置为相对复杂的 SNMP 团体名；

（3）管理站 IP 地址限定，只有 SNMP 管理站的 IP 地址可以发起 SNMP 请求；

（4）设置访问控制，限制被管设备利用 TFTP，FTP 和 RCP 等方式下载上传文件。

SNMPv3 的认证和加密机制完善，攻击者难以通过截取数据包获取信息，或进行加工重放攻击，安全性较好。但大量的加解密运算会占用大量的 CPU 和内存，使其推广使用受到限制。

3.4.15 DHCP 协议

1. 概述

动态主机配置协议（Dynamic Host Configuration Protocol，DHCP）用来分配 IP 地址，并提供启动计算机（或唤醒一个新网络）的其他信息。处于启动状态的客户机发送 UDP 广播数据包，服务器会对查询做出响应。这些查询信息可以使用中继程序向前传递到其他网络。服务器会给主机分配一个固定的 IP 地址。

DHCP 提供了一种动态指定 IP 地址和配置参数的机制，这主要用于大型网络环境和配置比较困难的情况。DHCP 的配置参数使得网络上的计算机通信变得方便且容易实现。DHCP 使用户可以租用 IP 地址，对于拥有成百上千台计算机的大型网络来说，每台计算机拥有一个 IP 地址有时是不必要的。IP 地址采用“租约”的方式，租期从 1 分钟到 100 年不定。当租期已满时，服务器可以把这个 IP 地址分配给其他机器使用。当然，客户也可以请求使用自己喜欢的网络地址及相应的配置参数。

DHCP 能够提供大量的信息——域名服务器地址、默认的路由地址、默认的域名及客户机的 IP 地址，许多应用都将使用这些信息。它还可以提供其他一些设备地址，如网络时间服务器的地址等。

DHCP 服务器能对 IP 地址提供集中化的管理，简化了管理任务。动态 IP 地址分配仅保留了有限的IP地址使用空间。它可以很容易地为便携式计算机分配IP地址。例如，人们在咖啡馆或机场候机厅无线上网时，就必须使用这个协议。

2. DHCP协议的安全问题及防护措施

处于安全性的考虑，此协议只能在本地网络上使用。这是因为，启动状态的主机尚不知道自身的IP地址，所以DHCP服务器必须将查询响应传送到它的第二层地址，即它的以太网地址。要做到这一点，DHCP服务器要么在自己的ARP表添加一个映射，要么发送一个纯第二层的数据包给客户机。总之，DHCP服务器和客户机均需要直接接入本地网络。由于远程的攻击者无法接入本地网络，因此也无法对DHCP服务器发起远程攻击。

由于DHCP服务器通常没有对查询信息进行认证，所以查询响应容易受到中间人攻击和拒绝服务（DoS）攻击。但是，如果攻击者已经接入到本地网络，那么他就可以发动ARP欺骗攻击。既然远程攻击者接入本地网络的可能性不大，这就意味着运行DHCP带来的风险并不大。当DHCP服务器与DNS服务器接口时，需要建立一条从DHCP服务器到DNS服务器的安全连接，这通常采用对称密钥加密算法生成SIG签名记录来实现。考虑到DHCP客户端的IP地址包含在DHCP审核记录日志里，这就提供了对拒绝服务攻击源进行跟踪的能力。因此，DHCP日志可以用作法庭上的重要证据。在进行IP地址动态分配的时候，需要知道在某个给定的时刻，哪个硬件设备使用了哪个IP地址，而日志中所记录的以太网地址是非常有用的。当计算机犯罪事件发生时，网警将会设法取得ISP的DHCP日志进行分析，并取得相应的以太网地址。

此外，攻击者可用假冒的DHCP服务器压制合法的DHCP服务器，对查询提供响应并导致各种类型的攻击。这些假冒的服务器会模仿不同的以太地址向合法的服务器发出大量请求。合法的服务器就会被这些查询请求淹没，全部可用的IP地址会被消耗殆尽。所以，需要确保未经授权的人员没有对网络进行物理访问或无线访问的权限，限制管理组的成员身份，将管理服务器所必需的用户减少到最小数量。

3.4.16 H.323协议

1. 概述

H.323是由ITU-T于1996年提出的用于VoIP（Voice over Internet Protocol，俗称IP电话）的一套标准，为分组网提供实时音频、视频和数据通信的标准，为语音通信、视频通信、传真及其他数据业务提供支持。该标准详细描述了用于包交换网络的多媒体通信系统及其组成单元，并规定了各单元之间的通信过程。由于H.323标准的工作方式符合VoIP技术的要求和标准，并具有灵活性高、兼容性好、资源需求少等优势，已逐步发展为目前在分组网上支持语音、图像和数据业务最成熟、应用最广泛的VoIP标准。

2. H.323协议的安全问题及防护措施

虽然基于H.323标准的VoIP产品在互联网上得到广泛应用，但是其在安全性方面却存在不少隐患。由于H.323会话的建立需要经过若干步骤，由各个组件相互配合共同完成，因此在其通信的某些阶段留下安全隐患。另外，考虑到H.323产品组件具体实现的不同，其所拥有的系统资源、处理错误输入的机制也有所不同，也导致了某些安全问题。目前 H.323 的主要安全隐患有拒绝服务、注册劫持和会话中断等。

（1）拒绝服务。在 H.323 产品的通信过程中，需要终端开放特定端口时刻处于监听状态，因此给拒绝服务攻击创造了条件，恶意用户可向某一目标终端大量、密集地发送数据包，导致该终端的资源耗尽而无法响应其他合法用户。

（2）注册劫持。攻击者在终端注册环节抓包截取被冒用用户的标识信息，再向网关发送“取消注册”消息解除合法用户的注册，最后使用窃取到的标识信息向网关进行注册，冒用该用户的身份。

（3）会话中断。由于终端之间用于会话控制和管理的相关指令以明文传送，并且不对消息的来源进行过多的确认，因此攻击者可以通过抓包获取终端标识及其他有用信息，填入自己伪造的结束会话命令构造攻击数据包，强制中断合法用户的会话。

为保证 H.323 的安全性，ITU-T 提出了 H.325 建议，为协议制订了认证、保密性和完整性的安全体系。如通过口令和对称加密认证算法来进行身份认证和完整性检查，通过 IPSec 安全隧道保证呼叫信令安全，使用协商的密钥进行加密，避免语言窃听和语音干扰等。

3.4.17 SIP 协议

1. 概述

会话启动协议（Session Initiation Protocol，SIP）是一个复杂通信协议，它是由 IETF 制定的基于文本编码的多媒体通信协议。会话主叫方使用 SIP 协议定位 IP 网络上的被叫方，用于建立、修改并终止一个或多个参与者的多媒体会话。它使用户的通信系统更加开放，使用更加便捷，选择更加多样，也更为个性化。

SIP 虽然很复杂，但与 H.323 相比却要简单得多。它采用 ASCII 对消息编码，语法上很像 HTTP。它甚至可以使用 MIME 和 S/MIME 数据类型进行数据传输。

SIP 电话可以是实体到实体（peer-to-peer）的，但它也有像 H.323 一样的代理程序。尽管实际的数据直接在两个（或多个）端点之间传输，但这些代理可以简化 SIP 电话穿过防火墙的进程。SIP 也提供了很强的安全性，也许正因为安全性太好，在某些情况下，它会对应用级网关防火墙重写消息造成干扰，使语音数据流不容易穿过应用级网关防火墙。

2. SIP 协议的安全问题及防护措施

SIP 实体主要由 4 部分组成：SIP 用户代理（User Agent, UA）、SIP 注册服务器（Register Server）、SIP 代理服务器（Proxy Server）和 SIP 重定向服务器（Redirect Server）。由于 SIP 协议采用文本形式表示消息的词法和语法，对文本形式的分析比较简单，使得 SIP 会话容易遭受安全问题，包括欺骗、会话截获和窃听等问题。目前，SIP 协议存在的安全隐患主要有以下几方面。

（1）注册劫持。当用户在终端将自己的信息注册到某个注册服务器上，注册服务器可根据字段找到该用户地址，并从 From 字段确定消息能否修改用户的注册地址。但 From 字段有可能被 UA 拥有者修改，使得恶意修改注册信息成为可能。

（2）伪装服务器。恶意攻击者将自己伪装成远端服务器，使得用户代理终端UA错误地被截获。

（3）篡改消息。篡改消息分为篡改SIP消息体和篡改SIP消息头字段两种。篡改SIP消息体是指攻击者修改SIP消息的加密密钥，一旦注册服务器有恶意存在，就可以像中间人一样修改会话密钥，从而破坏原始请求UA安全。同时，为了保护一些重要的SIP消息头字段，UA要加密SIP包体，并对端到端之间的头字段做限制，防止攻击者的篡改。

（4）恶意修改或结束对话。攻击者伪造BYE请求结束对话，使得会话被提前结束。

（5）拒绝服务。攻击者通过转发网路通讯堵塞网络接口，使得某个特定的网络节点不能正常工作。

针对以上的安全隐患，SIP协议制定了安全策略以保证信息的保密性和完整性。

（1）网络层和传输层的安全保护。利用网络层IPSec、传输层TLS等加密SIP消息，传输过程中通过TLS套接口，保证消息的可靠性和机密性。

（2）HTTP摘要认证。SIP协议常采用HTTP摘要认证机制完成身份的认证，HTTP摘要认证可由唯一确定的用户名及密码认证一个用户，其认证机制主要有Proxy-to-User和User-to-User两种模式。

（3）应用层端到端加密。SIP协议利用PGP加密方式和S/MIME加密方式来完成应用层端到端的加密，实现数字签名、鉴别以及保密的功能。

3.4.18 NTP协议

1. 概述

网络时间协议（Network Time Protocol，NTP）是用来在分布式时间服务器和客户端之间进行时间同步，使网络内所有设备的时钟保持一致，从而使设备能够提供基于统一时间的多种应用。NTP基于UDP报文进行传输，使用的UDP端口号为123。该协议是依然运行在当前网络环境中最古老的协议之一，截至2016年，协议最新的版本NTPv4已经被收录在RFC 5905中。

NTP主要应用于需要网络中所有设备时钟保持一致的场合，例如：

（1）在网络管理中，对于从不同设备采集来的日志信息、调试信息进行分析的时候，需要一个统一的时间作为参照依据。

（2）计费系统要求所有设备的时钟保持一致。

（3）定时重启网络中的所有设备时，要求所有设备的时钟保持一致。

（4）多个系统协同处理同一个比较复杂的事件时，为保证正确的执行顺序，多个系统必须参考同一时钟。

（5）在备份服务器和客户端之间进行增量备份时，要求备份服务器和所有客户端之间的时钟保持一致。

2. NTP协议的安全问题及防护措施

NTP协议是横跨多系统平台的基础网络协议，NTP协议的安全对系统应用的安全有着重要的影响。一旦NTP服务失效，需要时间同步的相应系统服务都会失败。因此NTP

服务器自身可能成为各种攻击的目标。一旦 NTP 服务器受到攻击，通过该服务器获取时间同步的系统应用都会受到影响。除此之外，NTP 也常常作为其他网络攻击手段的重要辅助手段之一。常见的攻击手段有以下几种：

（1）针对 TLS/SSL 协议，攻击者会考虑利用 NTP 协议，修改被攻击者的系统时间，以此将过期证书或已撤销证书变为有效证书，达到欺骗目的。

（2）针对 DNS 服务器，攻击者利用 NTP 协议，修改被攻击设备的系统时间，造成所有连接 DNSSEC 服务器的用户密钥和签名失效，破坏 DNS 服务。除此之外，针对 DNS 服务器缓存存储域名的时间周期为 24 小时的特点，通过大范围的 NTP 失效迫使大量 DNS 服务器同时刷新缓存，引发网络洪泛攻击。

（3）针对认证服务，通常认证服务需要认证信息携带时间戳以防止重放攻击，然而利用 NTP 协议攻击，能够绕过时间戳检验，达到发动重放攻击的目的。

（4）利用 NTP 服务器收到 monlist 请求后最多会返回 100 个响应包的特性，攻击者伪造受害主机的 IP 地址向 NTP 服务器不断发送 monlist 请求，以此利用 NTP 服务器向受害主机返回大量的数据包从而造成其网络拥塞，达到 DDoS 攻击特定目标的目的。

为了抵御这些攻击，新版本的 NTP 服务器软件能采用密码技术对消息进行认证，以减少 NTP 协议被非法利用的可能性。尽管这一功能非常有用，但所达到的效果却不尽如人意。攻击者即使不能与 NTP 守护程序直接对话，仍然可以扰乱服务器的守护程序以阻止获取正确的时钟。换言之，要达到安全的目的，NTP 服务器就必须对本地时间源到其他时间源直至根时间源的连接加以认证。管理员也应该合理配置 NTP 守护程序，以拒绝那些来自外部的跟踪请求。

3.4.19　FINGER 协议

1．概述

Finger 协议最早出现在 BSD3.0 系统中，端口号为 79，是互联网上最老的协议之一。后来很多 UNIX 系统使用了这个协议，fedora core 3 系统也有 Finger 的客户端，但是 fedora core 3 系统在默认情况下是关闭远程 Finger 服务的。Finger 协议可以帮助用户查询系统中某一个用户的细节，如用户名、地址、电话和登录时间等。Finger 协议用于查找主机及其网络上的用户信息，可以查询站点的在线用户清单及其他一些有用的信息。根据 RFC1288，Finger 是基于传输控制的协议。在本地主机打开一个远程主机在 Finger 端口的连接。使远程主机的 RUIP（远程用户信息程序）变成有效来处理该请求。本地主机发送给 RUIP 一行基于 Finger 查询说明的请求，然后等待 RUIP 的响应。RUIP 接收和处理这个请求后，返回应答，然后发起连接的关闭。本地主机接收到应答和关闭信号后，执行本地端的关闭，协议执行完毕。

2．FINGER 协议的安全问题及防护措施

由于安全性较低，现在很多主机都关闭了这项服务。不过互联网上仍然有相当数量的主机在继续提供 Finger 服务，但 Finger 服务却给网络安全带来了很大的危害。由于 Finger 服务一般都是提供在线用户的用户名，因此入侵者通过 Finger 服务可以轻松地取

得有效用户名列表。如果耐心地多试几次，基本上可以得到大部分的用户名，然后黑客可以使用暴力密码破解器，往往能在较短的时间里得到一个有效的用户“身份”，如FTP权限和Telnet权限，甚至得到一个有写权限的账号。那么黑客以此作为进一步行动的跳板，所以也可以说，使用Finger就等于是开门揖盗。利用Finger服务可以取得用户的登录时间，查看邮件时间等有用的信息，这个也是一般入侵者所关注的重要信息，因为可以了解用户的登录时间和习惯，有利于隐藏行踪。Farmer和Venema曾这样评价Finger协议：这是一种最危险的服务，它可以被黑客用来调查并发现潜在的攻击目标。它所提供的信息，很可能被黑客用来实施口令猜测攻击。黑客还可以从这些信息中发现用户最近与哪个实体相连，这个实体可能成为潜在的攻击目标；黑客还可以发现用户最后使用的是哪个账号。黑客对那些很少使用的账号非常感兴趣，因为这些账号的所有者很难发现他们的账号遭到滥用。Finger协议不可能在防火墙上运行，因此对于受防火墙保护的网站来说，它不是主要考虑的问题。对于防火墙内部的用户来说，可以使用其他办法获得大量同样的信息。但是，如果把一台机器暴露在防火墙外部，那么关闭Finger后台程序，或者对其施加某些限制才是明智之举。

3.4.20 Whois 协议

1. 概述

Whois协议运行于各域名注册机构，用来查询域名所有者的身份及数据库中的其他信息，如所有者（Registrant Name）、所有者联系邮箱（Registrant E-mail）、注册商（Sponsoring Registrar）、注册日期（Registration Date）、到期日期（Expiration Date）、域名状态（Domain Status）和DNS服务器（Name Server）等。Whois在一种专门的Whois服务器上查询，这种服务器上有个人或站点信息的大型数据库（如InterNIC数据库），只要是在它上面登记过的人员或站点，Whois就可以查到它们。目前国内提供WHOIS查询服务的网站有万网、站长之家等。该协议使用的默认端口号是43。

2. Whois协议的安全问题及防护措施

Whois服务器有很多，并不是每个服务器上都有所查对象的信息，而应在对象所属区域内的Whois服务器上查询，查询者才有可能查到正确的结果。Whois服务器大致按国家和地区（洲）分类，如中国的whois.cnnic.net.cn，日本的whois.nic.ad.jp，亚太地区的whois.apnic.net，欧洲的whois.ripe.net等。找到Whois服务器后，在query框中输入一个人名，在地址框中输入其所在国或洲的Whois服务器地址，就可能查到其联系信息。如果要查询一个站点的联络信息，可以直接在地址框中输入站点地址。

查询到的信息除了站点的必要信息之外，还有站点所有者的隐私信息，比如家庭住址、电话号码和电子邮件地址等信息。这些信息可能会通过开放式的Whois查询而泄露，继而被有目的的攻击者利用。此外，在进行Whois查询时，大多数情况下，人们使用的是客户端软件。黑客曾使用这一服务攻破注册数据库，并对数据库进行了非授权的修改。发生这种情况，是Whois服务器没有对输入进行检查所致，导致了包含大量站点信息的数据库的内容的泄露。

针对以上几种问题，目前存在的解决办法相对较少。如果要查询只能联系对应的注册商，那么可以使注册商对国际域名的 Whois 信息屏蔽。这种保护机制是防止有人恶意利用这种 Whois 信息的联系方式，暴露客户的隐私信息。如果域名持有者要注册 Whois 服务，可以取消填写家庭住址和电话号码等信息的填写要求，这是从信息源头上解决隐私信息的泄露。对于黑客针对数据库的攻击，迄今为止，人们并未对 Whois 服务进行过仔细的检查和测试，如果网站提供这种服务，应该对该服务的代码进行仔细检查，因此该服务存在一定的风险。

3.4.21 LDAP 协议

1. 概述

LDAP（Lightweight Directory Access Protocol）的全称是轻量级目录访问协议，类似于 X.500，以目录的形式来管理资源。LDAP 简化了烦琐的 X.500 协议，在功能性、数据表示、编码和传输方面做了改进。1997 年，第 3 版 LDAP 协议成为因特网标准，协议的默认端口号是 389。在介绍 LDAP 之前，有必要先引入目录的概念以进一步理解 LDAP。

目录（Directory）是一种专门的数据库，服务于各种应用程序，具有通用性和标准性。大多数人熟悉各种各样的目录，如电话簿、黄页和电视指南等，称为日常目录。计算机中的目录称为在线目录。目录服务是软件、硬件、策略及管理的集合体，包括多个方面，例如目录中的信息、信息存取的软件客户端、客户端到服务端以及各服务端之间的网络基础设施等。一些应用类型不能被归为目录，如文件系统、Web 服务和 FTP 服务等。最常用的目录有两类：X.500 和 LDAP 协议。

2. LDAP 协议的安全问题及防护措施

计算机网络中安全是最重要的因素，对于 LDAP 的客户机/服务器模型安全也是必要的考虑条件。当客户和服务器通信时，在不安全的网络上传输敏感信息必须得到保护。归纳起来，LDAP 考虑的安全包括以下几个方面：

（1）用户认证。保证客户的身份与客户所声明的一样。

（2）数据完整。保证服务器收到的数据没有被篡改。

（3）数据保密。在可能使数据暴露的地方对数据加密。

（4）用户授权。保证用户的请求在用户的权限范围内。用户授权必须使用用户认证通过以后才实施。在 LDAPv3 中，用户授权不在协议范围内，而是各个厂商自己完成。

对于用户认证功能，最常用的由 LDAP 提供的方法包括 3 种方式。无认证是指客户在绑定服务器时不提供区分名 DN(Distinguished Name)和密码，服务器自动建立一次匿名会话并分配预先定义好的权限给当前用户。基本认证是指当客户选择基本认证方式时，将提供客户的 DN 和密码以 Base64 编码的方式在网络上传输。服务器检查 DN 和密码是否与目录中的一个目录项吻合来判断用户的合法性。简单认证和安全层（SASL）是一个框架，它为面向连接的协议提供额外的认证机制，现在已经广泛用于 IMAP4，SMTP，POP3 和 LDAP 协议的中间层。

需要注意的是，LDAP 与 Finger 服务非常相似，由于两者提供相同种类的信息，因此面临着相同类型的风险。另外，它使用了 ASN.1 编码，因此也继承了其编码带来的缺陷。

3.4.22 NNTP 协议

1．概述

NNTP（Network News Transfer Protocol）即网络新闻传输协议[Kantor 等 1986]，是一个主要用于阅读和张贴新闻文章到 Usenet 上的 Internet 应用协议。NNTP 用于向 NNTP 服务器或 NNTP 客户提供新闻的分发、查询、检索和投递。NNTP 采用的会话与 SMTP 相类似，本质区别在于 SMTP 通常是双向的、私密的，也就是在两个用户之间传递消息，而 NNTP 是多向的、开放的，多个用户共同查看同一条消息，任何人都可以对消息进行评价和讨论。

NNTP 使用 TCP 端口号 119，也像其他 Internet 应用（HTTP，FTP 和 SMTP 等）一样使用命令和响应实现通信，客户发送 ASCII 命令给服务器，服务器返回数值的响应码，后面跟着可选的 ASCII 数据。验证 NNTP 协议最简单的方法就是利用 Telnet 程序来连接一台主机上的 NNTP 端口，前提条件是这台主机运行了 NNTP 服务器程序。但是，通常我们必须从一台能被服务器主机识别的主机上运行客户程序，典型的情况就是选择同一组织网络中的一台主机。例如，通过 Internet 从其他网络的主机上登录本地的新闻服务器，会收到如下错误信息：

```
vangogh.cs.berkley.edu % telnet noao. edu nntp
Trying 140.252.1. 54 ...                         由 telnet 客户程序输出
Connected to noao. edu.                          由 telnet 客户程序输出
Escape character is `^]`.                        由 telnet 客户程序输出
502 You have to permission to talk.Goodbye.      由 NNTP 服务器输出
Connection closed by foreign host .              由 telnet 客户程序输出
```

输出的第 4 行是由 NNTP 服务器输出的，响应码是 502。当 TCP 连接被建立后，NNTP 服务器收到客户的 IP 地址，将它与配置中的 IP 地址进行比较。如果从一台“本地”主机连接到新闻服务器，则不会收到类似错误信息。

2．NNTP 协议的安全问题及防护措施

由于 NNTP 不必让用户直接连入服务器，这相比 SMTP 相对安全一些，但关于 NNTP 如何通过防火墙还有一些争论。最直接的方式是把它视同邮件，即接收和发送的消息条目通过网关来处理和转发，但这种方法也存在一些缺点：

（1）网络消息非常耗费系统资源。它消耗了巨大数量的磁盘空间、文件位置、节点和 CPU 时间等。网关管理员或许会利用处理数据的相关程序来处理每天多达数 GB 的网络消息。但任何程序都可能会带来安全漏洞，在 NNTPD 中已经存在过这样的问题，在网络消息子系统的其余部分也同样存在类似问题。消息的分发软件包含 SNNTP，这是一个相对简单而且可能更安全的 NNTP。它缺乏一些 NNTP 的功能，但是对于通过网关传递消息来说是合适的，至少不需要每个服务都以 root 的权限运行。

（2）很多的防火墙结构在设计时假设网关可能遭受攻击，也就是说，在网关上不能够部署公司内部所有的新闻组，同时网关也不能够作为内部消息的“集线器”。

（3）NNTP 与 SMTP 相比有一个最大的好处：通过 NNTP 可以了解邻居是谁，可以利用这个信息来拒绝不友好的连接请求。如果网关确实要接收消息，就需要利用一些机制。可能采用 NNTP 来传递接收到的消息。这样，如果 NNTP 存在漏洞，内部的消息主机将会很危险，因为只要控制了网关，就可以对它进行攻击。

正是由于以上原因，有人建议在内部机器运行 NNTP 时，使用一种隧道策略，在防火墙上开凿一个加密隧道，以便让这种数据流通过。

注意：这种选择不是完全没有风险的。如果 NNTPD 本身仍然存在问题，攻击者仍能够穿过隧道。但是任何其他方式都不会有分离的传输机制，同样会使系统暴露在类似的险境中，比如 uucp，尽管它本身具有非常安全的通道。

习　题

一、填空题

1. 主机的 IPv4 的地址长度为_______b，主机的 MAC 地址长度为_______b。IPv6 的地址长度为_______b。

2. ARP 的主要功能是将_______地址转换成为_______地址。

3. NAT 的主要功能是实现_______地址和_______地址之间的转换，它解决了 IPv4 地址短缺的问题。

4. DNS 服务使用_______号端口，它用来实现_______或_______的映射。

5. SMTP 服务使用_______号端口发送邮件；POP3 服务使用_______号端口接收邮件；IMAP 使用_______号端口接收邮件。

6. FTP 的主要功能是实现文件的上传和下载，它的数据通道采用 TCP 的_______号端口，而其控制通道采用 TCP 的_______号端口。

7. Telnet 服务的功能是实现远程登录，它采用 TCP 的_______号端口。

8. SSH 服务的功能是实现安全的远程登录，它采用 TCP 的_______号端口。

9. SNMP 服务的功能是实现对网元的管理，它采用 UDP 的_______号端口。

10. NTP 服务使网络内的所有设备时钟保持一致，它使用 UDP 的_______号端口。

二、简答题

1. 简述以太网上一次 TCP 会话所经历的步骤和涉及的协议。

2. 在 TCP 连接建立的 3 步握手阶段，攻击者为什么可以成功实施 SYN Flood 攻击？在实际中，如何防范此类攻击？

3. 如何封装一个源路由数据包？允许这种数据包通过防火墙会对内部网络安全造成什么影响？

4. 为什么 UDP 比 TCP 更加容易遭到攻击？

5. 为什么路由协议不能抵御路由欺骗攻击？如何设置路由器抵御这一攻击？

6. 写出DNS服务的CheckList（安全检查步骤）。

7. 通过DNS劫持会对目标系统产生什么样的影响？应该如何避免？

8. 简述IPv6和IPv4的数据包格式的异同。在IPv4网络上打通IPv6隧道的方式有哪些？

9. IPv6和IPv4网络能否互通？如果可以，需要哪些辅助措施？

10. 能否在ARP层进行会话的劫持？如果能，原理是什么？

11. 黑客为什么可以成功实施ARP欺骗攻击？在实际中如何防止ARP欺骗攻击？

12. 判断下列情况是否可能存在？为什么？

（1）通过ICMP数据包封装数据，与远程主机进行类似UDP的通信。

（2）通过特意构造的TCP数据包，中断两台机器之间指定的一个TCP会话。

13. 什么是ICMP重定向攻击？如何防止此类攻击？

14. 在内部以太局域网中，能否根据一个ARP地址（MAC地址）唯一确定一台主机？能否根据给定的一个ARP地址唯一确定拥有者的身份？

15. DNS可能遭到的攻击有哪些？DNSsec协议有哪些优点？

16. 在邮件应用中，IMAP与POP相比较，最大改进是什么？

17. FTP和H.323都被称为动态协议，为什么？

18. 使用SSH进行通信是否能够避免会话劫持？为什么？

19. SNMP v1和SNMP v3有哪些不同？SNMP v3中主要做了哪些改进？

20. 简述在多播通信中，通信各方发送数据包的类型，以及源、目的地址的特征。

21. 电子邮件系统通常面临哪些安全风险？在实际中，人们采用哪些安全措施来提高邮件系统的安全性？

22. FTP服务存在哪些安全风险？应如何做才能消除或减少这些安全风险？

23. 请比较Telnet和SSH协议的异同，并用Sniffer软件捕捉其数据包查看两者的数据包内容有何不同。

24. 简述H.323协议与SIP的异同。

第2篇

密码学基础

第4章 单（私）钥密码体制

单钥加密体制也称为私钥加密体制（Secret Key Cryptosystem）。由于通信双方采用的密钥相同，所以人们通常也称其为对称加密体制（Symmetric Cryptosystem）。

对于单钥加密体制来说，可以按照其加解密运算的特点，将其分为流密码（Stream Cipher）和分组密码（Block Cipher）。涉及流密码和分组密码的理论和技术内容非常多，很多书中将流密码和分组密码分章讨论。由于对流密码和分组密码的理论上的描述已经超出了本书的范围，所以本章将流密码和分组密码合为一章讨论。本章主要介绍流密码和分组密码的基本理论，以及有代表性的分组密码算法，并对其具体的技术问题进行讨论。

4.1 密码体制的定义

密码体制的语法定义如下：

- 明文消息空间 M：某个字母表上的串集。
- 密文消息空间 C：可能的密文消息集。
- 加密密钥空间 K：可能的加密密钥集；解密密钥空间 K'：可能的解密密钥集。
- 有效的密钥生成算法 $\zeta: N \to K \times K'$。
- 有效的加密算法 $E: M \times K \to C$。
- 有效的解密算法 $D: C \times K' \to M$。

对于整数 1^l，$\zeta(1^l)$ 输出长为 l 的密钥对 $(\mathrm{ke}, \mathrm{kd}) \in K \times K'$，

对于 $\mathrm{ke} \in K$ 和 $m \in M$，将加密变换表示为

$$c = E_{\mathrm{ke}}(m)$$

读做“c 是 m 在密钥 ke 下的加密”；将解密变换表示为

$$m = D_{\mathrm{kd}}(c)$$

读做“m 是 c 在密钥 kd 下的解密”。对于所有的 $m \in M$ 和所有的 $\mathrm{ke} \in K$，一定存在 $\mathrm{kd} \in K'$：

$$D_{\mathrm{kd}}(E_{\mathrm{ke}}(m)) = m \tag{4-1}$$

在本书的其余各章，除了文献上已经习惯使用不同记号的地方，将使用这个构造性的记号集来表示抽象的密码体制。图4-1是密码体制的图示。

现将密码体制的构成空间和算法符号应用于既使用私钥又使用公钥（公钥密码体制将在第5章中介绍）的密码体制。在单钥密码体制中，加密和解密使用同样的密钥，加

密消息的人必须与即将收到已加密消息并对其解密的人分享加密密钥。kd = ke 的情况给了单钥密码体制另一个名字：对称密码体制（Symmetric Cryptosystem）。在公钥密码体制中，加密和解密使用不同的密钥，对于每个 ke $\in K$，存在 kd $\in K'$，这两个密钥不同，但互相匹配；加密密钥 ke 不必保密，ke 的拥有者可以使用相匹配的私钥 kd 来解密在 ke 下加密过的密文。kd $\neq$ ke 的情况给了公钥密码体制另一个名字：非对称密码体制（Asymmetric Cryptosystem）。

1883 年，Kerchoffs 列了一个设计密码要求必备的条件表[Menezes 等 1997]。在 Kerchoffs 列表中，有一条已经发展为被广泛认可的约定，称为 Kerchoffs 原理。

现代密码分析的标准假设是攻击者可以获知密码算法、密钥长度以及密文。既然敌手最终可以获得这些信息，那么评估密码强度时最好不要依赖这些信息的保密性。

结合香农对密码体制的语义描述和 Kerchoffs 原理，可以对好的密码体制做如下总结：

- 算法 E 和 D 不包含秘密的成分或设计部分。
- E 将有意义的消息相当均匀地分布在整个密文消息空间中；甚至可以由 E 的某些随机的内部运算来获得随机的分布。
- 使用正确的密钥，E 和 D 是实际有效的。
- 不使用正确的密钥，要由密文恢复出相应的明文是一个由密钥参数的大小唯一决定的困难问题，通常取长为 s 的密钥，使得解这个问题所要求计算资源的量级超过 $p(s)$，p 是任意多项式。

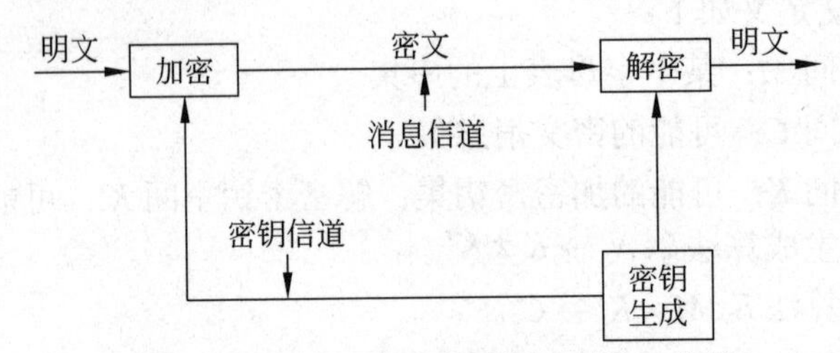

图 4-1　密码体制

注意： 希望密码体制具有以上这些性质对于现代密码体制的应用来说已经不够了，通过对密码体制的研究，将归纳出一些更为严格的要求。

4.2 古典密码

古典密码是密码学的渊源，这些密码大都比较简单，可用手工或机械操作实现加解密，现在已很少采用了。然而，研究这些密码的原理，对于理解、构造和分析现代密码都是十分有益的。

4.2.1 代换密码

在代换密码（Substitution Cipher）中，加密算法 $E_k(m)$ 是一个代换函数，它将每一个 $m \in M$ 代换为相应的 $c \in C$，代换函数的参数是密钥 k，解密算法 $D_k(c)$ 只是一个逆代换。通常，代换可由映射 $\pi : M \to C$ 给出，而逆代换恰是相应的逆映射 $\pi^{-1} : C \to M$。

1. 简单的代换密码

例 4-1 简单的代换密码。令 $M = C = Z_{26}$，所包含元素表示为 $A = 0, B = 1, \cdots, Z = 25$。将加密算法 $E_k(m)$ 定义为下面的 Z_{26} 上的一个置换

$$\begin{pmatrix} 0 & 1 & 2 & 3 & 4 & 5 & 6 & 7 & 8 & 9 & 10 & 11 & 12 \\ 21 & 12 & 25 & 17 & 24 & 23 & 19 & 15 & 22 & 13 & 18 & 3 & 9 \end{pmatrix}$$

$$\begin{pmatrix} 13 & 14 & 15 & 16 & 17 & 18 & 19 & 20 & 21 & 22 & 23 & 24 & 25 \\ 5 & 10 & 2 & 8 & 16 & 11 & 14 & 7 & 1 & 4 & 20 & 0 & 6 \end{pmatrix}$$

那么相应的解密算法 $D_k(c)$ 为

$$\begin{pmatrix} 0 & 1 & 2 & 3 & 4 & 5 & 6 & 7 & 8 & 9 & 10 & 11 & 12 \\ 24 & 21 & 15 & 11 & 22 & 13 & 25 & 20 & 16 & 12 & 14 & 18 & 1 \end{pmatrix}$$

$$\begin{pmatrix} 13 & 14 & 15 & 16 & 17 & 18 & 19 & 20 & 21 & 22 & 23 & 24 & 25 \\ 9 & 19 & 7 & 17 & 3 & 10 & 6 & 23 & 0 & 8 & 5 & 4 & 2 \end{pmatrix}$$

明文消息

```
proceed meeting as agreed
```

加密为下面的密文消息（空间并不改变）

```
cqkzyyr jyyowft vl vtqyyr
```

在这个简单的代换密码的例子里，消息空间 M 和 C 都是字母表 Z_{26}，换句话说，一个明文或密文消息是字母表中的一个单个字符。由于这个原因，明文消息串 proceedmeetingasagreed 并不是单个的消息，而是包含了 22 个消息，同样，密文消息串 cqkzyyrjyyowftvlvtqyyr 也包含 22 个消息。密码的密钥空间大小为 $26! > 4 \times 10^{26}$，与消息空间的大小相比是非常大的。然而，事实上这种密码是非常弱的：每一个明文字符被加密成唯一的密文字符。这一弱点致使这种密码对于称为频度分析的一种密码分析技术来说，是相当脆弱的，频度分析揭示出一个事实，就是自然语言包含大量的冗余。

历史上出现过几种特殊的简单代换密码，最简单且最著名的密码称为移位密码。在移位密码中，$K = M = C$，令 $N = \#M$，则加密和解密映射定义为

$$\begin{cases} E_k(m) \leftarrow m + k (\bmod N) \\ D_k(c) \leftarrow c - k (\bmod N) \end{cases} \tag{4-2}$$

其中 $m, c, k \in Z_N$。当 M 为拉丁字母表的大写字母时，也就是 $M = Z_{26}$，移位密码也称为凯撒密码，这是因为 Julius Caesar 使用了该密码当 $k = 3$ 时的情形[Denning 1982]。

如果 $\gcd(k, N) = 1$，那么对每个 $m < N$：

$$km(\bmod N)$$

可取遍整个消息空间 Z_N，因此对于这样的 k 和 $m,c<N$

$$\begin{cases} E_k(m) \leftarrow km(\bmod N) \\ D_k(c) \leftarrow k^{-1}c(\bmod N) \end{cases} \tag{4-3}$$

给出了一种简单代换密码。同理，

$$k_1m + k_2(\bmod N)$$

也可以定义一种称为仿射密码的简单代换密码：

$$\begin{cases} E_k(m) \leftarrow k_1m + k_2(\bmod N) \\ D_k(c) \leftarrow k_1^{-1}(c - k_2)(\bmod N) \end{cases} \tag{4-4}$$

不难看出，利用 K 中密钥与 M 中消息之间的不同算术运算可以设计不同的简单代换密码，这些密码称为单表密码（Monoalphabetic Cipher）：对于一个给定的加密密钥，明文消息空间中的每一元素将被代换为密文消息空间中的唯一元素。因此，单表密码不能抵抗频度分析攻击。

然而，由于简单代换密码的简易性，它们已经被广泛应用于现代单钥加密算法中。在后面的两节中，将介绍简单代换密码在数据加密标准（DES）和高级加密标准（AES）中所起到的核心作用。几个简单密码算法的结合可以产生一个安全的密码算法，这一点已经得到大家的认可，这就是简单密码仍被广泛应用的原因。简单代换密码在密码协议上也有广泛的应用。

2. 多表密码

如果 P 中的明文消息元可以代换为 C 中的许多、可能是任意多的密文消息元，这种代换密码就称为多表密码（Polyalphabetic Cipher）。

由于维吉尼亚密码（Vigenère Cipher）是多表密码中最知名的密码，所以下面将以它为例来说明多表密码。

维吉尼亚密码是基于串的代换密码：密钥是由多于一个的字符所组成的串。令 m 为密钥长度，那么明文串被分为 m 个字符的小段，也就是说，每一小段是 m 个字符的串，可能的例外就是串的最后一小段不足 m 个字符。加密算法的运算同于密钥串和明文串之间的移位密码，每次的明文串都使用重复的密钥串。解密同于移位密码的解密运算。

例 4-2 维吉尼亚密码。令密钥串是 gold，利用编码规则 A=0，B=1，…，Z=25，这个密钥串的数字表示是（6, 14, 11, 3）。明文串

```
proceed meeting as agreed
```

的维吉尼亚加密运算如下，这种运算就是逐字符模 26 加：

15	17	14	2	4	4	3	12	4	4	19
6	14	11	3	6	14	11	3	6	14	11
21	5	25	5	10	18	14	15	10	18	4
8	13	6	0	18	0	6	17	4	4	3
3	6	14	11	3	6	14	11	3	6	14
11	19	20	11	21	6	20	2	7	10	17

因此密文串是

```
vfzfkso pkseltu lv guchkr
```

其他著名的多表密码还包括书本密码（也称做 Beale 密码）和 Hill 密码，它们的密钥串是已协商好的书中的原文。有关这些代换密码的详细描述请参考相关文献[Denning 1982；Stinson 1995]。

3. 弗纳姆密码和一次一密

弗纳姆密码是最简单的密码体制之一。若假定消息是长为 n 的比特串

$$m = b_1 b_2 \cdots b_n \in \{0,1\}^n$$

那么密钥也是长为 n 的比特串

$$k = k_1 k_2 \cdots k_n \in_U \{0,1\}^n$$

（这里注意到符号“$\in_U$”表示均匀随机地选取 k）。一次加密一比特，通过将每个消息比特和相应的密钥比特进行比特 XOR（异或）运算来得到密文串 $c = c_1 c_2 \cdots c_n$

$$c_i = b_i \oplus k_i$$

$1 \leqslant i \leqslant n$，这里运算 $\oplus$ 定义为

$\oplus$	0	1
0	0	1
1	1	0

因为 $\oplus$ 是模 2 加，所以减法等于加法，因此解密与加密相同。

考虑 $M = C = K = \{0,1\}^*$，则弗纳姆密码是代换密码的特例。如果密钥串只使用一次，那么弗纳姆密码就是一次一密加密体制。一次一密弗纳姆密码提供的保密性是在信息理论安全性的意义上的，或者说，是无条件的。理解这种安全性的一种简单方法如下：

如果密钥 k 等于 $c \oplus m$（逐比特模 2 加），由于任意 m 能够产生 c，所以密文消息串 c 不能提供给窃听者关于明文消息串 m 的任何信息。

一次一密弗纳姆密码也称为一次一密钥密码。原则上，只要加密密钥的使用满足安全代换密码必须满足的两个条件[Mao 2004]，那么任何代换密码都是一次一密密码。然而习惯上只有使用逐比特异或运算的密码才称为一次一密密码。

与其他代换密码（例如使用模 26 加的移位密码）相比，逐位异或运算（模 2 加）在电子电路中更容易实现，因为这个原因，逐位异或运算被广泛应用在现代单钥加密算法的设计中。现代密码 DES、AES 和我国设计的祖冲之密码算法（ZUC）均使用了逐位异或运算。

一次一密钥类型也被广泛应用在密码学协议中。

4.2.2　换位密码

通过重新排列消息中元素的位置而不改变元素本身来变换一个消息的密码称做换位密码（也称做置换密码）。换位密码是古典密码中除代换密码外的重要一类，它广泛应用于现代分组密码的构造。

考虑明文消息中的元素是 Z_{26} 中的字符时的情形，令 b 为一固定的正整数，它表示消息分组的大小，$P=C=(Z_{26})^b$，而 K 是所有的置换，也就是是 $(1,2,\cdots,b)$ 的所有重排。

那么因为 $\pi \in K$，置换 $\pi=(\pi(1),\pi(2),\cdots,\pi(b))$ 是一个密钥。对于明文分组 $(x_1,x_2,\cdots,x_b)\in P$，这个换位密码的加密算法是

$$E_\pi(x_1,x_2,\cdots,x_b)=(x_{\pi(1)},x_{\pi(2)},\cdots,x_{\pi(b)})$$

令 π^{-1} 表示 π 的逆，也就是 $\pi^{-1}(\pi(i))=i, i=1,2,\cdots,b$，那么这个换位密码相应的解密算法是

$$D_\pi=(y_1,y_2,\cdots,y_b)=(y_{\pi(1)}^{-1},y_{\pi(2)}^{-1},\cdots,y_{\pi(b)}^{-1})$$

对于长度大于分组长度 b 的消息，该消息可分成多个分组，然后逐分组重复同样的过程。

既然对于消息分组的长度 b，共有 $b!$ 种不同的密钥，因此一个明文消息分组能够变换加密为 $b!$ 种可能的密文，然而由于字母本身并未改变，换位密码对于抗频度分析技术也是相当脆弱的。

例 4-3 换位密码。令 $b=4$，$\pi=(\pi(1),\pi(2),\pi(3),\pi(4))=(2,4,1,3)$，那么明文消息

```
proceed meeting as agreed
```

首先分为 6 个分组，每个分组 4 个字符：

```
proc eedm eeti ngas agre ed
```

然后可以变换-加密成下面的密文

```
rcpoemedeietgsnagearde
```

注意到明文的最后一个短分组 ed 实际上填充成了 ed⊔⊔，然后加密成 d⊔e⊔，再从密文分组中删掉补上的空格。解密密钥是

$$\pi^{-1}=(\pi(1)^{-1},\pi(2)^{-1},\pi(3)^{-1},\pi(4)^{-1})=(2^{-1},4^{-1},1^{-1},3^{-1})$$

最终的缩短密文分组 de 只包含两个字母说明了在相应的明文分组中没有字符与 3^{-1} 和 4^{-1} 的位置相匹配，因此在解密过程正确执行以前，应该将空格重新插入到缩短的密文分组中它们原来的位置上，以便将分组恢复成添加空格的形式 d⊔e⊔。

注意到对于最后的明文分组较短的情况（比如例 4-3 的情形），由于添加的字符暴露了所用密钥的信息，因此在密文消息中不要留下例如⊔这样的添加字符。

4.2.3 古典密码的安全性

首先指出，古典密码有两个基本工作原理：代换和换位。它们仍是构造现代对称加密算法的最重要的核心技术。后面介绍代换和换位密码在两个重要的现代对称加密算法 DES 和 AES 中的结合。

考虑基于字符的代换密码，因为明文消息空间就是字母表，每个消息就是字母表中的一个字符，加密就是逐字符地将每一明文字符代换为一个密文字符，代换取决于密钥。在加密一个长字符串时，如果密钥是固定的，那么在明文消息中同一个字符将被加密成

密文消息中一个固定的字符。

众所周知，自然语言中的字符有稳定的频度，自然语言中的字符频度分布知识为密码分析（由已知密文消息发现明文或加密密钥信息的技术）提供了线索，例 4-1 表明了这一情形，该例中的字符 y 在密文消息中高频出现，这表明一定有一个固定的字符在相应的明文消息中以相同的频率出现（事实上这个字符就是 e，在英语中它是一个高频出现的字符）。简单代换密码不能隐藏基于自然语言的信息，基于字符频度研究的密码分析技术的详细内容可参阅密码学的有关教材[Denning 1982；Menezes 等 1997]。

表密码和换位密码都比简单代换密码安全，但是，如果密钥很短而消息很长，那么就有各种各样的密码分析技术能够攻破这样的密码。

然而如果密钥的使用满足了某些条件，那么古典密码，甚至是简单代换密码也可以是非常安全的。事实上，在正确地使用了密钥以后，简单代换密码可以广泛应用于密码体制和协议。

4.3 流密码的基本概念

流密码是密码体制中的一个重要体制，也是手工和机械密码时代的主流。20 世纪 50 年代，由于数字电子技术的发展，使密钥流可以方便地利用以移位寄存器为基础的电路来产生，这促使线性和非线性移位寄存器理论迅速发展，加上有效的数学工具，如代数和谱分析理论的引入，使得流密码理论迅速发展和走向较成熟的阶段。同时由于它实现简单和速度上的优势，以及没有或只有有限的错误传播，使流密码在实际应用中，特别是在专用和机密机构中仍保持优势。已提出多种类型的流密码，但大多是以硬件实现的专用算法，目前还无标准化的流密码算法。本章将对流密码的基本理论和算法进行介绍，同时也讨论一些最近提出的新型流密码，如混沌密码序列和量子密码。有关密码的综述可参阅[Rueppel 1986a，1992]。

流密码是将明文划分成字符（如单个字母），或其编码的基本单元（如 0，1 数字），字符分别与密钥流作用进行加密，解密时以同步产生的同样的密钥流实现，其基本框图如图 4-2 所示。图中，KG 为密钥流生成器，k_I 为初始密钥。流密码强度完全依赖于密钥流产生器所生成序列的随机性（randomness）和不可预测性（unpredictability）。其核心问题是密钥流生成器的设计。保持收发两端密钥流的精确同步是实现可靠解密的关键技术。

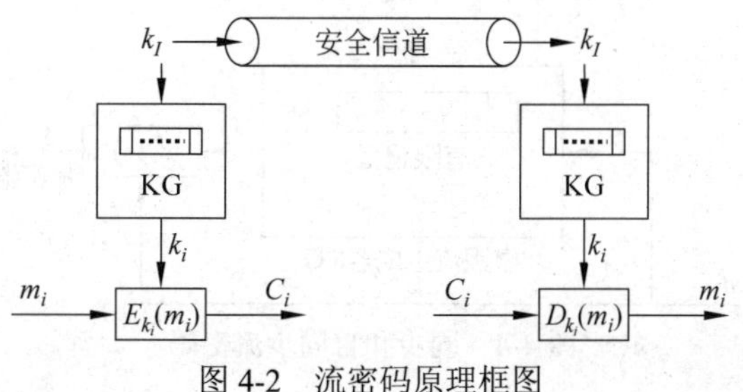

图 4-2 流密码原理框图

4.3.1 流密码框图和分类

令 $m=m_1m_2\cdots m_i$ 是待加密消息流，其中 $m_i\in M$ 。密文流 $c=c_1c_2\cdots c_i\cdots=E_{k_1}(m_1)E_{k_2}(m_2)\cdots E_{k_i}(m_i)\cdots$，$c_i\in C$。其中 $\{k_i\}(i\geqslant 0)$ 是密钥流。若它是一个完全随机的非周期序列，则可用它实现一次一密体制。但这需要无限存储单元和复杂的逻辑函数 f。实用中的流密码大多采用有限存储单元和确定性算法，因此可用有限状态自动机（Finite State Automaton，FSA）来描述。如图 4-3 所示。

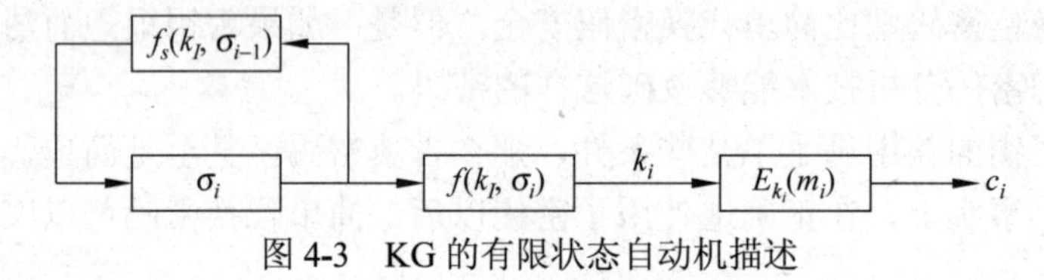

图 4-3 KG 的有限状态自动机描述

$$c_i=E_{k_i}(m_i) \tag{4-5}$$

其中

$$m_i=D_{k_i}(c_i) \tag{4-6}$$

$$k_i=f(k_I,\sigma_i) \tag{4-7}$$

而

$$\sigma_i=f_S(k_I,\sigma_{i-1}) \tag{4-8}$$

是第 i 时刻密钥流生成器的内部状态，以存储单元的存数矢量描述；k_I 是初始密钥，f 是输出函数，f_S 是状态转移函数。若

$$c_i=E_{k_i}(m_i)=m_i\oplus k_i \tag{4-9}$$

则称这类密码为加法流密码。

若 σ_i 与明文消息无关，则密钥流将独立于明文，称此类为同步流密码（Synchronous Stream Cipher，SSC），如图 4-4 所示。对于明文而言，这类加密变换是无记忆的，但它是时变的。因为同一明文字符在不同时刻，由于密钥不同而被加密成不同的密文字符。此类密码只要收发两端的密钥流生成器的初始密钥 k_I 和初始状态相同，输出的密钥就一样。因此，只有保持两端精确同步才能正常工作，一旦失步就不能正确解密，必须等到重新同步后才能恢复正常工作。这是其主要缺点。但由于其对失步的敏感性，使得系统在有窜扰者进行注入、删除、重放等主动攻击时异常敏感而有利于检测。此类体制的优点是传输中出现的一些偶然错误，只影响相应位的恢复消息，没有差错传播（Error Propagation）。许多古典密码，如周期为 d 的维吉尼亚密码、转轮密码、滚动密钥密码、弗纳姆密码等，都是同步型流密码。同步型流密码在失步后如何重新同步是一个重要技

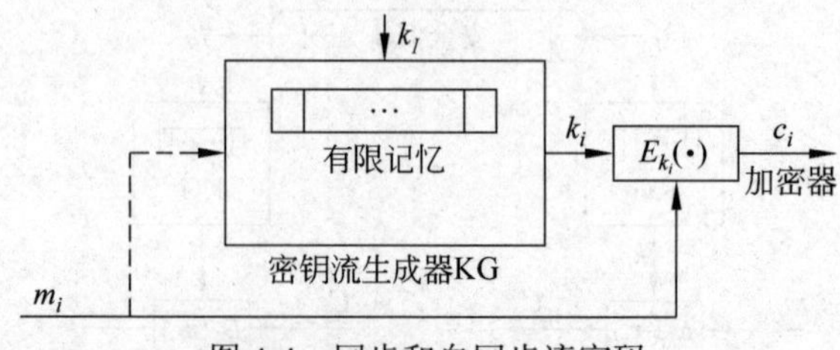

图 4-4 同步和自同步流密码

术研究课题，处理不好会严重影响系统的安全性。

另一类是自同步流密码（Self-Synchronous Stream Cipher，SSSC）。如图 4-4 中虚线所示。其 σ_i 依赖于 (k_I,σ_{i-1},m_i)，因而历史地将与 $m_1,m_2,\cdots,m_{i-1}$ 有关。这将使密文 c_i 不仅与当前输入 m_i 有关，而且由于 k_i 对 σ_i 的关系而与以前的输入 $m_1,m_2,\cdots,m_{i-1}$ 有关。一般在有限的 n 级存储下将与 $m_{i-n},m_{i-n+1},\cdots,m_{i-1}$ 有关。图 4-5 所示一种有 n 级移位寄存器存储的密文反馈型流密码。每个密文数字将影响以后 n 个输入明文数字的加密结果。此时的密钥流 $k_i=f(k_I,c_{i-n},c_{i-n+1},\cdots,c_{i-1})$。由于 c_i 与 m_i 的关系，k_i 最终要受输入明文数字的影响。这类流密码的密钥流都可由式（4-10）表示：

$$k_i=f(k_I,m_{i-n},m_{i-n+1},\cdots,m_{i-1}) \tag{4-10}$$

其中

$$f:k_I\times M^n\to k_i \tag{4-11}$$

军事上称这类流密码为密文自密钥（Ciphertext Autokey）密码。

自同步流密码传输过程中有一位（如 c_i 位）出错，在解密过程中，它将在移存器中存活 n 个节拍，因而会影响其后 n 位密钥的正确性，相应恢复的明文消息连续 n 位会受到影响。其差错传播是有限的。但这类体制，收端只要连续正确地收到 n 位密文，则在相同密钥 k_I 作用下就会产生相同的密钥，因而它具有自同步能力。这种自恢复同步性使得它对窜扰者的一些主动攻击不像同步流密码体制那样敏感。但它将明文每个字符扩散在密文多个字符中而强化了其抗统计分析的能力。Maurer[1991]给出了自同步流密码的设计方法。如何控制自同步流密码的差错传播以及它对安全性的影响可参阅相关文献。

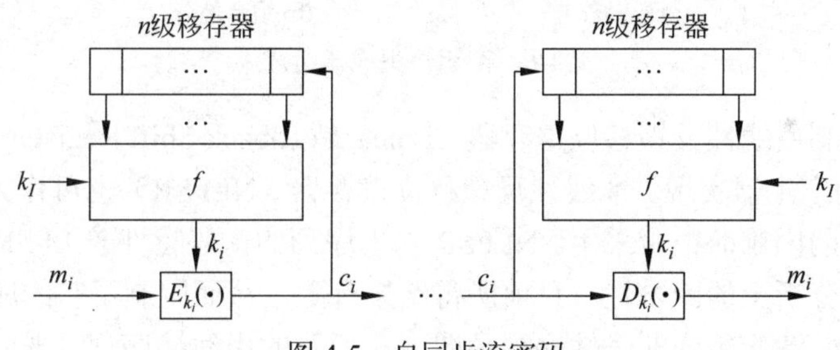

图 4-5 自同步流密码

综上所述，实际应用中的密钥流都是由有限存储和有限复杂逻辑电路来产生的，即用有限状态机来实现。一个有限状态机在确定逻辑连接下不可能产生一个真正随机序列，它迟早要步入周期状态。因而不可能用它来实现一次一密体制。但是可以使这类机器产生的序列周期足够长（如 1050），而且其随机性又相当好，从而可方便地近似实现人们所追求的理想体制。20 世纪 50 年代以来，以有限自动机为主流的理论和方法得到了迅速发展。近年来虽然出现了不少新的产生密钥流的理论和方法，如混沌密码、胞元自动机密码、热流密码等，但在有限精度的数字实现的条件下最终都可归结为用有限自动机来描述。因此，研究这类序列产生器的理论是流密码研究中最重要的基础。

4.3.2 密钥流生成器的结构和分类

Rueppel[1986b]用一个更清楚的框图，将密钥流生成器分成两个主要组成部分，即驱动部分和组合部分，如图 4-6 所示。驱动部分产生控制生成器的状态序列 $S_1, S_2, \cdots S_N$，用一个或多个长周期线性反馈移位寄存器构成，它控制生成器的周期和统计特性。非线性组合部分对驱动器各输出序列进行非线性组合，控制和提高生成器输出序列的统计特性、线性复杂度和不可预测性等，以实现 Shannon 提出的扩散和混淆，保证输出密钥流的密码的强度。

为了保证输出密钥流的密码强度，对组合函数 F 有下述要求：

（1）F 将驱动序列变换为滚动密钥序列，当输入为二元随机序列时，输出也为二元随机序列。

（2）对于给定周期的输入序列，构造的 F 使输出序列的周期尽可能大。

（3）对于给定复杂度输入序列，构造的 F 使输出序列的复杂度尽可能大。

（4）F 的信息泄漏极小化（从输出难以提取有关密钥流生成器的结构信息）。

（5）F 应易于工程实现，工作速度高。

（6）在需要时，F 易于在密钥控制下工作。

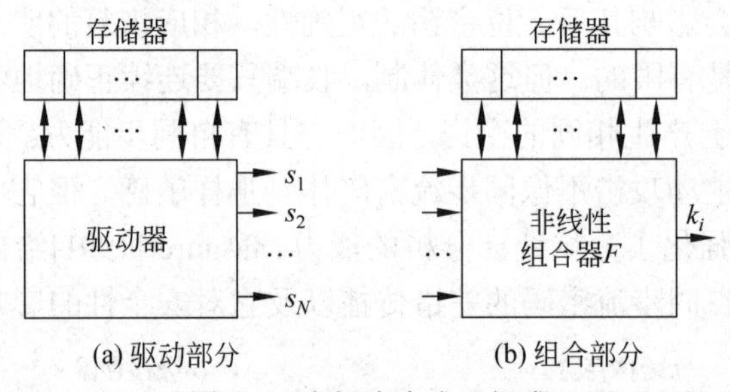

(a) 驱动部分　　(b) 组合部分

图 4-6　密钥流生成器组成

驱动器一般利用线性反馈移位寄存器（Linear Feedback Shift Register，LFSR），特别是最长或 m 序列产生器实现。非线性反馈移位寄存器（NLFSR）也可作为驱动器，但由于在数学分析上的困难而很少采用。NLFSR 输出序列的密码特性较 LFSR 输出序列要好得多。同样由于分析上的困难性，目前所得结果有限，从而限制了它的应用。

当前密码上广泛应用的非线性序列是图 4-6 所示的由线性序列经非线性组合所产生的密钥流。这实际上是一种非线性前馈（forward）序列生成器。这类序列在较好掌握的线性序列组 $S_1, S_2, \cdots S_N$ 的基础上，利用一些可以用布尔逻辑、谱分析理论等数学工具来设计和控制的非线性组合函数，使其组合输出序列满足密码强度要求。常用的方法有逻辑与、J-K 触发器、多路复用器、钟控、Bent 函数、背包函数等。

4.3.3 密钥流的局部统计检验

对于密钥流生成器输出的密钥序列，必须进行必要的统计检验，以确保密钥序列的伪随机性和安全性。已经设计好的密钥生成器，原则上可以计算其输出的整个周期上的一些伪随机性 G-1～G-3。但由于其输出序列周期都很长，一般在 $10^{17} \sim 10^{140}$，因而不可能直接计算，只能利用数理统计方法进行局部伪随机性检验。常用的方法有频度检验、序偶或联码（测定相邻码元的相关性）检验、扑克（图样分布）检验、游程或串长分布检验、自相关特性检验和局部复杂性检验等。通过这类检验的密钥序列可以在统计上证实其分布的均匀性。但还不能证实其独立性，有一些方法可以演示它没有明显的相关性，一般是利用这些方法来试验直到对其独立性有足够信任。当然，这并不能确保其安全性，因此还要对其密码强度进行估计，需要从其所用非线性函数构造和所具有的密码性质进行分析。有关局部统计检验可参阅有关书刊和标准［Maurer 1992b；Menezes 等 1997］。

如前所述，密钥流必须具有随机性，同时在收端还应能够同步生成它，否则就不能实现解密。在网络安全系统中，如交互认证协议中 Nonce（一次性随机数）、密钥分配系统的会话密钥等，需要一种一次性且不要求在收端重新同步产生的随机数。对这类随机数生成器的基本要求和密钥流生成器一样，必须满足随机性和不可预测性。由于它们一般较短，所以在实现上与密钥流生成器不太一样，本章后面将介绍生成随机数的一些具体方法。

4.4 快速软、硬件实现的流密码算法

近年来，人们对简化流密码的软硬件实现进行了大量的研究，提出了不少新的易于实现的算法，有些是成功的；有些虽不安全，但在设计思想上有参考价值。有些算法适合硬件实现、有些算法适合软件实现。有些算法则是按兼顾两者的需要来设计的。软件密码的计算量是算法和算法实现质量的函数，一个用硬件实现的好算法，未必在软件实现上也是最佳的。DES 这一在硬件实现上很有效的算法也不例外。所以，寻找适用一般计算机实现的最佳软件算法，也需要精心设计[Schneier 等 1997]。本节将介绍其中一些有意义的算法。

4.4.1 A5

A5 是欧洲数字蜂窝移动电话系统（Group Special Mobile，GSM）中采用的加密算法，用于电话手机到基站线路上的加密。但在链路上的其他段不加密，因此电话公司很容易窃听用户会话。

A5 由法国设计。在 20 世纪 80 年代中期，NATO 内部对 GSM 的加密有过争议，有人认为加密会妨碍出口，而另有些人则认为应当采用强度大的密码进行保护。

A5 由 3 个稀疏本原多项式构成的 LFSR 组成，级数分别为 19、22 和 23，其初态由密钥独立赋值。输出是 3 个 LFSR 输出的异或，采用可变钟控方式，控制位从每个寄存器中间附近选定。若控制位中有两个或 3 个取值为 1，则产生这种位的寄存器移位；若两个或 3 个控制位为 0，则产生这种位的寄存器不移位。显然，在这种工作于停走（stop/go）型的相互钟控（或锁定）方式下，任一寄存器移位的概率为 3/4。走遍一个循环周期大约需要 $(2^{23}-1)\times 4/3$ 个时钟。

攻击 A5 要用 2^{40} 次加密来确定两个寄存器的结构，而后从密钥流决定第 3 个 LFSR。搜索密钥机已在设计之中[Chambers 1994]。

A5 的基本想法不错，效率高，可通过所有已知统计检验标准。其唯一缺点是移存器级数短，其最短循环长度为 $4/3\times 2^k$，k 是最长的 LFSR 的级数，总级数为 19+22+23=64。

可以用穷尽搜索法破译。若A5采用长的、抽头多的LFSR，它会更安全。

4.4.2 加法流密码生成器

1. 加法生成器

以 nb 字为基本单元，其初始存数为 m 个 nb 字 $x_1,x_2,\cdots,x_m$ 组成的阵列，按递归关系式给出 i 时刻的输出字 $x_i = a_{n-1}x_{i-1} + a_{n-2}x_{i-2} + \cdots + a_1x_{i-n+1} + a_0x_{i-n} \bmod M$ 。其中，+号是 $\bmod M$ 加法运算，一般 $M = 2^m$ 。适当选择系数 $a_j(j = 0,1,\cdots,n-1)$，可使生成序列的周期极大化。Brent给出了产生最大周期序列的条件。选用次数大于2的本原3次式，且由Fibonacci 序列的最低位构成的数序列是以特征多项式 $x^n + \sum a_i'x^i$ ， $a_i' \equiv a_i \mod 2$ 的LFSR所生成的序列。

例如，[55，24，0]所给定的递推式为

$$x_i = (x_{i-55} + x_{i-24}) \mod 2^n$$

本原式中多于3项时，还需附加一些条件才能使周期为最大。称上述生成器为加法（additive）生成器。Knuth 曾以 Fibonacci 数决定递推式的系数，称其为滞后（lagged）Fibonacci生成器。由于这种生成器以字而不是按位生成密钥流，因此速度较快。

2. FISH算法

Blöcher 等[1994]利用滞后 Fibonacci 生成器代替二元收缩式生成器，并增加一个映射 $f:\mathrm{GF}(2^n) \to \mathrm{GF}(2)$ 来生成32b的流密码和相应明文或密文异或实现加密和解密，称为Fibonacci收缩生成器，简称FISH算法。实现框图如图4-7所示。

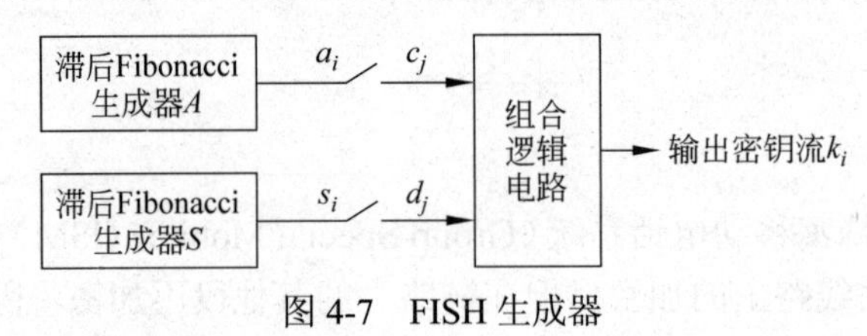

图4-7 FISH生成器

选 $n_A = 32, n_S = 32$ ，A 和 S 均为滞后 Fibonacci 生成器寄存器，其初始状态由密钥决定。滞后Fibonacci生成器的最低位的序列由一个本原3次多项式所决定的LFSR生成，满足

$$a_i = a_{i-55} + a_{i-24} \bmod 2^{32} \tag{4-12}$$

$$s_i = s_{i-52} + s_{i-19} \bmod 2^{32} \tag{4-13}$$

映射 $f:\mathrm{GF}(2^{32}) \to \mathrm{GF}(2)$，即将 S 寄存器的32b矢量映射为其最低位

$$f(b_{31},b_{30},\cdots,b_0) = b_0 \tag{4-14}$$

若 $b_0 = 1$，则输出 a_i 和 s_i，若 $b_0 = 0$，则丢弃 a_i 和 s_i，继续移位运行。由此可以得到32b字序列 $c_0,c_1,\cdots$ 和 $d_0,d_1,\cdots$，将它们分别组对为 (c_{2i},c_{2i+1}) 和 (d_{2i},d_{2i+1})，并通过下述逻辑式得到

$$e_{2i} = c_{2i} \oplus (d_{2i} \wedge d_{2i+1}) \tag{4-15}$$

$$f_{2i} = d_{2i+1} \wedge (e_{2i} \wedge c_{2i+1}) \tag{4-16}$$

$$k_{2i} = e_{2i} \oplus f_{2i} \tag{4-17}$$

$$k_{2i+1} = c_{2i+1} \oplus f_{2i} \tag{4-18}$$

其中，⊕表示逐位异或，∧表示逐位逻辑与。在33MHz的PC上可实现15Mb/s加密。已通过碰撞、相关、式样采集（Coupon Collect）、频度、非线性复杂度、扑克、秩、串长、谱、重叠 *m*-重（overlapping）、Ziv-Lempel 复杂度等检验，表明它具有良好的随机性，且特别适于软件快速实现。

3. PIKE 算法

虽然FISH通过了各类统计随机性检验，但Anderson指出它仍不够安全。大约可用2^{40}次试验攻破。为此 Anderson 参照 A5 的设计思想，对 FISH 进行改进，提出所谓 PIKE 的算法。它采用 3 个 Fibonacci 生成器：

$$a_i = a_{i-55} + a_{i-24} \bmod 2^{32}$$

$$a_i = a_{i-57} + a_{i-7} \bmod 2^{32}$$

$$a_i = a_{i-58} + a_{i-19} \bmod 2^{32}$$

FISH 的控制位不是进位位，而是最低位的位，否则攻击会更难。因此 PIKE 采用进位位来控制。若所有 3 个进位位取值一样，则 3 个寄存器都推进一位，否则将推进两个有相同进位位的寄存器。控制将迟后 8 个循环，每当更新状态之后，就检查控制位，并将一个控制 nybble 写到一个寄存器中。此寄存器以下一次更新存数移 4 位。在某些处理器下，利用校验位作为控制可能更方便，看来这是一种可接受的变通方法。

下一个密钥流字与 3 个寄存器的所有低位字进行异或。此算法较 FISH 稍快，每个密钥流字平均需要 2.75 次更新计算值，而不是 3 次。为了保证采用最小长度序列的比率很小，限定在生成2^{32}个字后，生成器重新注入密钥。缺少密钥供应的用户可以利用杂凑函数如 SHA 来扩充，以提供 700 B 初始状态。此方案还没有经受多少密码分析。

4. Mush 算法

Mush 算法由 Wheeler 提出[Schneier 1996]，采用两个 Fibonacci 生成器 *A* 和 *B* 进行相互钟控。若 *A* 有进位，则 *B* 被驱动，若 *B* 有进位，则 *A* 被驱动。若 *A* 被驱动有进位时，则置进位 bit；若 *B* 被驱动有进位时，则置进位 bit。最后输出密钥字由 *A* 和 *B* 的输出异或得到，产生一个密钥字。平均需要 3 次迭代，若适当选择系数，且 *A* 与 *B* 的级数互素，则可保证输出密钥流的周期极大化。目前尚无有关 Mush 的密码分析结果。

4.4.3 RC4

RC4 是由 RSA 安全公司的 Rivest 在 1987 年提出的密钥长度可变流密码，但其算法细节一直未公开。1994 年 9 月有人在 Cypherpunks 邮递表中公布了 RC4 的源代码，并通过 Internet 的 Usenet newsgroup sci.crypt 迅速传遍全球。虽然 RC4 已不能作为产品推销，但 RSA 公司至今尚未公开有关它的文件[Rivest 1992；Schneier 1996]。

该算法工作于 OFB 模式，密钥流与明文独立，利用 16×16 个 S 盒：S_0，S_1，…，S_{255}，在变长密钥控制下对 0，1，…，255 的数进行置换。它有两个计数器 *i* 和 *j*，初始时都为 0。

它通过下述算法产生随机字节：

$$i=(i+1)\bmod 256$$
$$j=(j+S_i)\bmod 256$$
$$\text{interchange } S_i \, and \, S_j$$
$$t=(S_i+S_j)\bmod 256$$
$$K=S_t$$

字节 K 与明文异或得到密文，或与密文异或得到明文，其加密速度比 DES 快 10 倍。

S 盒的初始化过程如下：首先将其进行线性填数，即 S_0=0，S_1=1，…，S_{255}=255，然后以密钥填入另一个 256 字节的阵列，密钥不够长时可重复利用给定密钥以填满整个阵：k_0，k_1，…，k_{255}。将指数 j 置 0，并执行下述程序：

```
for  i = 0 to 255
j = (j+Si+ki )  mod 256
interchange  Si and Sj
```

RSA DSI 声称，RC4 对差分攻击和线性分析具有免疫力，没有短循环，且具有高度非线性。目前尚无它的公开分析结果。它大约有 $256!\times256^2=2^{1700}$ 个可能的状态。各 S 在 i 和 j 的控制下卷入加密。指标 i 保证每个元素变化，指标 j 保证元素的随机改变。该算法简单明了，易于编程实现。

可以设想利用更大的 S 盒和更长的字，当然不一定要采用 16×16 个 S 盒，否则，初始化工作将极其漫长。

40b 密钥的 RC4 允许出口，但其安全性是无保证的。已有几十种采用 RC4 算法的商业产品，其中包括 Lottus Notes，Apple 公司的 AOEC，以及 Oracle Secure SQL，它也是美国移动通信技术公司的 CDPD 系统的一个组成部分。

关于分析 RC4 的攻击方法有许多公开发表的文献[Knudsen 等 1998; Mister 等 1998; Mantin 等 2001]，但没有哪种方法对于攻击足够长度的密钥（如 128 位）的 RC4 有效。值得注意的是，Fluhrer 等的报告指出，用于为 802 .11 无线局域网提供机密性的 WEP，易于受到一种特殊攻击方法的攻击（见第 11 章）。从本质上讲，这个问题并不在 RC4 本身，而是作为 RC4 中输入密钥的生成途径有漏洞。这种特殊的攻击方式不适用于其他使用 RC4 的应用。通过修改 WEP 中密钥的生成途径，也可以避免这个攻击。这个问题恰恰说明设计一个安全系统的困难性不仅包括密码算法本身，还包括协议如何正确地使用这些密码算法。

4.4.4 祖冲之密码

2011 年 9 月 19—21 日，在日本福冈召开的第 53 次第三代合作伙伴计划（3GPP）系统架构组（SA）会议上，我国设计的祖冲之密码算法（ZUC）被批准成为新一代宽带无线移动通信系统（LTE）国际标准，即 4G 的国际标准。这是我国商用密码算法首次走出国门参与国际标准竞争，并取得重大突破。ZUC 成为国际标准提高了我国在移动通信领域的地位和影响力，对我国移动通信产业和商用密码产业发展均具有重要意义。

2012 年 3 月 21 日，国家密码管理局发布正式公告，将 ZUC 作为中国商用密码算法。

我国向 3GPP 提交的算法标准包含如下内容：

（1）祖冲之密码算法（ZUC）：用于产生密钥序列。

（2）128-EEA3：基于 ZUC 的机密性算法。

（3）128-EIA3：基于 ZUC 的完整性保护算法。

1. ZUC 算法

ZUC 本质上是一个密钥序列产生算法，其输入为 128 比特的初始密钥和 128 比特的初始向量，输出为 32 比特的密钥字序列。其逻辑上分为三层，分别是：16 级线性反馈移位寄存器（LFSR），比特重组（BR），非线性函数 F。

① LFSR 以一个有限域 $GF(2^{31}-1)$上的 16 次本原多项式为连接多项式，输出为 $GF(2^{31}-1)$上的 m 序列。

② BR 从 LSFR 的状态中取出 128 位，拼成 4 个 32 位字(x_0, x_1, x_2, x_3)。非线性函数 F 从 BR 接受 3 个 32 位字(x_0, x_1, x_2)，经过异或、循环移位、模 2^{32}、非线性 S 盒变换，输出 32 位字 W。

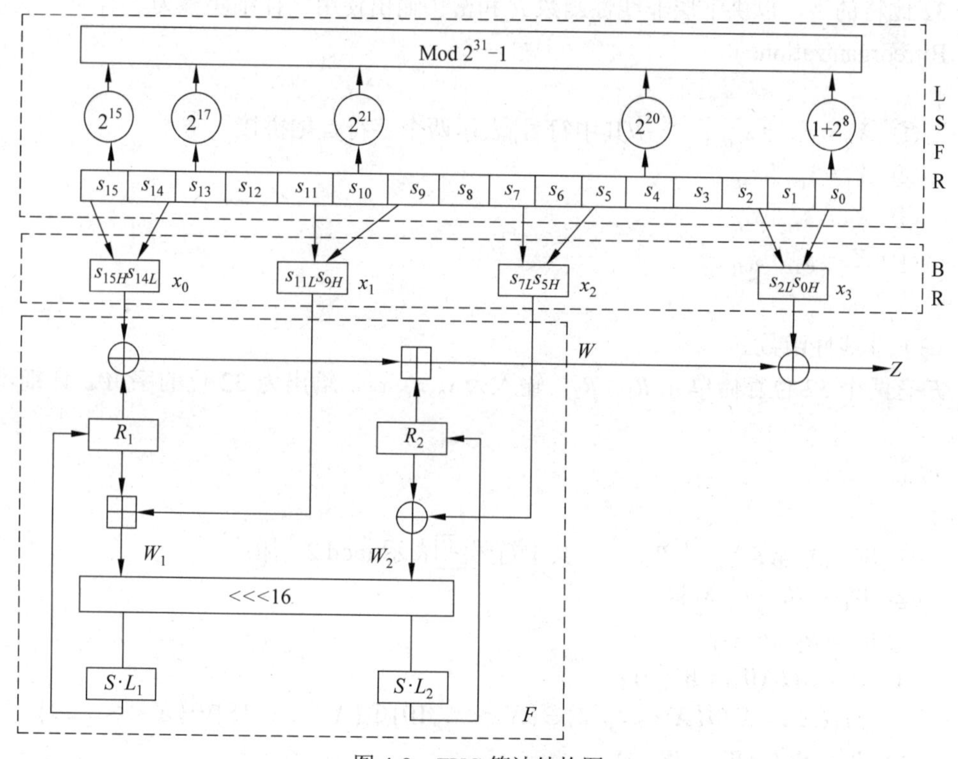

图 4-8　ZUC 算法结构图

（1）线性反馈移位寄存器（LFSR）

LFSR 由 16 个 32 位的寄存器$(s_0, s_1,\cdots, s_{14}, s_{15})$组成，每一个都是定义在素域 $GF(2^{31}-1)$上。LFSR 有两种状态：初始化状态和工作状态。详细步骤如下所述。

LFSRWithInitialisationMode(u)

{

① $v = 2^{15}s_{15} + 2^{17}s_{13} + 2^{21}s_{10} + 2^{20}s_4 + \left(1+2^8\right)s_0 \bmod \left(2^{31}-1\right)$；

② $s_{16} = \left(v+u\right) \bmod \left(2^{31}-1\right)$；　　//$u$是$w$ 通过舍弃最低位比特得到

③ If $s_{16}=0$, then set $s_{16} = 2^{31}-1$；

④ $\left(s_1, s_2, \ldots, s_{15}, s_{16}\right) \rightarrow \left(s_0, s_1, \ldots, s_{14}, s_{15}\right)$。

}

LFSRWithWorkMode( )

{

① $s_{16} = 2^{15}s_{15} + 2^{17}s_{13} + 2^{21}s_{10} + 2^{20}s_4 + (1+2^8)s_0 \bmod (2^{31}-1)$;

② If $s_{16} = 0$, then set $s_{16} = 2^{31}-1$；

③ $\left(s_1, s_2, \ldots, s_{15}, s_{16}\right) \rightarrow \left(s_0, s_1, \ldots, s_{14}, s_{15}\right)$。

}

（2）比特重组（BR）

比特重组是一个过渡层，其主要从 LFSR 的 8 个寄存器单元抽取 128 比特内容组成 4 个 32 比特的字，以供下层非线性函数 F 和密钥输出使用。详细步骤为

Bitreorganization( )

{

① $X_0 = s_{15H} \| s_{14L}$；　　//其中符号||表示两个字符首尾拼接

② $X_1 = s_{11L} \| s_{9H}$；

③ $X_2 = s_{7L} \| s_{5H}$；

④ $X_3 = s_{2L} \| s_{0H}$。

}

（3）非线性函数 F

F 有两个 32 位存储单元 R_1、R_2，输入为 x_0, x_1, x_2，输出为 32 位的字 W。详细步骤为

$F(x_0, x_1, x_2)$

{

① $W = (X_0 \oplus R_1) \boxplus R_2$;　　//其中符号$\boxplus$表示 mod 2^{32} 加法

② $W_1 = R_1 \boxplus x_1$；

③ $W_2 = R_2 \oplus x_2$;

④ $R_1 = S(L_1(W_{1L} \| W_{2H}))$；

//$L_1\left(X\right) = X \oplus \left(X <<<_{32} 2\right) \oplus \left(X <<<_{32} 10\right) \oplus \left(X <<<_{32} 18\right) \oplus \left(X <<<_{32} 24\right)$

⑤ $R_2 = S\left(L_2\left(W_{2L} \| W_{1H}\right)\right)$.

//$L_2\left(X\right) = X \oplus \left(X <<<_{32} 8\right) \oplus \left(X <<<_{32} 14\right) \oplus \left(X <<<_{32} 22\right) \oplus \left(X <<<_{32} 30\right)$

//下标32表示X是32位的数；S为S盒运算。

}

这里的S盒由4个并置的8进8出的S盒构成，即$S = (S_0, S_1, S_2, S_3)$，其中$S_2 = S_0$, $S_3 = S_1$，于是有$S = (S_0, S_1, S_0, S_1)$。S盒 S_0 和 S_1 的置换运算如表4-1和表4-2所示。

表4-1　S盒 S_0

	0	1	2	3	4	5	6	7	8	9	A	B	C	D	E	F
0	3E	72	5B	47	CA	E0	00	33	04	D1	54	98	09	B9	6D	CB
1	7B	1B	F9	32	AF	9D	6A	A5	B8	2D	FC	1D	08	53	03	90
2	4D	4E	84	99	E4	CE	D9	91	DD	B6	85	48	8B	29	6E	AC
3	CD	C1	F8	1E	73	43	69	C6	B5	BD	FD	39	63	20	D4	38
4	76	7D	B2	A7	CF	ED	57	C5	F3	2C	BB	14	21	06	55	9B
5	E3	EF	5E	31	4F	7F	5A	A4	0D	82	51	49	5F	BA	58	1C
6	4A	16	D5	17	A8	92	24	1F	8C	FF	D8	AE	2E	01	D3	AD
7	3B	4B	DA	46	EB	C9	DE	9A	8F	87	D7	3A	80	6F	2F	C8
8	B1	B4	37	F7	0A	22	13	28	7C	CC	3C	89	C7	C3	96	56
9	07	BF	7E	F0	0B	2B	97	52	35	41	79	61	A6	4C	10	FE
A	BC	26	95	88	8A	B0	A3	FB	C0	18	94	F2	E1	E5	E9	5D
B	D0	DC	11	66	64	5C	EC	59	42	75	12	F5	74	9C	AA	23
C	0E	86	AB	BE	2A	02	E7	67	E6	44	A2	6C	C2	93	9F	F1
D	F6	FA	36	D2	50	68	9E	62	71	15	3D	D6	40	C4	E2	0F
E	8E	83	77	6B	25	05	3F	0C	30	EA	70	B7	A1	E8	A9	65
F	8D	27	1A	DB	81	B3	A0	F4	45	7A	19	DF	EE	78	34	60

表4-2　S盒 S_1

	0	1	2	3	4	5	6	7	8	9	A	B	C	D	E	F
0	55	C2	63	71	3B	C8	47	86	9F	3C	DA	5B	29	AA	FD	77
1	8C	C5	94	0C	A6	1A	13	00	E3	A8	16	72	40	F9	F8	42
2	44	26	68	96	81	D9	45	3E	10	76	C6	A7	8B	39	43	E1
3	3A	B5	56	2A	C0	6D	B3	05	22	66	BF	DC	0B	FA	62	48
4	DD	20	11	06	36	C9	C1	CF	F6	27	52	BB	69	F5	D4	87
5	7F	84	4C	D2	9C	57	A4	BC	4F	9A	DF	FE	D6	8D	7A	EB
6	2B	53	D8	5C	A1	14	17	FB	23	D5	7D	30	67	73	08	09
7	EE	B7	70	3F	61	B2	19	8E	4E	E5	4B	93	8F	5D	DB	A9
8	AD	F1	AE	2E	CB	0D	FC	F4	2D	46	6E	1D	97	E8	D1	E9
9	4D	37	A5	75	5E	83	9E	AB	82	9D	B9	1C	E0	CD	49	89
A	01	B6	BD	58	24	A2	5F	38	78	99	15	90	50	B8	95	E4
B	D0	91	C7	CE	ED	0F	B4	6F	A0	CC	F0	02	4A	79	C3	DE
C	A3	EF	EA	51	E6	6B	18	EC	1B	2C	80	F7	74	E7	FF	21
D	5A	6A	54	1E	41	31	92	35	C4	33	07	0A	BA	7E	0E	34
E	88	B1	98	7C	F3	3D	60	6C	7B	CA	D3	1F	32	65	04	28
F	64	BE	85	9B	2F	59	8A	D7	B0	25	AC	AF	12	03	E2	F2

（4）密钥封装

密钥封装过程将128位的初始密钥KEY和128位的初始向量Ⅳ扩展为16个31位字作为LFSR变量$s_0, s_1, \cdots, s_{14}, s_{15}$的初始状态。设KEY和Ⅳ分别为：

$$KEY = k_0 \| k_1 \| k_2 \| \ldots \| k_{15}$$

$$IV = iv_0 \| iv_1 \| iv_2 \| \ldots \| iv_{15}$$

则密钥封装过程如下：

① 设D为240位常量，按如下方式分成16个15位的字串：$D = d_0 \| d_1 \| \cdots \| d_{15}$；

② 对于$0 \leqslant i \leqslant 15$，有$s_i = k_i \| d_i \| iv_i$。

（5）算法运行

ZUC算法运行，分为初始化阶段和工作阶段。

初始化阶段将128位的初始密钥K和128位的初始向量Ⅳ按照上面的密钥封装方法封装到LFSR的寄存器单元变量$s_0, s_1, \cdots, s_{14}, s_{15}$中，作为LFSR的初态，$R_1$、$R_2$也初始化为0，重复执行下述过程32次：

① Bitreorganization( )；

② $W = F(x_0, x_1, x_2)$；

③ LFSRWithInitialisationMode(u >>1)。

工作阶段首先需要先将下面的操作运行一轮：

① Bitreorganization( )；

② $F(x_0, x_1, x_2)$； //此处丢弃输出结果

③ LFSRWithWorkMode( )。

然后进入密钥输出阶段，将下面的操作运行一次就会生成一个32比特密钥Z。

① Bitreorganization( )；

② $Z = F(x_0, x_1, x_2) \oplus x_3$；

③ LFSRWithWorkMode( )。

2. 基于ZUC的机密性算法128-EEA3

128-EEA3主要用于4G移动通信中移动用户设备（User Equipment，UE）和核心网（Core Network）之间无线链路上信令和数据的加解密。128-EEA3加解密原理如图4-9所示。

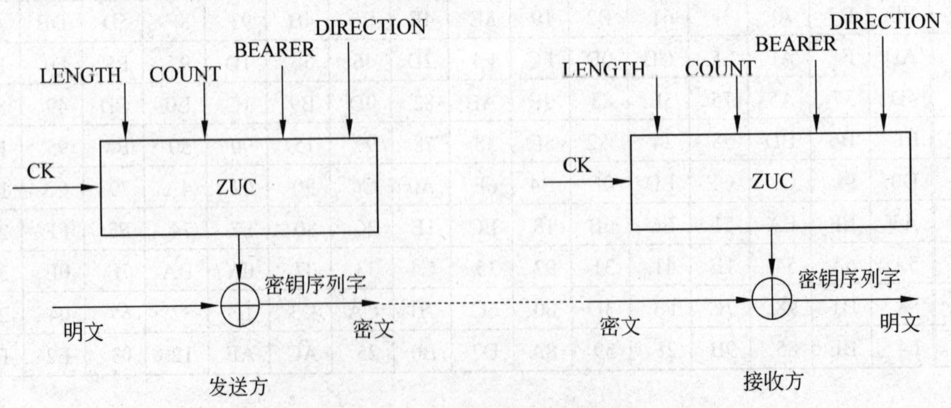

图4-9 128-EEA3算法原理图

利用初始密钥 KEY 和初始向量Ⅳ，执行 ZUC 算法，产生 L 个 32 位字的加解密密钥流。设长度为 LENGTH 的输入比特流为：

$$IBS= IBS[0]\| IBS[1]\|\cdots\|IBS[LENGTH-1]$$

对应的输出比特流为：$OBS= OBS[0]\| OBS[1]\|\cdots\|OBS[LENGTH-1]$

加解密只需要把明文（密文）与加解密密钥模 2 相加即可：

$$OBS[i]= IBS[i]\oplus K[i],\quad i=0, 1, 2, \cdots, LENGTH-1$$

输入参数定义如下：

LENGTH：明文消息流的比特长度，32 位

COUNT：计数器，32 位

BEARER：承载层标识，5 位

DIRECTION：传输方向标识，1 位

CK：机密性密钥，128 位，由 ZUC 产生

3. 基于 ZUC 的完整性算法 128-EIA3

128-EIA3 主要用于 4G 移动通信中移动 UE 和核心网之间的无线链路上的通信信令和数据的完整性认证，并对信令源进行认证。主要由 128-EIA3 产生消息认证码（MAC），通过验证 MAC 值，实现对消息的完整性认证。

128-EIA3 的工作原理如图 4-10 所示。

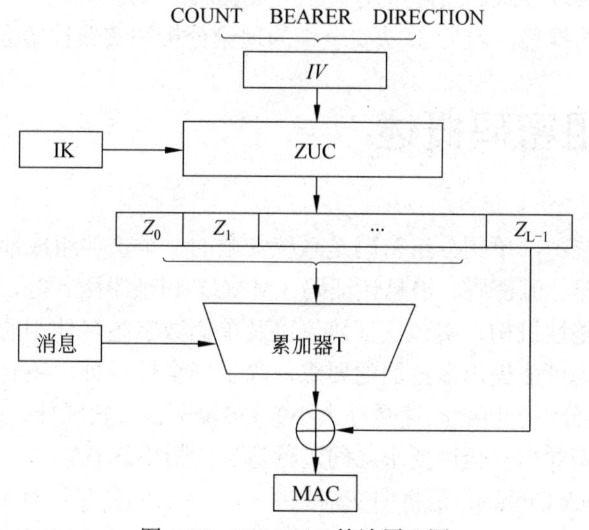

图 4-10　128-EIA3 算法原理图

利用初始密钥 KEY 和初始向量Ⅳ，执行 ZUC 算法，产生 L 个 32 位的完整性密钥字流。设需要计算消息认证码的消息比特序列为

$$M = m[0], m[1],\cdots, m[LENGTH-1]。$$

设 T 为一个 32 比特的字变量，MAC 计算如下：

MACComputation( )

{

① Set $T=0$;

② For ($I=0$; $I<$ LENGTH; I++)

If $m[I]=1$ then $T=T\oplus K_i$;　　　//$Ki=k[i]\,\|\,k[i+1]\,\|\,\cdots\,\|\,k[i+31]$

③ End For

④ $T=T\oplus K_{\text{LENGTH}}$;

⑤ MAC= $T\oplus K_{32\text{x}(\text{L}-1)}$。

}

最后，讨论一下 ZUC 算法的安全性。

ZUC 算法在 LFSR 层采用了 $GF(2^{31}-1)$上的 16 次本原多项式，其输出序列随机性好、周期足够大。在比特重组部分，重组的数据具有良好的随机性，且出现的重复概率足够小。在非线性函数 F 中采用了两个存储部件 R、二个线性部件 L 和两个非线性 S 盒，使其输出具有良好的非线性、混淆特性和扩散特性。设计者经过评估，认为能够抵抗弱密钥攻击、Guess-and-Determine 攻击、Binary Decision trees 攻击、线性区分攻击、代数攻击和选择初始向量攻击等多种密码攻击。

在侧信道攻击方面，理论分析与实验表明，ZUC 算法经不起 DPA 类侧信道的攻击。因此在硬件实现时必须采取保护措施。

另外，128-EIA3 长度为 32 位，穷举攻击的复杂度为 $O(2^{32})$，显然太短了。这可能是移动通信的实时性要求导致。实际应用中应当采取保护措施。

随着使用时间的推移，ZUC 算法安全性的理论分析和实践检验会更加充分。

4.5 分组密码概述

在许多密码系统中，单钥分组密码是系统安全的一个重要组成部分。分组密码易于构造拟随机数生成器、流密码、消息认证码（MAC）和杂凑函数等，还可进而成为消息认证技术、数据完整性机构、实体认证协议以及单钥数字签名体制的核心组成部分。实际应用中对于分组码可能提出多方面的要求，除了安全性以外，还有运行速度、存储量（程序的长度、数据分组长度、高速缓存大小）、实现平台（软硬件、芯片）、运行模式等限制条件。这些都需要与安全性要求之间进行适当的折中选择。

分组密码（Block Cipher）是将明文消息编码表示后的数字序列 $x_1,x_2,\cdots,x_i$，划分成长为 m 的组 $\boldsymbol{x}$=（x_0，x_1，…，x_{m-1}），各组（长为 m 的矢量）分别在密钥 $k=(k_0,k_1,\cdots,k_{t-1})$ 控制下变换成等长的输出数字序列 $\boldsymbol{y}$=（y_0，y_1，…，y_{n-1}）（长为 n 的矢量），其加密函数 $E:V_m\times K\to V_n$，$V_m(V_n)$ 是 $m(n)$ 维矢量空间，K 为密钥空间，如图 4-11 所示。它与流密码的不同之处在于输出的每一位数字不是只与相应时刻输入的明文数字有关，而是与一组长为 m 的明文数字有关。在相同密钥下，分组密码对长为 m 的输入明文组所实施的变换是等同的，所以只需研究对任一组明文数字的变换规则。这种密码实质上是字长为 m 的数字序列的代换密码。

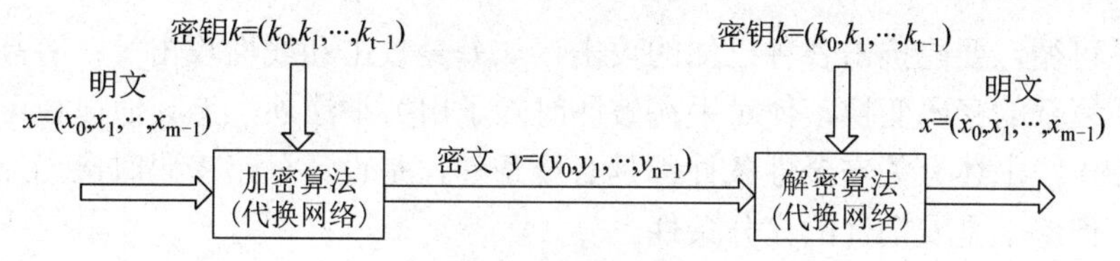

图 4-11　分组密码框图

通常取 $n=m$。若 $n>m$，则为有数据扩展的分组密码。若 $n<m$，则为有数据压缩的分组密码。在二元情况下，$\boldsymbol{x}$ 和 $\boldsymbol{y}$ 均为二元数字序列，它们的每个分量 $x_i, y_i \in \mathrm{GF}(2)$。下面主要讨论二元情况。将长为 n 的二元 $\boldsymbol{x}$ 和 $\boldsymbol{y}$ 表示成小于 2^n 的整数，即

$$x=(x_0,x_1,\cdots,x_{n-1}) \leftrightarrow \sum_{i=0}^{n-1} x_i 2^i =\| x \| \tag{4-19}$$

$$y=(y_0,y_1,\cdots,y_{n-1}) \leftrightarrow \sum_{i=0}^{n-1} y_i 2^i =\| y \| \tag{4-20}$$

则分组密码就是将 $\|x\| \in \{0,1,\cdots,2^n-1\}$ 映射为 $\|y\| \in \{0,1,\cdots,2^n-1\}$，即为 $\{0,1,\cdots,2^n-1\}$ 到其自身的一个置换π，即

$$y=\pi(x) \tag{4-21}$$

置换的选择由密钥 k 决定。所有可能置换构成一个对称群 $\mathrm{SYM}(2^n)$，其中元素个数或密钥数为

$$^{\#}\{\pi\}=2^n\,! \tag{4-22}$$

例如 n=64b 时，

$$(2^{64})!>10^{347\ 380\ 000\ 000\ 000\ 000\ 000}>(10^{10})^{20}$$

为表示任一特定置换所需的二元数字位数为

$$\log_2(2^n!) \approx (n-1.44)2^n = o(n2^n)b \tag{4-23}$$

即密钥长度达 $n2^n$b，n=64 时的值为 $64\times 2^{64}=2^{70}$b，DES 的密钥仅为 56b，IDEA 的密钥也不过为 128b。实用中的各种分组密码（如后面要介绍的 DES、IDEA、RSA 和背包体制等）所用的置换都不过是上述置换集中的一个很小的子集。分组密码的设计问题在于找到一种算法，能在密钥控制下从一个足够大且足够好的置换子集中，简单而迅速地选出一个置换，用来对当前输入的明文的数字组进行加密变换。因此，设计的算法应满足下述要求：

（1）分组长度 n 要足够大，使分组代换字母表中的元素个数 2^n 足够大，防止明文穷举攻击法奏效。DES、IDEA、FEAL 和 LOKI 等分组密码都采用 n=64，在生日攻击下用 2^{32} 组密文成功概率为 1/2，同时要求 $2^{32}\times 64\text{b}=2^{15}\,\text{MB}$ 存储空间，故采用穷举攻击是不现实的。

（2）密钥量要足够大（即置换子集中的元素足够多），尽可能消除弱密钥并使所有密钥同等，以防止密钥穷举攻击奏效。但密钥又不能过长，以利于密钥的管理。DES 采用 56b 密钥，看来太短了，IDEA 采用 128b 密钥，Denning 等估计，在今后 30～40 年内采用 80b 密钥是足够安全的。

（3）由密钥确定置换的算法要足够复杂，充分实现明文与密钥的扩散和混淆，没有

简单的关系可循，要能抗击各种已知的攻击，如差分攻击和线性攻击等；有高的非线性阶数，实现复杂的密码变换，使对手在破译时除了用穷举法外，无其他捷径可循。

应当指出，上述有关安全性条件都是必要条件，是设计分组密码时应当充分考虑的一些问题，但绝不是安全性的充分条件。

（4）加密和解密运算简单，易于软件和硬件高速实现。如将分组 n 划分为子段，每段长为 8、16 或者 32。在以软件实现时，应选用简单的运算，使作用于子段上的密码运算易于以标准处理器的基本运算，如加、乘、移位等实现，避免用以软件难以实现的逐位置换。为了便于硬件实现，加密和解密过程之间的差别应仅在于由秘密密钥所生成的密钥表不同。这样，加密和解密就可用同一器件实现。设计的算法采用规则的模块结构，如多轮迭代等，以便于采用软件和 VLSI 快速实现。

（5）数据扩展。一般无数据扩展，在采用同态置换和随机化加密技术时可引入数据扩展。

（6）差错传播尽可能得小。

要实现上述几点要求并不容易。首先，图 4-11 的代换网络的复杂性随分组长度 n 呈指数增大，常常会使设计变得复杂而难以控制和实现；实际中常常将 n 分成几个小段，分别设计各段的代换逻辑实现电路，采用并行操作达到总的分组长度 n 足够大，这将在下面讨论。其次，为了便于实现，实际中常常将较简单易于实现的密码系统进行组合，构成较复杂的、密钥量较大的密码系统。Shannon[1949]曾提出了以下两种可能的组合方法。

（1）"概率加权和"方法，即以一定的概率随机地从几个子系统中选择一个用于加密当前的明文。设有 r 个子系统，以 $T_1,T_2,\cdots,T_r$ 表示，相应被选用的概率为 $p_1,p_2,\cdots,p_r$，其中 $\sum_{i=1}^{r} p_i = 1$。其概率和系统可表示成

$$T = p_1T_1 + p_2T_2 + \cdots + p_rT_r \tag{4-24}$$

显然，系统 T 的密钥量将是各子系统密钥量之和。

（2）"乘积"方法。例如，设有两个子密码系统 T_1 和 T_2，则先以 T_1 对明文进行加密，然后再以 T_2 对所得结果进行加密。其中，T_1 的密文空间需作为 T_2 的"明文"空间。乘积密码可表示成

$$T = T_1T_2 \tag{4-25}$$

利用这两种方法可将简单易于实现的密码组合成复杂的更为安全的密码。

最后，为了抗击统计分析破译法，需要实现第 3 条要求，Shannon 曾建议采用扩散（diffusion）和混淆（confusion）法。所谓扩散，就是将每位明文及密钥数字的影响尽可能迅速地散布到较多个输出的密文数字中，以便隐蔽明文数字的统计特性。这一想法可推广到将任一位密钥数字的影响尽量迅速地扩展到更多个密文数字中去，以防止对密钥进行逐段破译。在理想情况下，明文的每位和密钥的每位应影响密文的每位，即实现所谓"完备性"。Shannon 提出的"混淆"概念目的在于使作用于明文的密钥和密文之间的关系复杂化，使明文和密文之间、密文和密钥之间的统计相关性极小化，从而使统计分析攻击法不能奏效。他用"揉面团"过程来形象地比喻"扩散"和"混淆"概念。在设

计实际密码算法时，需要巧妙地运用这两个概念。与揉面团不同，将明文和密钥进行“混合”作用时还需满足两个条件：一是变换必须是可逆的，并非任何混淆办法都能做到这点；二是变换和反变换过程应当简单易行。乘积密码有助于实现扩散和混淆，选择某个较简单的密码变换，在密钥控制下以迭代方式多次利用它进行加密变换，就可实现预期的扩散和混淆效果。当代提出的各种分组密码算法，都在一定程度上体现了 Shannon 构造密码的这些重要思想。

4.6　数据加密标准

数据加密标准（DES）中的算法是第一个并且也是十分重要的现代对称加密算法。1977 年 1 月，美国国家标准局公布了 DES，它是用于非保密数据（与国家安全无关的信息）的算法，该算法在世界范围内已经得到了广泛的应用，一个主要的例子就是银行用它保护资金转账安全。本来该标准被批准使用 5 年，但由于它经受住了时间的考验，随后又被批准了 3 个 5 年的使用期。

4.6.1　DES 介绍

DES 是分组密码，其中的消息被分成定长的数据分组，每一分组称为 M 或 C 中的一个消息。在 DES 中，有 $M=C=\{0,1\}^{64}$， $K=\{0,1\}^{56}$，也就是 DES 加密和解密算法输入 64b 明文或密文消息和 56b 密钥，输出 64b 密文或明文消息。

DES 的运算可描述为如下 3 步：

（1）对输入分组进行固定的“初始置换”IP，可以将这个初始置换写为

$$(L_0,R_0)\leftarrow \text{IP (Input Block)} \tag{4-26}$$

这里 L_0 和 R_0 称为“（左，右）半分组”，都是 32b 的分组。注意，IP 是固定的函数（也就是说，输入密钥不是它的参数），是公开的，因此这个初始置换在密码学上意义不大。

（2）将下面的运算迭代 16 轮 $(i=1,2,\cdots,16)$

$$L_i \leftarrow R_{i-1} \tag{4-27}$$

$$R_i \leftarrow L_{i-1} \oplus f(R_{i-1},k_i) \tag{4-28}$$

这里 k_i 称为“轮密钥”，它是 56b 输入密钥的一个 48b 的子串，f 称为“S 盒函数”（“S”表示代换，将在 4.6.2 节中对这个函数进行简单描述），是一个代换密码。这个运算的特点是交换两半分组，就是说，一轮的左半分组输入是上一轮的右半分组输出。交换运算是一个简单的换位密码（见 4.2.2 节），目的是获得很大程度的“信息扩散”，本质上就是获得式（4-26）中香农提出的模型的混合特性。从我们的讨论中可以看出，DES 的这一步是代换密码和换位密码的结合。

（3）将 16 轮迭代后得到的结果 (L_{16},R_{16}) 输入到 IP 的逆置换来消除初始置换的影响，这一步的输出就是 DES 算法的输出，我们将最后一步写为

$$\text{Output Block} \leftarrow \text{IP}^{-1}(R_{16},L_{16}) \tag{4-29}$$

请特别注意 IP^{-1} 的输入：在输入 IP^{-1} 以前，16 轮迭代输出的两个半分组又进行了一次交换。

加密和解密算法都用这 3 个步骤，仅有的不同就是，如果加密算法中使用的轮密钥是 $k_1,k_2,\cdots,k_{16}$，那么解密算法中使用的轮密钥就应当是 $k_{16},k_{15},\cdots,k_1$，这种排列轮密钥的方法称为“密钥表”，可以记为

$$(k_1',k_2',\cdots,k_{16}')=(k_{16},k_{15},\cdots,k_1) \tag{4-30}$$

例 4-4 在加密密钥 k 下，将明文消息 m 加密为密文消息 c，下面通过 DES 算法来确认解密函数的正确运行，也就是在 k 下，c 的解密将输出 m。

解密算法首先输入密文 c 作为“输入分组”。由式（4-26）有

$$(L_0',R_0')\leftarrow \mathrm{IP}(c)$$

但是，因为 c 实际上是加密算法中最后一步的“输出分组”，由式（4-29）有

$$(L_0',R_0')\leftarrow(R_{16},L_{16}) \tag{4-31}$$

在第 1 轮中，由式（4-27）、式（4-28）和式（4-30），有

$$L_1'\leftarrow R_0'=L_{16}$$
$$R_1'\leftarrow L_0'\oplus f(R_0',k_1')=R_{16}\oplus f(L_{16},k_1')$$

在这两个式子的右边，由式（4-27）可知，L_{16} 应该用 R_{15} 代替；由式（4-28）可知，R_{16} 应该用 $L_{15}\oplus f(R_{15},k_{16})$ 代替。根据密钥表式（4-30），$k_1'=k_{16}$，因此，上面两个式子实际上是下面的两个：

$$L_1'\leftarrow R_{15}$$
$$R_1'\leftarrow[L_{15}\oplus f(R_{15},k_{16})]\oplus f(R_{15},k_{16})=L_{15}$$

所以，在第 1 轮解密以后得到

$$(L_1',R_1')\leftarrow(R_{15},L_{15})$$

因此，在第 2 轮开始，两个半分组是 (R_{15},L_{15})。

在随后的 15 轮中，使用同样的验证，将获得

$$(L_2',R_2')\leftarrow(R_{14},L_{14}),\cdots,(L_{16}',R_{16}')\leftarrow(R_0,L_0)$$

从 16 轮迭代得到的两个最后的半分组 (L_{16}',R_{16}') 被交换为 $(R_{16}',L_{16}')=(L_0,R_0)$，然后输入到 IP^{-1}（注意式（4-29）中另外一次的交换）来消除 IP 在式（4-26）中的影响。解密函数的输出确实就是最初的明文分组 m。

已经证明：DES 加密和解密算法确实使得方程式（4-26）对于所有的 $m\in M$ 和 $k\in K$ 都成立。很明显，这些算法的运行与“S 盒函数”的内部细节及密钥表函数无关。

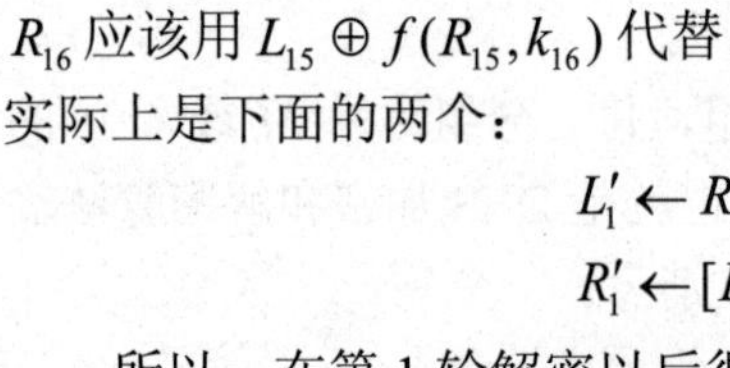

使用式（4-27）和式（4-28）以交换的方式处理两个半分组的 DES 迭代称为 Feistel 密码。图 4-12 给出了一轮 Feistel 密码的交换结构。最初是由 Feistel 提出了这个密码。像以前提到的那样，交换特性的目的是为了获得一个较大程度上的数据扩散。Feistel 密码在公钥密码学中也有重要的应用：称为最佳非对称加密填充

图 4-12 Feistel 密码（一轮）

（OAEP）。其在结构本质上是一个二轮的 Feistel 密码。

4.6.2 DES 的核心作用：消息的随机非线性分布

DES 的核心部分是在“S 盒函数” f 中。正是在这里 DES 实现了明文消息在密文消息空间上的随机非线性分布。

在第 i 轮，$f(R_{i-1},k_i)$ 做下面的两个子运算：

（1）通过逐比特异或运算，将轮密钥 k_i 与半分组 R_{i-1} 相加。这提供了消息分布中所需要的随机性。

（2）在包含 8 个“代换盒”（S 盒）的固定置换下代换（i）的结果，每一个 S 盒是一个非线性置换函数；这就提供了消息分布中所需的非线性。

S 盒的非线性对 DES 的安全是非常重要的，注意到代换密码（例如，有随机密钥的例 4-1）在一般情况下是非线性的，而移位密码和仿射密码是线性中的子类。与一般情况相比，这些线性子类不仅极大地减小了密钥空间，而且也导致了生成的密文对于差分分析（DC）技术是脆弱的[Biham 等 1991]。DC 通过利用两个明文消息间的线性差分和两个密文消息间的线性差分来攻击密码，下面以仿射密码式（4-6）为例分析这种攻击。假定 Malice（攻击者）以某种方式知道了差分 $m-m'$，但他既不知道 m 也不知道 m'，给定相应的密文 $c=k_1m+k_2(\bmod N), c'=k_1m'+k_2(\bmod N)$，Malice 可以计算

$$k_1=(c-c')/(m-m')(\bmod N)$$

有了 k_1，Malice 进一步找到 k_2 就变得容易多了，例如，如果 Malice 有一个已知的明文-密文对，他就能够找到 k_2。在 1990 年发现了 DC 以后，对于许多已知的分组密码的攻击，DC 已经被证明是非常有效的，然而它攻击 DES 并不是非常成功。这就表明 DES 的设计者早在 15 年前通过 S 盒的非线性设计就已采取了预防 DC 的措施。

DES（事实上还有 Feistel 密码）的一个有趣的特点就是函数 $f(R_{i-1},k_i)$ 中的 S 盒不必是可逆的。在例 4-4 中对于任意的 $f(R_{i-1},k_i)$ 都可运行加密和解密就证明了这一点，这个特点节约了 DES 硬件实现的空间。

本书将省略对 S 盒的内部细节、密钥表函数和初始置换函数的描述，这些细节超出了本书的范围，有兴趣的读者可在文献[Denning 1982]中找到这些细节。

4.6.3 DES 的安全性

在 DES 作为加密标准提出之后不久，学者们就开始争论 DES 的安全性。其详细的讨论和历史描述可以在各种密码学教科书中找到，如文献[Smid 等 1992]、[Stinson 1995]和[Menezes 等 1997]。后来，人们越来越清楚，这些讨论找到了 DES 的一个主要的缺点：DES 的密钥长度较短。这被认为是 DES 仅有的最严重的弱点，针对这个弱点的攻击包括穷举测试密钥，就是利用一个已知的明文和密文消息对，直到找到正确的密钥，这就是所谓的强力或穷举密钥搜索攻击。

然而，不能将强力密钥搜索攻击看做是一种真正的攻击，这是因为密码设计者不仅已经预见了它，而且希望这是对手仅有的工具，因此，假设攻击者仅具有 20 世纪 70 年

代的计算技术，那么 DES 是一种十分成功的密码。

克服短密钥缺陷的一个解决办法是使用不同的密钥，多次运行 DES 算法，那样的一个方案称为加密-解密-加密 3 重 DES 方案[Tuchman 1979]。这个方案中的加密记为

$$c \leftarrow E_{k_1}(D_{k_2}(E_{k_1}(m)))$$

解密记为

$$m \leftarrow D_{k_1}(E_{k_2}(D_{k_1}(c)))$$

除了能够达到扩大密钥空间的效果，如果使用 $k_1 = k_2$，这个方案也很容易与单钥 DES 兼容。3 重 DES 也可以使用 3 个不同的密钥，但这时它与单钥 DES 不兼容。

DES 的短密钥弱点在 20 世纪 90 年代变得明显了。在 1993 年，Wiener 认为花费 1 000 000 美元可以造一个特殊用途的 VLSI DES 密钥搜索机，给定一个明文-密文消息对，预计这台机器将在 3.5 h 之内找到密钥。1998 年 7 月 15 日，密码学研究会、高级无线技术协会和电子前沿基金会（Electronic Frontier Foundation，EFF）联合宣布了破纪录的 DES 密钥搜索攻击：他们花了不到 250 000 美元构造了一个称为 DES 解密高手（也称做 Deep Crack）的密钥搜索机，搜索了 56 h 后成功地找到了 RSA 的 DES 挑战密钥。这个结果表明：对于一个安全的单钥密码来说，在 20 世纪 90 年代后期的计算技术背景下，使用 56b 的密钥太短了。

4.7 高级加密标准

1997 年 1 月 2 日，美国国家标准和技术协会（NIST）宣布征集一个新的对称密钥分组密码算法作为取代 DES 的新的加密标准。这个新的算法被命名为高级加密标准（AES）。与 DES 的封闭设计过程不同，在 1997 年 9 月 12 日，正式地公开征集 AES 算法，规定了 AES 要详细说明一个非保密的、公开的对称密钥加密算法（s）；算法（s）必须支持（至少）128b 的分组长度，以及 128b、192b 和 256b 的密钥长度，强度应该相当于 3 重 DES，但是应该比 3 重 DES 更有效。此外，如果算法（s）被选中，在世界范围内它必须是可以免费获得的。

1998 年 8 月 20 日，NIST 公布了 15 个 AES 候选算法，这些算法由遍布世界的密码团体的成员提交。公众对这 15 个算法的评论被当作这些算法的初始评论（公众的初始评论期也称为第 1 轮），第 1 轮评选到 1999 年 4 月 15 日截止。根据收到的分析和评论，NIST 从 15 个算法中选出 5 个算法，这 5 个参加决赛的候选算法是 MARS[Burwick 等 1998]、RC6[Sidney 等 1998]、Rijndael[Daemen 等 1998]、Serpent[Anderson 等 1998]和 Twofish[Schneier 等 1998]。这些参加决赛的算法在又一次更深入的评论期（第 2 轮）得到进一步的分析。在第 2 轮中，要征询对候选算法的各方面的评论和分析，这些方面包括密码分析、智能性、所有 AES 决赛候选算法的剖析、综合评价及有关实现问题，但并不限于上面所述的方面。2000 年 5 月 15 日，第 2 轮公众分析期结束以后，NIST 研究了所有可得到的信息以便为 AES 做出选择。2000 年 10 月 2 日，NIST 宣布它已经选中了 Rijndael 来建议作为 AES。

Rijndael 是由两个比利时密码学家 Daemen 和 Rijmen 共同设计的。

4.7.1 Rijndael 密码概述

Rijndael 是分组长度和密钥长度均可变的分组密码，密钥长度和分组长度可以独立指定为 128b、192b 或 256b。为简化起见，只讨论密钥长度为 128b，分组长度为 128b 时的情形。所限定的描述无损于 Rijndael 密码工作原理的一般性。

在这种情况下，128b 的消息（明文，密文）分组被分成 16 个字节（一个字节是 8b，所以有 $128 = 16 \times 8$），记为

$$\text{InputBlock} = m_0, m_1, \cdots, m_{15}$$

密钥分组如下：

$$\text{InputKey} = k_0, k_1, \cdots, k_{15}$$

内部数据结构的表示是一个 4×4 矩阵：

$$\text{InputBlock} = \begin{pmatrix} m_0 & m_4 & m_8 & m_{12} \\ m_1 & m_5 & m_9 & m_{13} \\ m_2 & m_6 & m_{10} & m_{14} \\ m_3 & m_7 & m_{11} & m_{15} \end{pmatrix}$$

$$\text{InputKey} = \begin{pmatrix} k_0 & k_4 & k_8 & k_{12} \\ k_1 & k_5 & k_9 & k_{13} \\ k_2 & k_6 & k_{10} & k_{14} \\ k_3 & k_7 & k_{11} & k_{15} \end{pmatrix}$$

同 DES（以及最现代的对称密钥分组密码）一样，Rijndael 算法也是由基本的变换单位——“轮”多次迭代而成，在消息分组长度和密钥分组均为 128b 的最小情况，轮数是 10，当消息长度和密钥长度变大时，轮数也应该相应增加。有关内容请参阅[NIST 2001a]。

Rijndael 中的轮变换记为

```
Round(State, RoundKey)
```

这里 State 是轮消息矩阵，既被看做输入，也被看做输出；RoundKey 是轮密钥矩阵，它是由输入密钥通过密钥表导出的。一轮的完成将导致 State 的元素改变值（也就是改变它的状态）。对于加密（对应解密），输入到第 1 轮中的 State 就是明文（对应密文）消息矩阵 InputBlock，而最后一轮中输出的 State 就是密文（对应明文）消息矩阵。

轮（除了最后一轮）变换由 4 个不同的变换组成，这些变换是将要介绍的内部函数：

```
Round(State,RoundKey) {
   SubBytes(State);
   ShiftRows(State);
   MixColumns(State);
   AddRoundKey(State,RoundKey);
   }
```

最后一轮有点不同，记为

```
FinalRound(State,RoundKey)
```

它等于不使用 Mixcolumns 函数的 Round(State，RoundKey)，这类似于 DES 中最后一轮的情形，就是在输出的半数据分组之间再做一次交换。

轮变换是可逆的，以便于解密，相应的逆轮变换分别记为

```
Round-1 (State,RoundKey)
```

和

```
FinalRound-1 (State,RoundKey)
```

下面可看到 4 个内部函数都是可逆的。

4.7.2 Rijndael 密码的内部函数

现在介绍 Rijndael 密码的 4 个内部函数，因为每个内部函数都是可逆的，为了实现 Rijndael 的解密，只需要在相反的方向使用它们各自的逆就可以了，因此仅在加密方向来描述这些函数。

Rijndael 密码的内部函数是在有限域上实现的，F_2 上的所有多项式模不可约多项式

$$f(x)=x^8+x^4+x^3+x+1$$

就得到了这个域。明确地说，Rijndael 密码所用的域是 $F_2[x]_{x^8+x^4+x^3+x+1}$，这个域中的元素就是 F_2 上次数小于 8 的多项式，运算是模 $f(x)$ 运算，把这个域称为“Rijndael 域”。由于同构关系，经常用 F_{2^8} 来表示这个域，这个域中有 $2^8(256)$ 个元素。

在 Rijndael 密码中，一个消息分组（一个状态）和一个密钥分组被分成字节。这些字节可以看成是域元素并由将要描述的几个 Rijndael 内部函数所使用。

1. 内部函数 SubBytes（State）

这个函数为 State 的每一字节（也就是 x）提供了一个非线性代换，任一非 0 字节 $x\in(F_{2^8})^*$ 被下面的变换所代换：

$$y=Ax^{-1}+b \tag{4-32}$$

这里

$$A=\begin{pmatrix}1&0&0&0&1&1&1&1\\1&1&0&0&0&1&1&1\\1&1&1&0&0&0&1&1\\1&1&1&1&0&0&0&1\\1&1&1&1&1&0&0&0\\0&1&1&1&1&1&0&0\\0&0&1&1&1&1&1&0\\0&0&0&1&1&1&1&1\end{pmatrix} \quad 和 \quad b=\begin{pmatrix}1\\1\\0\\0\\0\\1\\1\\0\end{pmatrix}$$

如果 x 是 0 字节，那么 $y = b$ 就是 SubBytes 变换的结果。

注意在式（4-32）中变换的非线性仅仅来自于逆 x^{-1}，如果这个变换直接作用于 x，那么在式（4-32）中的仿射方程将绝对是线性的。

因为 8×8 常数矩阵 A 是可逆的（也就是说，它的行在 F_{2^8} 中是线性无关的），所以在式（4-32）中的变换是可逆的，因此函数 SubBytes（State）是可逆的。

2. 内部函数 ShiftRows（State）

这个函数在 State 的每行上运算，对于 128b 分组长度的情形，它的变换如下：

$$\begin{pmatrix} S_{0,0} & S_{0,1} & S_{0,2} & S_{0,3} \\ S_{1,0} & S_{1,1} & S_{1,2} & S_{1,3} \\ S_{2,0} & S_{2,1} & S_{2,2} & S_{2,3} \\ S_{3,0} & S_{3,1} & S_{3,2} & S_{3,3} \end{pmatrix} \to \begin{pmatrix} S_{0,0} & S_{0,1} & S_{0,2} & S_{0,3} \\ S_{1,1} & S_{1,2} & S_{1,3} & S_{1,0} \\ S_{2,2} & S_{2,3} & S_{2,0} & S_{2,1} \\ S_{3,3} & S_{3,0} & S_{3,1} & S_{3,2} \end{pmatrix}. \quad (4\text{-}33)$$

这个运算实际上是一个换位密码，它只是重排了元素的位置而不改变元素本身：对于在第 $i(i = 0,1,2,3)$ 行的元素，位置重排就是“循环向右移动” $4-i$ 个位置。

既然换位密码仅仅重排行元素的位置，那么这个变换当然是可逆的。

3. 内部函数 MixColumns（State）

这个函数在 State 的每列上作用，所以对于式（4-33）中右边矩阵的 4 列 State，MixColumns(State)迭代 4 次。下面只描述对一列的作用，一次迭代的输出仍是一列。

首先，令

$$\begin{pmatrix} s_0 \\ s_1 \\ s_2 \\ s_3 \end{pmatrix}$$

是式（4-33）中右边矩阵中的一列。注意，为了表述清楚，已经省略了列数。

把这一列表示为 3 次多项式：

$$s(x) = s_3 x^3 + s_2 x^2 + s_1 x + s_0$$

注意到因为 $s(x)$ 的系数是字节，也就是 F_{2^8} 中的元素，所以这个多项式是在 F_{2^8} 上的，因此不是 Rijndael 中的元素。

列 $s(x)$ 上的运算定义为将这个多项式乘以一个固定的 3 次多项式 $c(x)$，然后模 $x^4 + 1$：

$$c(x) \cdot s(x) (\bmod x^4 + 1) \quad (4\text{-}34)$$

这里固定的多项式 $c(x)$ 是

$$c(x) = c_3 x^3 + c_2 x^2 + c_1 x + c_0 = '03' x^3 + '01' x^2 + '01' x + '02'$$

$c(x)$ 的系数也是 F_{2^8} 中的元素（以十六进制表示字节或域元素）。

注意到式（4-34）中的乘法不是 Rijndael 域中的运算：$c(x)$ 和 $s(x)$ 甚至不是 Rijndael 域中的元素。而且因为 $x^4 + 1$ 在 F_2 上可约 $(x^4 + 1 = (x+1)^4)$，在式（4-34）中的乘法甚至不是任何域中的运算。进行乘法模一个 4 次多项式的仅有的理由就是为了使运算输出一个 3 次多项式，也就是说，为了获得一个从一列（3 次多项式）到另一列（3 次多项式）

的变换，这个变换可以看做是使用已知密钥的一个多表代换（乘积）密码。

可使用长除法来验证下面在 F_2 上计算的方程（注意到在这个环中减法与加法等同）：

$$x^i(\bmod x^4+1)=x^{i \bmod 4}$$

因此，在式（4-34）的乘积中，$x^i(i=0,1,2,3)$ 的系数一定是满足 $j+k=i \bmod 4$ 的 $c_j s_k$ 的和（这里 $j,k=0,1,2,3$），例如，在乘积中 x^2 的系数是

$$c_2s_0+c_1s_1+c_0s_2+c_3s_3$$

因为乘法和加法都在 F_{2^8} 中，所以很容易验证式（4-34）中的多项式乘法可由下面的线性代数式给出

$$\begin{pmatrix} d_0 \\ d_1 \\ d_2 \\ d_3 \end{pmatrix}=\begin{pmatrix} c_0 & c_3 & c_2 & c_1 \\ c_1 & c_0 & c_3 & c_2 \\ c_2 & c_1 & c_0 & c_3 \\ c_3 & c_2 & c_1 & c_0 \end{pmatrix}\begin{pmatrix} s_0 \\ s_1 \\ s_2 \\ s_3 \end{pmatrix}=\begin{pmatrix} '02' & '03' & '01' & '01' \\ '01' & '02' & '03' & '01' \\ '01' & '01' & '02' & '03' \\ '03' & '01' & '01' & '02' \end{pmatrix}\begin{pmatrix} s_0 \\ s_1 \\ s_2 \\ s_3 \end{pmatrix} \quad (4\text{-}35)$$

进一步注意到，因为在 F_2 上 $c(x)$ 与 x^4+1 是互素的，所以在 $F_2[x]$ 中逆 $c(x)^{-1}(\bmod x^4+1)$ 是存在的。这等价于说矩阵式（4-35）中的变换是可逆的。

4. 内部函数 AddRoundKey（State，RoundKey）

这个函数仅仅是逐字节、逐比特地将 RoundKey 中的元素与 State 中的元素相加，这里的“加”是 F_2 中的加法（也就是逐比特异或），是平凡可逆的，逆就是自身相“加”。

RoundKey 比特已经被列表，也就是说，不同轮的密钥比特是不同的，它们由使用一个固定的（非秘密的）“密钥表”方案的密钥导出，有关“密钥”表的细节请参阅[NIST 2001a，2001b]。

到此为止，已经完成了 Rijndael 内部函数的描述，因此也完成了加密运算的描述。

5. 解密运算

综上所述，4 个内部函数都是可逆的，因此解密仅仅是在相反的方向反演加密，也就是说，运行

```
AddRoundKey(State,RoundKey)^-1;
MixColumns(State)^-1;
ShiftRows(State)^-1;
SubBytes(State)^-1;
```

应当注意，它与 Feistel 密码不同：Feistel 密码的加密和解密可以使用同样的电路（硬件）和代码（软件），而 Rijndael 密码的加密和解密必须分别使用不同的电路和代码。

结束对 Rijndael 密码描述之前，对 4 个内部函数的功能给出一个小结。

（1）SubBytes 目的是为了得到一个非线性的代换密码。对于分组密码抗差分分析来说，非线性是一个重要的性质。

（2）ShiftRows 和 MixColumns 目的是获得明文消息分组在不同位置上的字节的混合。有代表性的比如，由于在自然语言和商业数据中包含的高冗余导致的明文消息在消息空间有一个低熵分布（也就是说，典型的明文集中在整个消息空间中的一个较小的子空间中），而消息分组中不同位置上的字节的混合导致了消息在整个消息空间中更广的分

布。这本质上就是香农提出的混合特性。

（3）AddRoundKey 给出了消息分布所需的秘密随机性。

这些函数重复多次（在 128b 密钥和数据长度的情形下，至少要重复 10 次）以后，就构成了 Rijndael 密码。

4.7.3　AES 密码算法

在 Rijndael 算法中，分组长度和密钥长度均能分别被指定为 128b、192b 或 256b。在高级加密标准规范中，密钥的长度可以使用三者中的任意一种，但分组长度只能是 128b。高级加密标准中众多参数与密钥长度（参见表 4-3）有关。在本章中，假定密钥的长度为 128b，这可能是使用最广泛的实现方式。图 4-13 中是 AES 的完整结构。

表 4-3　AES 的参数

密钥长度（word/byte/bit）	4/16/128	6/24/192	8/32/256
分组长度（word/byte/bit）	4/16/128	4/16/128	4/16/128
轮数	10	12	14
每轮的密钥长度（word/byte/bit）	4/16/128	4/16/128	4/16/128
扩展密钥长度（word/byte）	44/176	52/208	60/240

1. AES 加密算法

加密算法的输入分组和解密算法的输出分组均为 128b。在 FIPS PUB 197 中，输入分组是用以字节为单位的正方形矩阵描述的。且该分组被复制到 State 数组，这个数组在加密或解密的每个阶段都会被改变。在执行了最后的阶段后，State 被复制到输出矩阵中。这些操作在图 4-13（a）中描述。同样，128b 的密钥也是用以字节为单位的矩阵描述的。然后这个密钥被扩展成一个以字为单位的密钥序列数组；每个字由 4 个字节组成，128b 的密钥最终扩展为 44 个字的序列（参见图 4-13（b））。注意在矩阵中字节排列顺序是从

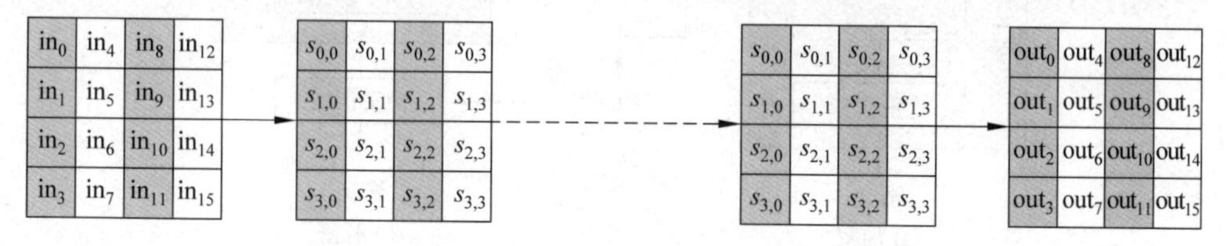

(a) 输入、State数据组和输出

(b) 密钥和扩展密钥

图 4-13　AES 的数据结构

上到下、从左到右排列的。加密算法中每个128b分组输入的前4个字节被按顺序放在了in矩阵的第1列，接着的4个字节放在了第2列，等等。同样，扩展密钥的前4个字节（1个字）被放在w矩阵的第1列。

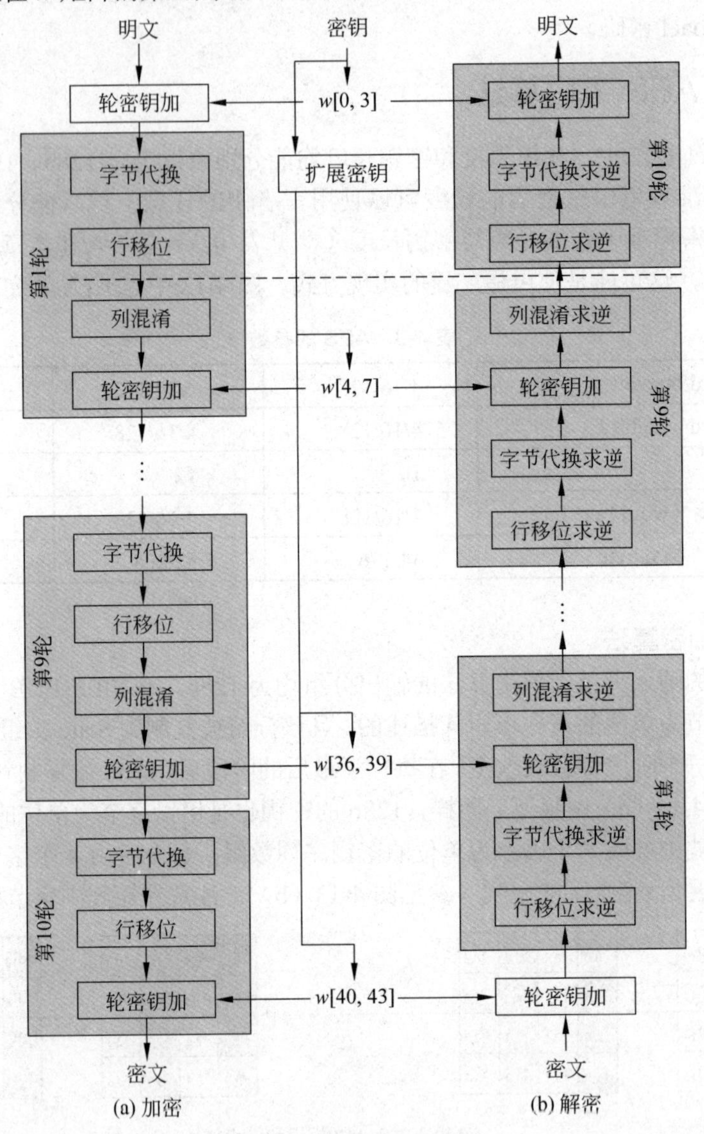

图4-14　AES的加密与解密

2. AES解密算法

AES的解密算法和加密算法不同（参见图4-14）。尽管在加密和解密中密钥扩展的形式一样，但在解密中变换的顺序与加密中变换的顺序不同。其缺点在于对同时需要加密和解密的应用而言，需要两个不同的软件或固件模块。然而，解密算法的一个等价版本与加密算法有同样的结构。这个版本与加密算法的变换顺序相同（用逆变换取代正向变换）。为了达到这个目标，需要对密钥扩展进行改进。

两处改进使解密算法的结构与加密算法的结构一致。在加密过程中，其轮结构为字节代换、行移位、列混淆和轮密钥相加。在标准的解密过程中，其轮结构为逆向行移位、逆向字节代换、轮密钥加和逆向列混淆。因此，在解密轮中的前两个阶段应交换，后两个阶段也需要交换。

4.7.4 AES 的密钥扩展

1. 密钥扩展算法

AES密钥扩展算法的输入值是4个字（16B），输出值是一个44个字（176B）的一维线性数组。这足以为算法中的初始Add Round Key阶段和其他10轮中的每一轮提供4个字（word）的轮密钥。下面用伪代码描述了这个扩展：

```
KeyExpansion  (byte key[16], word w[44])
{
    word temp;
    for  (i=0; i<4; i++)
        w[i]= (key[4*i], key[4*i+1], key[4*i+2], key[4*i+3]);
    for  (i=4; i<44; i++)
    {
    temp=w[i-1];
    if  (i mod 4=0)
       temp=SubWord (RotWord (temp)) ⊕Rcon[i/4];
    w[i]=w[i-4]⊕temp;
    }
}
```

输入密钥直接被复制到扩展密钥数组的前4个字。然后每次用4个字填充扩展密钥数组余下的部分。在扩展密钥数组中，$w[i]$的值依赖于$w[i-1]$和$w[i-4]$。在4个情形中，3个使用了异或。对w数组中下标为4的倍数元素采用了更复杂的函数来计算。图4-15阐明了如何计算扩展密钥数组的前8个字节，其中使用符号g来表示这个复杂函数。函数g由下述的字功能组成：

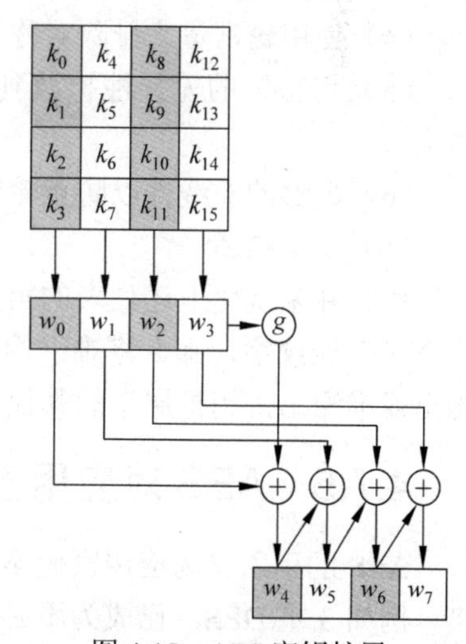

图4-15 AES密钥扩展

（1）字循环的功能是使一个字中的4个字节循环左移一个字节。即将输入字[$b0$，$b1$，$b2$，$b3$]变换成[$b1$，$b2$，$b3$，$b0$]。

（2）字节代换利用S盒对输入字中的每个字节进行字节代换。

（3）步骤1和步骤2的结果再与轮常量Rcon[j]相异或。

轮常量是一个字，这个字最右边的3个字节总为0。因此与Rcon中的一个字相异或，其结果只是与该字最左边的那个字节相异或。每轮的轮常量均不同，其定义为Rcon[j]=(RC[j], 0, 0, 0)，其中RC[1]=1，RC[j]=2 •RC[j–1]（乘法是定义在域GF(28)）。RC[j]的值按十六进制表示为

j	1	2	3	4	5	6	7	8	9	10
RC[j]	01	02	04	08	10	20	40	80	1B	36

例如，假设第8轮的轮密钥为

```
EA D2 73 21 B5 8D BA D2 31 2B F5 60 7F 8D 29 2F
```

那么第9轮的轮密钥的前4个字节（第1列）能按如下的方式计算：

i（十进制）	temp	RotWord 后	SubWord 后	Rcon(9)	与 Rcon 异或后	$w[i–4]$	$w[i]$=temp ⊕ $w[i–4]$
36	7F8D292F	8D292F7F	5DA515D2	1B000000	46A515D2	EAD27321	AC7766F3

2. 评价

Rijndael 的开发者设计了密钥扩展算法来防止已有的密码分析攻击。使用与轮相关的轮常量是为了防止不同轮中产生的轮密钥的对称性或相似性。文献[Deamen 等 1999]中使用的标准如下：

（1）知道密钥或轮密钥的部分位不能计算出轮密钥的其他位。

（2）它是一个可逆的变换（即知道扩展密钥中任何连续的 Nk 个字能够重新产生整个扩展密钥（Nk 是构成密钥所需的字数））。

（3）能够在各种处理器上有效地执行。

（4）使用轮常量来排除对称性。

（5）将密钥的差异性扩散到轮密钥中的能力；即密钥的每位能影响到轮密钥的一些位。

（6）足够的非线性以防止轮密钥的差异完全由密钥的差异所决定。

（7）易于描述。

作者并未量化上述列表的第一点，但指出了如果你知道的密钥或在某个轮密钥中少于 Nk 个连续字，那么将难于构造出其余的未知位。知道密钥的位数量越少就越难于重构出或推测出密钥扩展中的其他位。

4.7.5 AES 对应用密码学的积极影响

AES 的引入又为应用密码学带来几个积极的变化。首先，随着 AES 的出现，多重加密，例如3重DES，已成为不必要的了。加长和可变的密钥及128b，192b 和 256b 的数据分组长度为各种应用要求提供了大范围可选的安全强度。由于多重加密多次使用密钥，那么避免使用多重加密就意味着实用中必须使用的密钥数目的减少，因此可以简化安全协议和系统的设计。

其次，AES的广泛使用将导致同样强度的新的杂凑函数的出现。在某些情形下，分组加密算法与杂凑函数密切相关（见第6章），分组加密算法经常被用来作为单向杂凑函数，这已经成为一种标准应用。UNIX 操作系统的登录认证协议就是一个著名的例子。另外，利用分组加密算法可以实现单向杂凑函数。实用中，杂凑函数也经常被用来为分组密码算法生成密钥的伪随机数函数。由于AES可变、加长的密钥和数据分组长度，将需要相同输出长度的杂凑函数。然而，由于平方根攻击（生日攻击），杂凑函数的长度应该是分组密码密钥或数据分组长度的两倍，因此将需要与128b，192b和256b的AES长度相匹配的256b，384b和512b输出长度的新的杂凑函数。ISO/IEC现在正在进行杂凑函数SHA-256，SHA-384和SHA-512的标准化工作[ISO/IEC 2001]。

正如DES标准吸引了许多试图攻破该算法的密码分析家的注意，并促进了分组密码分析的认识水平的发展一样，作为新的分组密码标准的AES也将再次引起分组密码分析中的高水平研究，这必将使得人们对该领域的认识水平得到进一步的提高。

4.8 中国商用分组密码算法 SM4

2006年我国国家密码管理局公布了无线局域网产品使用的SM4（原名SMS4）密码算法，这是我国第一次公布自己的商用密码算法。这一举措标志着我国商用密码管理更加科学化、规范化和国际化，SM4的公布在我国商用密码的产业发展中具有里程碑意义。

4.8.1 SM4 密码算法

SM4是分组长度和密钥长度均为128比特的32轮迭代分组密码算法，它以字节和字为单位对数据进行处理。SM4解密算法与加密算法的结构相同，只是轮密钥的使用顺序相反，解密轮密钥是加密轮密钥的逆序。

1. 基本运算

（1）SM4使用模2加和循环移位运算

① 模2加：$\oplus$，32比特异或运算；

② 循环移位：$<<< i$，32比特循环左移i位。

（2）置换运算：S盒

S盒是一种固定的8比特输入、8比特输出的置换运算，记为Sbox(·)，它的密码学作用是起混淆作用。S盒的置换运算如表4-4所示。例如，S盒的输入为$9a$，则S盒的输出为表4-4中第9行与第a列的交点处的值32。即，Sbox($9a$)=32。

（3）非线性变换τ

τ是一种以字为单位的非线性变换，它由4个并行的S盒构成。设输入为 $A=(a_0, a_1, a_2, a_3)$，输出为$B=(b_0, b_1, b_2, b_3)$，则

$$B=\tau(A)=(\mathrm{Sbox}(a_0), \mathrm{Sbox}(a_1), \mathrm{Sbox}(a_2), \mathrm{Sbox}(a_3))$$

（4）线性变换L

L 是以字为单位的线性变换，它的输入、输出都是32位的字。其密码学的作用是起扩散作用。设输入为字 B，输出为字 C，则

$$C = L(B) = B \oplus (B <<< 2) \oplus (B <<< 10) \oplus (B <<< 18) \oplus (B <<< 24)$$

（5）合成变换 T

T 由非线性变换 τ 和线性变换 L 复合而成，数据处理单位是字，即 $T(\cdot) = L(\tau(\cdot))$。它在密码学中起到了混淆和扩散的作用，因而可以提高安全性。

表4-4　盒表

		低位															
		0	1	2	3	4	5	6	7	8	9	a	b	c	d	e	f
高位	0	d6	90	e9	fe	cc	e1	3d	b7	16	b6	14	c2	28	fb	2c	05
	1	2b	67	9a	76	2a	be	04	c3	aa	44	13	26	49	86	06	99
	2	9c	42	50	f4	91	ef	98	7a	33	54	0b	43	ed	cf	ac	62
	3	e4	b3	1c	a9	c9	08	e8	95	80	df	94	fa	75	8f	3f	a6
	4	47	07	a7	fc	f3	73	17	ba	83	59	3c	19	e6	85	4f	a8
	5	68	6b	81	b2	71	64	da	8b	f8	eb	0f	4b	70	56	9d	35
	6	1e	24	0e	5e	63	58	d1	a2	25	22	7c	3b	01	21	78	87
	7	d4	00	46	57	9f	d3	27	52	4c	36	02	e7	a0	c4	c8	9e
	8	ea	bf	8a	d2	40	c7	38	b5	a3	f7	f2	ce	f9	61	15	a1
	9	e0	ae	5d	a4	9b	34	1a	55	ad	93	32	30	f5	8c	b1	e3
	a	1d	f6	e2	2e	82	66	ca	60	c0	29	23	ab	0d	53	4e	6f
	b	d5	db	37	45	de	fd	8e	2f	03	ff	6a	72	6d	6c	5b	51
	c	8d	1b	af	92	bb	dd	bc	7f	11	d9	5c	41	1f	10	5a	d8
	d	0a	c1	31	88	a5	cd	7b	bd	2d	74	d0	12	b8	e5	b4	b0
	e	89	69	97	4a	0c	96	77	7e	65	b9	f1	09	c5	6e	c6	84
	f	18	f0	7d	ec	3a	dc	4d	20	79	ee	5f	3e	d7	cb	39	48

（6）轮函数 F

轮函数 F 采用非线性迭代结构，以字为单位进行加密运算，称一次迭代运算为一轮变换。设 F 的输入为 (X_0, X_1, X_2, X_3)，4个32位字；轮密钥为 rk，rk 也是一个32位字。轮函数的运算式为：

$$F(X_0, X_1, X_2, X_3, rk) = X_0 \oplus T(X_1 \oplus X_2 \oplus X_3 \oplus rk)$$

简记 $B = (X_1 \oplus X_2 \oplus X_3 \oplus rk)$，再由合成变换 T 可展开为非线性变换 τ 与线性变换 L，可以得到

$$\mathrm{F}(X_0, X_1, X_2, X_3, rk) = X_0 \oplus [\mathrm{Sbox}(B)] \oplus [\mathrm{Sbox}(B) <<< 2] \oplus [\mathrm{Sbox}(B) <<< 10] \oplus [\mathrm{Sbox}(B) <<< 18] \oplus [\mathrm{Sbox}(B) <<< 24]$$

2. 加密算法

SM4加密算法的数据分组长度为128比特，密钥长度也为128比特。加密算法采用

32 轮迭代结构，每一轮迭代使用一个轮密钥。完整的加密过程包括加密算法和反序变换两部分，如图 4-16 所示。

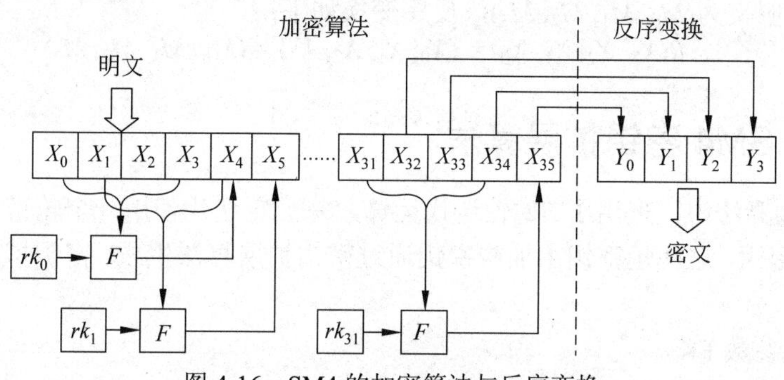

图 4-16　SM4 的加密算法与反序变换

（1）加密算法

设输入明文为(X_0, X_1, X_2, X_3)，4 个 32 位字。输入轮密钥为 rk_i，$i = 0,1,\cdots,31$，共 32 个字。加密算法可描述如下：

$$X_{i+4} = F(X_i, X_{i+1}, X_{i+2}, X_{i+3}, rk_i) = X_i \oplus T(X_{i+1} \oplus X_{i+2} \oplus X_{i+3} \oplus rk_i)$$

结合图 4-16，SM4 每一轮加密处理 4 个字$(X_i, X_{i+1}, X_{i+2}, X_{i+3})$，并产生一个字的中间密文 X_{i+4}，这个中间密文与前 3 个字$(X_{i+1}, X_{i+2}, X_{i+3})$拼接在一起供下一轮加密处理。这样的加密处理共迭代 32 轮，最终产生出 4 个字的准密文$(X_{32}, X_{33}, X_{34}, X_{35})$。

（2）反序变换 R

反序变换 R 的输入是准密文$(X_{32}, X_{33}, X_{34}, X_{35})$，输出是密文$(Y_0, Y_1, Y_2, Y_3)$，具体变换如下：

$$R(X_{32}, X_{33}, X_{34}, X_{35}) = (X_{35}, X_{34}, X_{33}, X_{32}) = (Y_0, Y_1, Y_2, Y_3)$$

3. 解密算法

SM4 的解密与加密的流程相同，包括解密算法和反序变换两部分，不同的仅是轮密钥的使用顺序相反，加密时轮密钥使用顺序为$(rk_0, rk_1,\cdots, rk_{31})$，则解密时轮密钥的使用顺序为$(rk_{31}, rk_{30},\cdots, rk_0)$，如图 4-17 所示。

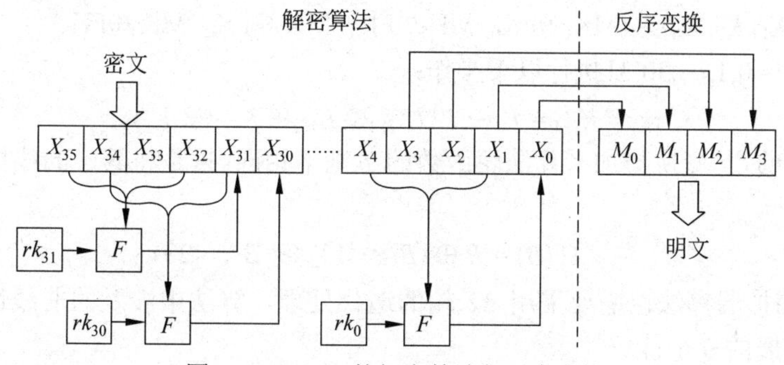

图 4-17　SM4 的解密算法与反序变换

（1）解密算法

为了便于读者与加密算法对照，解密算法中仍然使用 X_i 表示密文，$i = 31,30\cdots,1,0$。

$$X_i = F(X_{i+4}, X_{i+3}, X_{i+2}, X_{i+1}, rk_i) = X_{i+4} \oplus T(X_{i+3} \oplus X_{i+2} \oplus X_{i+1} \oplus rk_i)$$

（2）反序变换 R

设输出的明文为(M_0, M_1, M_2, M_3)，反序变换如下：

$$R(X_3, X_2, X_1, X_0) = (X_0, X_1, X_2, X_3) = (M_0, M_1, M_2, M_3)$$

4.8.2 SM4密钥扩展算法

SM4 的加算法中，采用了 32 轮迭代运算，每一轮迭代使用一个轮密钥，因此总共需要 32 个轮密钥，这些轮密钥由加密密钥通过密钥扩展算法生成。密钥扩展中使用了以下两组参数：

（1）系统参数 FK

系统参数 FK 的取值，采用十六进制表示：

$FK_0 = (A3B1BAC6)$， $FK_1 = (56AA3350)$， $FK_2 = (677D9197)$， $FK_3 = (B27022DC)$

（2）固定参数 CK

CK_i 是一个字，密钥扩展中共使用了 32 个 CK_i。设 $ck_{i,j}$ 为 CK_i 的第 j 个字节（$i = 0,1,\cdots,31; j = 0,1,2,3$），即 $CK_i = (ck_{i,0}, ck_{i,1}, ck_{i,2}, ck_{i,3})$，则

$$ck_{i,j} = (4i + j) \times 7 \pmod{256}$$

这 32 个固定参数 CK_i 的十六进制表示如下：

00070e15	1c232a31，	383f464d，	545b6269，
70777e85，	8c939aa1，	a8afb6bd，	c4cbd2d9，
e0e7eef5，	fc030a11，	181f262d，	343b4249，
50575e65，	6c737a81，	888f969d，	a4abb2b9，
c0c7ced5，	dce3eaf1，	f8ff060d，	141b2229，
30373e45，	4c535a61，	686f767d，	848b9299，
a0a7aeb5，	bcc3cad1，	d8dfe6ed，	f4fb0209，
10171e25，	2c333a41，	484f565d，	646b7279。

设密钥扩展算法中输入的加密密钥为 $MK = (MK_0, MK_1, MK_2, MK_3)$，输出轮密钥为 rk_i，$i =0,1,\cdots,30,31$，中间数据为 K_i，$i =0,1,\cdots,34,35$。密钥扩展算法分为以下两步：

（1）$(K_0, K_1, K_2, K_3) = (MK_0 \oplus FK_0, MK_1 \oplus FK_1, MK_2 \oplus FK_2, MK_3 \oplus FK_3)$

（2）对于$i =0,1,\cdots,30,31$执行以下操作：

$$rk_i = K_{i+4} = K_i \oplus T''(K_{i+1} \oplus K_{i+2} \oplus K_{i+3} \oplus CK_i)$$

注意这里的T' 变换与加密算法轮函数的 T 基本相同，只是将其中的线性变换 L 修改为L':

$$L'(B) = B \oplus (B<<<13) \oplus (B<<<23)$$

SM4 密钥扩展算法也需要采用 32 轮的迭代处理。算法中涉及的非线性变换将极大地提高密钥扩展的安全性。

4.8.3　SM4 的安全性

SM4 密码算法是我国官方公布的第一个商用密码算法（http://www.oscca.gov.cn），其主要目的是加密与保护静态储存和传输信道中的数据，它广泛应用于无线局域网产品。

从算法设计上看，SM4 在计算过程中增加了非线性变换，理论上能大大加强算法的安全性，*S* 盒的引入使得该算法在非线性度、运算速度、差分均匀性、自相关性等主要密码学指标方面都具有相当的优势。近年来，国内外密码学者对 SM4 进行了充分的分析与实验，例如，利用复合域实现 *S* 盒以降低硬件开销；对 *S* 盒进行差分故障攻击，以显示 SM4 抵抗故障攻击的能力；对国密 SM4 与 SM2 混合密码算法进行研究与实现，以提高加密速度与降低密钥管理成本。这些研究致力于 SM4 的低复杂度实现、混合加密技术的商用化、SM4 抗攻击能力的增强等方面，这些研究成果对我们改进 SM4 密码和设计新密码都是有帮助的。至今，我国国家密码管理局仍然支持 SM4 密码，它的广泛应用为确保我国信息安全做出了积极贡献。

4.9　分组密码的工作模式

分组密码将消息作为数据分组处理（加密或解密）。一般来讲，大多数消息（也就是一个消息串）的长度大于分组密码的消息分组长度，长的消息串被分成一系列的连续排列的消息分组，密码机一次处理一个分组。

人们在设计了基本的分组密码算法之后，紧接着设计了许多不同的运行模式。这些运行模式（除去其中平凡的情形）为密文分组提供了几个人们希望得到的性质，例如，增加分组密码算法的不确定性（随机性）；将明文消息添加到任意长度（使得密文长度不必与相应的明文长度相关）；错误传播的控制；流密码的密钥流生成等。

这里描述 5 个常用的运行模式，它们是电码本（ECB）模式、密码分组链接（CBC）模式、输出反馈（OFB）模式、密码反馈（CFB）模式和计数器（CTR）模式。这些描述是根据最近发布的 NIST 的建议书[NIST 2001b] 做出的。

在描述中，将使用下面的记号。

（1）$E( )$：基本分组密码的加密算法。

（2）$D( )$：基本分组密码的解密算法。

（3）n：基本分组密码算法的消息分组的二进制长度（在所有考虑的分组密码中，明文和密文消息空间是一样的，所以 n 既是分组密码算法输入的分组长度，也是输出的分组长度）。

（4）$P_1, P_2, \cdots, P_m$：输入到运行模式中明文消息的 m 个连续分段。

① 第 m 分段的长度可能小于其他分段的长度，在这种情况下，可对第 m 分段添加“0”或“1”，使其与其他分段长度相同。

② 在某些运算模式中，消息分段的长度等于 n（分组长度），而在其他运算模式中，

消息分段的长度是任意小于或等于 n 的正整数。

（5）$C_1,C_2,\cdots,C_m$：从运算模式输出的密文消息的 m 个连续分段。

（6）$\mathrm{LSB}_u(B),\mathrm{MSB}_v(B)$：分别是分组 B 中最低 u 位比特和最高 v 位比特，例如：

$$\mathrm{LSB}_2(1010011)=11,\mathrm{MSB}_5(1010011)=10100$$

（7）$A\|B$：数据分组 A 和 B 的链接，例如：

$$\mathrm{LSB}_2(1010011)\|\mathrm{MSB}_5(1010011)=11\|10100=1110100$$

4.9.1 电码本模式

对一系列连续排列的消息段进行加密（或解密）的一个最直接方式就是对它们逐个加密（或解密）。在这种情况下，消息分段恰好是消息分组。由于类似于在电报密码本中指定码字，故给这个自然而简单的方法起了一个正式的名字：电码本模式（ECB），如图4-18所示。ECB模式定义如下：

ECB加密　$C_i \leftarrow E(P_i), i=1,2,\cdots,m$。

ECB解密　$P_i \leftarrow D(C_i), i=1,2,\cdots,m$。

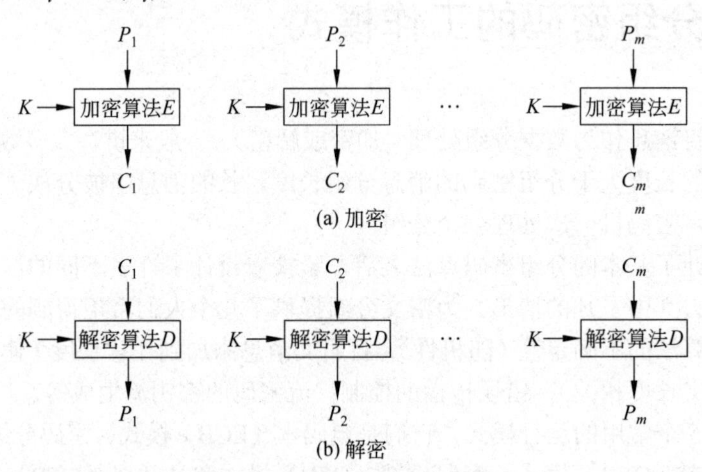

图4-18　电码本（ECB）模式

ECB模式是确定性的，也就是说，如果在相同的密钥下将 $P_1,P_2,\cdots,P_m$ 加密两次，那么输出的密文分组也是相同的。在应用中，数据通常有部分可猜测的信息，例如，薪水的数目就有一个可猜测的范围。如果明文消息是可猜测的，那么由确定性加密方案得到的密文就会使攻击者通过使用试凑法猜测出明文，例如，如果知道由ECB模式加密产生的密文是一个薪水数字，那么攻击者只需少量的试验就可以恢复出这个数字。通常不希望使用确定性密码，因此在大多数应用中不要使用ECB模式。

4.9.2 密码分组链接模式

密码分组链接（CBC）运行模式是用于一般数据加密的一个普通的分组密码算法。使用CBC模式，输出是n-bit密码分组的一个序列，这些密码分组链接在一起使得每个密码分组不仅依赖于所对应的原文分组，而且依赖于所有以前的数据分组。CBC模式进行如下运算：

CBC 加密　输入：IV，$P_1,P_2,\cdots,P_m$；输出：IV，$C_1,C_2,\cdots,C_m$；

$C_0 \leftarrow \text{IV}$；

$C_i \leftarrow E(P_i \oplus C_{i-1}), i=1,2,\cdots m$；

CBC 解密　输入：IV，$C_1,C_2,\cdots,C_m$；输出：$P_1,P_2,\cdots,P_m$；

$C_0 \leftarrow \text{IV}$；

$P_i \leftarrow D(C_i) \oplus C_{i-1}, i=1,2,\cdots m$。

第一个密文分组 C_1 的计算需要一个特殊的输入分组 C_0，习惯上称之为“初始向量”（IV）。IV 是一个随机的 nb 分组，每次会话加密时都要使用一个新的随机 IV，由于 IV 可看成密文分组，因此无须保密，但一定是不可预知的。由加密过程知道，由于 IV 的随机性，第一个密文分组 C_1 被随机化，同样，依次后续的输出密文分组都将被前面紧接着的密文分组随机化，因此，CBC 模式输出的是随机化的密文分组。发送给接收者的密文消息应该包括 IV。因此，对于 m 个分组的明文，CBC 模式将输出 m+1 个密文分组。

令 $Q_1,Q_2,\cdots,Q_m$ 是对密文分组 $C_0,C_1,C_2,\cdots,C_m$ 解密得到的数据分组输出，则由

$$Q_i = D(C_i) \oplus C_{i-1} = (P_i \oplus C_{i-1}) \oplus C_{i-1} = P_i$$

可知，它确实正确地进行了解密。图 4-19 给出了 CBC 模式的图示。

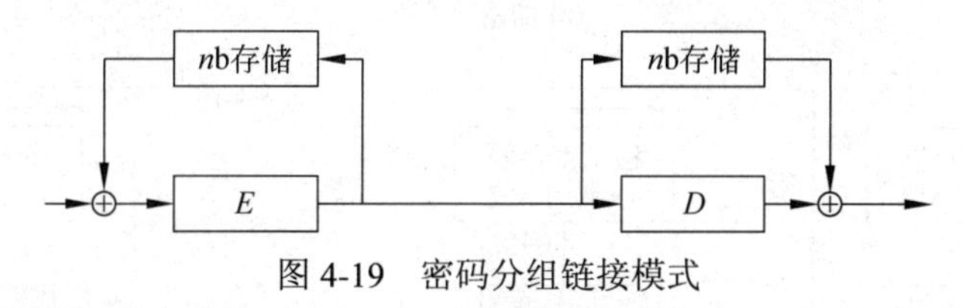

图 4-19　密码分组链接模式

4.9.3　密码反馈模式

密码反馈（CFB）运行模式的特点在于反馈相继的密码分段，这些分段从模式的输出返回作为基础分组密码算法的输入。消息（明文或密文）分组长为 s，其中 $1 \leqslant s \leqslant n$。CFB 模式要求 IV 作为初始的 nb 随机输入分组，因为在系统中 IV 是在密文的位置中，所以它不必保密。

CFB 模式有如下的运算：

CFB 加密　输入：IV，$P_1,P_2,\cdots,P_m$；输出：IV，$C_1,C_2,\cdots,C_m$；

$I_1 \leftarrow \text{IV}$；

$I_i \leftarrow \text{LSB}_{n-s}(I_{i-1}) \| C_{i-1}$　　$i=2,3,\cdots,m$；

$O_i \leftarrow E(I_i)$　　$i=1,2,\cdots,m$；

$C_i \leftarrow P_i \oplus \text{MSB}_s(O_i)$　　$i=1,2,\cdots,m$。

CFB 解密　输入：IV，$C_1,C_2,\cdots,C_m$；输出：$P_1,P_2,\cdots,P_m$；

$I_1 \leftarrow \text{IV}$；

$I_i \leftarrow \text{LSB}_{n-s}(I_{i-1}) \| C_{i-1}$　　$i=2,3,\cdots,m$；

$O_i \leftarrow E(I_i)$　　$i=1,2,\cdots,m$；

$$P_i \leftarrow C_i \oplus \mathrm{MSB}_s(O_i) \qquad i=1,2,\cdots,m\text{。}$$

在CFB模式中，基本分组密码的加密函数用在加密和解密的两端。因此，基本密码函数E可以是任意（加密的）单向变换，例如单向杂凑函数。CFB模式可以考虑作为流密码的密钥流生成器，加密变换是作用在密钥流和消息分段之间的弗纳姆密码。与CBC模式类似，密文分段是前面所有的明文分段的函数值和IV。图4-20为CFB模式的图示。

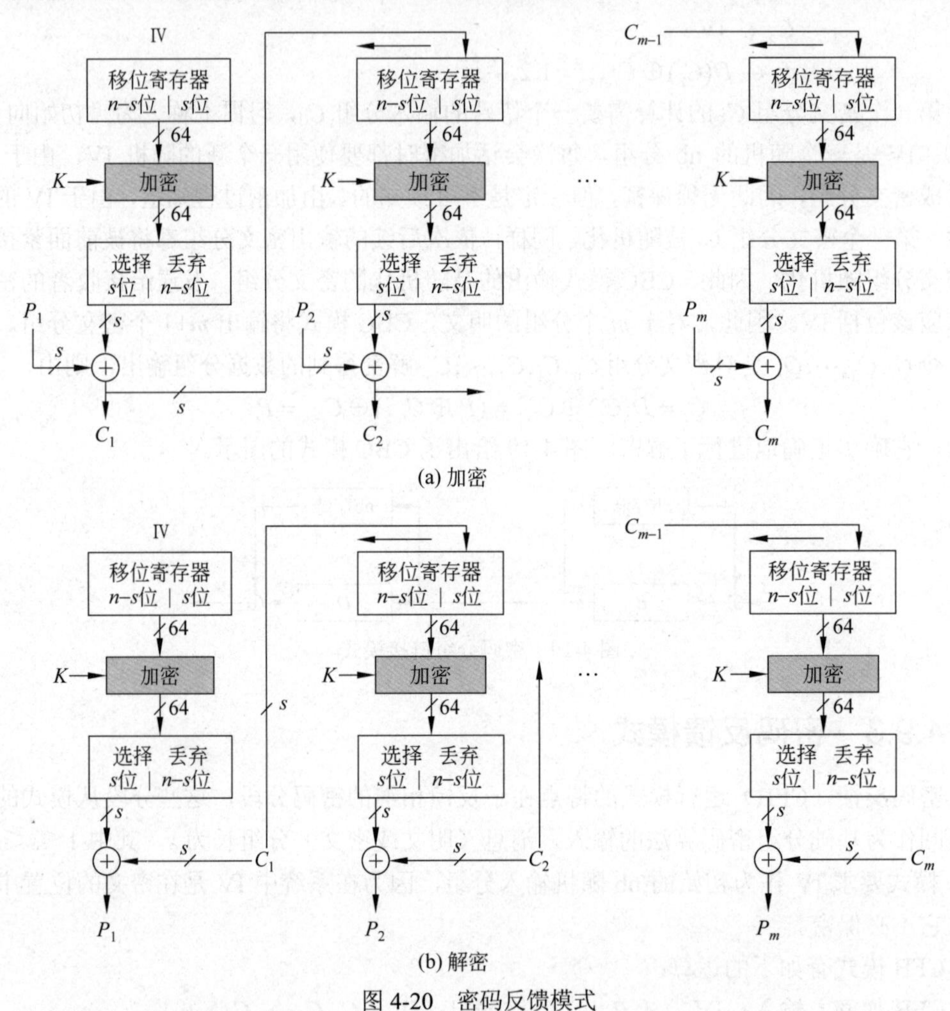

(a) 加密

(b) 解密

图4-20 密码反馈模式

4.9.4 输出反馈模式

输出反馈（OFB）运行模式的特点是将基本分组密码的连续输出分组回送回去。这些反馈分组构成了一个比特串，被用做弗纳姆密码的密钥流的比特串，就是密钥流与明文分组相异或。OFB模式要求IV作为初始的随机nb输入分组。因为在系统中，IV是在密文的位置中，所以它不需要保密。OFB模式运算如下。

OFB加密　输入：IV，$P_1,P_2,\cdots,P_m$；输出：IV，$C_1,C_2,\cdots,C_m$；

$I_1 \leftarrow \mathrm{IV}$；

$I_i \leftarrow LSB_{n-s}(I_{i-1}) \| O_{i-1} \qquad i=2,3,\cdots,m$；

$O_i \leftarrow MSBs(E(I_i)) \qquad i=1,2,\cdots,m$；

$C_i \leftarrow P_i \oplus O_i \qquad i=1,2,\cdots,m$。

OFB 解密 输入：IV，$C_1,C_2,\cdots,C_m$；输出：$P_1,P_2,\cdots,P_m$；

$I_1 \leftarrow \text{IV}$；

$I_i \leftarrow LSB_{n-s}(I_{i-1}) \| O_{i-1} \qquad i=2,3,\cdots,m$；

$O_i \leftarrow MSB_s(E(I_i)) \qquad i=1,2,\cdots,m$；

$P_i \leftarrow C_i \oplus O_i \qquad i=1,2,\cdots,m$。

在 OFB 模式中，加密和解密是相同的：将输入消息分组与由反馈电路生成的密钥流相异或。反馈电路实际上构成了一个有限状态机，其状态完全由基础分组密码算法的加密密钥和 IV 决定。所以，如果密码分组发生了传输错误，那么只有相应位置上的明文分组会发生错乱，因此，OFB 模式适宜不可能重发的消息加密，如无线电信号。与 CFB 模式类似，基础分组密码算法可用加密的单向杂凑函数代替。图 4-21 为 OFB 模式的图示。

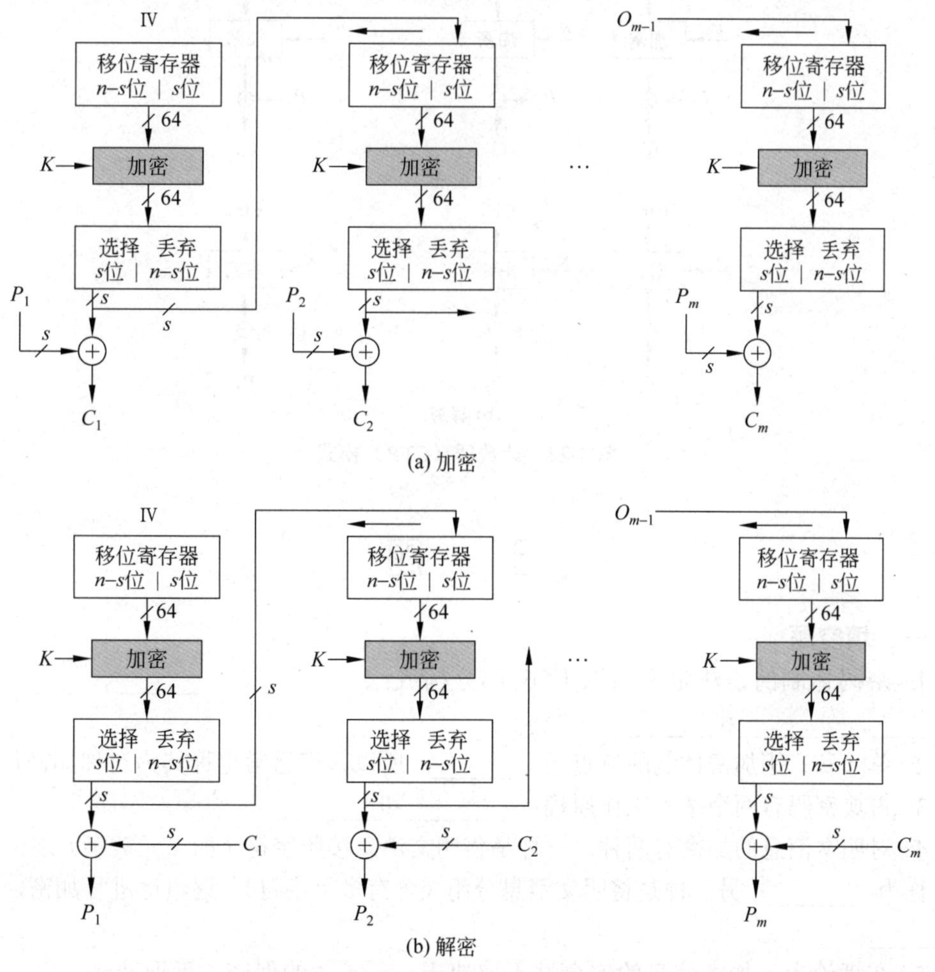

图 4-21 输出反馈模式（加密和解密）

4.9.5 计数器模式

计数器（CTR）模式的特征是，将计数器从初始值开始计数所得到的值馈送给基础分组密码算法。随着计数的增加，基础分组密码算法输出连续的分组来构成一个比特串，该比特串被用做弗纳姆密码的密钥流，也就是密钥流与明文分组相异或。CTR 模式运算如下（这里 Ctr_1 是计数器初始的非保密值）。

CTR 加密　输入：Ctr_1，$P_1,P_2,\cdots,P_m$；输出：Ctr_1，$C_1,C_2,\cdots,C_m$；

$$C_i \leftarrow P_i \oplus E(\text{Ctr}_i), i=1,2,\cdots,m\text{。}$$

CTR 解密　输入：Ctr_1，$C_1,C_2,\cdots,C_m$；输出：$P_1,P_2,\cdots,P_m$；

$$P_i \leftarrow C_i \oplus E(\text{Ctr}_i), i=1,2,\cdots,m\text{。}$$

因为没有反馈，CTR 模式的加密和解密能够同时进行，这是 CTR 模式比 CFB 模式和 OFB 模式优越的地方。图 4-22 为 CTR 模式的图示。

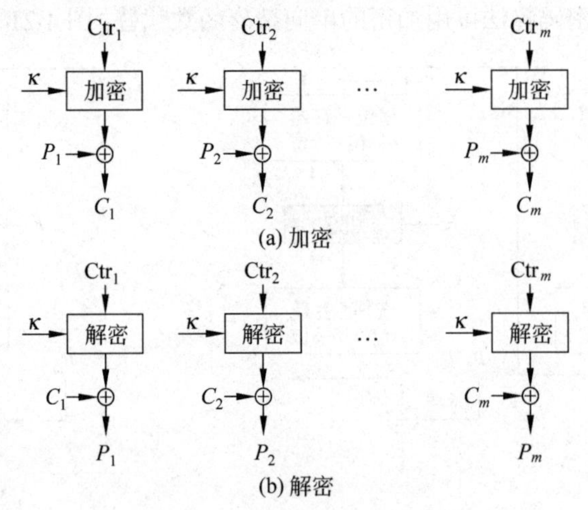

图 4-22　计数器（CTR）模式

习　题

一、填空题

1. 密码体制的语法定义由以下 6 部分构成：________、________、________、________、________和________。

2. 单（私）钥加密体制的特点是________，所以人们通常也称其为对称加密体制。

3. 古典密码有两个基本工作原理：________和________。

4. 对明文消息的加密有两种：一种是将明文消息按照字符（如二元数字）逐位地加密，称为________；另一种是将明文消息分组（含有多个字符），逐组地进行加密，称为________。

5. 在理论上，加密信息的安全性不取决于________的保密，而取决于________的保密。

6. 美国数据加密标准 DES 的密钥长度为________位，分组长度为________位。

7. 新一代数据加密标准 AES 的密钥长度是________位，分组长度是________位。

8. A5 是欧洲蜂窝移动电话系统中采用的加密算法，用于________到________线路上的加密。A5 的唯一缺点是________。

9. 试列举 5 种常用的分组密码算法：________、________、________、________和________。

10. 分组密码常用的工作模式有________、________、________、________和________。

11. 祖冲之密码本质上是一个密钥序列产生算法，其输入为________比特的初始密钥和________比特的初始向量，输出为________比特的密钥字序列。其逻辑上分为 3 层，分别是________、________和________。

12. SM4 密码的分组长度和密钥长度分别为________和________。加密算法采用________轮迭代处理。

二、思考题

1. 加密算法为什么不应该包含秘密设计部分？从理论上讲，数据的保密是取决于算法的保密还是密钥的保密？为什么？

2. 弗纳姆密码是一种代换密码吗？它是单表代换还是多表代换？

3. 弗纳姆密码和一次一密体制的不同之处是什么？

4. 为什么说一次一密加密抗窃听是无条件安全的？

5. 虽然简单代换密码和换位密码对频度分析攻击是十分脆弱的，为什么它们仍被广泛使用在现代加密方案和密码协议中？

6. 流密码是单钥体制还是双钥体制？它与分组密码的区别是什么？

7. 现代密码通常是由几个古典密码技术结合起来构造的。在 DES 和 AES 中找出采用了下述 3 种密码技术的部分：①代换密码；②换位密码；③弗纳姆密码。

8. AES 的分组长度和密钥长度是多少？AES 的引入对密码学带来的积极影响有哪些？

9. 为什么 AES 被认为是非常有效的？在 AES 的实现中，有限域 F_{2^8} 中的乘法是如何实现的？

10. 在分组密码的密码分组链接（CBC）运行模式下，如果收到的密文的解密“具有正确的填充”，你认为传输的明文有有效的数据完整性吗？

11. 为什么祖冲之密码算法在完成初始化进入工作状态后，将算法第一次执行过程 F 的输出 W 舍弃？

12. 试从算法角度，对 SM4 与 AES 进行比较。

第5章 双（公）钥密码体制

双钥（公钥）体制于1976年由W. Diffie和M. Hellman提出，同时R. Merkle也独立提出了这一体制。J. H. Ellis的文章阐述了公钥密码体制的发明史，说明了CESG的研究人员对双钥密码体制发明所做出的重要贡献。这一体制的最大特点是采用两个密钥将加密和解密能力分开：一个密钥公开作为加密密钥，称为公钥；一个密钥为用户专用，作为解密密钥，称为私钥。通信双方无须事先交换密钥就可进行保密通信。但是从公开的公钥或密文分析出明文或私钥，则在计算上是不可行的。若以公开钥作为加密密钥，以用户专用钥作为解密密钥，则可实现多个用户加密的消息只能由一个用户解读；反之，以用户专用钥作为加密密钥而以公开钥作为解密密钥，则可实现由一个用户加密的消息而使多个用户解读。前者可用于保密通信，后者可用于数字签名。这一体制的出现是密码学史上划时代的事件，它为解决计算机信息网中的安全提供了新的理论和技术基础。

自1976年以来，双钥体制有了飞速发展，人们不仅提出了多种算法，而且出现了不少安全产品，有些已用于NII和GII之中。本章介绍其中的一些主要体制，特别是那些既有安全性，又有实用价值的算法。其中，包括可用于密钥分配、加解密或数字签名的双钥算法。一个好的系统不仅算法要好，还要求能与其他部分（如协议等）进行有机组合。

由于双钥体制的加密变换是公开的，任何人都可以采用选择明文来攻击双钥体制，因此，明文空间必须足够大才能防止穷尽搜索明文空间攻击。这在双钥体制应用中特别重要（如用双钥体制加密会话密钥时，会话密钥要足够长）。一种更强有力的攻击法是选择密文攻击，攻击者选择密文，然后通过某种途径得到相应的明文，多数双钥体制对于选择密文攻击特别敏感。攻击者通常采用两类选择密文攻击：

（1）冷漠选择密文攻击。在接收到待攻击的密文之前，可以向攻击者提供他们所选择的密文的解密结果。

（2）自适应选择密文攻击。攻击者可能利用（或接入）被攻击者的解密机（但不知其秘密钥），而可以对他所选择的、与密文有关的待攻击的密文，以及以前询问得到的密文进行解密。

本章介绍双钥体制的基本原理和几种重要算法，如RSA、ElGamal、椭圆曲线、基于身份的密码体制和中国商用密码SM2算法等密码算法。

Diffie [Diffie 1992]曾对双钥体制的发展做了全面论述。

5.1 双钥密码体制的基本概念

对于双钥密码体制来说，其安全性主要取决于构造双钥算法所依赖的数学问题。要求加密函数具有单向性，即求逆的困难性。因此，设计双钥体制的关键是首先要寻求一个合适的单向函数。

5.1.1 单向函数

定义 5-1 令函数 f 是集 A 到集 B 的映射，用 $f: A \to B$ 表示。若对任意 $x_1 \neq x_2$，$x_1, x_2 \in A$，有 $f(x_1) \neq f(x_2)$，则称 f 为单射，或 1–1 映射，或可逆的函数。

f 为可逆的充要条件是，存在函数 $g: B \to A$，使对所有 $x \in A$ 有 $g[f(x)] = x$。

定义 5-2 一个可逆函数 $f: A \to B$，若它满足：

（1）对所有 $x \in A$，易于计算 $f(x)$。

（2）对“几乎所有 $x \in A$”由 $f(x)$ 求 x“极为困难”，以至于实际上不可能做到，则称 f 为单向（One-Way）函数。

定义中的“极为困难”是对现有的计算资源和算法而言。Massey 称此为视在困难性（Apparent Difficulty），相应函数称为视在单向函数，以此来与本质上的困难性（Essential Difficulty）相区分[Massey 1985]。

例 5-1 令 f 是在有限域 GF(p)中的指数函数，其中 p 是大素数，即

$$y = f(x) = \alpha^x \tag{5-1}$$

式中，$x \in \mathrm{GF}(p)$，x 为满足 $0 \leqslant x < p-1$ 的整数，其逆运算是 GF(p)中定义的对数运算，即

$$x = \log_\alpha \alpha^x \quad 0 \leqslant x < p-1 \tag{5-2}$$

显然，由 x 求 y 是容易的，即使当 p 很大，例如 $p \approx 2^{100}$ 时也不难实现。为方便计算，以下令 α=2。所需的计算量为 $\log p$ 次乘法，存储量为$(\log p)^2$b，例如 $p = 2^{100}$ 时，需做 100 次乘法。利用高速计算机由 x 计算 α^x 可在 0.1ms 内完成。但是相对于当前计算 GF(p)中对数最好的算法，要从 α^x 计算 x 所需的存储量大约为 $(3/2) \times \sqrt{p} \log p$ b，运算量大约为 $(1/2) \times \sqrt{p} \log p$。当 p=2^{100} 时，所需的计算量为 $(1/2) \times 2^{50} \times 100 \approx 10^{16.7}$ 次，用计算指数一样快的计算机进行计算需时约 $10^{10.7}$ 秒（1 年=$10^{7.5}$ 秒，故约为 1600 年。其中假定存储量的要求能够满足）。由此可见，当 p 很大时，GF(p)中的 $f(x) = \alpha^x$，$x < p-1$ 为单向函数。

Pohlig 和 Hellman 对(p–1)无大素因子时给出一种快速求对数的算法[Pohlig 等 1978]。特别是当 $p = 2^n + 1$ 时，从 α^x 求 x 的计算量仅需 $(\log p)^2$ 次乘法。对于 $p = 2^{160} + 1$，在高速计算机上大约仅需 10ms。因此，在这种情况下，$f(x) = \alpha^x$ 就不能被认为是单向函数。

综上所述，当对素数 p，且 p–1 有大的素因子时，GF(p)上的函数 $f(x) = \alpha^x$ 是一个视在单向函数。寻求在 GF(p)上求对数的一般快速算法是当前密码学研究中的一个重要课题。

5.1.2 陷门单向函数

单向函数是求逆困难的函数，而陷门单向函数（Trapdoor One-Way Function）是在不知陷门信息时求逆困难的函数，当知道陷门信息后，求逆易于实现。这是 Diffie 和 Hellman[Diffie 等 1976]引入的有用概念。

号码锁在不知预设号码时很难打开，但若知道所设号码则容易开启。太平门是另一例，从里面向外出容易，若无钥匙者反向难进。但如何给陷门单向函数下定义则很棘手，因为：

（1）陷门函数其实不是单向函数，因为单向函数是在任何条件下求逆都是困难的。

（2）陷门可能不止一个，通过试验，一个个陷门就可容易地找到逆。如果陷门信息的保密性不强，求逆也就不难。

定义 5-3 陷门单向函数是一类满足下述条件的单向函数：$f_z: A_z \to B_z$，$z \in Z$，Z 是陷门信息集。

（1）对所有 $z \in Z$，在给定 z 下容易找到一对算法 E_z 和 D_z，使对所有 $x \in A$，易于计算 f_z 及其逆，即

$$f_z(x) = E_z(x) \tag{5-3}$$

$$D_z(f_z(x)) = x \tag{5-4}$$

而且当给定 z 后容易找到一种算法 F_z，称 F_z 为可用消息集鉴别函数，对所有 $x \in A$ 易于检验是否 $x \in A_z$ $(A_z \subset A)$，A_z 是可用的明文集。

（2）对“几乎所有”$z \in Z$，当只给定 E_z 和 D_z 时，对“几乎所有”$x \in A_z$，“很难”（即“实际上不可能”）从 $y = f_z(x)$ 算出 x。

（3）对任一 z，集 A_z 必须是保密系统中明文集中的一个“方便”集。即便于实现明文到它的映射（在双钥密码体制中是默认的条件）。（Diffie 和 Hellman 定义的陷门函数中，$A_z = A$，对所有 Z 成立。实际中的 A_z 取决于 Z）。

5.1.3 公钥系统

在一个公钥系统中，所有用户共同选定一个陷门单向函数，加密运算 E 及可用消息集鉴别函数 F。用户 i 从陷门集中选定 z_i，并公开 E_{z_i} 和 F_{z_i}。任一要向用户 i 发送机密消息者，可用 F_{z_i} 检验消息 x 是否在许用消息集之中，然后送 $y = E_{z_i}$ 给用户 i 即可。

在仅知 y，E_{z_i} 和 F_{z_i} 的情况下，任一用户不能得到 x。但用户 i 利用陷门信息 z_i，易于得到 $D_{z_i}(y) = x$。

定义 5-4 对 $z \in Z$ 和任意 $x \in X$，$F_i(x) \to y \in Y = X$。若

$$F_j(F_i(x)) = F_i(F_j(x)) \tag{5-5}$$

成立，则称 F 为可换单向函数。

可换单向函数在密码学中更有用。

5.1.4 用于构造双钥密码的单向函数

Diffie 和 Hellman 在 1976 年发表的文章虽未给出陷门单向函数，但大大推动了这

方面的研究工作。双钥密码体制的研究在于，给出这种函数的构造方法以及它们的安全性。

陷门单向函数的定义并没有指出这类函数是否存在，但其中指出：一个单钥密码体制，如果能抗击选择明文攻击，就可规定一个陷门单向函数。以其密钥作为陷门信息，则相应的加密函数就是这类函数。这是构造双钥体制的途径。

下面是一些单向函数的例子。目前多数双钥体制是基于这些问题构造的。

1. 多项式求根

有限域 GF(p)上的一个多项式

$$y = f(x) = x^n + a_{n-1}x^{n-1} + \cdots + a_1 x + a_0 \bmod p$$

当给定$a_0, a_1, \cdots, a_{n-1}$，$p$ 及 x 时，很容易求 y，利用 Honer's 法则，即

$$f(x) = (((\cdots(x + a_{n-1})x + a_{n-2})x + a_{n-3})x + \cdots + a_1)x + a_0 \tag{5-6}$$

最多有 $n-1$ 次乘法和 n 次加法。反之，已知 $y, a_0, \cdots, a_{n-1}$，要求解 x 需能对高次方程求根。这至少要$\lfloor n^2(lbp)^2 \rfloor$次乘法（这里，$\lfloor a \rfloor$表示不大于 a 的最大整数），当 n，p 很大时很难求解。

2. 离散对数 DL（Discrete Logarithm）

给定一大素数 p，p–1 含另一大素数因子 q，可构造一乘群 Z_p^*，它是一个 p–1 阶循环群。其生成元为整数 g，$1 < g < p-1$。已知 x，容易求 $y = g^x \bmod p$，这只需$\lfloor lb2x \rfloor - 1$次乘法，如 $x = 15 = 1111_2$，$g^{15} = (((1 \cdot g)^2 \cdot g)^2 \cdot g)^2 \cdot g \bmod p$，要用 3+4–1＝6 次乘法。

若已知 y, g, p，求 $x = \log_g y \bmod p$ 为离散对数问题。最快求解法运算次数渐近值为

$$L(p) = O(\exp\{(1 + o(1))\sqrt{\ln p \ln(\ln p)}\}) \tag{5-7}$$

p=512 时，$L(p) = 2^{256} = 10^{77}$。

若离散对数定义在$GF(2^n)$中的$2^n - 1$阶循环群上，Shanks 和 Pohlig-Hellman 等的离散对数算法预计算量的渐近式为

$$O(\exp\{(1.405 + o(1))n^{1/3}(\ln n)^{2/3}\}) \tag{5-8}$$

求一特定离散对数的计算量的渐近式为

$$L(p) = O(\exp\{(1.098 + o(1))n^{1/3}(\ln n)^{2/3}\}) \tag{5-9}$$

具体请参阅[LaMacchia 等 1991；McCurley 1990]。

广义离散对数问题是在 n 阶有限循环群 G 上定义的。

3. 大整数分解 FAC（Factorization Problem）

判断一个大奇数 n 是否为素数的有效算法，大约需要的计算量是$\lfloor lbn \rfloor^4$，当 n 为 256 或 512 位的二元数时，用当前计算机做可在 10 分钟内完成。

若已知两个大素数 p 和 q，求 $n = p \cdot q$ 只需一次乘法，但若由 n，求 p 和 q，则是几千年来数论专家的攻关对象。迄今为止，已知的各种算法的渐近运行时间如下：

（1）试除法：最早的也是最慢的算法，需试验所有小于 sqrt(n)的素数，运行时间为指数函数。

（2）二次筛（QS）：

$$T(n)=O(\exp\{(1+o(1))\sqrt{\ln n\ln(\ln n)}\})\tag{5-10}$$

该算法为小于110位整数最快的算法，倍多项式二次筛（MPQS）是QS算法的变型，它比QS算法更快。MPQS的双倍大指数变型还要更快一些。

（3）椭圆曲线（EC）：

$$T(n)=O(\exp\{(1+o(1))\sqrt{2\ln p\ln(\ln p)}\})\tag{5-11}$$

（4）数域筛（NFS）：

$$T(n)=O(\exp\{(1.92+o(1))(\ln n)^{1/3}(\ln(\ln n))^{2/3}\})\tag{5-12}$$

式中，p是n的最小的素因子，最坏的情况下$p\approx n^{1/2}$。当$n\approx 2^{664}$，要用3.8×10^9年（一秒进行100万次运算）。虽然整数分解问题已进行了很长时间研究，但至今尚未发现快速算法。目前对于大于110位的整数数域筛是最快的算法，曾用于分解第9个Fermat数。目前的进展主要是靠计算机资源来实现的。二次筛法可参阅[Pomerance 1984；Carton等 1988]；数域筛法可参阅[Lenstra等 1993]；椭圆曲线法参阅[Pollard 1993；Lenstra 1987；Montgomery 1987]。

$T(n)$与$L(p)$的表示式大致相同，一般当$n=p$时，解离散对数要更难些。

RSA问题是FAC问题的一个特例。n是两个素数p和q之积，给定n后求素因子p和q的问题称为RSAP。求$n=pq$分解问题有以下几种形式：

（1）分解整数n为p和q。

（2）给定整数M和C，求d使$C^d\equiv M\bmod n$。

（3）给定整数e和C，求M使$M^e\equiv C\bmod n$。

（4）给定整数x和C，决定是否存在整数y使$x\equiv y^2\bmod n$（二次剩余问题）。

4. Diffie-Hellman问题（DHP）

给定素数p，令α为Z_p^*的生成元，若已知α^a和α^b，求α^{ab}的问题为Diffie-Hellman问题，简称DHP。若α为循环群G的生成元，且已知α^a和α^b为G中的元素，求α^{ab}的问题为广义Diffie-Hellman问题，简记为GDHP[den Boer 1988；Maurer 1994b；Waldvogel等 1993；McCurley 1988]。

在[Menezes等 1997]一书的第4章对双钥密码体制公钥参数的生成和有关算法进行了全面介绍，该书的第3章对密码中用到的数学难题进行了全面系统的论述。此外，还可参阅[Pomerance 1990；Adleman等 1994；Bach 1990；Lenstra等 1990a，1990b]。

5.2 RSA密码体制

1978年，MIT的3位年轻数学家R.L.Rivest，A.Shamir和L.Adleman发现了一种用数论构造双钥的方法[Rivest等 1978，1979]，称为MIT体制，后来被广泛称为RSA体制。它既可用于加密，又可用于数字签名，易懂且易于实现，是目前仍然安全并且逐步被广泛应用的一种体制。国际上一些标准化组织（如 ISO，ITU 和 SWIFT 等）均已接受 RSA 体制作为标准。在因特网中所采用的 PGP（Pretty Good Privacy）中也将 RSA 作为传送会话密钥和数字签名的标准算法。

RSA 算法的安全性基于 5.1 节介绍的数论中大整数分解的困难性。

5.2.1 RSA 密码体制

独立选取两个大素数 p_1 和 p_2（各 100～200 位十进制数字），计算

$$n = p_1 \times p_2 \tag{5-13}$$

其欧拉函数值为

$$\varphi(n) = (p_1 - 1)(p_2 - 1) \tag{5-14}$$

随机选一整数 e，$1 \leqslant e < \varphi(n)$，$(\varphi(n), e) = 1$。因而在模 $\varphi(n)$ 下，e 有逆元

$$d = e^{-1} \bmod \varphi(n) \tag{5-15}$$

取公钥为 n，e。密钥为 d（p_1，p_2 不再需要，可以销毁）。

加密：将明文分组，各组在 mod n 下，可唯一地表示出来（以二元数字表示，选 2 的最大幂小于 n）。各组长达 200 位十进制数字。可用明文集为

$$A_z = \{x : 1 \leqslant x < n, (x, n) = 1\}$$

注意，$(x, n) \neq 1$ 是很危险的。$x \in A_z$ 的概率

$$\frac{\varphi(n)}{n} = \frac{(p_1 - 1)(p_2 - 1)}{p_1 p_2} = 1 - \frac{1}{p_1} - \frac{1}{p_2} + \frac{1}{p_1 p_2} \to 1$$

密文

$$y = x^e \bmod n \tag{5-16}$$

解密：

$$x = y^d \bmod n \tag{5-17}$$

证明：$y^d = (x^e)^d = x^{de}$，因为 $de \equiv 1 \bmod \varphi(n)$ 而有 $de \equiv q\varphi(n) + 1$。由欧拉定理，$(x, n) = 1$ 意味 $x^{\varphi(n)} \equiv 1 \bmod n$，故有

$$y^d = x^{de} = x^{q\varphi(n)+1} = x \cdot x^{q\varphi(n)} = x \cdot 1 = x \bmod n$$

陷门函数：$Z = (p_1, p_2, d)$

例 5-2　选 $p_1 = 47$，$p_2 = 71$，则 $n = 47 \times 71 = 3337$，$\varphi(n) = 46 \times 70 = 3220$。若选 $e = 79$，可计算 $d = e^{-1} (\bmod 3220) = 1019$。公开 $n = 3337$ 和 $e = 79$。密钥 $d = 1019$。销毁 p_1，p_2。

令 $x = 688\quad 232\quad 687\quad 966\quad 668\quad 3$，分组得 $x_1 = 688$，$x_2 = 232$，$x_3 = 687$，$x_4 = 966$，$x_5 = 668$，$x_6 = 3$。x_1 的加密为 $(688)^{79} (\bmod 3337) = 1570 = y_1$。同样，可计算出其他各组密文。得到密文 $y = 1570\quad 2756\quad 2714\quad 2423\quad 158$。

第一组密文的解密为 $(1570)^{1019} \bmod 3337 = 688 = x_1$。类似地可解出其他各组密文。

RSA 加密实质上是一种 $Z_n \to Z_n$ 上的单表代换。给定 $n = p_1 p_2$ 和合法明文 $x \in Z_n$，其相应密文 $y = x^e \bmod n \in Z_n$。对于 $x \neq x'$，必有 $y \neq y'$。Z_n 中的任一元素（0，p_1，p_2 除外）是一个明文，但它也是与某个明文相对应的一个密文。因此，RSA 是 $Z_n \to Z_n$ 的一种单表代换密码，关键在于 n 极大时在不知道陷门信息下极难确定这种对应关系，而用模指

数算法又易于实现一种给定的代换。正是因为这种对应性，使RSA不仅可以用于加密，也可以用于数字签名。

5.2.2 RSA的安全性

1. 分解模数 n

在理论上，RSA的安全性取决于模 n 分解的困难性，但数学上至今还未证明分解模就是攻击RSA的最佳方法，也未证明分解大整数就是NP问题，可能有尚未发现的多项式时间分解算法。人们完全可以设想有另外的途径破译RSA，如求解密指数 d 或找到 $(p_1-1)(p_2-1)$ 等。但这些途径都不比分解 n 更容易。甚至有文献[Alexi等 1988]曾揭示，从RSA加密的密文恢复某些位的困难性也和恢复整组明文一样困难。

当前的技术进展使分解算法和计算能力在不断提高，计算所需的硬件费用在不断下降。110位十进制数字早已能分解。Rivest等最初悬赏$100的RSA-129，已由包括5大洲43个国家六百多人参加。人们通过Internet，用1600台计算机同时产生820条指令数据，耗时8个月，于1994年4月2日利用二次筛法分解出为64位和65位的两个因子，原来估计要用4亿亿年。所给密文的译文为"这些魔文是容易受惊的鱼鹰"。这是有史以来最大规模的数学运算。RSA-130于1996年4月10日利用数域筛法分解出来，目前正在向更大的数，特别是512b RSA，即RSA-154冲击[Cowie等 1996]。表5-1给出了采用广义数域筛分解不同长度RSA公钥模所需的计算机资源。

表5-1　采用广义域筛所需计算机资源

密钥长（b）	所需的MIPS–年*
116（Blacknet密钥）	400
129	5 000
512	30 000
768	200 000 000
1024	300 000 000 000
2048	300 000 000 000 000 000 000

*：MIPS –年指以每秒执行1 000 000条指令的计算机运行一年。

表5-2为采用NSF算法破译RSA体制与用穷搜索密钥法破译单钥体制的等价密钥长度。

表5-2　等价密钥长度

单 钥 体 制	RSA体制	单 钥 体 制	RSA体制
56b	384b	112b	1792b
64b	512b	128b	2304b
80b	768b		

因此，如果要用RSA，需要采用足够大的整数。512b（154位）、664b（200位）已有实用产品。也有人想用1024b的模。若以每秒可进行100万步的计算资源分解664b

大整数，需要完成10^{23}步，即要用 1000 年。在 European Institute for System Security Workshop 上，与会者认为 1024b 模在今后 10 年内足够安全。Simmons 预测 150 位数将在 21 世纪被分解。数学家估计分解 $x+10$ 位数的困难程度约为分解 x 的 10 倍。目前，512b 模（约 155 位）在短期内仍十分安全，但大素数分解工作在 WWW 上的大协作已构成对 512b 模 RSA 的严重威胁，很快可能要采用 768b 甚至 1024b 的模。

大整数分解算法的研究是当前数论和密码理论研究的一个重要课题，可参阅相关文献[Adleman 1991；Bressoud 1989；Buhler 等 1993；Coppersmith 1993；Denny 等 1994；Dobbertin 1996；Lenstra 1987；Montgomery 1987；Pomerance 1990，1994；Silverman 1987；van Oorschot 1992]。

2. 其他途径

从 n 若能求出 $\varphi(n)$，则可求得 p_1， p_2，因为

$$n-\varphi(n)+1=p_1p_2-(p_1-1)(p_2-1)+1=p_1+p_2$$

而

$$\sqrt{(p_1+p_2)^2-4n}=p_1-p_2$$

但已经证明，求 $\varphi(n)$ 的困难性等价于分解 n 的困难性。

从 n 求 d 也等价于分解 n。

目前尚不知道是否存在一种无须借助于分解 n 的攻击法，也未能证明破译 RSA 的任何方法都等价于大整数分解问题。

3. 迭代攻击法

Simmons 和 Norris 曾提出迭代或循环攻击法。例如，给定一 RSA 的参数为 $(n,e,y)=(35,17,3)$，可由 $y_0=y=3$ 计算 $y_1=3^{17}=33\bmod 35$。再由 y_1 计算 $y_2=y_1^{17}=3\bmod 35$，从而得到明文 $x=y_1=33\bmod 35$。一般对明文 x 加密多次，直到再现 x 为止。Rivest 证明[Rivest 1978]，当 p_1-1 和 p_2-1 中含有大素数因子，且 n 足够大时，这种攻击法成功的概率趋于 0。

4. 选择密文攻击

（1）消息破译。攻击者收集用户 A 以公钥 e 加密的密文 $y=x^e\bmod n$，并想分析出明文 x。选随机数 $r<n$，计算 $y_1=r^e\bmod n$，这意味 $r=y_1^d\bmod n$。计算 $y_2=y_1\times y\bmod n$。令 $t=r^{-1}\bmod n$，则 $t=y_1^{-d}\bmod n$。

如果攻击者请 A 对消息 y_2 进行解密，得到 $s=y_2^d\bmod n$。攻击者计算 $ts\bmod n=y_1^{-d}\times y_2^d\bmod n=y_1^{-d}\times y_1^d\times y^d\bmod n=y^d\bmod n=x$，得到了明文。

（2）骗取仲裁签名。在有仲裁情况下，A 有一个文件要求仲裁，可先将其送给仲裁 T，T 以 RSA 的密钥进行签署后回送给 A（未用单向 Hash 函数，只以密钥对整个消息加密）。

攻击者有一个消息要 T 签署，但 T 并不情愿给他签，因为该消息可能有伪造的时戳，也可能是来自其他人的消息。但攻击者可用下述方法骗取 T 的签名。令攻击者的消息为 x，他首先任意选一个数 N，计算 $y=N^e\bmod n$（e 是 T 的公钥），然后计算 $M=yx$，送给

T，T将签名的结果$M^d \bmod n$送给攻击者，则有$(M^d \bmod n)N^{-1} \bmod n = (yx)^d \cdot N^{-1} \bmod n = x^d y^d \cdot N^{-1} \bmod n = x^d NN^{-1} \bmod n = x^d \bmod n$，此为$T$对$x$的签名。

所以能有这类攻击是因为指数运算保持了输入的乘法结构。

（3）骗取用户签名。攻击者可构造两条消息x_1和x_2，凑出所要的$x_3 = x_1 \times x_2 \bmod n$。首先他可得到用户 A 对x_1和x_2的签名$x_1^d \bmod n$和$x_2^d \bmod n$，则可计算$x_3^d \bmod n = (x_1^d \bmod n) \cdot (x_2^d \bmod n) \bmod n$。

因此，任何时候不要为不相识的人签署随机性文件，最好先采用单向 Hash 函数。ISO 9796 的分组格式可以防止这类攻击。

有关选择密文攻击 RSA 体制的研究可参阅相关文献。

5. 公用模攻击

若很多人共用同一模数n，各自选择不同的e和d，这样实现当然简单，但是不安全。若明文以两个不同的密钥加密，在共用同一个模下，若两个密钥互素（一般如此），则可用任一密钥恢复明文[Simmons 1983]。

设e_1和e_2是两个互素的不同密钥，共用模为n，对同一明文x加密得$y_1 = x^{e_1} \bmod n$，$y_2 = x^{e_2} \bmod n$。分析者知道n, e_1, e_2, y_1和y_2。因为$(e_1, e_2) = 1$，所以有$r \cdot e_1 + s \cdot e_2 = 1$。假定$r$为负数，由 Euclidean 算法可计算

$$(y_1^{-1})^{-r} \cdot y_2^s = x \bmod n$$

还有两种攻击共用模 RSA 的方法：

（1）用概率方法可分解n。

（2）用确定性算法可计算某一用户密钥而不需要分解 n。详细内容可参阅[Moore 1988；Simmons 1983]。

6. 低加密指数攻击

采用小的e可以加快加密和验证签名的速度，且所需的存储密钥空间小，但若加密密钥e选择得太小，则容易受到攻击。

令网络中的3个用户的加密密钥e均选3，而有不同的模n_1，n_2，n_3。若一个用户将消息x传给3个用户的密文分别为

$$y_1 = x^3 \bmod n_1 \quad x < n_1$$

$$y_2 = x^3 \bmod n_2 \quad x < n_2$$

$$y_3 = x^3 \bmod n_3 \quad x < n_3$$

一般选n_1，n_2，n_3互素（否则，可求出公因子而降低安全性），利用中国剩余定理，可从y_1，y_2，y_3求出

$$y = x^3 \bmod (n_1 n_2 n_3)$$

由$x<n_1$，$x<n_2$，$x<n_3$，可得$x^3 < n_1 \cdot n_2 \cdot n_3$，故有$\sqrt[3]{y} = x$。

若x后加时戳

$$y_1 = (2^t x + t_1)^3 \bmod n_1$$

$$y_2 = (2^t x + t_2)^3 \bmod n_2$$

$$y_3=(2^t x+t_3)^3 \bmod n_3$$

t 是 t_1，t_2，t_3 的二元表示位数，可防止这类攻击。Håstad 将上述攻击扩展为 k 个用户，即将相同的消息 x 传给 k 个人，只要 $k>e(e+1)/2$，采用低指数也可有效攻击。因此，为抗击这种攻击 e 必须选得足够大。一般 e 选为 16 位素数时，既可兼顾快速加密，又可防止这类攻击。

对短的消息，可用随机数字填充，以防止低加密指数攻击。

d 太小也不行。Wiener 指出，对 $e<n$，而 $d<n/4$，则可以攻破这类 RSA 体制。Coppersmith 对 RSA 的低指数攻击做了进一步研究。

7. 定时攻击法

定时（Timing）攻击法由 P. Kocher 提出，利用测定 RSA 解密所进行的模指数运算的时间来估计解密指数 d，然后再精确定出 d 的取值。另外还可采用盲化技术，即首先将数据进行盲化运算，再进行加密运算，而后做去盲运算。这样做虽然不能使解密运算时间保持不变，但计算时间被随机化而难于推测解密所进行的指数运算的时间[Unruh 1996]。

8. 消息隐匿问题

对明文 x，$0\leqslant x\leqslant n-1$，采用 RSA 体制加密，可能出现 $x^e=x \bmod n$，致使消息暴露。这是明文在 RSA 加密下的不动点。总有一些不动点，如 x=0，1 和 $n-1$。一般有$[1+\gcd(e-1, p-1)]\cdot[1+\gcd(e-1, q-1)]$个不动点。由于 $e-1$，$p-1$ 和 $q-1$ 都是偶数，所以不动点至少为 9 个。一般来说，不动点个数相当少，可以忽略不计[Blakley 等 1979]。

Kaliski 和 Robshaw 曾对 RSA 的安全性进行全面评述。有关 RSA 算法用于认证协议的安全性研究可参阅[Coppersmith 等 1996；Franklin 等 1995]。

5.2.3　RSA 的参数选择

综上所述，为了保证 RSA 体制的安全，必须仔细选择各参数。有关大素数的求法可参阅其他文献。

1. n 的确定

（1）$n=p_1\times p_2$，p_1 与 p_2 必须为强素数（Strong Prime）。强素数 p 的条件如下：

① 存在两个大素数 p_1 和 p_2，$p_1|(p-1)$，$p_2|(p+1)$。

② 存在 4 个大素数 r_1，s_1，r_2 及 s_2，使 $r_1|(p_1-1)$，$s_1|(p_1+1)$，$r_2|(p_2-1)$，$s_2|(p_2+1)$。称 r_1，r_2，s_1 和 s_2 为三级素数（Level–3）；p_1 和 p_2 为二级素数。

采用强素数的理由如下：若 $p-1=\prod_{i=1}^{t} p_i^{a_i}$，$p_i$ 为素数，a_i 为正整数。分解式中 $p_i<B$，B 为已知的一个小整数，则存在一种 $p-1$ 的分解法，使得易于分解 n。令 $n=pq$，且 $p-1$ 满足上述条件，$p_i<B$。令 $a\geqslant a_i$，$i=1，2，\cdots，t$。即可构造

$$R=\prod_{i=1}^{t}p_i^a \tag{5-18}$$

显然$(p-1)|R$。由费尔马定理有$2^R\equiv1 \bmod p$。令$2^R=x \bmod n$。若$x=1$则选3代2，直到出现$x\neq1$。此时，由GCD($x-1$，n)=p，就得到n的分解因子p和q。

例 5-3　$n=pq=118\,829$，选$B=14$，$a_i\equiv1$，由加法链算法

$$R=\prod_{p_i<B}p_i=2\times3\times5\times7\times11\times13=30\,030$$

且$2^R=103\,935 \bmod 118\,829$。由欧几里德算法易求GCD(103 935–1，118 529)=331，从而$n=331\times359$。这是由于$331-1=2\times3\times5\times11$为小素数因子之积。

Williams给出类似的$p+1$的分解算法。

（2）p_1与p_2之差要大。若p_1与p_2之差很小，则可由$n=p_1p_2$估计$(p_1+p_2)/2=n^{1/2}$，则由$((p_1+p_2)/2)^2-n=((p_1-p_2)/2)^2$。上式右边为小的平方数，可以试验给出$p_1, p_2$的值。

例 5-4　$n=164\,009$，估计$(p_1+p_2)/2\approx405$，由$405^2-n=16=4^2$，可得$(p_1+p_2)/2=405$，$(p_1-p_2)/2=4$，$p_1=409$，$p_2=401$。

（3）p_1-1与p_2-1的最大公因子要小。在唯密文攻击下，设破译者截获密文$y=x^e \bmod n$。破译者做下述递推计算（Simmons 等 1977）：

$$y_i=(y_{i-1})^e \bmod n=(x^e)^i \bmod n$$

若$ei=1 \bmod \varphi(n)$，则有$y_i=(x^e)^i=x \bmod n$。若i小，则由此攻击法易得明文x。由Euler定理知，$i=\varphi((p_1-1)(p_2-1))$，若$p_1-1$和$p_2-1$的最大公因子小，则$i$值大，如$i=(p_1-1)(p_2-1)/2$，此攻击法难于奏效。

（4）p_1，p_2要足够大，以使n分解在计算上不可行。近十多年来，大整数分解因子的进展如表5-3所示。

表 5-3　大整数分解因子的进展

年　度	分解数（十进制）位数	机　型	时　间
1983	47	HP PC	3天
1983	69	Cray 大型计算机	32 h
1988	90	25个Sun工作站	数周
1989	95	1 MZP处理器	1个月
1989	105	八十多个工作站	数周
1993	110	128×128处理器（0.2MIPS）	1个月
1994	129	1600部计算机	8个月

2. e 的选取原则

$(e, \varphi(n))=1$的条件易于满足，因为两个随机数为互素的概率约为3/5。e小时，加密速度快，有学者[Knuth 1981a，1981b；Shamir 1984]曾建议采用$e=3$。但e太小则存在一些问题[Coppersmith 等 1996]。

（1）e不可过小。

① 若e小，x小，$y=x^e \bmod n$，当$x^e<n$，则未取模，由y直接开e次方可求x。

② 易遭低指数攻击。

（2）选 e 在 mod $\varphi(n)$中的阶数，即 i，$e^i\equiv 1 \bmod \varphi(n)$，$i$ 达到$(p_1-1)(p_2-1)/2$。

3. d 的选择

e 选定后可用 Euclidean 算法在多项式时间内求出 d。d 要大于 $n^{1/4}$。d 小，签名和解密运算快，这在 IC 卡中尤为重要（复杂的加密和验证签名可由主机来做）。类似于加密下的情况，d 不能太小，否则由已知明文攻击，构造（迭代地做）$y=x^e \bmod n$，再猜测 d 值，做 $x^d \bmod n$，直到试凑出 $x^d\equiv 1 \bmod n$ 是 d 值就行了。Wiener 给出对小 d 的系统攻击法，证明了当 d 长度小于 n 的 1/4 时，由连分式算法，可在多项式时间内求出 d 值。至于这是否可推广至 1/2，目前还不知道。

5.2.4　RSA 体制应用中的其他问题

（1）不可用公共模。一个网，由一个密钥产生中心（Key Generation Center，KGC）采用一个公共模，分发多对密钥，并公布相应公钥 e_i，这当然使密钥管理简化，存储空间小，且无重新分组（Reblocking）问题，但如前所述，它在安全上会带来问题。

（2）明文熵要尽可能得大。明文熵要尽可能得大，以使在已知密文下，要猜测明文无异于完全随机等概。Simmons 和 Holdridge 利用先验不等概性，攻破一语音加密系统，明文有 $2^{32}\approx 4.3\times 10^9$，但熵值低，仅为 16～18b，用预先选定的 10^5（约 2^{17}）明密文对，将收到的密文与存储的数比较，符合者则接收，否则弃之，并还原录音，则有 90 %以上的原始语音可还原。

可在明文分组中加上随机乱数得

$$M'=2^tM+r$$

式中，t 是 r 的二元表示位数。解得 M' 后除去后 t 位乱数 r 即可。

（3）用于签名时，要采用 Hash 函数。

5.2.5　RSA 的实现

硬件实现 RSA 的最快速度也仅为 DES 的 1/1000，512b 模下的 VLSI 硬件实现只达 64kb/s。目前计划开发 512b RSA，达 1Mb/s 的芯片。1024b RSA 加密芯片也在开发中。人们在努力将 RSA 体制用于灵巧卡技术中。有关 RSA 的硬件实现的研制和一些产品，可参阅[Schneier 1996]。508b RSA 的硬件实现的速率可达 225kb/s。

软件实现 RSA 的速度只为 DES 的软件实现的 1/100，在速度上 RSA 无法与对称密钥体制相比，因而 RSA 体制多只用于密钥交换和认证。512b RSA 的软件实现的速率可达 11kb/s。

如果适当选择 RSA 的参数，可以大大加快速度。例如，选 e 为 3，17 或 65 537（$2^{16}+1$）的二进制表示式中都只有两个 1，大大减少了运算量。X. 509 建议用 65 537，PEM 建议用 3 [RFC1423 1993]，PKCS#1 建议用 65 537[RSA Lab 1993]。在消息后填充随机数字时，不会出现任何安全问题。

中国剩余定理可以用来加速密钥运算[Rabin 1979]。

5.3 ElGamal 密码体制

ElGamal 密码体制由 ElGamal 提出[ElGamal 1984，1985]，它是一种基于离散对数问题的双钥密码体制，既可用于加密，又可用于签名。有关离散对数的计算可参阅相关文献[Wang 等 1999]。

5.3.1 密钥生成

令 Z_p 是一个有 p 个元素的有限域，p 是一个素数，令 g 是 Z_p^*（Z_p 中除去 0 元素）中的一个本原元或其生成元。明文集 M 为 Z_p^*，密文集 C 为 $Z_p^* \times Z_p^*$。

公钥：选定 g（$g < p$ 的生成元），计算公钥

$$\beta \equiv g^{\alpha} \bmod p \tag{5-19}$$

密钥：$\alpha < p$

5.3.2 加解密

选择随机数 $k \in Z_{p-1}$，且$(k，p-1) = 1$，计算：

$$y_1 = g^k \bmod p \quad \text{（随机数 } k \text{ 被加密）} \tag{5-20}$$

$$y_2 = m\beta^k \bmod p \quad \text{（明文被随机数 } k \text{ 和公钥 } \beta \text{ 加密）} \tag{5-21}$$

其中 m 是要发送的明文组。密文由上述两部分 y_1、y_2 级联构成，即密文 $c = y_1 \| y_2$。

特点：密文由明文和所选随机数 k 来定，因而是非确定性加密，一般称之为随机化（Randomized）加密，对同一明文由于不同时刻的随机数 k 不同而给出不同的密文。其代价是使数据扩展一倍。

解密：收到密文组 c 后，计算

$$m = y_2/y_1^{\alpha} = m\beta^k/g^{k\alpha} = mg^{\alpha k}/g^{k\alpha} \bmod p \tag{5-22}$$

例 5-5 选 $p = 2579$，$g = 2$，$\alpha = 765$，计算出 $\beta = g^{765} \bmod 2579=949$。若明文组为 $m = 1299$，今选随机数 $k = 853$，可算出 $y_1 \equiv 2^{853} \bmod 2579 = 435$ 及 $y_2 \equiv 1299 \times 949^{853} \bmod 2579 = 2396$。密文 $c = (435，2396)$。解密时由 c 可算出消息组 $M \equiv 2396/(435)^{765} \bmod 2579 = 1299$。

5.3.3 安全性

本体制基于 Z_p^* 中有限群上的离散对数的困难性。Haber 和 Lenstra 曾指出 mod p 生成的离散对数密码可能存在陷门，有些“弱”素数 p 下的离散对数较容易求解。但文献[Gordon 1992]中已证明，不难发现这类陷门从而可以避免选用这类素数。

有关随机化加密的统一论述可参阅相关文献。McCurely 将 ElGamal 方案推广到 Z_n^* 上的单元群，并证明其破译难度至少相当于分解 n，破译者即使知道了 n 的分解，也还要解模 n 的因子的 Diffie-Hellman 问题[Menezes 等 1997]。

5.4 椭圆曲线密码体制

椭圆曲线（Elliptic Curve）作为代数几何中的重要问题已有一百多年的研究历史，积累了大量的研究文献，但直到 1985 年，N. Koblitz 和 V. Miller 才独立将其引入密码学中，成为构造双钥密码体制的一个有力工具[Koblitz 1987，Miller 1985]。利用有限域 GF(2^m)上的椭圆曲线点集所构成的群上定义的离散对数系统，可以构造出基于有限域上离散对数的一些如 Diffie-Hellman，ElGamal，Schnorr，DSA 等双钥体制。对这种椭圆曲线离散对数密码体制（ECDLC）安全性的研究已进行了十余年，尚未发现明显的弱点。它有可能以更小规模的软、硬件实现有限域上具有相同安全性的同类体制，具体内容可参阅相关文献[Menezes 等 1993a；Koblitz 1987；Demytko 1993；Koyama 等 1991]。

目前，大多数使用公钥密码学进行加密和数字签名的产品和标准都使用了 RSA 算法。为了保证 RSA 的安全性，近年来所采用的密钥长度不断增加，这直接导致 RSA 计算量的增加，对于其应用造成影响。最近，椭圆曲线密码（ECC）对 RSA 的应用提出了巨大挑战。在公钥密码的标准化过程中，IEEE P1363 标准已经考虑使用 ECC。

与 RSA 相比，ECC 的主要优点是可以使用比 RSA 更短的密钥获得相同水平的安全性，其计算量大大减少。另一方面，虽然 ECC 的理论已经成熟，但直到最近才出现这方面的产品，对 ECC 的密码分析刚刚起步，因此 ECC 的可信度还有待进一步验证。

ECC 比 RSA 更难描述。关于 ECC 的完整数学描述已经超出本书的范围。

5.4.1 实数域上的椭圆曲线

椭圆曲线并不是椭圆。之所以称为椭圆曲线，是因为它们与计算椭圆周长的方程相似，也用 3 次方程来表示。一般来说，椭圆曲线的 3 次方程形式为

$$y^2 + axy + by = x^3 + cx^2 + dx + e$$

其中，a，b，c，d 和 e 是实数，x 和 y 在实数上取值。事实上，将方程式限制为下述形式就已经足够：

$$y^2 = x^3 + ax + b \tag{5-23}$$

因为方程中的指数最高为 3，所以称为 3 次方程。椭圆曲线的定义中还包含一个无穷远点或叫做零点的元素，记为 O，这个概念将在后面讨论。为了画出该曲线，需要计算：

$$y = \sqrt{x^3 + ax + b}$$

对于给定的 a 和 b，以及 x 的每个取值，需画出 y 的正值和负值，这样每一曲线都关于 y=0 对称。图 5-1 给出了椭圆曲线的两个例子。

从图中可见，椭圆曲线关于 y=0 对称。

现在考虑满足式（5-23）的所有点（x, y）和元素 O 所组成的点集 $E(a, b)$。（a, b）的值不同，则相应的集合 $E(a, b)$也不同。图 5-1 中的两条曲线可以分别用集合 $E(-1, 0)$和

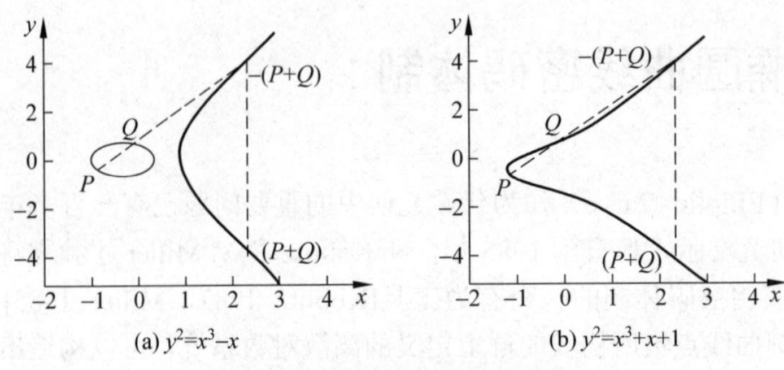

图 5-1　椭圆曲线的两个例子

$E(1, 1)$表示。

可以证明：只要 x^3+ax+b 无重复因子，则可基于集合 $E(a, b)$定义一个群。这等价于条件：

$$4a^3+27b^2 \neq 0 \tag{5-24}$$

下面在 $E(a, b)$上定义加法运算，用“+”表示，其中 a 和 b 满足式（5-24）。用几何术语可这样定义加法的运算规则：如果椭圆曲线上的 3 个点位于同一直线上，那么它们的和为 O。进一步可定义椭圆曲线上的加法的运算规则如下：

（1）O 是加法的单位元。这样有 $O=-O$；对于椭圆曲线上的任意一点 P，有 $P+O=P$。

（2）设 $P_1=(x, y)$是椭圆曲线上的一点（图 5-1），它的加法逆元定义为 $P_2=-P_1=(x, -y)$。

这是因为 P_1 和 P_2 的连线延长到无穷远时，得到椭圆曲线上的另一点 O，即椭圆曲线上的 3 点 P_1、P_2 和 O 共线，所以 $P_1+P_2+O=O$，$P_1+P_2=O$，即 $P_2=-P_1$。

（3）设 Q 和 R 是椭圆曲线上 x 坐标不同的两点，$Q+R$ 的定义如下：画一条通过 Q 和 R 的直线与椭圆曲线交于 P_1（这一交点是唯一的，除非所做的直线是 Q 点或 R 点的切线，此时分别取 $P_1=Q$ 和 $P_1=R$）。由 $Q+R+P_1=O$ 得 $Q+R=-P_1$。

（4）点 Q 的倍数定义如下：在 Q 点做椭圆曲线的一条切线，设切线与椭圆曲线交于点 S，定义 $2Q=Q+Q=-S$。类似地，可以定义 $3Q=Q+Q+Q$，…，等等。

以上定义的加法具有加法运算的一般性质，如交换律和结合律等。

5.4.2　有限域 Z_p 上的椭圆曲线

椭圆曲线密码体制使用的是变元和系数均为有限域中元素的椭圆曲线。密码应用中所使用的两类椭圆曲线是定义在有限域 Z_p 上的素曲线（Prime Curves）和在 GF(2^m)上构造的二元曲线。文献[Fernandes 1999]指出，因为不需要二元曲线所要求的位混淆（Bit Fiddling）运算，软件应用最好使用素曲线；而对于硬件应用，最好使用二元曲线，它可以用非常少的门电路来实现快速且功能强大的 ECC 密码体制。本节主要讨论有限域上的椭圆曲线，第 5.4.3 节将讨论 GF(2^m)上构造的椭圆曲线。

对于有限域 Z_p 上的椭圆曲线，使用变元和系数均在 0～p−1 的整数集上取值的 3 次方程，其中 p 是大素数，所执行的计算均是模 p 运算。与关于实数时的情形一样，限制方程具有式（5-23）的形式，但此处系数和变元均限制在 Z_p 中：

$$y^2 \bmod p = (x^3 + ax + b) \bmod p \tag{5-25}$$

例 5-6　a=1，b=1，x=9，y=7，p=23 时可满足式（5-24）：

$$7^2 \bmod 23 = (9^3 + 9 + 1) \bmod 23$$
$$49 \bmod 23 = 739 \bmod 23$$
$$3 \bmod 23 = 3 \bmod 23$$

下面考虑所有满足式（5-25）的整数对$(x，y)$和无穷远点 O 组成的集合 $E_p(a，b)$。

例 5-7　取 p=23。考虑椭圆曲线方程 $y^2 = x^3 + x + 1$，这里 $a = b = 1$。

注意，该方程与图 5-1（b）中的方程是相同的。对 $E_{23}(1, 1)$，只关心满足模 p 方程的，从（0, 0）到（p–1, p–1）的象限中的非负整数。表 5-4 中列出了若干点（除了元点 O 之外），这些点是 $E_{23}(1, 1)$的一部分。

表 5-4　椭圆曲线 E_{23} (1, 1)上的点

(0，1)	(6，4)	(12，19)
(0，22)	(6，19)	(13，7)
(1，7)	(7，11)	(13，16)
(1，16)	(7，12)	(17，3)
(3，10)	(9，7)	(17，20)
(3，13)	(9，16)	(18，3)
(4，0)	(11，3)	(18，20)
(5，4)	(11，20)	(19，5)
(5，19)	(12，4)	(19，18)

可以证明，若 $(x^3 + ax + b) \bmod p$ 无重复因子，则基于集合 $E_p(a,b)$ 可以定义一个有限 Abel 群。这等价于下列条件：

$$(4a^3 + 27b^2) \bmod p \neq 0 \bmod p \tag{5-26}$$

注意：式（5-26）和式（5-24）具有相同的形式。

$E_p(a, b)$上的加法运算构造与定义在实数上的椭圆曲线中描述的代数方法是一致的。对任何点 $P, Q \in E_p(a,b)$，有：

（1）$P + O = P$。

（2）若 $P = (x_P, y_P)$，则 $P + (x_P, -y_P) = O$。点$(x_P, -y_P)$是 P 的负元，记为$-P$。

例如，对于 $E_{23}(1, 1)$上的点 $P = (13, 7)$，有$-P = (13，-7)$。而$-7 \bmod 23 = 16$，因此，$-P = (13, 16)$，该点也在 $E_{23}(1, 1)$上。

（3）若 $P = (x_P, y_P)$，$Q = (x_Q, y_Q)$，且 $P \neq -Q$，则 $R = P + Q = (x_R, y_R)$ 由下列规则确定：

$$x_R = (\lambda^2 - x_P - x_Q) \bmod p$$
$$y_R = (\lambda(x_P - x_R) - y_P) \bmod p$$

其中

$$\lambda=\begin{cases}\left(\dfrac{y_Q-y_P}{x_Q-x_P}\right)\bmod p & 若P\neq Q\\ \left(\dfrac{3x_P^2+a}{2y_P}\right)\bmod p & 若P=Q\end{cases}$$

（4）乘法定义为重复相加。如 $4P = P + P + P + P$。例如，取 $E_{23}(1, 1)$上的 $P = (3, 10)$，$Q = (9, 7)$，那么

$$\lambda=\left(\frac{7-10}{9-3}\right)\bmod 23=\left(\frac{-3}{6}\right)\bmod 23=\left(\frac{-1}{2}\right)\bmod 23=11$$

$$x_R=(11^2-3-9)\bmod 23=109\bmod 23=17$$

$$y_R=(11(3-17)-10)\bmod 23=-164\bmod 23=20$$

所以 $P+Q=(17,20)$。为计算 $2P$，首先求

$$\lambda=\left(\frac{3(3^2)+1}{2\times 10}\right)\bmod 23=\left(\frac{5}{20}\right)\bmod 23=\left(\frac{1}{4}\right)\bmod 23=6$$

上面等式的最后一步需要求 4 在 Z_{23} 中的乘法逆元。

$$x_R=(6^2-3-3)\bmod 23=30\bmod 23=7$$

$$y_R=(6(3-7)-10)\bmod 23=(-34)\bmod 23=12$$

可见 $2P = (7, 12)$。

为了确定各种椭圆曲线密码的安全性，需要知道定义在椭圆曲线上的有限 Abel 群中点的个数。在有限群 $E_p(a, b)$中，点的个数 N 的范围是：

$$p+1-2\sqrt{p}\leqslant N\leqslant P+1+2\sqrt{p}$$

所以，对于大数 p，$E_p(a, b)$上点的个数约等于 Z_p 中元素的个数。

5.4.3 GF(2^m)上的椭圆曲线

有限域 GF(2^m)由 2^m 个元素及定义在多项式上的加法和乘法运算组成。给定 m，对 GF(2^m)上的椭圆曲线，可以使用变元和系数均在 GF(2^m)上取值的 3 次方程，且利用 GF(2^m)中的算术运算规则来进行计算。

可以证明，GF(2^m)上适合用于椭圆曲线密码的 3 次方程与 Z_p 上的 3 次方程有所不同，其形式如下：

$$y^2+xy=x^3+ax^2+b \tag{5-27}$$

其中，变元 x 和 y 以及系数 a 和 b 是 GF(2^m)中的元素，且所有计算均在 GF(2^m)中进行。

考虑由满足式（5-27）的所有整数对（x, y）和无穷远点组成的集合 $E_{2^m}(a,b)$。可以证明，只要 $b\neq 0$，则可基于集合 $E_{2^m}(a,b)$ 定义一个有限 Abel 群。加法的运算规则如下：

对所有点 $P,Q\in E_{2^m}(a,b)$

（1）$P+O=P$。

（2）若 $P=(x_P, y_P)$，则 $P+(x_P, x_P+y_P)=O$。点 (x_P, x_P+y_P) 是 P 的负元，记为 $-P$。

（3）若 $P=(x_P, y_P)$，$Q=(x_Q, y_Q)$，且 $P\neq Q$，$P\neq -Q$，则 $R=P+Q=(x_R, y_R)$ 由以下规则来确定：

$$x_R=\lambda^2+\lambda+x_P+x_Q+a$$
$$y_R=\lambda(x_P+x_R)+x_R+y_P$$

其中，

$$\lambda=\left(\frac{y_Q+y_P}{x_Q+x_P}\right)$$

（4）若 $P=(x_P, y_P)$，则 $R=2P=(x_R, y_R)$ 由下列规则确定：

$$x_R=\lambda^2+\lambda+a$$
$$y_R=x_P^2+(\lambda+1)x_R$$

其中，

$$\lambda=x_P+\frac{y_P}{x_P}$$

5.4.4　椭圆曲线密码

将 ECC 中的加密算法运算与 RSA 中的模乘运算相对应，将 ECC 中的乘法运算与 RSA 中的模幂运算相对应。要建立基于椭圆曲线的密码体制，则需要类似大合数分解或求离散对数这样的“数学难题”。

考虑方程 $Q=kP$，其中 Q，$P\in E_p(a,b)$ 且 $k<p$。对于给定的 k 和 P 计算 Q 比较容易，而对给定的 Q 和 P，计算 k 则比较困难。

例 5-8　由方程 $y^2 \bmod 23=(x^3+9x+17) \bmod 23$ 所定义的群 $E_{23}(9, 17)$。

以 $P=(16, 5)$ 为底的 $Q=(4, 5)$ 的离散对数 k 是多少？穷举攻击方法通过计算 P 的倍数来寻找 Q。这样：

$P=(16,5)$；$2P=(20,20)$；$3P=(14,14)$；$4P=(19,20)$；$5P=(13,10)$；$6P=(7,3)$；$7P=(8,7)$；$8P=(12,17)$；$9P=(4,5)$

因为 $9P=(4,5)=Q$，故以 $P=(16, 5)$ 为底的 $Q=(4, 5)$ 的离散对数 $k=9$。在实际应用中 k 的值非常大，从而使穷举攻击方法不可行。

在一些文献中，分析了几种用椭圆曲线实现加/解密的方法。本节将介绍一种最简单的方法。

首先必须把要发送的消息明文 m 编码成形式为 (x, y) 的点 P_m，并对点 P_m 进行加密，然后对密文进行解密。注意，不能简单地将消息编码成点的 x 坐标或 y 坐标，因为并不是所有的坐标都在 $E_q(a,b)$ 中，如表 5-4 所示。将消息编码成点 P_m 的方法有多种，这里不讨论这些方法。但需要说明的是，确实存在比较直接的编码方法。

首先，挑选一个大的整数 q 以及式（5-25）或式（5-27）中的椭圆曲线参数 a 和 b，这里 q 为素数 p 或是形为 2^m 的整数。由此可以定义出点的椭圆群 $E_q(a,b)$；其次，在 $E_q(a,b)$ 中挑选基点 $G=(x_1, y_1)$，G 的阶为一个非常大的数 n。椭圆曲线上点 G 的阶 n 是使得$nG=O$成立的最小整数。

每个用户A选择一个私钥n_A，并产生公钥$P_A=n_A\times G$。

若A要将消息P_m加密后发送给B，则A随机选择一个正整数k，并产生密文C_m，该密文是一个点对：

$$c_m=\{kG, P_m+kP_B\}$$

注意，此处使用了用户B的公钥P_B。

若B要对密文解密，则需要用第二个点减去第一个点与B的私钥之积：

$$P_m+kP_B-n_B(kG)=P_m+k(n_BG)-n_B(kG)=P_m$$

从上面可以发现，A通过将kP_B与P_m相加来伪装消息P_m，因为只有A知道k，所以即使P_B是公钥，除了A之外，任何人均不能除去伪装。攻击者想要恢复明文消息，就必须通过G和kG求出k，但这被认为是非常困难的。

下面举例说明椭圆曲线的加密过程。取$p=751$，$E_p(-1,188)$，即其椭圆曲线方程为$y^2=x^3-x+188$，$G=(0,376)$。假定A要将已经编码成为椭圆曲线上的点$P_m=(562,201)$的消息发送给B，且A挑选随机数$k=386$，B的公钥$P_B=(201,5)$，那么有

$$kG=386\times(0,376)=(676,558)$$

$$P_m+kP_B=(562,201)+386\times(201,5)=(385,328)$$

于是，A发送的密文是$\{(676,558),(385,328)\}$。

5.4.5 椭圆曲线的安全性

ECC 的安全性建立在由kP和P确定k的困难程度之上，这个问题称为椭圆曲线的离散对数问题。Pollard Rho 方法是已知求椭圆曲线对数的最快的方法。表 5-5 对这种方法和分解两个素数之积的一般数域筛法进行了比较。由表 5-5 可知，ECC 使用的密钥比 RSA 中使用的密钥要短得多，而且在密钥长度相同时，ECC 与 RSA 所执行的计算量也差不多[Jurisic 等 1997]。因此，与具有同等安全性的 RSA 相比，由于 ECC 使用更短的密钥，所以 ECC 所需的计算量比 RSA 少。

表 5-5　椭圆曲线密码和 RSA 在计算量上的比较

用 Pollard rho 方法求椭圆曲线对数		使用一般数域筛法进行整数因子分解	
密钥长度（b）	MIPS 年	密钥长度（b）	MIPS 年
—	—	**512**	3×10^4
—	—	**768**	2×10^8
150	3.8×10^{10}	**1024**	3×10^{11}
—	—	**1280**	1×10^{14}
205	7.1×10^{18}	**1536**	3×10^{16}
234	1.6×10^{28}	**2048**	3×10^{20}

5.4.6　ECC 的实现

美国 NeXT Computer 公司已开发出快速椭圆加密（FEE）算法，其密钥为容易记忆的字串。加拿大 Certicom 公司也开发出可实用的椭圆曲线密码体制（ECC）的集成电路（155b 和 12 000 个门的器件）[Certicom 1996]。该电路可实现高效加密、数字签名、认证和密钥管理等。Certicom 公司开发的产品包括：①CARDSECRETS，为 PC 卡信息安全模块；②FAXSECRETS，是独立应用的安全传真模块；③M*BIUS 可集入 Internet 或 PNTS 访问控制的安全解决方案。日本的 Mitsushita 公司、法国的 Thompson 公司、德国的 Siemens 公司和加拿大 Waterloo 大学等也都在实现这一体制。随着大整数分解和并行处理技术的进展，当前采用的公钥体制必须进一步增长密钥，这将使其速度更慢、更加复杂。ECC 则可用较小的开销（所需的计算量、存储量、带宽、软件和硬件实现的规模等）和时延（加密和签名速度高）实现较高的安全性，特别适用于计算能力和集成电路空间受限（如 PC 卡）、带宽受限（如无线通信和某些计算机网络），以及要求高速实现的情况。

Certicom 公司对 ECC 和 RSA 进行了对比，在实现相同的安全性下，ECC 所需的密钥量比 RSA 少得多，如表 5-6 所示。其中“MIPS 年”表示用每秒完成 100 万条指令的计算机所需工作的年数，m 表示 ECC 的密钥由 $2m$ 点构成。以 40MHz 的钟频实现 155b 的 ECC，每秒可完成 40 000 次椭圆曲线运算，其速度比 1024b 的 DSA 和 RSA 快 10 倍。

表 5-6　ECC 和 RSA 的对比

ECC 的密钥长度 m	RSA 的密钥长度	MIPS 年
160	1 024	10^{12}
320	5 120	10^{36}
600	21 000	10^{78}
1 200	120 000	10^{168}

ECC 特别适用于如下情况：

（1）无线 Modem 的实现。对分组交换数据网提供加密，在移动通信器件上运行 4MHz 的 68330 CPU，ECC 可实现快速 Diffie-Hellman 密钥交换，并使密钥交换占用的带宽极小化，将计算时间从大于 60s 降到 2s 以下。

（2）Web 服务器的实现。在 Web 服务器上集中进行密码计算会形成瓶颈，Web 服务器上的带宽有限使带宽费用高。采用 ECC 可节省计算时间和带宽，且通过算法的协商更易于处理兼容性。

（3）集成电路卡的实现。ECC 无须协处理器就可以在标准卡上实现快速、安全的数字签名，这是 RSA 体制难以做到的。ECC 可使程序代码、密钥、证书的存储空间极小化，数据帧最短，便于实现，大大降低了 IC 卡的成本。

5.4.7　当前 ECC 的标准化工作

IEEE，ISO 和 ANSI 等标准化组织正在着手制定有关标准[Certicom 1996；Menezes

等 1996]。

1. IEEE P1363

椭圆曲线体制已被纳入 IEEE 公钥密码标准 P1363，其中包括加密、签名、密钥协议机制等。该标准完全支持 Z_p 和 F_{2m} 上的椭圆曲线体制。对于 F_{2m} 情况，它支持任意子域 F_{21} 上 F_{2m} 的多项式基和正规基。标准 P1363 中也确定了离散对数（素数模下整数乘群子群中的）和 RSA 的加密和签名。其最新的草案可从 Web 地址 http://stdssbds.ieee.org/groups/ 1363/index.html 得到。

2. ANSI X9

椭圆曲线数字签名算法（ECDSA）标准 ANSI X9.62 是 X9F1 工作组提出的一个草案。ECDSA 给出一种采用椭圆曲线实现的数字签名算法，它类似于 NIST 的数字签名算法。ANSI X9.63 是由 X9F1 中的一个新的工作小组提出的椭圆曲线密钥协商和传输协议标准。它提出了几种采用椭圆曲线实现的密钥协商和密钥传输的方法。

3. ISO/IEC

《有后缀的数字签名（Digital Signature with Appendix）》**CD 14888-3** 给出对任意长的消息实现有后缀椭圆曲线数字签名算法，它类似于 ElGamal，特别类似于 DSA 签名算法。

4. AISO/IEC

互联网工程任务组（Internet Engineering Task Force，IETF）提出的密钥确定协议 **OAKLEY KEY** 是一种密钥协商协议，它类似于 Diffie-Hellman 协议。不同的组，包括 F2155h 和 F2210 上的椭圆曲线，都可以采用。该协议草案稿可从 Web 地址 http://www.ietf.cnri.reston.va.us/得到。

5. ATM

异步传输模式（ATM）论坛技术委员会提出的 ATM 的安全性规范草案提出了 ATM 网的安全机制所提供的安全业务包括机密性、认证性、数据的完整性和访问控制。它支持各种体制，包括对称体制（如 DES）、非对称体制（如 RSA）和椭圆曲线体制。

5.4.8 椭圆曲线上的 RSA 密码体制

有文献[Koyama 等 1991]曾提出利用 Z_n 上的一类特殊的椭圆曲线构造类似于 RSA 的密码体制。Demytko 也提出类似方案。Vanstone 和 Zuccherato[Vanstone 等 1997]提出另一种方案。有关这类方案的安全性分析，可参阅相关文献[Kurosawa 等 1994; Kaliski 1997]。

5.4.9 用圆锥曲线构造双钥密码体制

有人提出用圆锥曲线构造双钥密码体制，但由于圆锥曲线是二次的，已证明存在亚指数分解算法，其上求离散对数的困难程度等价于 F_p 上的离散对数。

用超椭圆曲线构造双钥体制方法可参阅相关文献[Koblitz 1989；Adleman 等 1994；Shizuya 等 1991]。

ElGamal 算法是基于 GF(2^m)中乘群上定义的离散对数。这一算法不难推广到任意群

G 中的子群 H 上定义的离散对数。如果在 H 中的离散对数问题是困难问题，则可将 ElGamal 体制推广到子群 H 上，其中 $g\in G$，且 $H=\{g^i, i\geqslant 0\}$，明文集 $M=G$，密文集 $C=G\times G$，随机数 $k\in Z_{|H|}$，其他与 ElGamal 体制一样。特别强调的是，在有限域上椭圆曲线 E 的点集所构成的群 G 上，也可定义离散对数。当所用参数足够大时，求逆在计算上是不可行的。这就为构造双钥密码体制提供了新的途径。

在此基础上构造的 ElGamal 密码体制，其数据展宽系数为 4，另外在椭圆曲线 E 上产生所需的点还没有方便的方法。在安全性方面，Menezes，Okamoto 和 Vanstone [Menezes 等 1991]指出应避免选用**超奇异**（Supersingular）曲线，否则椭圆曲线群上的离散对数问题退化为有限域低次扩域上的离散对数问题，从而能在多项式时间上可解。他们还指出，若所用循环子群的阶数达 2^{160}，则可提供足够的安全性。

Menezes 和 Vanstone 曾提出另一种有效的方法：以椭圆曲线作为“掩蔽”，明文和密文可以是域中（而不一定要求为 E 上的点）任意非 0 有序域元素。这和原来的 ElGamal 密码体制一样，因而这一体制的数据扩展系数为 2[Menezes 1993；Okamoto 等 1994；Menezes 等 1993b] 。

Buchman 和 William 提出一种用虚二次数域群构造公钥密码，但在文献[McCurley 1990]提出亚指数时间计算离散对数算法后已无实用价值。

5.5 基于身份的密码体制

5.5.1 引言

1984 年，Shamir 提出了一种基于身份的加密方案（Identity-Based Encryption，IBE）的思想，并征询具体的实现方案，方案中不使用任何证书，直接将用户的身份作为公钥，以此来简化公钥基础设施（Public Key Infrastructure，PKI）中基于证书的密钥管理过程。例如用户 A 给用户 B 发加密的电子邮件，B 的邮件地址是 bob@company.com，A 只要将 bob@company.com 作为 B 的公开钥来加密邮件即可。当 Bob 收到加密的邮件后，他与一个第三方——密钥服务器联系，和向 CA 证明自己身份一样，B 向服务器证明自己，并从服务器获得解密用的秘密钥，再解密就可以阅读邮件。该过程如图 5-2 所示。

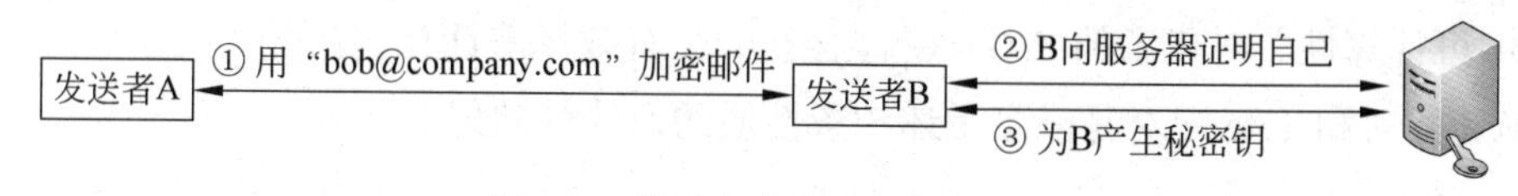

图 5-2　基于身份的加密方案示例

与现有的安全电子邮件相比，即使 B 还未建立他的公钥证书，A 也可以向他发送加密的邮件。因此这种方法避免了公钥密码体制中公钥证书从生成、签发、存储、维护、更新、撤销这一复杂的生命周期过程。自 Shamir 提出这种新思想后，由于没有找到有效的实现工具，其实现一直是一个公开的问题。直到 2001 年，Dan Boneh 和 Matt Franklin 获得了数学上的突破，提出了第一个实用的基于身份的公钥加密方案。他们的方案使用椭圆曲线上的双线性映射（称为 Weil 配对和 Tate 配对），将用户的身份映射为一对公钥/私钥。双线性映射是满足 $\mathrm{Pair}(aX,bY)=\mathrm{Pair}(bX,aY)$ 的映射 Pair，其中 a 和 b 是整数，X 和 Y 是椭圆曲线上的点。方案由 4 步组成，简单描述如下：

（1）初始化

密钥服务器选取一条椭圆曲线、秘密整数 s、椭圆曲线上的一点 P，公开 P 和 sP。

（2）加密

发送方 A 想向接收方 B 发送消息 M，首先将 B 的身份（如 bob@company.com）经杂凑函数映射到椭圆曲线上的一个点，记为 Q_{ID}，然后取一秘密的随机数 r，计算 $k=\mathrm{Pair}(rQ_{\mathrm{ID}},sP)$，作为加密密钥。最后将加密结果 $E_k(M)$ 和 rP 发给接收方 B。其中 E 是一单钥加密算法。

（3）密钥产生

接收方 B 收到 $E_k(M)$ 和 rP 后，向密钥服务器提出申请，服务器在对 B 认证后，计算 sQ_{ID} 并发送给 B，B 以 sQ_{ID} 作为密钥。

（4）解密

B 收到密钥后，计算 $k=\mathrm{Pair}(sQ_{\mathrm{ID}},rP)$，使用 k 及 E 对密文解密。由于映射 Pair 的性质，B 计算的 k 与 A 使用的 k 相等。其他人不知道密钥 sQ_{ID}，所以无法得到 k。

5.5.2 双线性映射和双线性 D-H 假设

本节将用 Z_q 代表在 mod q 加法下的群{0, 1, …, q–1}。对于阶为素数的群 G，用 G^* 代表集合 $G-\{O\}$，这里 O 为 G 中的单位元素。用 Z^+ 代表正整数集。

1. 双线性映射

设 q 是一大素数，G_1 和 G_2 是两个阶为 q 的群，其上的运算分别称为加法和乘法。G_1 到 G_2 的双线性映射 $e:G_1\times G_1\rightarrow G_2$，满足下面的性质：

① 双线性。如果对任意 $P,Q,R\in G_1$ 和 $a,b\in Z$，有 $e(aP,bQ)=e(P,Q)^{ab}$，或 $e(P+Q,R)=e(P,R)\cdot e(Q,R)$ 和 $e(P,Q+R)=e(P,Q)\cdot e(P,R)$，那么就称该映射为双线性映射。

② 非退化性。映射不把 $G_1\times G_1$ 中的所有元素对（即序偶）映射到 G_2 中的单位元。由于 G_1，G_2 都是阶为素数的群，这意味着：如果 P 是 G_1 的生成元，那么 $e(P,P)$ 就是 G_2 的生成元。

③ 可计算性。对任意的 $P,Q\in G_1$，存在一个有效算法计算 $e(P,Q)$。

Weil 配对和 Tate 配对是满足上述 3 条性质的双线性映射。

2. MOV 规约

G_1 中的离散对数问题是指已知 $P,Q\in G_1$，求 $\alpha\in Z_q$，使得 $Q=\alpha P$。已知这是一个困难问题，然而如果记 $g=e(P,P),h=e(Q,P)$，则由 e 的双线性可知 $h=g^{\alpha}$，因此，可以将 G_1 中的离散对数问题归结为 G_2 中的离散对数问题，若 G_2 中的离散对数问题可解，则 G_1 中的离散对数问题可解。MOV 规约（也称 MOV 攻击）是指将攻击 G_1 中的离散对数问题转变为攻击 G_2 中的离散对数问题。所以要使 G_1 中的离散对数问题为困难问题，那么必

须选择适当参数使 G_2 中的离散对数问题为困难问题。

3. DDH 问题

G_1 中的判定性 Diffie-Hellman 问题简称 DDH（Decision Diffie-Hellman）问题，是指已知 P,aP,bP,cP，判定 $c=ab \bmod q$ 是否成立，其中 P 是 G_1^* 中的随机元素，a,b,c 是 Z_q^* 中的随机数。

由双线性映射的性质可知：

$$c=ab \bmod q \Leftrightarrow e(P,cP)=e(aP,bP)$$

因此可将判定 $c=ab \bmod q$ 是否成立转变为判定 $e(P,cP)=e(aP,bP)$ 是否成立，所以 G_1 中的 DDH 问题是简单的。

4. CDH 问题

G_1 中的计算性 Diffie-Hellman 问题简称 CDH（Computational Diffie-Hellman）问题，是指已知 P,aP,bP，求 abP，其中 P 是 G_1^* 中的随机元素，a,b 是 Z_q^* 中的随机数。

与 G_1 中的 DDH 问题不同，G_1 中的 CDH 问题不因引入双线性映射而解决，因此它仍是困难问题。

5. BDH 问题和 BDH 假设

由于 G_1 中的 DDH 问题简单，那么就不能用它来构造 G_1 中的密码体制。IBE 体制的安全性是基于 CDH 问题的一种变形，称为双线性 DH 假设。

双线性 DH 问题简称为 BDH（Bilinear Diffie-Hellman）问题，是指给定 $(P,aP,bP,cP)(a,b,c\in Z_q^*)$，计算 $w=e(P,P)^{abc}\in G_2$，其中 e 是一个双线性映射，P 是 G_1 的生成元，G_1，G_2 是阶为素数 q 的两个群。设算法 A 用来解决 BDH 问题，其优势定义为 τ，如果

$$\Pr|A(P,aP,bP,cP)=e(P,P)^{abc}|\geqslant \tau$$

目前还没有有效的算法解决 BDH 问题，因此可假设 BDH 问题是一个困难问题，这就是 BDH 假设。

5.5.3　IBE 方案

令 k 是安全参数，g 是 BDH 参数生成算法，其输出包括素数 q，两个阶为 q 的群 G_1，G_2，一个双线性映射 e：$G_1\times G_1\to G_2$ 的描述。k 用来确定 q 的大小，例如可以取 q 为 kb 长。

（1）初始化。

给定安全参数 $k\in Z^+$，算法运行如下：

① 输入 k 后运行 g，产生素数 q，两个阶为 q 的群 G_1，G_2，一个双线性映射 e：$G_1\times G_1\to G_2$。选择一个随机生成元 $P\in G_1$。

② 随机选取一个 $s\in Z_q^*$，确定 $P_{\text{pub}}=sP$。

③ 选取一杂凑函数 $H_1:\{0,1\}^*\to G_1^*$。对某个 n，再选一个杂凑函数 $H_2:G_2\to\{0,1\}^n$。

安全分析时则把H_1, H_2视为随机语言*。

消息空间为$\mathcal{M} = \{0,1\}^n$，密文空间为$\mathcal{C} = G_1^* \times \{0,1\}^n$。系统参数为$<q, G_1, G_2, e, n, P, P_{pub}, H_1, H_2>$，是公开的。$s$为主密钥，是保密的。

（2）加密。

用接收方的身份 ID 作为公钥加密消息$M \in \mathcal{M}$，需要3步：

① 计算$Q_{ID} = H_1(ID) \in G_1^*$。

② 选择一个随机数$r \in Z_q^*$。

③ 确定密文$C = < rP, M \oplus H_2(g_{ID}^r) >$，这里$g_{ID} = e(Q_{ID}, P_{pub}) \in G_2^*$，$\oplus$是异或运算。

（3）密钥产生。

对于一个给定的比特串$ID \in \{0,1\}^*$，首先计算$Q_{ID} = H_1(ID) \in G_1^*$，然后确定秘密钥$d_{ID} = sQ_{ID}$，其中$s$为主密钥。

（4）解密。

设密文为$C = < U, V > \in C$，用秘密钥d_{ID}计算$V \oplus H_2(e(d_{ID}, U)) = M$。

这是因为

$$e(d_{ID}, U) = e(sQ_{ID}, P)^{sr} = e(Q_{ID}, P_{pub})^r = g_{ID}^r$$

杂凑函数有一个性质“对任一输入，其输出的概率分布与均匀分布在计算上是不可区分的”。若将这一性质改为“对任一输入，其输出是均匀分布的”，这样的杂凑函数是理想的。若把杂凑函数看做这样一个假想的理想函数，就称其为随机预言（Random Oracle）。

5.5.4 IBE 方案的安全性

1. 语义安全的基于身份的加密

公钥密码体制的语义安全的标准定义如下：

（1）攻击算法已知一个由系统产生的随机公钥。

（2）攻击算法输出两个长度相同的消息M_0, M_1，再从系统接收M_b的密文，其中随机值$b \in \{0,1\}$。

（3）攻击算法输出b'，如果$b = b'$则成功。如果没有多项式时间的攻击算法能以不可忽略的优势成功，那么该密码体制就是语义安全的。

要定义基于身份的密码体制的语义安全，应允许攻击算法根据自己的选择进行密钥询问，即攻击算法可根据自己的选择询问公钥 ID 对应的密钥，以此来加强标准定义。如果不存在多项式时间的攻击算法 A，以不可忽略的优势在下面的攻击中获得成功，那么就称此方案是语义安全的。

（1）初始化：系统输入安全参数k，产生公开的系统参数 Params 和保密的主密钥。

（2）阶段 1：攻击算法发出对$ID_1, \cdots, ID_m$的密钥产生询问。系统允许密钥产生算法，产生与公钥ID_i对应的密钥d_i（i=1，…，m），并把它发送给攻击算法。

询问：攻击算法输出两个长度相等的明文M_0, M_1和一个意欲询问的公开钥 ID。唯一的限制是 ID 不在阶段 1 中的任何密钥询问中出现。系统随机选取一个比特值 $b \in \{0,1\}$，计算 $C = \text{Encrypt}(\text{Params}, \text{ID}, M_b)$，并将 C 发送给攻击算法。

（3）阶段 2：攻击算法发出对 $\text{ID}_{m+1},\cdots,\text{ID}_n$ 的密钥产生询问，唯一的限制是 $\text{ID}_i \neq \text{ID}$ (i=m+1，…，n)，系统以阶段 1 中的方式进行回应。

最后，攻击算法输出猜测 $b' \in \{0,1\}$，如果 $b = b'$ 则成功。

攻击算法的优势可定义为参数 k 的函数：$\text{Adv}_{\varepsilon,A}(k) = \left|\Pr[b = b'] - \dfrac{1}{2}\right|$

定义 5-5　如果对任何多项式时间的攻击算法，$\text{Adv}_{\varepsilon,A}(k)$ 可忽略，那么就称这个 IBE 体制是语义安全的。

一个函数 $g: R \to R$ 是可以忽略的，意指对任意 $d > 0$ 和一个充分大的 k 有 $|g(k)| < 1/k^d$。

定理 5-1　设杂凑函数 H_1，H_2 是随机预言，如果在 g 产生的群中 BDH 问题是困难的，那么上述 IBE 方案是语义安全的基于身份的加密方案。

证明过程略。

2. 选择密文安全

选择密文安全是公钥加密方案的一个标准安全概念，在 IBE 体制中这个要求需再加强些，因为在 IBE 体制中，攻击算法攻击公钥 ID（即获取与之对应的密钥）时，他可能已有所选用户 $\text{ID}_1,\cdots,\text{ID}_n$ 的密钥，因此选择密文安全的定义就应允许攻击算法获取与其所选身份（但不是 ID）相应的秘密钥，可把这一要求看做对密钥产生算法的询问。

一个 IBE 加密方案是抗自适应性选择密文攻击语义安全的，如果不存在多项式时间的攻击算法，它在下面的攻击过程中有不可忽略的概率。

（1）初始化：系统输入安全参数 k，产生公开的系统参数 Params 和保密的主密钥。

（2）阶段 1：攻击算法执行 $q_1,q_2,\cdots,q_m$，这里 q_i 是下面的询问之一：

- 对<ID_i>的密钥产生询问。系统运行密钥产生算法，产生与公钥 ID_i 对应的密钥 d_i，并把它发送给攻击算法。
- 对<ID_i, C_i>的解密询问。系统运行密钥产生算法，产生与 ID_i 对应的秘密钥 d_i，再运行解密算法，用 d_i 解密 C_i，并将所得明文发送给攻击算法。

上面的询问可以自适应地进行，是指执行每个 q_i 时可以依赖于执行 $q_1,q_2,\cdots,q_{i-1}$ 时得到的询问结果。

攻击算法输出两个长度相等的明文 M_0, M_1 和一个要被询问的身份 ID。唯一的限制是 ID 不出现在阶段 1 中的任何密钥询问中。

系统选取一个随机值 $b \in \{0,1\}$，产生 $C = \text{Encrypt}(\text{Params}, \text{ID}, M_b)$，并将 C 作为应答发送给攻击算法。

（3）阶段 2：攻击算法产生更多询问 $q_{m+1},\cdots,q_n, q_i$ 是下面的询问之一：

- 对<ID_i>的密钥产生询问。系统以阶段 1 中的方式进行回应。
- 对<ID_i, C_i>的解密询问。系统以阶段 1 中的方式进行回应。

最后，攻击算法输出对 b 的猜测 $b' \in \{0,1\}$，如果 $b = b'$ 则成功。

以上攻击过程也称为“午餐时间攻击”或“午夜攻击”，相当于有一个执行解密运算的黑盒，掌握黑盒的人在午餐时间离开后，攻击者能使用黑盒对自己选择的密文解密。午餐过后，给攻击者一个目标密文，攻击者试图对目标密文解密，但不能再使用黑盒了。

定义

$$\mathrm{Adv}_{\varepsilon,A}(k)=\left|\Pr[b=b']-\frac{1}{2}\right|$$

为攻击算法的优势。

定义 5-6 如果对任何多项式时间的攻击算法，函数 $\mathrm{Adv}_{\varepsilon,A}(k)$ 可忽略，那么就称该IBE体制是抗自适应性选择密文攻击语义安全的。

为使上述方案成为在随机预言模型中是选择密文安全的，还需对其加以修改。以 $\varepsilon_{\mathrm{pk}}(M,r)$ 表示用随机比特 r 在公钥 pk 下加密 M 的公钥加密算法，Fujisaki-Okamoto 指出，如果 $\varepsilon_{\mathrm{pk}}$ 是单向加密的，则 $\varepsilon_{\mathrm{pk}}^{\mathrm{hy}}=<\varepsilon_{\mathrm{pk}}(\sigma,H_3(\sigma,M)),H_4(\sigma)\oplus M>$ 在随机预言模型下是选择密文安全的，其中 σ 是随机产生的比特串，H_3,H_4 是杂凑函数。

单向加密粗略地讲就是对一个给定的随机密文，攻击算法无法产生明文。单向加密是一个弱安全概念，这是因为它没有阻止攻击算法获得明文的部分比特值。

修改后的加密方案如下：

（1）初始化。

和基本方案相同，此外还需选取两个杂凑函数 $H_3:\{0,1\}^n\times\{0,1\}^n\to Z_q^*$ 和 $H_4:\{0,1\}^n\to\{0,1\}^n$，其中 n 是待加密消息的长度。

（2）加密。

用公钥 ID 加密 $M\in\{0,1\}^n$：

① 计算 $Q_{\mathrm{ID}}=H_1(\mathrm{ID})\in G_1^*$。

② 选一个随机串 $\sigma\in\{0,1\}^n$。

③ 计算 $r=H_3(\sigma,M)$。

④ 确定密文 $C=<rP,\sigma\oplus H_2(g_{\mathrm{ID}}^r),M\oplus H_4(\sigma)>$，这里 $g_{\mathrm{ID}}=e(Q_{\mathrm{ID}},P_{\mathrm{pub}})\in G_2$。

（3）密钥产生。

和基本方案相同。

（4）解密。

令 $C=<U,V,W>$ 是用 ID 加密所得的密文。如果 $U\notin G_1^*$，拒绝这个密文。否则，用秘密钥 $d_{\mathrm{ID}}\in G_1^*$ 对 C 如下解密：

① 计算 $V\oplus H_2(e(d_{\mathrm{ID}},U))=\sigma$。

② 计算 $W\oplus H_4(\sigma)=M$。

③ 确定 $r=H_3(\sigma,M)$，检验 $U=rP$ 是否成立，不成立则拒绝密文。

④ 把 M 作为 C 的明文。

定理 5-2 设杂凑函数 H_1,H_2,H_3,H_4 是随机预言，假设在由 g 生成的群中 BDH 问题是困难的，那么上述修改后的 IBE 是选择密文安全的。

5.6　中国商用密码 SM2 算法

2010 年 12 月 17 日，国家密码管理局颁布了中国商用公钥密码标准算法 SM2。它是一组基于椭圆曲线的公钥密码算法。本节介绍 SM2 公钥加解密算法。SM2 数字签名算法将在第 7 章介绍。国家密码管理局公告（第 21 号）详细描述了 SM2 系列算法。可从 Web 地址 http://www.oscca.gov.cn/sca/xxgk/2010-12/17/content_1002386.shtml 得到算法详细描述。

5.6.1　SM2 椭圆曲线推荐参数

SM2 椭圆曲线系统参数如下：

① 有限域 F_q 的规模 q（当 $q=2^m$ 时，还包括元素表示法的标识和约化多项式）。

② 定义椭圆曲线 $E(F_q)$方程的两个元素 $a,b\in F_q$。

③ 椭圆曲线 $E(F_q)$上的基点 $G=(x_G,y_G)$（$G\neq O$），其中 x_G,y_G 是 F_q 的两个元素。

④ G 的阶 n 以及其他可选项，如 n 的余因子 h 等。

SM2 椭圆曲线公钥密码算法推荐使用 256 位素数域 GF(p)上的椭圆曲线，椭圆曲线方程描述为

$$y^2=x^3+ax+b \tag{5-28}$$

SM2 椭圆曲线推荐参数用十六进制表述为

$p=$	FFFFFFFE	FFFFFFFF	FFFFFFFF	FFFFFFFF
	FFFFFFFF	00000000	FFFFFFFF	FFFFFFFF
$a=$	FFFFFFFE	FFFFFFFF	FFFFFFFF	FFFFFFFF
	FFFFFFFF	00000000	FFFFFFFF	FFFFFFFC
$b=$	28E9FA9E	9D9F5E34	4D5A9E4B	CF6509A7
	F39789F5	15AB9F92	DDBCBD41	4D940E93
$n=$	FFFFFFFF	FFFFFFFF	FFFFFFFF	FFFFFFFF
	7203DF6B	21C6052B	53BBF409	39D54123

此椭圆曲线建议基点 G 为

$x_G=$	32C4AE2C	1F198119	5F990446	6A39C994
	8FE30BBF	F2660BE1	715A4589	334C74C7
$y_G=$	BC3736A2	F4F6779C	59BDCEE3	6B692153
	B0A9877C	C62A4740	02DF32E5	2139F0A0

5.6.2　辅助函数

SM2 椭圆曲线公钥加解密算法涉及 3 类辅助函数：杂凑函数、密钥派生函数和随机数发生器。这 3 类辅助函数的安全性强弱直接影响加密算法的安全性。因此，实际使用

SM2椭圆曲线公钥加解密算法时应使用标准中指定的辅助函数。

1. 杂凑函数

杂凑函数的作用是将任意长的数字串 M 映射成一个较短的定长输出数字串的函数，一般用 H 表示。杂凑算法的详细内容将在第6章介绍。在SM2椭圆曲线公钥加解密算法中，应使用国家密码管理局批准的杂凑算法，如SM3杂凑算法。

2. 密钥派生函数

密钥派生函数的作用是从一个共享的秘密比特串中派生出密钥数据。本质上，密钥派生函数是一个伪随机数产生函数，用来产生所需的会话密钥或进一步加密所需的密钥数据。SM2椭圆曲线公钥加解密算法中详细规定了基于杂凑函数的密钥派生函数。因此，密钥派生函数需要调用杂凑函数。

密钥派生函数所调用的杂凑函数用 H_v 来描述，其输出是长度恰好为 v 比特的杂凑值。密钥派生函数用 K←KDF(Z, klen)来描述，其中 Z 是输入的比特串，klen是要获得密钥数据的比特长度，要求klen小于$(2^{32}-1)v$。KDF输出长度为klen的密钥数据比特串 K。密钥派生函数的具体算法流程描述如下：

① 初始化一个32比特构成的计数器ct=0x00000001。

② 对i从1到$\lceil \mathrm{klen}/v \rceil$：计算 $Ha_i = H_v(Z \| ct)$，并令ct加1。

③ 若klen/v非整数，令 $Ha_{\lceil \mathrm{klen}/v \rceil}$ 为 $Ha_{\lceil \mathrm{klen}/v \rceil}$ 最左边的第$\left(\mathrm{klen}-\left(v\times\lfloor \mathrm{klen}/v \rfloor\right)\right)$比特。否则，令 $Ha_{\lceil \mathrm{klen}/v \rceil} = Ha_{\lceil \mathrm{klen}/v \rceil}$。

④ 输出密钥数据比特串 $K = Ha_1 \| Ha_2 \| \cdots \| Ha_{\lceil \mathrm{klen}/v \rceil - 1} \| Ha_{\lceil \mathrm{klen}/v \rceil}$。

3. 随机数发生器

随机数发生器的作用是从指定的集合范围内产生随机数。随机数发生器必须满足随机性和不可预测性。在SM2椭圆曲线公钥加解密算法中，应使用国家密码管理局批准的随机数发生器。

5.6.3 密钥生成

私钥：用户的私钥为一个随机数 $d \in \{1,2,\cdots,n-1\}$。

公钥：用户的公钥为椭圆曲线上的点 $P = dG$。

5.6.4 加密

设需要发送的消息为比特串 M，klen为 M 的比特长度。为了对明文 M 进行加密，作为加密者的用户 A 获得用户 B 的公钥 P_B 后，应执行如下运算步骤：

① 用随机数发生器产生随机数 $k \in \{1,2,\cdots,n-1\}$。

② 计算椭圆曲线上的点 $C_1 = kG = (x_1, y_1)$，并将 C_1 的数据类型转换为比特串。

③ 计算椭圆曲线上的点 $S = hP_B$，若 S 是无穷远点，则报错并退出。

④ 计算椭圆曲线上的点 $kP_B = (x_2, y_2)$，并将坐标 x_2、y_2 的数据类型转换为比特串。

⑤ 计算 $t = \text{KDF}(x_2 \| y_2, \text{klen})$，若 t 为全 0 比特串，则返回①。

⑥ 计算 $C_2 = M \oplus t$。

⑦ 计算 $C_3 = \text{Hash}(x_2 \| M \| y_2)$。

⑧ 输出密文 $C = C_1 \| C_2 \| C_3$。

注意：第⑦步所使用的杂凑函数 Hash 也应使用中国商用密码标准中的杂凑函数。

图 5-3 为 SM2 椭圆曲线公钥加密算法的流程图。

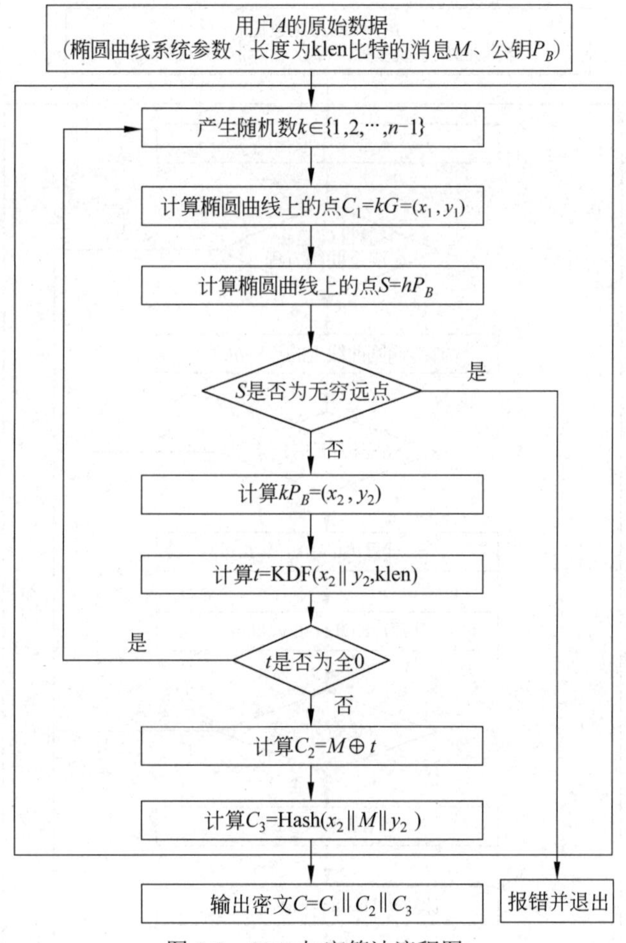

图 5-3　SM2 加密算法流程图

5.6.5　解密

设需要解密的密文为 $C = C_1 \| C_2 \| C_3$，klen 为密文中 C_2 的比特长度。为了对密文 C 进行解密，作为解密者的用户 B 应用其私钥 d_B 执行如下运算步骤：

① 从 C 取出比特串 C_1，将 C_1 的数据类型转换为椭圆曲线上的点，验证 C_1 是否满足椭圆曲线方程。若不满足，则报错并退出。

② 计算椭圆曲线上的点 $S = h\,C_1$，若 S 是无穷远点，则报错并退出。

③ 计算 $d_B\,C_1 = (x_2, y_2)$，并将坐标 x_2、y_2 的数据类型转换为比特串。

④ 计算 $t = \mathrm{KDF}(x_2 \| y_2, \mathrm{klen})$，若 t 为全 0 比特串，则返回①。

⑤ 从 C 取出比特串 C_2，计算 $M' = C_2 \oplus t$。

⑥ 计算 $u = \mathrm{Hash}(x_2 \| M' \| y_2)$，从 C 取出比特串 C_3，若 $u \neq C_3$，则报错并退出。

⑦ 输出明文 M'。

注意：第⑥步所使用的杂凑函数 Hash 应与加密函数第⑦步所使用的杂凑函数一致。

图 5-4 为 SM2 椭圆曲线公钥解密算法的流程图。

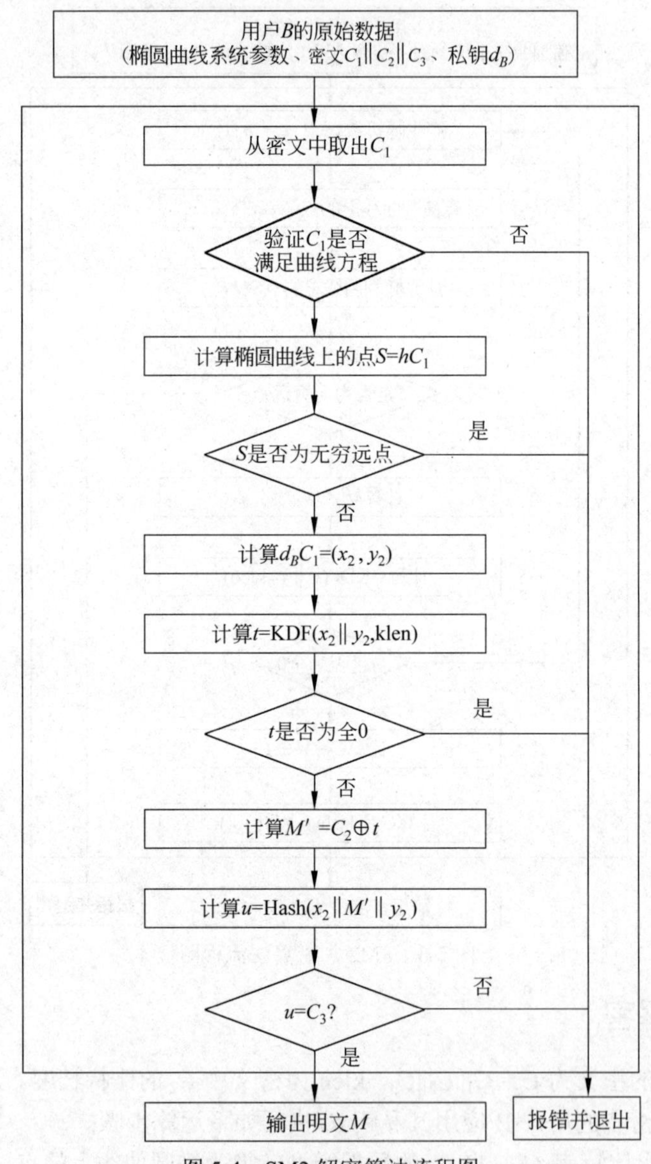

图 5-4　SM2 解密算法流程图

我们很容易证明加解密的正确性。由加密算法可知：

$$C_1 = kG = (x_1, y_1) \tag{5-29}$$

由公私钥关系、加密算法的第④步、解密算法的第③步可知：

$$d_B C_1 = d_B kG = kP_B = (x_2, y_2) \tag{5-30}$$

因此，解密算法第④步可得到正确的会话密钥 t，经第⑤步得到正确的明文 $M'=M$。

5.6.6 实例与应用

为了开发人员在工程实现时调试方便，中国国家密码管理局在颁布 SM2 公钥加解密算法时，分别给出了 SM2 公钥加解密算法在 F_p-256 上椭圆曲线和在 F_{2^m}-257 上椭圆曲线的消息加解密实例，以及加密解密各步骤中的有关值。感兴趣的读者可从 Web 地址 http://www.oscca.gov.cn/News/201012/News_1197.htm 获取相关实例信息。

SM2 公钥加解密算法也属于 ElGamal 型椭圆曲线密码。但 SM2 公钥加解密算法加入了很多检错措施，提高了密码系统的数据完整性和可靠性。例如，解密算法第①步，通过验证 C_1 是否满足椭圆曲线方程来验证 C_1 的有效性；解密算法第②步，通过验证子群元素的阶进一步检查 C_1 的有效性；解密算法第⑥步，应用所解密的明文 M'以及坐标值 x_2、y_2 检查 C_3 的正确性，而所解密明文 M'的正确性包含 C_2 与 t 的正确性。因此，经过解密步骤①、②、⑥，密文 $C = C_1||C_2||C_3$ 的正确性与有效性均得到验证。

SM2 公钥密码学算法已在中国得到了广泛应用。在中华人民共和国居民身份证的芯片中就用硬件实现了 SM2 公钥加解密算法，用来保护重要的个人信息。截至 2013 年 8 月 31 日，共有 352 项通用产品支持 SM2 公钥加解密算法；截至 2016 年 2 月 29 日，共有 564 项商用密码产品支持 SM2 公钥加解密算法。感兴趣的读者可从 Web 网址 http://www.oscca.gov.cn/app-zxfw/cpxx/symmcp1.jsp?manuscript_id=1000026 获取支持 SM2 公钥加解密算法的商用密码产品目录。

5.7 公钥密码体制的安全性分析

通常说“密码体制 X 对于攻击 Y 是安全的，但是对于攻击 Z 是不安全的”是有道理的，即密码体制的安全性是根据攻击来定义的。主动攻击通常有 3 种方式，这些主动攻击的方式将用于对本章其余部分所介绍的密码体制的分析，它们的定义如下。

（1）选择明文攻击（CPA）。攻击者选择明文消息并得到加密服务，产生相应的密文。攻击者的任务是用所得到的明/密文对来降低目标密码体制的安全性。

（2）选择密文攻击（CCA）。攻击者选择密文消息并得到解密服务，产生相应的明文。攻击者的任务是用所得到的明/密文对来降低目标密码体制的安全性。在解密服务停止后，即在得到目标密文之后，解密服务立即停止。如果攻击者能够从“目标密文”中得到保密明文的信息，则就说攻击是成功的。

（3）适应性选择密文攻击（CCA2）。这是一个 CCA，而且除了对“目标密文”解密外，永远能够得到解密服务。

可以用以下情形来想象上述攻击类型：

（1）在CPA中，攻击者有一个加密盒子。

（2）在CCA中，攻击者可以有条件地使用解密盒子：在交给攻击者目标密文之前关闭解密盒子。

（3）在CCA2中，在攻击者得到目标密文之前或之后，只要攻击者不把目标密文输入解密盒子（这个唯一的限制是合理的，否则攻击者就没有任何需要解决的困难问题了），他就可以一直使用这个解密盒子。

在所有的情况下，攻击者都不应该拥有相应的密钥。

CPA和CCA原来是作为攻击对称密码系统所提出的主动密码分析模型，在对称密码系统中，攻击者的目标就是用他从攻击中得到的明/密文对减弱目标加密系统的安全性。它们已经用于规范对公钥系统的主动攻击。这里指出以下有关公钥密码系统的3个细节：

（1）在公钥系统下，由于给定了公钥，任何人都可以完全控制加密算法，这样任何人总是可以得到公钥系统的加密服务。换句话说，CPA永远可以用来攻击公钥密码系统。于是，如果对公钥密码系统的一个攻击没有用到任何解密服务，就可以称这个攻击为CPA。因此，显然任何一个公钥密码系统必须抵抗CPA，否则它就不是一个有用的密码系统。

（2）一般地，大多数公钥密码体制基于的数学问题都有一些很好的代数结构性质，如闭包、结合律和同态等。一个攻击者可以运用这些很好的性质，并通过巧妙的计算组成一条密文。如果攻击者能得到解密服务，则他的巧妙的计算可能使他得到一些明文信息，或者甚至是目标加密系统的私钥，否则要得到私钥对他来说在计算上是不可行的。所以，公钥系统特别容易受到CCA和CCA2的攻击。

（3）看起来CCA限制太大了。在应用中，处于攻击下的用户（被要求提供解密服务）实际上未必知道攻击的存在。所以用户就不知道何时应该停止提供解密服务。一般假设普通用户不知道攻击者的存在，所以攻击者一直能够得到解密服务。另一方面，由于攻击者总能够自己来执行选择明文的加密“服务”，所以任何公钥系统都必须抵抗CPA。由于这个原因，主要考虑抵抗CCA2的方法。

最近，人们对抗选择密文攻击的双钥密码有不少研究。Goldwasser等学者[Goldwasser等 1988]最先指出并非所有双钥体制的解密问题都像从公钥恢复密钥一样困难，因此必须注意双钥体制经受选择密文攻击的能力。Naor和Yung[Naor等 1990]首次建议了一种抗冷漠选择密文攻击在语义上安全的具体公钥加密方案。此方案采用了两个独立的概率公钥加密方案对明文加密，以后以非交互零知识证明方式送出。其中同一个消息采用两个密钥加密。Rackoff和Simon[Rackoff等 1991]首次提出一种抗自适应选择密文攻击在语义上安全的公钥加密方案。但这类方案都由于消息扩展太大而不实用。

Damgård也曾提出一种可以抗冷漠选择密文攻击的有效构造公钥体制的方法，Zheng和Seberry[Zheng等 1993]指出，该体制不能抗自适应选择明文攻击，并提出3种方法对抗此类攻击。但这些方案都未能证明可以达到所宣称的安全水平。后来Bellare和Gogaway[Bellare等 1993]证明Zheng等提出的方案中的随机预言模型式（Random Oracle Model）在自适应选择密文攻击下是可证明安全的。Lim和Lee [Lim等 1993]曾提出可以抗选择密文攻击的公钥方案，但被 Frankel 和 Yung[Frankel 等 1995]攻破。

习 题

一、填空题

1. 在双钥密码体制中，若以________作为加密密钥，以________作为解密密钥，则可实现多个用户加密的消息只能由一个用户解读；若以________作为加密密钥，以________为解密密钥，则可实现一个用户加密的消息能由多个用户解读。

2. 对于双钥密码体制来说，其安全性主要取决于________，要求加密函数具有________。

3. DL 问题是指已知 y, g, p，求________的问题；DHP 问题是指已知 α^a 和 α^b，求________的问题；FAC 问题是指已知 $n=p\cdot q$，求________和________的问题。

4. 双钥密码体制需要基于单向函数来构造，目前多数双钥体制是基于________、________、________和________等问题构造的。

5. RSA 密码体制易于实现，既可用于________又可用于________，是被广泛应用的一种公钥体制。

6. 针对 RSA 密码体制的选择密文攻击，包括________、________和________等方式。

7. ElGamal 密码体制是一种基于________的双钥密码体制，其加密密文是由明文和所选随机数 k 来确定，因而属于________加密。

8. 椭圆曲线密码体制利用有限域上的________所构成的群上定义的________构造双钥密码体制。

9. 基于身份的密码体制，使用椭圆曲线上的________，将用户的身份映射为________。

10. 中国商用公钥密码标准算法 SM2 算法是一组基于________的公钥密码算法。SM2 公钥加解密算法中包含 3 类辅助函数，分别为________、________和________。

二、思考题

1. 什么是单向函数？什么是陷门单向函数？

2. 双钥体制的安全性均依赖于构造双钥算法所依赖的数学难题。那么 RSA 算法是基于一种什么数学难题构造的？

3. 离散对数问题与计算 Diffie-Hellman 问题有什么关系？

4. 在 RSA 公钥数据（e, N）中，为什么加密指数 e 必须与 $\varphi(N)$互素？

5. 通常情况下分解奇合数是困难问题。那么分解素数的幂也是困难问题吗？（一个素数幂是 $N=p^i$，其中 p 是素数，i 是整数。分解 N。）（提示：对任意 $i>1$，计算 N 的 i 次根需要尝试多少个指数值 i？）

6. RSA 加密函数可以看做 RSA 模数乘群上的一个置换，所以 RSA 函数也称为单向陷门置换。ElGamal 加密函数是单向陷门置换吗？

7. 在什么情况下可以把ElGamal密码体制看做是确定的算法？

8. 与RSA相比，ECC的主要优点是什么？试将两者进行比较。

9. SM2公钥加解密算法与椭圆曲线ElGamal公钥加解密算法相比，有什么相似之处？有什么不同之处？SM2公钥加解密算法增加了何种功能？试将两者进行比较。

10. 什么是CPA，CCA和CCA2？为什么所有公钥加密算法都必须抵抗CPA？

11. 由于主动攻击通常要修改网络上传输的（密文）消息，那么如果公钥加密算法用了数据完整性检测技术来检测对密文消息的非授权修改，主动攻击仍然会有效吗？

第6章 消息认证与杂凑函数

本章首先介绍认证和认证系统的基本概念，认证码的基本理论[Meyer 等 1982]；然后介绍认证算法的基本组成部分——杂凑（Hash）函数；最后介绍几种实用的杂凑算法，如MD系列杂凑算法、SHA系列杂凑算法和中国商密标准SM3杂凑算法。

6.1 认证函数

本节讨论可以用来产生认证符的函数类型，这些函数可以分为如下3类。

- **消息加密**：它采用整个消息的密文作为认证符。
- **消息认证码**（MAC）：它是消息和密钥的公开函数，它产生定长的值，以该值作为认证符。
- **杂凑函数**：它是将任意长的消息映射为定长的杂凑值的公开函数，以该杂凑值作为认证符。

6.1.1 消息加密

消息加密本身提供了一种认证手段。对称密码和公钥密码两种体制对消息加密的分析是不相同的。

1. 对称加密

考虑一个使用传统加密的简单例子，如图6-1所示。发送方A用A和B共享的密钥K对发送到接收方B的消息M加密。如果没有其他方知道该密钥，那么可提供保密性，因为任何其他方均不能恢复出消息明文。

B可确信该消息是由A产生的。因为除B外只有A拥有K，A能产生可用K解密的密文，所以该消息一定来自A。由于攻击者不知道密钥，他也就不知道如何改变密文中的信息位，才能在明文中产生预期的改变。因此，若B可以恢复出明文，则B可以认为M中的每位都未被改变。

因此，对称密码既可提供认证又可提供保密性，但这不是绝对的。考虑在B方所发生的事件，给定解密函数D和密钥K，接收方可接收任何输入X，并产生输出$Y=D_K(X)$。若X是用相应的加密函数对合法消息M加密生成的密文，则Y就是明文消息M；否则Y可能是无意义的位串。因此在B端需要有某种方法能确定Y是合法的明文以及消息确实发自A。

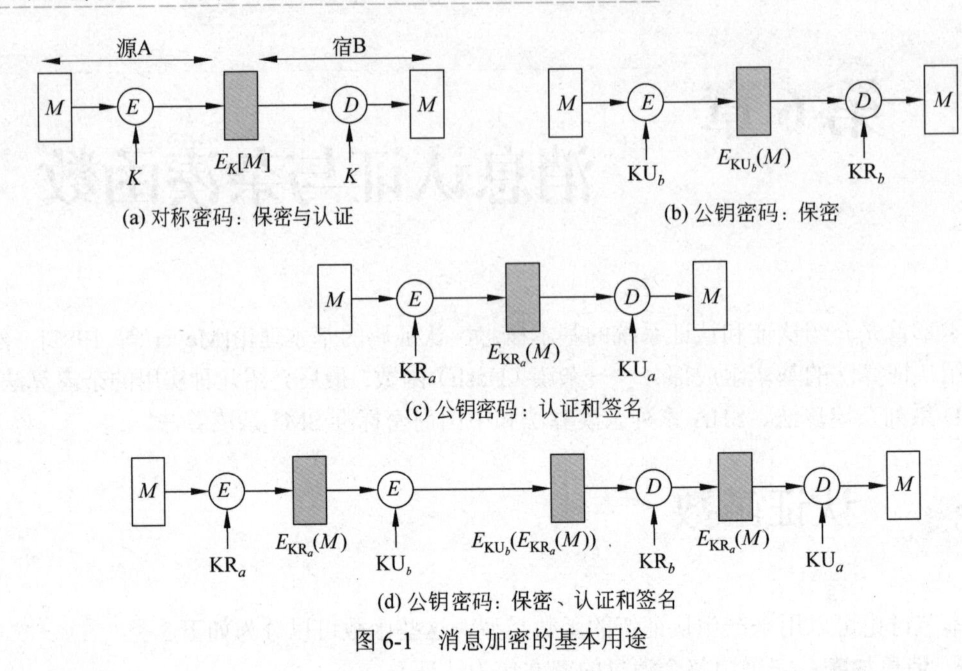

(a) 对称密码：保密与认证

(b) 公钥密码：保密

(c) 公钥密码：认证和签名

(d) 公钥密码：保密、认证和签名

图 6-1　消息加密的基本用途

从认证的角度来看，上述推理存在这样一个问题。如果消息 M 可以是任意的位模式，那么接收方无法确定接收到的消息是合法明文的密文。若 M 可以是任意的位模式，那么不管 X 的值是什么，$Y = D_K(X)$ 都会作为真实的明文被接收。

一般来讲，要求合法明文只是所有可能位模式的一个小子集。这样，由任何伪造的密文都不太可能得出合法的明文。例如，假定10^6 种位模式中只有一种是合法明文的位模式，那么随机选择一个位模式作为密文，它产生合法明文消息的概率只有10^{-6}。

许多应用和加密方法都满足上述条件。例如，假定利用具有一次移动 $(K=1)$ 的 Caesar 密码来传递英文消息，A 发送下列合法的消息：

nbsftfbupbutboeepftfbupbutboemjuumfmbnctfbujwz

B 解密并产生下列明文：

mareseatoatsanddoeseatoatsandlittlelambseativy

通过简单的频率分析可以发现这个消息具有普通英语的特点。若攻击者产生下列随机的字符序列：

zuvrsoevgqxlzwigamdvnmhpmccxiuureosfbcebtqxsxq

则它被解密为：

ytuqrndufpwkyvhfzlcumlgolbbwhttqdnreabdaspwrwp

这个序列不具有普通英语的特点。

对接收到的密文解密，再对所得明文的合法性进行判别，这不是一件容易的事。例如，若明文是二进制文件或数字化的 X 射线，那么很难确定解密后的消息是真实的明文。

因此攻击者可以简单地发布任何消息并伪称是发自合法用户的消息，从而造成某种程度的破坏。

解决这个问题的方法之一：要求明文具有某种易于识别的结构，并且不通过加密函数是不能重复这种结构的。例如，可以考虑在加密前对每个消息附加一个错误检测码，也称为帧校验序列（FCS）或校验和，如图 6-2（a）所示。A 准备发送明文消息 M，那么 A 将 M 作为函数 F 的输入，产生 FCS，将 FCS 附加在 M 后并对 M 和 FCS 一起加密。在接收端，B 解密其收到的信息，并将其看做是消息和附加的 FCS，B 用相同的函数 F 重新计算 FCS。若计算得到的 FCS 和接收到的 FCS 相等，则 B 认为消息是真实的。任何随机的位串不可能产生 M 和 FCS 之间的上述联系。

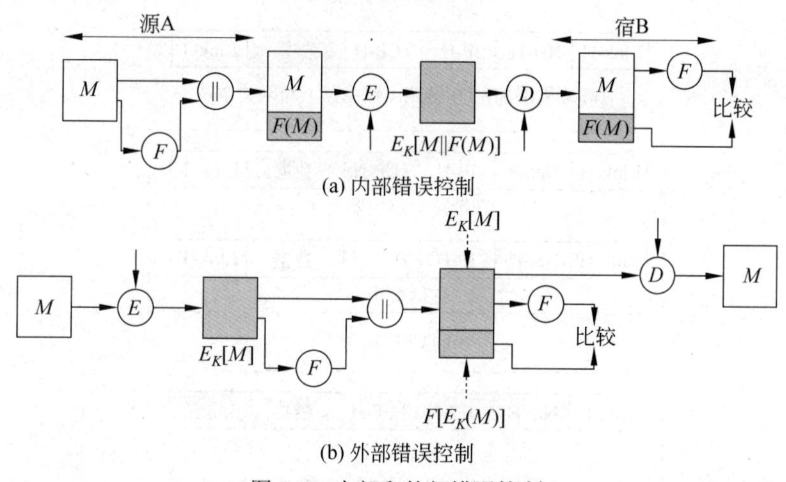

图 6-2 内部和外部错误控制

注意，FCS 和加密函数执行的顺序很重要。Diffie 等[1979]将图 6-2（a）所示的这种序列称为内部错误控制，以与外部错误控制（图 6-2（b））对应。对于内部错误控制，由于攻击者很难产生密文，使得解密后其错误控制位是正确的，因此内部错误控制可以提供认证；如果 FCS 是外部码，那么攻击者可以构造具有正确错误控制码的消息，虽然攻击者不知道解密后的明文是什么，但他可以造成混淆并破坏通信。

错误控制码仅是具有上述结构的一个例子。事实上，在要发送的消息中加入任何类型的结构信息都会增强认证能力。分层协议通信体系可以提供这种结构，例如，可以考虑使用 TCP/IP 传输的消息结构，图 6-3 给出的 TCP 段的格式说明了 TCP 报头的结构。假定每对主机共享一个密钥，并且无论是何种应用，每对主机间都使用相同的密钥进行信息交换，那么可以对除 IP 报头外的所有数据报加密，如图 6-4 所示，如果攻击者用一条消息替代加密后的 TCP 段，那么解密后得出的明文将不等于原 IP 报头。在这种方法中，头不仅包含校验和，而且还含有其他一些有用的信息，如序列号。因为对于给定连接，连续的 TCP 段是按顺序编号的，所以加密使攻击者不能删除任何段或改变段的顺序。

2. 公钥加密

使用公钥加密（图 6-1（b））可提供保密性，但不能提供认证。发送方 A 使用接收

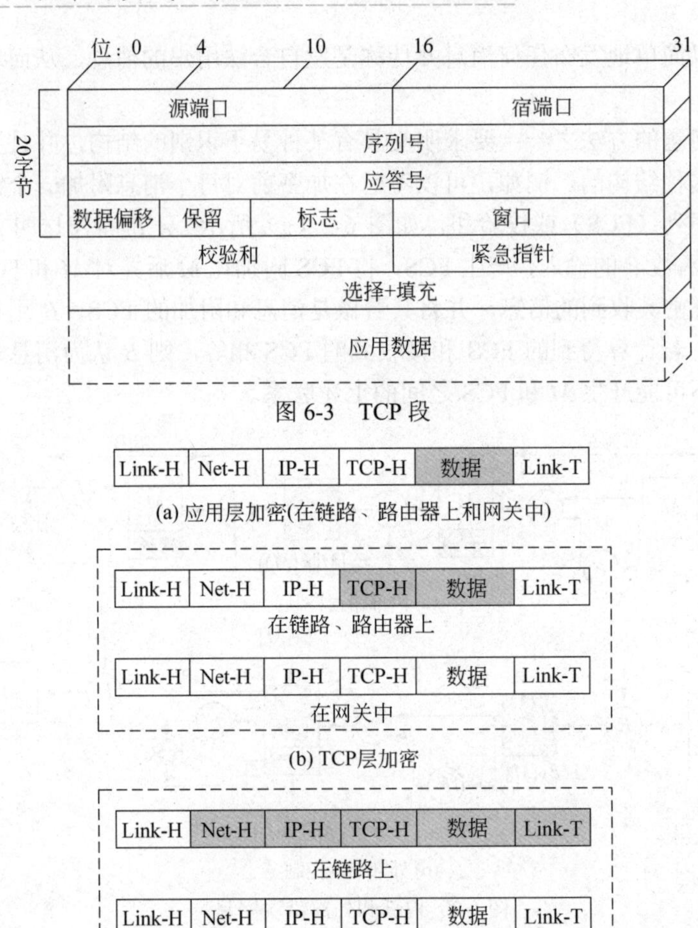

图 6-3　TCP 段

图 6-4　不同加密策略的实现

方 *B* 的公钥 KU_b 对 *M* 加密，由于只有 *B* 拥有相应的私钥 KR_b，所以只有 *B* 能对消息解密。但是任何攻击者可以假冒 *A* 用 *B* 的公钥对消息加密，所以这种方法不能保证真实性。

若要提供认证，则 *A* 用其私钥对消息加密，而 *B* 用 *A* 的公钥对接收的消息解密（图 6-1（c））。因为只有 *A* 拥有 KR_a，能产生用 KR_a 可解密的密文，所以该消息一定来自 *A*。同样，对明文也必须有某种内部结构以使接收方能区分真实的明文和随机的位串。

假定明文具有这种结构，那么图 6-1（c）的方法既可提供认证，又可提供数字签名功能。由于只有 *A* 拥有 KR_a，所以只有 *A* 能够产生密文，甚至接收方 *B* 也不能产生密文，

因此若 B 接收到密文消息，则 B 可以确认该消息来自 A。事实上，A 通过用其私钥对消息加密来对该消息“签名”。

注意，这种方法不能提供保密性，因为任何拥有 A 的公钥的人都可将密文解密。

如果既要提供保密性又要提供认证，那么 A 可先用其私钥对 M 加密，这就是数字签名；然后 A 用 B 的公钥对上述结果加密，这可保证保密性（图 6-1（d））。但这种方法的缺点是，一次通信中要执行 4 次复杂的公钥算法。

表 6-1 归纳总结了各种消息加密方法在提供保密性和认证方面的特点。

表 6-1　各种消息加密方法在提供保密性和认证方面的特点

	格　式	特　点
对称加密	$A \to B: E_K[M]$	提供保密性：只有 A 和 B 共享 K 提供认证：只能发自 A；传输中未被改变；需要某种数据组织形式或冗余 不能提供数字签名：接收方可以伪造消息；发送方可以否认消息
公钥（非对称）加密	$A \to B: E_{\mathrm{KU}_b}[M]$	提供保密性：只有 B 拥有用于解密的密钥 KR_b 不能提供认证：任何一方都可用 KU_b 对消息加密并假称是 A
公钥加密：认证和签名	$A \to B: E_{\mathrm{KR}_a}[M]$	提供认证和签名：只有 A 拥有用于加密的密钥 KR_a；传输中未被改变；需要某种数据组织形式或冗余；任何一方可用 KU_a 来验证签名
公钥加密：保密性、认证和签名	$A \to B: E_{\mathrm{KU}_b}[E_{\mathrm{KR}_a}(M)]$	提供保密性（因为 KU_b） 提供认证和签名（因为 KR_a）

6.1.2　消息认证码

消息认证码又称 MAC，也是一种认证技术，它利用密钥来生成一个固定长度的短数据块，并将该数据块附加在消息之后。在这种方法中，假定通信双方，比如 A 和 B，共享密钥 K。若 A 向 B 发送消息，则 A 计算 MAC，它是消息和密钥的函数，即 $\mathrm{MAC} = C_K(M)$，其中：

M=输入消息
C=MAC 函数
K=共享的密钥
MAC=消息认证码

消息和 MAC 被一起发送给接收方。接收方对接收到的消息用相同的密钥 K 进行相同计算，得出新的 MAC，并将接收到的 MAC 与其计算出的 MAC 进行比较（图 6-5（a））。如果假定只有收发双方知道该密钥，且若接收到的 MAC 与计算得出的 MAC 相等，则有：

（1）接收方可以相信消息未被修改。如果攻击者改变了消息，但他无法改变相应的 MAC，所以接收方计算出的 MAC 将不等于接收到的 MAC。因为已假定攻击者不知道密钥，所以他不知道应如何改变 MAC 才能使其与修改后的消息相一致。

（2）接收方可以相信消息来自真正的发送方。因为其他各方均不知道密钥，因此不能产生具有正确 MAC 的消息。

（3）如果消息中含有序列号（如 HDLC，X.25 和 TCP 中使用的序列号），那么接收方可以相信消息顺序是正确的，因为攻击者无法成功地修改序列号。

MAC 函数与加密类似。其区别之一是 MAC 算法不要求可逆性，而加密算法必须是可逆的。一般而言，MAC 函数是多对一函数，其定义域由任意长的消息组成，而值域由所有可能的 MAC 和密钥组成。若使用 n 位长的 MAC，则有 2^n 个可能的 MAC，而有 N 条可能的消息，其中 $N >> 2^n$ 。若密钥长为 k，则有 2^k 种可能的密钥。

例如，假定使用 100 位的消息和 10 位的 MAC，那么总共有 2^{100} 种不同的消息，但仅有 2^{10} 种不同的 MAC。所以平均而言，同一 MAC 可以由 $2^{100}/2^{10}=2^{90}$ 条不同的消息产生。若使用的密钥长为 5 位，则从消息集合到 MAC 值的集合有 $2^5=32$ 种不同的映射。

可以证明，由于认证函数的数学性质，与加密相比，认证函数更不易被攻破。

如图 6-5（a）所示的过程可以提供认证但不能提供保密性，因为整个消息是以明文形式传送的。若在 MAC 算法之后（图 6-5（b））或之前（图 6-5（c））对消息加密，则可以获得保密性。这两种情形都需要两个独立的密钥，并且收发双方共享这两个密钥。在第 1 种情形中，先将消息作为输入，计算 MAC，并将 MAC 附加在消息后，然后对整个信息块加密；在第 2 种情形中，先将消息加密，然后将此密文作为输入，计算 MAC，并将 MAC 附加在上述密文之后形成待发送的信息块。一般而言，将 MAC 直接附加于明文之后要更好一些，所以通常使用图 6-5（b）中的方法。

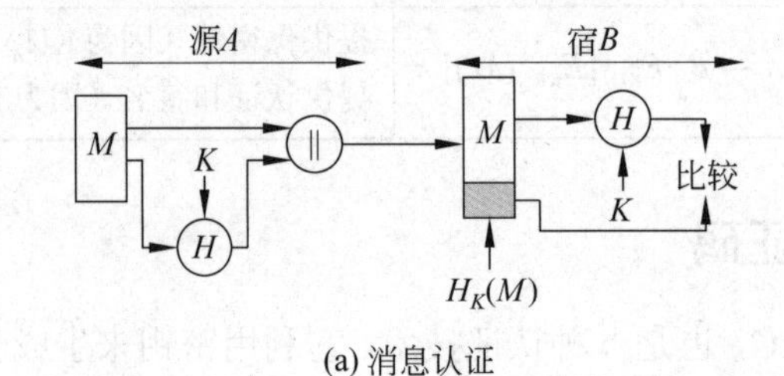

(a) 消息认证

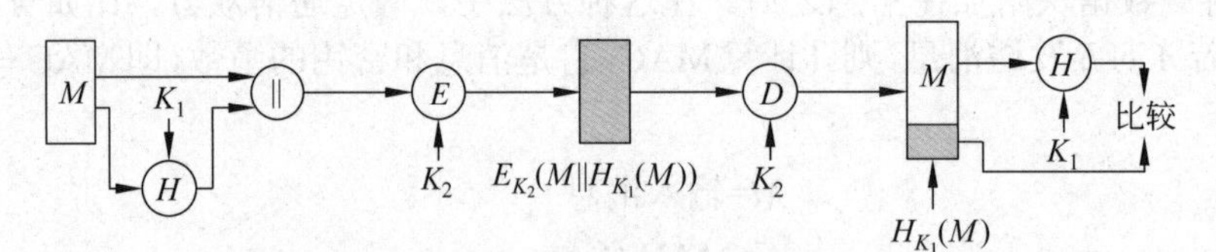

(b) 消息认证和保密性；与明文有关的认证

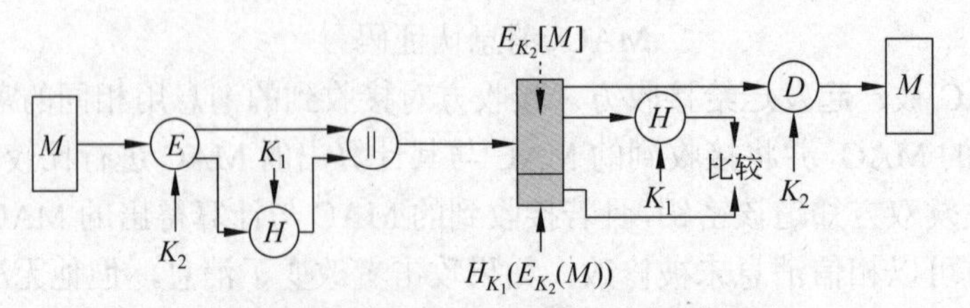

(c) 消息认证和保密性；与密文有关的认证

图 6-5　消息认证码（MAC）的基本用途

对称加密可以提供认证，且它已被广泛用于现有产品之中，那么为什么不直接使用这种方法而要使用分离的消息认证码呢？Davies 等提出了 3 种使用消息认证码的情形：

（1）有许多应用是将同一消息广播给很多接收者。例如，需要通知各用户网络暂时不可使用，或一个军事控制中心要发一条警报。这种情况下，一种经济可靠的方法就是只要一个接收者负责验证消息的真实性，所以消息必须以明文加上消息认证码的形式进行广播。上述负责验证的接收者拥有密钥并执行认证过程，若 MAC 错误，他则发警报通知其他接收者。

（2）在信息交换中，可能有这样一种情况，即通信的某一方的处理负荷很大，没有时间解密所有接收到的消息，他应能随机选择消息并对其进行认证。

（3）对明文形式的计算机程序进行认证是一种很有意义的服务。运行一个计算机程序而不必每次对其解密，因为每次对其解密会浪费处理器资源。若将消息认证码附于该程序之后，则可在需要保证程序完整性的时候才检验消息认证码。

除此以外，还有下述 3 种情形：

（1）一些应用并不关心消息的保密性，而关心消息认证。例如，简单网络管理协议版本 3（SNMP v3）就是如此，它将提供保密性和提供认证分离开来。对这些应用，管理系统应对其接收到的 SNMP 消息进行认证，这一点非常重要，尤其是当消息中包含修改系统参数的命令时更是如此，但对这些应用不必对 SNMP 的传输进行加密。

（2）将认证和保密性分离开来，可使层次结构更加灵活。例如，可能希望在应用层对消息进行认证，而在更低层上，如传输层，则可能希望提供机密性。

（3）仅在接收消息期间对消息实施保护是不够的，用户可能希望延长对消息的保护时间。就消息加密而言，消息被解密后就不再受任何保护，这样只是在传输中可以使消息不被修改，而不是在接收方系统中保护消息不被修改。由于收发双方共享密钥，因此 MAC 不能提供数字签名。

表 6-2 归纳总结了图 6-5 所示的各种方法在提供保密性和认证方面的特点。

表 6-2 各种方法在提供保密性和认证方面的特点

	格 式	基本用途
消息认证	$A \to B: M \| C_K(M)$	提供认证：只有 A 和 B 共享 K
消息认证和保密性：与明文有关的认证	$A \to B: E_{K_2}[M \| C_{K_1}(M)]$	提供认证：只有 A 和 B 共享 K_1 提供保密性：只有 A 和 B 共享 K_2
消息认证和保密性：与密文有关的认证	$A \to B: E_{K_2}[M] \| C_{K_1}(E_{K_2}[M])$	提供认证：使用 K_1 提供保密性：使用 K_2

6.1.3 杂凑函数

杂凑函数（Hash Function）是将任意长的数字串 M 映射成一个较短的定长输出数字串 H 的函数，以 h 表示，$h(M)$ 易于计算，称 $H = h(M)$ 为 M 的杂凑值，也称杂凑码、杂凑结果等或简称杂凑。这个 H 无疑打上了输入数字串的烙印，因此又称其为输入 M 的数字指纹（Digital Finger Print）。h 是多对一映射，因此不能从 H 求出原来的 M，但可以

验证任一给定序列 M' 是否与 M 有相同的杂凑值。

单向杂凑函数还可按其是否有密钥控制划分为两大类。一类有密钥控制，以 $h(k,M)$ 表示，为密码杂凑函数，另一类无密钥控制，为一般杂凑函数。无密钥控制的单向杂凑函数，其杂凑值只是输入字串的函数，任何人都可以计算，因而不具有身份认证功能，只用于检测接收数据的完整性，如篡改检测码（MDC），用于非密码计算机应用中。有密钥控制的单向杂凑函数，要满足各种安全性要求，其杂凑值不仅与输入有关，而且与密钥有关，只有持此密钥的人才能计算出相应的杂凑值，因而具有身份验证功能，如消息认证码（MAC）[ANSI X 9.9 1986]。此时的杂凑值也称做认证符（authenticator）或认证码。密码杂凑函数在现代密码学中有重要作用。本章主要研究密码杂凑函数，简称杂凑函数。

杂凑函数在实际中有广泛的应用。在密码学和数据安全技术中，它是实现有效、安全可靠数字签名和认证的重要工具，是安全认证协议中的重要模块。由于杂凑函数应用的多样性和其本身的特点而有很多不同的名字，其含义也有差别，如压缩（compression）函数、紧缩（contraction）函数、数据认证码（Data Authentication Code）、消息摘要（Message Digest）、数字指纹、数据完整性校验（Data Integrity Check）、密码检验和（Cryptographic Check Sum）、消息认证码（Message Authentication Code，MAC）、篡改检测码（Manipulation Detection Code，MDC）等。

密码学中所用的杂凑函数必须满足安全性的要求，要能防伪造，抗击各种类型的攻击，如生日攻击、中途相遇攻击等。因此必须深入研究杂凑函数的性质，从中找出能满足密码学需要的杂凑函数。下面首先引入一些基本概念。

有关单向杂凑函数的论述可参阅[Preneel 1993a，1993b；Zhu 1996]；有关非密码杂凑函数的论述可参阅相关文献；Wegman 等指出了密钥用于杂凑函数作为认证，Rabin[1978，1979]建议将单向杂凑函数与数字签名相结合。

单向杂凑函数是消息认证码的一种变形。与消息认证码一样，杂凑函数的输入是大小可变的消息 M，输出是大小固定的杂凑码 $h(M)$。与 MAC 不同，杂凑码并不使用密钥，它仅是输入消息的函数。杂凑码有时也称为消息摘要，或杂凑值。所以杂凑码也是所有消息位的函数，它具有错误检测能力，即改变消息的任何一位或多位，都会导致杂凑码的改变。

6.2 消息认证码

MAC 也称为密码校验和，它由下述形式的函数 C 产生：

$$\text{MAC} = C_K(M)$$

其中，M 是一个变长消息，K 是收发双方共享的密钥，$C_K(M)$ 是定长的认证符。在假定或已知消息正确时，将 MAC 附于发送方的消息之后发送给接收方；接收方可通过计算 MAC 来认证该消息。

6.2.1　对 MAC 的要求

为了获得保密性，可用对称或非对称密码对整个消息加密，这种方法的安全性一般依赖于密钥的位长。除了算法中本身的某些弱点外，攻击者可以对所有可能的密钥进行穷举攻击。对于一个 k 位的密钥，穷举攻击一般需要 $2^{(k-1)}$ 步。对仅依赖于明文的攻击，若给定密文 C，攻击者要对所有可能的 K_i 计算 $P_i = D_{K_i}(C)$，直到产生的某 P_i 具有适当的明文结构为止。

对 MAC 情况则完全不一样。一般来讲，MAC 函数是多对一函数。攻击者如何用穷举方法找到密钥呢？如果没有提供保密性，那么攻击者可访问明文形式的消息及其 MAC。假定 $k > n$，即假定密钥位数比 MAC 长，那么对满足 $\text{MAC}_1 = C_{K_1}(M_1)$ 的 M_1 和 MAC_1，密码分析者要对所有可能的密钥值 K_i 计算 $\text{MAC}_i = C_{K_i}(M_1)$，那么至少有一个密钥会使得 $\text{MAC}_i = \text{MAC}_1$。注意，总共会产生 2^k 个 MAC，但只有 $2^n < 2^k$ 个不同的 MAC 值，所以许多密钥都会产生正确的 MAC，而攻击者却不知道哪个是正确的密钥。平均来说，有 $2^k / 2^n = 2^{(k-n)}$ 个密钥会产生正确的 MAC，因此攻击者必须重复下述攻击：

（1）循环 1。

给定 M_1，$\text{MAC}_1 = C_K(M_1)$

对所有 2^k 个密钥，判断 $\text{MAC}_i = C_{K_i}(M_1)$

匹配数 $\approx 2^{(k-n)}$

（2）循环 2。

给定 M_2，$\text{MAC}_2 = C_K(M_2)$

对余下的 $2^{(k-n)}$ 个密钥判断 $\text{MAC}_i = C_{K_i}(M_2)$

匹配数 $\approx 2^{(k-2n)}$

平均来说，若 $k = \alpha \times n$，则需 α 次循环。例如，如果使用 80 位的密钥和长为 32 位的 MAC，那么第 1 次循环会得到约 2^{48} 个可能的密钥，第 2 次循环会得到约 2^{16} 个可能的密钥，第 3 次循环则得到唯一一个密钥，这个密钥就是发送方所使用的密钥。

如果密钥的长度小于或等于 MAC 的长度，则很可能在第 1 次循环中就得到一个密钥，当然也可能得到多个密钥，这时攻击者还需对新的（消息，MAC）对执行上述测试。

由此可见，用穷举方法来确定认证密钥不是一件容易的事，而且确定认证密钥比确定同样长度的加密密钥更困难。不过可能存在不需要寻找密钥的其他攻击。

分析下面的 MAC 算法。令消息 $M = (X_1 \| X_2 \| X_3 \| \cdots \| X_m)$ 是由 64 位分组 X_i 连接而成的。定义：

$$\Delta(M) = X_1 \oplus X_2 \oplus \cdots \oplus X_m$$
$$C_K(M) = E_K[\Delta(M)]$$

其中 $\oplus$ 是异或（XOR）运算，加密算法是电子密码本模式 DES，那么密钥长为 56 位，MAC 长为 64 位。若攻击者知道 $\{M \| C_K(M)\}$，则确定 K 的穷举攻击需执行至少 2^{56} 次加密，但是攻击者可以用任何期望的 Y_1 至 Y_{m-1} 替代 X_1 至 X_{m-1}，用 Y_m 替代 X_m 来进行攻击，

其中 Y_m 的计算如下：

$$Y_m = Y_1 \oplus Y_2 \oplus \cdots \oplus Y_{m-1} \oplus \Delta(M)$$

攻击者可以将 Y_1 至 Y_m 与原来的MAC连接成一个新的消息，而接收方却会认为该消息是真实的。用这种办法，攻击者可以随意插入任意长为 $64\times(m-1)$ 位的消息。

因此，评价MAC函数的安全性时，应该考虑对该函数的各种类型的攻击。下面介绍MAC函数应满足的要求。假定攻击者知道MAC函数 C，但不知道 K，那么MAC函数应具有下述性质：

（1）若攻击者已知 M 和 $C_K(M)$，则他构造满足 $C_K(M')=C_K(M)$ 的消息 M'，在计算上是不可行的。

（2）$C_K(M)$ 应是均匀分布的，即对任何随机选择的消息 M 和 M'，$C_K(M)=C_K(M')$ 的概率是 2^{-n}，其中 n 是MAC的位数。

（3）设 M' 是 M 的某个已知的变换，即 $M'=f(M)$。例如，f 可表示逆转 M 的一位或多位，那么 $\Pr[C_K(M)=C_K(M')]=2^{-n}$。

前面已介绍过，攻击者即使不知道密钥，也可以构造出与给定的MAC匹配的新消息，第1个要求就是针对这种情况提出的。第2个要求是为了阻止基于选择明文的穷举攻击，也就是说，假定攻击者不知道 K，但是他可以访问MAC函数，能对消息产生MAC，那么攻击者可以对各种消息计算MAC，直至找到与给定MAC相同的消息为止。如果MAC函数具有均匀分布的特征，那么穷举方法平均需要 $2^{(n-1)}$ 步才能找到具有给定MAC的消息。

（4）认证算法对消息的某一部分或位不应比其他部分或位更弱。否则，已知 M 和 $C_K(M)$ 的攻击者可以对 M 的已知“弱点”处进行修改，然后再计算MAC，这样有可能更早得出具有给定MAC的新消息。

6.2.2 基于杂凑函数的MAC

杂凑函数自然而然地成为数据完整性的一种密码原型。在共享密钥的情况下，杂凑函数将密钥作为它的一部分输入，另一部分输入为需要认证的消息。因此，为了认证一个消息 M，发送者计算

$$\text{MAC} = h(k \| M)$$

其中，k 为发送者和接收者的共享密钥，“‖”表示比特串的连接。

根据杂凑函数的性质可以假设：为了用杂凑函数生成一个有效的关于密钥 k 和消息 M 的MAC，该主体必须拥有正确的密钥和正确的消息。与发送者共享密钥 k 的接收者应当由所接收的消息 M 重新计算出MAC，并检验同所接收的MAC是否一致。如果一致，就可以相信该消息来自所声称的发送者。

因为这样的MAC是使用杂凑函数构造的，因此也称为HMAC（用杂凑函数构造的MAC）。为谨慎起见，HMAC通常按照下面的形式计算

$$\text{HMAC} = h(k \| M \| k)$$

也就是说，密钥是要认证消息的前缀和后缀，这是为了阻止攻击者利用某些杂凑函数的“轮函数迭代”结构。如果不用密钥保护消息的两端，某些杂凑函数所具有的已知

结构，可使攻击者不必知道密钥 k 就可以选择一些数据用做消息前缀或后缀来修改消息。

6.2.3　基于分组加密算法的 MAC

构造密钥杂凑函数的标准方法是使用分组密码算法的 CBC 运行模式。这样构造的密钥杂凑函数通常称为 CBC-MAC。

令 $E_k(m)$ 表示输入消息为 m，密钥为 k 的分组密码加密算法。为了认证消息 M，发送者首先对 M 进行分组：

$$M = m_1 m_2 \cdots m_l$$

其中，每一个子消息组 m_i $(i = 1, 2, \cdots, l)$ 的长度都等于分组加密算法输入的长度。如果最后一个子消息组 m_l 长度小于分组长度，就必须对其填充一些随机值。设 $C_0 = \mathrm{IV}$ 为随机初始向量。现在，发送者用 CBC 加密：

$$C_i \leftarrow E_k(m_i \oplus C_{i-1}), \quad i = 1, 2, \cdots, l$$

然后，数值对

$$(\mathrm{IV}, C_l)$$

作为 MAC 将附在 M 后送出。

很明显，在生成 CBC-MAC 的计算中包括了不可求逆的数据压缩（本质上，CBC-MAC 是整个消息的“短摘要”），因此 CBC-MAC 是一个单向变换，而且所用的分组密码加密算法的混合变换性质为这个单向变换增加了一个杂凑特点（也就是说，将 MAC 分布到 MAC 空间与分组密码加密算法应该将密文分布到密文空间同样均匀）。因此，可以设想，为了生成一个有效的 CBC-MAC，该主体必须知道控制分组密码算法的密钥 k。与发送者共享密钥 k 的接收者应当由所接收的消息 M 重新计算出 MAC，并检验与所接收的 MAC 是否一致。如果一致，就可以相信该消息来自所声称的发送者。

有时用 $\mathrm{MAC}(k, M)$ 表示一个 MAC，它为共享密钥 k 的主体的消息 M 提供完整性服务。在这个表示法中，忽略了实现细节，比如为实现 MAC 采用了何种单向变换等。

6.3　杂凑函数

6.3.1　单向杂凑函数

第 5 章中已经介绍了单向函数的一些基本概念，单向函数不仅在构造双钥密码体制中有重要意义，而且也是杂凑函数理论中的一个核心概念。

定义 6-1　若杂凑函数 h 为单向函数，则称其为单向杂凑函数。

显然，对一个单向杂凑函数 h，由 M 计算 $H = h(M)$ 是容易的，但要产生一个 M'，使 $h(M')$ 等于给定的杂凑值 H 是困难的，这正是密码中所希望的。

定义 6-2　若单向杂凑函数 h，对任意给定 M 的杂凑值 $H = h(M)$ 下，找一 M'，使 $h(M') = H$ 在计算上不可行，则称 h 为弱单向杂凑函数。

定义 6-3 对单向杂凑函数 h，若要找任意一对输入 M_1，M_2，$M_1 \neq M_2$，使 $h(M_1) = h(M_2)$ 在计算上不可行，则称 h 为强单向杂凑函数。

上述两个定义给出了杂凑函数的无碰撞（Collision Free）性概念。所谓弱单向杂凑，就是在给定 M 下，考察与特定 M 的无碰撞性；强单向杂凑函数是考察输入集中任意两个元素的无碰撞性。显然，对于给定的输入数字串的集合，后一种碰撞更容易实现。因为从下面要介绍的生日悖论得知，在 N 个元素的集中，给定 M 找与 M 相匹配的 M' 的概率，要比从 N 中任取一对元素 (M,M') 相匹配的概率小得多。

6.3.2 杂凑函数在密码学中的应用

杂凑函数广泛应用于密码学。这里列出杂凑函数的几个重要用途：

（1）在数字签名中，杂凑函数一般用来产生"消息摘要"或"消息指纹"。这种用法是为将要签署的消息增加一个可以验证的冗余，以便这个杂凑消息包含可以识别的信息。在数字签名中将看到杂凑函数的这种一般用法。在那里，将主要依赖包含在签名消息中的一些可识别的冗余信息来实现数字签名体制的安全性（不可抵赖性）。

（2）在具有实用安全性的公钥密码系统中，杂凑函数被广泛用于实现密文正确性验证机制。对于要获得可证明安全的抗主动攻击的加密体制来说，这个机制是必不可少的。

（3）在需要随机数的密码学应用中，杂凑函数被广泛用做实用的伪随机函数。这些应用包括密钥协商（如两个主体将自己的随机种子作为杂凑函数的输入，得到一个共享的密钥值）、认证协议（如协议双方通过交换某些杂凑值来证实协议执行的完整性）、电子商务协议（如以博弈方式实现小额支付的聚集）、知识证明协议（如实现非交互式的证明）。在本书的其他章节中，将介绍杂凑函数用于这些协议的大量例子。

6.3.3 分组迭代单向杂凑算法的层次结构

要想将不限定长度的输入数据压缩成定长输出的杂凑值，不可能设计一种逻辑电路使其一步到位。在实际应用中，总是先将输入数字串划分成固定长的段，如 m 比特段，再将此 mb 映射成 nb，完成此映射的函数被称为迭代函数。采用类似于分组密文反馈的模式对一段 mb 输入做类似映射，依此类推，直到全部输入数字串完成映射，以最后的输出值作为整个输入的杂凑值。类似于分组密码，当输入数字串不是 m 的整数倍时，可采用填充方法处理。

mb 到 nb 的分组映射或迭代函数有 3 种不同选择：

（1）$m > n$。有数据压缩，例如，MD-4、MD-5 和 SHA 等算法是不可逆映射。

（2）$m = n$。无数据压缩，也无数据扩展，通常分组密码采用此类。此时输入到输出是一种随机映射，在已知密钥下是可逆的。利用分组密码构造的杂凑算法多属此类。在不知道密钥的情况下，分组密码实质上是一个单向函数（或更确切地说是陷门单向函数）。

（3）$m < n$。有数据扩展的映射，认证码属于此类。

当然，迭代函数的设计也可采用上述组合来实现，如采用将 *m*b 先进行扩展，然后再逐步经过几次压缩，实现理想的密码特性，如 Universal_2 函数的构造法［Stinson 1994; Zhu 1996］。

一个 *m*b 到 *n*b 的迭代函数以 E 表示，一般 E 都是通过基本轮函数的多轮迭代实现的，如分组密码。因此，像分组密码一样，轮函数的设计是杂凑算法设计的核心。

在迭代计算杂凑值时，为了使输入消息随机化，多采用了一个随机化初始向量 IV（Initial Vector）。它可以是已知的，或随密钥改变，或作为前缀（prefix）加在消息数字之前，以 H_0 表示。

6.3.4 迭代杂凑函数的构造方法

给定一种安全迭代函数 E，可按下述方法构造单向迭代杂凑函数。将消息 M 划分成组 M_1，M_2，…，M_i，…，M_t。设选定密钥为 K，令 H_0 为初始向量 IV，一般为一随机的比特串，则可有下述多种迭代方式构造杂凑函数。

（1）Rabin 法[Rabin 1978]。

$$H_0 = \text{IV}$$
$$H_i = E(M_i, H_{i-1}) \quad i = 1, \cdots, t$$
$$H(M) = H_t$$

（2）密码分组链接（CBC）法。

$$H_0 = \text{IV}$$
$$H_i = E(K, M_i \oplus H_{i-1}) \quad i = 1, 2, \cdots, t$$
$$H(M) = H_t$$

ANSI X9.9、ANSI X9.19、ISO 8731-1、ISO/IEC 9797 以及澳大利亚标准都采用了这类 CBC-MAC 方案。Ohta 等[1994]对此法进行了差分分析。

（3）密码反馈（CFB）法。

$$H_0 = \text{IV}$$
$$H_i = E(K, H_{i-1}) \oplus M_i \quad i = 1, 2, \cdots, t$$
$$H(M) = H_t$$

（4）组合明/密文链接法[Meyer 等 1982]。

$$M_{t+1} = \text{IV}$$
$$H_i = E(K, M_i \oplus M_{i-1} \oplus H_{i-1}) \ \ i = 1, 2, \cdots, t$$
$$H(M) = H_{t+1}$$

（5）修正 Daveis-Meyer 法[Lai 1992]。

$$H_0 = \text{IV}$$
$$H_i = E(H_{i-1}, M_i, H_{i-1}) \quad (H_{i-1} \text{和} M_i \text{共同作为密钥})$$

若数据分组长和密钥长度相等，则可利用 B.Preneel 总结的下述 12 种基本方式构造的分组迭代杂凑函数[Preneel 1993a，1993b]。令 E 是迭代函数，它可以是一种分组加密算法，$E(K, X)$，K 是密钥，X 是输入数据组或某种压缩算法。令消息分组为 M_1，…，

M_i，…，$H_0 = I$为初始值。

（1）$H_i = E(M_i, H_{i-1}) \oplus H_{i-1}$

（2）$H_i = E(H_{i-1}, M_i) \oplus M_i \oplus H_{i-1}$

（3）$H_i = E(H_{i-1}, M_i \oplus H_{i-1}) \oplus M_i$

（4）$H_i = E(H_{i-1}, M_i \oplus H_{i-1}) \oplus M_i \oplus H_{i-1}$

（5）$H_i = E(H_{i-1}, M_i) \oplus M_i$

（6）$H_i = E(M_i, M_i \oplus H_{i-1}) \oplus M_i \oplus H_{i-1}$

（7）$H_i = E(M_i, H_{i-1}) \oplus M_i \oplus H_{i-1}$

（8）$H_i = E(M_i, M_i \oplus H_{i-1}) \oplus H_{i-1}$

（9）$H_i = E(M_i \oplus H_{i-1}, M_i) \oplus M_i$

（10）$H_i = E(M_i \oplus H_{i-1}, H_{i-1}) \oplus H_{i-1}$

（11）$H_i = E(M_i \oplus H_{i-1}, M_i) \oplus H_{i-1}$

（12）$H_i = E(M_i \oplus H_{i-1}, H_{i-1}) \oplus M_i$

如果原来的加密算法是安全的，则上述12种方案给出的杂凑函数对于目标攻击的计算复杂度为$O(2^n)$，对于中途相遇攻击的计算复杂度为$O(2^{n/2})$，因而当杂凑值大于128b时也是安全的。其他组合方式如：

$$H_i = E(M_i, H_{i-1})$$

$$H_i = E(M_i \oplus H_{i-1}, H_{i-1}) \oplus H_{i-1} \oplus M_i$$

$$H_i = E(\mathrm{C}, M_i \oplus H_{i-1}) \oplus H_i \oplus M_i, \quad \mathrm{C}\text{为常数}$$

已经证明，以上3种组合方式都是不安全的。

6.3.5 应用杂凑函数的基本方式

杂凑算法可与加密及数字签名结合使用，实现系统的有效、安全、保密与认证。其基本方式如图6-6所示［William 2006］。

图中的（a）部分，发端A将消息M与其杂凑值$h(M)$连接，以单钥体制加密，然后送至收端B。收端用与发端共享密钥解密后得M'和$h(M)$，然后将M'送入杂凑变换器计算出$h(M')$，并通过比较完成对消息M的认证，从而提供了保密和认证。

图中（b）部分，消息M不保密，只对消息的杂凑值进行加解密变换，它只提供认证。

图中（c）部分，发端A采用双钥体制，用A的密钥kR_a对杂凑值进行签名得$E_{kR_a}[h(M)]$，然后与M连接发出。收端则用A的公钥对$E_{kR_a}[h(M)]$解密得到$h(M)$，再与收端自己由接收消息M'计算得到的$h(M')$进行比较实现认证。

本方案提供了认证和数字签名，称做签名-杂凑方案（Signature-hashing Scheme）。这一方案通过对消息M的杂凑值签名来代替对任意长消息M本身的签名，大大提高了签名的速度和有效性。

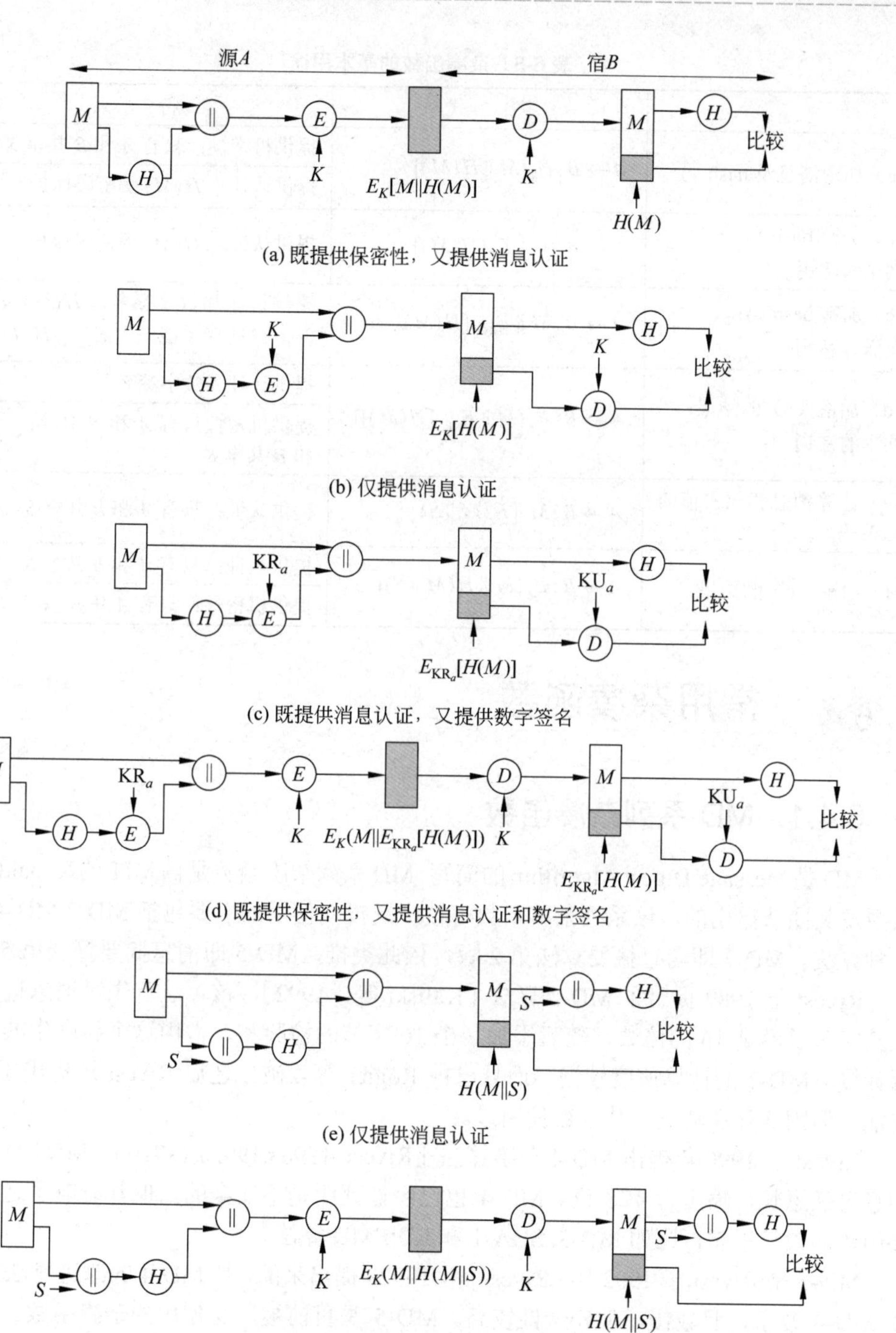

(a) 既提供保密性，又提供消息认证

(b) 仅提供消息认证

(c) 既提供消息认证，又提供数字签名

(d) 既提供保密性，又提供消息认证和数字签名

(e) 仅提供消息认证

(f) 既提供保密性，又提供消息认证

图 6-6　应用杂凑函数的基本方式

表 6-3 总结了图 6-6 中所示方法在提供机密性和认证方面的特点。

表6-3　杂凑函数的基本用途

	格　式	特　点
（a）加密消息及hash码	$A \to B: E_K[M \parallel H(M)]$	提供机密性；只有A和B共享K 提供认证：$H(M)$受密码保护
（b）加密hash码：共享的密钥	$A \to B: M \parallel E_K[H(M)]$	提供认证：$H(M)$受密码保护
（c）加密hash码：发送方私钥	$A \to B: M \parallel E_{KR_a}[H(M)]$	提供认证和数字签名：$H(M)$受密码保护；只有A能产生$E_{KR_a}[H(M)]$
（d）加密（c）的结果：共享的密钥	$A \to B: E_K[M \parallel E_{KR_a}[H(M)]]$	提供认证和数字签名 提供机密性只有A和B共享：只有A和B共享K
（e）计算消息和秘密值的hash码	$A \to B: M \parallel H(M \parallel S)$	提供认证：只有A和B共享S
（f）加密（e）的结果	$A \to B: E_K[M \parallel H(M \parallel S)]$	提供认证：只有A和B共享S 提供机密性：只有A和B共享K

6.4　常用杂凑函数

6.4.1　MD系列杂凑函数

MD是Message Digest Algorithm的简写，MD系列杂凑函数是由MIT的Ronald Rivest教授及其团队提出的，该系列杂凑函数中被广泛投入使用的主要包括MD-2,MD-4,MD-5三种算法。MD-2即消息摘要算法第2版，依此类推，MD-5即消息摘要算法第5版。

Rivest于1989提出了MD-2算法［Kaliski等，1992］，该算法首先对消息进行填充使其字节长度是16的倍数，随后添加一个16字节的检验和，再由这个新产生的消息进行计算。MD-2的计算速度较慢，而且已被Rogier等攻破。之后Rivest还提出了MD-3算法，但因其存在缺点，从未被使用过。

Rivest于1990年提出MD-4杂凑算法［Rivest 1990a,1992a,1992b］，MD4算法输入消息可任意长，输出为128位。MD-4也已经被证明是不安全的，但其影响了之后的杂凑函数的设计思想，比如MD-5, SHA-1和RIPEMD算法。

MD-5是Rivest于1992年（Rivest等，1992）提出来的，是MD-4的改进算法，MD-5较MD-4复杂，且较慢，但安全性较高。MD-5是目前被广泛使用的杂凑函数。下面具体介绍MD-5算法，其步骤如图6-7所示。

（1）对明文输入按512b分组，最后要进行填充使其成为512b的整数倍，且最后一组的后64b用来表示消息长在mod 2^{64}下的值K，故填充位数为1～512b，填充数字图样为（100…0），得$Y_0, Y_1, \cdots, Y_{L-1}$。其中，$Y_l$为512b，即16个长为32b的字，按字计消息长为$N = L \times 16$。

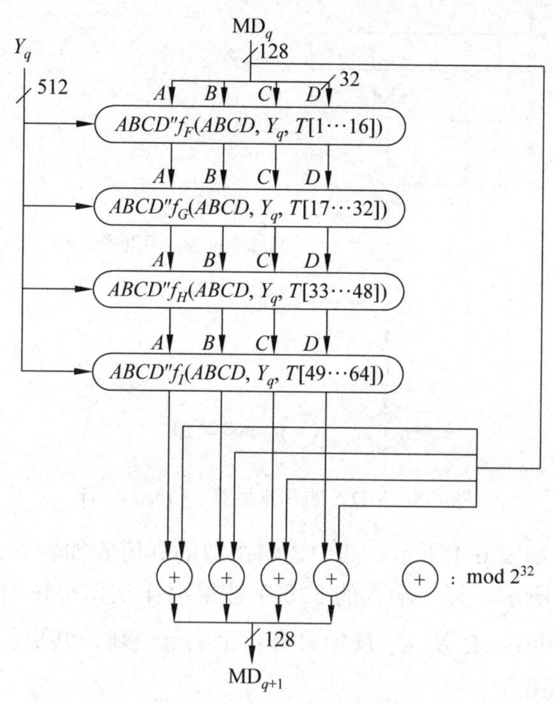

图 6-7　MD-5 的一个 512b 组的处理（$H_{\text{MD-5}}$）

（2）每轮输出 128b，可用下述 4 个 32b 字表示：A，B，C，D。其初始存数以十六进制表示为：A=01234567，B=89ABCDEF，C=FEDCBA98，D=76543210。

（3）$H_{\text{MD-5}}$ 的运算，对 512b（16 字）组进行运算，Y_q 表示输入的第 q 组的 512b 数据，在各轮中参加运算。$T[1,\cdots,64]$ 为 64 个元素表，分 4 组参与不同轮的计算。$T[i]$ 为 $2^{32}\times\text{abs}(\sin(i))$ 的整数部分，i 是弧度。$T[i]$ 可用 32b 二元数表示，T 是 32b 随机数源。

MD-5 是 4 轮运算，各轮逻辑函数不同。每轮又要进行 16 步迭代运算，4 轮共需 64 步完成。MD-5 的基本运算如图 6-8 所示。

$$a \leftarrow b + \text{CLS}_S(a + g(B,C,D) + X[k] + T[i])$$

式中：

a,b,c,d =缓存器中的 4 个字，按特定次序变化。

g=基本逻辑函数 F,G,H,I 中之一，算法的每轮用其中之一。

CLS_S = 32b 存数循环左移 s 位。

第 1 轮 $s=\{7,12,17,22\}$

第 2 轮 $s=\{5,9,14,20\}$

第 3 轮 $s=\{4,11,16,23\}$

第 4 轮 $s=\{6,10,15,21\}$

$X[k]=M[q\times16+k]$=消息的第 q 个 512b 组的第 k 个 32b 字。

$T[i]$ =矩阵 T 中第 i 个 32b 字。

+=模 2^{32} 加法。

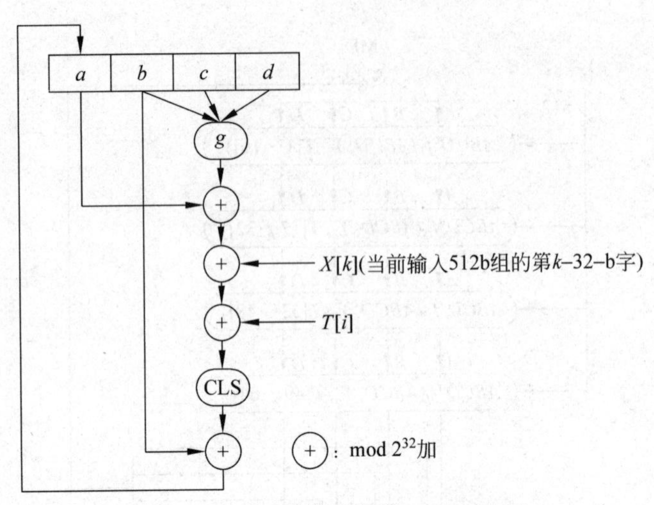

图 6-8　MD-5 的基本运算：[*abcd k s i*]

各轮的逻辑函数如表 6-4 所示。其中逻辑函数的真值表如表 6-5 所示。$T[i]$ 由 SINE 函数构造，如表 6-6 所示。每个输入的 32b 字被采用 4 次，每轮用一次，而 $T[i]$ 中每个元素恰好只用一次。每次 *A, B, C, D* 中只有 4 个字节更新，共更新 16 次，在最后第 17 次产生此组的最后输出。

表 6-4　MD-5 各轮的逻辑函数

轮	基本函数 g	$g(b, c, d)$
f_F	$F(b, c, d)$	$(b \cdot c) \vee (\bar{b} \cdot d)$
f_G	$G(b, c, d)$	$(b \cdot d) \vee (c \cdot \bar{d})$
f_H	$H(b, c, d)$	$b \oplus c \oplus d$
f_I	$I(b, c, d)$	$c \oplus (b \vee \neg d)$

表 6-5　逻辑函数的真值表

b	*c*	*d*	*F*	*G*	*H*	*I*
0	0	0	0	0	0	1
0	0	1	1	0	1	0
0	1	0	0	1	1	0
0	1	1	1	0	0	1
1	0	0	0	0	1	1
1	0	1	0	1	0	1
1	1	0	1	1	0	0
1	1	1	1	1	1	0

表 6-6　从 SINE 函数构造的 T 表

T[1]=D76AA478	T[17]=F61E2562	T[33]=FFFA3942	T[49]=F4292244
T[2]=E8C7B756	T[18]=C0408340	T[34]=8771F681	T[50]=C32AFF97
T[3]=242070DB	T[19]=265E5A51	T[35]=69D96122	T[51]=AB9423A7
T[4]=C1BDCEEE	T[20]=E9B6C7AA	T[36]=FDE5380C	T[52]=FC93A039
T[5]=F57COFAF	T[21]=D62F105D	T[37]=A4BEEA44	T[53]=655B59C3
T[6]=4787C62A	T[22]=02441453	T[38]=4BDECFA9	T[54]=8F0CCC92
T[7]=A8304613	T[23]=D8A1E681	T[39]=F6BB4B60	T[55]=FFEFF47D
T[8]=FD469501	T[24]=E7D3FBC8	T[40]=BEBFBC70	T[56]=85845DD1
T[9]=698098D8	T[25]=21E1CDE6	T[41]=289B7EC6	T[57]=6FA87E4F
T[10]=8B44F7AF	T[26]=C33707D6	T[42]=EAA127FA	T[58]=FE2CE6E0
T[11]=FFFF5BB1	T[27]=F4D50D87	T[43]=D4EF3085	T[59]=A3014314
T[12]=895CD7BE	T[28]=455A14ED	T[44]=04881D05	T[60]=4E0811A1
T[13]=6B901122	T[29]=49E3E905	T[45]=D9D4D039	T[61]=F7537E82
T[14]=FD987193	T[30]=FCEFA3F8	T[46]=E6DB99E5T	T[62]=BD3AF235
T[15]=A679438E	T[31]=676F02D9	T[47]=1FA27CF8	T[63]=2AD7D2BB
T[16]=49B40821	T[32]=8D2A4C8A	T[48]=C4AC5665	T[64]=EB86D391

（4）$\mathrm{MD}_0 = \mathrm{IV}$（$A, B, C, D$ 缓存器的初始矢量）

$$\mathrm{MD}_{q+1} = \mathrm{MD}_q + f_I[Y_q, f_H[Y_q, f_G[Y_q, f_F[Y_q, \mathrm{MD}_q]]]]$$

$\mathrm{MD} = \mathrm{MD}_{L-1}$（最终的杂凑值）。

MD-5 的安全性依赖于求具有相同 hash 值的两个消息在计算上是不可行的。MD-5 的输出为 128b，若采用纯强力攻击寻找一个具有给定 hash 值的消息，计算困难性为 2^{128}；用每秒可试验 10^9 个消息的计算机计算，需耗时 1.07×10^{22} 年。若采用生日攻击法，寻找有相同 hash 值的两个消息需要试验 2^{64} 个消息，用每秒可试验 10^9 个消息的计算机需时 585 年。

对单轮 MD-5 的攻击已有结果。与 Snefru 相比较，两者均为 32b 字运算。Snefru 采用 S-BOX，XOR 函数，MD-5 用 mod 2^{32} 加。对 MD-4 的攻击，可参阅[Biham 1992; Vaudenary 1995；Dobbertin 1996]。Dobbertin 对 MD-4 的攻击计算复杂度为 $O(2^{40})$。对 MD-4 与 MD-5 的攻击，可参阅相关文献[den Boer 等 1993]。

2004 年 8 月 17 日，在美国加州圣巴巴拉召开的美密会（Crypto 2004）上，中国的王小云、冯登国、来学嘉和于红波 4 位学者宣布，只需一小时就可找出 MD-5 的碰撞。此研究成果引起了密码学界的强烈反响，国际密码专家称这是密码学界近年来“最具实质性的研究进展”。

虽然 MD-5 算法已经不再使用，但其设计思想仍然对设计新的杂凑函数具有一定的指导意义。

6.4.2 SHA系列杂凑函数

SHA是Secure Hash Algorithm的简写，即安全杂凑函数，是美国国家标准技术研究所（NIST）发布的国家标准中所规定的一系列杂凑函数算法，其既可用于数字签名标准算法（Digital Signature Standard，DSS），也可用于其他需要用hash算法的场景[FIPS 180 1993，FIPS 180-1 1993]，具有较高的安全性。SHA系列算法有SHA-0、SHA-1和SHA-2构成，SHA-0是1993年RSA公司提出的MD-5的改进算法，并被作为美国国家标准使用，SHA-0继承了MD-5结构清晰、运算简单快速的优点，但提出后不久就被发现其算法的漏洞，于是在1994年进行了改进，成为SHA-1算法。2002年NIST又根据实际情况增加3种杂凑函数算法，并根据其输出长度的不同分别命名为SHA-256、SHA-384和SHA-512算法，统称为SHA-2算法。

由于近年来对现有杂凑算法的成功攻击，NIST在2007年正式宣布在全球范围内征集新的下一代杂凑密码算法，经过多轮筛选，于2012年10月公布了新一代杂凑算法标准——Keccak，即SHA-3算法。

下面介绍SHA算法的具体实现过程。

SHA的基本框架与MD-4类似。消息经填充成为512b的整数倍。填充先加“1”，后跟许多“0”，且最后64b表示填充前消息长度，（故填充值为1～512b）。以5个32b变量作为初始值（十六进制数表示）：*A*=67 45 23 01，*B*=EF CD AB 89，*C*=98 BA DC FE，*D*=10 32 54 76，*E*=C3 D2 E1 F0。

1. 主环路

消息$Y_0, Y_1, \cdots, Y_L$为512b分组，每组有16个32b字，每送入512b，先将$A,B,C,D,E \Rightarrow AA,BB,CC,DD,EE$，进行4轮迭代，每轮完成20个运算，每个运算对$A,B,C,D,E$中的3个进行非线性运算，然后做移位运算（类似于MD-5），运算如图6-9所示。每轮有一常数Kt，实际上仅用4个常数，即

$$0 \leqslant t \leqslant 19 \quad Kt = 5A827999$$
$$20 \leqslant t \leqslant 39 \quad Kt = 6ED9EBA1$$
$$40 \leqslant t \leqslant 59 \quad Kt = 8F1BBCDC$$
$$60 \leqslant t \leqslant 79 \quad Kt = CA62C1D6$$

各轮的基本运算如表6-7所示。

表6-7 SHA各轮的基本运算

轮	$f_t(B,C,D)$
$0 \leqslant t \leqslant 19$	$(B \bullet C) \vee (\overline{B} \bullet D)$
$20 \leqslant t \leqslant 39$	$B \oplus C \oplus D$
$40 \leqslant t \leqslant 59$	$(B \bullet C) \vee (B \bullet D) \vee (C \bullet D)$
$60 \leqslant t \leqslant 79$	$B \oplus C \oplus D$

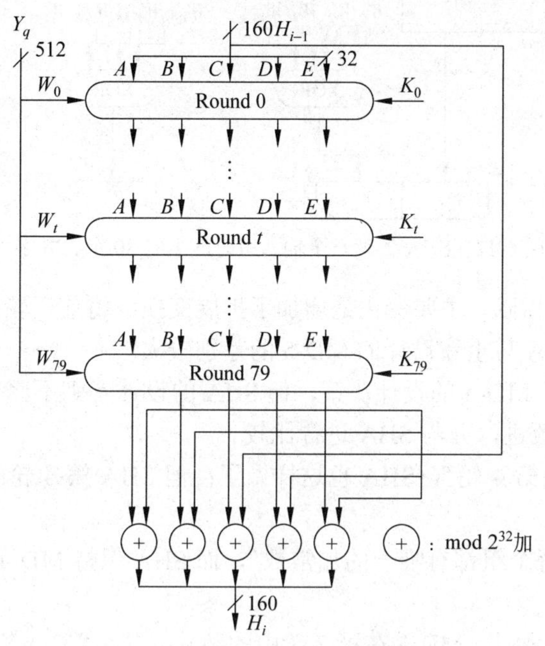

图 6-9　SHA 各 512b 组的处理

2. SHA 的基本运算

SHA 的基本运算如图 6-10 所示。每轮基本运算如下：

$$A,B,C,D,E \leftarrow (\mathrm{CLS}_5(A)+f_t(B,C,D)+E+W_t+K_t),A,\mathrm{CLS}_{30}(B),C,D$$

其中，A,B,C,D,E 为 5 个 32b 存储单元（共 160b）；

t 为轮数，$0\leqslant t\leqslant 79$；

f_t 为基本逻辑函数（如表 6-7 所示）；

CLS_s：左循环移 s 位；

W_t：由当前输入导出，为一个 32b 字；

K_t：上述定义常数；

＋：mod 2^{32} 加；

$W_t=M_t$（输入的相应消息字），$0\leqslant t\leqslant 15$；

$W_t=W_{t-3}\mathrm{XOR}W_{t-8}\mathrm{XOR}W_{t-14}\mathrm{XOR}W_{t-16}$，$16\leqslant t\leqslant 79$。

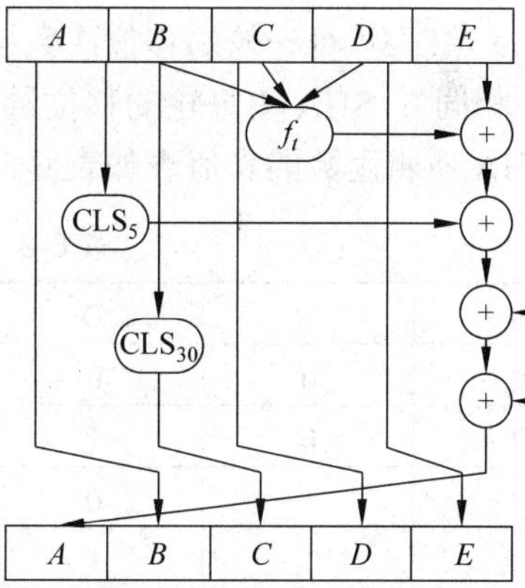

图 6-10　SHA 的基本运算框图

图 6-11 为从输入的 16 个 32b 字变换成处理所需的 80 个 32b 字的方法：

$\mathrm{MD}_0=\mathrm{IV}$，ABCD 为缓存器的初始值。

$\mathrm{MD}_{q+1}=\mathrm{SUM}_{32}(\mathrm{MD}_q,\mathrm{ABCDE}_q)$，其中，$\mathrm{ABCDE}_q$ 是上一轮第 q 消息组处理输出的结果；SUM_{32} 是对输入按字分别进行 mod 2^{32} 加。

$\mathrm{MD}=\mathrm{MD}_{L-1}$，$L$ 是消息填充后的总组数。MD 是最后的杂凑值。

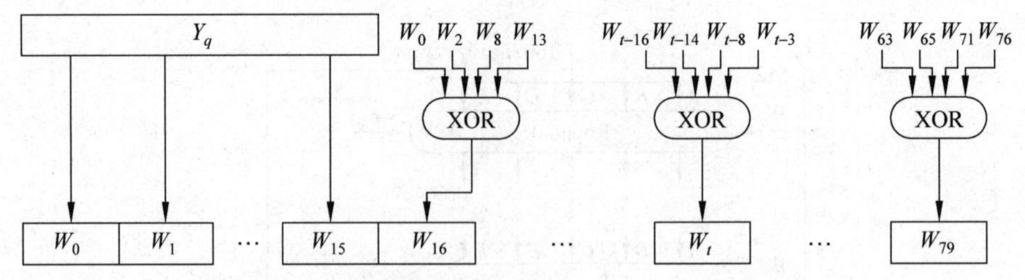

图6-11 SHA处理一个输入组时产生的80个32b字

SHA与MD-4很相似，主要变化是增加了扩展变换，将前一轮的输出加到下一轮，以加速雪崩效应。SHA与重新设计的MD-5的差别较大。

R.L.Rivest公开了MD-5的设计决策，但SHA的设计者则不愿公开其设计。下面介绍MD-5对MD-4的改进，并与SHA进行比较。

（1）MD-5“增加第4轮”，SHA也这样做了；但SHA第4轮的轮函数与第2轮的轮函数一样。

（2）MD-5的“每个组都有唯一的加常数”，而SHA保持MD-4方案，对20轮的每组重复使用其常数。

（3）“为了减少对称性，MD-5在第2轮中的函数 g 从（XY or XZ or YZ）变为（XZ or Y（not Z））”，而SHA采用MD-4文本（XY or XZ or YZ）。

（4）MD-5的每步都与前一步的结果相加，这使雪崩效应“更快”；在SHA中做了相同改动，不同点是SHA中增加了第5个变量，且不是 f_i 中已采用的 B，C 或 D，这个小小变化使den Boer-Bosselaers对MD-5的攻击方法对SHA无效。

（5）MD-5“在第2轮、第3轮中接收输入数据的次序有变动，使得这些图样之间彼此不相同”；SHA则完全不同，因其用了循环纠错码。

（6）MD-5“每一轮的移位次数接近于最佳，以产生较快的雪崩效应，不同轮的移位次数不相同”；SHA中每轮的移位量不变，移位次数与字长互素，这与MD-4相同。

SHA逻辑函数的真值表如表6-8所示。

表6-8 SHA逻辑函数的真值表

B	C	D	$f_{0\cdots19}$	$f_{20\cdots39}$	$f_{40\cdots59}$	$f_{60\cdots79}$
0	0	0	0	0	0	0
0	0	1	1	1	0	1
0	1	0	0	1	0	1
0	1	1	1	0	1	0
1	0	0	0	1	0	1
1	0	1	0	0	1	0
1	1	0	1	0	1	0
1	1	1	1	1	1	1

SHA与MD-4、MD-5的比较如表6-9所示。

表 6-9　SHA 与 MD-4、MD-5 的比较

	MD-4	SHA	MD-5
杂凑值	128b	160b	128b
分组处理长	512b	512b	512b
基本字长	32b	32b	32b
步数	48(3×16)	80(4×20)	64（4×16）
消息长	$\leqslant 2^{64}$b	$\leqslant 2^{64}$b	不限
基本逻辑函数	3	3（第 2，4 轮相同）	4
常数个数	3	4	64
速度		约为 MD-4 的 3/4	约为 MD-4 的 1/7

总之，它们之间的比较可简单地表示如下：

SHA=MD-4＋扩展变换＋外加一轮＋更好的雪崩。

MD-5=MD-4＋改进的比特杂凑＋外加一轮＋更好的雪崩。

2005 年 2 月，王小云等学者在 SHA-1 的破译工作方面取得了突破性的进展，证明 SHA-1 的碰撞可以在 2^{69} 次运算后找出，而不是之前大家普遍预期的 2^{80} 次运算。同年，王小云团队改进了算法，已令尝试次数减少至 2^{63}。

6.4.3　中国商用杂凑函数 SM3

SM3 杂凑函数是中国国家密码管理局于 2010 年颁布的一种商用密码杂凑函数，消息分组 512 比特，输出杂凑值 256 比特，采用 Merkle-Damgard 结构。SM3 密码杂凑算法的压缩函数与 SHA-256 的压缩函数具有相似的结构，但 SM3 压缩函数的结构和消息拓展的过程都更加复杂。

1. 符号、常量与函数

SM3 杂凑函数使用了以下符号、常数与函数。

（1）符号

ABCDEFGH：8 个字寄存器或它们的值的串联

$B_{(i)}$：第 i 个消息分组

CF：压缩函数

FF_j：布尔函数，随 j 的变化取不同的表达式

GG_j：布尔函数，随 j 的变化取不同的表达式

IV：初始值，用于确定压缩函数寄存器的初态

P_0：压缩函数中的置换函数

P_1：消息扩展中的置换函数

T_j：常量，随 j 的变化取不同的值

m：消息

m'：填充后的消息

mod：模运算

$\wedge$：32比特与运算

$\vee$：32比特或运算

$\oplus$：32比特异或运算

$\neg$：32比特非运算

+：mod 2^{32} 算术加运算

$<<<k$：循环左移 k 比特运算

$\leftarrow$：左向赋值运算符

（2）初始值

IV =7380166f 4914b2b9 172442d7 da8a0600 a96f30bc 163138aa e38dee4d b0fb0e4e

（3）常量

$$T_j=\begin{cases}\text{79cc4519} & 0\leqslant j\leqslant 15\\ \text{7a879d8a} & 16\leqslant j\leqslant 63\end{cases}$$

（4）布尔函数

$$FF_j(X,Y,Z)=\begin{cases}X\oplus Y\oplus Z & 0\leqslant j\leqslant 15\\ (X\wedge Y)\vee(X\wedge Z)\vee(Y\wedge Z) & 16\leqslant j\leqslant 63\end{cases}$$

$$GG_j(X,Y,Z)=\begin{cases}X\oplus Y\oplus Z & 0\leqslant j\leqslant 15\\ (X\wedge Y)\vee(\neg X\wedge Z) & 16\leqslant j\leqslant 63\end{cases}$$

式中 X, Y, Z 为32位比特串。

（5）置换函数

$$P_0(X)=X\oplus(X<<<9)\oplus(X<<<17)$$

$$P_1(X)=X\oplus(X<<<15)\oplus(X<<<23)$$

式中 X 为32位比特串。

2. 算法描述

对长度为 $l\,(l<2^{64})$ 比特的消息 m，SM3杂凑算法经过填充和迭代压缩，生成杂凑值，杂凑值长度为256比特。

（1）填充

假设消息 m 的长度为 l 比特。首先将比特“1”添加到消息的末尾，再添加 k 个“0”，k 是满足 $l+1+k\equiv 448 \bmod 512$ 的最小的非负整数。然后再添加一个64位比特串，该比特串是长度 l 的二进制表示。填充后的消息 m' 的比特长度为512的倍数。

例如：对消息01100001 01100010 01100011，其长度 $l=24$，经填充得到比特串：

$$01100001\ 01100010\ 01100011\ 1\ \overbrace{00\cdots00}^{423\text{比特}}\ \underbrace{\overbrace{00\cdots011000}^{64\text{比特}}}_{l\text{的二进制表示}}$$

（2）迭代压缩

将填充后的消息 m' 按512比特进行分组，迭代过程如下：

$$m'=B^{(0)}B^{(1)}\cdots B^{(n-1)}$$

其中，$n=(l+k+65)/512$。

对 m' 按以下方式迭代：

$$\text{FOR } i = 0 \text{ TO } n-1$$
$$V^{(i+1)} = \text{CF}\left(V^{(i)}, B^{(i)}\right)$$
$$\text{ENDFOR}$$

其中，CF 是压缩函数，$V^{(0)}$为 256 比特初始值 IV，$B^{(i)}$为填充后的消息分组，迭代压缩的结果为 $V^{(n)}$。

（3）消息扩展

将消息分组 $B^{(i)}$ 按以下方法扩展生成 132 个字 $W_0, W_1, \cdots, W_{67}$，W_0'，W_1'，⋯，W_{63}'，用于压缩函数 CF：

a）将消息分组 $B^{(i)}$ 划分为 16 个字 $W_0, W_1, \cdots, W_{15}$。

b）

FOR j = 16 TO 67

$$W_j \leftarrow P_1\left(W_{j-16} \oplus W_{j-9} \oplus \left(W_{j-3} <<< 15\right)\right) \oplus \left(W_{j-13} <<< 7\right) \oplus W_{j-6}$$

ENDFOR

（4）压缩函数

令 A, B, C, D, E, F, G, H 为字寄存器，SS1, SS2, TT1, TT2 为中间变量，压缩函数 $V^{i+1} = \text{CF}(V^{(i)}, B^{(i)}), 0 < i < n-1$。计算过程描述如下：

$ABCDEFGH \leftarrow V^{(i)}$

FOR j = 16 TO 63

$$\begin{aligned}
&\text{SS1} \leftarrow \left(\left(A <<< 12\right) + E + \left(T_j <<< j\right)\right) <<< 7 \\
&\text{SS2} \leftarrow \text{SS1} \oplus \left(A <<< 12\right) \\
&\text{TT1} \leftarrow \text{FF}_j\left(A, B, C\right) + D + \text{SS2} + W_j' \\
&\text{TT2} \leftarrow \text{GG}_j\left(E, F, G\right) + H + \text{SS1} + W_j \\
&D \leftarrow C \\
&C \leftarrow B <<< 9 \\
&B \leftarrow A \\
&A \leftarrow \text{TT1} \\
&H \leftarrow G \\
&G \leftarrow F <<< 19 \\
&F \leftarrow E \\
&E \leftarrow P_0\left(\text{TT2}\right)
\end{aligned}$$

ENDFOR

$$V^{(i+1)} \leftarrow ABCDEFGH \oplus V^{(i)}$$

其中，字为 32 位比特串，存储为大端(big-endian)格式。大端格式是数据在内存中的一种存储格式，规定左边为高有效位，右边为低有效位，数的高位字节置于存储器的低地址，数的地位字节放在存储器的高地址。

（5）杂凑值

$$ABCDEFGH \leftarrow V^{(n)}$$

输出256比特的杂凑值 $y = ABCDEFGH$。

（6）示例

为了推广应用SM3算法，中国国家密码管理局在颁布SM3杂凑函数算法的同时，也给出了 SM3 的实现示例以及各步骤中的详细值。感兴趣的读者可从网络地址http://www.oscca.gov.cn/News/201012/News_1199.htm 获取相关实例信息。

（7）安全性分析

就压缩函数而言，SM3密码杂凑函数与SHA-256 具有相似的结构，但是SM3算法的压缩函数的每一步都使用 2 个消息字，每一步的扩散能力更强。由于 SM3 算法的快速扩散能力，完整的SM3 算法仍具有抵抗各种已知攻击的能力，具有非常高的安全性。

6.5 HMAC

前面介绍了采用对称分组密码的消息认证码（MAC），即FIPS PUB 113 中定义的消息认证算法，该算法是构造 MAC 的最常用方法。近年来，人们对利用密码杂凑函数来设计MAC越来越感兴趣，因为：

（1）一般像MD-5和SHA系列的杂凑函数，其软件执行速度比DES这样的对称分组密码要快。

（2）可利用密码杂凑函数代码库。

（3）美国或其他国家对密码杂凑函数没有出口限制，而对于即使用于 MAC 的对称分组密码都有出口限制。

MD-5这样的杂凑函数并不是专门为MAC而设计的。由于杂凑函数不依赖于密钥，所以它不能直接用于 MAC。目前，将密钥加入到现有杂凑函数中有许多方案，HMAC（RFC 2104）是最受欢迎的方案之一[Bellare 等 1996a，1996b]，它被选为IP安全中实现MAC 所必须使用的方法，并且其他因特网协议中（如 SSL）也使用了 HMAC。HMAC目前已经作为RFC2104草案公布。

6.5.1 HMAC 的设计目标

RFC 2104给出了HMAC的设计目标：

（1）可不经修改而使用现有的杂凑函数，特别是那些易于软件实现的、源代码可方便获取且免费使用的杂凑函数。

（2）其中镶嵌的杂凑函数可易于替换为更快或更安全的杂凑函数。

（3）保持镶嵌的杂凑函数的最初性能，不因用于HMAC而使其性能降低。

（4）以简单方式使用和处理密钥。

（5）在对镶嵌的杂凑函数合理假设的基础上，易于分析 HMAC 用于认证时的密码强度。

前两个目标是HMAC为人们所接受的重要原因。HMAC将杂凑函数看成是“黑匣子”有两个好处。第一，实现HMAC时可将现有杂凑函数作为一个模块，这样可以对许多 HMAC 代码预先封装，并在需要时直接使用；第二，若希望替代 HMAC 中的杂凑函数，则只需要删去现有的杂凑函数模块，并加入新的模块。例如，当需要更快的杂凑函数时就可如此处理。更重要的是，如果嵌入的杂凑函数的安全受到威胁，那么只需要用更安全的杂凑函数替换嵌入的杂凑函数（如用 SHA-1 替代 MD-5），仍然可保持 HMAC 的安全性。

上述最后一个设计目标实际上是 HMAC 优于其他基于杂凑函数的一些方法的主要方面。只要嵌入的杂凑函数有合理的密码分析强度，则可以证明 HMAC 是安全的。

关于一些 MAC 的新构造法可参阅相关文献[Bellare 等 1996a；Krawczyk 1995]，对流密码的认证性研究可参阅相关文献[Desmedt 1985；Lai 等 1992]。

6.5.2　算法描述

图 6-12 是 HMAC 算法的运行框图，其中 H 为嵌入的杂凑函数（如 MD-5 和 SHA），M 为 HMAC 的输入消息（包括杂凑函数所要求的填充位），Y_i（$0 \leqslant i \leqslant L-1$）是 M 的第 i 个分组，L 是 M 的分组数，b 是一个分组中的比特数，n 为有迁入的杂凑函数所产生的杂凑值的长度，K 为密钥，如果密钥长度大于 b，则将密钥输入到杂凑函数中产生一个 n 比特长的密钥，K^+ 是左边经填充 0 后的 K，K^+ 的长度为 n 比特，ipad 为 b/8 个 00110110，opad 为 b/8 个 01011010。

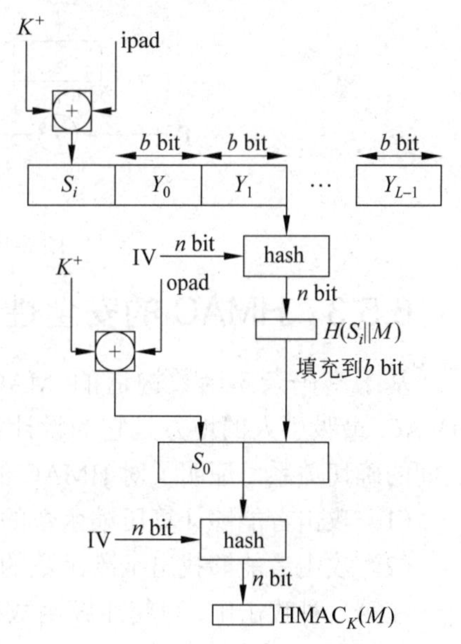

图 6-12　HMAC 的算法框图

算法的输出可表示如下：

$$\mathrm{HMAC}_k = H((K^+ \oplus \mathrm{opad}) \| H((K^+ \oplus \mathrm{ipad}) \| M))$$

算法的运行过程可描述如下：

（1）K 的左边填充 0 以产生一个 b 比特长的 K^+（例如 K 的长为 160 比特，b=512，则需填充 44 个 0 字节 0x00）。

（2）K^+ 与 ipad 逐比特异或以产生 b 比特的分组 S_i。

（3）将 M 连接到 S_i 后。

（4）将 H 作用于步骤（3）产生的数据流。

（5）K^+ 与 opad 逐比特异或以产生 b 比特的分组 S_0。

（6）将步骤（4）得到的杂凑值连接在 S_0 后。

（7）将 H 作用于步骤（6）产生的数据流并输出最终结果。

注意，K^+ 与 ipad 逐比特异或以及 K^+ 与 opad 逐比特异或的结果是将 K 中的一半比特取反，但两次取反的比特位置不同。而 S_i 和 S_0 通过杂凑函数中压缩函数的处理，则相当于以伪随机方式从 K 产生两个密钥。

在实现 HMAC 时，可预先求出下面两个量（如图 6-13 所示，虚线以左为预计算）：

$$f(\mathrm{IV},(K^{+}\oplus \mathrm{ipad}))$$

其中，f(cv,block)是杂凑函数中的压缩函数，其输入是 n 比特的链接变量和 b 比特的分组，输出是 n 比特的链接变量。这两个量的预先计算只在每次更改密钥才需进行。事实上这两个预先计算的量用于作为杂凑函数的初值 IV。

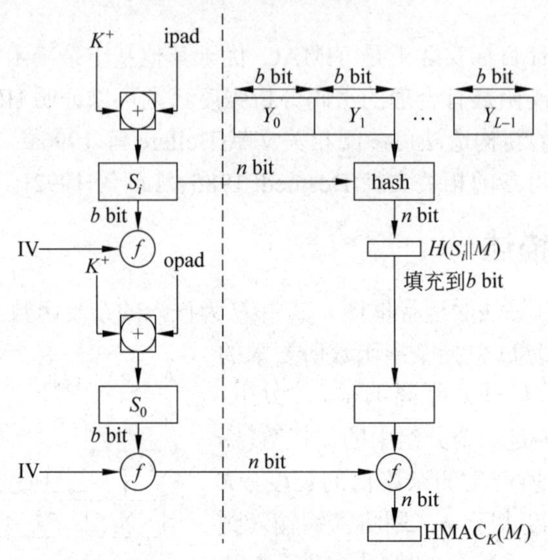

图 6-13　HMAC 的有效实现

6.5.3　HMAC 的安全性

基于密码杂凑函数构造的 MAC 的安全性取决于镶嵌的杂凑函数的安全性，而 HMAC 最吸引人的地方是它的设计者已经证明了算法的强度和嵌入的杂凑函数的强度之间的确切关系，证明了对 HMAC 的攻击等价于对内嵌杂凑函数的下述两种攻击之一：

（1）攻击者能够计算压缩函数的一个输出，即使 IV 是随机的和秘密的。

（2）攻击者能够找出杂凑函数的碰撞，即使 IV 是随机的和秘密的。

在第一种攻击中，可将压缩函数视为与杂凑函数等价，而杂凑函数的 n 比特长 IV 可视为 HMAC 的密钥。对这一杂凑函数的攻击可通过对密钥的穷搜索来进行，也可通过第二类生日攻击来实施，通过对密钥的穷搜索攻击的复杂度为 $O(2^{n})$，通过第二类生日攻击又可归结为上述第二种攻击。

第二种攻击指攻击者寻找具有相同杂凑值的两个消息，因此就是第二类生日攻击。对杂凑值长度为 n 的杂凑函数来说，攻击的复杂度为 $O(2^{n/2})$。因此第二种攻击对 MD-5 的攻击复杂度为 $O(2^{64})$，就现在的技术来说，这种攻击是可行的。但这是否意味着 MD-5 不适合用于 HMAC？回答是否定的。原因如下：攻击者在攻击 MD-5 时，可选择任何消息集合后离线寻找碰撞。由于攻击者知道杂凑算法和默认的 IV，因此能为自己产生的每个消息求出杂凑值。然而，在攻击 HMAC 时由于攻击者不知道密钥 K，从而不能离线产生消息和认证码对。所以攻击者必须得到 HMAC 在同一密钥下产生的一系列消息，并对得到的消息序列进行攻击。对长 128 比特的杂凑值来说，需要得到同一密钥产生的 2^{64} 个分组（2^{73}）比特。在 1Gb/s 的链路上，需要 250 000 年，因此 MD-5 完全适合于 HMAC，而且就速度而言，MD-5 要快于 SHA 作为内嵌的杂凑函数的 HMAC［William 2006］。

习　题

一、填空题

1. 可以用来产生认证符的函数类型可分为 3 类，分别为________、________和________。

2. 消息加密本身提供了一种认证手段。应用于消息加密的两种体制分别是________和________。

3. 消息认证码又称________，也是一种________，它利用________来生成________，并将其附加在消息后。

4. 杂凑函数的性质：________、________、________和________。

5. 消息认证码的函数形式是________，其中，M 是________，K 是________，$C_K(M)$ 是________。

6. 迭代杂凑函数的构造方法：________、________、________、________和________。

7. MD5 的实现：（1）________：用 32b 软件易于高速实现。（2）________：描述简单，短程序可实现，易于对其安全性进行评估。（3）________。

8. 美国 NIST 和 NSA 设计的一种标准算法________，既可用于________，也可用于其他需要用________算法的情况。

9. ________是中国国家密码管理局于 2010 年颁布的一种商用密码杂凑函数，该算法消息分组为________，输出杂凑值长度为________，采用________结构。

10. RFC2104 给出了 HMAC 的设计目标：（1）可不经修改而使用现有的________，特别是那些易于________、源代码可方便获取且免费使用的________。（2）________，（3）________，（4）________，（5）在对镶嵌的杂凑函数合理假设的基础上，________。

11. HMAC 最吸引人的地方是它的设计者已经证明了________和________之间的确切关系，证明了对 HMAC 的攻击等价于对________的下述两种攻击之一：（1）________，（2）________。

二、思考题

1. 什么是消息认证码（MAC）？它与消息杂凑值的主要区别是什么？

2. 什么是篡改检测码（MDC）？MDC 是如何产生和怎样使用的？消息认证码（MAC）是 MDC 吗？（消息的）数字签名是 MDC 吗？

3. 说明消息认证码的基本用途。

4. 杂凑函数具有哪些性质？

5. 列举迭代杂凑函数的构造方法。

6. 为什么说杂凑函数实际上是不可逆的？

7. 对称和非对称数据完整性技术的主要区别是什么？

8. 设杂凑函数的输出空间大小为 2160b，找到该杂凑函数碰撞所花费时间期望值是什么？

9. 比较 MD-4，MD-5，SHA 及 SM3 的异同点。

10. 什么是 HMAC？HMAC 的设计目标是什么？

第7章 数字签名

数字签名在身份认证、数据完整性、不可否认性以及匿名性等信息安全领域中有重要应用，特别是在大型网络安全通信中的密钥分配、认证，以及电子商务系统中发挥着重要作用。数字签名是实现认证的重要工具。本章介绍数字签名的基本概念，以及各种常用的数字签名体制，如RSA，ElGamal，Schnorr，DSS和SM2等签名体制。此外，还要介绍一些特殊用途的数字签名，如不可否认签名、防失败签名、盲签名和群签名等。

7.1 数字签名基本概念

政治、军事、外交等文件、命令和条约，商业契约以及个人书信等，传统上采用手书签名或印章，以便在法律上能认证、核准、生效。随着计算机通信网的发展，人们希望通过电子设备实现快速、远距离的交易，数字（或电子）签名法应运而生，并开始用于商业通信系统，如电子邮递、电子转账和办公自动化等系统。

类似于手书签名，数字签名也应满足以下要求：

（1）收方能够确认或证实发方的签名，但不能伪造，简记为R1-条件。

（2）发方发出签名的消息给收方后，就不能再否认他所签发的消息，简记为S-条件。

（3）收方对已收到的签名消息不能否认，即有收报认证，简记为R2-条件。

（4）第三者可以确认收发双方之间的消息传送，但不能伪造这一过程，简记为T-条件。

数字签名与手书签名的区别在于，手书签名是模拟的，且因人而异。数字签名是0和1的数字串，因消息而异。数字签名与消息认证的区别在于，消息认证使收方能验证消息发送者及所发消息内容是否被篡改过。当收、发者之间没有利害冲突时，这对于防止第三者的破坏来说是足够了。但当收者和发者之间有利害冲突时，单纯用消息认证技术就无法解决他们之间的纠纷，此时须借助满足前述要求的数字签名技术。

为了实现签名目的，发方必须向收方提供足够的非保密信息，以便使其能验证消息的签名；但又不能泄漏用于产生签名的机密信息，以防他人伪造签名。因此，签名者和证实者可公用的信息不能太多。任何一种产生签名的算法或函数都应当提供这两种信息，而且从公开的信息很难推测出用于产生签名的机密信息。此外，任何一种数字签名的实现都有赖于仔细设计的通信协议。

数字签名有两种：一种是对整体消息的签名，它是消息经过密码变换的被签消息整体；一种是对压缩消息的签名，它是附加在被签名消息之后或某一特定位置上的一段签名图样。若按明、密文的对应关系划分，每种又可分为两个子类：一类是确定性（deterministic）数字签名，其明文与密文一一对应，它对一特定消息的签名不变化，如RSA和Rabin等签名；另一类是随机化（randomized）或概率式数字签名，它对同一消息的签名是随机变化的，取决于签名算法中的随机参数的取值。一个明文可能有多个合法数字签名，如ElGamal等签名。

一个签名体制一般含有两个组成部分：签名算法（Signature Algorithm）和验证算法（Verification Algorithm）。对 m 的签名可简记为 $\mathrm{Sig}(m) = \sigma'$，而对 σ' 的验证简记为 $\mathrm{Ver}(\sigma')$={真，伪}={0，1}。签名算法或签名密钥是秘密的，只有签名人掌握；验证算法应当公开，以便于他人进行验证。

一个签名体制可由量（M，S，K，V）组成，其中 M 是明文空间，S 是签名的集合，K 是密钥空间，V 是验证函数的值域，由真、伪组成。

对于每一个 $k \in K$ 有一签名算法，易于计算：

$$\sigma' = \mathrm{Sig}_k(m) \in S \tag{7-1}$$

和一验证算法：

$$\mathrm{Ver}_k(m, \sigma') \in \{\text{真，伪}\} \tag{7-2}$$

它们对每一 $m \in M$，有签名 $\mathrm{Sig}_k(m) \in S$（为 $M \to S$ 的映射）。（m，σ'）对易于验证 S 是否为 m 的签名：

$$\mathrm{Ver}_k(m, \sigma') = \begin{cases} \text{真，当 } \sigma' = \mathrm{Sig}(m) \\ \text{伪，当 } \sigma' \neq \mathrm{Sig}(m) \end{cases} \tag{7-3}$$

体制的安全性在于，从 m 和其签名 σ' 难以推出 k 或伪造一个 m'，使 m' 和 σ' 可被证实为真。

消息签名与消息加密有所不同。消息加密和解密可能是一次性的，它要求在解密之前是安全的；而一个签名的消息可能作为一个法律上的文件，如合同等，很可能在对消息签署多年之后才验证其签名，且可能需要多次验证此签名。因此，人们对签名的安全性和防伪造的要求更高，且要求证实速度比签名速度更快，特别是联机在线实时验证。

随着计算机网络的发展，过去依赖于手书签名的各种业务都可用这种电子数字签名代替，它是实现电子贸易、电子支票、电子货币、电子购物、电子出版及知识产权保护等系统安全的重要保证。有关签名算法的综合性介绍可参阅相关文献[Diffie 等 1976；Menezes 等 1997；Mitchell 等 1992；Schneier 1996；Stinson 1995；Rivest 1990b]。

7.2 RSA签名体制

7.2.1 体制参数

令 $n = p_1 p_2$，p_1 和 p_2 是大素数，令 $M = S = Z_n$，选 e 并计算出 d 使 $ed \equiv 1 \bmod \varphi(n)$，公开 n 和 e，将 p_1、p_2 和 d 保密。$K=(n, p_1, p_2, e, d)$。

7.2.2 签名过程

对消息 $M \in Z_n$，定义：

$$S = \mathrm{Sig}_k(M) = M^d \bmod n \tag{7-4}$$

为对 M 的签名。

7.2.3 验证过程

对给定的 M 和 S，可按式（7-5）验证：

$$\mathrm{Ver}_k(M, S) = 真 \Leftrightarrow M = S^e \bmod n \tag{7-5}$$

7.2.4 安全性

显然，由于只有签名者知道 d，根据 RSA 体制知道其他人不能伪造签名，但易于证实所给任意（M，S）对是否由消息 M 和相应签名构成的合法对。如第 5 章中所述，RSA 体制的安全性依赖于 $n = p_1 p_2$ 分解的困难性[Rivest 1978]。

ISO/IEC 9796 和 ANSI X9.30-199X 已将 RSA 作为建议数字签名标准算法[Menezes 等 1997]。PKCS #1 是一种采用杂凑算法（如 MD-2 或 MD-5 等）和 RSA 相结合的公钥密码标准[RSA Lab 1993；Menezes 等 1997]。有关 ISO/IEC 9796 安全性分析可参阅相关文献[Guillou 等 1990]。

7.3 ElGamal 签名体制

ElGamal 签名体制由 T. ElGamal 于 1985 年提出，其修正形式已被美国 NIST 作为数字签名标准（DSS）。它是 Rabin 体制的一种变型，专门设计作为签名用。方案的安全性基于求离散对数的困难性。它是一种非确定性的双钥体制，即对同一明文消息，由于随机参数选择不同而有不同的签名。

7.3.1 体制参数

p：一个大素数，可使 Z_p 中求解离散对数为困难问题；

g：是 Z_p 中乘群 Z_p^* 的一个生成元或本原元素；

$H(M)$：消息摘要空间，为 Z_p^*；

S：签名空间，为 $Z_p^* \times Z_{p-1}$；

x：用户密钥 $x \in Z_p^*$。

$$y \equiv g^x \bmod p \tag{7-6}$$

密钥：$K = (p, g, x, y)$，其中 p，g 和 y 为公钥，x 为密钥。

7.3.2 签名过程

给定消息 M，发端用户进行下述工作：

（1）选择秘密随机数 $k \in Z_{p-1}^*$。

（2）计算 $H(M)$：

$$r \equiv g^k \bmod p \tag{7-7}$$

$$s \equiv (H(M) - xr)\, k^{-1} \bmod (p-1) \tag{7-8}$$

（3）将 $\mathrm{Sig}_k(M) = S = (r \| s)$ 作为签名，将 M 和 $(r \| s)$ 送给对方。

7.3.3 验证过程

收信人收到 M，$(r \| s)$，先计算 $H(M)$，并按式（7-9）验证：

$$\mathrm{Ver}_k(H(M), r, s) = 真 \Leftrightarrow y^r r^s \equiv g^{H(M)} \bmod p \tag{7-9}$$

这是因为 $y^r r^s \equiv g^{rx} g^{sk} \equiv g^{(rx+sk)} \bmod p$，由式（7-8）有：

$$(rx+sk) \equiv H(M) \bmod (p-1) \tag{7-10}$$

故有：

$$y^r r^s \equiv g^{H(M)} \bmod p \tag{7-11}$$

在此方案中，对同一消息 M，由于随机数 k 不同而有不同的签名值 $S = (r \| s)$。

例 7-1 选 $p = 467$，$g = 2$，$x = 127$，则有 $y \equiv g^x \equiv 2^{127} \equiv 132 \bmod 467$。

若待发送消息为 M，其杂凑值为 $H(M) = 100$，选随机数 $k = 213$，注意，(213，466）=1 且 $213^{-1} \bmod 466 = 431$，则有 $r \equiv 2^{213} \equiv 29 \bmod 467$。$s \equiv$（100−127 × 29）× 431 ≡ $51 \bmod 466$。

验证：收信人先算出 $H(M) = 100$，然后验证 $132^{29} 29^{51} \equiv 189 \bmod 467$，$2^{100} \equiv 189 \bmod 467$。

7.3.4 安全性

（1）不知消息签名对攻击。攻击者在不知道用户密钥 x 的情况下，若想伪造用户的签名，可选 r 的一个值，然后试验相应 s 取值，为此必须计算 $\log_r g^x s^{-r}$。也可先选一个 s 的取值，然后求出相应 r 的取值，试验在不知道 r 条件下分解方程：

$$y^r s^s ab \equiv g^M \bmod p$$

这些都是离散对数问题。至于能否同时选出 a 和 b，然后解出相应 M，这仍面临求离散对数问题，即需计算 $\log_g y^r r^s$。

（2）已知消息签名对攻击。假定攻击者已知 $(r \| s)$ 是消息 M 的合法签名。令 h、i、j 是整数，其中，$h \geqslant 0$，i、$j \leqslant p-2$，且 $(hr - js, p-1) = 1$。攻击者可计算

$$r' \equiv r^h y^i \bmod p \tag{7-12}$$

$$s' \equiv s\lambda(hr - js)^{-1} \bmod (p-1) \tag{7-13}$$

$$M' \equiv \lambda(hM + is)(hr - js)^{-1} \bmod (p-1) \tag{7-14}$$

则 $(r' \| s')$ 是消息 M' 的合法签名。但这里的消息是 M'，并非是攻击者选择的利于他的消

息。如果攻击者要对其选定的消息得到相应的合法签名，仍然面临求离散对数的问题。如果攻击者掌握了同一随机数 r 下的两个消息 M_1 和 M_2 的合法签名$(r_1\|s_1)$和$(r_2\|s_2)$，则由：

$$M_1 \equiv r_1 k + s_1 r \bmod (p-1) \tag{7-15}$$

$$M_2 \equiv r_2 k + s_2 r \bmod (p-1) \tag{7-16}$$

就可以解出用户的密钥 k。因此在实用中，对每个消息的签名都应变换随机数 k，而且对某消息 M 签名所用的随机数 k 不能泄漏，否则将可由式（7-10）解出用户的密钥 x。目前，ANSI X9.30-199X 已将 ElGamal 签名体制作为签名标准算法。

7.4 Schnorr 签名体制

Schnorr C 于 1989 年提出一种签名体制——Schnorr 签名体制。

7.4.1 体制参数

p，q：大素数，$q \mid p-1$，q 是大于等于 160b 的整数，p 是大于等于 512b 的整数，保证 Z_p 中求解离散对数困难；

g：Z_p^* 中元素，且 $g^q \equiv 1 \bmod p$；

x：用户密钥，$1 < x < q$；

y：用户公钥，$y \equiv g^x \bmod p$；

消息空间 $m = Z_p^*$，签名空间 $s = Z_p^* \times Z_q$；密钥空间

$$k = \{(p,q,g,x,y): y \equiv g^x \bmod p\} \tag{7-17}$$

7.4.2 签名过程

令待签消息为 M，对给定的 M 做下述运算：

（1）签名用户任选一秘密随机数 $k \in Z_q$。

（2）计算：

$$r \equiv g^k \bmod p \tag{7-18}$$

$$s \equiv k + xe \bmod q \tag{7-19}$$

式中：

$$e = H(r \| M) \tag{7-20}$$

（3）将消息 M 及其签名 $S = \mathrm{Sig}_k(M) = (e \| s)$ 送给收信人。

7.4.3 验证过程

收信人收到消息 M 及签名 $S = (e \| s)$ 后：

（1）计算

$$r' \equiv g^s y^{-e} \bmod p \tag{7-21}$$

然后计算 $H(r' \| M)$。

（2）验证

$$\mathrm{Ver}(M,r,s) \Leftrightarrow H(r' \| M) = e \tag{7-22}$$

因为，若 $(e \| s)$ 是 M 的合法签名，则有 $g^s y^{-e} \equiv g^{k+xe} y^{-xe} \equiv g^k \equiv r \bmod p$，式（7-22）必成立。

7.4.4 Schnorr 签名与 ElGamal 签名的不同点

（1）在 ElGamal 体制中，g 为 Z_p 的本原元素；在 Schnorr 体制中，g 为 Z_p^* 中子集 Z_q^* 的本原元素，它不是 Z_p^* 的本原元素。显然 ElGamal 的安全性要高于 Schnorr。

有关 Schnorr 签名的各种变型可参阅相关文献[Brickell 等 1992]。De Rooij[1991，1993]对 Schnorr 方案的安全性进行了分析。

（2）Schnorr 的签名较短，由 $|q|$ 及 $|H(M)|$ 决定。

（3）在 Schnorr 签名中，$r = g^k \bmod p$ 可以预先计算，k 与 M 无关，因而签名只需一次 $\bmod q$ 乘法及减法。所需计算量少、速度快，适用于智能卡应用。

例 7-2 选取素数 $q = 101$，$p = 7879(q \mid p-1)$，生成元 $g = 170$，选取私钥 $x = 75$，计算公钥 $y = 170^{75} \bmod 7879 = 4567$，设选定的哈希函数为 H，A 的公开参数为（7879，101，170，4567）及 H，私钥为 75。假设要签名的消息为 m，签名如下：

（1）用户 A 选取随机数 $k = 50$，计算 $r = g^k \bmod p = 170^{50} \bmod 7879 = 2518$。

（2）计算 $e = H(m \| r) = H(m \| 2518)$，假设计算的结果为 96（依赖于所选取的哈希函数）。

（3）计算 $s = 50 + 75 \times 96 \bmod 101 = 79$。

（4）签名结果为（e，s）＝（96，97）。

签名验证：计算 $r' = 170^{79} \times 4567^{-96} \bmod 7879 = 2518$；检查等式 $e' = H(m \| r')$ 是否成立。如果相等，则接受签名。

7.5 DSS 签名标准

7.5.1 概况

DSS 签名标准是 1991 年 8 月由美国 NIST 提出，1994 年 5 月 19 日正式公布，1994 年 12 月 1 日正式采用的美国联邦信息处理标准。其中采用了第 6 章中介绍的 SHA，其安全性基于求离散对数的困难性。SHA 是在 ElGamal 和 Schnorr[1991]两个方案基础上设计的。DSS（Digital Signature Standard）中采用的算法简记为 DSA（Digital Signature Algorithm）。此算法由 D. W. Kravitz 设计。

这类签名标准具有较好的兼容性和适用性，已成为网络安全体系的基本构件之一。

7.5.2　签名和验证签名的基本框图

图 7-1（a）和（b）分别示出了 RSA（LUC）签名体制和 DSS 签名体制的基本框图。其中，h：hash 运算；M：消息；E：加密；D：解密；K_{US}：用户密钥；K_{UP}：用户公钥；K_{UG}：部分或全局用户公钥；k：随机数。

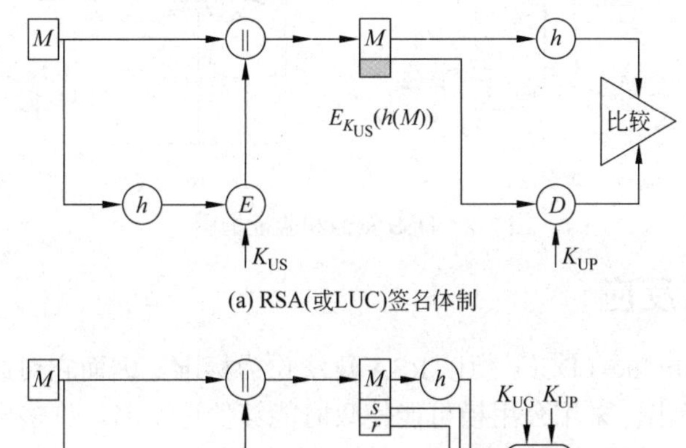

(a) RSA(或LUC)签名体制

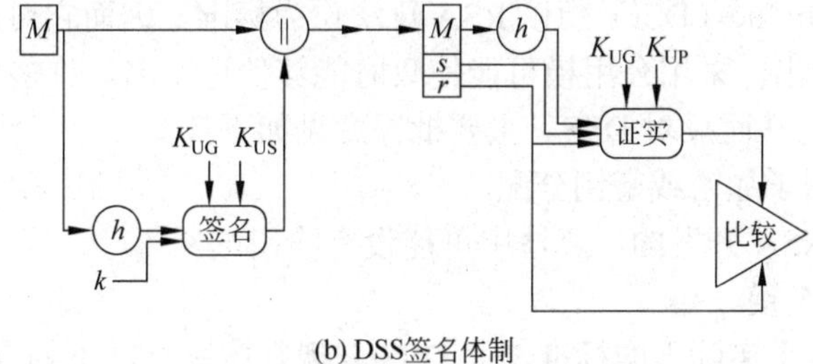

(b) DSS签名体制

图 7-1　RSA 和 DSS 签名体制示意图

7.5.3　算法描述

（1）全局公钥（p，q，g）：

p：是 $2^{L-1} < p < 2^L$ 中的大素数，$512 \leqslant L \leqslant 1024$，按 64b 递增；

q：$(p-1)$ 的素因子，且 $2^{159} < q < 2^{160}$，即字长 160b；

g：$g = h^{(p-1)/q} \bmod p$，且 $1 < h < (p-1)$，满足 $h^{(p-1)/q} \bmod p > 1$。

（2）用户密钥 x：x 为在 $0 < x < q$ 内的随机或拟随机数。

（3）用户公钥 y：$y = g^x \bmod p$。

（4）用户对每个消息用的秘密随机数 k：在 $0 < k < q$ 内的随机或拟随机数。

（5）签名过程：对消息 $M \in Z_p^*$，其签名为

$$S = \mathrm{Sig}_k(M) = (r, s) \tag{7-23}$$

其中，$S \in Z_q \times Z_q$，

$$r \equiv (g^k \bmod p) \bmod q \tag{7-24}$$

$$s \equiv [k^{-1}(h(M) + xr)] \bmod q \tag{7-25}$$

（6）验证过程：计算

$$w = s^{-1} \bmod q\text{；}\quad u_1 = [h(M)w] \bmod q\text{；}$$

$$u_2 = rw \bmod q\text{；}\quad v = [(g^{u_1} y^{u_2}) \bmod p] \bmod q$$

$$\mathrm{Ver}(M, r, s) = \text{真} \Leftrightarrow v = r \tag{7-26}$$

7.5.4 DSS签名和验证框图

图7-2为DSS签名和验证框图。

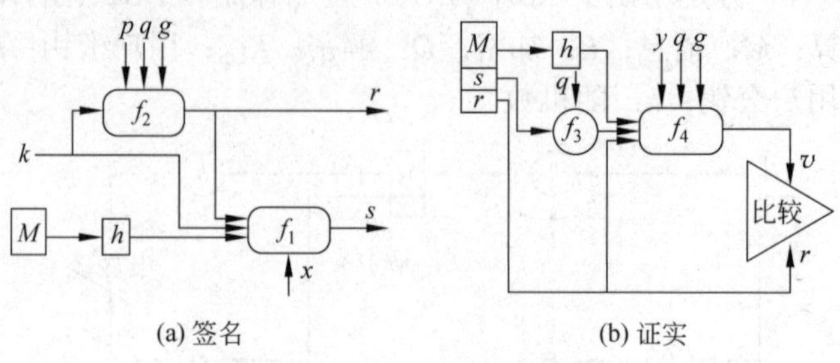

(a) 签名　　(b) 证实

图7-2　DSS签名和验证框图

7.5.5 公众反应

RSA Data Security Inc（DSI）想以RSA算法作为标准，因而它对此反应强烈。在标准公布之前，它就指出，采用公用模可能使政府能够伪造签名。许多大的软件公司早已得到RSA的许可证，从而反对DSS。主要批评意见如下：

（1）DSA不能用于加密或密钥分配。

（2）DSA是由NSA开发的，算法中可能设有陷门。

（3）DSA比RSA慢。

（4）RSA已是一个实际上的标准，而DSS与现行国际标准不相容。

（5）DSA未经公开选择过程，还没有足够的时间进行分析证明。

（6）DSA可能侵犯了其他专利（如Schnorr签名算法和Diffie-Hellman的公钥密钥分配算法）。

（7）由512b所限定的密钥量太小，现已改为凡是512～1024b中可被64除尽的数，均可供使用。有关批评意见可参阅相关文献[Smid 等 1992a]。

7.5.6 实现速度

预计算：随机数r与消息无关，选一数串k，预先计算出其r。对k^{-1}也可这样做。预计算大大加快了DSA的速度。DSA和RSA的比较如表7-1所示。

表7-1　DSA和RSA比较

	DSA	RSA	DSA采用公用p、q、g
总计算	Off Card(P)	N/A	Off Card(P)
密钥生成	14s	Off Card(S)	4s
预计算	14s	N/A	4s
签字	0.035s	15s	0.035s
证实	16s	1.5s	10s

注意：脱卡（Off Card）计算以33MHz的80386 PC，S是脱卡秘密参数，模皆为512b。

NIST曾给出一种求DSA体制所需素数的建议算法，这一体制是在ElGamal体制基础上构造的。有关 ElGamal 体制安全性讨论也涉及 DSA，如秘密随机数 k 若被重复使用，则有被破译的危险性。大范围用户采用同一公共模会成为众矢之的。Simmons[1993a，1993b]还发现，DSA 可能会提供一个潜信道。还有人提出对 DSA 的各种修正方案[Yen 1994；Nyberg 等 1993]。

7.6 中国商用数字签名算法 SM2

SM2 椭圆曲线数字签名算法是 2010 年 12 月由我国国家密码管理局正式公布的商用数字签名标准。同时公布的还包含加解密算法和密钥交换协议。该组椭圆曲线密码算法已经广泛应用在多类商用密码产品之中。本节仅介绍数字签名算法，其他算法在相关章节中介绍，全面详细的介绍请参见 SM2 标准。

7.6.1 体制参数

（1）选择一个椭圆曲线。国家密码管理局在 SM2 椭圆曲线公钥密码算法中推荐使用的曲线为 256 位素数域 GF(p)上的椭圆曲线。方程形式为：$y^2=x^3+ax+b$。具体曲线参数可见本书 5.6.1 节内容。

（2）设置用户 A 的私钥 $d_A\in[1,n-1]$ 和用户 A 的公钥 $P_A=[d_A]G=(x_A,y_A)$。

（3）选择一个密码杂凑算法，设为 $H_v()$。表示摘要长度为 v 比特的密码杂凑函数。如国家密码管理局发布的 SM3 算法。

（4）选择一个安全的随机数发生器，建议选用国家密码管理局批准的随机数发生器。

（5）假设签名者 A 具有长度为 $entlen_A$ 比特的可辨别标识 ID_A，记 $ENTL_A$ 是由整数 $entlen_A$ 转换而成的两个字节。在椭圆曲线数字签名算法中，签名者和验证者都需要用密码杂凑函数求得用户 A 的杂凑值 $Z_A=H_{256}(ENTL_A\|ID_A\|a\|b\|x_G\|y_G\|x_A\|y_A)$。

7.6.2 签名过程

假设待签名的消息为 M，为了获取消息 M 的数字签名(r, s)，作为签名者的用户 A 应执行以下运算步骤：

（1）置 $\bar{M}=Z_A\|M$；

（2）计算 $e=H_v(\bar{M})$，并将 e 的数据类型转换为整数；

（3）用随机数发生器产生随机数 $k\in[1,n-1]$；

（4）计算椭圆曲线点 $(x_1,y_1)=[k]G$，并将 x_1 的数据类型转换为整数；

（5）计算 $r=(e+x_1)\bmod n$，若 $r=0$ 或 $r+k=n$ 则返回步骤（3）；

（6）计算 $s=((1+d_A)^{-1}\cdot(k-r\cdot d_A))\bmod n$，若 $s=0$ 则返回步骤（3）；

（7）将 r、s 的数据类型转换为字节串，消息 M 的签名为 (r,s)。

为了帮助读者理解，SM2 标准也给出了数字签名生成算法流程，具体如图 7-3 所示。

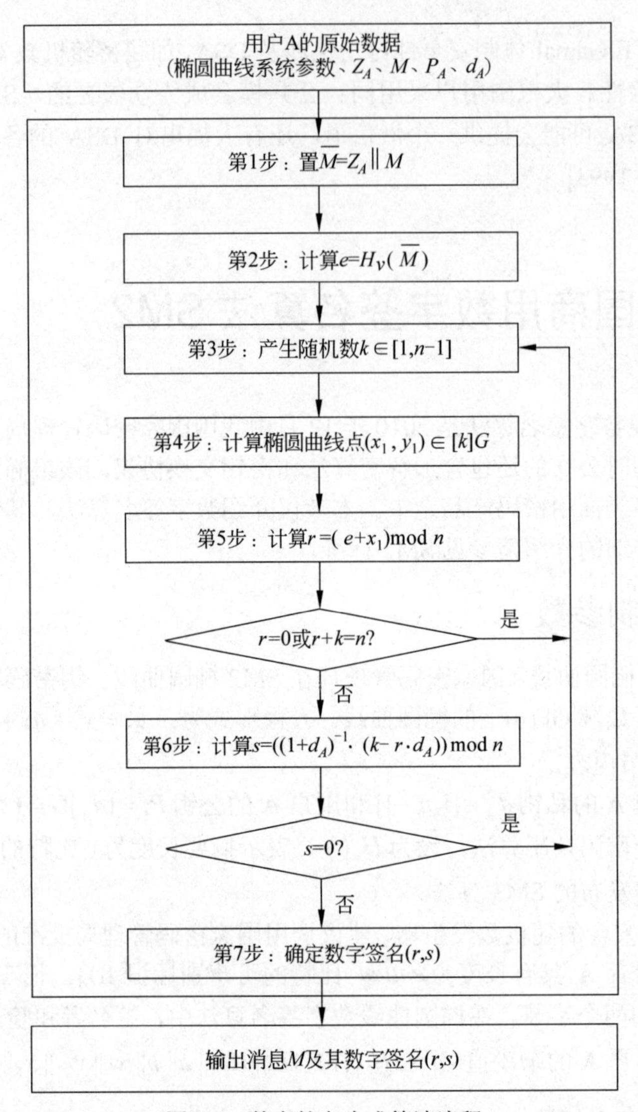

图 7-3　数字签名生成算法流程

7.6.3　验证过程

为了检验收到的消息M'及其数字签名(r',s')，作为验证者的用户B应实现以下运算步骤：

（1）检验$r'\in[1,n-1]$是否成立，若不成立则验证不通过；

（2）检验$s'\in[1,n-1]$是否成立，若不成立则验证不通过；

（3）置$\overline{M'}=Z_A \| M'$；

（4）计算$e'=H_v\left(\overline{M'}\right)$，将$e'$的数据表示为整数；

（5）将r'和s'的数据转换为整数，计算$t=\left(r',s'\right)\bmod n$，若$t=0$，则验证不通过；

（6）计算椭圆曲线点$\left(x_1',y_1'\right)=\left[s'\right]G+\left[t\right]P_A$；

（7）将x_1'的数据转换为整数，计算$R=(e'+x_1')\bmod n$，检验$R=r'$是否成立，若成立则验证通过；否则验证不通过。

为了帮助读者理解，SM2 标准也给出了数字签名生成算法流程，具体如图 7-4 所示。

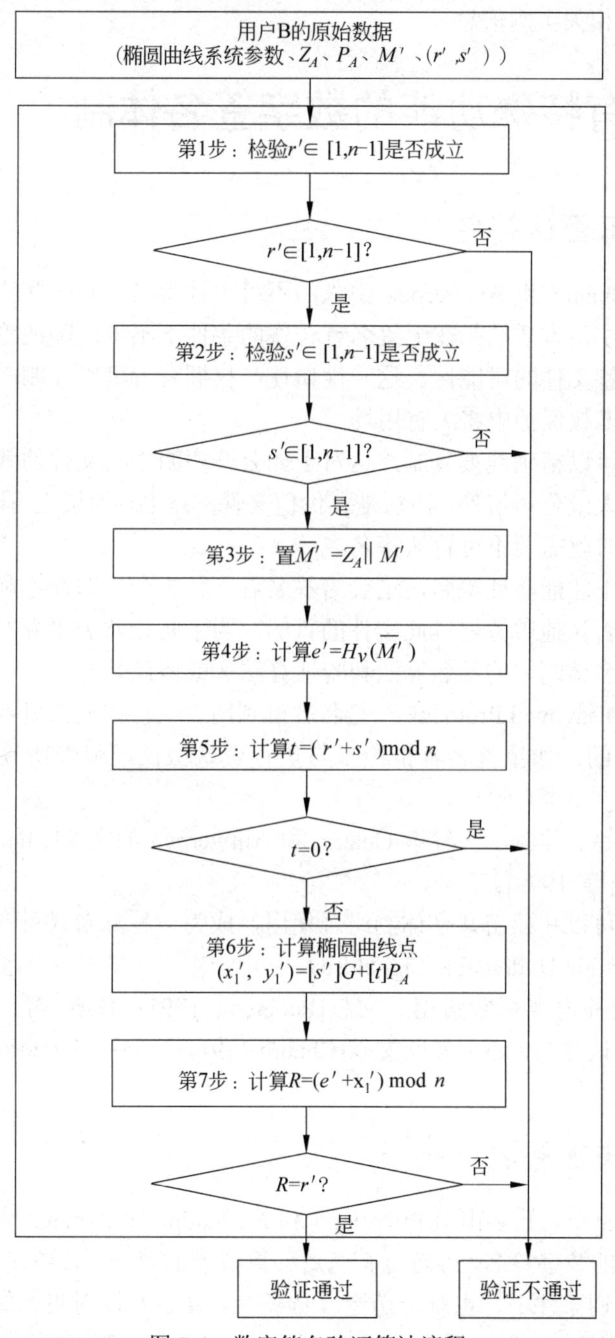

图 7-4 数字签名验证算法流程

7.6.4 签名实例

为了推广应用 SM2 算法，中国国家密码管理局在颁布 SM2 公钥密码算法时，分别给出了 SM2 数字签名算法在两类椭圆曲线上消息签名和验证的实例，以及各步骤中的详细值。感兴趣的读者可从 Web 地址 http://www.sca.gov.cn/sca/xwdt/2010-12/17/content_1002386.shtml 获取相关实例信息。

7.7 具有特殊功能的数字签名体制

7.7.1 不可否认签名

1989 年，由 Chaum 和 Antwerpen 引入的不可否认签名具有一些特殊性质，非常适用于某些应用。其中最本质的是在无签名者合作的条件下不可能验证签名，从而可以防止复制或散布他所签文件的可能性，这一性质使产权拥有者可以控制产品的散发。这在电子出版物的知识产权保护中将大有用场。

普通数字签名可以精确地被复制，这对于如公开声明之类文件的散发是必需的，但对另一些文件如个人或公司信件，特别是有价值文件的签名，如果也可随意复制和散发，就会造成灾难。这时就需要不可否认签名。

在签名者合作下才能验证签名，这会给签名者一种机会，即在不利于他时，他可以拒绝合作，以达到否认他曾签署过此文件的目的。为了防止此类事件发生，不可否认签名除了采用一般签名体制中的签名算法和验证算法（或协议）外，还需要第 3 个组成部分，即否认协议（Disavowal Protocol），签名者可利用否认协议向法庭或公众证明一个伪造的签名确实是假的；如果签名者拒绝参与执行否认协议，就表明签名确实是由他签署的。

有关不可否认签名体制，可参考 Chaum 和 Antwerpen 的文章[Chaum 等 1989]和王育民等的书[王育民等 1999]。

不可否认签名可以和秘密共享体制组合使用，成为一种分布式可变换不可否认签名（Distributed Convertible Undeniable Signature），它由一组人中的几个人参与协议执行来验证某人的签名。相关内容可参阅相关文献[Pederson 1991；Harn 等 1992；Sakano 等 1993]。有关不可否认签名，还可参阅文献[Chaum 1991，1995；Okamoto 等 1994；Boyar 等 1991]。

7.7.2 防失败签名

防失败（Fail Stop）签名由 B.Pfitzmann 和 M.Waidner[Pfitzmann 等 1991]引入。这是一种强化安全性的数字签名，可防范有充足计算资源的攻击者。当 *A* 的签名受到攻击，甚至分析出 *A* 的密钥条件下，也难于伪造 *A* 的签名，*A* 也难以对自己的签名进行抵赖。

防失败签名体制可参考 van Heyst 和 Pederson[van Heyst 等 1992]所提方案。它是一种一次性签名方案。即给定密钥只能签署一个消息。它由签名、验证和“对伪造的证明”（Proof of Forgery）算法等 3 部分组成。

有关防失败签名体制还可参阅相关文献[Pfitzmann 等 1991；Damgård 等 1997]。

7.7.3　盲签名

对于一般的数字签名来说，签名者总是要先知道文件内容而后才签署，这正是通常所需要的。但有时需要某人对一个文件签名，但又不让他知道文件内容，把这种签名称为盲签名（Blind Signature）。盲签名的概念是由 Chaum[Chaum 1983]最先提出的，在选举投票和数字货币协议中将会碰到这类要求。利用盲变换可以实现盲签名，如图 7-5 所示。

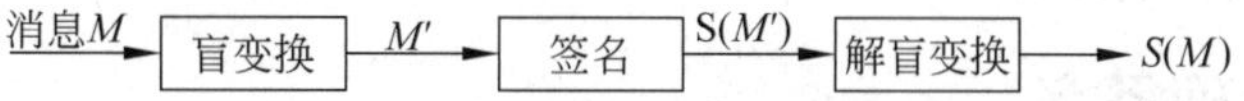

消息M → [盲变换] —M'→ [签名] —$S(M')$→ [解盲变换] → $S(M)$

图 7-5　盲签名框图

任何盲签名，都必须利用分割-选择原则。Chaum 提出一种更复杂的算法来实现盲签名。后来他还提出了一些更复杂但更灵活的盲签名法。

有关盲签名的各种方案可参阅相关文献[Camenisch 等 1994；Horster 等 1995；Stadler 等 1995]。盲签名在新型电子商务系统中将有重要应用[Chaum 等 1989，1990；Chaum 1989；Okamoto 1995]。

7.7.4　群签名

群体密码学（Group Oriented Cryptography）由 Desmedt 于 1987 年提出。它是研究面向社团或群体中所有成员需要的密码体制。在群体密码中，有一个公用的公钥，群体外面的人可以用它向群体发送加密消息，密文收到后，由群体内部成员的子集共同进行解密。本节介绍群体密码学中有关签名的一些内容。

群签名（Group Signature）是面向群体密码学的一个课题，1991 年由 Chaum 和 van Heyst 提出。它有下述几个特点：只有群中成员能代表群体签名；接收到签名的人可以用公钥验证群签名，但不可能知道由群体中哪个成员所签；发生争议时，由群体中的成员或可信赖机构识别群签名的签名者。

例如，这类签名可用于项目投标。所有公司应邀参加投标，这些公司组成一个群体，且每个公司都匿名地采用群签名对自己的标书签名。当选中了一个满意的标书后，招标方就可识别出签名的公司，而其他标书仍保持匿名。中标者若想反悔已无济于事，因为在没有他参加下仍可以正确识别出他的签名。这类签名还可在其他类似场合使用。

群签名也可以由可信赖的中心协助执行，中心掌握各签名人与所签名之间的相关信息，并为签名人匿名签名保密；有争执时，可以由签名识别出签名人[Chaum 1991]。

Chaum 和 Heyst[Chaum 等 1990]曾提出 4 种群签名方案。其中，有的由可信赖中心协助实现群签名功能，有的采用不可否认并结合否认协议实现。

Chaum 所提方案，不仅可由群体中一个成员的子集一起识别签名者，还可允许群体在不改变原有系统各密钥下添加新的成员。

群签名目标是对签名者实现无条件匿名保护，且又能防止签名者的抵赖，因此称其为群体内成员的匿名签名（Anonymity Signature）更合适些[Chen 1994；Chen 等 1994]。

前面已介绍过不可抵赖签名，这里介绍在一个群体中由多个人签署文件时能实现不可抵赖特性的签名问题。Desmedt 等提出的实现方案多依赖于门限公钥体制。

一个面向群体的（t，n）不可抵赖签名，其中 t 是阈值，n 是群体中成员总数，群体有一公用公钥。签名时也必须有 t 人参与才能产生一个合法的签名，而在验证签名时也必须至少有群体内成员合作参与下才能证实签名的合法性。这是一种集体签名共同负责制。L.Harn 和 S.Yang[Harn 等 1992]提出了一种 $t=1$ 和 $t=n$ 的方案。D.Wang[Wang 1996]给出了$1 \leqslant t \leqslant n$的两种方案。

7.7.5 代理签名

代理（proxy）签名是某人授权其代理进行的签名。在不将其签名密钥交给代理人的条件下，如何实现委托签名呢？Mambo 等[1995]提出了一种解决办法，能够使代理签名具有如下特点：

（1）不可区分性（indistinguishability），代理签名与某人通常签名不可区分。

（2）不可伪造性（unforgeability），只有原来签名人和所托付的代理签名人可以建立合法的委托签名。

（3）代理签名的差异（deviation），代理签名者不可能制造一个合法代理签名不被检测出它是一个代理签名。

（4）可证实性（verifiability），签名验证人可以相信委托签名就是原签名人认可的签名消息。

（5）可识别性（identifiability），原签名人可以从委托签名确定出代理其签名人的身份。

（6）不可抵赖性（undeniability），代理签名人不能抵赖他所建立的已被接受的委托签名。

有时可能需要更强的可识别性，即任何人可以从委托签名确定出代理签名人的身份。有关具体实现算法可参阅相关文献[Mambo 等 1995]。

7.7.6 指定证实人的签名

一个机构中指定一个人负责证实所有人的签名，任何成员所签的文件都具有不可否认性，但证实工作均由指定人完成，这种签名称做指定证实人的签名（Designated Confirmer Signatures），它是普通数字签名和不可否认数字签名的折中。签名人必须限定由谁才能证实他的签名；但是，如果让签名人完全控制签名的实施，他可能会用肯定或否定方式拒绝合作，他也可能为此宣布密钥丢失，或可能根本不提供签名。指定证实人签名，可以给签名人一种不可否认签名的保护，但又不会让他滥用这类保护。这种签名也有助于防止签名失效，例如，在签名人的签名密钥确实丢失，或在他休假、病倒甚至已去世时都能对其签名提供保护。

指定证实人的签名可以用公钥体制结合适当的协议设计来实现。证实人相当于仲裁角色，他将自己的公钥公开，任何人对某文件的签名都可以通过他来证实。有关具体算法可参阅相关文献[Okamoto 等 1994]。

7.7.7　一次性数字签名

若数字签名机构至多只能对一个消息进行签名，否则签名就可被伪造，这种签名被称做一次性（One Time）签名体制。在公钥签名体制中，它要求对每个消息都要用一个新的公钥作为验证参数。一次性数字签名的优点是产生和证实都较快，特别适用于要求计算复杂性低的芯片卡。有关一次性数字签名，人们已提出几种实现方案，如 Rabin 一次性签名方案、Merkle 一次性签名方案、GMR 一次性签名方案、Bos 等的一次性签名方案。这类方案多与可信赖第三方相结合，并通过认证树结构实现[Menezes 等 1997]。

7.7.8　双有理签名方案

Shamir 在 1993 年提出了双有理签名方案[Shamir 1993]，Coppersmith 对其进行了攻击和分析研究，具体内容可参见相关文献[Coppersmith 等 1997]。

7.8　数字签名的应用

数字签名方案常因不同的应用而异，本文将在后续章节中介绍数字签名在协议中的各种各样的应用，如数字签名应用在认证的密钥建立协议、数字证书与公钥基础设施等应用场景中。

习　　题

一、填空题

1. 类似手书签名，数字签名也应满足________、________、________和________。
2. 按明、密文的对应关系划分，数字签名可以分为________和________。
3. RSA 签名体制的安全性依赖于________。
4. ElGamal 签名体制的安全性依赖于________。
5. 不可否认签名的本质是________。
6. 群签名是面向________，其目的是________。
7. SM2 是国家密码管理局于 2010 年颁布的基于______________密码算法，具体包括两个算法 1 个协议，分别是________、________和________。

二、思考题

1. 分析 RSA 算法存在的安全缺陷。
2. 查找并阅读 SM2 椭圆曲线公钥密码算法标准，了解算法流程，构思一种 SM2 数字签名算法的应用场景。
3. 比较 ElGamal 签名体制与 SM2 签名算法的异同。

4. 比较 RSA 签名体制、ElGamal 签名体制和 Schnorr 签名体制的异同。

5. 比较签名标准算法 DSA 与 ElGamal 签名体制的异同。

6. 编程实现 SM2 椭圆曲线数字签名方案。

7. 什么是不可否认签名、防失败签名、盲签名和群签名？

8. 当签名与加密结合时，有两种顺序：一种是先加密后签名，另一种是先签名后加密，试比较这两种方式的安全性。

第8章 密码协议

8.1 协议的基本概念

在现实生活中，人们对协议并不陌生，人们都在自觉或不自觉地使用各种协议。例如，在处理国际事务时，国家政府之间通常要遵守某种协议；在法律上，当事人之间常常要按照规定的法律程序去处理纠纷；在打扑克、电话订货、投票或到银行存/取款时，都要遵守特定的协议。由于人们能够熟练地使用这些协议来有效地完成所要做的事情，所以很少有人去深入地考虑它们。

协议（protocol）指两个或两个以上的参与者为完成某项特定的任务而采取的一系列步骤。这个定义包含3层含义：第一，协议自始至终是有序的过程，每一步骤必须依次执行。在前一步没有执行完之前，后面的步骤不可能执行。第二，协议至少需要两个参与者。一个人可以通过执行一系列的步骤来完成某项任务，但它不构成协议。第三，通过执行协议必须能够完成某项任务。即使某些东西看似协议，但没有完成任何任务，也不能称为协议，只不过是浪费时间的空操作。

在讨论之前，首先对协议的参与者做表8-1所示的定义。

表8-1　协议中可能的参与者及其作用

协议的参与者	其在协议中所发挥的作用
Alice	在所有协议中，她是第一参与者
Bob	在所有的协议中，他是第二参与者
Carol	在三方或四方协议中，他是参与者之一
Dave	在三方或四方协议中，他是参与者之一
Eve	窃听者
Mallory	恶意的主动攻击者
Trent	可信赖的仲裁者
Walter	监察官，他将在某些协议中保护Alice和Bob
Peggy	证明者
Victor	验证者

8.1.1 仲裁协议

仲裁者（Arbitrator）是某个公正的第三方。在执行协议的过程中，其他各方均信赖他。“公正”意味着仲裁者对参与协议的任何一方没有偏向，而“可信赖”意味着参与协议的所有人均认为他所说的话都是真的，他所做的事都是正确的，并且他将完成协议赋予他的任务。仲裁者能够帮助两个互不信赖的实体完成协议，如图 8-1 所示。

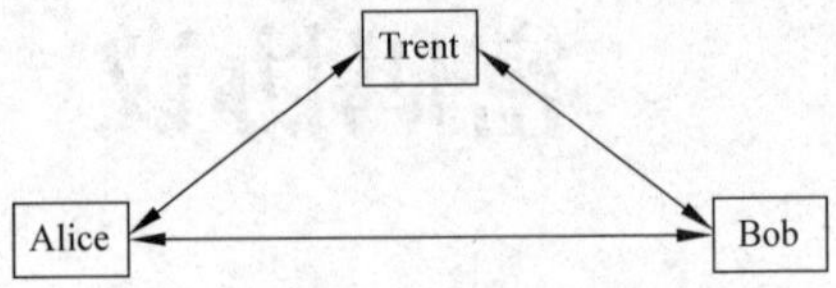

图 8-1　仲裁协议

在现实生活中，律师常常被认为是仲裁者。例如，Alice 要卖汽车给陌生人 Bob，而 Bob 想用支票付账。在 Alice 将车交给 Bob 之前，他必须查清支票的真伪。同样，Bob 也不相信 Alice，在没有获得车主权之前，也不愿将支票交给 Alice。

这时，就需要一个为双方信赖的律师来帮助他们完成交易。Alice 和 Bob 可以通过执行以下协议来确保彼此不受欺骗：

（1）Alice 将车主权和钥匙交给律师。

（2）Bob 将支票交给 Alice。

（3）Alice 在银行兑现支票。

（4）在规定的时间内，若证明支票是真的，律师将车主权和钥匙交给 Bob；若证明支票是假的，Alice 将向律师提供确切的证据，此后律师将车主权和钥匙交还给 Alice。

在这一协议中，Alice 相信在她弄清支票的真伪之前律师不会将车主权交给 Bob，一旦发现支票有假，律师还会将车主权归还她；Bob 也相信律师在支票兑现后，将把车主权和钥匙交给他。在协议中，律师只起担保代理作用，他并不关心支票的真伪。

银行也可以充当仲裁人的角色。通过执行以下协议，Bob 可以从 Alice 手中买到车：

（1）Bob 开一张支票并将其交给银行。

（2）在验明 Bob 的钱足以支付支票上的数目后，银行将保付支票交给 Bob。

（3）Alice 将车主权和钥匙交给 Bob。

（4）Bob 将保付支票交给 Alice。

（5）Alice 兑现支票。

这个协议是有效的，因为 Alice 相信银行开具的证明。同时，Bob 也相信银行不会将他的钱用于其他不正当的场合。

然而，在计算机领域中，让计算机充当仲裁人时，会遇到如下一些新的问题：

- 在计算机网络中，彼此互不信赖的通信双方进行通信时，也需要某台计算机充当仲裁者。但是，由于计算机网络的复杂性，使得互相怀疑的通信双方很可能也怀疑作为仲裁者的计算机。
- 在计算机网络中，要设立一个仲裁者，就要像聘请律师一样付出一定的费用。然而，在网络环境下，没有人愿意承担这种额外的开销。
- 当协议中引入仲裁者时，会增加时延。
- 由于仲裁者需要对每一次会话加以处理，它有可能成为系统的瓶颈。在实现时，增加仲裁者的数目可能会缓解这个问题，但是这会增加系统的造价。
- 在网络中，由于每个人都必须信赖仲裁者，因此它也就成为攻击者攻击的焦点。
- 在具有仲裁的协议中，仲裁人的角色由 Trent 来担任。

8.1.2　裁决协议

由于在协议中引入仲裁人会增加系统的造价，所以在实际应用中，通常引入另外一种协议，称为裁决协议。只有发生纠纷时，裁决人才执行此协议；而无纠纷发生时，并不需要裁决人的参与，如图 8-2 所示。

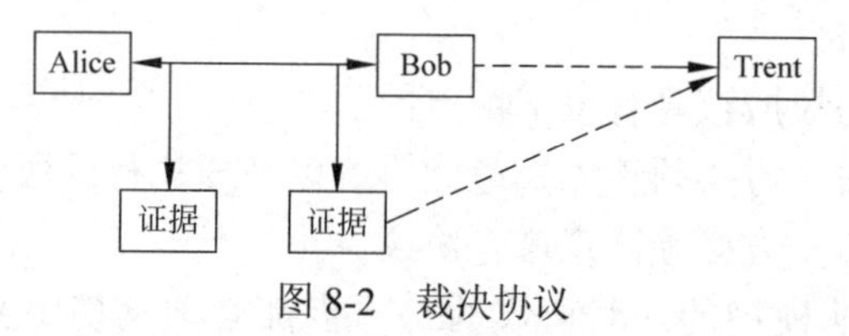

图 8-2　裁决协议

与仲裁人一样，裁决人（adjudicator）也是一个公正的、可信赖的第三方。他不像仲裁者一样直接参与协议。例如，法官是职业裁决人。Alice 和 Bob 在签署合同时，并不需要法官的参与。但是，当他们之间发生纠纷时，就需要法官来裁决。

合同签署协议可以规范地做如下表述：

无仲裁的子协议：

（1）Alice 和 Bob 协商协议的条款。

（2）Alice 签署这个合同。

（3）Bob 签署这个合同。

裁决子协议：

（1）Alice 和 Bob 出现在法官面前。

（2）Alice 向法官提供她的证据。

（3）Bob 向法官提供他的证据。

（4）法官根据双方提供的证据进行裁决。

在计算机网络环境下，也有裁决协议。这些协议建立在各方均是诚实的基础之上。但是，当有人怀疑发生欺骗时，可信赖的第三方就可以根据所存在的某个数据项判定是否存在欺骗。一个好的裁决协议应该能够确定欺骗者的身份。注意，裁决协议只能检测欺骗是否存在，而不能防止欺骗的发生。

8.1.3　自动执行协议

自动执行协议是最好的协议。协议本身就保证了公平性，如图 8-3 所示。这种协议不需要仲裁者的参与，也不需要裁决者来解决争端。如果协议中的一方试图欺骗另一方，那么另一方会立刻检测到该欺骗的发生，并停止执行协议。

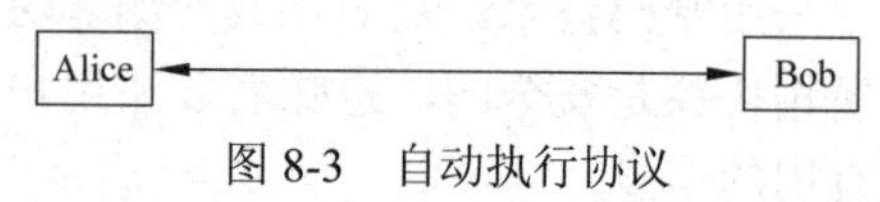

图 8-3　自动执行协议

今天，人们越来越多地使用计算机网络进行交流。计算机能够代替人们完成要做的事情，但是它必须按照事先设计的协议来执行。人可以对新的环境做出相应的反应，而计算机却不能。在这一点上，计算机几乎无灵活性可言。

因此，协议应该对所要完成的某项任务的过程加以抽象。无论对PC还是对VAX机来说，所采用的通信协议都是相同的。这种抽象不仅可以大大提高协议的适应性，也可以使人们十分容易地辨别协议的优劣。协议不仅应该具有很高的运行效率，而且应该具有行为上的完整性。在设计协议时，应该考虑到完成某项任务时可能发生的各种情况，并对其做出相应的反应。

因此，一个好的协议应该具有以下特点：

（1）协议涉及的每一方必须事先知道此协议以及要执行的所有步骤。

（2）协议涉及的每一方必须同意遵守协议。

（3）协议必须是非模糊的。对协议的每一步都必须确切定义，力求做到避免产生误解。

（4）协议必须是完整的。对每一种可能发生的情况都要做出反应。

（5）每一步操作要么是由一方或多方进行计算，要么是在各方之间进行消息传递，二者必居其一。

许多面对面的协议依赖于人出场来保证真实性和安全性。例如，购物时，不可能将支票交给陌生人；与他人玩扑克时，必须保证亲眼看到他洗牌和发牌。然而，当通过计算机与远端的用户进行交流时，真实性和安全性便无法保证。实际上，不仅难以保证使用计算机网络的所有用户都是诚实的，而且也难以保证计算机网络的管理者和设计者都是诚实的。只有通过使用规范化的协议，才可以有效地防止不诚实的用户对网络实施的各种攻击。

从上面的讨论可知，计算机网络中使用的好的通信协议，不仅应该具有有效性、公平性和完整性，而且应该具有足够高的安全性。通常把具有安全性功能的协议称为安全协议。安全协议的设计必须采用密码技术。因此，有时也将安全协议称做密码协议。

密码协议与许多通信协议的显著区别在于它使用了密码技术。在进行密码协议的设计时，常常要用到某些密码算法。密码协议所涉及的各方可能是相互信赖的，也可能彼此互不信任。当成千上万的用户在网络上进行信息交互时，会给网络带来严重的安全问题。例如，非法用户不必对网络上传输的信息解密，就可能利用网络协议自身存在的安全缺陷，获取合法用户的某些机密信息（如用户口令、密钥、用户身份号等），从而冒充合法用户无偿使用网络资源，或窃取网络数据库中的秘密用户文档。因此，设计安全、有效的通信协议，是密码学和通信领域中一个十分重要的研究课题。密码协议的目标不仅仅是实现信息的加密传输，而更重要的是为了解决通信网的安全问题。参与通信协议的各方可能想分享部分秘密来计算某个值、生成某个随机序列、向对方表明自己的身份，或签订某个合同。在协议中采用密码技术，是防止或检测非法用户对网络进行窃听和欺骗攻击的关键技术措施。所谓协议是安全的，意味着非法用户不可能从协议中获得比协议自身所体现的更多的、有用的信息。

在后面几节里，将要讨论许多密码协议。其中，有些协议是不安全的，可能会导致参与协议的一方欺骗另一方。还有一些协议窃听者可以攻破或者能从中获取某些秘密信息。造成协议失败的原因有多种，最主要的是因为协议的设计者对安全需求的定义研究得不够透彻，并且对设计出来的协议缺乏足够的安全性分析。正像密码算法的设计一样，要证明协议的不安全性要比证明其安全性容易得多。

8.2 安全协议分类及基本密码协议

迄今，尚未有人对安全协议进行过详细的分类。其实，将密码协议进行严格分类并非易事。从不同的角度出发，就有不同的分类方法。例如，根据安全协议的功能，可以将其分为认证协议、密钥建立（交换、分配）协议、认证的密钥建立（交换、分配）协议；根据 ISO 的 7 层参考模型，又可以将其分成高层协议和低层协议；按照协议中所采用的密码算法的种类，又可以分成双钥（或公钥）协议、单钥协议或混合协议等。作者认为，比较合理的分类方法是应该按照密码协议的功能来分类，而不管协议具体采用何种密码技术。因此，把密码协议分成以下 3 类：

（1）密钥建立协议（Key Establishment Protocol）：通信双方建立共享秘密。

（2）认证协议（Authentication Protocol）：一个实体向与其通信的另一个实体提供其身份的可信性。

（3）认证的密钥建立协议（Authenticated Key Establishment Protocol）：与另一身份已被或可被证实的实体之间建立共享秘密。

下面对这 3 类协议进行详细讨论。

8.2.1 密钥建立协议

密钥建立协议可在两个或多个实体之间建立共享的秘密，该共享秘密可用于数据加密，通常用作建立一次通信时的会话密钥。下面将主要讨论在两个实体之间建立共享秘密的协议问题。它可以采用单钥、双钥技术实现，有时也要借助于可信赖第三者的参与。可以将其扩展到多方共享密钥，如会议密钥建立，但随着参与方增多，协议会迅速变得很复杂。

在保密通信中，通常对每次会话都采用不同的密钥进行加密。因为这个密钥只用于对某个特定的通信会话进行加密，所以被称为会话密钥。会话密钥只在通信的持续范围内有效，当通信结束后，会话密钥会被清除。如何将这些会话密钥分发到会话者的手中，是本节要讨论的问题。

1. 采用单钥体制的密钥建立协议

密钥建立协议主要可分为密钥传输协议和密钥协商协议，前者是将一个实体建立或收到的密钥安全传送给另一个实体，而后者是由双方（或多方）共同提供信息建立起共享密钥，任何一方都不起决定作用。其他如密钥更新、密钥推导、密钥预分配、动态密钥建立机制等都可由上述两种基本密钥建立协议变化得出。

可信赖服务器（或可信赖第三方、认证服务器、密钥分配中心 KDC、密钥传递中心 KTC、证书发行机构 CA 等）可以在初始化建立阶段、在线实时通信或两者都有的情况下参与密钥分配。

这类协议假设网络用户 Alice 和 Bob 各自都与密钥分配中心 KDC（在协议中扮演 Trent 的角色）共享一个密钥。这些密钥在协议开始之前必须已经分发到位。在下面的讨论中，并不关心如何分发这些共享密钥，仅假设它们早已分发到位，而且 Mallory 对它们一无所知。协议描述如表 8-2 所示。

表 8-2 采用单钥体制的密钥建立协议

密钥建立协议——采用单钥体制
（1）Alice 呼叫 Trent，并请求得到与 Bob 通信的会话密钥。
（2）Trent 生成一个随机会话密钥，并做两次加密：一次是采用 Alice 的密钥，另一次是采用 Bob 的密钥。Trent 将两次加密的结果都发送给 Alice。
（3）Alice 采用共享密钥对属于她的密文解密，得到会话密钥。
（4）Alice 将属于 Bob 的那项密文发送给他。
（5）Bob 对收到的密文采用共享密钥解密，得到会话密钥。
（6）Alice 和 Bob 均采用该会话密钥进行安全通信。

此协议的安全性，完全依赖于 Trent 的安全性。Trent 可能是一个可信赖的通信实体，更可能是一个可信赖的计算机程序。如果 Mallory 买通了 Trent，那么整个网络的机密就会泄漏。由于掌握了所有用户与 Trent 共享的密钥，Mallory 就可以阅读所有过去截获的消息和将来的通信业务。他只需对通信线路搭线，就可以窃听所有加密的消息流。

上述协议存在的另外一个问题是：Trent 可能成为影响系统性能的瓶颈，因为每次进行密钥交换时，都需要 Trent 的参与。如果 Trent 出现问题，就会影响整个系统的正常工作。

2. 采用双钥体制的密钥建立协议

在实际应用中，Bob 和 Alice 常采用双钥体制来建立某个会话密钥，此后采用此会话密钥对数据进行加密。在某些具体实现方案中，Bob 和 Alice 的公钥被可信赖的第三方签名后，存放在某个数据库中。这就使密钥建立协议变得更加简单。即使 Alice 从未听说过 Bob，她也能与其建立安全的通信联系。协议描述如表 8-3 所示。

表 8-3 采用双钥体制的密钥建立协议

密钥建立协议——采用双钥体制
（1）Alice 从数据库中得到 Bob 的公钥。
（2）Alice 生成一个随机的会话密钥，采用 Bob 的公钥加密后，发送给 Bob。
（3）Bob 采用其私钥对 Alice 的消息进行解密。
（4）Bob 和 Alice 均采用同一会话密钥对通信过程中的消息加密。

3. 中间人攻击（Men-in-the-middle Attack）

当 Eve 找不到比攻破双钥算法或对密文实施唯密文攻击更好的方法时，Mallory 的攻击显得更加危险。他不仅能够窃听 Alice 和 Bob 之间交换的消息，而且能够篡改消息，删除消息，甚至生成全新的消息。当 Bob 与 Alice 会话时，Mallory 可以冒充 Bob；当 Alice 与 Bob 会话时，Mallory 可以冒充 Alice。这就是中间人攻击。Mallory 对协议的攻击如下：

（1）Alice 发送她的公钥给 Bob。Mallory 截获这一公钥，并将他自己的公钥发送给 Bob。

（2）Bob 发送他的公钥给 Alice。Mallory 截获这一公钥，并将他自己的公钥发送给 Alice。

（3）当 Alice 采用“Bob”的公钥对消息加密并发送给 Bob 时，Mallory 会截获到它。由于这条消息实际上是采用了 Mallory 的公钥进行加密，因此他可以采用其私钥进行解密，并采用 Bob 的公钥对消息重新加密后发送给 Bob。

（4）当 Bob 采用“Alice”的公钥对消息加密并发送给 Alice 时，Mallory 会截获到它。由于这条消息实际上是采用了 Mallory 的公钥进行加密，因此他可以采用其私钥进行解密，并采用 Alice 的公钥对消息重新加密后发送给 Alice。

即使 Alice 和 Bob 的公钥存放在数据库中，这一攻击仍然有效。Mallory 可以截获 Alice 的数据库查询指令，并用其公钥替换 Bob 的公钥。同样，他也可以截获 Bob 的数据库查询指令并用其公钥替代 Alice 的公钥。更为严重的是，Mallory 可以进入数据库中，将 Alice 和 Bob 的公钥均替换成他自己的公钥。此后，他只须等待 Alice 与 Bob 会话，截获并篡改消息。

中间人攻击之所以起作用，是因为 Alice 和 Bob 没有办法来验证他们正在与另一方会话。假设 Mallory 没有产生任何可以察觉的网络时延，那么 Alice 和 Bob 不会知道有人正在他们之间阅读所有的秘密信息。

4. 联锁协议

联锁协议（Interlock Protocol）由 R. Rivest 和 A. Shamir 设计[Rivest 等 1984]，该协议能够有效地抵抗中间人攻击。协议描述如表 8-4 所示。

表 8-4 联锁协议

密钥建立协议——联锁协议
（1）Alice 发送她的公钥给 Bob。
（2）Bob 发送他的公钥给 Alice。
（3）Alice 用 Bob 的公钥对消息加密。此后，她将一半密文发送给 Bob。
（4）Bob 用 Alice 的公钥对消息加密。此后，他将一半密文发送给 Alice。
（5）Alice 发送另一半密文给 Bob。
（6）Bob 将 Alice 的两半密文组合在一起，并采用其私钥解密。Bob 发送他的另一半密文给 Alice。
（7）Alice 将 Bob 的两半密文组合在一起，并采用其私钥解密。

这个协议最重要的一点是：当仅获得一半而没有获得另一半密文时，这些数据对攻击者来说毫无用处，因为攻击者无法解密。在第（6）步以前，Bob 不可能读到 Alice 的任何一部分消息。在第（7）步以前，Alice 也不可能读到 Bob 的任何一部分消息。要做到这一点，有以下几种方法：

（1）如果加密算法是一个分组加密算法，每一半消息可以是输出的密文分组的一半。

（2）对消息解密可能要依赖于某个初始化矢量，该初始化矢量可以作为消息的第二半发送给对方。

（3）发送的第一半消息可以是加密消息的单向杂凑函数值，而加密的消息本身可以作为消息的另一半。

现在来分析 Mallory 是如何对此协议进行攻击的。Mallory 仍然可以在第（1）和（2）步中用他的公钥来替代 Alice 和 Bob 的公钥。但是现在，当他在第（3）步中截获到 Alice 的一半消息时，他既不能对其解密，也不能用 Bob 的公钥重新加密。他必须产生一个全新的消息，并将其一半发送给 Bob。当他在第（4）步中截获 Bob 发给 Alice 的一半消息时，他会遇到相同的问题，即：他既不能对其解密，也不能用 Alice 的公钥重新加密。他必须产生一个全新的消息，并将其一半发送给 Alice。当 Mallory 在第（5）和（6）步中截获到真正的第二半消息时，对他来说为时已晚，以至于来不及对前面伪造的消息进行修改。Alice 和 Bob 会发现这种攻击，因为他们谈话的内容与伪造的消息有可能完全不同。

Mallory 也可以不采用这种攻击方法。如果他非常了解 Alice 和 Bob，他就可以假冒其中一人与另一人通话，而他们绝不会想到正在受骗。但这样做肯定要比充当中间人更难。

5. 采用数字签名的密钥交换

在会话密钥交换协议中采用数字签名技术，可以有效地防止中间人攻击。Trent 是一个可信赖的实体，他对 Alice 和 Bob 的公钥做数字签名。签名的公钥中包含一个所有权证书。当 Alice 和 Bob 收到此签名公钥时，他们每人均可以通过验证 Trent 的签名来确定公钥的合法性，因为 Mallory 无法伪造 Trent 的签名。

这样一来，Mallory 的攻击就变得十分困难：他不能实施假冒攻击，因为他既不知道 Alice 的私钥，也不知道 Bob 的私钥；他也不能实施中间人攻击，因为他不能伪造 Trent 的签名。即使他能够从 Trent 那里获得一个签名公钥，Alice 和 Bob 也很容易发现该公钥属于他。Mallory 能做的只有窃听往来的加密报文，或者干扰通信线路，阻止 Alice 与 Bob 会话。

这一协议中引入了 Trent 这个角色。然而，密钥分配中心（KDC）遭到攻击、泄漏秘密的风险要比第一个协议小得多。如果 Mallory 侵入了 KDC，他能够得到的仅仅是 Trent 的私钥。Mallory 可以利用这一私钥给用户签发新的公钥，但不能用其解密任何会话密钥或阅读任何报文。要想阅读报文，Mallory 必须假冒某个合法网络用户，并欺骗其他合法用户采用 Mallory 的公钥对报文加密。

一旦 Mallory 获得了 Trent 的私钥，他就能够对协议发起中间人攻击。他采用 Trent 的私钥对一些伪造的公钥签名。此后，他或者将数据库中 Alice 和 Bob 的真正公钥换掉，或者截获用户的数据库访问请求，并用伪造的公钥响应该请求。这样，他就可以成功地发起中间人攻击，并阅读他人的通信。

这一攻击是奏效的，但是前提条件是 Mallory 必须获得 Trent 的私钥，并对加密消息进行截获或篡改。在某些网络环境下，这样做显然要比在两个用户之间实施被动的窃听攻击难得多。对于像无线网络这样的广播信道来说，尽管可以对整个网络实施干扰破坏，但是要想用一个消息取代另一个消息几乎是不可能的。对于计算机网络来说，这种攻击要容易得多，而且随着技术的发展，这种攻击变得越来越容易。考虑到现存的 IP 欺骗、路由器攻击等，主动攻击并不意味着非要对加密的报文解密，也不只限于充当中间人。此外，还有许多更加复杂的攻击需要研究。

6. 密钥和消息传输

Alice 和 Bob 不必先完成密钥交换协议，再进行信息交换。在下面的协议中，Alice 在事先没有执行密钥交换协议的情况下，将消息 M 发送给 Bob，协议描述如表 8-5 所示。

表 8-5　采用单钥与双钥混合体制的密钥建立协议

密钥建立协议——单钥与双钥体制混合协议
（1）Alice 生成一随机数作为会话密钥，并用其对消息 M 加密：$E_K(M)$。
（2）Alice 从数据库中得到 Bob 的公钥。
（3）Alice 用 Bob 的公钥对会话密钥加密：$E_B(K)$。
（4）Alice 将加密的消息和会话密钥发送给 Bob：$E_K(M)$，$E_B(K)$。
*为了提高协议的安全性以对付中间人攻击，Alice 可以对这条消息签名。
（5）Bob 采用其私钥对 Alice 的会话密钥解密。
（6）Bob 采用这一会话密钥对 Alice 的消息解密。

这一协议中既采用了双钥体制，也采用了单钥体制。这种混合协议在通信系统中经常用到。一些协议还常常将数字签名、时戳和其他密码技术结合在一起。

7. 密钥和消息广播

在实际应用中，Alice 也可能将消息同时发送给几个人。在下面的例子中，Alice 将加密的消息同时发送给 Bob、Carol 和 Dave：

（1）Alice 生成一随机数作为会话密钥 K，并用其对消息 M 加密：$E_K(M)$。

（2）Alice 从数据库中得到 Bob、Carol 和 Dave 的公钥。

（3）Alice 分别采用 Bob、Carol 和 Dave 的公钥对 K 加密：$E_B(K)$、$E_C(K)$、$E_D(K)$。

（4）Alice 广播加密的消息和所有加密的密钥，将它们传送给要接收的人。

（5）仅有 Bob、Carol 和 Dave 能采用各自的私钥解密求出会话密钥 K。

（6）仅有 Bob、Carol 和 Dave 能采用此会话密钥 K 对消息解密求出 M。

这一协议可以在存储转发网络上实现。中央服务器可以将 Alice 的消息和各自的加密密钥一起转发给他们。服务器不必是安全的和可信赖的，因为它不能解密任何消息。

8. Diffie-Hellman 密钥交换协议

Diffie-Hellman 算法是在 1976 年提出的[Diffie 等 1976a]。它是第一个双钥算法，其安全性基于在有限域上计算离散对数的难度。Diffie-Hellman 协议可以用做密钥交换，

Alice 和 Bob 可以采用这个算法共享一个秘密的会话密钥，但不能采用它来对消息进行加密或解密。

该协议的原理十分简单。首先，Alice 和 Bob 约定两个大的素数，n 和 g，使得 g 是群〈0，…，n–1〉上的本原元。这两个整数不必保密，Alice 和 Bob 可以通过不安全的信道传递它们。即使许多用户知道这两个数，也没有关系。协议描述如表 8-6 所示。

表 8-6　Diffie-Hellman 密钥交换协议

Diffie-Hellman 密钥交换协议
（1）Alice 选择一个随机的大整数 x，并向 Bob 发送以下消息：$X=g^x \bmod n$。
（2）Bob 选择一个随机的大整数 y，并向 Alice 发送以下消息：$Y=g^y \bmod n$。
（3）Alice 计算：$K=Y^x \bmod n$。
（4）Bob 计算：$K'=X^y \bmod n$。

至此，K 和 K' 均等于 $g^{xy} \bmod n$。任何搭线窃听的人均不能计算得到该值，除非攻击者能够计算离散对数来得到 x 和 y，否则它们无法获得该密钥。所以，K 可以被 Alice 和 Bob 用做会话密钥。

g 和 n 的选择对于系统的安全性有着根本的影响。$(n-1)/2$ 应该是素数[Pohlig 等 1978]，最重要的是 n 应该足够大。这样，系统的安全性就基于分解与 n 具有同样长度的数的难度。可以选择 g 使得 g 是群〈0，…，n–1〉上的本原元，也可以选择最小的 g（通常只有 1 位数）。实际上，g 不一定必须是本原元，只要用它能够生成乘群〈0，…，n–1〉的一个大子群即可。

Diffie-Hellman 的密钥交换协议可以很容易地扩展到多个用户的情况，该算法也可以从乘群上扩展到交换环上［Pohlig 等 1978］。Z. Shmuley 和 K. McCurley 提出了该算法的另外一种形式，其中模是一个大合数［Shmuley 1985；McCurley 1988］。V. S. Miller 和 N. Koblitz 将这一算法扩展到椭圆曲线上［Miller 1985；Koblitz 1987］。T. ElGamal 利用这一算法的思想设计了一种加密和数字签名算法（见 7.3 节）。

这一算法也可以在伽罗华域 $GF(2^k)$ 上实现［Shmuley 1985；McCurley 1988］。由于在伽罗华域上进行指数运算很快，所以现实中的许多设计均采用这一方法。同样，在对算法进行密码分析时运算速度也会很快，因此对我们来说，重要的是应该细心选择一个足够大的域，以保证系统的安全性。

8.2.2　认证建立协议

如第 6 章所述，认证包含消息认证、数据源认证和实体认证（身份识别），用以防止欺骗、伪装等攻击。有关技术算法前面已经介绍，这里讨论实现认证的各种协议。

当 Alice 登录到某个主机（或者某个自动取款机、电话银行系统或其他任何类型的终端）时，主机如何知道她是谁呢？主机怎么才能知道她不是 Eve 假冒 Alice 的身份？传统的方法是采用口令来解决这个问题。Alice 输入她的口令，主机确认口令是正确的。Alice 和主机都知道这一秘密。每次登录时，主机都要求 Alice 输入她的口令。

1. 采用单向函数的认证协议

R. Needham 和 M. Guy 等指出：在对 Alice 进行认证时，主机无须知道其口令。它只需能够辨别 Alice 提交的口令是否有效。这很容易通过采用单向函数来实现。主机不必存储 Alice 的口令，它只需存储该口令的单向函数值。协议描述如表 8-7 所示。

表 8-7　采用单向函数的认证协议

采用单向函数的认证协议
（1）Alice 向主机发送她的口令。
（2）主机计算该口令的单向函数值。
（3）主机将计算得到的单向函数值与预先存储的值进行比较。

由于主机不需要再存储各用户的有效口令表，减轻了攻击者侵入主机和窃取口令清单的威胁。攻击者窃取口令的单向函数值将毫无用处，因为他不可能从单向函数值中反向推出用户的口令。

2. 字典攻击和掺杂

一个采用单向函数加密的口令文件仍然易遭受攻击。Mallory 可以编制 100 万个最常用的口令，然后用单向函数对所有这些口令加密并存储密文。若每个口令为 8 字节，那么密文不会超过 8MB。此后，Mallory 可以窃取某个加密的口令文件，并与他存储的密文相比较，看有哪些密文重合。这种方法被称为字典攻击。事实证明，这种攻击方法十分有效。

掺杂是一种使字典攻击变得更加困难的方法。掺杂是一个伪随机序列，常常将其与口令级联后再采用单向函数加密。此后，将掺杂值和密文一起存储于主机的数据库中。如果掺杂值的空间足够大，就会大大削弱字典攻击的成功概率，因为 Mallory 必须对每个可能的掺杂值加密，生成一个单向杂凑值。

这里需要弄清的一点是，当 Mallory 试图攻破某个人的口令时，他必须试着对字典中的每个口令进行加密，而不是针对所有的口令进行大量的预计算。

许多 UNIX 系统仅采用 12b 的掺杂。即便如此，Daniel Klein 通过一个口令揣测程序，在一周之内便可以破译任何一台主机上 40%的口令[Klein 1990]。David Feldmeier 和 Phlip Karn 收集了大约 73.2 万个常用的口令，每个口令均与 4096 个可能的 Salt 值相级联。他们估计采用这一口令表，对任意一台给定的主机，有 30%的口令可以被攻破。

然而，掺杂并不是万灵药，仅靠增加掺杂比特的数目并不会解决所有的问题。掺杂仅能抗击对口令文件的一般字典攻击，而不能抗击对单一口令的预定攻击。它可以保护人们在多台计算机上使用同一口令，却不能使选择的坏口令变得更安全。

3. SKEY 认证程序

SKEY 是一个认证程序，它的安全性取决于所采用的单向函数。它的工作原理如下：开始时，Alice 输入一个随机数 R。计算机计算 $f(R), f(f(R)), f(f(f(R)))$ 等 100 次，将其记为$x_1, x_2, x_3, \cdots, x_{100}$。之后，计算机打印出这些数的清单，并安全保存。同时计算机也将x_{101}和Alice的姓名一起存放在某个登录数据库中。

在Alice首次登录时，输入其姓名和x_{100}。计算机计算$f(x_{100})$，并将其与存储在数据库中的值x_{101}加以比较；如果它们相等，Alice就通过认证。然后，计算机用x_{100}将数据库中的x_{101}取代；Alice也将x_{100}从她的清单中去掉。

每次登录时，Alice输入清单中最后一个未被去掉的数x_i。计算机计算$f(x_i)$，并将其与存储在数据库中的x_{i+1}进行比较。由于每个数仅用一次，而且函数是单向的，Eve不能得到任何有用的信息。同样，数据库对于攻击者来说仍然有用。当然，当Alice用完了清单中的数时，她必须重新对该系统进行初始化。

4. 采用双钥体制的认证

即使采用了掺杂，表8-7描述的协议仍然存在严重的安全问题。当Alice向主机发送口令时，接入其数据通道的任何人均可以阅读到此口令。她也许通过某个复杂的传输通道访问她的主机，而这个通道可能要经过4个工业集团、3个国家和两所大学。Eve可能就正在其中的任何一个节点上来窃听Alice的登录序列。如果Eve能够接入到主机的处理器内存，他就会抢在主机对口令做杂凑运算之前看到该口令。

采用双钥密码体制可以解决这个问题。主机保留每个用户的公钥文件；所有的用户保留他们各自的私钥。协议描述如表8-8所示。

表8-8　采用双钥体制的认证协议

认证协议——采用双钥体制
（1）主机向Alice发送一随机数。
（2）Alice用其私钥对此随机数加密，并将密文连同其姓名一起发送给主机。
（3）主机在它的数据库中搜索Alice的公钥，并采用此公钥对收到的密文解密。
（4）如果解密得到的消息与主机首次发给Alice的数值相等，主机就允许Alice对系统进行访问。

由于无人能够访问Alice的私钥，所以也就无人能够假冒Alice。最重要的是，Alice永远不会将其私钥发给主机。即使Eve可以窃听到Alice与主机之间的会话，他也不能获得可以用来推出私钥并冒充Alice的任何信息。

Alice的私钥不但很长，而且难以记忆。它可能由用户的硬件产生，也可能由用户的软件产生，只要求Alice拥有一个可信赖的智能终端，并不要求主机必须是安全的，也不要求通信通道必须是安全的。

实际中，对数据串的选择必须十分谨慎。不仅是因为存在不可信赖的第三方问题，而且还存在其他类型的有效攻击。因此，安全的身份证明协议常采用以下更加复杂的形式：

（1）Alice基于某些随机数和其私钥进行加密运算，并将结果送给主机。

（2）主机向Alice发送另外一个随机数。

（3）Alice基于随机数（她自己生成的一些随机数和收到来自主机的某个随机数）以及她的私钥进行计算，并将结果发给主机。

（4）主机采用 Alice 的公钥对收到的数值进行解密，看 Alice 是否知道她的私钥。

（5）若 Alice 确实知道她的私钥，那么她的身份就得以确认。

如果 Alice 并不信赖主机，那么她就要求主机以同样的方式来证明其身份。

协议的第（1）步看起来似乎没有必要或者令人费解，然而却是抵抗攻击者对协议攻击所必需的步骤［Lamport 1981］。

5. 采用联锁协议的双向认证

Alice 和 Bob 是两个想要进行相互认证的用户。每个人都有一个对方已知的口令：Alice 具有 P_A，Bob 具有 P_B。下面是一个不安全的协议：

（1）Alice 和 Bob 相互交换公钥。

（2）Alice 用 Bob 的公钥对 P_A 加密，并将结果送给 Bob。

（3）Bob 用 Alice 的公钥对 P_B 加密，并将结果送给 Alice。

（4）Alice 对在（3）中收到的消息解密，并验证其是否正确。

（5）Bob 对在（2）中收到的消息解密，并验证其是否正确。

Mallory 可以对上面的协议成功地实施中间人攻击。攻击方法如表 8-9 所示。

表 8-9　中间人攻击

中间人攻击
（1）Alice 和 Bob 相互交换公钥。Mallory 可以截获通信双方的公钥 P_A 和 P_B，他用自己的公钥替换掉 Bob 的公钥，并将其发送给 Alice。然后，他用自己的公钥替换掉 Alice 的公钥，并将其发送给 Bob。
（2）Alice 用"Bob"的公钥对 P_A 加密，并将其发送给 Bob。Mallory 可以截获这一消息，并用其私钥解密求出 P_A，再用 Bob 的公钥重新对 P_A 加密，并将结果发送发给 Bob。
（3）Bob 用"Alice"的公钥对 P_B 加密，并将其发送给 Alice。Mallory 可以截获这一消息，并用其私钥解密求出 P_B，再用 Alice 的公钥重新对 P_B 加密，并将结果发送发给 Alice。
（4）Alice 解密求出 P_B，并验证其是否正确。
（5）Bob 解密求出 P_A，并验证其是否正确。

在 Alice 和 Bob 看来，此认证过程并没有什么不妥。然而，对于 Mallory 来说，他可以获得通信双方的口令 P_A 和 P_B。

D. Davies 和 W. Price 描述了如何利用联锁协议挫败这一攻击[Davies 等 1989]。S. Bellovin 和 M. Merritt 讨论了攻击这一协议的方法[Bellovin 等 1994]。如果 Alice 是一个用户，而 Bob 是一个主机，Mallory 可以假装成 Bob，与 Alice 一起完成协议的开头几步，然后断掉与 Alice 的连接。Mallory 通过模拟线路噪声或网络故障来欺骗对方，结果是 Mallory 获得了 Alice 的口令。此后，他与 Bob 建立连接并完成协议，最终获得 Bob 的口令。

协议可以做进一步的修改：假设用户的口令比主机的口令更加敏感，此时 Bob 先于 Alice 给出他的口令。修改后的协议可能遭受更加复杂的攻击[Bellovin 等 1994]。

6. SKID 身份识别协议

SKID2 和 SKID3 是采用单钥体制构造的身份识别协议，它们是为 RACE 的 RIPE 计划而开发的[RACE 1992]。它们采用了消息认证码 MAC 来提供安全性，并且假设 Alice 和 Bob 共享一个密钥 K。

SKID2 允许 Bob 向 Alice 提供其身份。SKID3 提供了 Alice 和 Bob 之间的双向认证。协议如表 8-10 所示。

表 8-10　SKID2、SKID3 身份识别协议

SKID2 身份识别协议

（1）Alice 选择随机数 R_A（在 RIPE 文件中规定其为 64bit），并将其发送给 Bob。

（2）Bob 选择随机数 R_B（在 RIPE 文件中规定其为 64bit），并发送给 Alice 消息：R_B，$H_K(R_A, R_B, B)$。其中，H_K 是消息认证码(MAC)，在 RIPE 文件中建议 MAC 采用 RIPE-MAC 函数，B 是 Bob 的姓名识别符。

（3）Alice 计算 $H'_K(R_A, R_B, B)$，并将其与收到的来自 Bob 的值进行比较。如果两值相等，那么 Alice 知道她正在与 Bob 通信。

SKID3 身份识别协议

步骤(1)～(3)等同于 SKID2，附加了以下两步：

（1）Alice 向 Bob 发送消息：$H_K(R_B, A)$。其中，A 是 Alice 的姓名识别符。

（2）Bob 计算 $H'_K(R_B, A)$，并与收到的来自 Alice 的值进行比较。如果相等，那么他知道他正在与 Alice 进行通信。

对于中间人攻击来说，这一协议并不安全。一般来说，中间人攻击能够攻破不涉及某种秘密的任何协议。

7. 消息认证

当 Bob 收到来自 Alice 的消息时，他如何来判断这条消息是真的？如果 Alice 对这条消息进行数字签名，那么事情就变得十分容易了。Alice 的数字签名足以提示任何人她签发的这条消息是真的。

单钥密码体制也可以提供某种认证。当 Bob 收到某条采用共享密钥加密的消息时，他便知道此条消息来自 Alice。然而，Bob 却不能向 Trent 证明这条消息来自 Alice。Trent 只能知道这条消息来自 Bob 或者来自 Alice(因为没有其他任何人知道他们的共享密钥)，但分不清这条消息究竟是谁发出的。

如果不采用加密，Alice 也可以采用消息认证码 MAC 的方法。采用这种方法也可以提示 Bob 有关消息的真伪，但它存在着与采用单钥加密体制相同的问题。

8.2.3　认证的密钥建立协议

这类协议将认证与密钥建立结合在一起，用于解决计算机网络中普遍存在的这样一个问题：Alice 和 Bob 是网络的两个用户，他们想通过网络进行安全通信。那么 Alice 和 Bob 如何才能做到在进行密钥交换的同时，确信她或他正在与另一方而不是 Mallory 通信呢？单纯的密钥建立协议有时还不足以保证在通信双方之间安全地建立密钥，与认证

相结合能可靠地确认双方的身份，实现安全密钥建立，使参与双方（或多方）确信没有其他人可以共享该秘密。密钥认证分为 3 种：

（1）隐式（Implicit）密钥认证：若参与者确信可能与他共享一个密钥的参与者的身份时，第二个参与者无须采取任何行动。

（2）密钥确证（Key Confirmation）：一个参与者确信第二个可能未经识别参与者，确实具有某个特定密钥。

（3）显式（Explicit）密钥认证：已经识别的参与者具有给定密钥。它具有隐式和密钥确证双重特征。

密钥认证的中心问题是识别第二参与者，而不是识别密钥值；而密钥确证则恰好相反，是对密钥值的认证。密钥确证通常包含了从第二参与者送来的消息，其中含有证据稍后可证明密钥的主权人。事实上密钥的主权人可以通过多种方式来证明，如生成密钥本身的一个单向杂凑值、采用密钥控制的杂凑函数以及采用密钥加密一个已知量等。这些技术可能会泄漏一些有关密钥本身的信息，而用零知识证明技术可以证明密钥的主权人但不会泄漏有关密钥的任何信息。

并非所有协议都要求实体认证，有些密钥建立协议（如非认证的 Diffie-Hellman 密钥协商协议）就不含实体的认证、密钥认证和密钥确证。单边（unilatoral）密钥确证可能经常附有用最后消息推导密钥的单向函数。

在认证的密钥建立中，有基于身份的密钥建立协议，参与者的公钥中包含了身份信息（如名字、地址、身份号等），用来作为确定建立密钥的函数的输入变量。目前，许多协议都假设 Trent 与协议的参与者之间共享一个密钥，并且所有这些密钥在协议开始执行前就已经分发到位。下面就来讨论这些协议，协议中采用的符号如表 8-11 所示。

表 8-11　认证和密钥交换协议中采用的符号

A	Alice 的姓名识别符	K	随机会话密钥
B	Bob 的姓名识别符	L	有效期
E_A	采用 Trent 与 Alice 共享的密钥加密	T_A，T_B	时戳
E_B	采用 Trent 与 Bob 共享的密钥加密	R_A，R_B	由 Alice 和 Bob 选择的一次随机数(Nonce）
I	索引号码	S_T	Trent 的签名

1. 大嘴青蛙协议

大嘴青蛙协议[Burrows 等 1989]可能是采用可信赖服务器的最简单的对称密钥管理协议。Alice 和 Bob 均与 Trent 共享一个密钥。此密钥只用做密钥分配，而不用来对用户之间传递的消息进行加密。只传送两条消息，Alice 就可将一个会话密钥发送给 Bob。协议描述如表 8-12 所示。

表 8-12　大嘴青蛙协议

大嘴青蛙协议
*前提： Alice 和 Bob 均与 Trent 共享一个密钥。此密钥只用做密钥分配，而不用来对用户之间传递的消息进行加密。 *描述： （1）Alice 将时戳、Bob 的姓名以及随机会话密钥连接，并采用与 Trent 共享的密钥对整条消息加密。此后，将加密的消息和她的姓名一起发送给 Trent：A，$E_A(T_A，B，K)$。 （2）Trent 对 Alice 发来的消息解密。之后，他将一个新的时戳、Alice 的姓名及随机会话密钥连接，并采用与 Bob 共享的密钥对整条消息加密。此后，将加密的消息发送给 Bob：$E_B(T_B，A，K)$

这个协议所做的一个最重要的假设是：Alice 完全有能力产生好的会话密钥。在实际中，真正随机数的生成是十分困难的。这个假设对 Alice 提出了很高的要求。

2. Yahalom 协议

在这一协议中，Alice 和 Bob 均与 Trent 共享一个密钥[Burrows 等 1989]。协议如表 8-13 所示。

表 8-13　Yahalom 协议

Yahalom 协议
*前提：Alice 和 Bob 均与 Trent 共享一个密钥。 *目标：Alice 和 Bob 均确信各自都在与对方进行对话，而不是与另外的第三方通话。 *描述： （1）Alice 将其姓名和一个随机数链接在一起，发送给 Bob：A，R_A。 （2）Bob 将 Alice 的姓名、Alice 的随机数和他自己的随机数连接起来。并采用与 Trent 共享的密钥加密。此后将加密的消息和他的姓名一起发送给 Trent：B，$E_B(A，R_A，R_B)$。 （3）Trent 生成两条消息。他先将 Bob 的姓名、某个随机的会话密钥、Alice 的随机数和 Bob 的随机数组合在一起，并采用与 Alice 共享的密钥对整条消息加密；其次将 Alice 的姓名和随机的会话密钥组合起来，并采用与 Bob 共享的密钥加密。最后将两条消息发送给 Alice：$E_A(B，K，R_A，R_B)$，$E_B(A，K)$。 （4）Alice 对第一条消息解密，提取出 K，并证实 R_A 与在（1）中值相等。之后，Alice 向 Bob 发送两条消息。第一条消息来自 Trent，采用 Bob 的密钥加密；第二条是 R_B，采用会话密钥 K 加密：$E_B(A，K)$，$E_K(R_B)$。 （5）Bob 用他的共享密钥对第一条消息解密，提取出 K；再用该会话密钥对第二条消息解密求出 R_B，并验证 R_B 是否与（2）中的值相同。

这个协议的新思路是：Bob 首先与 Trent 接触，而 Trent 仅向 Alice 发送一条消息。

3. Needham-Schroeder 协议

这个协议是由 R. Needham 和 M. Schroeder 设计的[Needham 等 1978]，协议采用了单钥体制和 Trent，无时戳，如表 8-14 所示。

表 8-14　Needham-Schroeder 协议

Needham-Schroeder 协议
(1) Alice 向 Trent 发送一条消息：A, B, R_A。其中包括她的姓名 A、Bob 的姓名 B 和某个随机数 R_A。
(2) Trent 生成一个随机会话密钥 K。他将会话密钥和 Alice 的姓名连接在一起，并采用与 Bob 共享的密钥对其加密得到 $E_B(K, A)$；此后，他将 Alice 的随机数 R_A、Bob 的姓名 B、会话密钥 K，以及上述加密的消息连接，并采用与 Alice 共享的密钥加密。最后将加密的消息发送给 Alice：$E_A(R_A, B, K, E_B(K, A))$。
(3) Alice 对消息解密求出 K，并验证 R_A 就是她在(1)中发送给 Trent 的值。之后，她向 Bob 发送消息：$E_B(K, A)$。
(4) Bob 对收到的消息解密求出 K。之后，他生成另一随机数 R_B，采用 K 加密后发送给 Alice：$E_K(R_B)$。
(5) Alice 用 K 对收到的消息解密得到 R_B。她生成 R_B-1，并采用 K 加密。最后，将消息发送给 Bob：$E_K(R_B-1)$。
(6) Bob 采用 K 对消息解密，并验证得到的明文就是 R_B-1。

这里采用 R_A，R_B 和 R_B-1 的目的是为了抗击重放攻击（Replay Attack）。在实施攻击时，Mallory 可以记录前次执行协议时的一些旧消息，然后重新发送它们，试图攻破协议。在（2）中，R_A 的出现使 Alice 确信：Trent 的消息是合法的，并非是重发上次协议执行中的旧消息。当 Alice 成功解密，求出 R_B，并在（5）中向 Bob 发送 R_B-1 时，Bob 确信 Alice 的消息是合法的，而不是重发上次协议执行中的旧消息。

这一协议的主要安全漏洞是旧会话密钥存在着脆弱性。如果 Mallory 能够获得某个旧的会话密钥，他就可以成功地对协议发起攻击[Denning 1982]。他要做的就是记录 Alice 在（3）中发给 Bob 的消息。之后，一旦得到 K，他就可以假装成 Alice 对协议发起攻击：

（1）～（2）与 Needham-Schroeder 协议相同。

（3）Mallory 假装成 Alice 向 Bob 发送消息：$E_B(K, A)$。

（4）Bob 解密求出 K，生成 R_B，并发送给 Alice 消息：$E_K(R_B)$。

（5）Mallory 截获这一消息，并用 K 对其解密。此后，将发给 Bob：$E_K(R_B-1)$。

（6）Bob 验证“Alice”的消息是 R_B-1。

至此，Mallory 已使 Bob 相信他正在与 Alice 通话。

在协议中采用时戳，可以提高协议的安全性，从而有效地抗击这种攻击[Denning 等 1981，Denning 1982]。在（2）中，时戳被加入到 Trent 发送的消息中，即 $E(K, A, T)$。时戳要求系统有一个安全的和精确的时钟，然而要做到这点并非易事。

如果 Trent 与 Alice 共享的密钥被泄漏，那么后果更加严重。Mallory 可以用它获得会话密钥，然后与 Bob（或其他任何想要与之对话的用户）进行通信。更糟的是，在 Alice 改变了她的密钥后，Mallory 还可以继续进行这种攻击[Bauer 等 1983]。

为了克服原协议存在的问题，Needham 和 Schroeder 对上述协议做了改进，提出了一种安全性更高的协议[Needham 等 1987]。此新协议与将要讨论的 Otway-Rees 协议基本相同。

4. Otway-Rees 协议

这一协议也采用了单钥密码体制。该协议有 Trent 参与，无时戳[Otway 等 1987]。协议描述如表 8-15 所示。

表8-15　Otway-Rees协议

Otway-Rees协议

*目标：Alice和Bob相互确认对方的身份，并获得一个通信用的密钥。

*描述：

（1）Alice生成一条消息，其中包括索引号码、她的姓名、Bob的姓名和一个随机数，并将这条消息采用她与Trent共享的密钥加密。此后，将密文连同索引号、Alice和Bob的姓名一起发送给Bob：I，A，B，$E_A(R_A，I，A，B)$。

（2）Bob生成一条消息，其中包括一个新的随机数、索引号、Alice和Bob的姓名，并采用他与Trent共享的密钥对这条消息加密。此后，将密文连同Alice的密文、索引号、Alice和Bob的姓名一起发送给Trent：I，A，B，$E_A(R_A，I，A，B)$，$E_B(R_B，I，A，B)$。

（3）Trent生成一个随机的会话密钥。此后，生成两条消息。第一条消息采用他与Alice共享的密钥对Alice的随机数和会话密钥加密；第二条采用他与Bob的共享密钥对Bob的随机数和会话密钥加密。最后Trent将这两条消息连同索引号一起发送给Bob：I，$E_A(R_A，K)$，$E_B(R_B，K)$。

（4）Bob将属于Alice的那条消息连同索引号一起发送给Alice：I，$E_A(R_A，K)$。

（5）Alice对收到的消息解密得到随机数R_A和会话密钥。如果R_A与（1）中的值相同，那么Alice确认随机数和会话密钥没有被改动过，并且不是重发某个旧会话密钥。

5. Kerberos协议

Kerberos协议是从Needham-Schroeder协议演变而来的。在基本的Kerberos V.5协议中，Alice和Bob各自与Trent共享一个密钥，采用时戳，Alice与Bob通信的会话密钥由Alice生成。

Kerberos协议描述如表8-16所示。

表8-16　Kerberos协议

Kerberos协议

*前提：

每个用户均具有一个与Trent同步的时钟。

*描述：

（1）Alice向Trent发送她的身份和Bob的身份：A，B。

（2）Trent生成一条消息，其中包含时戳、有效期L、随机会话密钥和Alice的身份，并采用与Bob共享的密钥加密。此后，他将时戳、有效期、会话密钥和Bob的身份采用与Alice共享的密钥加密。最后，将这两条加密的消息发送给Alice：$E_A(T，L，K，B)$，$E_B(T，L，K，A)$。

（3）Alice采用K对其身份和时戳加密，并连同从Trent收到的、属于Bob的那条消息发送给Bob：$E_K(A，T)$，$E_B(T，L，K，A)$。

（4）Bob将时戳加1，并采用K对其加密后发送给Alice：$E_K(T+1)$。

实际上，同步时钟是由系统中的安全时间服务器来保持的。通过设立一定的时间间隔，系统可以有效地检测到重放攻击。

6. Neuman-Stubblebine协议

无论是系统故障还是计时误差，都有可能使时钟失步。若发生时钟失步，所有依赖于同步时钟的协议都有可能遭到攻击[Gong 1992]。如果发送者的时钟超前于接收者的时钟，Mallory可以截获发送者的某个消息，等该消息中的时戳接近于接收者的时钟时再重发这条消息。此攻击被称做等待重放攻击（Suppress-Replay Attack），它造成的后果是十分严重的。

Neuman-Stubblebine 协议首先在文献[Kehne 等 1992]中提出，此后又在文献[Neuman 等 1993]中进行了改进。它的特点是能够抵抗等待重放攻击。作为 Yahalom 协议的加强版本，Neuman-Stubblebine 协议抵抗是一个很好的协议。该协议的描述如表 8-17 所示。

表 8-17　Neuman-Stubblebine 协议

Neuman-Stubblebine 协议

*目标：Alice 和 Bob 相互确认对方的身份，并共享一个会话密钥。

*描述：

（1）Alice 将她的姓名和某个随机数连接起来，发送给 Bob：A, R_A。

（2）Bob 将 Alice 的姓名、随机数和时戳连接起来，并采用与 Trent 共享的密钥加密。此后，将密文连同他的姓名、新产生的随机数一起发送给 Trent：$B, R_B, E_B(A, R_A, T_B)$。

（3）Trent 生成一随机的会话密钥。之后，他生成两条消息：第一条是采用与 Alice 共享的密钥对 Bob 的身份、Alice 的随机数、会话密钥和时戳加密；第二条是采用与 Bob 共享的密钥对 Alice 的身份、会话密钥和时戳加密。最后，他将这两条消息连同 Bob 的随机数一起发送给 Alice：$E_A(B, R_A, K, T_B), E_B(A, K, T_B), R_B$。

（4）Alice 对属于她的消息解密得到会话密钥 K，并确认 R_A 与在（1）中的值相等。此后，Alice 发送给 Bob 两条消息：第一条消息来自 Trent，第二条消息是采用会话密钥对 R_B 加密：$E_B(A, K, T_B), E_K(R_B)$。

（5）Bob 对第一条消息解密得到会话密钥 K，并确认 T_B 和 R_B 的值与（2）中的值相同。

这个协议不需要同步时钟，因为时戳仅与 Bob 的时钟有关，Bob 只对他自己生成的时戳进行检查。

这个协议的优点是：在预定的时限内，Alice 能够将收自 Trent 的消息用于随后与 Bob 的认证中。假设 Alice 和 Bob 已经完成了上述协议，并建立连接开始通信，但由于某种原因连接被中断。在这种情况下，Alice 和 Bob 不需要 Trent 的参与，仅执行 3 步就可以实现相互认证。此时，协议的执行过程如下：

（1）Alice 将 Trent 在（3）中发给她的消息，连同一个新随机数一起发送给 Bob：$E_B(A, K, T_B), R'_A$。

（2）Bob 采用会话密钥对 Alice 的随机数加密，连同一个新的随机数发送给 Alice：$R'_B, E_K(R'_A)$。

（3）Alice 采用会话密钥对 Bob 的新随机数加密，并发送给 Bob：$E_K(R'_B)$。

在上述协议中，采用新随机数的目的是为了防止重放攻击。

7. DASS

分布认证安全服务（Distributed Authentication Security Service，DASS）协议是由 DEC（Digital Equipment Corporation）公司开发的，其目的也是为了提供双向认证和密钥交换。与前面介绍的协议不同，DASS 既采用了双钥密码体制，也采用了单钥密码体制。该协议假设 Alice 和 Bob 各自具有一个私钥，而 Trent 掌握着他们的签名公钥。协议的描述如表 8-18 所示。

表 8-18　DASS 协议

DASS 协议
（1）Alice 将 Bob 的身份发送给 Trent：B。
（2）Trent 将 Bob 的公钥和身份连接，并采用其私钥 T 对消息进行数字签名：$S_T(B, K_B)$，发送给 Alice。
（3）Alice 对 Trent 的签名加以验证，以证实她收到的公钥就是 Bob 的公钥。她生成一个会话密钥和一个随机的公钥/私钥对 K_P，并用 K 对时戳加密。接下来，她采用私钥 K_A 对会话密钥的有效期 L、自己的身份和 K_P 进行签名。之后，她采用 Bob 的公钥对会话密钥 K 加密，再用 K_P 对其签名。最后，她将所有的消息发送给 Bob：$E_K(T_A)$，$S_{K_A}(L, A, K_P)$，$S_{K_P}(E_{K_B}(K))$。
（4）Bob 将 Alice 的身份发送给 Trent（这里的 Trent 可以是另外一个实体）：A。
（5）Trent 将 Alice 的公钥和身份连接，并采用其私钥 T 对消息进行数字签名：$S_T(A, K_A)$，发送给 Bob。
（6）Bob 验证 Trent 的签名，以证实他收到的公钥就是 Alice 的公钥。此后，他验证 Alice 的签名并得到 K_P。他再采用 K_P 验证 $S_{K_P}(E_{K_B}(K))$，并采用他的私钥解密得到会话密钥 K。最后，他采用 K 对 $E_K(T_A)$ 解密得到时戳 T_A，确认这条消息是当前发送的，而不是重发某条旧消息。
（7）如果需要进行相互认证，Bob 采用 K 对一个新时戳加密后发送给 Alice：$E_K(T_B)$。
（8）Alice 采用 K 对收到的消息解密，并确认此消息是当前发送的，而不是重发过去某条消息。

基于 DASS，DEC 公司又开发出新的协议 SPX。此协议的详细情况请参阅文献[Alagappan 等 1991]。

8. Denning-Sacco 协议

这个协议也采用了双钥体制[Denning 等 1981]。此协议假设 Trent 掌握了所有用户的公钥数据库。协议描述如表 8-19 所示。

表 8-19　Denning-Sacco 协议

Denning-Sacco 协议
（1）Alice 向 Trent 发送她的身份和 Bob 的身份：A，B。
（2）Trent 采用其私钥对 Bob 的公钥和 Alice 的公钥签名，并发送给 Alice：$S_T(B, K_B)$，$S_T(A, K_A)$。
（3）Alice 首先采用其私钥对一个随机的会话密钥和时戳签名，再采用 Bob 的公钥加密。最后，将结果连同收到的两个签名公钥一起发送给 Bob：$E_B(S_A(K, T_A))$, $S_T(B, K_B)$, $S_T(A, K_A)$。
（4）Bob 采用其私钥对收到的消息解密，此后采用 Alice 的公钥对 Alice 的签名进行验证。最后，检验时戳是否仍然有效。
至此，Alice 和 Bob 都具有一个会话密钥，他们可以它进行安全的通信。

Denning-Sacco 协议看似安全，其实不然。在 Bob 与 Alice 一起完成协议后，Bob 可以假冒成 Alice。通过表 8-20 会看到 Bob 是如何假冒 Alice 的。

这个问题很容易得到解决。只要将网络用户的身份加入到（3）中的加密消息中，就可以成功地防止这种假冒攻击：$E_B(S_A(A, B, K, T_A))$，$S_T(B, K_B)$，$S_T(A, K_A)$。

现在，Bob 就无法将旧的消息重发给 Carol，因为在数字签名项中已经清楚地表明通信是在 Alice 和 Bob 两个用户之间进行。

表 8-20　假冒攻击

假冒攻击
（1）Bob 将他的身份和 Carol 的身份发送给 Trent：B, C。
（2）Trent 将 Bob 和 Carol 的签名公钥发送给 Bob：$S_T(B, K_B), S_T(C, K_C)$。
（3）Bob 将过去收自 Alice 的签名会话密钥和时戳，采用 Carol 的公钥进行加密，并连同 Alice 和 Carol 的公钥证明（Certificate）一起发送给 Carol：$E_C(S_A(K, T_A)), S_T(A, K_A), S_T(C, K_C)$。
（4）Carol 采用其私钥对收到的消息 $E_C(S_A(K, T_A))$ 解密，然后采用 Alice 的公钥对签名加以验证。最后，检查时戳是否仍然有效。
至此，Carol 认为他正在与 Alice 进行通信，Bob 已成功地假冒成 Alice。实际上，在时戳的有效期内，Bob 可以假冒网上的任何用户。

9. Woo-Lam 协议

这个协议也采用了双钥体制[Woo 等 1992]。协议的描述如表 8-21 所示。

表 8-21　Woo-Lam 协议

Woo-Lam 协议
（1）Alice 向 Trent 发送她的身份和 Bob 的身份：A, B。
（2）Trent 采用其私钥 T 对 Bob 的公钥 K_B 进行签名并发送给 Alice：$S_T(K_B)$。
（3）Alice 验证 Trent 的签名。此后，采用 Bob 的公钥对她的身份和产生的随机数加密，并发送给 Bob：$E_{K_B}(A, R_A)$。
（4）Bob 采用 Trent 的公钥 K_T 对 Alice 的随机数加密，并连同对他的身份、Alice 的身份一起发送给 Trent：$A, B, E_{K_T}(R_A)$。
（5）Trent 用其私钥对 Alice 的公钥 K_A 进行签名后发送给 Bob。同时，他也对 Alice 的随机数、随机会话密钥、Alice 的身份、Bob 的身份进行签名，再用 Bob 的公钥加密后发送给 Bob：$S_T(K_A)$，$E_{K_B}(S_T(R_A, K, A, B))$。
（6）Bob 验证 Trent 的签名。此后，他对（5）中消息的第二部分解密，并再采用 Alice 的公钥对得到的 Trent 的签名值和一个新随机数 R_B 加密，将结果发送给 Alice：$E_{K_B}(S_T(R_A, K, A, B), R_B)$。
（7）Alice 验证 Trent 的签名和她的随机数 R_A。此后，她采用会话密钥 K 对 Bob 的随机数 R_B 加密后，发送给 Bob：$E_K(R_B)$。
（8）Bob 对收到的消息解密得到随机数 R_B，并检查它是否被改动过。

10. EKE 协议

加密密钥交换（Encrypted Key Exchange，EKE）协议是由 S. Bellovin 和 M. Merritt [Bellovin 等 1992]提出的。协议既采用了单钥体制，也采用了双钥体制。它的目的是为计算机网络上的用户提供安全性和认证业务。这个协议的新颖之处是：采用共享密钥来加密随机生成的公钥。通过运行这个协议，两个用户可以实现相互认证，并共享一个会话密钥 K。

协议假设 Alice 和 Bob（他们可以是两个用户，也可以是一个用户、一个主机）共享一个口令 P。协议描述如表 8-22 所示。

表8-22 EKE协议

EKE协议
（1）Alice生成一随机的公钥/私钥对。她采用单钥算法和密钥 P 对公钥 K' 加密，并向Bob发送以下消息：$A, E_P(K')$。
（2）Bob采用 P 对收到的消息解密得到 K'。此后，他生成一个随机会话密钥 K，并采用 K' 对其加密，再采用 P 加密，最后将结果发送给Alice：$E_P(E_{K'}(K))$。
（3）Alice对收到的消息解密得到 K。此后，她生成一个随机数 R_A，用 K 加密后发送给Bob：$E_K(R_A)$。
（4）Bob对消息解密得到 R_A。他生成另一个随机数 R_B，采用 K 对这两个随机数加密后发送给Alice：$E_K(R_A, R_B)$。
（5）Alice对消息解密得到 R_A，R_B。假设收自Bob的 R_A 与（3）中发送的值相同，Alice便采用 K 对 R_B 加密，并发送给Bob：$E_K(R_B)$。
（6）Bob对消息解密得到 R_B。假设收自Alice的 R_B 与在（4）中Bob发送的值相同，协议就完成了。通信双方可以采用 K 作为会话密钥。

EKE可以采用各种双钥算法来实现，例如RSA、ElGamal和Diffie-Hellman协议等。

选用和设计何种类型的协议要根据实际应用对确认的要求以及实现的机制来定，需要考虑多方面的因素，主要有：

（1）认证的特性，是实体认证、密钥认证和密钥确认的任何一种组合。

（2）认证的互易性（Reciprocity），认证可能是单方的，也可能是相互的。

（3）密钥的新鲜性（Freshness），保证所建立的密钥是新的。

（4）密钥的控制，有的协议由一方选定密钥值，有的则通过协商由双方提供的信息导出，不希望由单方来控制或预先定出密钥值。

（5）有效性，包括参与者之间交换的消息次数、传送的数据量、各方计算的复杂度，以及减少实时在线计算量的可能性等。

（6）第三方参与，包括有关第三方参与，在有第三方参与时是联机还是脱机参与，以及对第三方信赖程度。

（7）是否采用证书，以及证书的类型。

（8）不可否认性，可能提出收据证明已收到交换的密钥。

有关密钥建立协议的研究，可参阅[Desmedt 1988，1994；Diffie 等 1992；Maurer 1993]。

8.3 秘密分拆协议

假设你发明了一种饮料，但又不想让竞争对手知道该饮料的配方，那么就必须对饮料中所含的各种成分的比例加以保密。在生产过程中，你可能将配方告诉最信赖的几个雇员。但是，如果他们中的一个背叛了你而跑到竞争对手一边时，秘密就会完全泄漏。

不久，你的对手就可能生产出和你完全一样的产品。

在现实中，如何来解决这类问题呢？这就涉及秘密分拆的问题。人们往往将某条消息分成许多碎片[Feistel 1970]，从每一碎片本身不会看出什么东西。但是，如果将所有的碎片重新组合在一起，就会重显消息。拿上面的例子来说，如果每个雇员只掌握配方中一种成分的比例，那么只有所有的雇员在一起才能够生产出这种饮料。任何一个雇员的离开只能带走属于他的那部分秘密，这部分秘密将毫无用处。

最简单的秘密分拆方案是将某条消息分给两个人。下面介绍一种秘密分拆协议，这里 Trent 将某条消息分给 Alice 和 Bob，如表 8-23 所示。

表 8-23　秘密分拆协议

秘密分拆协议
（1）Trent 生成一个随机比特串 R，它与消息 M 具有相同的长度。
（2）Trent 将 M 和 R 进行异或运算，得到 S：$S = M \oplus R$。
（3）Trent 将 R 分给 Alice，将 S 分给 Bob。 若想重组这条消息，Alice 和 Bob 仅需执行下一步。
（4）Alice 和 Bob 将各自得到的比特串进行异或运算，就会得到消息：$M = R \oplus S$。

这一技术是绝对安全的。每个消息碎片本身毫无价值。从本质上看，Trent 采用一次随机数对消息加密，此后将密文分发给一个人，而将一次随机数又分发给另外一个人。在前面已经讨论过一次一密体制，它具有绝对的安全性。无论计算能力有多高，均不会从某一碎片中推出消息本身。

这一方案很容易推广到有多个人的情况。要将一条消息分拆成多份，就要采用多个随机数对消息进行异或运算。在如表 8-24 所示的例子中，Trent 将消息分成了 4 份。

表 8-24　裁决协议

裁决协议
（1）Trent 生成 3 个随机比特串 R、S 和 T，它们与消息 M 具有相同的长度。
（2）Trent 将 3 个比特串与消息 M 异或，得到 U：$U = M \oplus R \oplus S \oplus T$。
（3）Trent 将 R 发送给 Alice，S 发送给 Bob，T 发送给 Carol，U 发送给 Dave。 Alice、Bob、Carol 和 Dave 这 4 个人在一起，就可以重组这条消息。
（4）Alice、Bob、Carol 和 Dave 集合在一起，计算：$M = R \oplus S \oplus T \oplus U$。

在这一协议中，Trent 有绝对的权力，并且可以做他想做的任何事情。他可以把毫无意义的东西拿出来，并声称这是消息的一个有效组成部分。在重组这条秘密消息之前，没有人知道这件事。他可以将分拆的消息碎片分发给 Alice、Bob、Carol 和 Dave。在解雇 Bob 时，他会告诉每个人只有 Alice、Carol 和 Dave 掌握的消息碎片可以重组消息，而 Bob 的那份消息碎片毫无用处。因为这条秘密的消息是由 Trent 来分割的，所以 Trent 知道这条秘密的消息。

然而，这个协议存在一个问题：如果任何一部分消息碎片丢失了，并且 Trent 不在现场，那么其他人无法重组这一消息，这等于丢失了这条消息。如果 Carol 知道饮料的一部分配方，并将其带走为对手工作，那么其他人就会陷入困境。虽然 Carol 不能采用他带走的那部分秘密生产出相同的饮料，但是对 Alice、Bob 和 Dave 来说也一样。由于 R、S、T 和 U 的长度与 M 相同，他们除了知道消息的长度以外，对其他一无所知。在 8.4 节中，将讨论如何来解决这个问题。

8.4 会议密钥分配和秘密广播协议

8.4.1 秘密广播协议

Alice 想通过一个发射机广播一条消息 M，然而她不打算让所有的听众都能听懂。她仅想有选择地让部分听众听懂她的消息 M，而其他人什么也听不到。

第一种方法：Alice 可以与每个听众共享一个不同的密钥（秘密的或公开的）。她用某个随机密钥 K 对消息 M 加密，然后用预定接收者的密钥对 K 加密（记为 K_S）。最后，她将加密的消息和所有加密的密钥 K_S 广播出去。收听者 Bob 采用他的密钥对所有 K_S 解密，并寻找那个正确的密钥 K，再用它对消息解密得到 M；若 Alice 不介意让人知道她发送的消息是给谁的，那么她可以在 K_S 的后面附加上预定接收者的姓名。接收者只需搜索各自的姓名，并对相应的 K_S 解密即可。

第二种方法：这一方法在文献[Chiou 等 1989]中做了介绍。首先，Ailce 与每个听众共享一个不同的密钥 K_S，这些密钥比所有加了密的消息都大。所有这些密钥都是两两互素的。Alice 采用某个随机密钥 K 对消息加密。此后，她生成一个整数 R，使得当某个密钥要用来对消息解密时，$R \equiv K \bmod K_S$；否则 $R \equiv 0 \bmod K_S$。

例如，若 Alice 想要 Bob、Carol 和 Ellen 接收到她发送的消息，而不让 Dave 和 Frank 接收到，那么她用 K 对消息加密，继而计算 R，使得：

$$R \equiv K \pmod{K_B}$$
$$R \equiv K \pmod{K_C}$$
$$R \equiv 0 \pmod{K_D}$$
$$R \equiv K \pmod{K_E}$$
$$R \equiv 0 \pmod{K_F}$$

这是一个纯代数问题，Alice 很容易求出 R。当听众收到这一广播时，他们各自对接收到的密钥取模 K_S。如果他们被允许接收消息，他们就能够恢复出密钥，否则，他们什么也不会得到。

第三种方法：文献[Berkovitz 1991]提出了一种采用了门限方案的方法。像其他方法一样，每个可能的接收者都可以得到一个密钥，这个密钥是尚未建立的门限方案的“投影”。Alice 也为自己准备一些密钥，给系统增加某些随机性。

首先，假设有 k 个听众。在广播消息 M 时，Alice 用密钥 K 对消息 M 加密，并进行以下操作：

（1）Alice 选择一个随机数 j。这个随机数用于隐藏消息接收者的数目。这个数不必很大，它可以是一个很小的数。

（2）Alice 建立一个 $(k+j+1, 2k+j+1)$ 门限方案，其中：K 是密钥；预定接收者的密钥就是这一门限方案的“投影”；非预定接收者的密钥不是“投影”；j 是随机选择的“投影”个数，它们与任何一个密钥均不同。

（3）Alice 广播 $k+j$ 个随机选择的“投影”，其中任何一个都不是（2）中列出的“投影”。

（4）所有收到这一广播的听众将他们各自的“投影”加到所接收的 $k+j$ 个“投影”上。如果加上该“投影”后能够计算出密钥 K，那么他们就恢复出密钥，从而就可解密出用 K 加密的消息 M；如果加上该“投影”后不能够计算出密钥 K，那么他们就不能恢复出密钥，从而就不能解密出用 K 加密的消息 M。

此外，文献[Gong 1994]还介绍了其他方法。

8.4.2　会议密钥分配协议

这个协议将实现一组（n 个）用户通过不安全的信道共享某个密钥。这一组用户共享两个大素数 p 和 q，生成元 g 与 q 具有相同的长度。协议如表 8-25 所示。

表 8-25　会议密钥分配协议

会议密钥分配协议
（1）用户 $i(i=1,2,\cdots,n)$，选择随机数 $r_i<q$，并广播：$z_i = g^{r_i} \bmod p$ 。
（2）每个用户验证：$z_i^q \equiv 1(\bmod p)$，$i=1,2,\cdots,n$。
（3）用户广播：$x_i = (z_{i+1} / z_{i-1})^{r_i} \bmod p$ 。
（4）用户计算：$K = (z_{i-1})^{nr_i} \times x_i^{n-1} \times x_{i+1}^{n-2} \times \cdots \times x_{i-2}^{n+1} \bmod p$ 。

在上面的协议中，所有下标 $i-1, i-2$ 和 $i+1$ 的计算都是模 n 运算。在协议执行完以后，所有组内用户均共享相同的密钥 K，组外人均得不到任何有用信息。

这个协议的缺点是不能抵抗中间人攻击。在文献[Ingemarsson 等 1982]中，作者提出了另外一种会议密钥分配协议。

8.5　密码协议的安全性

认证协议是许多分布系统安全的基础。确保这些协议能够安全地运行是极为重要的。虽然认证协议中仅仅进行很少的几组消息传输，但是其中的每一消息的组成都是经过巧妙设计的，而且这些消息之间有着复杂的相互作用和制约。在设计认证协议时，人们通常采用不同的密码体制。而且所设计的协议也常常应用于许多不同的通信环境。但是，现有的许多协议在设计上普遍存在着某些安全缺陷。造成认证协议存在安全漏洞的原因有很多，但主要的原因有如下两个：①协议设计者有可能误解了所采用的技术，或者不恰当地照搬了已有协议的某些特性；②人们对某一特定的通信环境及其安全需求研究不够。人们很少知道所设计的协议是如何才能够满足安全需求的。因此，在近来出现的许多协议中都发现了不同程度的安全缺陷或冗余消息。

本节将讨论对协议的攻击方法和安全性分析方法。

8.5.1 对协议的攻击

在分析协议的安全性时，常用的方法是对协议施加各种可能的攻击来测试其安全度。密码攻击的目标通常有3个：第一是协议中采用的密码算法；第二是算法和协议中采用的密码技术；第三是协议本身。由于本节仅讨论密码协议，因此，只考虑对协议自身的攻击，而假设协议中所采用的密码算法和密码技术均是安全的。对协议的攻击可以分为被动攻击和主动攻击。

被动攻击是指协议外部的实体对协议执行的部分或整个过程实施窃听。攻击者对协议的窃听并不影响协议的执行，他所能做的是对协议的消息流进行观察，并试图从中获得协议中涉及的各方的某些信息。他们收集协议各方之间传递的消息，并对其进行密码分析。这种攻击实际上属于一种惟密文攻击。被动攻击的特点是难以检测，因此在设计协议时应该尽量防止被动攻击，而不是检测它们。

主动攻击对密码协议来说具有更大的危险性。在这种攻击中，攻击者试图改变协议执行中的某些消息以达到获取信息、破坏系统或获得对资源的非授权访问。他们可能在协议中引入新的消息，删除消息，替换消息，重发旧消息，干扰信道或修改计算机中存储的信息。在网络环境下，当通信各方彼此互不信赖时，这种攻击对协议的威胁显得更为严重。攻击者不一定是局外人，他可能就是一个合法用户，可能是一个系统管理者，可能是几个人联手对协议发起攻击，也可能就是协议中的一方。

若主动攻击者是协议涉及的一方，则称其为欺骗者（Cheater）。他可能在协议执行中撒谎，或者根本不遵守协议。欺骗者也可以分为主动欺骗者和被动欺骗者。被动欺骗者遵守协议，但试图获得协议之外更多的信息；主动欺骗者则不遵守协议，对正在执行的协议进行干扰，试图冒充它方或欺骗对方，以达到各种非法目的。

如果协议的参与者中多数都是主动欺骗者，那么就很难保证协议的安全性。但是，在某些情况下，合法用户可能会检测到主动欺骗的存在。显然，密码协议对于被动欺骗应该是安全的。

在实际中，对协议的攻击方法是多种多样的。对不同类型的密码协议，存在着不同的攻击方法。很难将所有攻击方法一一列出，这里仅仅对几种常用的攻击方法进行详细介绍。为了便于理解，下面结合一个具体的协议对这些攻击方法加以说明。

图8-4（a）为一个单向用户认证协议，实现用户 B 对用户 A 的认证功能。其中，N 为一次随机数，$E_a(N)$ 表示采用密钥 K_a 对 N 加密。K_a 要么是用户 A 与用户 B 的共享密钥，要么是用户 A 的公钥。图8-4（b）的协议与图8-4（a）完全对称，它实现用户 A 对用户 B 的认证。将图8-4（a）和图8-4（b）的两个协议结合起来，就得到图8-4（c）的

双向认证协议；将其做进一步的简化，便得到图 8-4（d）的协议。对于单钥体制来说，K_a 和 K_b 是相同的，因此 $E_a(N)$ 和 $E_b(N)$ 表示采用同一个共享密钥对随机数加密。

图 8-4（d）中的双向认证协议是由两个单向认证协议演化而来的。初看似乎无可挑剔，但是它却不安全。我们将证明，当此协议采用单钥体制构造时，攻击者很容易采用不同的攻击方法攻破此协议。在后面，我们将结合这个例子，讨论几个典型的攻击协议的方法。

1. 已知明文攻击

图 8-4（d）所示的协议的一个缺点是它对已知明文攻击的开放性。对于 A 和 B 之间交换的每个密文消息比特流，均可以在随后的消息流中找到相应的明文。在每次执行协议时，被动攻击者可以通过搭线窃听的方法，收集到两个明文-密文对。通过长期不断地窃听，攻击者至少可以建立起一个加密表，甚至可以根据所采用的加密算法强度，进一步攻破此方案并发现加密密钥。因此，在设计认证协议时，一般要求所交换的加密消息的相应明文不会被攻击者得到或推出。

2. 选择密文攻击

当攻击者将已知明文攻击转化为选择密文攻击时，他所起的作用是主动性的而不是被动性的，这种威胁就更为严重。在图 8-4（d）中，攻击者可以假扮成 A 或 B，向另一方（B 或 A）发送某个经过选择的密文消息，并等待对方发送回相应的解密数值。攻击者并不知道确切的密钥是什么，当然就不会完成第 3 个消息流。然而，他可以积累关于明文-密文对的有关知识，其中的密文是经他自己精心选择的（或者当他发送的消息是明文时，收到的回执将是相应的密文）。他可以尝试采用特定的密文比特串，如全“0”、全“1”或其他消息，来更快地解出密钥。因此，在设计协议时，通常期望攻击者不能欺骗合法用户来获取选择密文的相应明文，或者选择明文的相应密文。

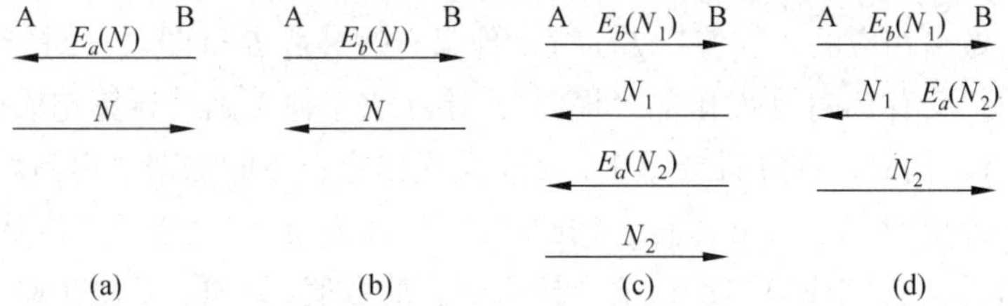

图 8-4　用户认证协议举例

3. 预言者会话攻击

实际上，在上述简单协议中，如果 A 和 B 采用相同的密钥，攻击者无须破译出密钥就能攻破此认证协议。这种攻击如图 8-5 所示。在图 8-5 中，攻击者 X 假装成 A，通过向 B 发送某个加密的随机数 $E(N_1)$ 开始会话。B 则响应此会话请求，向 X 发回解密的消息 N_1 和某个加密的随机数 $E(N_2)$。虽然 X 不能对 $E(N_2)$ 解密得到 N_2，但是他可以通过对 A 实施选择密文攻击来得到 N_2。A 作为预言者向 X 提供必要的解密值 N_2。首先，攻

击者假装成用户 B，通过向 A 发送加密消息 $E(N_2)$ 开始会话。A 则响应会话请求发回 N_2 和某个加密的随机数 $E(N_3)$。一旦 X 获得了 N_2，就会抛弃 A，转过来与 B 会话，而根本不去考虑如何解密 $E(N_3)$。通过向 B 发送 N_2，攻击者 X 就会成功地假冒用户 A，取得用户 B 的信赖而完成认证协议。

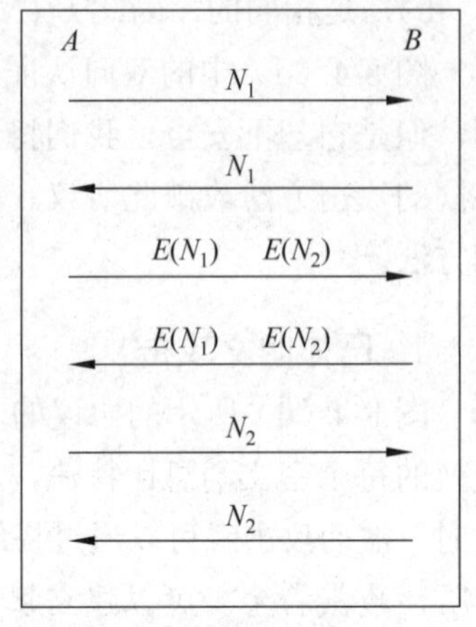

图 8-5　预言者会话攻击

这个例子暴露了协议中存在的一个基本缺陷，因此，在设计认证协议时，协议每个消息流中用到的密码消息必须有所区别，使得攻击者不可能从第 2 个消息流中推出、重组或伪造出第 3 个消息流中必需的消息。

实际上，认证协议的这个缺陷已经被发现，并得到了改进，成为 ISO SC27 标准协议。在这个协议中，协议的发起者 A 发送的“提问”消息是为了使对方表明其具有加密某个给定明文的能力，而 B 发出的“提问”是为了让对方表明其具有解密某个给定密文的能力。这样，攻击者便不会将一方用做预言者“解密服务器”去对付另一方。此时也许有人肯定地认为此协议不会有其他缺陷，但遗憾的是，改进后的协议仍然存在着缺陷。实际上，这个缺陷在原始的协议中同样存在。下面将对此加以分析。

4. 并行会话攻击

对于上面讨论的协议，我们发现它具有一个普遍性的缺陷，即不能抵抗并行会话攻击。这里，攻击者所起的作用是被动的，而非主动的。

首先，攻击者 X 截获由 A 向 B 发出的“提问”随机数 N_1，立刻反手将其发送给 A。这里，攻击者根本不理睬 B，而把 A 变成对付他自己的预言者。由于攻击者 X 不能对 A 的“提问” N_1 做出相应的“回答” $E(N_1)$，他只有假装成 B 试图与 A 进行会话。显然，攻击者 X 选择了 N_1 作为对 A 发出的“提问”，让 A 来替他精确地计算完成认证所必需的响应消息 $E(N_1)$。同时，在并行会话中，A 也发送出它自己的加密“提问”消息 $E(N_2)$。X 在获得 $E(N_1)$ 和 $E(N_2)$ 后，立即将它们回送给 A。A 发送 N_2 完成第一次认证交换过程，而 N_2 又恰恰就是 X 为完成第二次认证交换所必需的数值。这样，X 便在原始会话及其并行会话中成功地扮演了 B 的角色。

对于不同的网络结构，在不同协议层上的许多连接建立协议往往不允许同时建立多个并行会话。然而，在某些现存的网络环境下，这种并行会话在设计上是允许的。在这些允许的网络环境下设计密码协议时，设计者必须小心对待这种攻击。协议必须能够检测在某次会话中收到的第一个“提问”不是重发另外某个会话中的“提问”。然而，将会话的安全性留给用户去考虑是十分危险的，必须在进行协议设计时就尽量避免这种攻击。

并行会话攻击揭示了许多简单认证协议存在的另一个基本的缺陷。要克服这种缺陷，协议第二个消息流中的密码表达式就必须是非对称的，也就是与方向有关，使得由 A 发起的协议中的值，不能用于由 B 发起的协议之中。

基于以上的考虑，即：在第二个消息流中的密码消息必须是非对称的（具有方向性），并且要与第 3 个消息流有所区别。也许有人提出如图 8-6 所示的协议，并认为它是安全的。在图中，对随机数 N_1 加密已换成对 N_1 的函数加密（xor 表示异或运算）。它除了仍然可以遭到已知明文或选择明文攻击之外，采用这种简单的函数实际上没有解决任何问题。图 8-6 所示的协议仍然可以遭到并行会话攻击。攻击者只要在原来的消息上附加适当的偏值，就很容易将其攻破。具体攻击方法如图 8-7 所示。

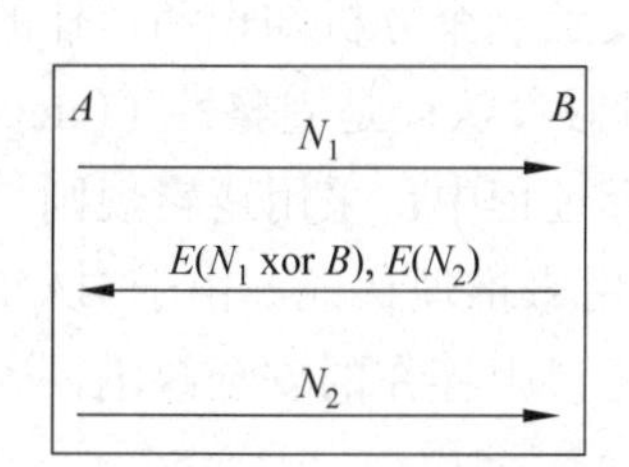

图 8-6 满足非对称要求的双向认证协议

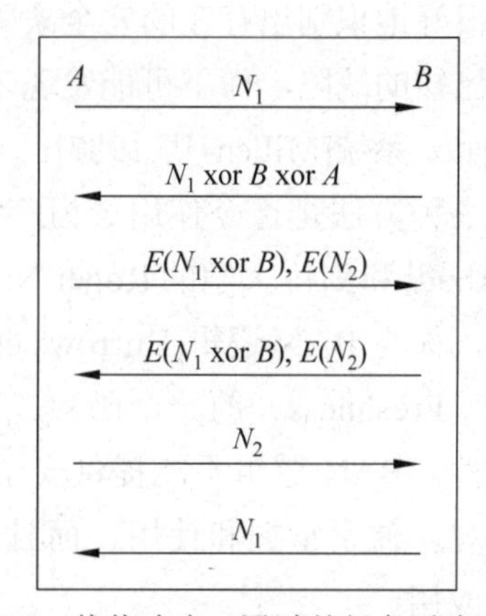

图 8-7 偏值攻击（通过并行会话攻击）

通过上面的讨论可以发现，图 8-2 中被认为十分安全的协议可以用多种方法攻破。在实际中，攻击者对一些看似安全的协议通过仔细地分析，可以发起诸如预言者会话攻击、并行会话攻击、偏值攻击或其他类型的攻击。这些攻击统称为交织攻击（Interleaving Attacks）。因此，如果所设计的协议是安全的，它就必须能够抵抗交织攻击。如何设计的协议才是安全的，这是许多协议设计者关心的问题。迄今为止，还没有更好、更系统的方法来设计安全的密码协议，这里只能将现有的一些最新研究成果介绍给读者。

8.5.2 密码协议的安全性分析

目前，对密码协议进行分析的方法有两种，一种是攻击检验方法，另一种是采用形式语言逻辑证明的方法。

1. 攻击检验方法

这种方法就是采用现有的一些有效的协议攻击方法，逐个对协议进行攻击，检验其是否具有抵御这些攻击的能力。分析时，主要采用语言描述的方法，对协议所交换的密码消息的功能进行剖析。

2. 形式语言逻辑分析法

采用形式语言对密码协议进行安全性分析的基本方法归纳起来有4种：

（1）采用非专门的说明语言和验证工具来对协议建立模型并加以验证。

（2）通过开发专家系统，对密码协议进行开发和研究。

（3）采用能够分析知识和信任的逻辑，对协议进行安全性研究。

（4）基于密码系统的代数特点，开发某种形式方法，对协议进行分析和验证。

第一种方法是将密码协议看成为计算机程序，并校验其正确性。然而，证明了正确性不等于证明了安全性。采用这一方法不能检测协议存在的安全缺陷。

第二种方法采用专家系统来确定协议是否能够达到某个不期望的状态。尽管这一方法能够很好地识别出存在的安全缺陷，但它不能保证安全性。它易于发现协议中是否存在某一已知的缺陷，而不可能发现未知的缺陷。这种方法的应用实例是美国军方开发的Interrogator系统[Millen 等 1987]。

第三种方法是迄今使用最为广泛的一种方法。美国DEC公司的Michael Burrows，Matin Abadi和剑桥大学的Roger Needham提出并开发了一个分析知识和信任的形式逻辑模型，称为BAN逻辑(Burrows et al 1989)。该逻辑假设认证是完整性（Integrity）和新鲜性（Freshness）的一个函数。在协议的整个运行过程中，采用逻辑规则来跟踪这两个属性。BAN逻辑不能提供安全性证明，它只能用来推理认证。由于BAN逻辑简单、直观，便于掌握和使用，而且可以成功地发现协议中存在的安全缺陷，因此得到了广泛应用。

第四种分析密码协议的方法是将密码协议模型转化为一个代数系统，表述参与者对协议知识的状态，然后分析某种状态的可达性（Attainability）。然而，这种方法没有像BAN逻辑那样引起人们足够的重视。

目前，美国海军实验室的NRL协议分析器可能是这些技术最成功的应用。它被用来发现协议中可能存在的未知和已知的缺陷。此外，人们还尝试采用NRL协议分析器来设计密码协议。

在对缺少可信赖的第三方服务器实时参与的认证协议进行证明时，BAN认证逻辑存在一定的局限性。为了便于对双钥体制构造的密码协议进行分析，不得不做出这样的假设：即由证书机构CA所颁发的证书均是新的（Fresh）。在做出这个最基本的假设之后，问题就可以得到解决了。在实际中，这一假设是合理的。因为证书的“新鲜性”可以由证书中所含的证书有效期以及作废证书清单CRL来保证[Aziz 等 1994]。

对于涉及Diffie-Hellman密钥交换系统的协议，BAN逻辑无法对其进行分析。为了打破BAN逻辑的局限性，许多文献对BAN逻辑进行了某些必要的改进或扩展，这里将这些逻辑分别称为GNY、AT、VO和SVO逻辑。GNY和AT逻辑对BAN进行了扩展，增加了许多逻辑规则以便更好地分析同一类协议。VO逻辑则在BAN逻辑的基础上，增加了对Diffie-Hellman密钥交换系统的处理能力。而SVO逻辑则对以上3种逻辑进行了归纳和总结，使其具有更加完善的形式分析能力。即便如此，将形式语言应用于密码协议分析仍然是一个全新的领域。

各种分析方法都有其特点和局限性，应综合分析利用。许多文献[Boyd 等 1993；Kemmerer 等 1994；Simmons 1994a，1994b；Meadows 1994；van Oorschot 1993a；Gligor 等 1991]都讨论了这一理论的实用问题。

应当指出，通过攻击检验方法和形式逻辑分析法，都只是协议安全性的必要条件，而不是协议安全性的充分条件。攻击检验法可以验证协议有无已知类型的安全漏洞，不能证明能对付将出现的新的攻击方法；形式逻辑分析法在将协议以形式语言表述时，常常难以将所有可利用信息纳入，因而不能对协议进行完善的数学描述。这一方法还有待完善和发展。有关密码协议的设计规范和形式语言证明，请参考有关书籍和文献[Wang 等 1999]。

习　题

一、填空题

1. 计算机网络中使用的好的协议，不仅应该具有________性、________性和________性，而且应该具有足够高的________性。
2. 为有效地防止中间人攻击，在密钥交换协议中应采用________技术。
3. 密钥建立协议主要分为________协议和________协议。
4. Diffie-Hellman 算法的安全性是基于________。
5. 密钥认证分为________、________和________三种。
6. 认证包含________、________和________。
7. 认证的密钥建立协议有________、________、________、________、________、________、________、________、________和________。
8. 密码攻击的目标有________、________和________。
9. 对协议进行攻击的典型方法有________、________、________和________。
10. 对密码协议的安全性进行分析的方法有________和________。

二、思考题

1. 什么是协议？协议具有哪些特点？协议有几种类型？
2. 什么是仲裁协议？仲裁协议有哪些特点？
3. 什么是裁决协议？裁决协议有哪些特点？
4. 什么是自执行协议？自执行协议有哪些特点？
5. 一个好的协议应具备哪些特点？
6. 按照密码协议的功能来分类，密码协议可以被分成哪几类？
7. 什么是中间人攻击？中间人攻击能够成功实施的真正原因是什么？

8. Diffie-Hellman算法能否用来对消息进行加密和解密？为什么？

9. 掺杂是对付字典攻击的有效方法。请问它是否能抗击对单一口令的预定攻击？为什么？

10. 在密码协议中，一次性随机数（Nonce）和时戳（Timestamp）的作用是什么？

11. 对密码协议进行安全性分析有哪几种方法？

第 3 篇

网络安全技术与应用

第9章 数字证书与公钥基础设施

9.1 PKI的基本概念

9.1.1 PKI的定义

PKI 是一种遵循标准的利用公钥理论和技术建立的提供安全服务的基础设施。所谓基础设施，就是在某个大型环境下普遍适用的基础和准则，只要遵循相应的准则，不同实体即可方便地使用基础设施所提供的服务。例如，通信基础设施（网络）允许不同机器之间为不同的目的交换数据；电力供应基础设施可以让各种电力设备获得运行所需要的电压和电流。

公钥基础设施的目的是从技术上解决网上身份认证、电子信息的完整性和不可抵赖性等安全问题，为网络应用（如浏览器、电子邮件、电子交易）提供可靠的安全服务。PKI 是遵循标准的密钥管理平台，能为所有网络应用透明地提供采用加密和数字签名等密码服务所需的密钥和证书管理。

PKI 最主要的任务是确立可信任的数字身份，而这些身份可被用来和密码机制相结合，提供认证、授权或数字签名验证等服务，而使用该类服务的用户可在一定程度确信自己的行为未被误导。这一可信的数字身份通过数字证书（也称公钥证书）来实现。数字证书（如 X.509 证书，可参见 9.2 节）是用户身份与其所持公钥的结合。

在实用中，PKI 体系在安全、易用、灵活、经济的同时，必须充分考虑互操作性和可扩展性。PKI 体系所包含的证书机构（Certificate Authority，CA）、注册机构（Registration Authority, RA）、策略管理、密钥（Key）与证书（Certificate）管理、密钥备份与恢复、撤销系统等功能模块需有机结合；此外，安全应用程序的开发者不必再关心复杂的数学模型和运算，只需直接按照标准使用 API 接口即可实现相应的安全服务。

9.1.2 PKI的组成

1. 证书机构

PKI 系统的关键是实现密钥管理。目前较好的密钥管理解决方案是采取证书机制。数字证书即是公开密钥体制的一种密钥管理媒介。数字证书是一种具有权威性的电子文档，其作用是证明证书中所列用户身份与证书中所列公开密钥合法且一致。要证明其合法性，就需要有可信任主体对用户证书进行公证，证明主体的身份及其与公钥的匹配关系，证书机构即是这样的可信任机构。

CA 也称数字证书认证中心（认证中心），作为具有权威性、公正性的第三方可信任机构，是 PKI 体系的核心构件。CA 负责发放和管理数字证书，其作用类似于现实生活中的证件颁发部门，如护照办理机构。

CA 提供网络身份认证服务、负责证书签发及签发后证书生命周期中的所有方面的管理，包括跟踪证书状态且在证书需要撤销（吊销）时发布证书撤销通知。CA 还需维护证书档案和证书相关的审计，以保障后续验证需求。CA 系统的功能如图 9-1 所示，详细的证书与密钥管理请参见 9.2 节。

2. 注册机构

注册机构（RA，也称注册中心）是数字证书注册审批机构，是认证中心的延伸，与 CA 在逻辑上是一个整体，执行不同的功能。RA 按照特定政策与管理规范对用户的资格进行审查，并执行“是否同意给该申请者发放证书、撤销证书”等操作，承担因审核错误而引起的一切后果。如果审核通过，即可实时或批量地向 CA 提出申请，要求为用户签发证书。RA 并不发出主体的可信声明（证明），只有证书机构有权颁发证书和撤销证书。RA 将与具体应用的业务流程相联系，是最终客户和 CA 交互的纽带，是整个 CA 中心得以运作的不可缺少的部分。

RA 负责对证书申请进行资格审查，其主要功能如下。

（1）填写用户注册信息：替用户填写有关用户证书申请信息。

（2）提交用户注册信息：核对用户申请信息，决定是否提交审核。

（3）审核：对用户的申请进行审核，决定“批准”还是“拒绝”用户的证书申请。

（4）发送生成证书申请：向 CA 提交生成证书请求。

（5）发放证书：将用户证书和私钥发放给用户。

（6）登记黑名单：对过期的证书和撤销的证书及时登记，并向 CA 发送。

（7）证书撤销列表管理：确保 CRL 的及时性，并对 CRL 进行管理。

（8）日志审计：维护 RA 的操作日志。

（9）自身安全保证：保障服务器自身密钥数据库信息、相关配置文件安全。

RA 系统的功能如图 9-2 所示。

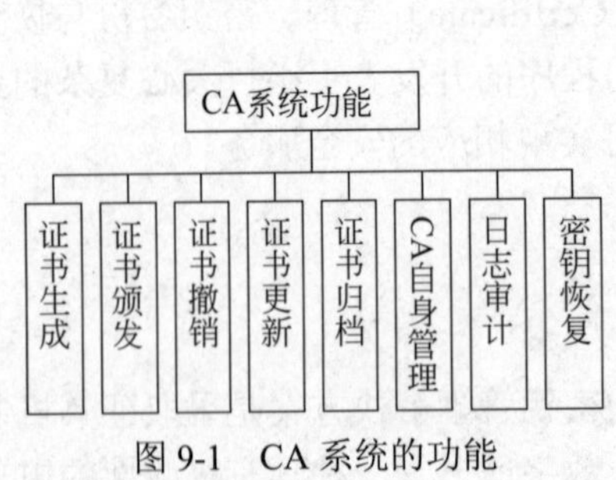

图 9-1　CA 系统的功能

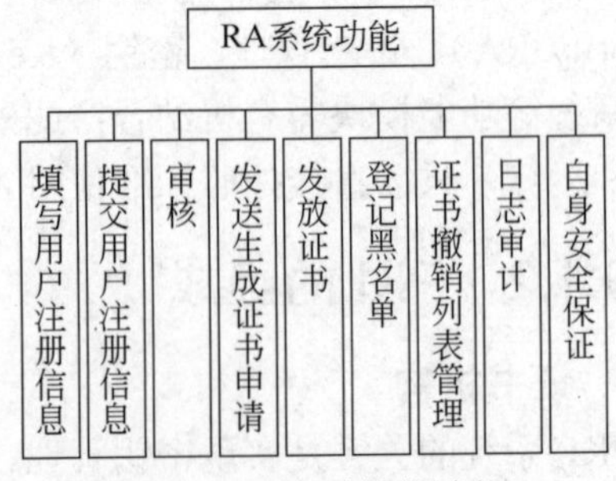

图 9-2　RA 系统的功能

3. 证书发布库

证书发布库（简称证书库）集中存放 CA 颁发证书和证书撤销列表（Certificate Revocation List，CRL）。证书库是网上可供公众进行开放式查询的公共信息库。公众查询的目的通常有两个：①得到与之通信的实体的公钥；②验证通信对方的证书是否在"黑名单"中。

在轻量级目录访问协议（Lightweight Directory Access Protocol，LDAP）尚未出现以前，通常由各应用程序使用各自特定的数据库来存储证书及 CRL，并使用各自特定的协议实现访问。这种方案存在很大的局限性，因为数据库和访问协议的不兼容性，使得人们无法使用其他应用程序实现对证书及 CRL 的访问。LDAP 作为一种标准的开发协议，使以上问题得到了解决。此外，证书库还应该支持分布式存放，即将与本组织有关的证书和证书撤销列表存放在本地，以提高查询效率。在 PKI 所支持用户数量较大的情形下，PKI 信息的及时性和强有力的分布机制将非常关键。LDAP 目录服务支持分布式存放，是大规模 PKI 系统成功实施的关键，也是创建高效的认证机构的关键技术。

4. 密钥备份与恢复

针对用户密钥丢失的情形，PKI 提供密钥备份与恢复机制。密钥备份和恢复只能针对加/解密密钥，而无法对签名密钥进行备份。数字签名是用于支持不可否认服务的，有时间性要求，因此不能备份/恢复签名密钥。

密钥备份在用户申请证书阶段进行，如果注册声明公/私钥对是用于数据加密的，则 CA 即可对该用户的私钥进行备份。当用户丢失密钥后，可通过可信任的密钥恢复中心或 CA 完成密钥恢复。

5. 证书撤销

证书由于某些原因需要作废时，如用户身份姓名的改变、私钥被窃或泄漏、用户与所属企业关系变更等，PKI 需要使用一种方法警告其他用户不要再使用该用户的公钥证书，这种警告机制被称为证书撤销。

证书撤销的主要实现方法有以下两种。

（1）利用周期性发布机制，如证书撤销列表（Certificate Revocation List，CRL）。证书撤销消息的更新和发布频率非常重要，两次证书撤销信息发布之间的间隔称为撤销延迟。在特定 PKI 系统中，撤销延迟必须遵循相应的策略要求。

（2）在线查询机制，如在线证书状态协议（Online Certificate Status Protocol，OCSP）。

在 9.2 节将详细介绍证书撤销方法。

6. PKI 应用接口

PKI 研究的初衷就是令用户能方便地使用加密、数字签名等安全服务，因此一个完善的 PKI 必须提供良好的应用接口系统，使得各种应用能够以安全、一致、可信的方式与 PKI 交互，确保安全网络环境的完整性和易用性。PKI 应用接口系统应该是跨平台的。

9.1.3　PKI 的应用

PKI 的应用非常广泛，如安全浏览器、安全电子邮件、电子数据交换、Internet 上的信用卡交易及 VPN 等。PKI 作为安全基础设施，它能够提供的主要服务如下。

1. 认证服务

认证服务即身份识别与认证，就是确认实体即为自己所声明的实体，鉴别身份的真伪。

以甲乙双方的认证为例：甲首先要验证乙的证书的真伪，乙在网上将证书传送给甲，甲用 CA 的公钥解开证书上 CA 的数字签名，若签名通过验证，则证明乙持有的证书是真的；接着甲还要验证乙身份的真伪，乙可将自己的口令用其私钥进行数字签名传送给甲，甲已从乙的证书库中查得了乙的公钥，甲即可用乙的公钥来验证乙的数字签名。若该签名通过验证，乙在网上的身份就确凿无疑了。

2. 数据完整性服务

数据完整性服务就是确认数据没有被修改过。实现数据完整性服务的主要方法是数字签名，它既可以提供实体验证，又可以保障被签名数据的完整性，这由杂凑算法和签名算法提供保证。杂凑算法的特点是输入数据的任何变化都会引起输出数据不可预测的极大变化，而签名是用自己的私钥将该杂凑值进行加密，然后与数据一同传送给接收方。如果敏感数据在传输和处理过程中被篡改，接收方就不会收到完整的数字签名，验证就会失败。反之，若签名通过了验证，就证明接收方收到的是未经修改的完整数据。

3. 数据保密性服务

PKI 的保密性服务采用了“数字信封”机制，即发送方先产生一个对称密钥，并用该对称密钥加密数据。同时，发送方还用接收方的公钥加密对称密钥，就像把它装入一个“数字信封”，然后把被加密的对称密钥（“数字信封”）和被加密的敏感数据一起传送给接收方。接收方用自己的私钥拆开“数字信封”，并得到对称密钥，再用对称密钥解开被加密的敏感数据。

4. 不可否认服务

不可否认服务是指从技术上保证实体对其行为的认可。在这中间，人们更关注的是数据来源的不可否认性、接收的不可否认性及接收后的不可否认性，此外还有传输的不可否认性、创建的不可否认性和同意的不可否认性。

5. 公证服务

PKI 中的公证服务与一般社会提供的公证人服务有所不同，PKI 中支持的公证服务是指“数据认证”，也就是说，公证人要证明的是数据的有效性和正确性，这种公证取决于数据验证的方式。例如，在 PKI 中被验证的数据是基于杂凑值的数字签名、公钥在数学上的正确性和签名私钥的合法性。

PKI 提供的上述安全服务能很好地满足电子商务、电子政务、网上银行、网上证券等行业的安全需求，是确保这些活动能够顺利进行的安全措施。

9.2 数字证书

PKI 与非对称加密密切相关，涉及消息摘要、数字签名与加密等服务。数字证书技术则是支持以上服务的 PKI 关键技术之一。

数字证书可理解为相当于护照、驾驶执照之类用以证明实体身份的证件。例如，护照可以证明实体的姓名、国籍、出生日期和地点、照片与签名等方面信息。类似地，数字证书也可以证明网络实体在特定安全应用的相关信息。

数字证书就是一个用户的身份与其所持有的公钥的结合，在结合之前由一个可信任的权威机构 CA 来证实用户的身份，然后由该机构对该用户身份及对应公钥相结合的证书进行数字签名，以证明其证书的有效性。

9.2.1　数字证书的概念

数字证书实际上是一个计算机文件，该数字证书将建立用户身份与其所持公钥的关联。其主要包含的信息有主体名（Subject Name），数字证书中任何用户名均称为主体名（即使数字证书可能颁发给个人或组织）；序号（Serial Number）；有效期；签发者名（Issuer Name）。数字证书的示例如图 9-3 所示。

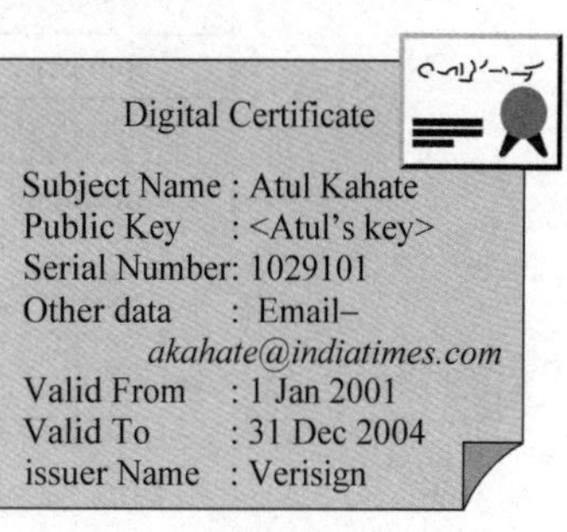

图 9-3　数字证书的示例

由表 9-1 可见，常规护照与数字证书项目非常相似。同一签发者签发的护照不会有重号，同样，同一签发者签发的数字证书的序号也不会重复。签发数字证书的机构通常为一些著名组织，世界上最著名的证书机构为 VeriSign 与 Entrust。在国内，许多政府机构和企业也建立了自己的 CA 中心。例如，我国的 12 家银行联合组建了 CFCA。证书机构有权向个人和组织签发数字证书，使其可在非对称加密应用中使用这些证书。

表 9-1　常规护照与数字证书项目比对

常规护照项目	数字证书项目
姓名（Full Name）	主体名（Subject Name）
护照号（Passport Number）	序号（Serial Number）
起始日期（Valid From）	起始日期（Valid From）
终止日期（Valid To）	终止日期（Valid To）
签发者（Issued By）	签发者名（Issuer Name）
照片与签名（Photograph And Signature）	公钥（Public Key）

9.2.2　数字证书的结构

数字证书的结构在 Satyam 标准中定义。国际电信联盟（ITU）于 1988 年推出这个标准，当时放在 X.500 标准中。后来，X.509 标准于 1993 年和 1995 年做了两次修订。这个标准的最新版本是 X.509 v3。1999 年，Internet 工程任务小组（IETF）发表了 X.509 标准的草案 RFC 2459。

图 9-4 是 X.509 v3 数字证书的结构，显示出 X.509 标准指定的数字证书字段，还指定了字段对应的标准版本。可以看出，X.509 标准第 1 版共有 7 个基本字段，第 2 版增加了两个字段，第 3 版增加了 1 个字段。增加的字段分别被称为第 2 版和第 3 版的扩展

或扩展属性。这些版本的末尾还有 1 个共同字段。表 9-2（a）、表 9-2（b）、表 9-2（c）列出了这 3 个版本中的字段描述。

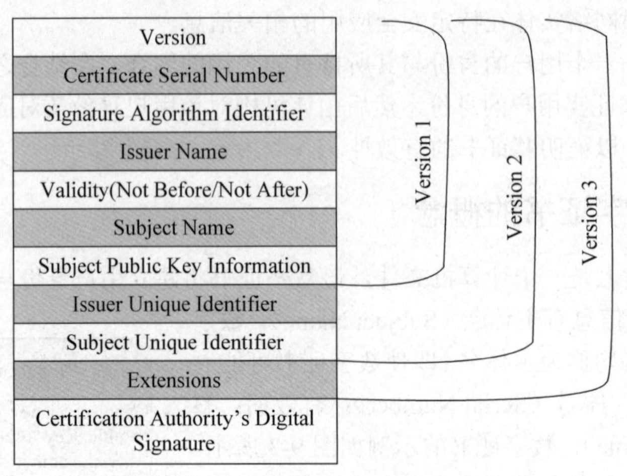

图 9-4　X.509 v3 数字证书的结构

表 9-2　X.509 数字证书字段描述

（a）第 1 版

字　段	描　述
版本（Version）	标识本数字证书使用的 X.509 协议版本，目前可取 1/2/3
证书序号（Certificate Serial Number）	包含 CA 产生的唯一整数值
签名算法标识符（Signature Algorithm Identifier）	标识 CA 签名数字证书时使用的算法
签名者（Issuer Name）	标识生成、签名数字证书的 CA 的可区分名（DN）
有效期（之前/之后）（Validity（Not Before/Not After））	包含两个日期时间值（之前/之后），指定数字证书有效的时间范围。通常指定日期、时间，精确到秒或毫秒
主体名（Subject Name）	标识数字证书所指实体（即用户或组织）的可区分名（DN）除非 v3 扩展中定义了替换名，否则该字段必须有值
主体公钥信息（Subject Public Key Information）	包含主体的公钥与密钥相关的算法，该字段不能为空

（b）第 2 版

字　段	描　述
签发者唯一标识符（Issuer Unique Identifier）	在两个或多个 CA 使用相同签发者名时标识 CA
主体唯一标识符（Subject Unique Identifier）	在两个或多个主体使用相同主体名时标识主体

续表

（c）第 3 版

字　段	描　述
机构密钥标识符（Authority Key Identifier）	单个证书机构可能有多个公钥/私钥对，本字段定义该证书的签名使用哪个密钥对（用相应密钥验证）
主体密钥标识符（Subject Key Identifier）	主体可能有多个公钥/私钥对，本字段定义该证书的签名使用哪个密钥对（用相应密钥验证）
密钥用法（Key Usage）	定义该证书的公钥操作范围。例如，可以指定该公钥可用于所有密码学操作或只能用于加密，或者只能用于 Diffie-Hellman 密钥交换，或者只能用于数字签名，等等
扩展密钥用法（Extended Key Usage）	可补充或替代密钥用法字段，指定该证书可采用哪些协议，这些协议包括 TLS（传输层安全协议）、客户端认证、服务器认证、时间戳等
私钥使用期（Private Key Usage Period）	可对该证书对应的公钥/私钥对定义不同的使用期限。若本字段为空，则该证书对应的公钥/私钥对定义相同的使用期限
证书策略（Certificate Policies）	定义证书机构对某证书指定的策略和可选限定信息
证书映射（Policy Mappings）	在某证书的主体也是证书机构时使用，即，一个证书机构向另一证书机构签发证书，指定认证的证书机构要遵循哪些策略
主体替换名（Subject Alternative Name）	对证书的主体定义一个或多个替换名，但如果主证书格式中的主体名字段为空，则该字段不能为空
签发者替换名（Issuer Alternative Name）	可选择定义证书签发者的一个或多个替换名
主体目录属性（Subject Directory Attributes）	可提供主体的其他信息，如主体电话/传真、电子邮件地址等
基本限制（Basic Constraints）	表示该证书主体可否作为证书机构。本字段还指定主体可否让其他主体作为证书机构。例如，若证书机构 X 向证书机构 Y 签发该证书，则 X 不仅能指定 Y 可否作为证书机构向其他主体签发证书，还可指定 Y 可否指定别的主体作为证书机构
名称限制（Name Constraints）	指定名字空间
策略限制（Policy Constraints）	只用于 CA 证书

9.2.3 数字证书的生成

本节介绍数字证书生成的典型过程。数字证书生成与管理主要涉及的参与方有最终用户、注册机构、证书机构。和数字证书信息紧密相关的机构有最终用户（主体）和证书机构（签发者）。证书机构的任务繁多，如签发新证书、维护旧证书、撤销因故无效证书等，因此一部分证书生成与管理任务由第三方——注册机构（RA）完成。从最终用户角度看，证书机构与注册机构差别不大。技术上，注册机构是用户与证书机构之间的中间实体，如图 9-5 所示。

注册机构提供的服务有：①接收与验证最终用户的注册信息；②为最终用户生成密钥；③接收与授权密钥备份与恢复请求；④接收与授权证书撤销请求。

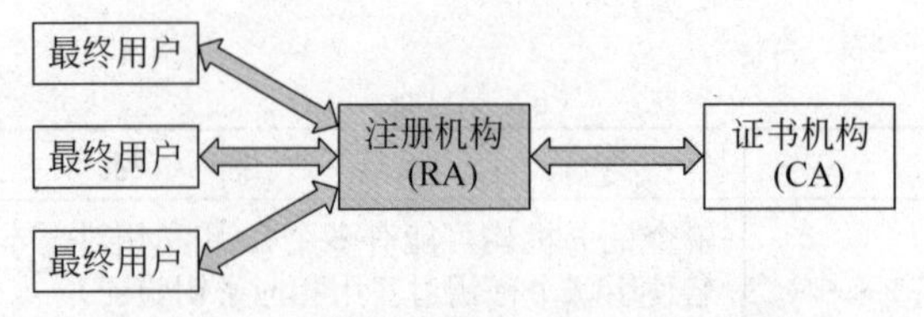

图 9-5　最终用户与 RA 和 CA 的关系

注意：注册机构主要帮助证书机构与最终用户间交互，注册机构不能签发数字证书，证书只能由证书机构签发。

数字证书的生成步骤如图 9-6 所示，下面对各步进行详细介绍。

第 1 步：密钥生成。生成密钥可采用的方式有如下两种。

（1）主体（用户/组织）可采用特定软件生成公钥/私钥对，该软件通常是 Web 浏览器或 Web 服务器的一部分，也可以使用特殊软件程序。主体必须秘密保存私钥，并将公钥、身份证明与其他信息发送给注册机构，如图 9-7 所示。

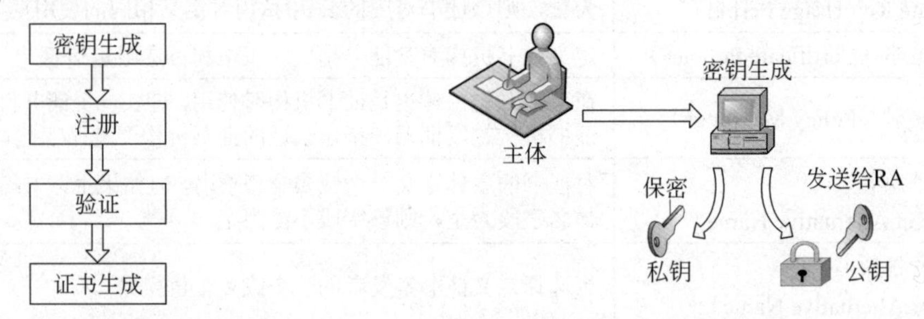

图 9-6　数字证书的生成步骤　　　　图 9-7　主体生成密钥对

（2）当用户不知道密钥对生成技术或要求注册机构集中生成和发布所有密钥，以便于执行安全策略和密钥管理时，也可由注册机构为主体（用户）生成密钥对。该方法的缺陷是注册机构知道用户私钥，且在向主体发送途中也可能泄漏。注册机构为主体生成密钥对示意图如图 9-8 所示。

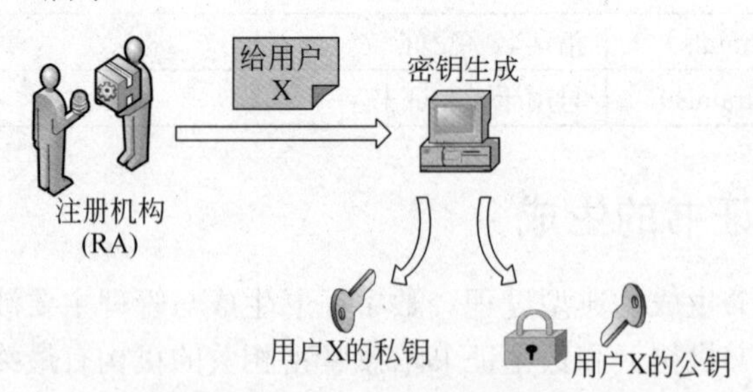

图 9-8　注册机构为主体生成密钥对示意图

第 2 步：注册。该步骤发生在第 1 步由主体生成密钥对情形下，若在第 1 步由 RA 为主体生成密钥对，则该步骤在第 1 步中完成。

假设用户生成密钥对，则要向注册机构发送公钥和相关注册信息（如主体名，将置于数字证书中）及相关证明材料。用户在特定软件的引导下正确地完成相应输入后通过

Internet 提交至注册机构。证书请求格式已经标准化，称为证书签名请求（Certificate Signing Request，CSR），PKCS#10 证书申请结构如图 9-9 所示。有关 CSR 的详细信息可参看公钥加密标准 PKCS#10。

注意：证明材料未必一定是计算机数据，有时也可以是纸质文档（如护照、营业执照、收入/税收报表复印件等），如图 9-10 所示。

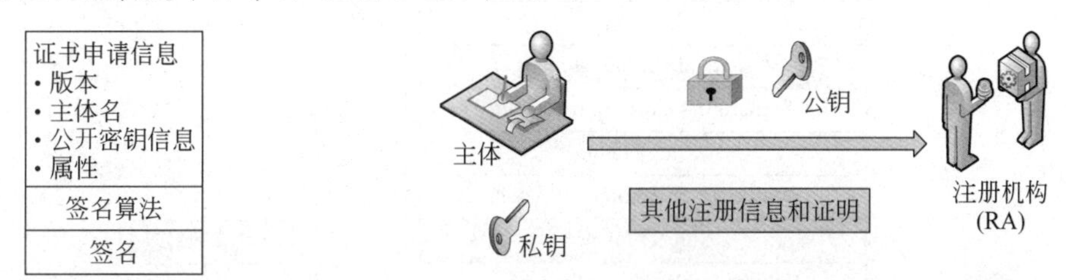

图 9-9　PKCS#10 证书申请结构　　　图 9-10　主体将公钥与证明材料发送到注册机构

第 3 步：验证。接收到公钥及相关证明材料后，注册机构须验证用户材料，验证分为以下两个层面。

（1）RA 要验证用户材料，以明确是否接受用户注册。若用户是组织，则 RA 需要检查营业记录、历史文件和信用证明；若用户为个人，则只需简单证明，如验证邮政地址、电子邮件地址、电话号码或护照、驾照等。

（2）确保请求证书的用户拥有与向 RA 的证书请求中发送的公钥相对应的私钥。这个检查被称为检查私钥的拥有证明（Proof Of Possession，POP）。主要的验证方法有如下几种。

① RA 可要求用户采用私钥对证书签名请求进行数字签名。若 RA 能用该用户公钥验证签名正确性，则可相信该用户拥有与其证书申请中公钥一致的私钥。

② RA 可生成随机数挑战信息，用该用户公钥加密，并将加密后的挑战值发送给用户。若用户能用其私钥解密，则可相信该用户拥有与公钥相匹配的私钥。

③ RA 可将 CA 所生成的数字证书采用用户公钥加密后，发送给该用户。用户需要用与公钥匹配的私钥解密方可取得明文证书——也实现了私钥拥有证明的验证。

第 4 步：证书生成。设上述所有步骤成功，则 RA 将用户的所有细节传递给证书机构。证书机构进行必要的验证，并生成数字证书。证书机构将证书发给 RA，并在 CA 维护的证书目录（Certificate Directory）中保留一份证书记录。然后 RA 将证书发送给用户，可附在电子邮件中；也可向用户发送一个电子邮件，通知其证书已生成，让用户从 CA 站点下载。数字证书的格式实际上是不可读的，但应用程序可对数字证书进行分析解释，例如，打开 Internet Explorer 浏览器浏览证书时，可以看到可读格式的证书细节。

9.2.4　数字证书的签名与验证

正如护照需要权威机构的印章与签名一样，数字证书也需要证书机构 CA 采用其私钥签名后方是有效、可信的。接下来，分别就 CA 签名证书及数字证书验证加以介绍。

1. CA签名证书

此前介绍过X.509证书结构，其中最后一个字段是证书机构的数字签名，即每个数字证书不仅包含用户信息（如主体名、公钥等），同时还包含证书机构的数字签名。CA对数字证书签名过程如图9-11所示。

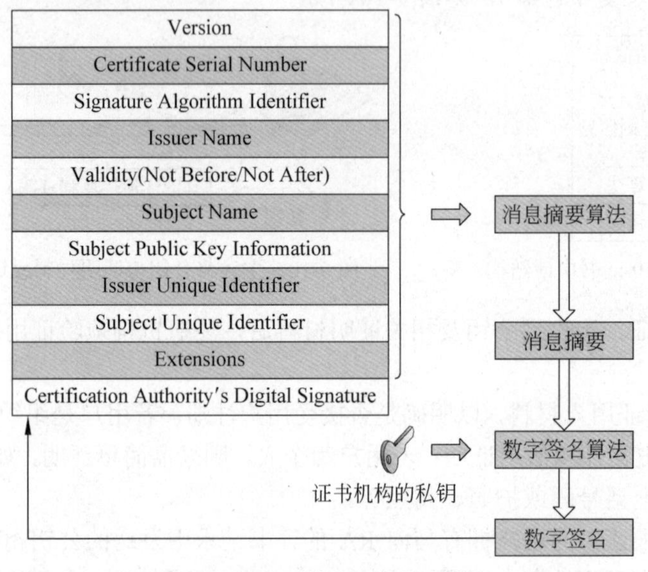

图9-11　CA对数字证书签名过程

由图9-11可知，在向用户签发数字证书前，CA首先要对证书的所有字段计算一个消息摘要（使用MD-5或SHA-1等杂凑算法），而后用CA私钥加密消息摘要（如采用RSA算法），构成CA的数字签名。CA将计算出的数字签名作为数字证书的最后一个字段插入，类似于护照上的印章与签名。该过程由密码运算程序自动完成。

2. 数字证书验证

数字证书的验证步骤如图9-12所示。主要包括如下几步。

（1）用户将数字证书中除最后一个字段以外的所有字段输入消息摘要算法（杂凑算法）。该算法与CA签发证书时使用的杂凑算法相同，CA会在证书中指定签名算法及杂凑算法，令用户知道相应的算法信息。

（2）由消息摘要算法计算数字证书中除最后一个字段外其他字段的消息摘要，设该消息摘要为MD-1。

（3）用户从证书中取出CA的数字签名（证书中最后一个字段）。

（4）用户用CA的公钥对CA的数字签名信息进行解密运算。

（5）解密运算后获得CA签名所使用的消息摘要，设为MD-2。

（6）用户比较MD-1与MD-2。若两者相符，即MD-1=MD-2，则可肯定数字证书已由CA用其私钥签名，否则用户不信任该证书，将其拒绝。

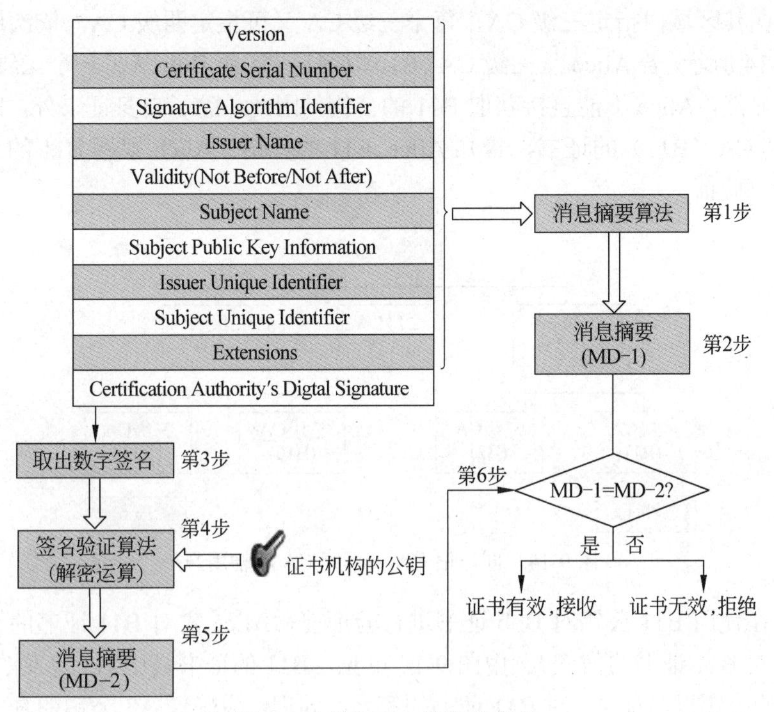

图 9-12　验证 CA 的数字签名

9.2.5　数字证书层次与自签名数字证书

设有两个用户 Alice 与 Bob，二者希望进行安全通信，在 Alice 收到 Bob 的数字证书时，需对该证书进行验证。由前可知，验证证书时需使用颁发该证书的 CA 的公钥，这就涉及如何获取 CA 公钥的问题。

若 Alice 与 Bob 具有相同的证书机构（CA），则 Alice 显然已知签发 Bob 证书的 CA 的公钥。若 Alice 与 Bob 归属于不同的证书机构，则 Alice 需通过如图 9-13 所示的信任链（CA 层次结构）获取签发证书的 CA 公钥。

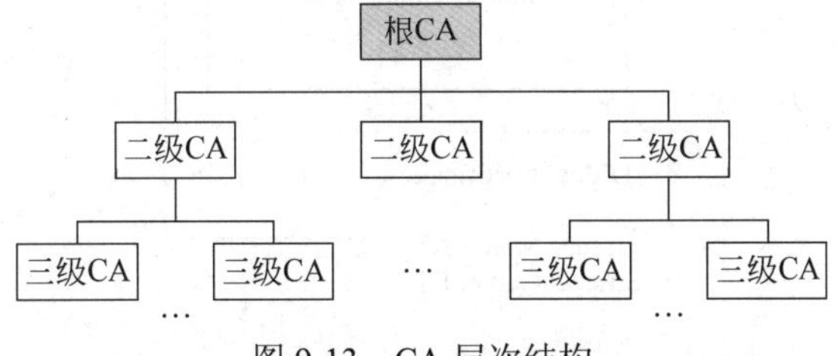

图 9-13　CA 层次结构

由图 9-13 可看出，CA 层次从根 CA 开始，根 CA 下面有一个或多个二级 CA，每个二级 CA 下面有一个或多个三级 CA，等等，类似于组织中的报告层次体系，CEO 或总经理具有最高权威，高级经理向 CEO 或总经理报告，经理向高级经理报告，员工向经理报告……

CA 层次使根 CA 不必管理所有的数字证书，可以将该任务委托给二级机构，每个二级 CA 又可在其区域内指定三级 CA，每个三级 CA 又可指定四级 CA，依次进行。

如图 9-14 所示，若 Alice 从三级 CA（B1）取得证书，而 Bob 从另一个三级 CA（B11）取得证书。显然，Alice 不能直接获取 B11 的公钥，因此，除了自身证书外，Bob 还需向 Alice 发送其 CA（B11）的证书，告知 Alice B11 的公钥。Alice 根据 B11 的公钥对 Bob 证书进行计算验证。

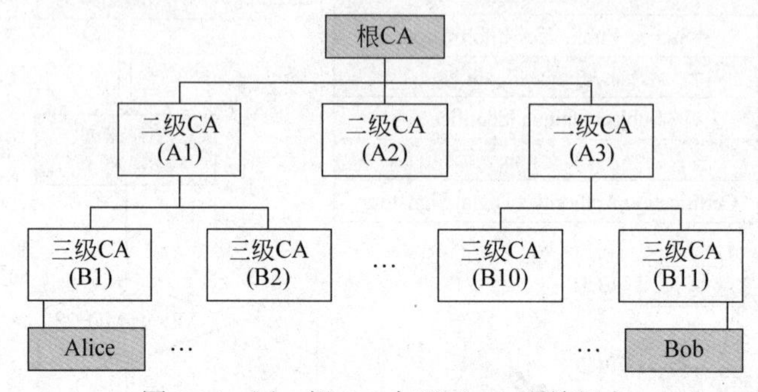

图 9-14　同一根 CA 中不同 CA 所辖用户

显然，在使用 B11 公钥对 Bob 证书进行验证前，Alice 需对 B11 证书的正确性进行验证（确认对 B11 证书的信任）。由图 9-14 可见，B11 的证书是由 A3 签发的，则 Alice 需获得 A3 的公钥以验证 A3 对 B11 证书的签名。同理，为确保 A3 公钥的真实性与正确性，Alice 需获取 A3 的证书，并需获得根 CA 公钥对 A3 证书进行验证。证书层次与根 CA 的验证问题如图 9-15 所示。

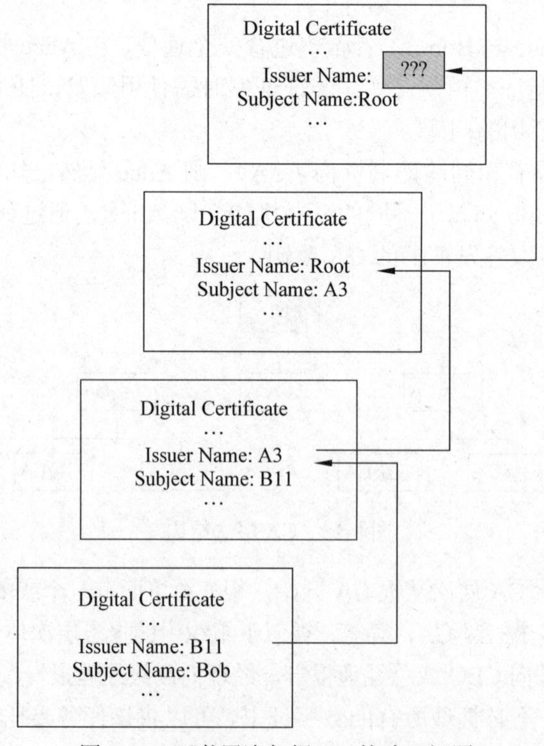

图 9-15　证书层次与根 CA 的验证问题

由图 9-15 可见，根 CA 是验证链的最后一环，根 CA 自动作为可信任 CA，根 CA 证书为自签名证书（Self-signed Certificate），即根 CA 对自己的证书签名，如图 9-16 所示，证书的签发者名和主体名均指向根 CA。存储与验证证书的软件中包含预编程、硬编码的根 CA 证书。

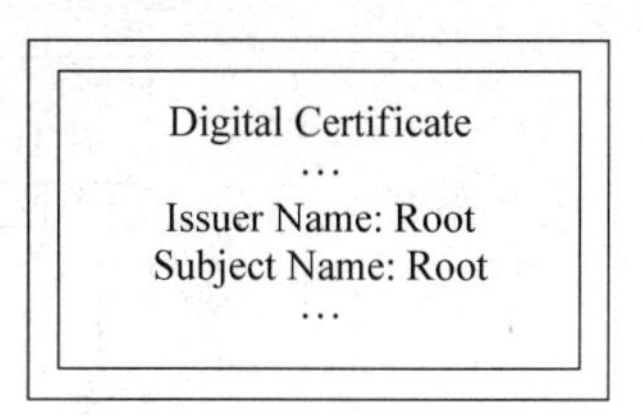

图 9-16　自签名证书

由于根 CA 证书存放于 Web 浏览器和 Web 服务器之类的基础软件中，因此 Alice 无须担心根 CA 证书的认证问题，除非其使用的基础软件本身来自于非信任站点。Alice 只需采用遵循行业标准、被广泛接受的应用程序，即可保证根 CA 证书的有效性。

图 9-17 显示了验证证书链的过程。

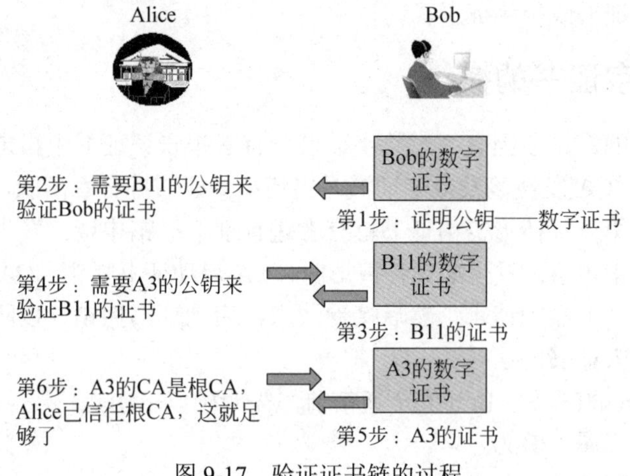

图 9-17　验证证书链的过程

9.2.6　交叉证书

每个国家均拥有不同的根 CA，同一国家也可能拥有多个根 CA。例如，美国的根 CA 有 Verisign、Thawte 和美国邮政局。这时，不是各方都能信任同一个根 CA。在 9.2.5 节的示例中，若 Alice 与 Bob 身处不同国家，即根 CA 不同时，也存在着根 CA 的信任问题。

针对以上情形，采用交叉证书（Cross-certification）。由于实际中不可能有一个认证每个用户的统一 CA，因此要用分布式 CA 认证各个国家、政治组织与公司机构的证书。这种方式减少了单个 CA 的服务对象，同时确保 CA 可独立运作。此外，交叉证书使不同 PKI 域的 CA 和最终用户可以互动。交叉证书是对等 CA 签发，建立的是非层次信任路径。

如图 9-18 所示，Alice 与 Bob 的根 CA 不同，但他们可进行交叉认证，即 Alice 的根 CA 从 Bob 的根 CA 那里取得了自身的证书，同样 Bob 的根 CA 从 Alice 的根 CA 处取得了自己的证书。尽管 Alice 的基础软件只信任其自己的根 CA，但因为 Bob 的根 CA 得到了 Alice 的根 CA 的认证，则 Alice 也可信任 Bob 的根 CA。Alice 可采用下列路径验证 Bob 的证书：Bob-Q2-P1-Bob’s RCA-Alice’s RCA。

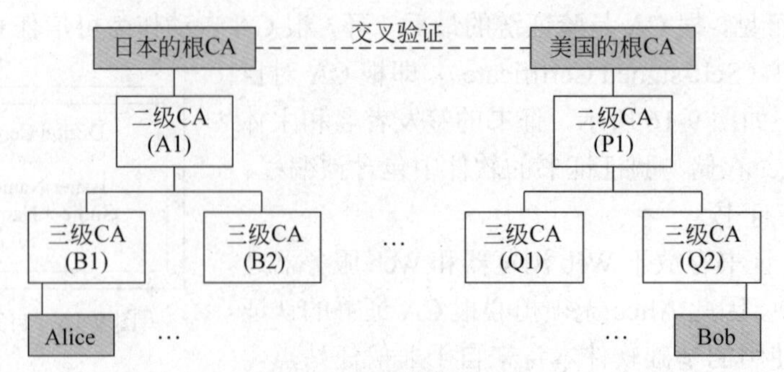

图 9-18　CA 的交叉证书

利用证书层次、自签名证书和交叉证书技术，令所有用户均可验证其他用户的数字证书，以确定信任证书或拒绝证书。

9.2.7　数字证书的撤销

数字证书撤销的常见原因有：①数字证书持有者报告该证书中指定公钥对应的私钥被破解（被盗）；② CA 发现签发数字证书时出错；③证书持有者离职，而证书为其在职期间签发的。发生第一种情形需由证书持有者进行证书撤销申请；发生第三种情形时需由组织提出证书撤销申请；发生第二种情形时，CA 启动证书撤销。CA 在接到证书撤销请求后，首先认证证书撤销请求，然后接受请求，启动证书撤销，以防止攻击者滥用证书撤销过程撤销他人证书。

Alice 使用 Bob 的证书与 Bob 安全通信前，需明确以下两点：

（1）该证书是否属于 Bob。

（2）该证书是否有效，是否被撤销。

Alice 可通过证书链明确第一个问题，而明确第二个问题则需采用证书撤销状态检查机制。CA 提供的证书撤销状态检查机制如图 9-19 所示。

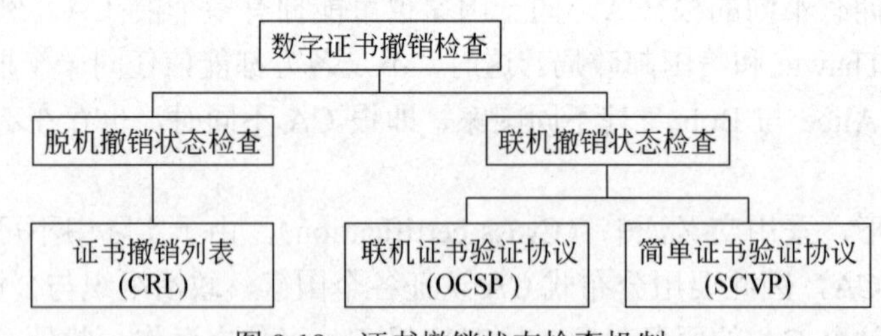

图 9-19　证书撤销状态检查机制

下面对这几种撤销检查机制逐一加以介绍。

1. 脱机证书撤销状态检查

证书撤销列表（Certificate Revocation List，CRL）是脱机证书撤销状态检查的主要方法。最简单的 CRL 是由 CA 定期发布的证书列表，标识该 CA 撤销的所有证书。但该表中不包含过了有效期的失效证书。CRL 中只列出在有效期内因故被撤销的证书。

每个 CA 签发自己的 CRL，CRL 包含相应的 CA 签名，易于验证。CRL 为一个依时间增长的顺序文件，包括在有效期内因故被撤销的所有证书，是 CA 签发的所有 CRL 的子集。每个 CRL 项目列出证书序号、撤销日期和时间、撤销原因。CRL 顶层还包括 CRL 发布的日期、时间和下一个 CRL 发布时间。图 9-20 给出了 CRL 文件的逻辑视图。

Alice 对 Bob 数字证书的安全性检查操作如下。

（1）证书有效期检查：比较当前日期与证书有效期，确保证书在有效期内。

（2）签名检查：检查 Bob 的证书能否用其 CA 的签名验证。

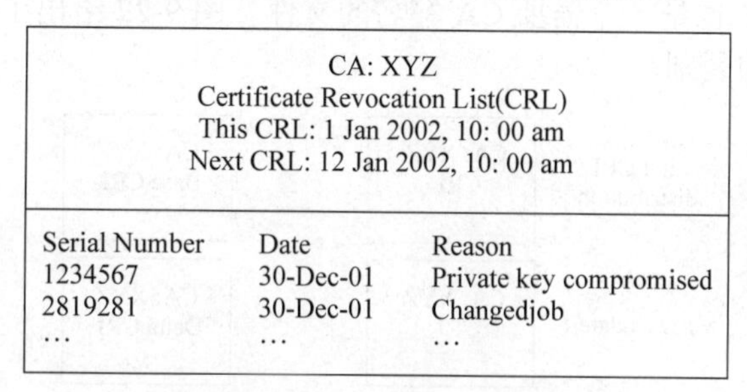

图 9-20　CRL 文件的逻辑视图

（3）证书撤销状态检查：根据 Bob 的 CA 签发的最新 CRL 检查 Bob 的证书是否在证书撤销列表中。

完成以上检查后，Alice 方能信任 Bob 的数字证书，相应过程如图 9-21 所示。

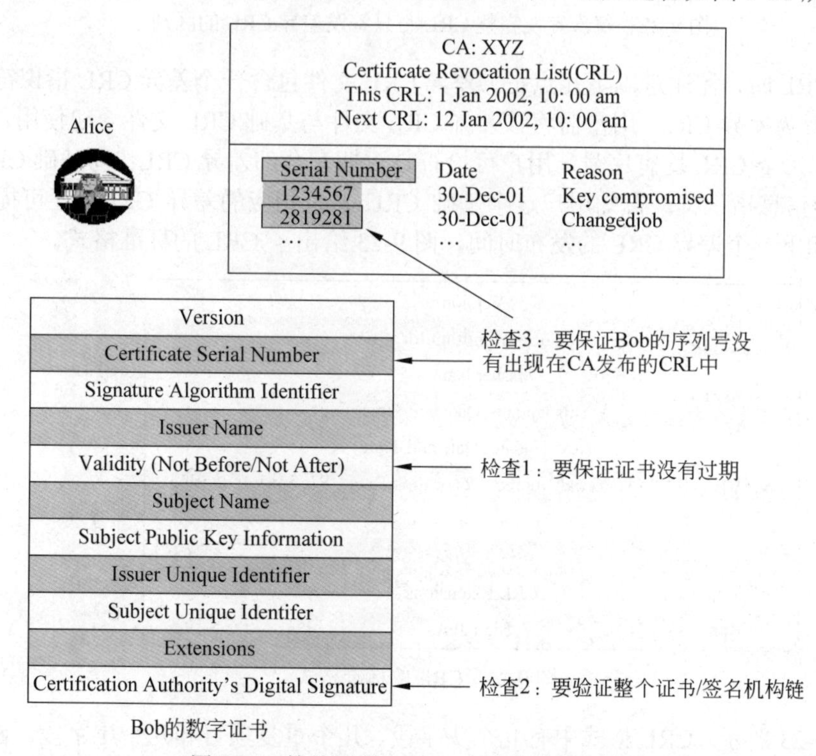

图 9-21　检验证书及 CRL 在检验过程中作用

随着时间的推移，CRL可能会变得很大。一般假设，每年撤销的未到期证书达10%左右，若CA有100 000个用户，则两年时间可能在CRL中有20 000个项目，数目是相当庞大的。在这种情形下，通过网络接收CRL文件将是一个很大的瓶颈。为解决该问题，引出了差异CRL（Delta CRL）的概念。

最初，CA可以向使用CRL服务的用户发一个一次性的完全更新CRL，称为基础CRL（Base CRL）。下次更新时，CA不必发送整个CRL，而只需发送上次更新以来改变的CRL。这个机制令CRL文件的长度缩小，从而加快传输速度。基础CRL的改变称为差异CRL，差异CRL也是一个需要CA签名的文件。图9-22给出了每次签发完整CRL与只签发差异CRL的区别。

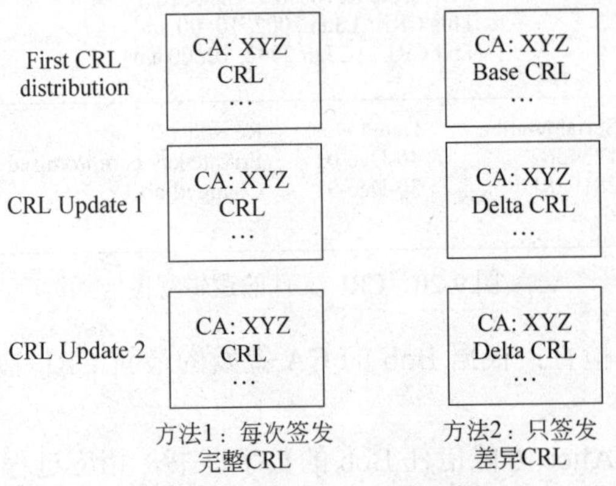

图9-22　每次签发完整CRL与只签发差异CRL的区别

使用CRL时，需注意以下几点：①差异CRL文件包含一个差异CRL指识符，告知用户该CRL为差异CRL，用户需将该差异CRL文件与基础CRL文件一起使用，得到完整CRL；②每个CRL均有序号，用户可检查是否拥有全部差异CRL；③基础CRL可能有一个差异信息指识符，告知用户这个基础CRL具有相应的差异CRL，还可提供差异CRL地址和下一个差异CRL的发布时间。图9-23给出了CRL的标准格式。

Version	头字段
Signature Algorithm Identifier	
Issuer Name	
This Update (Date and Time)	
Next Update (Date and Time)	
User CERTIFICATE Serial Number Revocation Data CRL Entry Extensions	重复项
… … …	
… … …	
CRL Extensions	尾字段
Signature	

图9-23　CRL的标准格式

如图9-23所示，CRL格式中有几个头字段、几个重复项目和几个尾字段。显然，序号、撤销日期、CRL项目扩展之类的字段要对CRL中的每个撤销证书重复。而其他字段构成头字段、尾字段两部分。下面介绍这些字段，如表9-3所示。

表 9-3 CRL 的不同字段

字 段	描 述
版本（Version）	表示 CRL 版本
签名算法标识符（Signature Algorithm Identifier）	CA 签名 CRL 所用的算法（如 SHA-1 与 RSA），表示 CA 先用 SHA-1 算法计算 CRL 的消息摘要，然后用 RSA 算法签名
签发者名（Issuer Name）	标识 CA 的可区分名（DN）
本次更新日期与时间（This Update Date and Time）	签发这个 CRL 的日期与时间值
下次更新日期与时间（Next Update Date and Time）	签发下一个 CRL 的日期与时间值
用户证书序号（User Certificate Serial Number）	撤销证书的证书号，该字段对每个撤销证书重复
撤销日期（Revocation Date）	撤销证书的日期和时间，该字段对每个吊销证书重复
CRL 项目扩展（CRL Entry Extension）	见表 9-4，每个 CRL 项目有一个扩展
CRL 扩展（CRL Extension）	见表 9-5，每个 CRL 有一个扩展
签名（Signature）	包含 CA 签名

这里，需明确区别 CRL 项目扩展与 CRL 扩展，CRL 项目扩展对每个撤销证书重复，而整个 CRL 只有一个 CRL 扩展，如表 9-4 和表 9-5 所示。

表 9-4 CRL 项目扩展

字 段	描 述
原因代码（Reason Code）	指定证书撤销原因，可能是 Unspecified（未指定），Key Compromise（密钥损坏），CA Compromise（CA 被破坏），Superseded（重叠），Certificate Hold（证书暂扣）
扣证指示代码（Hold Instruction Code）	证书可以暂扣，即在指定时间内失效（可能因为用户休假，需保证期间不被滥用），该字段可指定扣证原因
证书签发者（Certificate Issuers）	标识证书签发者名和间接 CRL。间接 CRL 是第三方提供的，而非证书签发者提供。第三方可汇总多个 CA 的 CRL，发一个合并的间接 CRL，使 CRL 信息请求更加方便
撤销日期（Invalidity Date）	发生私钥泄漏或数字证书失效的日期和时间

表 9-5 CRL 扩展

字 段	描 述
机构密钥标识符（Authority Key Identifier）	区别一个 CA 使用的多个 CRL 签名密钥
签发者别名（Issuer Alternative Name）	将签发者与一个或多个别名相联系
CRL 号（CRL Number）	序号（随每个 CRL 递增），帮助用户明确是否拥有此前所有的 CRL
差异 CRL 标识符（Delta CRL Indicator）	表示 CRL 为差异 CRL
签发发布点（Issuing Distribution Point）	表示 CRL 发布点或 CRL 分区。CRL 发布点可在 CRL 很大时使用——不用发布一个庞大的 CRL，而是分解为多个 CRL 发布。CRL 请求者请求和处理这些小的 CRL。CRL 发布点提供了小 CRL 的地址指针（即 DNS 名、IP 地址或文件名）

和最终用户一样，CA本身也用证书标识。在某些情形下，CA证书也需撤销，类似于CRL提供最终用户证书的撤销信息表，机构撤销列表（ARL）提供了CA证书的撤销信息表。

2. 联机证书撤销状态检查

由于CRL可能过期，同时CRL存在长度问题，基于CRL的脱机证书撤销状态检查不是检查证书撤销的最好方式。因此，出现了两个联机检查证书状态协议：联机证书状态协议和简单证书检验协议。

联机证书状态协议（Online Certificate Status Protocol，OCSP）可以检查特定时刻某个数字证书是否有效，是联机检查方式。联机证书状态协议令证书检验者可以实时检查证书状态，从而提供了更简单、快捷、有效的数字证书验证机制。与CRL不同，该方式无须下载证书列表。下面介绍联机证书状态协议的工作步骤。

（1）CA提供一个服务器，称为OCSP响应器（OCSP Responder），该服务器包含最新证书撤销信息。请求者（客户机）发送联机证书状态查询请求（OCSP Request），检查该证书是否撤销。OCSP最常用的基础协议是HTTP，但也可以使用其他应用层协议（如SMTP），如图9-24所示。实际上，OCSP请求还包括OCSP版本、请求服务和一个或几个证书标识符（其中包含签发者的消息摘要、签发者公钥的消息摘要和证书序号）。为简单起见，暂忽略这些细节。

（2）OCSP响应器查询服务器的X.500目录（CA不断向其提供最新证书撤销信息），以明确特定证书是否有效，如图9-25所示。

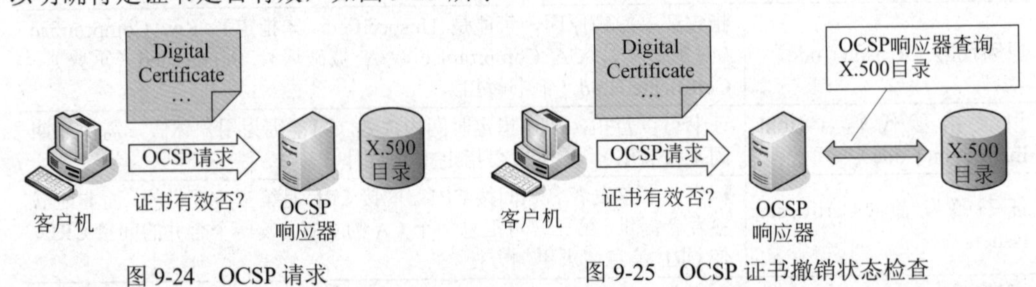

图9-24 OCSP请求　　图9-25 OCSP证书撤销状态检查

（3）根据X.500目录查找的状态检查结构，OCSP响应器向客户机发送数字签名的OCSP响应（OCSP Response），原请求中的每个证书有一个OCSP响应。OCSP响应可以取3个值，即Good、Revoked或Unknown。OCSP响应还可以包含撤销日期、时间和原因。客户机要确定相应的操作。一般而言，建议只在OCSP响应状态为Good时才认为证书有效，OCSP响应如9-26所示。

需要注意的是，OCSP缺少对与当前证书相关的证书链有效性的检查。例如，假设Alice要用OCSP验证Bob的证书，则OCSP只是告诉Alice，Bob的证书是否有效，而不检验签发Bob证书的CA的证书或证书链中更高层的证书。这些逻辑（验证证书链有效性）要放在使用OCSP的客户机应用程序中。另外，客户机应用程序还要检查证书有效期、密钥使用合法性和其他限制。

简单证书检验协议（Simple Certificate Validation Protocol，SCVP）目前还是草案，

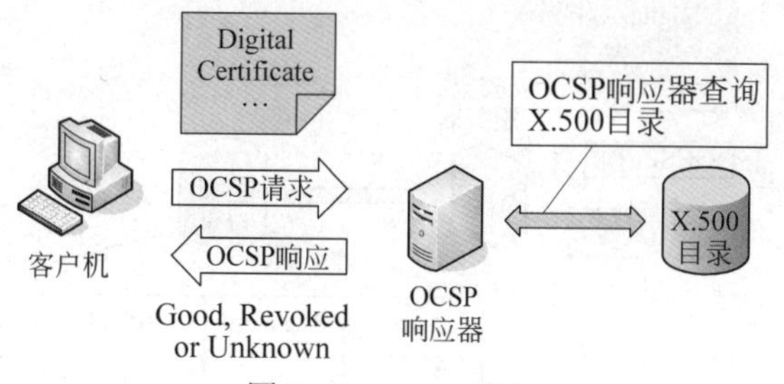

图 9-26 OCSP 响应

是联机证书状态报告协议，用于克服 OCSP 的缺点。SCVP 与 OCSP 在概念上非常相似，这里仅指出两者的差别，如表 9-6 所示。

表 9-6 OCSP 与 SCVP 的差别

特 点	OCSP	SCVP
客户端请求	客户机只向服务器发送证书序号	客户机向服务器发送整个证书，因此服务器可以进行更多的检查
信任链	只检查指定证书	客户机可以提供中间证书集合，让服务器检查
检查	只检查证书是否撤销	客户机可以请求其他检查（如检查整个信任链）、考虑的撤销信息类型（如服务器是否用 CRL 或 OCSP 进行撤销检查），等等
返回信息	只返回证书状态	客户机可以指定感兴趣的其他信息（如服务器要返回撤销状态证明或返回信任验证所用的证书链，等等）
其他特性	无	客户机可以请求检查证书的过去事件。例如，假设 Bob 向 Alice 发了证书和签名文档，则 Alice 可以用 SCVP 检查 Bob 的证书在签名时是否有效（而非验证签名时）

9.2.8 漫游证书

数字证书应用的普及产生了证书的便携性需求。此前提供证书及其对应私钥移动性的实际解决方案主要分为两种：①智能卡技术，在该技术中，公钥/私钥对存放在卡上，但这种方法存在缺陷，如易丢失和损坏，并且依赖读卡器（虽然带 USB 接口的智能钥匙不依赖于读卡器，但成本太高）；②将证书和私钥复制到一张软盘上备用，但软盘不仅容易丢失和损坏，而且安全性较差。

一个新的解决方案就是使用漫游证书。它通过第三方软件提供，在任何系统中，只需正确配置，该软件（或插件）就可以允许用户访问自己的公钥/私钥对。其基本原理非常简单，如下所述。

（1）将用户的证书和私钥放在一个安全的中央服务器（称为证件服务器）数据库中，如图 9-27 所示。

（2）当用户登录到一个本地系统时，使用用户名和口令通过 Internet 向证件服务器认证自己，如图 9-28 所示。

（3）证件服务器用证件数据库验证用户名和口令，如果认证成功，则证件服务器将数字证书与私钥文件发送给用户，如图 9-29 所示。

（4）当用户完成工作并从本地系统注销后，该软件自动删除存放在本地系统中的用

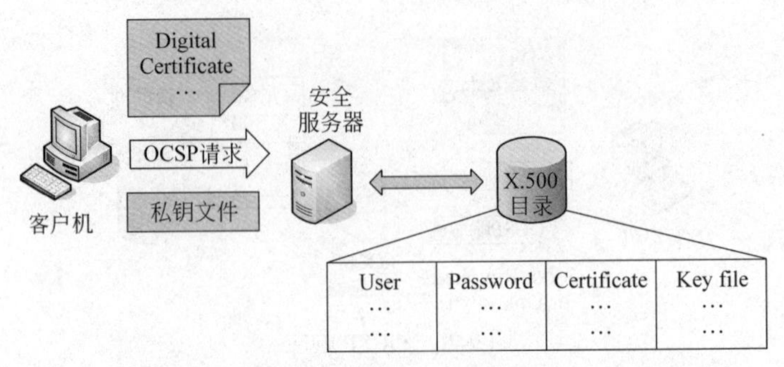

图 9-27　漫游证书用户注册

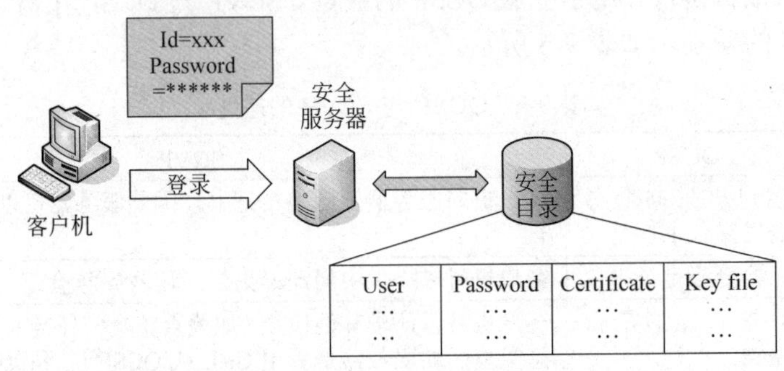

图 9-28　漫游证书用户登录

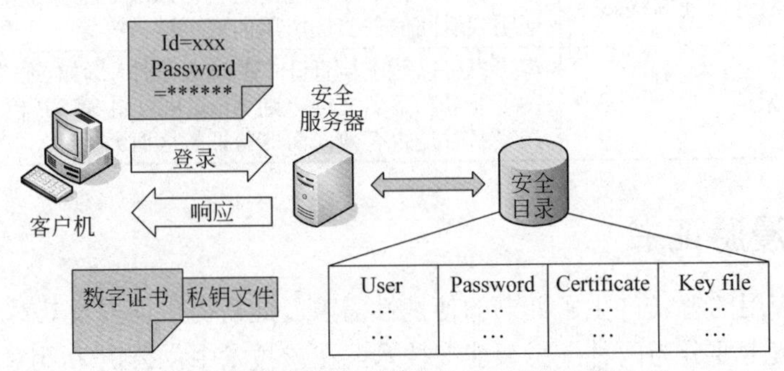

图 9-29　漫游证书用户接收数字证书与私钥文件

户证书和私钥。

这种解决方案的优点是可以明显提高易用性、降低证书的使用成本，但它与已有的一些标准不一致，因而在应用中受到了一定限制。在小额支付等低安全要求的环境中，该解决方案是一种较合适的方法。

9.2.9　属性证书

另一个与数字证书相关的新标准是属性证书（Attribute Certificate，AC）标准。属性证书的结构与数字证书相似，但作用不同。属性证书不包含用户的公钥，而是在实体及其一组属性之间建立联系（如成员关系、角色、安全清单和其他授权细节）。和数字证书一样，属性证书也通过签名检验内容的改变。

属性证书可以在授权服务中控制对网络、数据库等的访问和对特定物理环境的访问。

9.3 PKI 体系结构——PKIX 模型

X.509 标准定义了数字证书结构、格式与字段，还指定了发布公钥的过程。为了扩展该标准，令其更通用，Internet 工作任务组（IETF）建立了公钥基础设施 X.509（Public Key Infrastructure X.509，PKIX）工作组，扩展 X.509 标准的基本思想，指定 Internet 中如何部署数字证书。此外，还为不同领域的应用程序定义了其他 PKI 模型。本节仅对 PKIX 模型进行简要介绍。

9.3.1 PKIX 服务

PKIX 提供的公钥基础设施服务包括以下几个方面。

（1）注册。该过程是最终实体（主体）向 CA 介绍自己的过程，通常通过注册机构进行。

（2）初始化。处理基础问题，如最终实体如何保证对方是正确的 CA。

（3）认证。CA 对最终实体生成数字证书并将其交给最终实体，维护复制记录，并在必要时将其复制到公共目录中。

（4）密钥对恢复。一定时间内可能要恢复加密运算所用的密钥，以便旧文档解密。密钥存档和恢复服务可以由 CA 提供，也可由独立的密钥恢复系统提供。

（5）密钥生成。PKIX 指定最终实体应能生成公钥/私钥对，或由 CA/RA 为最终实体生成（并将其安全地发布给最终实体）。

（6）密钥更新。可以从旧密钥对向新密钥对顺利过渡，进行数字证书自动刷新。也可提供手工数字证书更新请求与响应。

（7）交叉证书。建立信任模型，使不同 CA 认证的最终实体可以相互验证。

（8）撤销。PKIX 可以支持两种证书状态检查模型——联机（使用 OCSP）或脱机（CRL）。

9.3.2 PKIX 体系结构

PKIX 建立了综合性文档，介绍其体系结构模型的 5 个域，包括以下几方面。

（1）X.509 v3 证书与 v2 证书撤销列表配置文件。X.509 标准可以用各种选项描述数字证书扩展。PKIX 把适合 Internet 用户使用的所有选项组织起来，称为 Internet 用户的配置文件。该配置文件（参看 RFC 2459）指定必须/可以/不能支持的属性，并提供了每个扩展类所用值的取值范围。例如，基本 X.509 标准没有指定证书暂扣时的指示代码——PKIX 定义了相应代码。

（2）操作协议。定义基础协议，向 PKI 用户发布证书、CRL 和其他管理与状态信息的传输机制。由于每个要求都有不同的服务方式，因此定义了 HTTP、LDAP、FTP、X.500 等的用法。

（3）管理协议。这些协议支持不同 PKI 实体交换信息（如传递注册请求、撤销状态或交叉证书请求与响应）。管理协议指定实体间浮动的信息结构，还指定处理这些信息所需的细节。管理协议的一个示例是请求证书的证书管理协议（Certificate Management Protocol，CMP）。

（4）策略大纲。PKIX在RFC 2527中定义了证书策略（Certificate Policies，CP）和证书实务声明（Certificate Practice Statements，CPS）的大纲，其中定义了生成证书策略之类的文档，确定对于特定应用领域选择证书类型时要考虑的重点。

（5）时间标注与数据证书服务。时间标注服务是由所谓时间标注机构的信任第三方提供的，这个服务的目的是签名消息，保证其在特定日期和时间之间存在，帮助处理不可抵赖争端。数据证书服务（DCS）是信任第三方服务，验证所收到数据的正确性，类似于日常生活中的公证方。

9.4 PKI实例

整个系统由下列子系统构成：

- 签发系统（CA）。
- 密钥管理中心系统（KMC）。
- 申请注册系统（RA）。
- 证书发布系统（DA）。
- 在线证书状态查询系统（OCSP）。

由各子系统组成的PKI/CA认证系统的结构如图9-30所示。

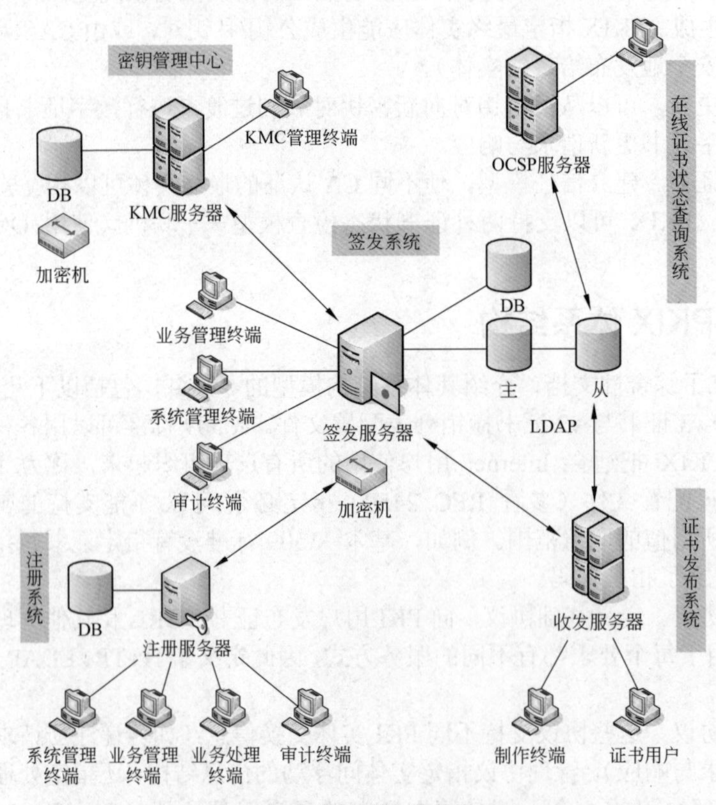

(a) PKI系统的拓扑结构

图9-30　PKI/CA认证系统的结构

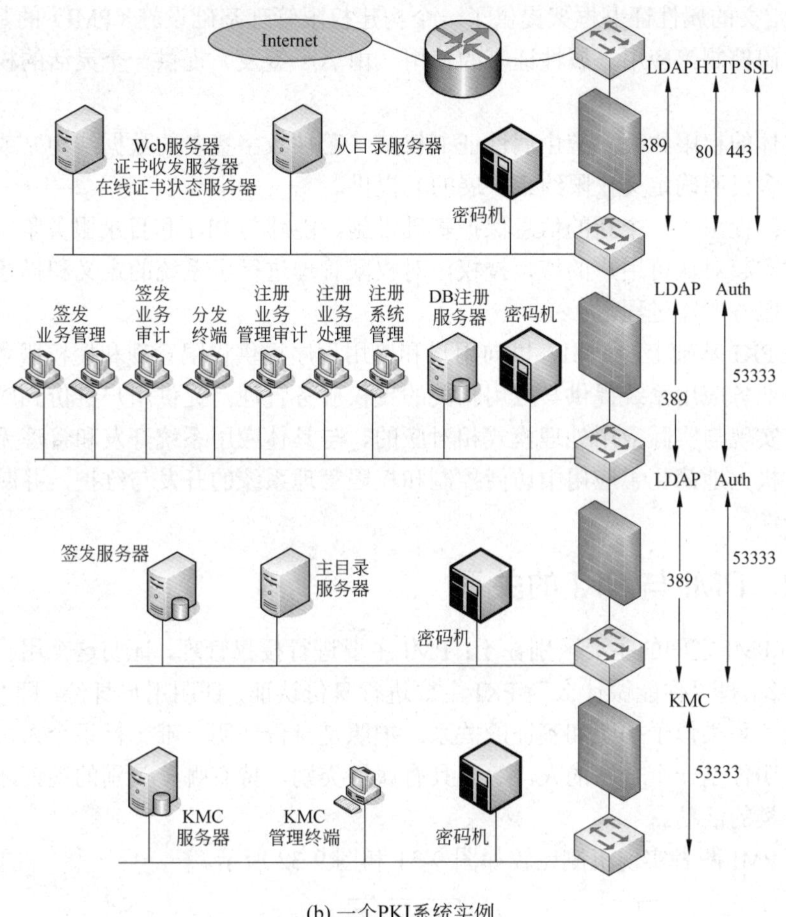

(b) 一个PKI系统实例

图 9-30（续）

9.5 授权管理设施——PMI

9.5.1 PMI 的定义

ITU&IETF 编写的相关文档说明了如何使用属性证书实现 PMI。PMI 即权限管理基础设施或授权管理基础设施，是属性证书、属性权威、属性证书库等部件的集合体，用来实现权限和证书的产生、管理、存储、分发和撤销等功能。

AA（Attribute Authority，AA）即属性权威，是用来生成并签发属性证书（AC）的机构。它负责管理属性证书的整个生命周期。

AC（Attribute Certificate，AC）即属性证书，对于一个实体的权限绑定是由一个被数字签名了的数据结构来提供的，这种数据结构称为属性证书，由属性权威签发并管理，它包括一个展开机制和一系列特别的证书扩展机制。下面称公钥证书为 PKC（Public Key Certificate）。

X.509定义的属性证书框架提供了一个构建权限管理基础设施（PMI）的基础，这些结构支持访问控制等应用。属性证书的使用（由AA签发）提供一个灵活的权限管理基础设施。

一个实体的权限约束，应由属性证书权威（已被数字签名的数据结构）或由公钥证书权威（包含已明确定义权限约束扩展的）提供。

PMI实际提出了一个新的信息保护基础设施，能够与PKI和目录服务紧密地集成，并系统地建立起对认可用户的特定授权，对权限管理进行了系统的定义和描述，完整地提供了授权服务所需过程。

建立在PKI基础上的PMI，以向用户和应用程序提供权限管理和授权服务为目标，主要负责向业务应用系统提供与应用相关的授权服务管理，提供用户身份到应用授权的映射功能，实现与实际应用处理模式相对应的、与具体应用系统开发和管理无关的访问控制机制，极大地简化了应用中访问控制和权限管理系统的开发与维护，并减少了管理成本和复杂性。

9.5.2 PMI与PKI的关系

PKI 和PMI之间的主要区别在于：PMI主要进行授权管理，证明这个用户有什么权限，能干什么，即“你能做什么”；PKI主要进行身份认证，证明用户身份，即“你是谁”。它们之间的关系类似于护照和签证的关系。护照是身份证明，唯一标识个人，只有持有护照才能证明你是一个合法的人。签证具有属性类别，持有哪一类别的签证才能在该国家进行哪一类的活动。

PKI和PMI两者实现机制比较如图9-31和图9-32所示。

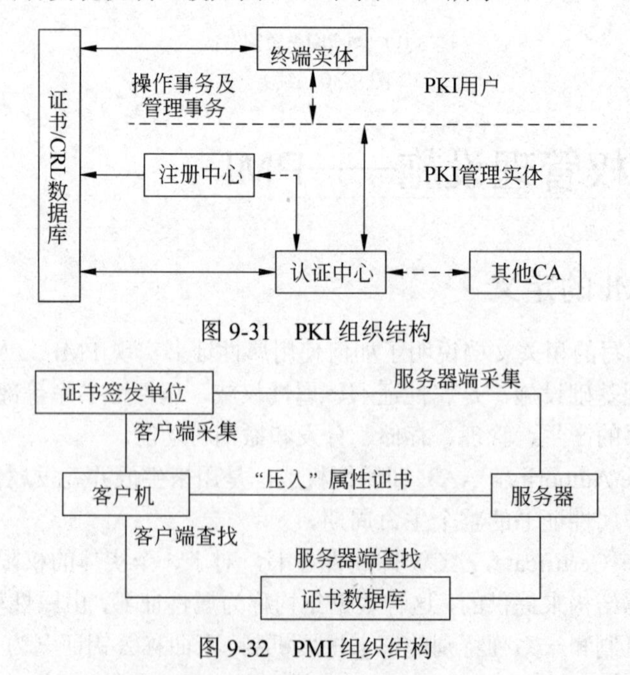

图9-31　PKI组织结构

图9-32　PMI组织结构

由于在 X.509 中定义，一个实体的权限约束由属性证书权威（已被数字签名的数据结构）或由公钥证书权威（包含已明确定义权限约束扩展的）提供。授权信息可以放在身份证书扩展项（Subject Directory Attribute）或属性证书中，但是将授权信息放在身份证书中是很不方便的。首先，授权信息和公钥实体的生存期往往不同，授权信息放在身份证书扩展项中导致的结果是缩短了身份证书的生存期，而身份证书的申请审核签发的代价是较高的；其次，对于授权信息来说，身份证书的签发者通常不具有权威性，这就导致身份证书的签发者必须使用额外步骤从权威源获得信息。另外，由于授权发布要比身份发布频繁得多，对于同一个实体可由不同的属性权威来颁发一属性证书，赋予不同的权限，因此，一般使用属性证书来容纳授权信息，PMI 可由 PKI 建造出来且可独立地执行管理操作。但是两者之间还存在着联系，即 PKI 可用于认证属性证书中的实体和所有者身份，并鉴别属性证书签发权威 AA 的身份。

PMI 和 PKI 有很多相似的概念，如属性证书与公钥证书、属性权威与认证权威等。表 9-7 是对它们的比较。

表 9-7　PMI 和 PKI 实体比较

内　　容	PKI 实体	PMI 实体
证书	PKC 公钥证书	AC 属性证书
证书颁发者	证书机构	属性机构
证书接收者	证书主体	证书持有者
证书的绑定	主体的名字绑定到公钥上	证书持有者绑定到一个或多个特权属性上
证书撤销	证书撤销列表（CRL）	属性证书撤销列表（ACRL）
信任的根	根 CA 或信任锚	权威源 SOA
子机构	子 CA	AA
验证者	可信方	特权验证者

公钥证书将用户名称及其公钥进行绑定，而属性证书则将用户名称与一个或更多的权威属性进行绑定。在这个方面，公钥证书可被看做是特殊的属性证书。

数字签名公钥证书的实体被称为 CA，签名属性证书的实体被称为 AA。

PKI 信任源有时被称为根 CA，而 PMI 信任源被称为起始授权机构或权威源（SOA）。

CA 可以有它们信任的次级 CA，次级 CA 可以代理鉴别和认证，SOA 可以将它们的权利授给次级 AA。如果用户需要废除他的签字密钥，则 CA 将签发证书撤销列表。与之类似，如果用户需要废除授权允许（Athorization Permission），AA 将签发一个属性证书撤销列表（ACRL）。

9.5.3　实现 PMI 的机制

实现 PMI 有多种机制，大致可分为 3 类。

1. 基于 Kerberos 的机制

Kerberos 是基于对称密码技术的，它具有对称算法的一些优秀性能，如便于软硬件实现、比非对称密码算法速度更快。但是，它存在不便于密钥管理和单点失败的问题。

这种机制最适合用于大量的实时事务处理环境中的授权管理。

2. 基于策略服务器概念的机制

这种机制中有一个中心的服务器，用来创建、维护和验证身份，组合角色。它实行的是高度集中的控制方案，便于实行单点管理，但却容易形成通信的“瓶颈”。这种机制最适合用于地理位置相对集中的实体环境，具有很强的中心管理控制功能。

3. 基于属性证书的机制

类似于公钥证书的概念，但不包括公钥。这种机制是完全的分布式解决方案，具有失败拒绝的优点，但由于基于公钥的操作（因为 AC 使用数字签名进行认证和完整性校验，包含的属性可以用加密技术确保机密性，这些都用了公钥技术），性能不高。这种机制适用于支持不可否认服务的授权管理。

基于 AC 的机制可以直接使用 PKI.X.509—2000 利用属性证书定义 PMI，以及如何利用 PKI-CA 进行对用户访问的授权管理。从 PMI 框架定义的基础看，可以发现 PMI 与 PKI 必然具有很多相似之处。

总之，PKI 处理的是公开密钥证书，包括创建、管理、存储、分发和撤销公开密钥证书的一整套硬件、软件、人员、策略和过程。而 PMI 处理的是 AC 的管理，与 PKI 类似，它包括了创建、管理、存储、分发和撤销 AC 的技术和过程。

9.5.4 PMI 模型

由于绝大多数的访问控制应用都能抽象成一般的权限管理模型，包括 3 个实体：对象、权限声称者（Privilege Asserter）和权限验证者（Privilege Verifier）。因此，PMI 的基本模型包括 3 个实体：目标、权限持有者和权限验证者。PMI 基本模型如图 9-33 所示。

目标可以是被保护的资源，例如，在一个访问控制应用中，受保护的资源就是目标；权限持有者就是持有特定特权并为某个使用决定特权的实体；权限验证者对访问动作进行验证和决策，是制定决策的实体，是决定某次使用的特权是否充分的实体。

权限验证者根据 4 个条件决定访问“通过/失败”：①权限声明者的权限；②适当的权限策略；③当前环境变量（如果有）；④对象方法的敏感度（如果有）。

其中，权限策略说明了对于给定敏感度的对象方法或权限的用法和内容，用户持有的权限需要满足什么条件和达到什么要求。权限策略准确定义了什么时候权限验证者应该确定一套已存在的权限是“充分的”，以便许可（对要求的对象、资源、应用等）权限持有者访问。为了保证系统的安全性，权限策略需要完整性和可靠性保护，防止他人通过修改策略而攻击系统。

控制模型如图 9-34 所示，它说明了如何控制对敏感目标程序的接入。该模型有 5 个基本组件：权限持有者、权限验证者、目标程序、权限策略和环境变量。其中，权限验证者与 PMI 基本模型中的组件解释相同；权限持有者可以是由公钥证书或档案资料所定义的实体；目标程序含有敏感信息。

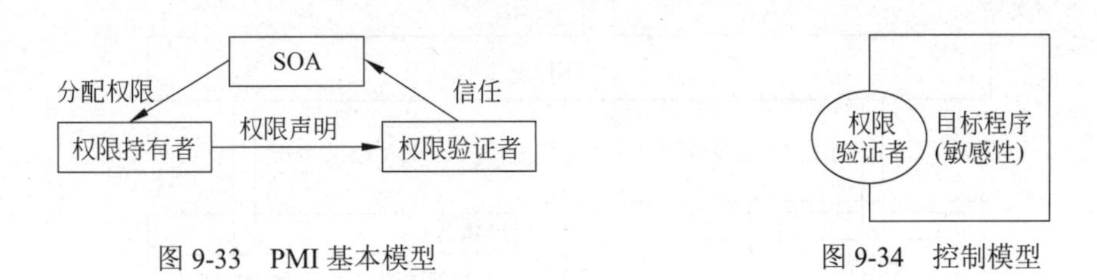

图 9-33 PMI 基本模型　　图 9-34 控制模型

该模型描述的方法，使得特权验证者能够通过特权持有者与特权策略保持一致来达到对环境变量的接入控制。

特权和敏感性可以有多个参数值。

委托模型（如图 9-35 所示），在有些环境下可能会需要委托特权，但是，这种框架是可选项，并不是所有的环境都必需的。这种模型有 4 个组件：权限验证者、终端实体、SOA 和普通 AA。在使用委托的环境下，SOA 成为证书的最初颁发者，SOA 指定一些特权持有者作为 AA 并向其分配特权由 AA 进一步向其他实体授权特权。

角色模型（如图 9-36 所示）为角色提供了一种间接的向个体分配特权的方式。个体通过证书中的角色属性分配到一个或多个角色。AA 可以定义任意数目的角色；角色本身和角色成员也可以由不同的 AA 分别定义和管理；角色的关系类似于其他特权，是可以委托的；可以向角色和角色的关系分配任何合适的生命周期。

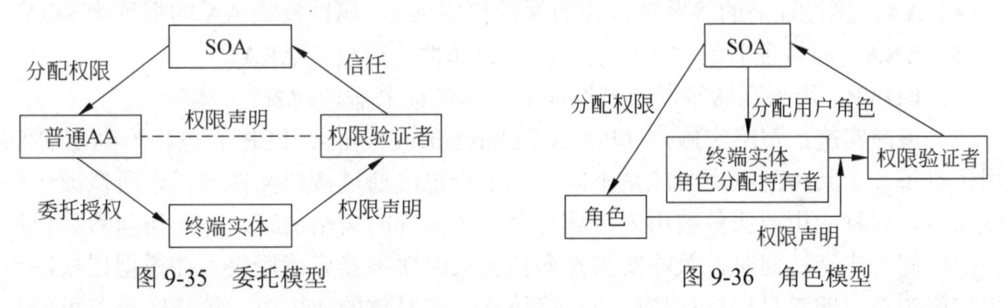

图 9-35 委托模型　　图 9-36 角色模型

9.5.5 基于 PMI 建立安全应用

PKI /PMI 和应用的逻辑结构如图 9-37 所示。

图 9-37 所示各部分说明如下。

（1）**访问者、目标**：访问者是一个实体（该实体可能是人，也可能是其他计算机实体），它试图访问系统内的其他实体（目标）。

（2）**策略**：授权策略展示了一个机构在信息安全和授权方面的顶层控制、授权遵循的原则和具体的授权信息。在一个机构的 PMI 应用中，策略应当包括一个机构如何将它的人员和数据进行分类组织，这种组织方式必须考虑到具体应用的实际运行环境，如数据的敏感性、人员权限的明确划分及必须和相应人员层次相匹配的管理层次等因素。所以，策略的制定是需要根据具体的应用量身定做的。

策略包含着应用系统中的所有用户和资源信息及用户和信息的组织管理方式、用户和资源之间的权限关系、保证安全的管理授权约束、保证系统安全的其他约束。在 PMI 中主要使用基于角色的访问控制（Role-Based Access Control，RBAC）。

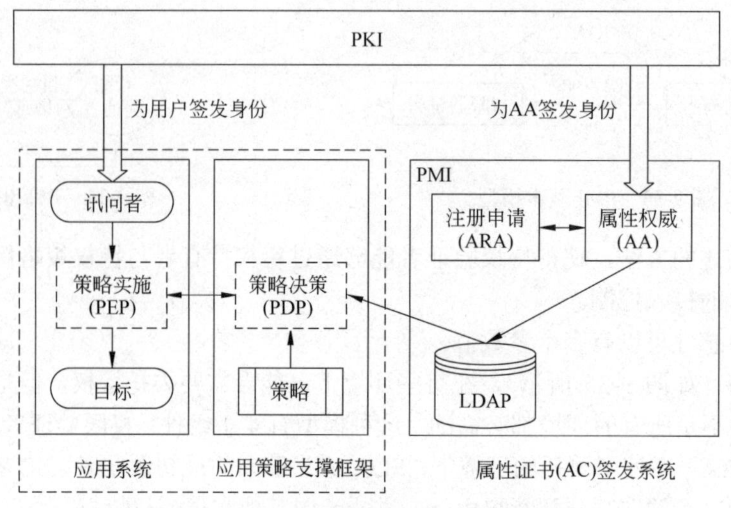

图 9-37　PKI/PMI 和应用的逻辑结构

（3）**AC**：属性证书（AC）是 PMI 的基本概念，它是权威签名的数据结构，将权限和实体信息绑定在一起。属性证书中包含了用户在某个具体的应用系统中的角色信息，而该角色具有什么样的权限是在策略中指定的。

（4）**AA**：属性证书的签发者被称为属性权威 AA，属性权威 AA 的根称为 SOA。

（5）**ARA**：属性证书的注册申请机构称为属性注册权威 ARA。

（6）**LDAP**：用来存储签发的属性证书和属性证书撤销列表。

（7）**策略实施**：策略实施点（Policy Enforcement Points，PEPs）也称为 PMI 激活的应用，对每一个具体的应用可能是不同的，是指已经通过接口插件或代理所修改过的应用或服务，这种应用或服务被用来实施一个应用内部的策略决策，介于访问者和目标之间，当访问者申请访问时，策略实施点向授权策略服务器申请授权，并根据授权决策的结果实施决策，即对目标执行访问或拒绝访问。在具体的应用中，策略实施点可能是应用程序内部中进行访问控制的一段代码，也可能是安全的应用服务器（如在 Web 服务器上增加一个访问控制插件），或者是进行访问控制的安全应用网关。

（8）**策略决策**：策略决策点（Policy Decision Point，PDP）也称为授权策略服务器，它接收和评价授权请求，根据具体策略做出不同的决策。它一般不随具体的应用变化，是一个通用的处理判断逻辑。当接收到一个授权请求时，根据授权策略、访问者的安全属性及当前条件进行决策，并将决策结果返回给应用。对不同应用的支持是通过解析不同的定制策略来完成的。

在实施的过程中，只需定制策略实施部分并定义相关策略。

习　题

一、选择题

1. 数字证书将用户与其________相联系。

A. 私钥　B. 公钥　C. 护照　D. 驾照

2. 用户的________不能出现在数字证书中。

A. 公钥　B. 私钥　C. 组织名　D. 人名

3. ________可以签发数字证书。

A. CA　B. 政府　C. 小店主　D. 银行

4. ________标准定义数字证书结构。

A. X.500　B. TCP/IP　C. ASN.1　D. X.509

5. RA________签发数字证书。

A. 可以　B. 不必　C. 必须　D. 不能

6. CA 使用________签名数字证书。

A. 用户的公钥　B. 用户的私钥　C. 自己的公钥　D. 自己的私钥

7. 要解决信任问题，需使用________。

A. 公钥　B. 自签名证书　C. 数字证书　D. 数字签名

8. CRL 是________的。

A. 联机　B. 联机和脱机　C. 脱机　D. 未定义

9. OCSP 是________的。

A. 联机　B. 联机和脱机　C. 脱机　D. 未定义

10. 最高权威的 CA 称为________。

A. RCA　B. RA　C. SOA　D. ARA

二、思考题

1. 数字证书的典型内容是什么？
2. CA 与 RA 的作用是什么？
3. 简述交叉证书的作用。
4. 简述撤销证书的原因。
5. 列出创建数字证书的 4 个关键步骤。
6. CA 分层后面的思想是什么？
7. 描述保护数字证书的机制。
8. 为什么需要自签名证书？
9. CRL、OCSP、SCVP 的主要区别是什么？
10. 请看这样一种情况：

攻击者 *A* 创建了一个证书，放置一个真实的组织名（假设为银行 *B*）及攻击者自己的公钥。你在不知道是攻击者在发送的情形下，得到了该证书，误认为该证书来自银行 *B*。请问如何防止该问题的产生？

第10章 网络加密与密钥管理

网络加密是保护网络信息安全的重要手段。网络环境下的密钥管理是一项复杂而重要的技术。本章首先介绍有关网络加密的方式和硬件加密、软件加密的有关问题及实现。第8章曾讨论了密钥建立协议，本章将介绍密钥建立的通信模型，密钥分类、生成、长度与安全性、传递、注入、分配、证实、保护、存储、备份、恢复、泄漏、过期、吊销、销毁、控制、托管以及密钥管理自动化等有关内容。

10.1 网络加密的方式及实现

网络数据加密是解决通信网中信息安全的有效方法。虽然由于成本、技术和管理上的复杂性，网络数据加密技术目前还未在网络中广泛应用，但从今后的发展来看，这是一个可取的途径。有关密码算法在密码学课程中已经全面介绍，这里主要讨论网络加密的方式。网络加密一般可以在通信的3个层次上来实现，相应的加密方式有链路加密、节点加密和端到端加密。下面分别对其加以讨论。

10.1.1 链路加密

链路加密对网络中两个相邻节点之间传输的数据进行加密保护，如图10-1所示。在受保护数据所选定的路由上，任意一对节点和相应的调制解调器之间都安装有相同的密码机，并配置相应的密钥，不同节点对之间的密码机和密钥不一定相同。

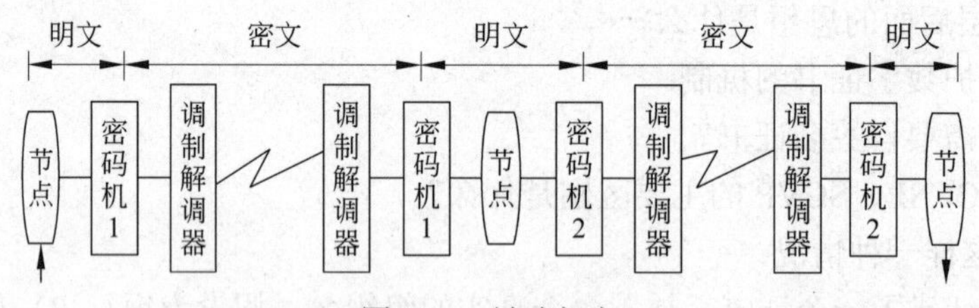

图10-1 链路加密

对于在两个网络节点间的某一次通信链路，链路加密能为网上传输的数据提供安全保证。对于链路加密（又称在线加密）来说，所有消息都在传输之前被加密。每个节点首先对接收到的消息进行解密，然后再使用下一个链路的密钥对消息进行加密，并进行传输。在到达目的地之前，一条消息可能要经过许多通信链路的传输。

尽管链路加密在计算机网络环境中使用得相当普遍，但它并非没有问题。链路加密通常用在点对点的同步或异步线路上，它要求先对在链路两端的加密设备进行同步，然后使用一种链模式对链路上传输的数据进行加密。这就给网络的性能和可管理性带来了副作用。

在线路和信号经常不通的海外或卫星网络中，链路上的加密设备需要频繁地进行同步，带来的后果是数据丢失或重传。另一方面，即使仅一小部分数据需要进行加密，也会使得所有传输数据被加密。

链路加密仅在通信链路上提供安全性，在一个网络节点，消息以明文形式存在。因此，所有节点在物理上必须是安全的，否则就会泄漏明文内容。然而，要保证每个节点的安全性需要较高的费用。

此外，在对称（单钥）加密算法中，用于解密消息的密钥与用于加密的密钥是相同的，该密钥必须秘密保存并定期更换。这样，在链路加密系统中，密钥分配就成了一个问题，因为每个节点必须存储与其相连接的所有链路的加密密钥，这就需要对密钥进行物理传送或者建立专用网络设施。网络节点地理分布的广阔性使得这一过程变得复杂，同时增加了密钥分配的费用。

10.1.2　节点加密

尽管节点加密能给网络数据提供较高的安全性，但它在操作方式上与链路加密是类似的：两者均在通信链路上为传输的消息提供安全性；都在中间节点先对消息进行解密，然后进行加密。因为要对所有传输的数据进行加密，所以加密过程对用户是透明的。

然而它与链路加密不同：节点加密不允许消息在网络节点以明文形式存在。它先把收到的消息进行解密，然后采用另一个不同的密钥进行加密。这一过程在节点上的一个安全模块中进行。

节点加密要求报头和路由信息以明文形式传输，以便中间节点能得到如何处理消息的信息。因此这种方法对于防止攻击者分析通信业务是脆弱的。

10.1.3　端到端加密

如图 10-2 所示，端到端加密是对一对用户之间的数据连续地提供保护。它要求各对用户（而不是各对节点）采用相同的密码算法和密钥。对于传送通路上的各中间节点，数据是保密的。

图 10-2　端到端加密

链路加密虽然能防止搭线窃听，但不能防止在消息交换过程中由于错误路由所造成的泄密，如图 10-3 所示。在链路加密方式下，由网络提供密码功能，故对用户来说是透明的。在端到端加密方式下，如果加密功能由网络自动提供，则对用户来说也是透明的；

如果加密功能由用户自己选定，则对用户来说就不是透明的。采用端到端加密方式时，只在需用加密保护数据的用户之间备有密码设备，因而可以大大减少整个网络中使用密码设备的数量。

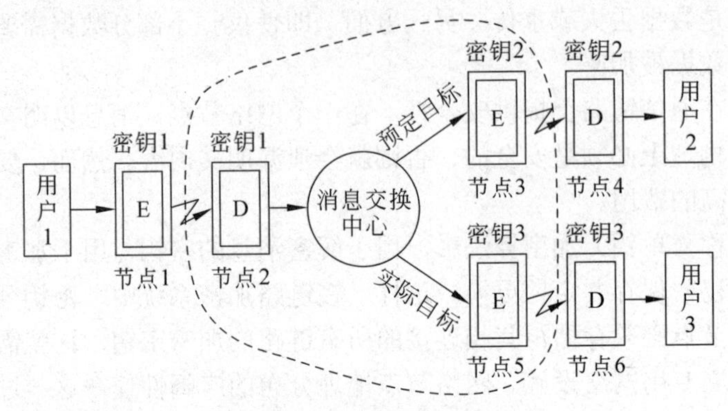

图 10-3　链路加密的弱点

端到端加密允许数据在从源点到终点的传输过程中始终以密文形式存在。采用端到端加密（又称脱线加密或包加密），消息在被传输时到达终点之前不进行解密。由于消息在整个传输过程中均受到保护，所以即使有节点被损坏也不会使消息泄漏。

端到端加密系统的开销小一些，并且与链路加密和节点加密相比更可靠，更容易设计、实现和维护。端到端加密还避免了其他加密系统所固有的同步问题。因为每个报文包均是独立被加密的，所以一个报文包所发生的传输错误不会影响后续的报文包。此外，从用户对安全需求的直觉上讲，端到端加密更自然些。单个用户可能会选用这种加密方法，以便不影响网络上的其他用户。此方法只需要源和目的节点是保密的即可。

端到端加密系统通常不允许对消息的目的地址进行加密，这是因为每个消息所经过的节点都要用此地址来确定如何传输消息。由于这种加密方法不能掩盖被传输消息的源点与终点，因此它对于防止攻击者分析通信业务是脆弱的。

10.1.4　混合加密

采用端到端加密方式只能对报文加密，报头则以明文形式传送，容易受业务流量分析攻击。为了保护报头中的敏感信息，可以用图 10-4 所示的端到端和链路混合加密方式。在此方式下，报文将被两次加密，报头则只由链路方式进行加密。

在明文和密文混传的网络中，可在报头的某个特定位上指示报文是否被加密，也可按线路协议由专用控制信息实现自动起止加密操作。

从成本、灵活性和安全性来看，一般端到端加密方式较有吸引力。对某些远程处理机构，链路加密可能更为合适。如当链路中节点数很少时，链路加密操作对现有程序是透明的，无须操作员干预。目前大多数链路加密设备是以线路的工作速度进行工作的，因而不会引起传输性能的显著下降。另外，有些远端设备的设计或管理方法不支持端到端加密方式。端到端加密的目的是对从数据的源节点到目的节点的整个通路上所传的数据进行保护。网络中所选用的数据加密设备要与数据终端设备及数据电路端接设备的接口一致，并且要遵守国家和国际标准规定。

当前，信息技术及其应用的发展领先于安全技术，因此应大力发展安全技术以适应信息技术发展的需要。安全技术和它所带来的巨大效益远未被人们所认识，但对这个问题的认识绝不能太迟钝。信息的安全设计是个较复杂的问题，应当统筹考虑，协调各种要求，并力求降低成本。

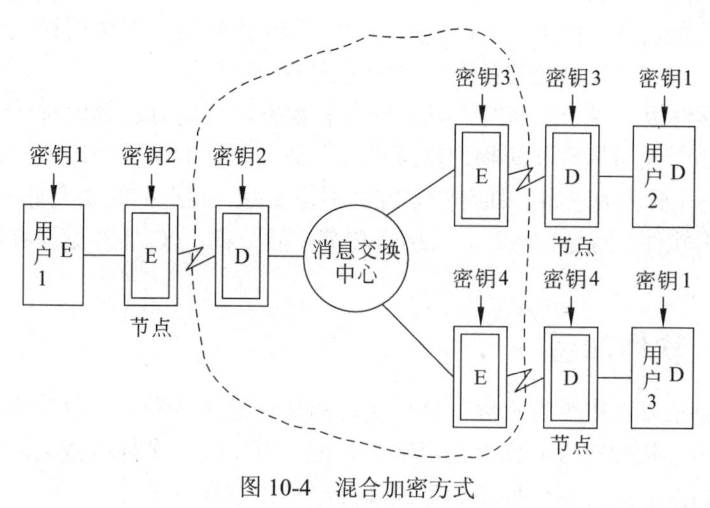

图 10-4　混合加密方式

10.2 硬件、软件加密及有关问题

10.2.1 硬件加密的优点

（1）**加密速度快**。长期以来一直采用硬件实现加解密，主要原因是其加密速度快。许多算法，例如 DES 和 RSA，大都是位串操作，而不是计算机中的标准操作，它们在微处理器上的效率很低，故采用专用加密硬件实现在速度上具有优势。虽然有些算法在设计时考虑到用软件来实现，但算法安全性总是第一位的。另外，加密是一种强化的精细计算任务，改变一种微处理器芯片就可能使加解密的速度显著提高。

（2）**硬件安全性好**。软件实现不可能有物理保护，攻击者可能有各种调试软件工具，可毫无觉察地偷偷修改算法。硬件可以封装，可以防窜扰，因而难以入侵修改。ASIC 外面可以加上化学防护罩，任何试图解剖芯片的行动都会破坏其内部逻辑，导致存储的数据自行擦除。例如，美国的 Clipper 和 Capstone 芯片均有防窜扰设计，且可以设计得使外部攻击者无法读出内部密钥。IBM 的密钥管理系统中的硬件模块也有防窜扰设计。

硬件实现可进行电磁屏蔽设计，即 TEMPEST 设计，这样可防止电磁辐射泄漏（Electronic Radiation）。当然必须选用可信赖厂家的产品。

（3）**硬件易于安装**。多数硬件的应用独立于主机。如对于电话、FAX、数据线路等，在相应终端加入一个专用加密硬件，要比用微处理器实现加密更方便（但是多媒体的出现使这一情况发生了改变）；在计算机环境下，采用硬件也优于软件（如 PCMCIA 卡），并能使加密透明且方便用户。若以软件实现需在操作系统的深层安装，这不容易实现；在计算机和Modem之间插入硬件，这对于计算机新手并非难事。

10.2.2 硬件种类

（1）**自配套加密模块**（含有口令证实、密钥管理等）。

（2）**通信用加密盒**。例如，T-1 加密盒特别适用于 FAX，多采用异步传输模式，也有用同步传送模式的。发展趋势是高速率和适应多种应用。

（3）**PC 插件板**。用于加密写入硬盘的所有数据，可以有选择地对送给软盘和出口的数据加密。由于无防辐射和防物理窜扰设计，故需要采取保护措施，使计算机不受影响。由于PC插件板种类繁多，且有些兼容性不是太好，在选购时要充分考虑硬件类型、操作系统、应用软件、网络特点等。与加密盒等产品一样，PC插件板都有相应的安全密钥管理。

10.2.3 软件加密

任何加密算法都可用软件实现。软件实现的缺点是速度慢，占用一些计算和存储资源，且易被移植。软件实现的优点是灵活、轻便、可安装于多种机器上，且可将几个软件组合成一个系统，如与通信程序、字处理程序等相结合。

在所有主要的操作系统上都有加密软件可利用，如 Macintosh System 7，Windows NT，UNIX，Netscape 等。加密软件可用于加密单个文件。采用加密软件时密钥管理的安全性极为重要。不要在硬盘上存放密钥，加密后须将密钥和原来未加密的文件删除，这一重要措施常常被忽视。

软件加密实现的最大问题还是安全性。如在多任务环境下，文件进入系统后是否及时被加密？存于系统中的未加密密钥，可能是几分钟，也可能是几个月或更长，当攻击者出现时，文件可能还是明文状态；密钥也可能仍以明文形式存在硬盘某处，而被其用细齿梳（Fine Tooth Comb）检出。可以将加密操作设置为高优先级来降低这种风险，但即便如此仍有风险。

10.2.4 存储数据加密的特点

存储数据的加密与通信情况加密有很大不同，如破译其加密算法所需的密码分析时间仅由数据的价值限定；数据可能在另外的盘上、另一个计算机上或在纸上以明文形式出现；密码分析者有更多的机会实施已知明文破译；在数据库应用中，一串数据可能小于加密分组长度，而造成密文大于明文（数据扩展）；输入输出速度要求实现快速加解密（因而可能用硬件加密器件来实现）；密钥管理更为复杂，因为不同的人要访问不同的文件，或同一文件的不同部分等。

加密后文件的检索。对未设置记录项和文件结构的文本文件，加密后易于检索和解密恢复其明文；但对加密的数据库文件则难以检索，要将整个库文件解密后才能访问一个记录，很不方便。采用各记录独立地进行加密时，对分组重放（Block Replay）一类攻击又较敏感。

10.2.5　文件删除

计算机上删除文件，常常是删去了文件名的第 1 个字母而使其不能检索，但文件本身仍存在原处，直到新的数据存入将其覆盖为止，在此之前用文件恢复软件就可以检出。因此，真正从存储器中消除所存储的内容需用物理上的重复写入方法。美国 NCSC（National Computer Security Center）建议，要以一定格式的随机数重写至少 3 次。如第 1 次随机数为 00110101…；第 2 次随机数为 11001010…，是对第 1 次随机数取补；第 3 次随机数为 10010111…。原数据机密级越高，重写次数则应越多。很多商用软件采用 3 次重写，第 1 次用全 1，第 2 次用全 0，第 3 次用 1 和 0 相间数字。Schneier 建议为 7 次，第 1 次用全 1，第 2 次用全 0，后 5 次用安全的随机数。即使如此，NCSC 用电子隧道显微镜观测，仍然不能完全擦掉原数据。

更成问题的是计算机中广泛使用虚拟存储，它可以在任何时候进行读、写；即使不存储数据，当敏感文件上机操作后，也无从知道它是否已从硬盘中移出。偶尔将硬盘中所有未用的空间进行重写（overwrite），并将文件与文件后面未用块组部分进行交换是有意义的。

10.3　密钥管理基本概念

一个系统中各实体之间通过共享的一些公用数据来实现密码技术，这些数据可能包括公开的或秘密的密钥、初始化数据及一些附加的非秘密参数。系统用户首先要进行初始化工作。

密钥是加密算法中的可变部分。对于采用密码技术保护的现代信息系统，其安全性取决于对密钥的保护，而不是对算法或硬件本身的保护。密码体制可以公开，密码设备可能丢失，同一型号的密码机仍可继续使用。然而一旦密钥丢失或出错，不但合法用户不能提取信息，而且可能使非法用户窃取信息。因此，产生密钥算法的强度、密钥长度及密钥的保密和安全管理对于保证数据系统的安全极为重要。

10.3.1　密钥管理

密钥管理是处理密钥从产生到最终销毁的整个过程中的有关问题，包括系统的初始化及密钥的产生、存储、备份/恢复、装入、分配、保护、更新、控制、丢失、撤销和销毁等内容。设计安全的密码算法和协议并不容易，而管理密钥则更难。密钥是保密系统中最脆弱的环节，其中密钥分配和存储可能最棘手。在过去，都是通过手工作业来处理点到点通信中的问题的。随着通信技术的发展和多用户保密通信网的出现，在一个具有众多交换节点和服务器、工作站及大量用户的大型网络中，密钥管理工作极其复杂，这就要求密钥管理系统逐步实现自动化。

在一个大型通信网络中，数据将在多个终端和主机之间进行传递。端到端加密的目的在于使无关用户不能读取别人的信息，但这需要大量的密钥而使密钥管理复杂化。同样，在主机系统中，许多用户向同一主机存取信息，也要求彼此之间在严格的控制之下相互隔离。因此，密钥管理系统应当能保证在多用户、多主机和多终端情况下的安全性和有效性。密钥管理不仅影响系统的安全性，而且涉及系统的可靠性、有效性和经济性。类似于信息系统的安全性，密钥管理也有物理上、人事上、规程上和技术上的内容，本节主要从技术上讨论密钥管理的有关问题。

在分布式系统中，人们已经设计了用于自动密钥分配业务的几个方案。其中某些方案已被成功地使用，如 Kerberos 和 ANSI X.9.17 方案采用了 DES 技术，而 ISO-CCITT X.509 目录认证方案主要依赖于公钥技术。

密钥管理的目的是维持系统中各实体之间的密钥关系，以抗击各种可能的威胁，如：

（1）密钥的泄漏。

（2）密钥或公开钥的确证性（Authenticity）的丧失，确证性包括共享或有关于一个密钥的实体身份的知识或可证实性。

（3）密钥或公开钥未经授权使用，如使用失效的密钥或违例使用密钥。

密钥管理与特定的安全策略有关，而安全策略又根据系统环境中的安全威胁制定。一般安全策略需要对下述几个方面做出规定：①密钥管理在技术和行政方面要实现哪些要求和所采用的方法，包括自动和人工方式；②每个参与者的责任和义务；③为支持和审计、追踪与安全有关事件需做的记录的类型。

密钥管理要借助加密、认证、签名、协议、公证等技术。密钥管理系统中常常依靠可信第三方参与的公证系统。公证系统是通信网中实施安全保密的一个重要工具，它不仅可以协助实现密钥的分配和证实，而且可以作为证书机构、时戳代理、密钥托管代理和公证代理等。不仅可以断定文件签署时间，还可保证文件本身的真实可靠性，使签名者不能否认他在特定时间对文件的签名。在发生纠纷时可以根据系统提供的信息进行仲裁。公证机构还可采用审计追踪技术，对密钥的注册、证书的制作、密钥更新、撤销进行记录审计等。

10.3.2 密钥的种类

密钥的种类多而繁杂，但在一般通信网的应用中有基本密钥、会话密钥、密钥加密密钥、主机主密钥及双钥体制下的公钥和私钥等。几种密钥之间的关系如图 10-5 所示。

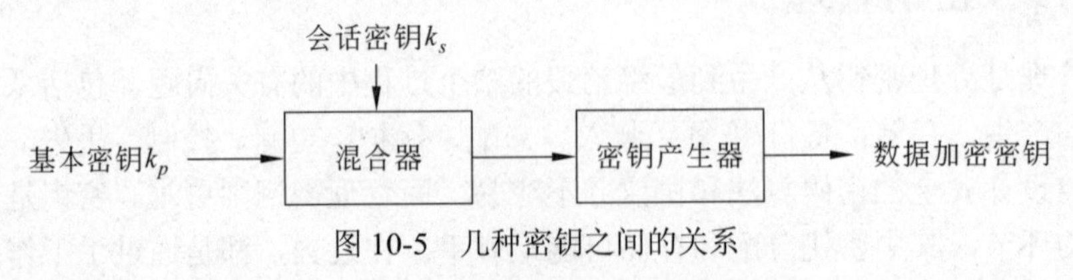

图 10-5 几种密钥之间的关系

（1）基本密钥（Base Key）或称初始密钥（Primary Key），以 k_p 表示，它是由用户选定或由系统分配、可在较长时间（相对于会话密钥）内由一对用户专用的密钥，故又称做用户密钥（User Key）。基本密钥既要安全，又要便于更换，能与会话密钥一起去启动和控制某种算法所构造的密钥产生器，产生用于加密数据的密钥流。

（2）会话密钥（Session Key）。两个通信终端用户在一次通话或交换数据时所用的密钥，以 k_s 表示。当用于对传输的数据进行保护时，称其为数据加密密钥（Data Encrypting Key），当用于保护文件时，称其为文件密钥（File Key）。会话密钥的作用是使人们可以不必频繁地更换基本密钥，这有利于密钥的安全和管理。这类密钥可由用户双方预先约定，也可由系统通过密钥建立协议动态地产生并赋予通信双方，它为通信双方专用，故又称专用密钥（Private Key）。由于会话密钥使用时间短暂且有利于安全性，它限制了密码分析者攻击时所能得到的同一密钥下加密的密文量；在密钥不慎丢失时，所泄漏的数据量有限，会话密钥只在需要时通过协议建立，从而降低了分配密钥的存储量。

（3）密钥加密密钥（Key Encrypting Key）。用于对传送的会话或文件密钥进行加密时采用的密钥，也称次主密钥（Submaster Key）、辅助（二级）密钥（Secondary Key）或密钥传送密钥（Key Transport Key），以 k_e 表示。通信网中每个节点都分配有一个这类密钥。为了安全，各节点的密钥加密密钥应互不相同。每台主机都必须存储有关到其他各主机和本主机范围内各终端所用的密钥加密密钥，而各终端只需要一个与其主机交换会话密钥时所需的密钥加密密钥，称之为终端主密钥（Terminal Master Key）。在主机和一些密码设备中，存储各种密钥的装置应有断电保护和防窜扰、防欺诈等控制功能。

（4）主机主密钥（Host Master Key）。它是对密钥加密密钥进行加密的密钥，存于主机处理器中，以 k_m 表示。

单密钥除上述几种密钥外，在工作中还会碰到一些密钥。例如，用户选择密钥（Custom Option Key），用来保证同一类密码机的不同用户使用不同的密钥；还有族密钥（Family Key）及算法更换密钥（Algorithm Changing Key）等。这些密钥的某些作用可以归入上述几类中的一类。它们主要是在不增大更换密钥工作量的条件下扩大可使用的密钥量。基本密钥一般通过面板开关或键盘选定，而用户选择密钥常要通过更改密钥产生算法来实现。例如，在非线性移存器型密钥流产生器中，基本密钥和会话密钥用于确定寄存器的初态，而用户选择密钥可决定寄存器反馈线抽头的连接。

（5）在双钥体制下，还有公开钥和秘密钥、签名密钥和证实密钥之分。

有关密钥管理的基本论述可参阅相关文献[ISO8732 1987; Matyas 等 1991; Ford 1994; ITU-T REC X.509 1995a，1995b，1993；Menezes 等 1995]。

10.4 密钥生成

在现代数据系统中加密需要大量密钥，以分配给各主机、节点和用户。如何产生好的密钥是很关键的。密钥可以用手工方式产生，也可以用自动生成器产生。所产生的密钥要经过质量检验，如伪随机特性的统计检验。用自动生成器产生密钥不仅可以减少人的烦琐劳动，而且还可以消除人为差错和有意泄漏，因而更加安全。自动生成器产生密钥算法的强度非常关键。

10.4.1 密钥选择对安全性的影响

1. 使密钥空间减小

例如 56b（10^{16}）的 DES 在软件加密下，若只限用小写字母和数字，则可能的密钥数仅为10^{12}。在不同的密钥空间下可能的密钥数如表 10-1 所示。

2. 差的选择方式易受字典式攻击

攻击者首先从最容易之处着手，如英文字母、名字、普通的扩展等，这称为字典式攻击（Dictionary Attack），25%以上的口令可由此方式攻破，具体方法如下：

（1）本人名、首字母、账户名等有关个人信息。

（2）从各种数据库采用的字试起。

（3）从各种数据库采用的字的置换试起。

（4）从各种数据库采用的字的大写置换试起，如 Michael 和 mIchael 等。

（5）外国人用外国文字试起。

（6）试对等字。

这种攻击方法在攻击一个多用户的数据或文件系统时最有效，上千人的口令中总会有几个口令是较弱的。

表 10-1 密钥空间

	4b	5b	6b	7b	8b
小写字母（26）	4.6×10^{5}	1.2×10^{7}	3.1×10^{8}	8.0×10^{9}	2.1×10^{11}
小写字母+数字	1.7×10^{6}	6.0×10^{7}	2.2×10^{9}	7.8×10^{10}	2.8×10^{12}
62 字符	1.5×10^{7}	9.2×10^{8}	5.7×10^{10}	3.5×10^{12}	2.2×10^{14}
95 字符	8.1×10^{7}	7.7×10^{9}	7.4×10^{11}	7.0×10^{13}	6.6×10^{15}
128 字符	2.7×10^{8}	3.4×10^{10}	4.4×10^{12}	5.6×10^{14}	7.2×10^{16}
256 字符	4.3×10^{9}	1.1×10^{12}	2.8×10^{14}	7.2×10^{16}	1.8×10^{19}

10.4.2 好的密钥

（1）真正随机、等概率，如掷硬币、掷骰子等。

（2）避免使用特定算法的弱密钥。

（3）双钥系统的密钥更难以产生，因为必须满足一定的数学关系。

（4）为了便于记忆，密钥不能选得过长，而且不可能选完全随机的数串，要选用易记而难猜中的密钥。

（5）采用密钥揉搓或杂凑技术，将易记的长句子（10～15 个英文字的通行短语），经单向杂凑函数变换成伪随机数串（64b）。

10.4.3 不同等级的密钥产生的方式不同

（1）主机主密钥是控制产生其他加密密钥的密钥，一般都长期使用，所以其安全性至关重要，故要保证其完全随机性、不可重复性和不可预测性。任何机器和算法所产生的密钥都有周期性和被预测的危险，不适合作为主机主密钥。主机主密钥的数量小，可用投硬币、掷骰子、噪声产生器等方法产生。

（2）密钥加密密钥可用安全算法、二极管噪声产生器、伪随机数产生器等产生。如在主机主密钥控制下，由 X.9.17 安全算法生成。

（3）会话密钥、数据加密密钥（工作密钥）可在密钥加密密钥控制下通过安全算法产生。

10.5 密钥分配

密钥分配方案研究的是密码系统中密钥的分发和传送问题。从本质上讲，密钥分配是使用一串数字或密钥对通信双方所交换的秘密信息进行加密、解密、传送等操作，以实现保密通信或认证签名等。

10.5.1 基本方法

通信双方可通过 3 种基本方法实现秘密信息的共享：一是利用安全信道实现密钥传递；二是利用双钥体制建立安全信道传递；三是利用特定的物理现象（如量子技术）实现密钥传递。下面分别对这 3 种方法进行详细介绍。

1. 利用安全信道实现密钥传递

这种方法由通信双方直接面议或通过可靠信使递送密钥。传统的方法是通过邮递或信使护送密钥。密钥可用打印、穿孔纸带或电子形式记录。这种方法的安全性完全取决于信使的忠诚和素质，所以信使必须精心挑选，即便如此，仍很难完全消除信使被收买的可能性。这种方法成本很高，薪金不能太低，否则会危及安全性。有人估计此项支出可达整个密码设备费用的三分之一。这种方法一般可保证密钥传递的及时性和安全性，偶尔会出现丢失、泄密等。为了减少费用，可采用分层方式传递密钥，信使只传送密钥加密密钥，而不去传送大量的数据加密密钥。这既减少了信使的工作量（从而大大降低了费用），又克服了用一个密钥加密过多数据的问题。当然这不能完全克服信使传送密钥的缺点。由于这种方法成本高，所以只适用于高安全级密钥的传递，如主密钥的传递。

还可以采用某种更隐蔽的方法传送密钥，如将密钥分拆成几部分分别递送，如图 10-6 所示。除非敌手可以截获密钥的所有部分，只截获部分密钥毫无用处。因此，一般情况下此法有效。这种方法只适用于传递少量密钥的情况，如主密钥、密钥加密密钥等，且收方收到密钥后要妥善保存。

用主密钥对会话密钥加密后，可通过公用网传送，或用公钥密钥分配体制实现。如果采用的加密系统足够安全，则可将其看做是一种安全信道。

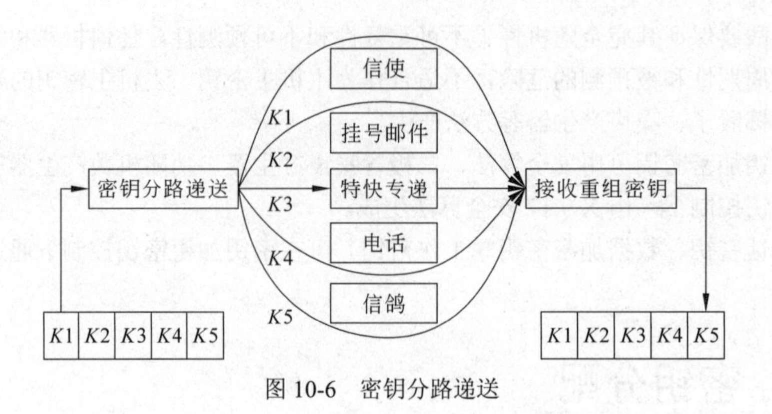

图 10-6　密钥分路递送

2. 利用双钥体制建立安全信道传递

由于 RSA、Diffie-Hellman 等双钥体制运算量较大，所以不适合用于对语音、图像等实时数据进行加解密。但是，双钥体制却非常适合用来进行密钥的分配。我们知道，双钥体制使用两个密钥，一个是公钥，一个是私钥。公钥是公开的，通信一方可采用公钥对会话密钥加密，然后再将密文传递给另一方。收方接收到密文后，用其私钥解密即可获得会话密钥。当然，这里存在接收方假冒他人发布公钥的问题。为了确保接收方所发布公钥的真实性，发送方可以通过验证接收方的数字证书来获得可信的公钥。这需要设计专门的密码协议来实现密钥的密钥分配与交换。

Newman 等于 1986 年提出的 SEEK（Secure Electronic Exchange of Keys）密钥分配体制系统采用 Diffie-Hellman 和 Hellman-Pohlig 密码体制实现。这一方法已被用于美国 Cylink 公司的密码产品中。Gong 等提出一种用 GF(p)上的线性序列构造的公钥分配方案。

也可通过可信密钥管理中心（KDC）进行密钥分配，如采用 PEM、PKI/CA 等技术分配密钥。

3. 利用量子技术实现密钥传递

量子信息将成为后莫尔时代的新技术，它是量子物理与信息科学相融合的新兴交叉学科。量子信息以量子态作为信息单元，信息从产生、传输、处理和检测等均服从量子力学的规律。基于量子力学的特性，诸如叠加性、非局域性、纠缠性、不可克隆性等，量子信息可以实现经典信息无法做到的新的信息功能，突破现有信息技术的物理极限。

量子信息以光子的量子态表征信息。如果约定光子偏振态的圆偏振代表“1”，线偏振代表“0”。量子比特与经典比特的区别如图 10-7 所示。

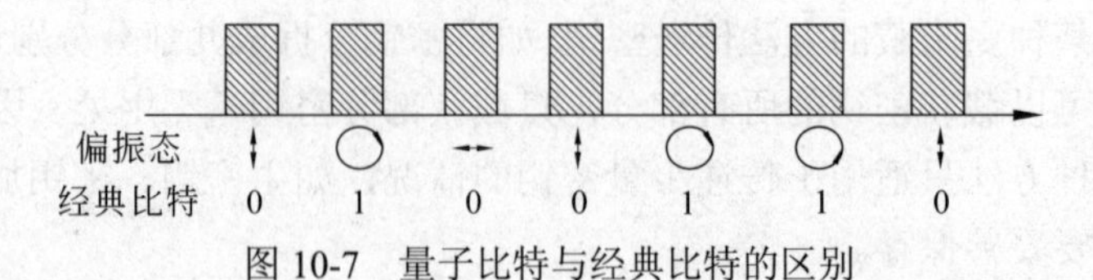

图 10-7　量子比特与经典比特的区别

基于量子密码的密钥分配方法是利用物理现象实现的。量子密码可以确保量子密钥分配的安全性，与一次一密算法的不可破译性相结合，可提供不可窃听、不可破译的安全保密通信。密码学的信息理论研究指出，通信双方 A 到 B 可通过先期精选、信息协调、保密增强等密码技术来实现使 A 和 B 共享一定的秘密信息，而窃听者对其却一无所知。

10.5.2　密钥分配的基本工具

认证技术和协议技术是分配密钥的基本工具。认证技术是安全分配密钥的保障，协议技术是实现认证和密钥分配必须遵循的流程。有关密钥分配的各种协议将在本章后面做介绍。

10.5.3　密钥分配系统的基本模式

小型网可采用每对用户共享一个密钥的方法，这在大型网中是不可实现的。一个有 N 个用户的系统，为实现任意两个用户之间的保密通信，需要生成和分配 $N(N-1)/2$ 个密钥才能保证网中任意两个用户之间的保密通信。随着系统规模的加大，复杂性剧增，例如 N=1000 时，就需要有约 50 万个密钥进行分配、存储等。为了降低复杂度，人们常采用中心化密钥管理方式，将一个可信的联机服务器作为密钥分配或转递中心（KDC 或 KTC）来实现密钥分配。图 10-8 给出几种密钥分配的基本模式，其中 k 表示 A 和 B 共享密钥。

（1）图 10-8（a）中由 A 直接将密钥送给 B，利用 A 与 B 的共享基本密钥加密实现。

（2）图 10-8（b）中 A 向 KDC 请求发放与 B 通信用的密钥，KDC 生成 k 传给 A，并通过 A 转递给 B，或 KDC 直接给 B，利用 A 与 KDC 和 B 与 KDC 的共享密钥实现。

（3）图 10-8（c）中 A 将与 B 通信用会话密钥 k 送给 KTC，KTC 再通过 A 转递给 B，或 KTC 直接送给 B，利用 A 与 KTC 和 B 与 KTC 的共享密钥实现。

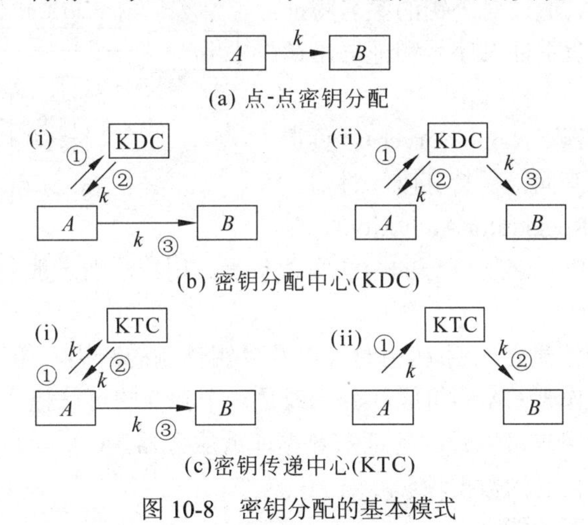

图 10-8　密钥分配的基本模式

由于有 KDC 或 KTC 参与，各用户只须保存一个与 KDC 或 KTC 共享的较长期使用的密钥但要承担的风险是中心的可信赖度，中心节点一旦出问题将极大地威胁系统的安全性。

10.5.4　可信第三方 TTP

可信第三方（Trusted Third Parties，TTP）可按协调（In Line）、联机（On Line）和

脱机（Off Line）3种方式参与。在协调方式下，T是一个中间人，为A与B之间通信提供实时服务；在联机方式下，T实时参与A和B每次协议的执行，但A和B之间的通信不必经过T；在脱机方式下，T不实时参与A和B的协议，而是预先向A和B提供双方执行协议所需的信息。可信第三方的工作模式如图10-9所示。

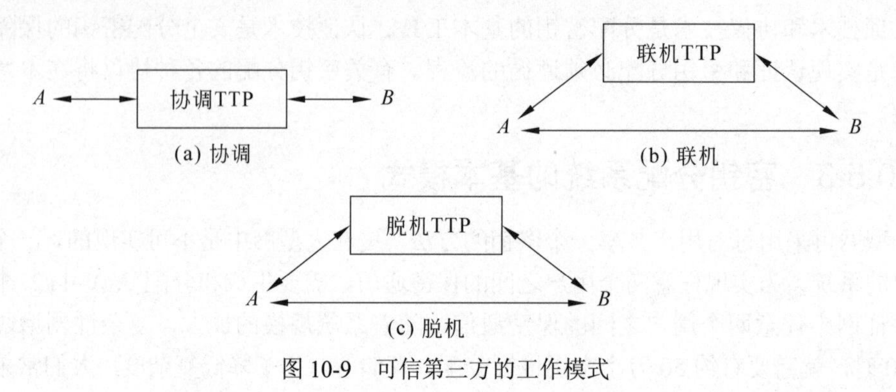

图10-9　可信第三方的工作模式

当A和B属于不同的安全区域时，协调方式特别重要。证书发放管理机构常采用脱机方式。脱机方式对计算资源的要求较低，但在撤销权宜上不如其他两种方式方便。

TTP可以是一个公钥证书颁发机构（CA），利用PKI技术颁发证书。它包括下述几个组成部分，如图10-10所示。

（1）**证书管理机构**（Certification Authority，CA）。负责公钥的建立、可靠性的证实。在基于证书的体制中，CA 通过对公钥的签名将证书赋予不同用户，并负责证书序号和证书吊销的管理。

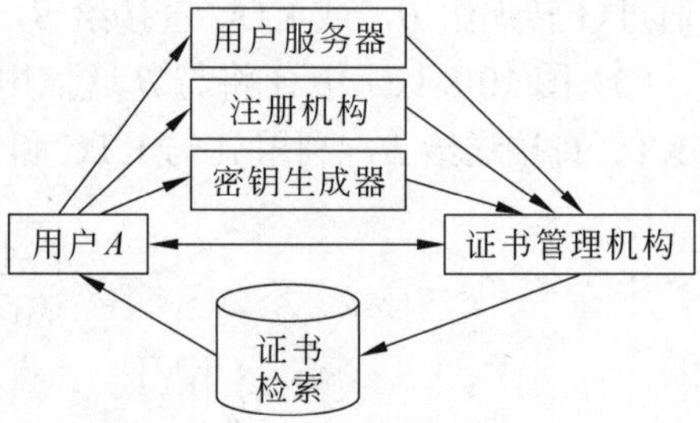

（2）**用户名服务器**（Name Server）。负责管理用户名字的存储空间，保持其唯一性。

用户服务器
注册机构
密钥生成器
用户A
证书管理机构
证书检索

图10-10　公钥证书机构业务

（3）**注册机构**（Registrator Authority）。对可由安全区内成员的唯一名所区分的合法实体负责。用户注册一般包括与实体有关的密钥材料。

（4）**密钥生成器**。建立公钥/私钥对（以及单钥体制的密钥、通行字等），可以是用户的组成部分，也可作为CA的组成部分，或是一个独立的可信赖系统。

（5）**证书检索**。用户可以查阅的证书数据库或服务器，CA 可以向它补充证书，用户只可以管理有关它自己的数据项。

TTP还可提供如下功能：

（1）**密钥服务器**。负责建立各有关实体的认证密钥和会话密钥，用 KDC 和 KTC 表示。

（2）**密钥管理设备**。负责密钥的生成、存储、建档、审计、报表、更新、撤销及管理证书业务等。

（3）**密钥查阅服务**。提供用户根据权限访问与其有关的密钥信息。

（4）**时戳代理**。确定与特定文件有关的时间信息。

（5）**仲裁代理**。验证数字签名的合法性，支持不可否认业务、权益转让及某一陈述的可信性。

（6）**托管代理**。接受用户所托管的密钥，提供密钥恢复业务。

不同的系统可能需要不同可信度的 TTP，可信度一般分为 3 级：一级表示 TTP 知道每个用户的密钥；二级表示 TTP 不知道用户的密钥，但 TTP 可制作假的证书而不会被发现；三级表示 TTP 不知道用户的密钥，TTP 所制作的假证书可以被发现。

10.5.5　密钥注入

（1）**主机主密钥的注入**。主密钥由可信的保密员在非常安全的条件下装入主机，一旦装入，就不能再读取。检验密钥是否已正确地注入设备，需要有可靠的算法。例如，可选一随机数 R_N，并以主密钥 K_m 加密得到 $E_{K_m}(R_N)$，同时计算出 K_m 的一个函数 φ 的值 $\varphi(K_m)$（φ 可为 Hash 函数）。装入 K_m 后，若它对 R_N 加密结果及 $\varphi(\bullet)$ 值与记录的值相同，则表明 K_m 已正确装入主机。

要防电磁辐射、防窜扰、防人为出错，且要存入主机中不易丢失数据的存储器件中。

（2）**终端机主密钥的注入**。在安全环境下，由可信赖的保密员进行装入终端。当终端机数量较多时，可用专用密钥注入工具（如密钥枪）实施密钥注入操作。密钥注入后就不能再读取。密钥注入后要验证装入数据的正确性，可以通过与主机联机检验，也可脱机检验。

（3）**会话密钥的获取**。例如，主机与某终端通信，主机产生会话密钥 K_s，以相应终端主密钥 K_t 对其进行加密得 $E_{K_t}(K_s)$，将其送给终端机。终端机以 K_t 进行解密，得 K_s，送至工作密钥产生器，去生成工作密钥，如图 10-11 所示。

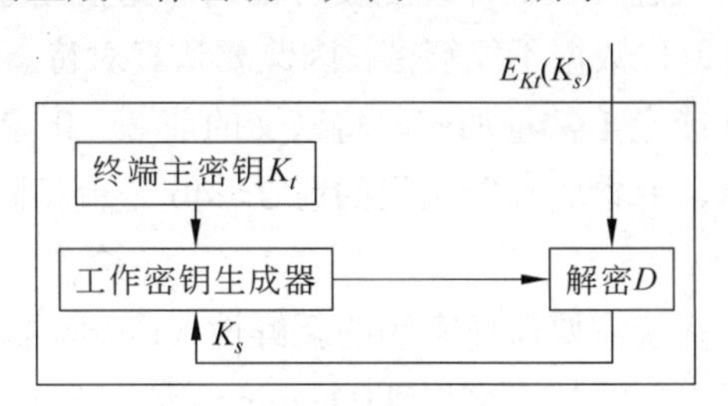

图 10-11　会话密钥的生成

10.6　密钥的证实

在密钥分配过程中，需要对密钥进行认证，以确保密钥被正确无误地送给了指定的用户，防止伪装信使递送假密钥套取信息，并防止密钥分配中的差错。在信使递送密钥时，他需要相信信使，并需要对密钥进行确证。例如，采用指纹法比用 ID 卡更好些，而让信使递送加密后的密钥可能要安全些。若密钥通过加密密钥送来，他得相信只有对方 B 才有此密钥；若 B 用数字签名协议签署该密钥，则当 A 证实此密钥时他得相信公共数据库提供的 B 的公钥；若密钥分配中心（KDC）签署了 B 的公钥，A 必须相信 KDC 给它的公钥复件未被篡改。这些都需要对公钥认证，因为任何可从公钥本得到某用户公钥的人，都可向他送假密钥以求进行保密通信。因此，必须使接收密钥的用户能够确认出送密钥的是谁。采用公钥签名法可以解决这个问题。虽然这种方法能够证实递送密钥者，但还不能确知谁收到了密钥，伪装者也可以公布一个公钥冒充合法用户要求进行保密通信。除非这一合法用户与其要通信的人进行接触，或合法用户自己公开声明其公钥，否则安全性就无保障。SEEK 法也存在着类似的问题。因此，采用这些电子分配密钥方法时也要特别小心，需精心地设计分配密钥的安全协议。

现实世界可能有各种欺诈，若攻击者控制了 A 向外联系的网络，他可伪装成 B 发送一个加密并签名的消息给 A。当 A 想访问公钥数据库以证实是否为 B 的签名时，攻击者可用他的公钥来代替 B 的公钥，且可伪造一个假的 KDC，并将真正的 KDC 的公钥换成他自己伪造的公钥。此方法在理论上是可行的，但实行起来很复杂。采用数字签名和可信赖的 KDC，使得攻击者以一个密钥代换另一个密钥更为困难。A 不能低估攻击者控制他的整个网络的能力，但 A 可以相信要做此事所需的资源比攻击者攻击大多数现有系统所需要的资源要多得多。A 可通过电话证实 B 的公钥，即根据熟悉的声音认证 A 所得的密钥为 B 的。若密钥太长，可用单向 hash 函数技术证实密钥。

有时不仅要证实所拥有公钥的人是谁，而且还要证实在以前某个时候，如去年他是否属于同一个人。银行收到一个提款签名时，一般不太关心谁提款，而主要关心他是否是最初存款的人。

除了要对密钥的主权人进行认证外，还要对密钥的完整性进行认证。密钥在传送过程中可能出错，致使千百万位数据不能解密，因此要认真对待。可采用检错、纠错技术，如校验和；以密钥对全 0 或全 1 常量加密，将密文的前 2～4b 和密钥一起通过安全方式送出。接收端做同样的事，并检验加密结果的前 2～4b 是否相同。若相同，则密钥出错概率为 $2^{-16}\sim 2^{-32}$。

为了防止重放攻击，系统需要保证密钥的新鲜性（freshness），常用加载时戳、流水作业号以及累加器值不断更新等技术来保证[Denning 等 1981]。下面具体介绍几种密钥证实技术。

10.6.1　单钥证书

单钥证书可以向 KTC 提供一种工具，KTC 利用此证书可以避免对用户秘密的安全数据库维护，在多服务器下复制这类数据库，或根据传送要求从库中检索这类密钥。对于用户 A，他有与 TTP 共享的密钥 KAT，以 TTP 的密钥 KT 对 KAT 和用户 A 的身份加密得 $E_{KT}(K_{AT},A,L)$，就可作为单钥证书（Symmetric Key Certificates），其中 L 为使用期限。TTP 将 $E_{KT}(K_{AT},A,L)$ 发给 A，作为用户使用密钥 K_{AT} 的合法性证据，以 SCert_A 表示。TTP

不需要保存 K_{AT}，只要保存 K_T 即可；需要时，如 A 要与 B 进行保密通信，可首先向 B 索取或从密钥数据库查找出证书 $\mathrm{SCert}_B = E_{KT}(K_{BT}, B, L)$，而后向 TTP 送出

$$\mathrm{SCert}_A, E_{KT}(B, M), \mathrm{SCert}_B$$

即可按有关协议实现会话密钥建立。其中，M 是秘密消息，也可为会话密钥。TTP 需采用联机方式，以便用其主密钥进行解密。密钥数据库可以由各用户名及相应证书组成。

有关单钥证书可参阅相关文献[ISO/IEC11770 1996b]。

10.6.2　公钥的证实技术

公钥的证实技术有下述几种方法：

（1）通过可信赖信道实现点-点间递送。通过个人直接交换或直通信道（信使、挂号邮件）直接得到有关用户的可靠公钥，适用于小的封闭系统或不经常用的（如一次性用户注册）场合。通过不安全信道交换公钥和有关信息要经过认证和完整性检验。

该方法的缺点是不太方便、耗时，每个新成员都要通过安全信道预先分配公钥，不易自动化，可信赖信道成本高等。

（2）直接访问可信赖公钥文件（公钥注册本）。利用一个公钥数据库记录系统中每个用户名和相应的可靠的公钥。可信赖者管理公钥的注册，用户通过访问公钥数据库获取有关用户的公钥；在远程访问时要经过不安全信道，须防范窃听；为了防范主动攻击需要利用认证技术实施公钥库的注册和访问。

（3）利用联机可信赖服务器。可信赖服务器可以受用户委托查询公钥库中存储的可信公钥，并在签署后传送给用户。用户用服务器的公钥证实其所签的消息。此方法的缺点是要求可信赖服务器联机工作，从而在业务忙时成为瓶颈，而且每个用户要先与可信赖服务器通信后再与所要的用户通信。

（4）采用脱机服务器和证书。每个用户都可与脱机可信赖的证书机构（CA）进行一次性的联系，向其进行公钥注册并获得一个由 CA 签署的公钥证书。各用户通过交换自己的公钥证书，并用 CA 的公钥进行验证，即可提取出所要的可信公钥。

（5）采用可隐含保证公钥参数真实性的系统。这类系统有基于身份的系统，以及通过算法设计、公钥参数受到修正时可以检测、非泄漏失败（Non Compromising Failure）等密码技术实现的隐式证实密钥的系统。

有关内容可参阅[Diffie 等 1976]。

10.6.3　公钥认证树

认证树（Authentication Trees）可以提供一种可证实公开数据的真实性的方法，以树形结构结合合适的杂凑函数、认证根值等实现。认证树可用于下述场合：

（1）公钥的认证（是另一种公钥证书），由可信赖第三方建立认证树，其中包含用户的公钥，可实现大量密钥的认证。

（2）实现可信赖时戳业务，由可信赖第三方建立认证树，用类似于（1）的方法实现。

（3）用户合法参数的认证，由某个用户建立认证树，并以可证实真实性的方式公布

其大量的公开合法的参数，如在一次性签名体制中所用的参数。

下面以二元树为例说明。二元树由节点和有向线段组成，如图 10-12 所示。二元树的节点有 3 种：根节点，有左右两个朝向它的线段；中间节点，有 3 个线段，其中有两个朝向它，一个背离它；端节点（叶），只有一个背离它的线段。

由一个中间节点引出的左右两个相邻节点称为该中间节点的子节点，称此中间节点为相应两个子节点的父节点。从任一非根节点到根节点有一条唯一的通路。

下面介绍如何构造认证树。考察一个有 t 个可信的公开值 Y_1，Y_2，…，Y_t，按下述方法构造一个认证树：以唯一公开值 Y_i 标示第 i 个端节点；以杂凑值 h（Y_i）表示离去的线段；上一级中间节点若其左右两边都有下级节点，则以其相应杂凑值链接后的杂凑值表示其离去的线段。如 $H_5 = h(H_1 \| H_2)$，以此类推直至出现根节点，如图 10-13 所示。

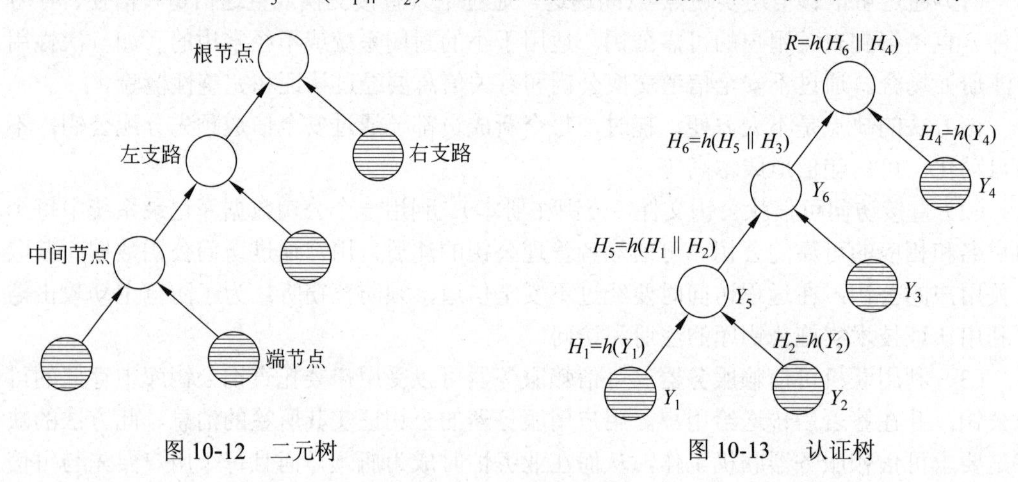

图 10-12　二元树　　　　图 10-13　认证树

认证方法如下，以图 10-13 为例说明对密钥的证实。

公开值 Y_1 可以由标示序列 $h(Y_2)$，$h(Y_3)$，$h(Y_4)$ 提供认证。首先计算 $h(Y_1)$，然后计算 $H_5 = h(H_1 \| H_2)$，再计算 $H_6 = h(H_5 \| H_3)$，最后计算 $h(H_6 \| H_4)$，若 $h(H_6 \| H_4) = R$，则接受 Y_1 为真；否则就拒绝。

若实体 A 认证 t 个公开值 Y_1，Y_2，…，Y_1，可以将每个值向可信赖第三方注册。当 t 很大时，将大大增加存储量，采用认证树则仅需要向第三方注册一个根值。

若实体 A 的公钥值 Y_i 相应于认证树的一个端节点，A 若向 B 提供 A 的此公钥，允许 B 对 Y_i 进行证实，则 A 必须向 B 提供 Y_i 到根节点通路上的所有杂凑值。B 就可经计算杂凑最终证明 Y_i 的真伪。类似地可以以验证签名代替计算杂凑函数。

为了实现方便，应使认证二元树的最长通路极小化，此时各路径长度最多相差一个支路。路径长度约为 $\log_2 t$，其中 t 是公开值的个数。当需要改变或增加或减少一个公开值 Y_i 时，就要对有关路径中的表示杂凑值重新进行计算。

10.6.4　公钥证书

公钥证书（Public Key Certificate）是一个载体，用于存储公钥。可以通过不安全媒体安全地分配和转递公钥，使一个实体的公钥可被另一个实体证实而能放心地使用。此外，X.509 v3 中还描述了用于权限管理的属性证书（Attribute Certificates）。有关内容请参阅第 9 章。

10.6.5　基于身份的公钥系统

基于身份 ID（identity）的系统类似于前述的普通公钥系统，它包含一个秘密传递变换和一个公开的变换。但用户没有一个显式公钥，而是以用户公开可利用的身份（用户名、网址、地址等）替代公钥（或由它构造公钥）。这类公开可利用的信息唯一地限定了用户，能够作为用户的身份信息，具有不可否认性。

基于身份的密钥系统是一种非对称系统，其中每个实体的公开身份信息（唯一性和真实性）起着它的公钥的作用，作为可信赖者 *T* 的输入的组成部分，用于计算实体专用密钥时不仅要用该实体的身份信息，而且还要用只有 *T* 知道的一些特殊信息（如 *T* 的密钥）。这样可以防止伪造和假冒，保证只有 CA 能够根据实体的身份信息为实体建立合法的专用密钥。类似于公钥证书系统，基于 ID 的系统中的公开可利用数据也需要通过密码变换加以保护。有时除了 ID 数据外，还需要一些由系统定义的有关实体 *A* 的辅助数据 D_A。图 10-14 给出了基于 ID 的系统原理图。

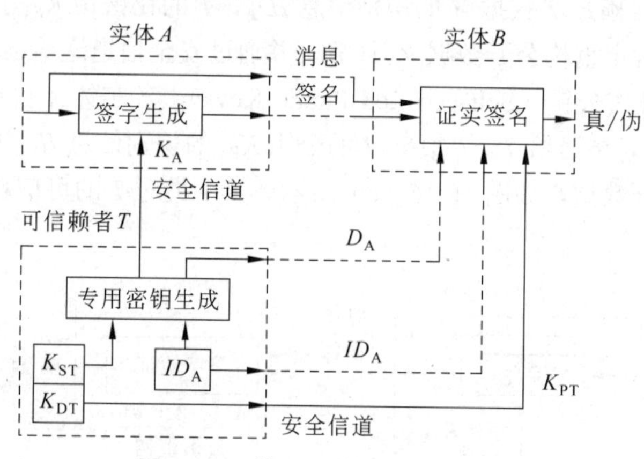

图 10-14　基于 ID 的公钥签名系统

图 10-14 中 ID_A 为实体 *A* 的身份数据，D_A 是辅助公开数据（由 *T* 定义的与 ID_A 和 *A* 密钥有关），K_{PT} 是 *T* 的公开钥，K_{ST} 是 *T* 的密钥，由三元组（D_A，ID_A，K_{PT}）可以推出 *A* 的公开钥，从而可以验证 *A* 的签名。与公钥证书不同的是它传送的不是公钥，而是可以导出公钥的一些有关身份的信息。前者称为显式（explicit）证书系统，后者称为隐式（implicit）证书系统。图 10-14 给出的是一个基于身份的签名系统。同样，它可以构造基于身份的实体认证、密钥建立、加密等系统。

基于 ID 的系统优点是：无须预先交换对称密钥或公钥；无须一个公钥本（公钥或证书数据库）；只在建立阶段需要可信赖机构提供服务。其缺点是要求实体身份数据 ID_A。基于身份系统的初衷是要去掉公钥的传送，以身份信息实现非交互作用协议。D_A 在密钥协商和以另一实体的公钥加密系统中较为重要，而在签名和识别系统中就不大重要，这是因为申请公钥人在接收消息之前不会需要申请者的公钥，此时不难提供 D_A。而基于 ID 的系统在 IC 卡中有实用价值。Shamir [Shamir 1983]最早提出基于 ID 的概念，有关研究可参阅相关文献[Maurer 等 1991，1992]。

10.6.6 隐式证实公钥

在隐式证实公钥的系统中，不是直接传送用户的公钥，而是传送可以从中重构公钥的数据，如图 10-15（a）所示。

隐式证实公钥系统应实现下述要求：

（1）实体可以由其他实体从公开数据重新构造。

（2）重构公钥的公开数据中，包含与可信赖方 T 有关的公开（如系统）数据、用户实体的身份（或识别信息，如名字和地址等），以及各用户的辅助公开数据。

（3）重构公钥的完整性虽不是可直接证实的，但“正确”的公钥只能从可信赖用户的公开数据恢复。

（4）系统设计要保证攻击者在不知道 T 的密钥条件下，要从用于重构的公开数据推出实体的密钥在计算上是不可行的。

隐式证实公钥可分为两类。一类是基于身份的公钥（Identity Based Public Keys），各实体 A 的密钥由可信赖方 T 根据 A 的识别信息 ID_A，T 的秘密钥 K_{ST}，以及由 T 预先给定的有关 A 的用户特定重构公开数据 R_A 计算，并通过安全信道送给 A，如图 10-15（b）所示。另一类是自证实公钥（Self-certified Public Keys），各实体 A 自行计算其密钥 K_{SA} 和公钥 K_{PA}，并将 K_{PA} 传送给 T。T 根据 A 的公钥 K_{PA} 的识别信息 ID_A 和 T 的密钥 K_{ST}，计算出 A 的重构公开数据，如图 10-15（c）所示。第 1 类对 T 的可信赖程度的要求远高于第 2 类。

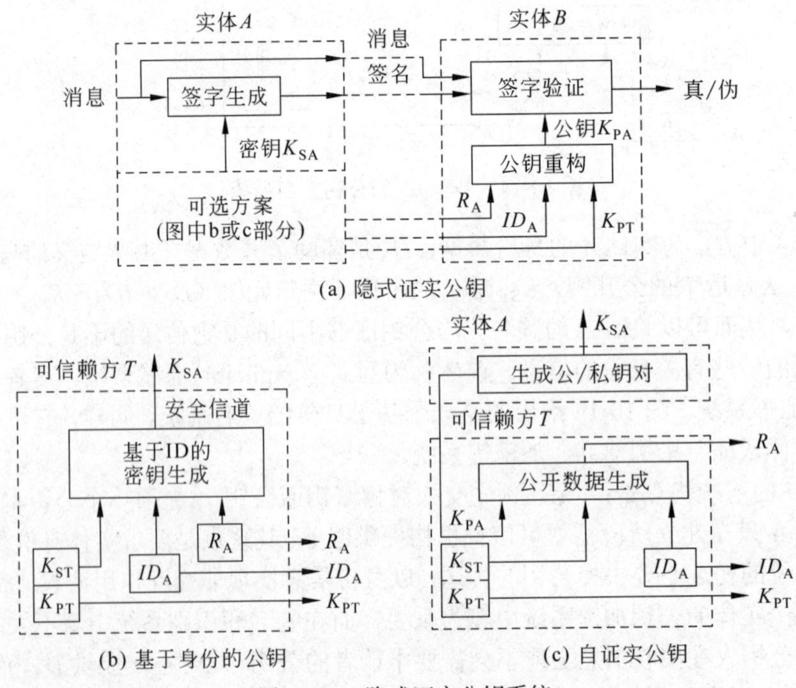

图 10-15 隐式证实公钥系统

隐式证实公钥较公钥证书的优越之处在于降低对所需的存储空间的要求（签名的证书需要较多存储），降低了计算量（证书要求对签名进行验证），降低了通信量（基于身份或预先知道身份时）。但重构公钥也需要进行计算，而且还要求辅助的重构公开数据。

有关研究可参阅相关文献[Brands 1995a]。

10.7 密钥的保护、存储与备份

10.7.1 密钥的保护

密钥的安全保密是密码系统安全的重要保证，保证密钥安全的基本原则除了在有安全保证的环境下进行密钥的产生、分配、装入及存储于保密柜内备用之外，密钥绝不能以明文形式出现。

（1）**终端密钥的保护**。可用二级通信密钥（终端主密钥）对会话密钥进行加密保护。终端主密钥存储于主密钥寄存器中，并由主机对各终端主密钥进行管理。主机和终端之间就可用共享的终端主密钥保护会话密钥的安全。

（2）**主机密钥的保护**。主机在密钥管理上担负着更繁重的任务，因而也是对手攻击的主要目标。在任意给定的时间内，主机可有几个终端主密钥在工作，因而其密码装置需为各应用程序所共享。工作密钥存储器要由主机施以优先级别进行管理加密保护，称此为主密钥原则。这种方法将对大量密钥的保护问题化为仅对单个密钥的保护问题。在有多台主机的网络系统中，为了安全起见，各主机应选用不同的主密钥。有的主机采用多个主密钥对不同类密钥进行保护。例如，用主密钥 0 对会话密钥进行保护；用主密钥 1 对终端主密钥进行保护；而网络中传送会话密钥时所用的加密密钥为主密钥 2。3 个主密钥可存放于 3 个独立的存储器中，通过相应的密码操作进行调用，可视为工作密钥对其所保护的密钥加密、解密。这 3 个主密钥也可由存储于密码器件中的种子密钥（Seed Key）按某种密码算法导出，以计算量来换取存储量的减少。此法不如前一种方法安全。除采用密码方法外，还必须和硬件、软件结合起来确保主机主密钥的安全。

（3）**密钥分级保护管理法**。图 10-16 和表 10-2 都给出了密钥的分级保护结构，从中可以清楚看出各类密钥的作用和相互关系。由此可见，大量数据可以通过少量动态产生的数据加密密钥（初级密钥）进行保护；而数据加密密钥又可由更少量的、相对不变（使用期较长）的密钥（二级）或主机主密钥 0 来保护；其他主机主密钥（1 和 2）用来保护三级密钥。这样，只有极少数密钥以明文形式存储在有严密物理保护的主机密码器件中，其他密钥则以加

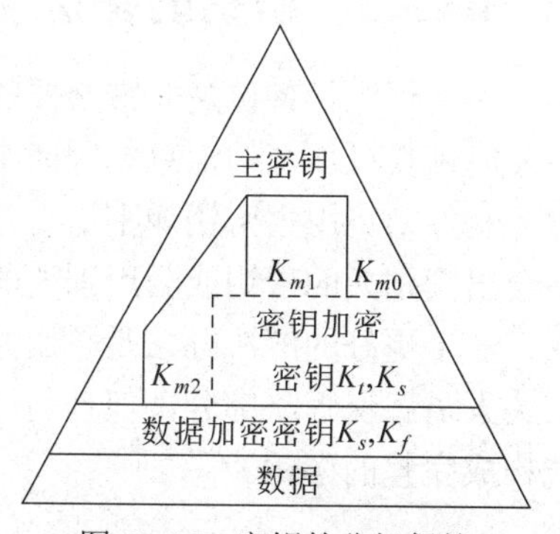

图 10-16　密钥的分级保护

密后的密文形式存于密码器之外的存储器中，因而大大简化了密钥管理，并增强了密钥的安全性。

表 10-2　密钥分级结构

密钥种类	密　钥　名	用　途	保护对象
密钥加密密钥	主机主密钥 0=K_{m0} 主机主密钥 1=K_{m1} 主机主密钥 2=K_{m2}	对现用密钥或存储在主机内的密钥加密	初级密钥 二级密钥 二级密钥
	终端主密钥 K_t（或二级通信密钥） 文件主密钥 K_s（或二级文件密钥）	对主机外的密钥加密	初级通信密钥 初级文件密钥
数据加密密钥	会话（或初级）密钥 K_s 文件（或初级）密钥 K_f	对数据加密	传送的数据 存储的数据

10.7.2　密钥的存储

密钥存储时必须保证密钥的机密性、认证性和完整性，防止泄漏和被修改。下面介绍几种可行的方法。

（1）每个用户都有一个用户加密文件备用。由于只与一个人有关，由个人负责，因而是最简易的存储办法。例如，在有些系统中，密钥存于个人的大脑中，而不存于系统中；用户要记住它，并且要在每次需要时输入它，如在 IPS 中，用户可直接输入 64b 密钥。

（2）存入 ROM 钥卡或磁卡中。用户将自己的密钥输入系统，或者将卡放入读卡机或计算机终端。若将密钥分成两部分，一半存入终端，另一半存入如 ROM 钥卡上。一旦 ROM 钥卡丢失也不至于泄漏密钥。终端丢失时同样不会丢失密钥。

（3）难以记忆的密钥可用加密形式存储，利用密钥加密密钥来做。如 RSA 的密钥可用 DES 加密后存入硬盘，用户须有 DES 密钥，运行解密程序才能将其恢复。

（4）若利用确定性算法来生成密钥（密码上安全的 PN 数生成器），则每次需要时，用易于记忆的口令启动密钥产生器对数据进行加密。但这一方法不适用于文件加密，原因是过后解密时，还得用原来的密钥，因此必须要存储该密钥。

10.7.3　密钥的备份

对密钥进行备份是非常必要的。如一个单位，密钥由某人主管，一旦发生意外，如何才能恢复已加密的消息？因此密钥必须有备份，交给安全人员放在安全的地方保管；将各文件密钥用主密钥加密后封存。当然，必要条件是安全员是可信的，他不会逃跑、不会出卖别人的密钥或滥用别人的密钥。

一个更好的解决办法是采用共享密钥协议。这种协议将一个密钥分成几部分，每个有关人员各保管一部分，但任何一个部分都不起关键作用，只有将这些部分收集起来才能构成完整的密钥。

10.8 密钥的泄漏、吊销、过期与销毁

10.8.1 泄漏与吊销

密钥的安全是协议、算法和密码技术设备安全的基本条件。密钥一旦泄漏，如丢失或被窃等，安全保密就无从谈起。唯一的补救办法是及时更换密钥。

若密钥由 KDC 来管理，则用户要及时通知 KDC 撤销此密钥；若无 KDC，则应及时告诉可能与其进行通信的人，以后用此密钥通信的消息无效且可疑，本人概不负责。当然，声明要加上时戳。

当用户不确知密钥是否已经泄漏或泄漏的确切时间时，问题就更加复杂。用户可能要撤回合同以防别人用其密钥签署另一份合同来替换它，这将引起争执，需诉诸法律或公证机构裁决。

个人专用密钥丢失要比密钥丢失更加严重，因为密钥要定期更换，而专用密钥使用期更长。若丢失了专用密钥，别人就可用它在网上阅读函件、窃听通信和签署合同等。而且在公用网上，丢失的专用密钥传播得极快。公钥数据库应当在专用密钥丢失后，立即采取行动，以使损失最小化。

10.8.2 密钥的有效期

密钥的有效期或保密期（Cryptoperiod）是指合法用户可以合法使用密钥的期限。

密钥使用期限必须适当限定。因为密钥使用期越长，泄漏的机会就越大，一旦泄漏，带来的损失也越大（涉及更多文件、信息、合同等）；由于使用期长，用同一密钥加密的材料就越多，因而更容易被分析破译。

策略：不同的密钥有不同的有效期。①短期密钥（Short Term Keys）如会话密钥，使用期较短，具体期限由数据的价值、给定周期内加密数据的量来确定。如 Gb/s 的信道密钥要比 9600b/s Modem 线路的密钥更换得更频繁，一般会话密钥至少一天换一次。②密钥加密密钥属于长期性密钥（Long Term Keys），不需要经常更换，因为用其加密的数据很少，但它很重要，一旦丢失或泄漏，影响极大。这种密钥一般一个月或一年更换一次。③用于加密数据文件或存储数据的密钥不能经常更换，因为文件可能在硬盘中存储数月或数年才会再被访问，若每天更换新密钥，就得将其调出解密而后再以新密钥加密，这不会带来太多好处，因为文件将多次以明文形式出现，给攻击者更多的机会。文件加密密钥的主密钥应保管好。④公钥密码的密钥，它的使用期限由具体应用来确定。用于签名和身份验证的密钥的期限可能以年计（甚至终生），但一般只用一两年。过期的密钥还要保留，以备证实时使用。

10.8.3 密钥销毁

不用的旧密钥必须销毁，否则可能造成损害。别人可利用旧密钥来读原来曾用它加

密的文件，或者用它来分析密码体制。密钥必须安全地销毁，例如，可采用高质量碎纸机处理记录密钥的纸张，使攻击者不可能通过收集旧纸片来寻求有关秘密信息。对于硬盘、EEPROM 中的存储数据，要进行多次重写。

潜在的问题：存于计算机中的密钥，很容易被多次复制并存储于计算机硬盘中的不同位置。采用防窜改器件能自动销毁存储在其中的密钥。

10.9 密钥控制

密钥控制是对密钥的使用进行限制，以保证按预定的方式使用密钥。可以赋予密钥的控制信息有：密钥的主权人、密钥的合法使用期限、密钥的识别符、预定的用途、限定的算法、预定使用的系统或环境或密钥的授权用户、与密钥注册和证书有关的实体名字、密钥的完整性校验（作为密钥真实性的组成部分）。

为了密码的安全，避免一个密钥有多种应用，这就需要对密钥实施隔离（separation），做物理上的 10.10 节中密钥控制或密码技术上的保护，以限制密钥的授权使用。密钥标签（tags）、密钥变形（variants）、密钥公证（nortarization）、控制矢量（control vectors）等，都是为了对密钥进行隔离所附加的控制信息的方式。

单钥体制中的密钥控制技术：

（1）**密钥标签**。它以标记方式限定密钥的用途，如数据加密密钥、密钥加密密钥等。它由比特矢量或数据段实现，其中还标有使用期限等。一般标签都以加密形式附在密钥之后，仅当密钥解密后才同时恢复成明文。标签数据一般都很短。

（2）**密钥变形**。从一个基本密钥或衍生（derivation）密钥附加一些非秘密参数和一个非秘密函数导出不同的密钥，称所得的这种密钥为密钥变形或导出（derived）密钥。所用函数多采用单向函数。

（3）**密钥偏移**（Key Offsetting）。一个密钥加密密钥在每次使用后都要根据一个计数器所提供的增量进行修正，从而可以防止重放攻击。

（4）**密钥公证**。这是一种通过在密钥关系中，将参与者身份以显式方式加以说明来防止密钥代换的技术。通过这类身份对密钥进行认证，并修正密钥加密密钥，使得只有当身份正确时才能正确地恢复出受保护的密钥。这种方法可抗击模仿攻击，因而也可称为以身份密封的密钥。在所有密钥建立协议中都要防止密钥代换攻击。公证要求适当的控制信息，以保证精确恢复出加密的密钥，类似于隐式证实公钥系统，它可以对密钥提供隐式保护。

实现中可用一个可信赖服务器（公证或仲裁）或一个共享密钥的参与者，它由密钥加密密钥 K，以及系统赋予发方和收方唯一性的 i 和 j 构成，以下式表示：

$$E_{K\oplus(i\|j)}(K_S)$$

收方必须以共享秘密钥 K 和正确的 i, j 次序才可能恢复出密钥 K_S。在有第三方参与时，它首先要对参与方的身份进行认证，然后向其提供只有这些参与者可以恢复的会话密钥，公证者可采用密钥偏移技术，见例 10-1。

例 10-1　采用偏移技术的密钥公证。设有字长为 64b 的分组码，密钥为 64b，密钥加密密钥 $K = K_L \| K_R$ 为 128b。N 为 64b 计数器，发用户和收用户的识别符分别为 $i = i_L \| i_R$ 和 $j = j_L \| j_R$。公证人计算：

$$K_1 = E_{K_R \oplus i_L}(j_R) \oplus K_L \oplus N$$
$$K_2 = E_{K_L \oplus j_L}(i_R) \oplus K_R \oplus N$$

其中，N 为计数器存数。所得到的公证密钥(K_1, K_2)可作为 EDE 三重加密模式下所需的密钥加密密钥。称上述 $f_1(K_R, i, j) = E_{K_R \oplus i_L}(j_R)$ 和 $f_2(K_L, i, j) = E_{K_L \oplus j_L}(i_R)$ 为公证密封（Notarized Seals）。若只需要 64b 的密钥时，可做一些修正，采用 $K_L = K_R = K$，计算上述 $f_1 = (K_R, i, j), f_2 = (K_L, i, j)$，将 f_1 的左边 32b 与 f_2 的右边 32b 链接成 64b 的 f，而后计算 $f \oplus K \oplus N$ 作为公证密钥。

（5）**控制矢量**。密钥公证可看做是一种建立认证的密码机构，控制矢量则是一种提供控制密钥使用的方法，是一种将密钥标签与密钥公证机构的思想进行组合的产物。对每个密钥 K_S 都赋予一个控制矢量 C，C 是一个数但用于定义密钥的授权使用。每次对一个 K_S 加密之前先对 K 进行偏移，即 $E_{K \oplus C}(K_S)$。

密钥公证可以通过在控制矢量的数值中加入特定的身份说明来实现，也可以通过在 C 中限定主体的身份 ID_i 和密钥 K_{Sj} 的使用权限 $A(i, j)$（可采用接入控制）等技术来实现。每次启用密钥时，都需输入控制矢量以实施对密钥的保护，系统检验控制矢量后才以它和密钥一起恢复出所要的密钥 K_S。必须以正确的控制矢量 C 和正确的密钥加密密钥组成的值 $K \oplus C$ 才能恢复出 K_S，这可以防止非授权接入密钥加密密钥 K。

密钥的安全性取决于正确分离密钥的使用以及可信赖的系统。

当控制矢量 C 的数据长度超过密钥 K_S 的长度时，可以采用适当的杂凑函数先对 C 进行压缩。加密运算为 $E_{K \oplus h(C)}(K_S)$。

另外，如果附加上唯一性和时间性限制，如序号、时戳、一次性 Nonce 等，可以抗重放攻击。

有关密钥控制技术的研究可参阅相关文献[ISO8732 1987；ANSI X9.17 1985；Menezes 等 1997]。

10.10　多个管区的密钥管理

随着通信网间的互连，跨区、跨国的全球性通信网已经形成。本节介绍如何实现多个管区之间的密钥管理。

一个安全区（Security Domain）定义为在一个管理机构控制下的一个系统或子系统，系统中的每个实体都信赖该权威管理机构。管理机构以显式或隐式方式规定所管区内的安全策略，限定区内各实体的共享密钥或通行字，用以在实体与管理机构之间或两个实体之间建立一个安全信道，保证系统内的认证和保密通信。一个安全区可以是一个更大区中的一个层次。

令分属两个不同安全区 D_A 和 D_B 的实体为 *A* 和 *B*，相应的可信赖机构分别为 T_A 和 T_B。保证 *A* 与 *B* 实施可靠通信的要求，可以归结如下：

（1）共享对称密钥在 *A* 和 *B* 之间建立共享密钥 K_{AB}，双方都相信只有他们知道 K_{AB}（可信赖机构也可能知道）。

（2）共享可信赖的公钥。对一个或更多个共用公钥的信赖可以作为安全区之间的信赖桥梁，彼此可以用来证实消息的真实性，或保证彼此之间传送消息的机密性。

这两种方式都可以维系 T_A 和 T_B 之间的信赖关系。有了这种关系就可以在（A, T_A）、（T_A, T_B）、（T_B, B）之间建立起安全通信信道，从而提供（A, B）之间的信赖关系，实现安全通信。

若 T_A 和 T_B 之间不存在信赖关系，可以通过他们共同信赖的第三机构 TC 作为中介，建立相互之间的信赖关系。这是一种信赖关系链（Chain of Trust）。下面介绍两种具体实现方式。

1. 可信赖对称密钥（Trusted Symmetric Keys）

可信赖的共享密钥可以通过各种认证的密钥建立技术获得。步骤如下：

（1）*A* 向 T_A 提出与 *B* 共享密钥的请求。

（2）T_A 和 T_B 间建立短期共享密钥 K_{AB}。

（3）T_A 和 T_B 分别向 *A* 和 *B* 安全可靠地分配 K_{AB}。

（4）*A* 用 K_{AB} 和 *B* 进行直接的保密通信。

2. 可信赖公钥（Trusted Public Key）

可信赖公钥可以在已有的信赖关系基础上通过标准的数据源认证，如数字签名或消息认证码等获得。步骤如下：

（1）*A* 向 T_A 请求用户 *B* 的可信赖公开钥。

（2）T_A 从 T_B 以可靠方式得到 *B* 的公开钥。

（3）T_A 将其以可靠方式传送给 *A*。

（4）*A* 用此公钥和 *B* 进行直接的保密通信。

上面实现的是一种信赖的转递（Transfer of Trust）。这种转递还可以通过所谓的跨区证书（Cross Certificate）或 CA 证书（CA Certificate）实现。这种证书由一个证书机构（CA）创建，由另一个 CA 来证实其公钥。例如，T_B 为 *B* 建立一个证书 C_B，其中有 *B* 的身份和公钥。T_A 制作一个含有 T_B 身份和其公钥的跨区证书，*A* 有 T_A 的可信赖的签名证实密钥，则 *A* 就可以信赖 C_B 中的 *B* 的公钥（或 T_B 签署的任何其他证书的公钥）。因此，用户 *A* 就可以从 D_A 域的机构 T_A 获得由 T_B 签发的域 D_B 中实体的公钥。

各种可信赖模型都是通过对证书链中每个证书的证实所提供一种信赖关系。在跨区情况下，一旦 CA_X 对 CA_Y 的跨区公钥证书证实后，在无附加条件时，CA_X 就将这种对 CA_Y 的信赖传递给证书链可以到达的所有实体。为了对跨区证书这种信赖的扩展范围加以限制，CA 可以在签署证书中附加上约束条件，如限定证书链的长度或限定合法区的集，这些都可由证书策略做出规定。GSM，DECT，IS-54，Kerberos，PEM 和 SPX 系统都涉及多安全区的密钥管理问题，相关内容可参阅相关文献[Kent 1993; Tardo et al 1991;

Vedder 1991；Menezes et al 1997]。

10.11 密钥管理系统

一个系统中的密钥如果在所有时间上都是固定不变的，则对其管理最为简单。但是任何实际系统的密钥都有一定的保密期，需要及时更新，这就使密钥管理变得复杂化了。例如，密钥管理中心的证书机构要维护用户的公钥的注册、存储、分发、查询、吊销、更新等工作。这些工作又要依赖于认证、协议、加解密、签名、时戳、证书、可信赖的第三方公证、通信等技术的实现。密钥管理系统要负责密钥整个生存期（Life Cycle）的管理。

在网络通信环境中，信使只适用于小型网络，而分层法可用于中等规模的网络。随着网络规模的加大，所需的密钥量越来越大，手工式管理已不适用，而要借助于计算机实施自动化管理，由一个密钥分配中心负责管理分配密钥的工作。用这种电子分配密钥的方法，成本较低、速度快，而且较为安全，适应通信网发展的需要。

图 10-17 是密钥管理系统框图，它包括密钥生存期的所有各阶段的管理工作。

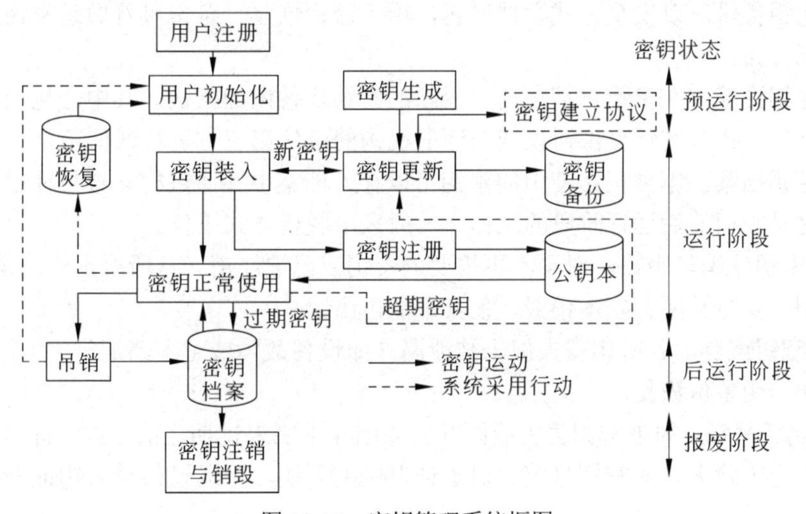

图 10-17　密钥管理系统框图

密钥的生存期有 4 个阶段，即：①预运行阶段，此时密钥尚不能正常使用；②运行阶段，密钥可正常使用；③后运行阶段，密钥不再提供正常使用，但为了特殊目的可以在脱机下接入；④报废阶段，将有关被吊销密钥从所有记录中删去，这类密钥不可能再用。

密钥的生存期的 4 个阶段中共有下述 12 个工作步骤：

（1）**用户注册**。这是使一个实体成为安全区内的一个授权或合法成员的技术（一次性）。注册过程包括请求，以安全方式（可以通过个人交换、挂号函件、可信赖信使等）建立或交换初始密钥材料（如共享通行字或 PIN 等）。

（2）**用户初始化**。一个实体要初始化其密码应用的工作，如装入并初始化软、硬件，装入和使用在注册时得到的密钥材料。

（3）**密钥生成**。密钥的生成包括对密钥密码特性方面的测量，以保证生成密钥的随机性和不可预测性，以及生成算法或软件的密码上的安全性。用户可以自己生成所需的密钥，也可以从可信赖中心或密钥管理中心申请。

（4）**密钥输入**。将密钥材料装入一个实体的硬件或软件中的方法很多，如手工送入通行字或PIN、磁盘转递、只读存储器件、IC卡或其他手持工具（如密钥枪）等。初始密钥材料可用来建立安全的联机会话，通过这类会话可以建立会话（工作）密钥。在以后的更新过程中，仍然可以用这种方式，以新的密钥材料代替旧的密钥材料。当然，最理想的办法是通过安全联机更新技术实现。

（5）**密钥注册**。和密钥输入有关联的是密钥材料，可以由注册机构正式地记录，并注明相应实体的唯一性标记，如姓名等。这对于实体的公钥尤为重要，常由证书机构制定公钥证书来实现正式注册，并通过公钥本或数据库等在有关范围内公布，以供查询和检索。

（6）**正常使用**。利用密钥进行正常的密码操作（在一定控制条件下使用密钥），如加/解密、签名等。双钥体制的两个密钥可能有不同的使用期。例如，公钥可能已过期不能再用，但密钥仍可继续用于解密。

（7）**密钥备份**。以安全方式存储密钥，用于密钥恢复。备份可看做是密钥在运行阶段内的短期行为。

（8）**密钥更新**。在密钥过期之前，以新的密钥代替旧的密钥。其中，包括密钥的生成、密钥推导，执行密钥交换协议或与证书机构的可信第三方进行通信等。

（9）**密钥档案**。不再正常使用的密钥可以存入档案中并通过检索查找使用，用于解决争执。这是密钥的后运行阶段的工作。一般采用脱机方式工作。

（10）**密钥注销与销毁**。对于不再需要的密钥或已被注销（从所有正式记录中除名）用户的密钥，要将其所有副本销毁，使其不能再出现。

（11）**密钥恢复**。若密钥丧失但未被泄漏（如设备故障或记不清通行字），就可以用安全方式从密钥备份恢复。

（12）**密钥吊销**。如果密钥丢失或因其他原因在密钥未过期之前，需要将其从正常运行使用的集合中除去，即密钥吊销。对于证书中的公钥，可通过吊销公钥证书实现对公钥的吊销。

上述12个步骤，除密钥恢复和吊销外均属正常工作步骤。单钥体制的密钥管理要比双钥体制简单些，通常没有注册、备份、吊销或存档等。但一个大系统的密钥管理仍然是一项十分复杂的任务。

整个密钥管理系统也需要一个初始化过程，以便提供一个初始化安全信道有选择地支持其后的（长期和短期）工作密钥的自动化建立。初始化是一种非密码的工作（一次性），将密钥材料由管理者亲自（由可信赖信使或通过其他可信赖信道）装入系统。初始化阶段密钥的装入对整个密钥管理系统的安全至关重要，为此常常需要采用双重或分拆控制，由两个或更多可信赖者独立地实施。

有关密钥管理系统的研究可参阅相关文献[ISO/IEC11770 1996a；ANSI X9.57 1995；ISO10202-7 1994；Menezes 等 1997]。

习　题

一、填空题

1. 网络加密方式有 4 种，它们分别是________、________、________和________。

2. 在通信网的数据加密中，密钥可分为________、________、________和________。

3. 密钥分配的基本方法有________、________和________等。

4. 在网络中，可信第三方 TTP 的角色可以由________、________、________和________等来承担（请任意举出 4 个例子）。

5. 按照协议的功能分类，密码协议可以分为________、________和________。

6. Diffie-Hellman 密钥交换协议不能抵抗________攻击。

7. Kerberos 提供________。

A. 加密　　B. SSO
C. 远程登录　　D. 本地登录

8. 在 Kerberos 中，允许用户访问不同应用程序或服务器的服务器称为________。

A. AS　　B. TGT
C. TGS　　D. 文件服务器

9. 在 Kerberos 中，________与系统中的每个用户共享唯一一个口令。

A. AS　　B. TGT
C. TGS　　D. 文件服务器

二、思考题

1. 网络加密有哪几种方式？请比较它们的优缺点。
2. 请分析比较硬件加密和软件加密的优缺点。
3. 密钥管理包含哪些内容？密钥管理需要借助于哪些密码技术来完成？
4. 密钥有哪些种类？它们各自的用途是什么？请简述它们之间的关系。
5. 一个好的密钥应该具备哪些特性？
6. 在实际系统中，如何产生和选择好的密钥？
7. 密钥分配的基本模式有哪些？
8. 密钥分配协议有哪些种类？在密钥交换时为什么需要进行身份认证？
9. 在实际工作中，有哪些密钥分配的方法？有哪些自动分发密钥的方法？
10. 什么是隐式证实公钥系统？它可以分为哪几类？
11. 在密码系统中，密钥是如何进行保护、存储和备份的？
12. 在实际系统中，如何对密钥进行控制？单钥体制中的密钥控制技术有哪些？
13. 密钥如何撤销和销毁？

第11章 无线网络安全

自从意大利人马可尼在1896年申请了第一个无线电报专利以来，无线技术已经彻底地改变了人们接收信息的方式。从最早的收音机到现在的手机、无线网络设备，无线通信得到了长足发展，也催生了一系列的产品和服务。

无线技术与网络技术的融合提供了即时通信、永久在线的可能性，预示着另一场计算革命的到来，它的发展前景似乎是无限的。然而，作为一种新的技术，新的标准层出不穷，大家都想尽快出发，却没有把安全放在根本的位置上。无线通信与生俱来就会受到各种安全威胁：数据被窃听、被篡改、隐私被侵犯。如果安全威胁不能得到防御，无线网络的发展将受到阻碍。值得庆幸的是，这种需求正在得到重视，WTLSP 和 802.1X 等标准正在逐步得到完善。

本章旨在对现在的无线网络安全技术做总结，主要介绍如下内容：

- 无线网络面临的安全威胁。
- 无线网络的安全协议分析。
- 无线网络安全的解决方案。

无线网络是前沿技术，不幸的是，前沿意味着各种概念的夹杂，造成了混乱。现代媒体充斥着各种缩略语，如CDMA，GSM，TDMA，802.11，WAP，3G，GPRS和Bluetooth等。实际上无线网络技术分为无线蜂窝网络技术和无线数据网络技术两类。

11.1 无线网络面临的安全威胁

1. 窃听

无线网络易遭受匿名黑客的攻击，攻击者可以截获无线电信号并解析出数据。用于无线窃听的设备与用于无线网络接入的设备相同，这些设备经过很小的改动就可以被设置成截获特定无线信道或频率的数据的设备。这种攻击行为几乎不可能被检测到。通过使用天线，攻击者可以在距离目标很远的地方进行攻击。窃听主要用于收集目标网络的信息，包括谁在使用网络、能访问什么信息及网络设备的性能等。很多常用协议通过明文传送用户名和密码等敏感信息，使攻击者可以通过截获数据获得对网络资源的访问。即使通信被加密，攻击者仍可以收集加密信息用于以后的分析。很多加密算法（如微软的NTLM）很容易被破解。如果攻击者可以连接到无线网络上，他还可以使用ARP欺骗进行主动窃听。ARP欺骗实际上是一种作用在数据链路层的中间人攻击，攻击者通过给目标主机发送欺骗ARP数据包来旁路通信。当攻击者收到目标主机的数据后，再将它转发给真正的目标主机。这样，攻击者可以窃听无线网络或有线网络中主机间的通信数据。

2. 通信阻断

有意或无意的干扰源可以阻断通信。对整个网络进行 DoS 攻击可以造成通信阻断，使包括客户端和基站在内的整个区域的通信线路堵塞，造成设备之间不能正常通信。针对无线网络的 DoS 攻击则很难预防。此外，大部分无线网络通信都采用公共频段，很容易受到来自其他设备的干扰。攻击者可以采用客户端阻断和基站阻断方式来阻断通信。攻击者可能通过客户端阻断占用或假冒被阻断的客户端，也可能只是对客户端发动 DoS 攻击；攻击者可能通过基站阻断假冒被阻断的基站。如前所述，有很多设备（如无绳电话、无线集群设备）都采用公共频段进行通信，它们都可以对无线网络形成干扰。所以，在部署无线网络前，电信运营商一定要进行站点调查，以验证现有设备不会对无线网络形成干扰。

3. 数据的注入和篡改

黑客通过向已有连接中注入数据来截获连接或发送恶意数据和命令。攻击者能够通过向基站插入数据或命令来篡改控制信息，造成用户连接中断。数据注入可被用做 DoS 攻击。攻击者可以向网络接入点发送大量连接请求包，使接入点用户连接数超标，以此造成接入点拒绝合法用户的访问。如果上层协议没有提供实时数据完整性检测，在连接中注入数据也是可能的。

4. 中间人攻击

中间人攻击与数据注入攻击类似，所不同的是它可以采取多种形式，主要是为了破坏会话的机密性和完整性。中间人攻击比大多数攻击更复杂，攻击者需要对网络有深入的了解。攻击者通常伪装成网络资源，当受害者开始建立连接时，攻击者会截取连接，并与目的端建立连接，同时将所有通信经攻击主机代理到目的端。这时，攻击者就可以注入数据、修改通信数据或进行窃听攻击。

5. 客户端伪装

通过对客户端的研究，攻击者可以模仿或克隆客户端的身份信息，以试图获得对网络或服务的访问。攻击者也可以通过窃取的访问设备来访问网络。要保证所有设备的物理安全非常困难，当攻击者通过窃取的设备发起攻击时，通过第 2 层访问控制手段来限制对资源的访问（如蜂窝网采用的通过电子序列码或 WLAN 采用的 MAC 地址验证等手段）都将失去作用。

6. 接入点伪装

高超的攻击者可以伪装接入点。客户端可能在未察觉的情况下连接到该接入点，并泄漏机密认证信息。这种攻击方式可以与上面描述的接入点通信阻断攻击方式结合起来使用。

7. 匿名攻击

攻击者可以隐藏在无线网络覆盖的任何角落，并保持匿名状态，这使定位和犯罪调查变得异常困难。一种常见的匿名攻击称为沿街扫描（War Driving），指攻击者在特定的区域扫描并寻找开放的无线网络。这个名称来自一种古老的拨号攻击方式——沿街扫描，即通过拨打不同的电话号码来查找 Modem 或其他网络入口。值得注意的是，许多攻击者发动匿名攻击不是为了攻击无线网络本身，只是为了找到接入 Internet 并攻击其他机器的跳板。因此，随着匿名接入者的增多，针对 Internet 的攻击也会增加。

8. 客户端对客户端的攻击

在无线网络上，一个客户端可以对另一客户端进行攻击。没有部署个人防火墙或进行加固的客户端如果受到攻击，很可能会泄漏用户名和密码等机密信息。攻击者可以利用这些信息获得对其他网络资源的访问权限。在对等模式下，攻击者可以通过发送伪造路由协议报文以产生通路循环来实施拒绝服务攻击，或者通过发送伪造路由协议报文生成黑洞（吸收和扔掉数据报文）来实现各种形式的攻击。

9. 隐匿无线信道

网络的部署者在设计和评估网络时，需要考虑隐匿无线信道的问题。由于硬件无线接入点的价格逐渐降低，以及可以通过在装有无线网卡的机器上安装软件来实现无线接入点的功能，隐匿无线信道的问题日趋严重。网络管理员应该及时检查网络上存在的一些设置有问题或非法部署的无线网络设备。这些设备可以在有线网络上制造黑客入侵的后门，使攻击者可以在离网络很远的地点实施攻击。

10. 服务区标志符的安全问题

服务区标志符（SSID）是无线接入点用于标识本地无线子网的标志符。如果一个客户端不知道服务区标志符，接入点会拒绝该客户端对本地子网的访问。当客户端连接到接入点上时，服务区标志符的作用相当于一个简单的口令，起到一定的安全防护作用。如果接入点被设置成对 SSID 进行广播，那么所有的客户端都可以接收到它并用其访问无线网络。而且，很多接入点都采用出厂时默认设置的 SSID 值，黑客很容易通过 Internet 查到这些默认值。黑客获取这些 SSID 值后，就可以对网络实施攻击。因此，SSID 不能作为保障安全的主要手段。

11. 漫游造成的问题

无线网络与有线网络的主要区别在于无线终端的移动性。在 CDMA、GSM 和无线以太网中，漫游机制都是相似的。很多 TCP/IP 服务都要求客户端和服务器的 IP 地址保持不变，但是，当用户在网络中移动时，不可避免地会离开一个子网而加入另一个子网，这就要求无线网络提供漫游机制。移动 IP 的基本原理在于地点注册和报文转发，一个与地点无关的地址用于保持 TCP/IP 连接，而另一个随地点变化的临时地址用于访问本地网络资源。在移动 IP 系统中，当一个移动节点漫游到一个网络时，就会获得一个与地点有关的临时地址，并注册到外地代理上；外地代理会与所属地代理联系，通知所属地代理有关移动节点的接入情况。所属地代理将所有发往移动节点的数据包转发到外地代理上。这种机制会带来一些问题：首先，攻击者可以通过对注册过程的重放来获取发送到移动节点的数据；其次，攻击者也可以模拟移动节点以非法获取网络资源。

11.2 无线蜂窝网络的安全性

11.2.1 GSM 的安全性

1. GSM 网络体系结构

如图 11-1 所示，GSM 网络体系结构一共由 8 部分组成，各部分的功能如下：

（1）带有 SIM（Subscriber Identity Module）卡的移动设备。SIM 卡是具有 32～64KB EEPROM 存储空间的微处理智能卡。SIM 卡上存储了各种机密信息，包括持卡人的身份信息及加密和认证算法等。

（2）基站收发信台（BTS）。基站收发信台负责移动设备与无线网络之间的连接。每个蜂窝站点有一个基站收发信台。

（3）基站控制器（BSC）。基站控制器管理着多个基站收发信台。它的主要功能是频率分配和管理，同时在移动用户从一个蜂窝站点移动到另一个蜂窝站点时处理交接工作。基站收发信台和基站控制器组成了基站子系统（BSS）。

（4）移动交换中心（MSC）。移动交换中心管理着多个基站控制器，同时它还提供到有线电信网络的连接。MSC 管理着移动用户与有线网络的通信，同时它还负责不同 BSC 之间的交接工作。

（5）认证中心（AuC）。认证中心对 SIM 卡进行认证。

（6）归属位置登记数据库（HLR）。HLR 是在归属网络上用来存储和跟踪接入者信息的数据库，保存了用户登记信息和移动设备信息，如国际移动用户身份证明（IMSI）和移动用户 ISDN（MSISDN）等。根据用户的数量，一个单独的 GSM 运营商可能有多个不同的 HLR。

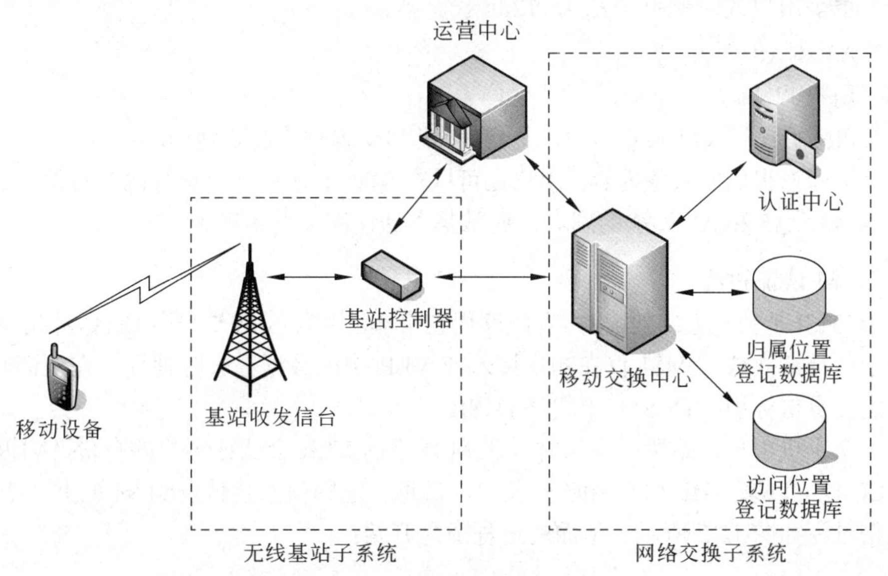

图 11-1　GSM 网络体系结构

（7）访问位置登记数据库（VLR）。VLR 是用于跟踪漫游到归属位置以外的用户信息的数据库，VLR 也会保存漫游用户的 IMSI 和 MSISDN 信息。当用户漫游时，VLR 会跟踪该用户并把电话转接到该用户的手机上。

（8）运营中心（OMC）。OMC 负责整个 GSM 网络的管理和性能维护。OMC 与 BSS 和 MSC 通信，通常通过 X.25 网络连接。

2. GSM 的安全性

GSM 的安全基于对称密钥的加密体系。GSM 主要使用了 3 种加密算法：

（1）A3：一种用于移动设备到 GSM 网络认证的算法。

（2）A5/1 或者 A5/2：用于认证成功后加密语音和数据的流加密算法。A5/1 主要用于西欧，A5/2 主要用于其他一些地区。

（3）A8：一种用于产生对称密钥的密钥生成算法。

A3 和 A8 通常被称为 COMP128。

GSM 采用的加密算法由 GSM 成员国开发，并没有经第三方检查或分析。由于 GSM 采取了一种机密的检查机制，算法本身的强度引起了多方质疑。最早的安全架构创建于 20 世纪 90 年代，那时，64b 的密钥长度已足够。但是随着计算能力的提高，64b 的密钥已经越来越无法抵御强力攻击。

GSM 安全架构中的第一步是认证：确认一个用户和他的移动设备是经过授权而访问 GSM 网络的。因为 SIM 卡和移动网络具有相同的加密算法和对称密钥，二者之间可以据此建立信任关系。在安全的移动设备中，这些信息存储在 SIM 卡中。

SIM 卡中的信息由运营商定制，包括加密算法、密钥、协议等，通过零售商分发到用户手中。有两种 SIM 卡，一种是只有 3KB 内存；另一种有 8KB 内存，可以存储短消息。

新购买的 SIM 卡中有如下信息：

（1）移动用户身份标识（IMSI），相当于一串电子注册码。

（2）单个用户认证密钥（K_i），128b 长。

（3）A3 和 A8 算法。

（4）用户 PIN 码。

（5）PIN 解锁码（PUK），只有用户在忘记 PIN 码时才需要使用。

根据运营商提供的服务内容，用户还可以在 SIM 卡里存储电话号码和短消息。MSC 也保存着 A3，A5 和 A8 算法的副本，通常是存储在硬件设备里。

3. GSM 认证过程

由于 IMSI 是独一无二的，攻击者能够用它来非法克隆 SIM 卡，所以应尽量减少 IMSI 在电波中传播的次数。IMSI 仅在初次接入或 VLR 中的数据丢失时使用。在认证时，采用临时用户身份标识（TMSI）来代替 IMSI。

当一个手机用户开始拨打电话时，GSM 网络的 VLR 会认证用户的身份。VLR 会立刻与 HLR 建立联系，HLR 从 AuC 获取用户信息。这些信息会转发到 VLR 上，GSM 认证与加密过程如图 11-2 所示，下面的过程随之开始：

（1）AuC 产生一个 128bit 的随机数或询问数（RAND）；

（2）AuC 使用 A3 算法和密钥 K_i 将 RAND 加密，产生一个 32bit 的签名回应（SRES′）；同时，AuC 通过 A8 算法计算 K_c；

（3）AuC 将认证三元组参数（RAND, SRES′, K_c）发给 VLR；

（4）VLR 存储三元组参数，并将随机数 RAND 经由基站发给手机；

（5）手机收到 RAND 后，因为 SIM 卡中存有 K_i 和 A3 算法，它计算出回应值 SRES；

（6）手机将 SRES 传输到基站，基站转发到 VLR；

（7）VLR 将收到的 SRES 值与存储的 SRES′ 值对照；

（8）如果 SRES=SRES′，则认证成功，用户可以使用网络；

（9）如果 SRES≠SRES′，则连接中止，错误信息报告到手机上。

这个简单过程有以下两点好处：

（1）**K_i 始终保持在本地**。认证密钥是整个认证过程中最重要的元素，确保认证密钥的安全尤为关键。在上面的认证模型当中，K_i 始终不通过空中传播，这样就不会被中途截取。K_i 只保存在 SIM 卡、AuC、HLR 和 VLR 数据库中，SIM 卡也是防篡改的，网络管理员可以通过限制对这些数据库的访问使 K_i 被暴露的威胁最小化。

（2）**防强力攻击**。一个 128b 的随机数意味着 3.4×10^{38} 种可能组合。即使一个黑客知道 A3 算法，猜出有效的 RAND/SRES 的可能性也非常小。

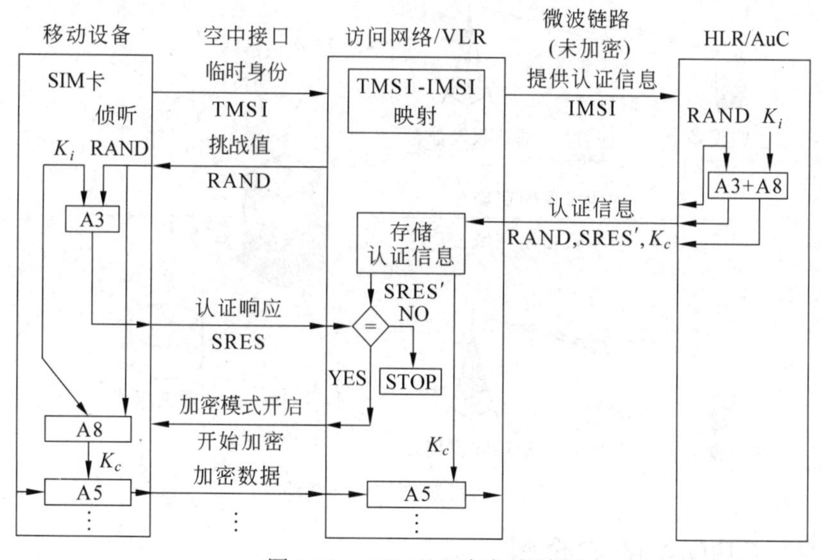

图 11-2　GSM 认证与加密过程

4. GSM 的保密性

在成功的认证后，GSM 网络和手机会完成加密信道的建立过程。首先需要产生一个加密密钥，然后该加密密钥被用来加密整个通信过程。加密连接建立的具体过程如下：

（1）SIM 卡将 RAND 与 K_i 结合在一起，通过 A8 算法生成一个 64b 的会话密钥 K_c 。

（2）GSM 网络也采用相同的 RAND 和 K_i 计算出相同的会话密钥 K_c 。

（3）通信双方采用 K_c 与 A5 算法，对手机与 GSM 网络之间的通信数据进行加密。

会话密钥也可重复使用，这样会提高网络的性能并减小因加密而产生的延迟。最后的步骤中包含用户的身份信息，这是实时记账所必需的。从上面的过程中可以看出，用户认证通过 K_i 和 IMSI 两个值来实现。因此，必须确保这两个值不被泄漏。

5. GSM 的安全缺陷

在 GSM 网络中，主叫用户和被叫用户通信时信号所经由的链路如图 11-3 所示。从图中可以看出，除无线链路被加密之外，基站到移动交换中心的微波连接和骨干网传输线路并未加密。归纳起来，GSM 的安全缺陷有以下几点。

（1）GSM 标准仅考虑了移动设备与基站之间的安全问题，而基站和基站之间没有设置任何加密措施，因此 K_c 和 SRES 在网络中以明文传输，给黑客窃听带来了便利。

（2）K_i 的长度是 128b，黑客截取 RAND 和 SRES 后很容易破译 K_i，而 K_i 一般固定不变，使 SIM 卡的复制成为可能。

（3）单向身份认证，网络认证用户，但用户不认证网络，无法防止伪造基站和 HLR 的攻击。

（4）缺乏数据完整性认证。

（5）当用户从一个蜂窝小区进入另一个蜂窝小区进行漫游时，存在跨区切换。在跨区切换的过程中，有可能泄漏用户的秘密信息。

（6）用户无法选择安全级别。

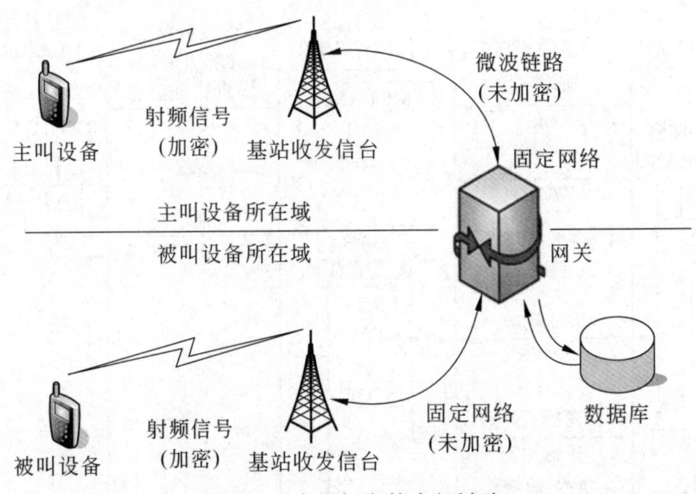

图 11-3　未经加密的内部链路

11.2.2　CDMA 的安全性

CDMA 网络的安全性同样也建立在对称密钥体系架构上。除了 CDMA 用防篡改的 UIM（User Identity Module）卡代替了 GSM 的 SIM 卡外，其保密与认证架构大致与 GSM 相同。

CDMA 手机使用 64b 的对称密钥（称为 A-Key）来进行认证。在出售时，这个密钥被用程序输入到手机的 UIM 卡内，同时也由运营商保存。手机内的软件算出一个校验值，以确保 A-Key 被正确地输入到 UIM 卡中。

1. CDMA 认证

当用手机打电话时，CDMA 网络的 VLR 对用户进行认证。CDMA 网络使用一种称为蜂窝认证和语音加密（CAVE）的算法。

为了最小化 A-Key 被截取的风险，CDMA 手机采用一种基于 A-Key 的动态生成数来进行认证。该值称为共享密钥（SSD），CAVE 算法如图 11-4 所示，由 3 个数值计算得出：

（1）用户的 A-Key。

（2）手机的电子序列号（ESN）。

（3）一个随机数 RAND。

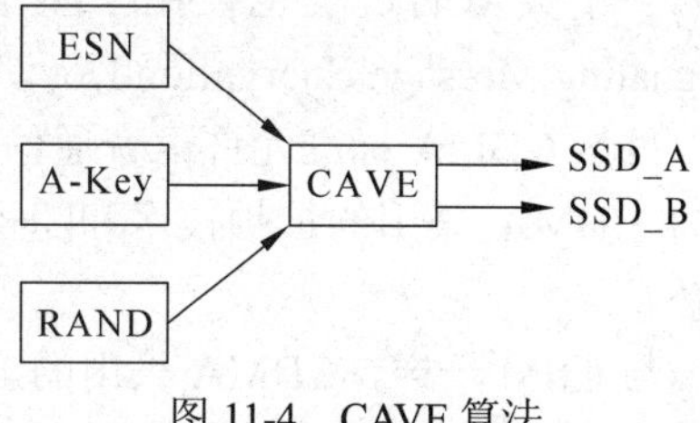

图 11-4　CAVE 算法

这 3 个数值通过 CAVE 算法产生两个 64b 杂凑值 SSD_A 和 SSD_B。SSD_A 用于认证，而 SSD_B 用于加密。SSD_A 等同于 GSM 的 SRES，SSD_B 等同于 GSM 的 K_c。

当移动用户处于漫游状态时，SSD_A 和 SSD_B 以明文方式从用户的归属网络传输到当前的访问网络中。这会造成安全威胁，因为黑客可以通过截获 SSD 值来克隆手机。为了预防这种攻击，手机和网络使用一个同步的通话计数器。每当手机和网络建立新的通话时，计数器就会更新。这样就能够检测到计数器没有更新的克隆 SSD。

CDMA 的认证同样建立在挑战/响应机制上。认证可以由本地 MSC 或者 AuC 来完成。如果一个 MSC 不能完成 CAVE 的计算，认证就由 AuC 来实现。如图 11-5 所示，下面是 CDMA 的认证步骤：

（1）移动手机拨出电话。

（2）MSC 从归属网络位置寄存器（HLR）获取用户信息。

（3）MSC 产生一个 24b 的随机数用于挑战值（RANDU）。

（4）RANDU 被传输到手机。

（5）手机收到 RANDU，把它和 SSD_A、ESN 和 MIN 一起用 CAVE 生成杂凑值，得到 18b 的 AUTHU。

（6）同时，MSC 通过 SSD_A、ESN 和 MIN、CAVE 计算出自己的 AUTHU。

（7）手机将 AUTHU 传输到 MSC。

（8）MSC 将自己计算出的 AUTHU 与接收到的 AUTHU 比较，如果 AUTHU 匹配，通话继续进行，如果 AUTHU 不匹配，通话中止。

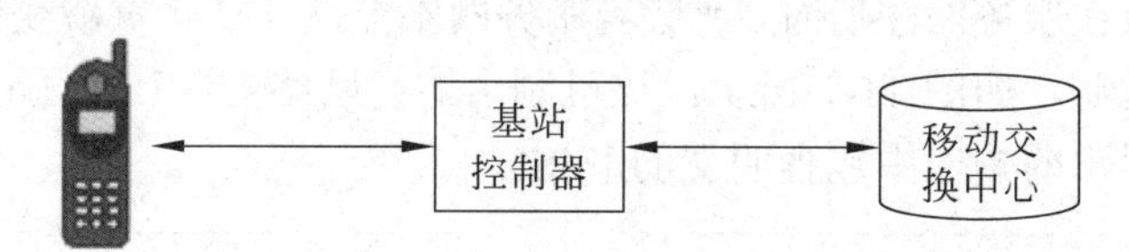

图 11-5　CDMA 认证

2. CDMA 的保密性

CDMA 采用与 GSM 类似的语音加密机制。在进行认证的同时，CDMA 手机也完成了以下工作：

（1）移动手机收到 RAND，将它与 SSD_B、ESN 和 MIN 一起用 CAVE 生成杂凑值，得到 18b 的语音隐私掩码（Voice Privacy Mask，VPMASK）。

（2）同时，MSC 通过 SSD_B、ESN、MIN 和 CAVE 算出自己的 VPMASK。

（3）VPMASK 用于手机与 CDMA 网络之间的语音与数据加密。

一个类似的过程也被用于生成 64b 的数据加密密钥，称为信令消息加密密钥（Signaling Message Encryption Key，SMEKEY）。

虽然 CDMA 标准允许语音通信加密，但是 CDMA 运营商并不总是提供这种服务，因为 CDMA 采用的扩频技术和随机编码技术本身就比 GSM 采用的 TDMA 技术更难破解。

与 GSM 一样，CDMA 采用的加密算法也是保密的，因此针对 CAVE 算法的攻击很少，但是这并不意味着 CAVE 算法本身就是安全的，在理论上它很可能也存在着漏洞。幸运的是，CDMA 也开始逐渐采用公钥密码体制，这样会大大提高系统的安全性，同时也使 CDMA 运营商能够提供更多的移动商务服务。

11.2.3 3G 系统的安全性

1. 用户身份保密

为了达到用户身份保密要求，3G 系统使用了两种机制来识别用户身份：一种是使用临时用户身份标识（TMSI）；另一种是使用加密的永久用户身份标识（IMSI）。3G 系统也要求用户不能长期使用同一身份。另外，3G 系统还对接入链路上可能泄漏用户身份的信令信息及用户数据进行加密传送。为了保持与第二代系统的兼容，3G 系统也允许使用非加密的 IMSI。

TMSI 具有本地特征，仅在用户登记的位置区域和路由区域内有效。在此区域外，为了避免混淆，附加一个位置区域标识 LAI 或路由区域标识 RAI。TMSI 与 IMSI 之间的关系被保存在用户注册的访问位置寄存器 VLR/SGSN 中。TMSI 的分配在系统初始化后进行，如图 11-6 所示。

VLR 产生新的身份 TMSI，并在其数据库中存储 TMSI 和 IMSI 的关系。TMSI 应该是不可预测的。然后 VLR 发送 TMSI 和新的位置区域身份 LAI 给用户。一旦收到，用户存储 TMSI 并自动地删除与以前所分配的 TMSI 的关系。用户发送确认信息至 VLR；一旦收到确认，VLR 即从其数据库中删除旧的临时身份 TMSI 和 IMSI 的关系。

当用户第一次在服务网注册时，或者当服务网不能从 TMSI 重新获得 IMSI 时，系统将采用永久身份机制，如图 11-7 所示。该机制由访问网络的 VLR 发起，请求用户发送它的永久身份，用户的响应中包含明文的 IMSI。

图 11-6　TMSI 的分配

图 11-7　永久身份机制

2. 认证与密钥协商

3G 系统沿用了 GSM 的认证方法，并对其做了改进。WCDMA 系统使用 5 参数的认

证向量 AV＝RAND||XRES||CK||IK||AUTN 进行双向认证。3G 系统认证执行 AKA 认证密钥协商协议，认证过程如图 11-8 所示，具体步骤如下：

（1）MS→VLR：IMSI，HLR。

（2）VLR→HLR：IMSI。

（3）HLR→VLR：AV=RAND||XRES||CK||IK||AUTN。

（4）VLR→MS：RAND||AUTN。

（5）MS→VLR：RES。

VLR 收到移动用户 MS 的注册请求后，向 HLR 发送该用户的 IMSI，请求对该用户进行认证。HLR 收到 VLR 的认证请求后，生成序列号 SQN 和随机数 RAND，计算认证向量 AV 并发送给 VLR。VLR 接收到认证向量后，将 RAND 及 AUTN 发送给 MS，请求用户产生认证数据。MS 接收到认证请求后，计算 XMAC，并与 AUTN 中的 MAC 比较，若不同，则向 VLR 发送拒绝认证消息，并放弃该过程。同时，MS 验证接收到的 SQN 是否在有效的范围内，若不在有效的范围内，MS 则向 VLR 发送“同步失败”消息，并放弃该过程。上述两项验证通过后，MS 计算认证响应 RES、加密密钥 CK 和完整性密钥 IK，并将 RES 发送给 VLR。VLR 接收到来自 MS 的 RES 后，将 RES 与认证向量 AV 中的 XRES 进行比较，相同则认证成功，否则认证失败。该认证过程达到了如下安全目标：①实现了用户与网络之间的相互认证；②建立了用户与网络之间的会话密钥；③保持了密钥的新鲜性。

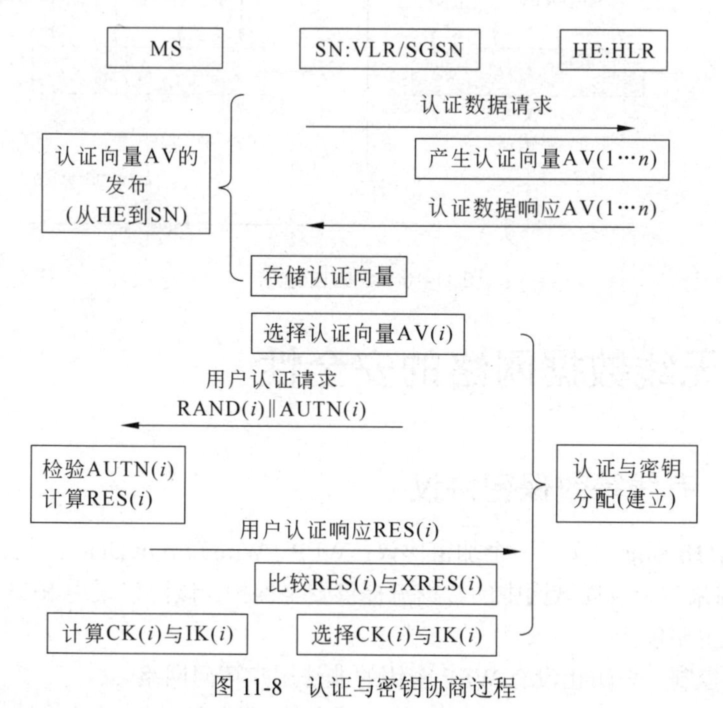

图 11-8　认证与密钥协商过程

3. 接入链路数据保护

在移动用户 MS 与网络之间的安全通信模式建立之后，所有发送的消息采用两种安全机制加以保护：①数据完整性机制；②数据加密机制。

数据完整性保护如图11-9所示。f_9为完整性保护算法；I_k为完整性密钥，长为128b；COUNT-I为完整性序列号，长为32b；FRESH为网络方产生的随机数，长为32b，用于防止重放攻击；MESSAGE为发送的消息；DIRECTION为方向位，长为1b；MAC-I为用于消息完整性保护的消息认证码。接收方计算XMAC-I，并与接收到的MAC-I比较，以此验证消息的完整性。

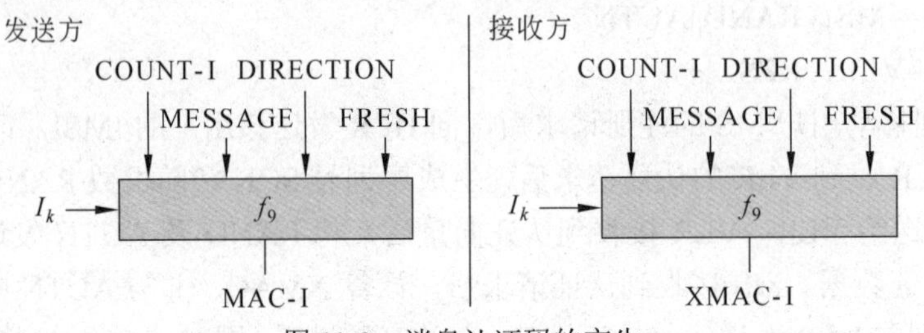

图11-9　消息认证码的产生

数据加/解密如图11-10所示。其中，f_8为加密算法；C_K为加密密钥，长为128b；COUNT-C为加密序列号，长为32b；BEARER为负载标识，长为5b；DIRECTION为方向位，长为1b；LENGTH为所需的密钥流长度，长为16b。

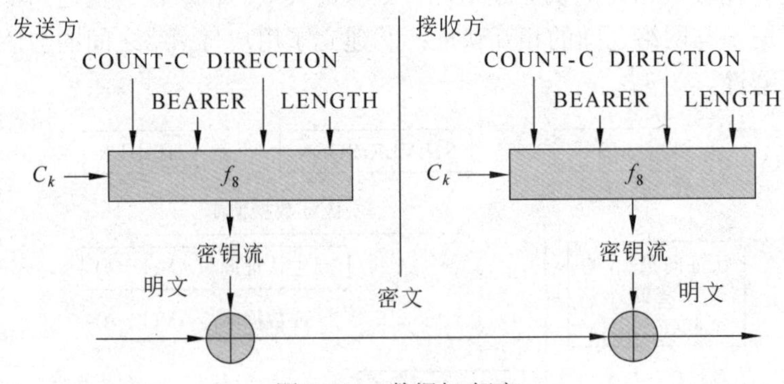

图11-10　数据加/解密

11.3 无线数据网络的安全性

11.3.1 有线等效保密协议

IEEE 802.11b标准定义了一个加密协议：WEP（Wired Equivalent Privacy，有线等效保密协议），用来对无线局域网中的数据流提供安全保护。该协议采用RC4流加密算法，能提供的功能主要包括：

（1）**访问控制**——防止没有WEP密钥的非法用户访问网络。

（2）**保护隐私**——通过加密手段保护无线局域网上传输的数据。

1. WEP加密过程

WEP加密过程如图11-11所示。从图中可以看出，在对明文数据的处理上采用了两种运算：一是对明文进行的流加密运算（即异或运算）；二是为防止数据被非法篡改而进行的数据完整性检查向量（ICV）运算。

（1）40b 的加密密钥与 24b 的初始向量（IV）结合在一起，形成 64b 长度的密钥。

（2）生成的 64b 密钥被输入到伪随机数生成器（PRNG）中。

（3）伪随机数生成器输出一个伪随机密钥序列。

（4）生成的序列与数据进行位异或运算，形成密文。

为了保证数据不被非法篡改，一种完整性算法（CRC32）会应用在明文上，生成 32b 的 ICV。明文与 32b 的 ICV 合并后被加密，密文与 IV 一起被传输到目的地。

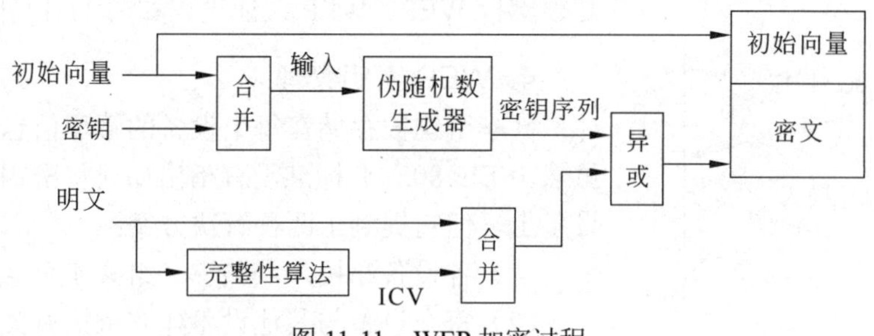

图 11-11　WEP 加密过程

2. WEP 解密过程

WEP 解密过程如图 11-12 所示。为了对数据流进行解密，WEP 进行如下操作：

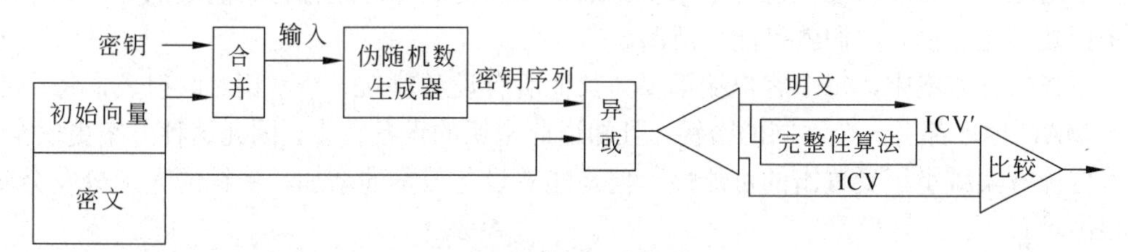

图 11-12　WEP 解密过程

（1）接收到的 IV 被用来产生密钥序列。

（2）加密数据与密钥序列一道产生解密数据和 ICV。

（3）解密数据通过数据完整性算法生成 ICV。

（4）将生成的 ICV 与接收到的 ICV 进行比较。如果不一致，将错误信息报告给发送方。

3. WEP 认证方法

一个客户端如果没有被认证，将无法接入无线局域网络。因此必须在客户端设置认证方式，而且该方式应与接入点采用的方式兼容。IEEE 802.11b 标准定义了两种认证方式：开放系统和共享密钥认证。

（1）开放系统认证。

开放系统认证是 IEEE 802.11 协议采用的默认认证方式。开放系统认证对请求认证的任何人提供认证。整个认证过程通过明文传输完成，即使某个客户端无法提供正确的

WEP 密钥，也能与接入点建立联系。

（2）共享密钥认证。

共享密钥认证采用标准的挑战/响应机制，以共享密钥来对客户端进行认证。该认证方式允许移动客户端使用一个共享密钥来加密数据。WEP 允许管理员定义共享密钥。没有此共享密钥的用户将被拒绝访问。用于加密和解密的密钥也被用于提供认证服务，但这会带来安全隐患。与开放系统认证相比，共享密钥认证方式能够提供更好的认证服务。如果一个客户端采用这种认证方式，客户端必须支持 WEP。WEP 认证过程如图 11-13 所示。

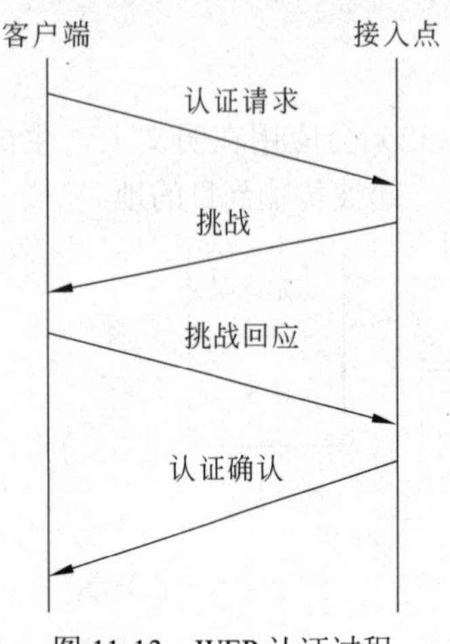

图 11-13　WEP 认证过程

4. WEP 密钥管理

共享密钥被存储在每个设备的管理信息数据库中。虽然 IEEE 802.11 标准没有指出如何将密钥分发到各个设备上，但它提到了两种解决方案：

（1）各设备和接入点共享一组共 4 个默认密钥。

（2）每个设备与其他设备建立密钥对关系。

第一种方案提供了 4 个密钥。如果一个客户端获得了这些默认密钥，该客户端就可以与整个子系统的所有设备进行通信。客户端或接入点可以采用这 4 个密钥中的任意一个来实施加密和解密运算。这种方案的缺点是：如果默认密钥被广泛分发，它们就可能被泄漏。

在第二种方案中，每个客户端都要与其他所有设备建立一个密钥对映射表，每个不同的 MAC 地址都有一个不同的密钥，且知道此密钥的设备较少，因此这种方案更安全。虽然这种方案减小了受攻击的可能性，但是随着设备数量的增加，密钥的人工分发会变得很困难。

11.3.2　802.1x 协议介绍

802.1x 协议最早作为有线以太网络的标准提出，它也同样适用于无线局域网，为认证和密钥分发提供了一个整体框架。它利用了很多拨号网络的安全机制，为每个用户和每个网络会话提供了独一无二的加密密钥，同时支持 128b 的密钥长度。它还包含一个密钥管理协议，能够提供密钥自动生成功能。密钥也可以在设定的时段后自动改变。802.1x 也支持 RADIUS 和 Kerberos 服务，通过与上层认证协议一起使用，可提供认证和密钥生成功能。

在 802.1x 网络中有如下 3 种角色：

（1）**认证者**：在 802.11 网络中，通常是接入点。它确保认证的进行，同时将数据路由至网络中正确的接收者。

（2）**认证请求端**：在 802.11 网络中，通常是客户端设备提出认证请求。

（3）**认证服务器**（AS）：可信的第三方，为客户端提供实际的认证服务，通常为 Radius 认证服务器。

802.1x 的操作可以通过受控端口和非受控端口的概念来说明。受控端口和非受控端口是同一物理端口的逻辑划分。一个数据帧能否通过接入点路由到受控端口或非受控端口，取决于客户端的认证状态。如图 11-14 所示，在客户端通过认证服务器认证前，接入点只允许客户端与认证服务器通信，只有在被认证服务器认证后，客户端才能与网络上的其他设备通信。

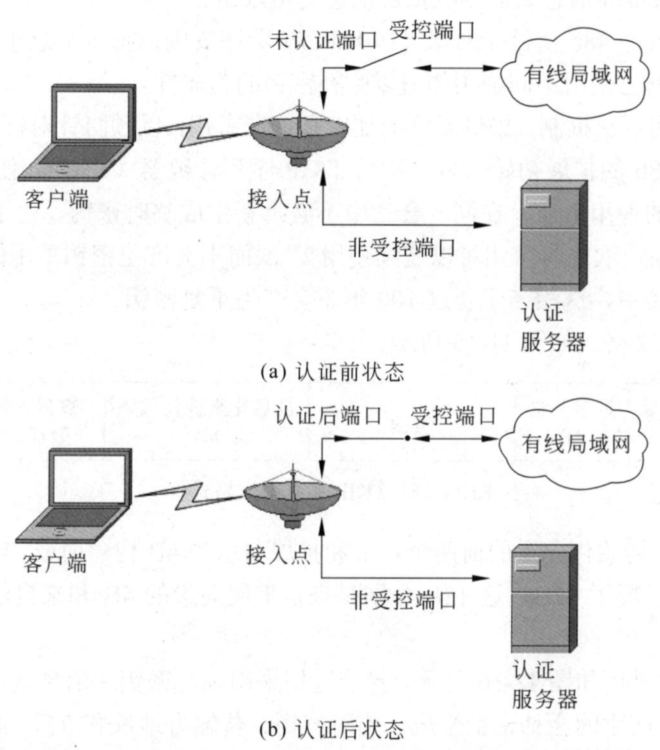

(a) 认证前状态

(b) 认证后状态

图 11-14 认证前状态与认证后状态

实际的认证数据交互过程由上层的认证协议实现，认证的协议和数据的转发由 802.1x 协议控制。值得注意的是，认证是客户端与服务器的双向认证。在完成认证的同时，会生成物理介质访问控制层（MAC）的加密密钥。802.1x 会使用该密钥在接入点和客户端之间进行加密。在 802.1x 网络中会生成两种密钥，一种是会话密钥（也称为双方使用的密钥）；另一种是群密钥（也称为群内使用密钥）。群密钥由所有接到同一接入点的客户端共享，主要用于多播。而会话密钥则随着客户端和接入点的连接变化而变化，这样，在客户端与接入点之间就形成了专用信道。

11.3.3 802.11i 标准介绍

802.11i 标准针对 WEP 的诸多缺陷加以改进，增强了无线局域网中的数据加密和认证性能。802.11i 规定使用 802.1x 的认证和密钥管理方式。在数据加密方面，802.11i 定义了临时密钥完整性协议（TKIP）、密文分组链接模式——消息认证码协议（CCMP）两种加密模式。其中，TKIP 是 WEP 机制的加强版，它采用 RC4 作为核心加密算法，可以从 WEP 上平滑升级，而 CCMP 采用 AES 分组加密算法和 MAC 消息认证协议，使无线局域网的安全性大幅提高，但是由于与现有无线网络不兼容，升级费用很高。

1. TKIP 加密模式

与 WEP 相比，TKIP 在以下 4 个方面得到了加强：

（1）使用 Michael 消息认证码以抵御消息伪造攻击。

（2）使用扩展的 48b 初始化向量（IV）和 IV 顺序规则以抵御消息重放攻击。

（3）对各数据包采用不同密钥加密以弥补密钥的脆弱性。

（4）使用密钥更新机制，提供新鲜的加密和认证密钥，以预防针对密钥重用的攻击。

TKIP 采用 48b 的扩展初始向量，称为 TKIP 序列计数器（TSC）。使用 48b 的 TSC 延长了临时密钥的使用寿命，在同一会话中不必重新生成临时密钥。由于每发送一个数据报，TSC 就更新一次临时密钥可以连续使用 2^{48} 次而不会产生密钥重用的问题，在一个稳定而高速的连接中，这相当于要过 100 年才会产生重复密钥。

TKIP 加密报文格式如图 11-15 所示。

初始向量 4B	扩展向量 4B	数据	消息完整性化代码 8B	数据完整性 验证码4B

图 11-15　TKIP 加密报文格式

TSC 由 WEP 初始化向量的前两个字节和扩展向量的 4B 构建而成。TKIP 将 WEP 加密数据报的长度扩展了 12B，这 12B 分别是来自扩展向量的 4B 和来自消息完整性代码 MIC 的 8B。

TKIP 的封装过程如图 11-16 所示。封装过程采用临时密钥和消息认证码密钥，这些密钥由 802.1x 中产生的会话密钥生成。临时密钥、传输方地址和 TSC 被用于第一阶段的密钥混淆过程，生成每个数据报所用的加密密钥。该密钥的长度为 128b，被分成一个 104b 的 RC4 加密密钥和一个 24b 的初始向量。

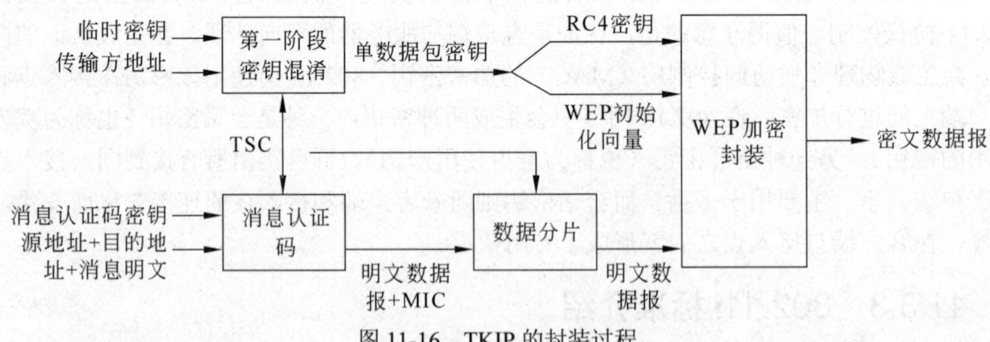

图 11-16　TKIP 的封装过程

消息认证码使用数据报的明文及源、目的 MAC 地址生成，这样，数据报的信息随着源和目的 MAC 地址的改变而改变，可防止数据报的伪造。

消息认证码使用称为 Michael 的单向杂凑函数生成，而非采用 WEP 生成数据完整性检查向量（ICV）时所使用的简单的 CRC-32 函数，这使黑客截取和篡改数据报的难度加大。如果需要，数据报可以分片，在每个分片数据报输入 WEP 加密引擎之前，TSC 都会加 1。

解密过程和加密过程类似。在从收到的数据报中提取 TSC 后，接收方会对其进行检查，确保它比先前收到的数据报的 TSC 大，以防止重放攻击。在接收到并解密数据报生成消息完整性代码（MIC）后，接收方将其与收到的 MIC 进行比较，以确保数据报没有被篡改。

2. CCMP 加密模式

CCMP 提供比 TKIP 更强的加密模式，也是 802.11i 规定强制采用的加密模式。它采用 128b 的分组加密算法 AES。AES 可以采用多种模式，而 802.11i 采用计数器模式和密文分组链接-消息认证码模式。计数器模式保证了数据的私密性，而密文分组链接-消息认证码模式保证了数据的完整性和认证性。

图 11-17 为 CCMP 加密数据报格式。该数据报比原始数据报延长了 16B，除了没有 WEP 的完整性检查向量（ICV）以外，它的格式与 TKIP 的数据报格式相同。

初始向量 4B	扩展向量 4B	数据	消息完整性代码 8B

图 11-17　CCMP 加密报文格式

与 TKIP 相同，CCMP 也采用 48b 的初始化向量，称为数据报数（PN）。数据报数和其他信息一起用于初始化 AES 加密算法，并用于消息验证码的计算和数据的加密。

图 11-18 显示了 CCMP 封装过程。在消息验证码的计算和数据报的加密中，AES 采用了相同的临时加密密钥。与 TKIP 一样，临时密钥也是由 802.1x 交换产生的主密钥生成的。

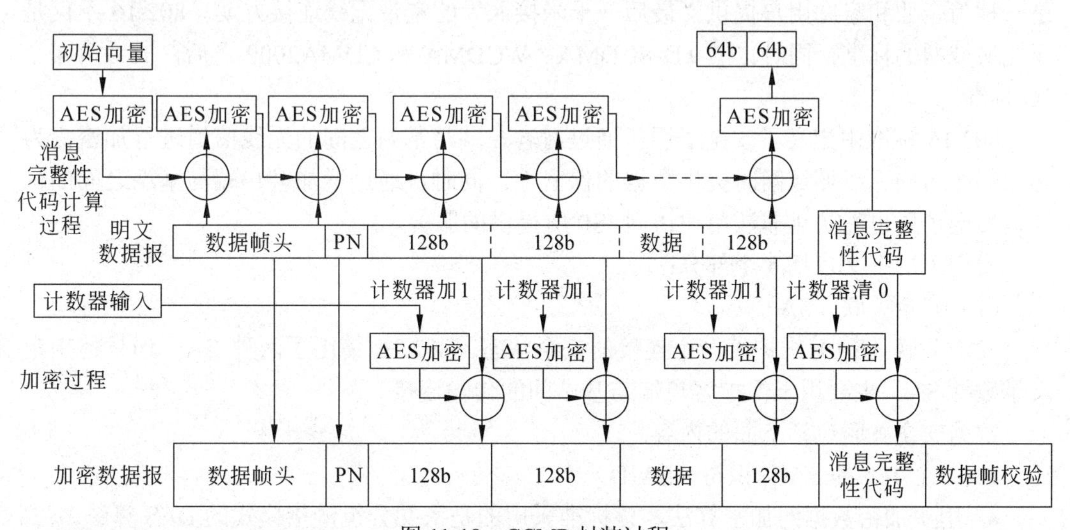

图 11-18　CCMP 封装过程

MIC 的计算与数据报的加密同步进行。在 MIC 的计算中使用了初始化向量（IV），该向量由一个标志值、PN 和数据帧头的某些部分组成。IV 在注入一个 AES 分组后的输出与数据帧头的某些部分异或后再次注入另一个 AES 分组，这个过程重复下去生成一个 128b 的 CBC-MAC 值。该值的前 64b 被取出并附加到密文数据报后面。

计数器输入也由 PN、一个标志值、数据帧头的某些部分和一个初始化为 1 的计数器组成。计数器输入被注入一个 AES 分组加密盒，输出与 128b 的明文异或，计数器加 1 后这个过程继续进行，直到整个数据帧被加密。最后计数器被置为 0，输入到一个 AES 分组加密盒，输出与 MIC 异或后添加到加密数据报的后面。最后，将全部加密数据报进行传输。

CCMP 的解密过程基本上是上述过程的逆过程。最后一步是将计算得到的 MIC 值与收到的 MIC 值进行对比，以证明数据没有被篡改。

3. 上层认证协议

802.11i 标准并没有规定上层采用的认证协议，因为这些协议作用在 3 层以上，不在 802.11 规定的范围内。上层认证协议主要应用于企业网络，提供客户端和服务器的相互认证功能，并生成会话密钥用于数据加密。上层认证协议与 802.1x 配合使用，802.1x 主要用于确保上层认证协议的使用及正确地转发消息，而上层认证协议则提供实际的认证功能。很多企业会采用 Radius 服务器提供认证功能。最流行的认证协议包括：具有传输层安全的可扩展认证协议（EAP-TLS）、受保护的可扩展认证协议（PEAP）、具有传输层隧道安全的可扩展认证协议（EAP-TTLS）和轻量可扩展认证协议（LEAP）。

上面介绍的 802.11i 的各个组成部分应当作为一个整体来部署，任何部分独立使用时都存在着自己的安全缺陷。

11.3.4 802.16 标准的安全性

IEEE 802.16 标准又称为 WiMAX（Worldwide Interoperability for Microwave Access），是一种为企业和家庭用户提供“最后一千米接入”的宽带无线连接方案。802.16 不仅是无线城域网的标准，同时也继 TD-SCDMA、WCDMA 和 CDMA2000 之后，成为第 4 个 3G 标准。

802.16 标准中定义了安全子层，通过对客户端与基站之间的无线信道进行加密，为客户端在访问无线城域网时提供数据的保密性。同时，通过增加客户端与基站之间的认证，安全子层也能防止非法用户访问 ISP 所提供的服务。

安全子层中又包括 5 个部分：

（1）安全关联（SA）

安全关联（SA）维护着一个连接的安全状态。802.16 使用了两种 SA，但只特别定义了数据 SA，主要用于保护客户端与基站间的传输连接。

数据安全关联包括下面的内容：

- 一个 16b 的 SA 标识符（SAID）。
- 用于加密数据的加密算法，该标准采用的是密文分组链接模式的 DES 算法。
- 两个用于加密数据的密钥（TEK），一个是当前使用的密钥；另一个是当前密钥过期后将使用的密钥。

- 两个 2b 的密钥标识符。
- TEK 的生命周期。默认为半天，最短为 30 分钟，最长为 7 天。
- 每个 TEK 的初始向量。
- SA 的类型定义。主 SA 是在链路初始化时建立的；静态 SA 是在基站上设定的；动态 SA 是在生成动态传输连接时生成的。

为保证传输连接的安全性，客户端会使用 create_connection 请求创建一个初始 SA 数据。为支持多播，标准允许多个连接 ID 共享同一个 SA。在网络连接时，802.16 会给辅助管理信道自动创建一个 SA，因此一个客户端通常有两个或 3 个 SA，一个用于辅助管理信道，另一个同时（或两个分别）用于上连和下连传输连接。每个多播组共享一个 SA。

虽然 IEEE 802.16 标准中没有明确指出 SA 的具体格式，但是它应包括以下内容：

- 一个用于验证客户端的 X.509 证书。
- 一个 160b 的授权密钥（AK）。客户端正确使用此密钥意味着已被授权使用该连接。
- 一个 4b 的授权密钥标志符。
- 一个 AK 生命周期值。范围为 1~70 天，默认为 7 天。
- 一个用于密钥分配的密钥加密密钥 KEK（一个 112b 的 3DES 密钥），KEK=Truncate-128（SHA-1（(AK| 0^{44} ）$\oplus$ 53^{64})），其中，Truncate-128（X）表示只取 X 的前 128b，a|b 意味着将 a 字符串和 b 字符串合并，$\oplus$表示异或，a^n 表示将数字 a 重复 n 次，SHA-1 为标准杂凑算法。
- 一个基站用于向客户端认证密钥分发信息的下连 HMAC（基于杂凑函数的消息认证码）密钥，密钥由公式 HMAC key=SHA-1（(AK| 0^{44} ）$\oplus$ $3A^{64}$ ）生成。
- 一个客户端用于向基站认证密钥分发信息的上连 HMAC（基于杂凑函数的消息认证码）密钥，密钥由公式 HMAC key= SHA-1（(AK| 0^{44} ）$\oplus$ $5C^{64}$ ）生成。
- 一个已授权数据 SA 列表。

一个授权 SA 由一个特定客户端和一个特定基站所共享。标准中建议将 AK 作为基站和客户端的共享密钥，基站使用授权 SA 来配置客户端的数据 SA。

（2）X.509 证书应包括的内容

X.509 证书用于证明通信双方的身份。标准中定义了 X.509 证书应包括下述内容：

- X.509 证书格式第 3 版。
- 证书序列号。
- 证书颁布者采用的签名算法——公钥签名标准 1，即 RSA 加密加上 SHA-1 杂凑。
- 证书颁布者。
- 证书有效期。
- 证书所有者的公钥，包括公钥的适用范围，仅用于 RSA 加密。
- 签名算法，与证书颁布者采用的签名算法类似。
- 证书颁布者的签名，采用 ASN.1.DER 编码标准产生的签名。

标准中没有定义 X.509 证书的扩展内容和基站证书，但是它定义了两种证书类型：

制造商证书和客户端证书。制造商证书用于标识802.16设备的制造者，它可以是自签名证书或由第三方颁发的证书。客户端证书标识一个特定的客户端，并将其MAC地址包含在证书所有者字段内。

客户端证书通常由制造商产生。基站使用制造商的公钥来验证客户端证书，从而验证设备身份的真实性。这种设计要求客户端必须妥善保管自己的私钥，以防泄漏。

（3）PKM授权协议

PKM授权协议将授权令牌分发给一个被授权的客户端。该授权协议涉及一个客户端与基站的三步交互过程：

① 客户端发送生产者证书到基站。

② 客户端发送客户端证书、客户端支持的加密、认证算法和SA标识符给基站。

③ 基站返回使用客户端公钥和RSA加密算法加密的授权密钥（AK）、密钥生命周期、序列号和SA标识符列表。

授权密钥的正确使用意味着客户端已被授权访问无线城域网络，标准中规定AK只在客户端与基站间共享，而不能泄漏给第三方。

（4）机密性和密钥管理

PKM协议通过在基站与客户端之间进行两到三步信息交互以建立SA。第一步是可选项，由基站提出重新生成密钥的请求。具体交互过程如下：

① 基站发送序列号、SA标识符及使用HMAC算法和下连密钥生成的序列号与SA标识符的杂凑值。

② 客户端发送序列号、SA标识符及使用HMAC算法和上连密钥生成的序列号与SA标识符的杂凑值。

③ 基站发送序列号、SA标识符、当前正在使用的数据加密密钥、即将采用的新数据加密密钥，以及使用HMAC算法和下连密钥对上述字段生成的杂凑值。

（5）数据加密

802.16数据加密封装如图11-19所示，DES-CBC加密只对封装数据进行加密，对帧头和CRC则不做处理。数据帧头包括一个两位的字段用于标识所用的数据加密密钥，它并不包含CBC加密模式所用的初始化向量。为了计算该初始化向量，802.16标准将最新

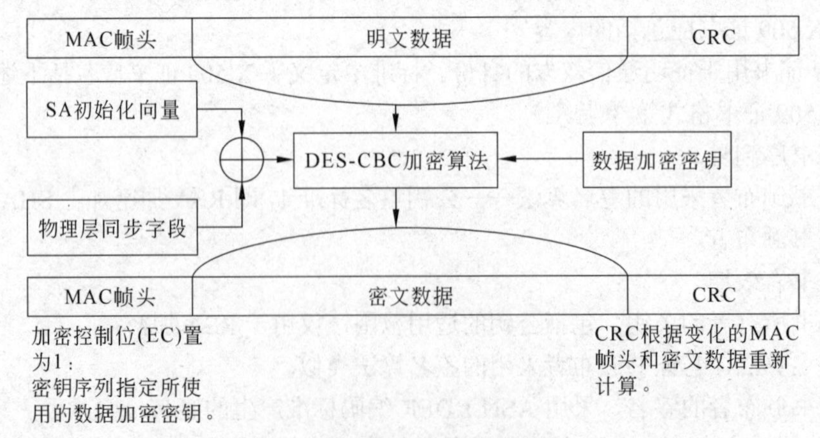

图11-19　802.16数据加密封装

数据帧中的物理层同步字段与 SA 初始化向量进行异或运算生成该向量。由于 SA 初始化向量是恒定不变和公开的，而物理层同步字段又是重复和可预测的，因此数据加密采用的初始化向量也是可预测的。

11.3.5　WAPI 标准简介

WAPI（WLAN Authentication and Privacy Infrastructure）是我国自主研发、拥有自主知识产权的无线局域网安全技术标准，由 ISO/IEC 授权的 IEEE Registration Authority 审查并获得认可。WAPI 与现行的 802.11b 传输协议比较相近，区别是所采用的安全加密技术不同：WAPI 采用一种名为“无线局域网认证与保密基础架构（WAPI）”的安全协议，而 802.11b 则采用 WEP。

WAPI 安全机制由 WAI 和 WPI 两部分组成，WAI 和 WPI 分别实现用户身份认证和传输数据加密功能。整个系统由接入点（AP）、站（点）（STA）和认证服务单元（ASU）组成。

（1）**接入点**（Access Point，AP）：任何一个具备站点功能、可通过无线媒体为关联的站点提供访问服务能力的实体。

（2）**站（点）**（Station，STA）：无线移动终端设备，它的接口符合无线媒体的 MAC 和 PHY 接口标准。

（3）**认证服务单元**（Authentication Service Unit，ASU）：它的基本功能是实现对 STA 用户证书的管理和 STA 用户身份的认证等。ASU 作为可信任和具有权威性的第三方，保证公钥体系中证书的合法性。

1. WAPI 认证

WAPI 认证原理如图 11-20 所示。STA 与 AP 上都安装由 ASU 发放的公钥证书，作为自己的数字身份凭证。AP 提供 STA 访问 LAN 的受控端口和非受控端口的服务。STA 首先通过 AP 提供的非受控端口连接到 ASU 发送认证信息，只有通过认证的 STA 才能使用 AP 提供的数据端口（即受控端口）访问网络。

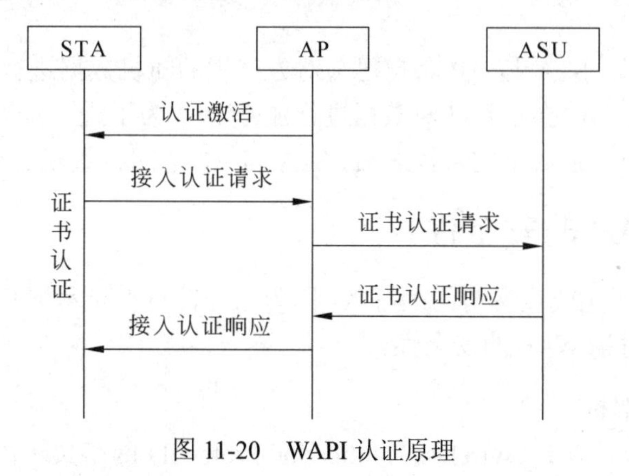

图 11-20　WAPI 认证原理

WAPI 认证过程如下：

（1）**认证激活**。当 STA 关联或重新关联至 AP 时，由 AP 发送认证激活以启动整个认证过程。

（2）**接入认证请求**。STA 向 AP 发出认证请求，即将 STA 证书与 STA 当前的系统时间发往 AP，其中，系统时间称为接入认证请求时间。

（3）**证书认证请求**。AP 收到 STA 接入认证请求后，首先记录接入认证请求时间，然后向 ASU 发出证书认证请求，即将 STA 证书、接入认证请求时间、AP 证书及 AP 私钥对它们的签名构成证书认证请求发送给 ASU。

（4）**证书认证响应**。ASU 收到 AP 的证书认证请求后，验证 AP 的签名和 AP 证书的有效性，若不正确，则认证过程失败；若正确，则进一步验证 STA 证书。验证完毕后，ASU 将 STA 证书认证结果（包括 STA 证书和认证结果）、AP 证书认证结果（包括 AP 证书、认证结果、接入认证请求时间）和 ASU 对它们的签名构成证书认证响应报文发回给 AP。

（5）**接入认证响应**。AP 对 ASU 返回的证书认证响应进行签名验证，得到 STA 证书的认证结果，根据此结果对 STA 进行接入控制。AP 将收到的证书认证结果回送至 STA。STA 验证 ASU 的签名后，得到 AP 证书的认证结果，根据认证结果决定是否接入该 AP。

至此，STA 与 AP 之间便完成了证书认证过程。若认证成功，则 AP 允许 STA 接入；若认证失败，则解除其关联。

2. WAPI 密钥协商与数据加密

STA 与 AP 认证成功后进行密钥协商的过程如下：

（1）**密钥协商请求**。AP 产生一串随机数据，利用 STA 的公钥加密后，向 STA 发出密钥协商请求。此请求包含请求方所有的备选会话算法信息。

（2）**密钥协商响应**。STA 收到 AP 发送来的密钥协商请求后，首先进行会话算法协商：若 STA 不支持 AP 所有备选会话算法，则向 AP 响应会话算法失败；否则，STA 在 AP 提供的会话算法中选择一种自己支持的算法。STA 利用本地私钥解密协商数据，得到 AP 产生的随机数，然后产生一个新的随机数，STA 利用 AP 的公钥对此随机数加密后，再发送给 AP。

密钥协商成功后，STA 与 AP 将自己与对方产生的随机数据进行“模 2 加”运算生成会话密钥，利用协商的会话算法对数据进行加/解密。为了进一步提高通信的保密性，通信一段时间和交换一定数量的数据之后，STA 与 AP 之间将重新进行会话密钥的协商。

11.3.6 WAP 的安全性

WAP 被广泛用于无线设备访问因特网，因为它是针对小显示屏和有限带宽的手持设备而设计的。本节讨论 WAP 的安全性。

1. WAP 网络架构

如图 11-21 所示，WAP（Wireless Application Protocol）网络架构由 3 部分组成：WAP 设备、WAP 网关和 Web 服务器。

最早的 WAP 设备是多功能手机，除了提供传统的语音功能外，这种设备还包括一个 WAP 浏览器。后来，PDA 和 Pocket PC 上也提供了 WAP 浏览器功能。这些设备要么用无线 Modem，要么用无线电话的红外线端口连接到无线网络上。WAP 浏览器负责从 WAP 网关上请求页面并将返回数据显示在设备上。它能解释 WML 的数据，也可以执行用 WMLScript 编写的程序。但是由于设备性能的局限性，WMLScript 程序通常在 WAP 网关上执行，然后再将结果返回到 WAP 设备。

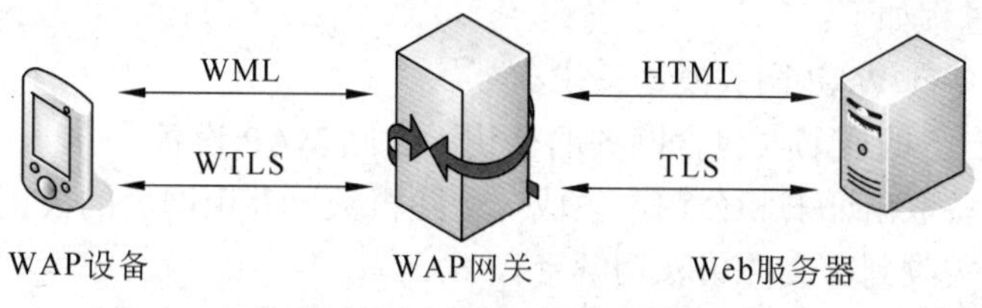

图 11-21 WAP 网络架构

所有来自 WAP 设备的请求和数据都必须通过 WAP 网关转发到 Internet 上。WAP 网关的作用如下：

（1）**协议转换**。将无线数据协议（WDP）和无线传输层安全（WTLS）协议转换为有线网络协议如 TCP 或 TLS。

（2）**内容转换**。将 HTML 网页转换成 WML 兼容格式。

（3）**性能优化**。压缩数据，减少与 WAP 设备的交互次数。

当 WAP 网关收到 WAP 设备的请求后，会将它转换成 HTTP 格式并从 Web 服务器上获得页面。

2. WAP 安全架构

协议 WAP 的安全架构建立在无线传输层安全（WTLS）协议之上。

WTLS 协议是 WAP 采用的安全协议。它作用在传输层协议上，为 WAP 的高层协议提供安全传输服务接口。该接口保留了下面的传输层，并提供管理安全连接的机制。WTLS 的主要目的是给 WAP 应用提供机密性、数据完整性和认证服务。

WTLS 协议支持一系列算法。目前，保密性由分组加密算法（如 DES-CBC、IDEA 和 RC5-CBC）来实现；通信双方的认证通过 RSA 或 Diffie-Hellman 密钥交换算法来实现；而数据完整性由 SHA-1 或 MD-5 算法来实现。

WTLS 协议提供如下 3 类安全服务：

（1）第一类：**匿名认证**。客户端登录到服务器，但是客户端和服务器都无法确认彼此的身份。

（2）第二类：**服务器认证**。只有客户端确认服务器的身份，服务器不确认客户端的身份。

（3）第三类：**双向认证**。客户端和服务器彼此确认身份。

WTLS 协议是基于 TLS 协议开发出来的，但针对无线网络环境对 TLS 做了一些改变。首先，针对低延迟、低带宽的网络，WTLS 对 TLS 进行了优化。由于移动设备的处理能力和内存有限，WTLS 的算法族中采用了高效和快速的算法。其次，根据法律规定，必须遵守加密算法出口和使用的限制，所以在算法的选择上留有余地。虽然第三类服务提供了使用无线公钥基础设施（WPKI）的可能，但也带来了全新的问题，如用户的公钥/

私钥对应该如何管理等。虽然密钥可以存储在SIM卡内，但是网络运营商需要对已经发放的SIM卡进行升级，这无疑会带来巨大的工作量。针对这个问题，WAP论坛开发出了无线身份识别模块（WIM），它可以是虚拟的，即将身份信息存储到SIM卡中未用的存储空间内或存储在单独的卡上。目前，WAP的应用大多采用第一类或第二类认证。第二类认证的认证过程如下：

（1）WAP设备向WAP网关发送请求。

（2）网关将自己的证书（包含网关的公钥）发回WAP设备。

（3）WAP设备取出证书和公钥，生成一个随机数，并用网关的公钥进行加密。

（4）WAP网关收到密文并用私钥解密。

该过程虽然简单，但是它通过最少的交互在用户和网关之间建立加密隧道。不幸的是，WTLS协议只对从WAP设备到WAP网关之间的数据进行加密，从WAP网关到Web服务器之间的数据则采用SSL协议加密。由于数据必须由WTLS格式转换成SSL格式，所以在一段时间内WAP网关上的数据以明文形式存在，这会带来安全问题。

WAP也提供了一个使用WMLScript编写的WAP设备数字签名程序SignText，该程序提供防抵赖服务。

3. 基于WAP网关的端到端安全

WAP采用WTLS建立了两个WAP端点——WAP设备和WAP网关之间端到端的安全连接。当WAP网关将请求转发给Web服务器时，系统使用SSL协议来保障安全性。这就意味着数据将在WAP网关上解密和加密。在提供WTLS到SSL转换的同时，WAP网关还需对网页上的小程序和脚本进行编译，因为大部分的WAP设备都没有配备编译器。值得注意的是，在从WTLS转换到SSL的过程中，数据在WAP网关上是以明文形式存在的，因此如果WAP网关没有妥善保护，数据的安全就会受到威胁。

为了弥补这一缺陷，WAP提出了两点改进：第一，采用客户端应用代理将认证和授权信息传输给无线网络的服务器；第二，将数据在应用层加密，这样就保证了数据在整个传输过程中是加密的。

但是，WAP网关最安全的应用方式还是把WAP网关设置在服务提供商的网络上，这样，客户端和服务提供商之间的连接就是可信的，因为解密过程是在服务提供商自己的网络上而不是在网络运营商的网络上进行的。

4. WTLS记录协议

WTLS记录协议从高层协议上获取原始数据，并对数据进行有选择的加密和压缩。记录协议负责保障数据的完整性和认证性。接收到的数据经过解密、验证和解压传输到上层协议。记录协议通过一个3步握手机制建立安全通信：首先，握手协议开始建立一个连接；其次，改变加密细节协议就通信双方采用的加密算法细节达成一致；最后，报警协议报告错误信息。这3个协议的工作内容如下：

（1）**握手协议**。所有的安全参数都在握手中确定。这些参数包括协议版本号、加密算法及采用认证和公钥技术生成的共享密钥等信息。

（2）**改变加密细节协议**。改变加密算法细节的请求可以由服务器或客户端发起，当收到请求后，发送者会由写状态转为挂起状态，而接收者也由读状态转为挂起状态。

（3）**告警协议**。有 3 种告警信息——警告、紧急和致命错误。告警信息可以采用加密和压缩方式传输，也可以采用明文方式传输。

11.4 Ad hoc 网络的安全性

自组织网络（Ad hoc Network）是由一组带有无线网络接口的移动终端在没有固定网络设施辅助和集中管理的情况下搭建的临时性网络。当两个移动终端在彼此的通信覆盖范围内时，它们可以直接通信。由于移动终端的通信覆盖范围有限，如果两个相距较远的主机要进行通信，则需要通过它们之间的移动终端转发才能实现。因此，在 Ad hoc 网络中，主机同时还是路由器，担负着寻找路由和转发报文的工作。每个主机的通信范围有限，因此路由一般都由多跳组成，数据通过多个主机的转发才能到达目的地，故 Ad hoc 网络也被称为多跳无线网络。

Ad hoc 网络拓扑结构图如图 11-22 所示。

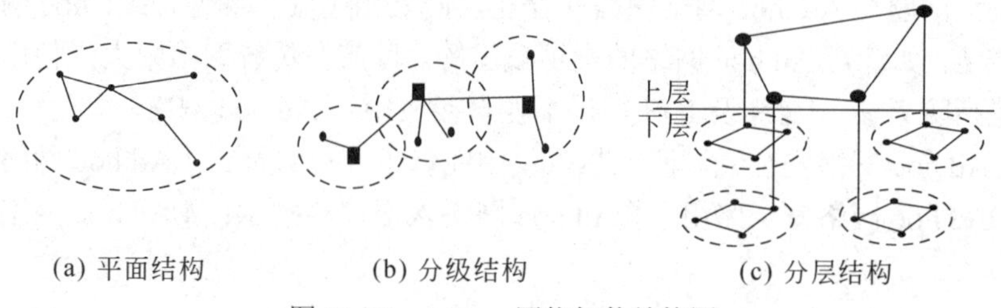

图 11-22　Ad hoc 网络拓扑结构图

Ad hoc 网络的应用范围很广，它适用于以下场合：

（1）没有有线通信设施的地方，如没有建立硬件通信设施或有线通信设施遭受破坏。

（2）需要分布式特性的网络通信环境。

（3）现有有线通信设施不足，需要临时快速建立一个通信网络的环境。

（4）作为生存性较强的后备网络。

Ad hoc 网络具有自组织性、无中心性、动态拓扑、资源受限和多跳路由的特点。这些特性也带来了其安全的特殊性，如下所述：

（1）Ad hoc 网络采用无线信号作为传输媒介，很容易被窃听和干扰。

（2）网络节点是自主移动的，节点的安全性十分脆弱。例如在战场上，节点随时可能落入敌人之手，节点内的密钥、报文信息等存在被破获的风险，被攻破的节点随后又可能以合法用户身份加入网络。因此，Ad hoc 不仅要防范来自外部的入侵，还要防御来自内部节点的攻击。

（3）Ad hoc 网络中节点位置随时改变，造成网络拓扑的不断变化，因此造成路由途径的不断变化。我们很难判断一条错误的路由是因节点的移动所致还是因虚假路由信息所形成。由于节点的移动性，在某处被发现的攻击者可能移动到新的地点，通过改变标识重新加入网络。另外，由于 Ad hoc 网络的动态网络拓扑特性，它不存在网络边界的概念，Internet 中常用的防火墙等安全设备也无法在 Ad hoc 网络中应用。

（4）在传统的非对称密钥体制中，用户常采用加密、数字签名、消息认证码 MAC 等技术来实现信息的机密性、完整性、不可抵赖性等安全服务，它需要一个可信任的认证中心 CA 来提供密钥管理服务。但在 Ad hoc 网络中不允许存在认证中心，因为认证中心的崩溃将造成整个网络无法获得认证，即单点失败。更严重的是，被攻破的认证中心的私钥可能会泄漏给攻击者，攻击者可以使用该私钥来签发伪造的证书，假冒网络中任意一个移动节点或废除所有合法的证书，致使整个网络完全失去安全性。

（5）目前的路由算法都假定网络中所有节点是相互合作的、可信的，它们相互配合以完成网络信息的传递。如果网络中某些自私节点为节省本身的资源而停止转发数据，就会影响整个网络的性能。如果参与到网络中的攻击者专门广播虚假的路由信息或故意广播大量的无用数据包，可能导致整个网络的崩溃。

（6）Ad hoc 网络终端资源受限，在制定和实施安全方案时，必须充分考虑其计算量和通信量等。

不难看出，Ad hoc 网络的安全问题比传统网络突出，解决起来难度更大。传统网络中存在的安全问题在 Ad hoc 网络中同样存在，而且由于其特殊性，Ad hoc 网络又面临新的安全威胁，如针对 Ad hoc 网络的女巫攻击等。目前在传统网络中大量使用的安全解决方案，包括防火墙、VPN 及 IDS 等，不能直接应用于 Ad hoc 网络。

目前，Ad hoc 网络安全领域研究热点集中在以下几个方面：①Ad hoc 网络保密与认证技术；②Ad hoc 网络安全路由；③Ad hoc 网络入侵检测技术；④Ad hoc 网络信任建立与度量。

11.4.1 Ad hoc 网络保密与认证技术

保密与认证技术用来认证合法的节点、加密传输信息、减小敌人发动攻击成功的可能性，是 Ad hoc 网络安全的第一道屏障。现有的 Ad hoc 网络保密与认证方案可以分为双钥体制方案（非对称密码体制）和单钥体制（对称密码体制）方案。双钥体制方案主要用于移动 Ad hoc 网络（Mobile Ad hoc Networks，MANET）中，而单钥体制方案主要用于无线传感器网络（Wireless Sensor Network，WSN）中。

1. 双钥体制方案

在双钥体制方案中，最典型的是分布式 CA 密钥管理与认证方案。分布式 CA 方案分为部分分布式 CA 方案和完全分布式 CA 方案两种情况。

部分分布式 CA 方案的基本思想是利用（n, t）门限密钥共享体制把 CA 中心分散到 n 个服务器中。系统有一个公钥/私钥对 K/k。公钥 K 对网络中的所有节点公开，而私钥 k 被分成了 n 个份额 $s_1,s_2,\cdots,s_n$，每个服务器 i 有一个份额，如图 11-23 所示。在（n, t）门限签名体制中，用系统私钥 k 产生一个签名，至少需要 n 个服务器中的 t 个服务器合并它们的私钥份额。对于一个消息 m，服务器 i 用自己的私钥份额 s_i 生成一个对 m 的签名分量 $\mathrm{PS}(s_i,m)$；n 个服务器中的 t 个服务器产生自己的签名分量，并将它发送给组合节

点 C；C 用这 t 个签名分量生成系统对 m 的签名，而不会泄漏整个系统的私钥 k。少于 t 个服务器的签名分量不能合作产生系统对消息 m 的签名。同时，合并节点可以用系统公钥 K 验证签名的正确性。图 11-24 说明了服务器是如何采用门限签名方案产生一个系统签名的。后来的改进方案取消了组合节点 C，提高了系统的效率和可用性。这种方案考虑了 Ad hoc 网络的特点，有效地防止了单点失败，具有很好的抗毁性。

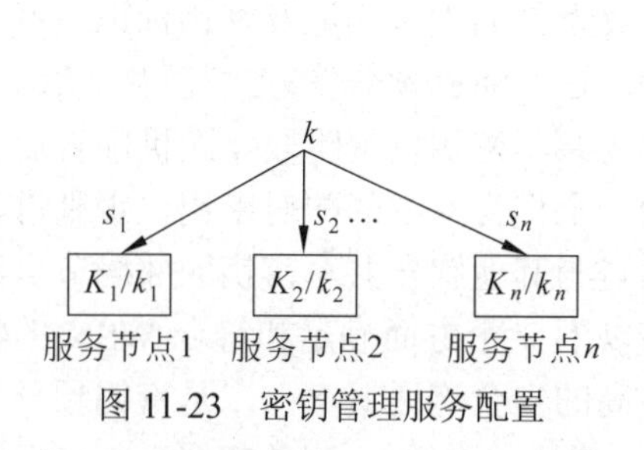

图 11-23　密钥管理服务配置

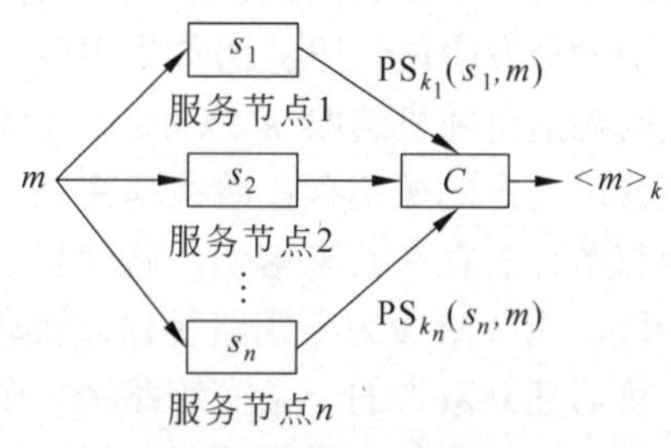

图 11-24　门限签名方案

完全分布式 CA 方案扩展了部分分布式 CA 方案，取消了特殊的 CA 节点，CA 中心的任务由所有的网络节点共同承担，每个节点都持有一份私钥份额，任意 t 个节点联合可以完成加/解密和证书操作，符合 Ad hoc 网络节点地位平等的特点。此类方案充分利用邻接节点具有较好的网络连接性和易于监控的特点，使证书服务既分散化又本地化，能较好地适应动态的网络拓扑结构。

（1）**自组织密钥管理方案**。基于 PGP（Pretty Good Privacy）的思想，不需要由 CA 颁发证书，而是节点相互颁发并维护证书。每个用户都能在本地维护一个证书库。当两个用户需要相互认证时，它们合并各自拥有的证书库，形成一张认证路径图，并从该图中寻找一条认证路径。认证成功取决于用户的本地证书库构成方式和认证路径图的特性。这种方案实现了完全的自组织，而且建立阶段比较简单。

（2）**基于身份的密钥管理与认证方案**。将基于身份的密码机制与分布式 CA 方案的思想相结合。基于身份的密码机制使用节点身份标识，如姓名、邮件地址等，作为公钥，这主要有两个优势：①不需要公钥证书；②不需要交换公钥。方案中由一组选定的节点共同承担密钥分发中心（Key Distributed Center，KDC）的职责，它们根据（n, t）门限方案获得系统私钥的一个份额，联合为节点产生私钥。

基于杂凑链（Hash Chain）认证的基本思想是：一个杂凑函数 h 对随机数 x 应用 n 次，$x_n = h^n(x)$ 是杂凑链的最后一个值。每个设备计算自己的杂凑链，在认证的方式下和通信伙伴交换 x_n，保证 x 不泄漏。一个被杂凑链中 x_i 询问的设备通过应答杂凑链中的前一个值 x_{i-1} 来证明自己的身份，只有知道 x 的设备才能计算要求的应答。这种杂凑链机制也称为密钥链，它只提供单向认证，且在协议执行中没有建立密钥。基于这种方法提出的认证协议很多，比较有代表性的是 TESLA（Timed Efficient Stream Loss-tolerant Authentication）。在 TESLA 中，发送者首先利用数字签名将 x_n 发送到另一方，发送数据包 P_i 时，利用杂凑链中的一个值 x_j 作为密钥，计算发送数据 m 的消息认证码 $\mathrm{MAC}(m, x_j)$，随同消息一起发送，在下一个数据包 P_{i+1} 中公布 x_j，并利用 x_{j-1} 做上述操作。接收者在收到 P_{i+1} 后，首先利用 x_{j+1} 来验证 x_j 的正确性，即验证发送者身份的正确性，然后用 x_j 验

证数据包 P_i 的真实性。

2. 单钥体制方案

单钥体制方案比较多，这里仅介绍比较典型的几类方案。

（1）基于密钥池的密钥预分发方案。

最基本的基于密钥池的密钥预分发方案（简称E-G方案）由3个阶段组成。第1阶段为密钥预分发阶段。服务器首先生成一个密钥总数为 P 的大密钥池及密钥标识，每一节点从密钥池里随机选取 k（$k<<P$）个不同的密钥。这种随机预分发方式使得任意两个节点能够以一定的概率存在着共享密钥。第2阶段为共享密钥发现阶段。随机部署后，两个相邻节点若存在共享密钥，就随机选取其中的一个作为双方的配对密钥，否则进入第3阶段。第3阶段为密钥路径建立阶段，节点通过与其他存在共享密钥的邻居节点经过若干跳后建立双方的一条密钥路径。E-G方案在以下3个方面满足和符合WSN的特点：一是节点仅存储少量密钥就可以使网络获得较高的安全连通概率；二是密钥预分发时不需要节点的任何先验信息（如节点的位置信息、连通关系等）；三是部署后节点间的密钥协商无须服务器的参与，使得密钥管理具有良好的分布特性。

q-composite随机密钥预分发方案（q-composite Random Key Pre-distribution Scheme）是对E-G方案的改进。节点从密钥总数为 P 的密钥池里预随机选取 k 个不同的密钥，部署后两个相邻节点至少需要共享 q 个密钥才能直接建立配对密钥。随着 q 值的增大，攻击者能够破坏安全链路的难度呈指数增加，但同时对节点的存储空间需求也增大。

（2）基于密钥矩阵的动态密钥产生方案。

此方案利用一个有限域 Z_q^* 上的 $(\lambda+1)\times N$ 的公共矩阵 $\boldsymbol{G}$ 和一个 $(\lambda+1)(\lambda+1)$ 的秘密矩阵 $\boldsymbol{D}$ 为网络中的各个节点生成动态密钥，其中 N 为网络中节点数量。密钥矩阵被定义为对称矩阵 $\boldsymbol{K}=(\boldsymbol{D}\cdot\boldsymbol{G})^T\cdot\boldsymbol{G}$。节点 S_i 存储矩阵 $\boldsymbol{G}$ 中的第 i 列 column_i 作为公共信息，存储矩阵 $(\boldsymbol{D}\cdot\boldsymbol{G})^T$ 中的第 i 行 row_i 作为私有信息。当两个节点 (S_i,S_j) 协商密钥时，首先交换公共信息 column_i 和 column_j，然后分别计算密钥 $K_{ij}=\text{row}_i\times\text{column}_j$ 和 $K_{ji}=\text{row}_j\times\text{column}_i$，如图11-25所示。

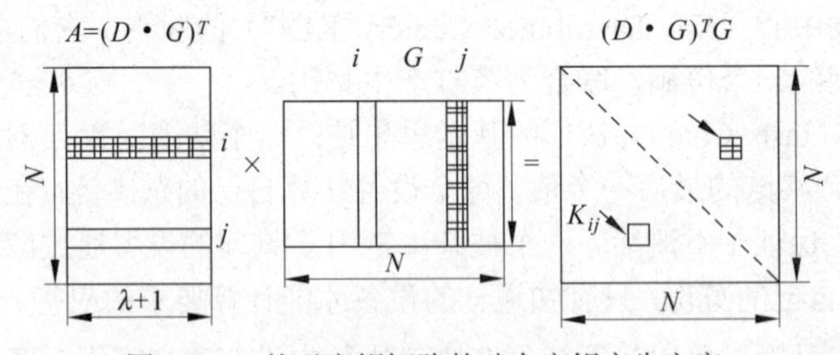

图11-25　基于密钥矩阵的动态密钥产生方案

（3）基于多项式的动态密钥产生方案。

采用类似于密钥矩阵的对称密钥思想：对于一个 $2t$ 次的二元多项式 $f(x,y)=\sum_{i,j=0}^{t}a_{ij}x^iy^j$，具有 $f(x,y)=f(y,x)$ 性质。节点上预先存储 $f(x,i)$，i 为节点标识。一个网络节点仅需要邻居节点的标识 j，即可独立计算 $f(i,j)=f(j,i)$。该方式所需的计算量大，当网络规模增大时可用性不强。

（4）基于部署知识（Deployment Knowledge）的密钥管理方案。

基于部署知识的密钥预分发是一种辅助方案，可以与其他密钥方案相结合，达到优化密钥的预分发方案性能的目的。该方案的基本思路是：使网络中近距离节点大概率直接连通，远距离节点小概率直接连通，甚至零概率连通。以基于密钥池的方案为例，假定网络的部署目标区域是一个二维矩形区域，n 个节点被分成 g 个相等的组，每个组有 n/g 个节点，如图 11-26 所示。密钥池（密钥数为$|S|$）被划分成若干个子密钥池（密钥数为$|S_c|$），每个子密钥池对应于一个部署组。若两个子密钥池是水平或垂直相邻，则至少共享 $a|S_c|$个密钥；若两个子密钥池是对角相邻，则至少共享 $b|S_c|$个密钥（a，b 满足以下关系：$0<a$，$b<0.25$ 且 $4a+4b=1$），若两个子密钥池不相邻，则没有共享密钥，如图 11-27 所示。对于组内每一个节点，从对应的子密钥池随机取 m 个不同的密钥。部署后，若相邻节点存在共享密钥，则可以直接建立配对密钥。这种方法提高了节点的安全连通概率，在安全连通概率确定的条件下，可以减少节点存储密钥的数量，从而减少节点被俘时密钥的泄漏，最终提高网络的抗节点俘获能力。

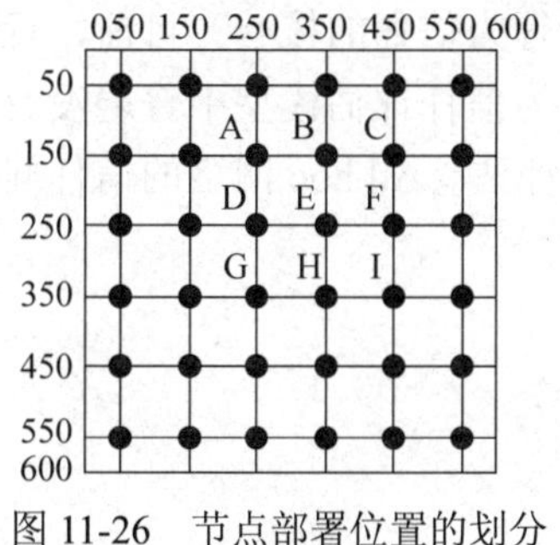

图 11-26　节点部署位置的划分

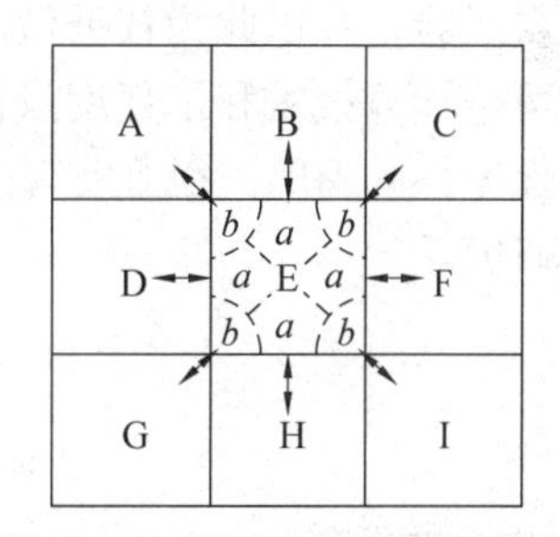

图 11-27　子密钥池的重叠关系

除了上述代表性方案外，还有基于组合理论的密钥分发方案、基于 EBS 的密钥分发方案、LEAP、SPINS、Pebblenets 和复活鸭子模型等。

11.4.2　Ad hoc 网络的安全路由

安全路由协议的目标是实现路由信息的可用性、真实性、完整性和抗抵赖性，防止恶意节点对路由协议的破坏。已有的路由协议（DSR、AODV、DSDV 等）均假设存在安全的网络环境，这些协议不能对抗针对路由的攻击。因此，研究者在这些协议的基础上，应用密码技术，提出了 SEAD、Ariadne、ARAN、SAODV 等安全路由协议。这些安全协议都需要一些先决条件，如节点在通信之前能够交换初始参数、协商会话密钥或有可信的第三方颁发的证书等。在协议执行的过程中，它们采用数字签名、杂凑链及信任机制来保证路由信息安全可靠。

11.4.3　Ad hoc 网络的入侵检测

在移动环境中，并不能很明确地区分正常行为和异常行为，所以传统网络中的 IDS 技术不能直接应用到 MANET 中。针对 MANET 的特点，国际国内出现了多种入侵检测系统模型，使用不同的方法集中或分散IDS的监测任务，分布式地监视网络状况，共享信息，合作检测入侵行为。近来人们提出的方案有：①基于代理的分布式协作入侵检测方案；②动态协作的入侵检测方案；③基于时间自动机的入侵检测算法；④基于区域划分的入侵检测方案；⑤基于人工免疫的入侵检测方案等。

11.4.4 Ad hoc网络的信任建立

信任可分为身份信任和行为信任。身份信任是基于证书或标识的对实体身份的信任，行为信任是基于实体行为和信誉的对实体能力、可靠性等属性的信任。身份信任确保行为信任评估的安全性、准确性，是后续安全机制实施的基础；行为信任为身份信任关系的安全建立、更新及撤销提供保障。身份信任主要靠认证技术来实现，但现有的身份信任模型还存在很多不完善的地方。例如，不能很好地解决新加入的网络节点与其他节点建立身份信任关系的问题，证书撤销的决策缺乏信任依据，等等。另外，仅实现网络节点间的身份信任也无法完全解决Ad hoc网络中的路由安全问题。例如，黑洞攻击和网络中的自私行为等问题仍然存在。行为信任评估本质上就是通过收集和处理实体行为的证据信息获得经验，并以此为依据做出信任决策，这是行为信任的核心。目前，行为信任技术包括可信计算技术和信任度量模型建立。现有行为信任评估模型中普遍没有身份信任和通信保密性的保障，很难实现安全、准确的信任评估。Ad hoc网络的信任问题还需要进一步研究。

习　题

一、填空题

1. 无线网络面临的安全威胁主要有________、________、________、________和________（请写出5种）。

2. GSM网络由________、________、________、________、________、________、________和________8部分构成。

3. 3G网络中接入链路数据保护方式有两种：________和________。

4. 802.11i中有________和________两种加密模式。

5. 802.1x系统中有________、________和________3个角色。

6. 802.16的安全子层由________、________、________、________和________5部分组成。

7. WAPI 安全机制由________和________两部分组成。整个系统由________、________和________组成。

8. Ad hoc网络的特点有：________、________、________、________和________。拓扑结构有________、________和________3种。

二、简答题

1. 无线网络技术可以分为哪两大类？这两大类中的代表分别是什么？

2. 无线局域网络采用哪两种扩谱技术？
3. GSM 网络的体系结构是怎样的？简要描述 GSM 网络的认证过程。
4. 3G 网络的安全性由哪几部分保证？
5. 简要描述 CDMA 网络的认证过程。
6. 简要描述 WEP 的加/解密过程。
7. 802.11i 由哪几部分组成？各部分的层次是怎样的？
8. 802.11i 中采用的 TKIP 针对 WEP 做了哪些改进？
9. 802.11i 中两种加密模式的区别是什么？
10. 802.16 的安全子层由哪几部分组成？各部分的作用是怎样的？
11. 802.1x 系统中有哪 3 个角色，这些角色是如何相互作用的？
12. WAPI 安全机制中每部分的作用是什么？简述具体过程。
13. Ad hoc 网络的保密与认证技术都有哪些？
14. 无线网络面临的安全威胁主要包含哪几种？如何预防这些威胁？

第12章 防火墙技术

计算机安全本身就是一个难题，要保证联网计算机的安全性就更加困难。单台主机的管理员通过细心地选择系统软件和加强系统安全配置，也许会使其获得一定的安全性。但是，如果这台主机连到网上，情况就大不一样了。

1. 对计算机的攻击发起点数量剧增

攻击单台主机必须在能够物理接触到的前提下，通过鼠标或键盘等输入设备进入系统。物理接触这一前提使得潜在的攻击者只能存在于一个很小的范围内。联网主机则不同，只要通过网络能够到达目标主机，就存在被攻击的可能。因特网把全球成千上万的主机连接到一起，假如没有正确的防范，任何人都可以对联网计算机进行攻击。

2. 攻击方式更多，破坏性更强

单台计算机受到攻击的方式不多，影响也不太大，但是对于联网的计算机而言，受到攻击的方式增多了，邮件服务、联网的文件系统，以及数据库服务器都是潜在的危险源，同时受到攻击后导致的后果也更加严重。比如邮件服务器受到攻击，可能导致所有邮件使用者无法正常使用。此外，某些协议所采用的认证方式也存在一定的缺陷（可参考第2、3章对协议的描述），但是为了给本地用户提供相应的服务，人们还不得不使用它们。

3. 网络也暴露了计算机的可传递信任问题

一台经过安全设置的计算机本身可能是安全的，但与其相连的其他用户的计算机可能是不安全的。即使这一连接是经过认证的，并对直接攻击免疫，但是如果该连接的源头被攻破，它仍然可以成为攻击系统的桥头堡。

要成功地解决这些问题，有效的解决方案是采用防火墙。

防火墙是架设在内部网络和外部网络之间的屏障，它限制内部和外部网络数据的自由流动。如果使用得当，防火墙会大大地提高网络的安全性。然而“世界上没有绝对的东西”。任何网络都不具有绝对的安全性，做任何事情都要付出相应的代价。网络会给人们带来很多好处，与网络断开连接意味着自动放弃这些好处。在实际应用中，管理员可权衡利弊做出决策。

12.1 防火墙概述

防火墙是由软件和硬件组成的系统，它处于安全的网络（通常是内部局域网）和不安全的网络（通常是 Internet，但不局限于 Internet）之间，根据由系统管理员设置的访问控制规则，对数据流进行过滤。

由于防火墙置于两个网络之间，因此从一个网络到另一个网络的所有数据流都要流经防火墙。根据安全策略，防火墙对数据流的处理方式有 3 种：①允许数据流通过；② 拒绝数据流通过；③将这些数据流丢弃。当数据流被拒绝时，防火墙要向发送者回复一条消息，提示发送者该数据流已被拒绝。当数据流被丢弃时，防火墙不会对这些数据包进行任何处理，也不会向发送者发送任何提示信息。丢弃数据包的做法加长了网络扫描所花费的时间，发送者只能等待回应直至通信超时。

防火墙是 Internet 安全的最基本组成部分。但是，我们必须要牢记，仅采用防火墙并不能给整个网络提供全局的安全性。对于防御内部的攻击，防火墙显得无能为力，同样对于那些绕过防火墙的连接（如某些人通过拨号上网），防火墙则毫无用武之地。

此外，网络管理员在配置防火墙时，必须允许一些重要的服务通过，否则内部用户就不可能接入 Internet，也不能收发电子邮件。事实上，虽然防火墙为某些业务提供了一个通道，但这也为潜在的攻击者提供了攻击内部网络的机会。攻击者可能利用此通道对内部网络发起攻击，或者注入病毒和木马。

由于防火墙是放置在两个网络之间的网络安全设备，因此以下要求必须得到满足：

- 所有进出网络的数据流都必须经过防火墙。
- 只允许经过授权的数据流通过防火墙。
- 防火墙自身对入侵是免疫的。

注意：以上要求仅是防火墙设计的基本目标。防火墙设计不可能做到万无一失，它有可能存在安全漏洞。但是，防火墙在设计的某个细节上出现疏忽并不意味着此防火墙不可用，只能说使用了一个安全性较差的防火墙。内部网络之所以需要防火墙的保护，是因为内部网络的大多数主机不具备抵抗已知攻击的能力。在抵御攻击方面，防火墙具有不可替代的优势。

防火墙不是一台普通的主机，它自身的安全性要比普通主机更高。虽然 NIS（Network Information Service）、rlogin 等服务能为普通网络用户提供非常大的便利，但是应严禁防火墙为用户提供这些危险的服务。因此，那些与防火墙的功能实现不相关但又可能给防火墙自身带来安全威胁的网络服务和应用程序，都应当从防火墙中剥离出去。

此外，网络管理员在配置防火墙时所采用的默认安全策略是：凡是没有明确“允许的”服务，一律都是“禁止的”。防火墙的管理员不一定比普通的系统管理员高明，但他们对网络的安全性更加敏感。普通的用户只关心自己的计算机是否安全，而网络管理员关注的是整个网络的安全。网络管理员通过对防火墙进行精心配置，可以使整个网络获得相对较高的安全性。

众所周知，防火墙能够提高内部网络的安全性，但这并不意味着主机的安全不重要。即使防火墙密不透风，且网络管理员的配置操作从不出错，网络安全问题也依然存在，因为 Internet 并不是安全风险的唯一源泉，有些安全威胁就来自网络内部。内部黑客可能从网络内部发起攻击，这是一种更加严重的安全风险。除内部攻击之外，外部攻击者也企图穿越防火墙攻入内部网络。例如，黑客可以通过拨号经调制解调器池进入网络，并从网络内部对防火墙和主机发起攻击。因此，必须对内部主机施加适当的安全策略，以加强对内部主机的安全防护。也就是说，在采用防火墙将内部网络与外部网络加以隔离的同时，还应确保内部网络中的关键主机具有足够的安全性。

一般来说，防火墙由几个部分构成。在图 12-1 中，“过滤器”用来阻断某些类型的数据传输。网关则由一台或几台机器构成，用来提供中继服务，以补偿过滤器带来的影响。把网关所在的网络称做“非军事区”（Demilitarized Zone，DMZ）。DMZ 中的网关有时会得到内部网关的支援。通常，网关通过内部过滤器与其他内部主机进行开放的通信。在实际情况下，不是省略了过滤器就是省略了网关，具体情况因防火墙的不同而异。一般来说，外部过滤器用来保护网关免受侵害，而内部过滤器用来防备因网关被攻破而造成恶果。单个或两个网关都能够保护内部网络免遭攻击。通常把暴露在外的网关主机称做堡垒主机。目前市场上常见的防火墙都有 3 个或 3 个以上的接口，同时发挥了两个过滤器和网关的功能，通过不同的接口实现 DMZ 区和内部网络的划分。从某种角度看，这种方式使防火墙的管理和维护更加方便，但是一旦防火墙受到攻击，DMZ 和内部网络的安全性同时失去保障。所以安全性与易用性往往相互矛盾，关键在于使用者的取舍。

图 12-1　防火墙示意图

实质上，防火墙就是一种能够限制网络访问的设备或软件。它可以是一个硬件的“盒子”，也可以是一个“软件”。今天，许多设备中均含有简单的防火墙功能，如路由器、调制解调器、无线基站、IP 交换机等。许多流行的操作系统中也含有软件防火墙。它们可以是 Windows 上运行的客户端软件，也可能是在 UNIX 内核中实现的一系列过滤规则。

现在市场上销售的防火墙的质量都非常高。自 Internet 诞生以来，防火墙技术取得了长足的进步。用户可以购买防火墙，也可以采用免费软件自己动手构造一个软件防火墙。但是，购买专业防火墙会有很多好处：第一，防火墙厂商提供的接口会更多、更全；第二，过滤深度可以定制，甚至可以达到应用级的深度过滤；第三，可以获得厂商提供的技术支持服务。而用户自行构造的软件防火墙往往不具备以上优势。

12.2 防火墙的类型和结构

防火墙从诞生至今，经过了好几代的发展，现在的防火墙已经与最初的防火墙大不相同了。防火墙理论仍在不断完善，防火墙功能也随着硬件性能的提升而不断增强。最初的防火墙依附于路由器，它只是路由器中的一个过滤模块。后来，随着过滤功能的完善和过滤深度的增加，防火墙逐步从路由器中分离出来，成为一个独立的设备。目前的防火墙甚至集成 VPN 及 IDS 等功能，防火墙在网络安全中扮演的角色越来越多，地位也越来越重要。

迄今，防火墙的发展经历了近 30 年的时间。第一代防火墙始于 1985 年前后，它几乎与路由器同时出现，由 Cisco 的 IOS 软件公司研制。这一代防火墙称为包过滤防火墙。直到 1988 年，DEC 公司的 Jeff Mogul 根据自己的研究，才发表了第一篇描述有关包过滤防火墙过滤过程的文章。

在 1989—1990 年前后，AT&T 贝尔实验室的 Dave Presotto 和 Howard Trickey 率先提出了基于电路中继的第二代防火墙结构，此类防火墙被称为电路级网关防火墙。但是，他们既没有发表描述这一结构的任何文章，也没有发布基于这一结构的任何产品。

第三代防火墙结构是在 20 世纪 80 年代末和 20 世纪 90 年代初由 Purdue University 的 Gene Spafford、AT&T 贝尔实验室的 Bill Cheswick 和 Marcus Ranum 分别研究和开发的。这一代防火墙被称为应用级网关防火墙。在 1991 年，Ranum 的文章引起了人们的广泛关注。此类防火墙采用了在堡垒主机运行代理服务的结构。根据这一研究成果，DEC 公司推出了第一个商用产品 SEAL。

大约在 1991 年，Bill Cheswick 和 Steve Bellovin 开始了对动态包过滤防火墙的研究。1992 年，在 USC 信息科学学院工作的 Bob Braden 和 Annette DeSchon 开始研究用于“Visas”系统的动态包过滤防火墙，后来它演变为目前的状态检测防火墙。1994 年，以色列的 Check Point Software 公司推出了基于第四代结构的第一个商用产品。

关于第五代防火墙，目前尚未有统一的说法，关键在于目前还没有出现获得广泛认可的新技术。一种观点认为，在 1996 年由 Global Internet Software Group 公司的首席科学家 Scott Wiegel 开始启动的内核代理结构（Kernel Proxy Architecture）研究计划属于第五代防火墙。还有一种观点认为，在 1998 年由 NAI 公司推出的自适应代理（Adaptive Proxy）技术给代理类型的防火墙赋予了全新的意义，可以称之为第五代防火墙。

12.2.1 防火墙分类

根据防火墙在网络协议栈中的过滤层次不同，通常把防火墙分为 3 种：包过滤防火墙、电路级网关防火墙和应用级网关防火墙。每种防火墙的特性均由它所控制的协议层决定。在后面更加详细的论述中，会发现这种分类其实非常模糊。例如，包过滤防火墙运行于 IP 层，但是它可以窥视 TCP 信息，而这一操作又发生在电路层。对于某些应用级网关，由于设计原理自身就存在局限性，因此它们必须使用包过滤防火墙的某些功能。

防火墙所能提供的安全保护等级与其设计结构息息相关。一般来讲，大多数市面上销售的防火墙产品包含以下一种或多种防火墙结构：

- 静态包过滤
- 动态包过滤
- 电路级网关
- 应用层网关
- 状态检查包过滤
- 切换代理
- 空气隙

防火墙对开放系统互连（Open System Interconnection，OSI）模型中各层协议所产生的信息流进行检查。要了解防火墙是哪种类型的结构，关键是要知道防火墙工作于 OSI 模型的哪一层上。图 12-2 给出了 OSI 模型与防火墙类型的关系。一般来说，防火墙工作于 OSI 模型的层次越高，其检查数据包中的信息就越多，因此防火墙所消耗的处理器工作周期就越长。防火墙检查的数据包越靠近 OSI 模型的上层，该防火墙结构所提供的安全保护等级就越高，因为在高层上能够获得更多的信息用于安全决策。

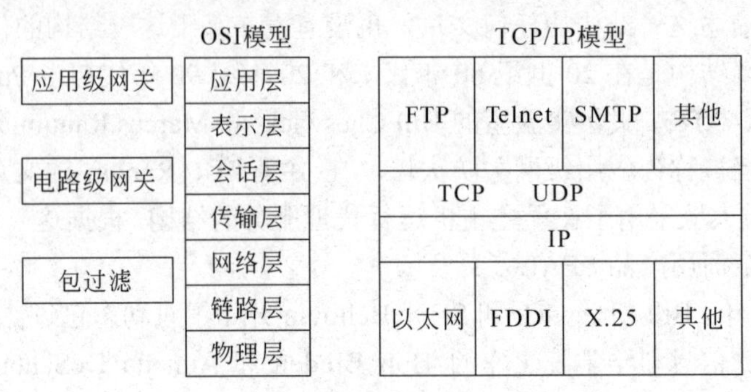

图 12-2　OSI 模型与防火墙类型的关系

TCP/IP 模型与 OSI 模型之间的对应关系如图 12-2 所示。从图中可以看出，OSI 模型与 TCP/IP 模型之间并不存在一一对应的关系。防火墙通常建立在 TCP/IP 模型基础上。为了更深入地考察防火墙的结构，下面首先看一下 IP 数据包的构成。IP 数据包结构如图 12-3 所示，它由以下几个部分组成：

- IP 头
- TCP 头
- 应用级头
- 数据/净荷头

图 12-4 和图 12-5 详细描述了 IP 头和 TCP 头包含的数据信息。

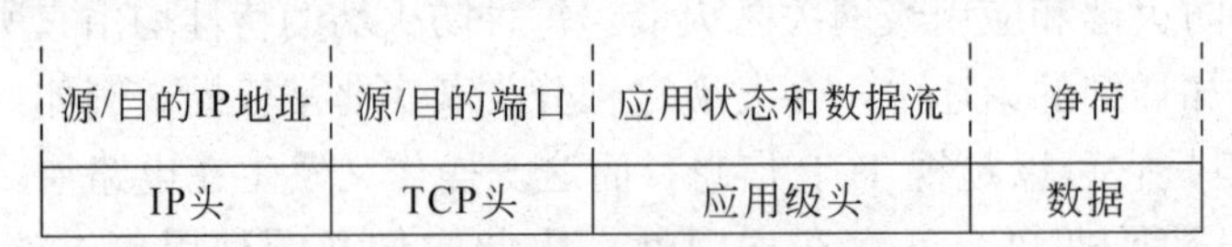

图 12-3　数据包结构

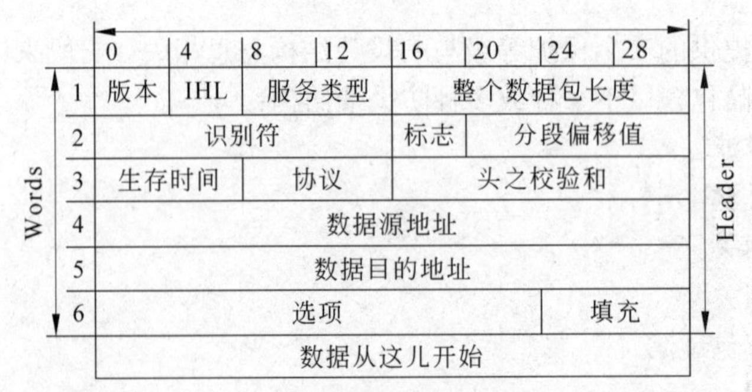

图 12-4　IP 首部数据段

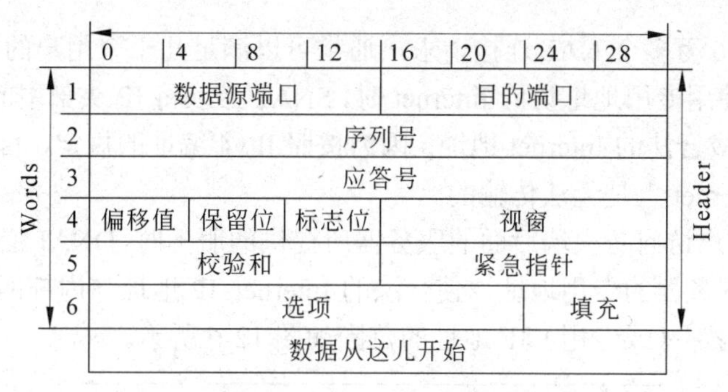

图 12-5　TCP 头部数据段

在后面的讨论中，不可避免地要提到 UNIX 操作系统和程序。Internet 上许多主机和服务器上运行的都是 UNIX 或 Linux 操作系统，许多应用级网关也采用 UNIX 来实现。因此，下面将结合 UNIX 或 Linux 系统下防火墙的实现，对某些类型的防火墙进行深入讨论。

12.2.2　网络地址转换

由于亚洲地区不是 Internet 的发源地，因此全球 IP 地址分配机构为亚洲地区分配的 IP 地址很少，亚洲国家的 IP 地址资源相对匮乏。中国在 IPv4 的 IP 地址的供需上已严重失衡。在使用 IPv4 编址方案的情况下，人们已经提出了解决地址紧缺的一些方法，如无类域间路由（CIDR）、可变长子网掩码（VLSM）及专用地址加网络地址转换（Network Address Translation，NAT）等。正因为如此，NAT 已经成为包过滤网关类防火墙的一项基本功能。使用 NAT 的防火墙具有另一个优点，它可以隐藏内部网络的拓扑结构，这在某种程度上提升了网络的安全性。

从不同的角度去理解这一概念，NAT 的分类也有所不同。例如，有些人把源网络地址转换（SNAT）和目标地址转换（DNAT）的概念理解为静态（Static）网络地址转换和动态（Dynamic）网络地址转换，而有些人却理解为源（Source）网络地址转换和目标（Destination）网络地址转换。此外，还存在端口地址转换（PAT）的概念。

所谓静态网络地址转换，是指在进行网络地址转换时，内部网络地址与外部的 Internet IP 地址是一一对应的关系。例如，将内部地址 192.168.1.100 对应转换到 202.112.58.100。在这种情况下，不需要 NAT 盒在地址转换时记录转换信息。

动态网络地址转换则不同，可用的 Internet IP 地址限定在一个范围内，而内部网络地址的范围大于 Internet IP 地址的范围。在进行地址转换时，如果 Internet IP 地址都被占用，此时从内部网络地址发出的请求会因为无地址可分配而遭到拒绝。显然，这种情形无法满足实际应用系统的需求，所以才出现了所谓的端口地址转换（PAT）的概念。

PAT 是指在进行网络地址转换时，不仅网络地址发生改变，而且协议端口也会发生改变。简单地说，PAT 在以地址为唯一标识的动态网络地址转换基础上，又增加了源端口或目的端口号作为标识的一部分。在进行地址转换时，NAT 优先进行。当合法 IP 地址分配完后，对于新来的连接请求，会重复使用前面已经分配过的合法 IP。两次 NAT 的数据包通过端口号加以区分。由于可以使用的端口范围为 1024～65535，因此一个合法 IP 可以对应于 6 万多个 NAT 连接请求，通常可以满足几千个用户的需求。

当内部用户使用专用地址访问 Internet 时，SNAT 必须将 IP 头部中的数据源地址（专用 IP 地址）转换成合法的 Internet 地址，因为按照 IPv4 编址的规定，目标地址为专用地址的数据包在 Internet 上是无法传输的。

当 Internet 用户访问防火墙后面的服务器所提供的服务时，DNAT 必须将数据包中的目的地址转换成服务器的专用地址，使合法的 Internet IP 地址与内部网络中服务器的专用地址相对应。内部（或专用）IP 地址的范围如图 12-6 所示。

IP地址范围	总计
10.0.0.0~10.255.255.255	2^{24}
172.16.0.0~172.31.255.255	2^{20}
192.168.0.0~192.168.255.255	2^{16}

图 12-6　内部（或专用）IP 地址的范围

静态网络地址转换、动态网络地址转换和端口地址转换侧重于根据 NAT 的实现方式对 NAT 进行分类，而源地址、目标地址转换侧重于根据数据流向进行分类。静态网络地址转换不需要维护地址转换状态表，功能简单，性能较好。而动态网络地址转换和端口地址转换则必须维护一个转换表，以保证能够对返回的数据包进行正确的反向转换，因此功能更强大，但是需要更多的资源。普通边界路由器也能够实现地址转换，但由于其内存资源有限，在中型网络中使用路由器实现 NAT 功能通常不可靠。如果使用路由器做 NAT，那么在运行一段时间（通常为几个小时）后，路由器的资源将耗尽，无法继续工作。所以，通常的做法是在防火墙上实现 NAT 功能。

在实践中，实现 NAT 的路由器配置如图 12-7 所示。在图中，路由器有两个 IP 地址：

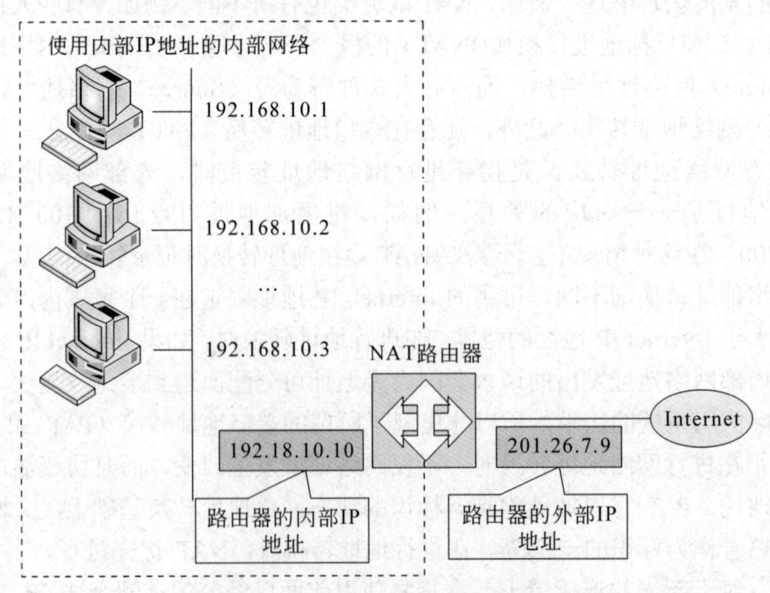

图 12-7　实现 NAT 的路由器配置

一个是内部 IP 地址，一个是外部 IP 地址。外网（Internet）中的主机通过外部 IP 地址 201.26.7.9 访问路由器，而内网中的主机则通过内部 IP 地址 192.168.10.10 访问路由器。

这意味着，外网中的主机永远只能看到一个 IP 地址，即路由器的外部 IP 地址。当数据包流过路由器时，数据包的源地址和目的地址分别为：

（1）对于所有输入数据包，不管最终的目标主机是内网中的哪一台机器，当数据包进入内部网络时，其目的地址字段总包含 NAT 路由器的外部地址。

（2）对于所有输出数据包，不管源点主机是内部网络中的哪一台机器，当数据包离开内部网络时，其源地址字段总包含 NAT 路由器的外部地址。

因此，NAT 路由器要进行如下转换工作：

（1）对于所有的输入数据包，NAT 路由器用最终目标主机的 IP 地址替换数据包的目的地址（即路由器的外部地址）。

（2）对于所有输出数据包，NAT 路由器用其外部地址替换数据包的源地址（即发送数据包的内部主机的 IP 地址）。

NAT 转换过程示例如图 12-8 所示。

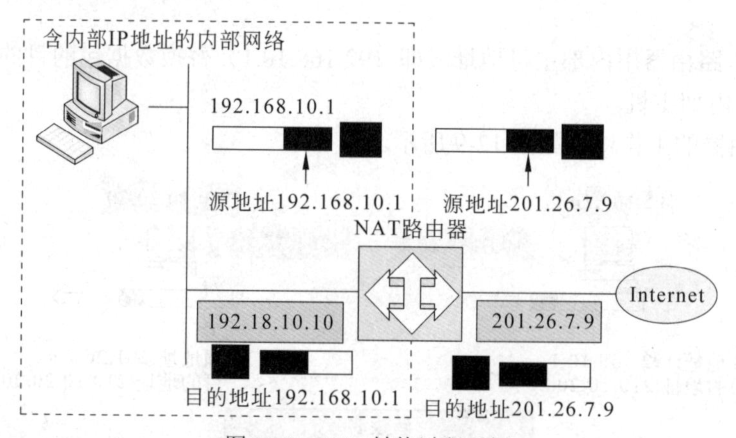

图 12-8　NAT 转换过程示例

仔细研究会发现，对于输出数据包，NAT 的工作很简单：NAT 路由器只需用 NAT 的外部地址来替换数据包中的源地址（内部主机地址）。但是，对于输入数据包，NAT 如何知道该将此数据包发给内网中的哪一台主机呢？要解决这个问题，NAT 路由器需要维护一个转换表，该表将内部主机的地址映射到外部主机的地址。这样，一旦某个内部主机发送一个数据包给外部主机，NAT 路由器就在此转换表中增加一个条目。该条目中含有内部主机的 IP 地址及目标外部主机的 IP 地址。一旦从外部主机返回了一个响应，NAT 路由器便查询转换表，决定将此响应数据包发给内网中的哪台主机。为了增进读者对 NAT 的理解，下面来看一个示例。

（1）假设一台内部主机（地址为 192.168.10.1）要向外部主机（地址为 210.10.20.20）发送一个数据包。该内部主机将该数据包发送给内部网络，该数据包将到达 NAT 路由器。此时，该数据包的源地址为 192.168.10.1，而目的地址为 210.10.20.20。

（2）NAT 路由器在转换表中增添一个条目，如表 12-1 所示。

表 12-1 在转换表中增加一个新条目

转换表	
内部地址	外部地址
192.168.10.1 …	210.10.20.20 …

（3）NAT 路由器用自己的地址（即 201.26.7.9）替换数据包中的源地址，并利用路由机制，将此数据包发送给 Internet 上的目标主机。此时，该数据包的源地址为 201.26.7.9，而目的地址为 210.10.20.20。

（4）Internet 上的外部路由器处理该数据包，并发回一个响应数据包。此时，该响应数据包的源地址为 210.10.20.20，而目的地址为 201.26.7.9。

（5）该响应数据包到达 NAT 路由器。因为响应数据包中的目的地址与 NAT 路由器的地址匹配，所以 NAT 路由器查询转换表，以确认此转换表中是否含有外部地址为 210.10.20.20 的条目。最终，NAT 路由器找到了这个条目中含有的内部主机地址为 192.168.10.1。

（6）NAT 路由器用内部主机地址（即 192.168.10.1）替换数据包的目的地址，并将该分组发给该内部主机。

NAT 路由器的工作过程如图 12-9 所示。

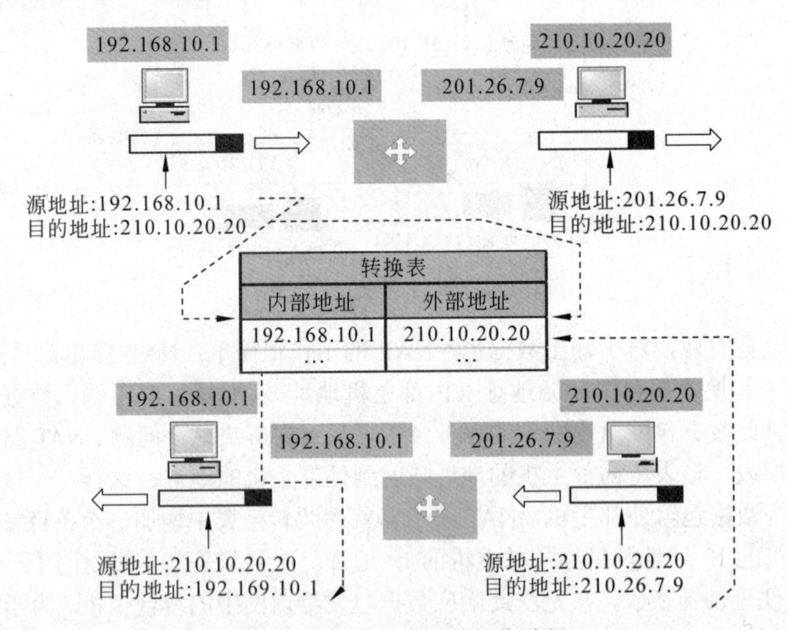

图 12-9 NAT 路由器的工作过程

在此方案中，如果有多个内部主机同时与外网的同一台主机通信，NAT 路由器如何确定应该将响应数据包发给哪一台内部主机呢？要解决此问题，需要修改 NAT 转换表，添加几列新的参数。修改后的 NAT 转换表如表 12-2 所示。

表 12-2　修改后的 NAT 转换表

内部地址	内部端口	外部地址	外部端口	NAT 端口	传输协议
192.168.10.1	300	210.10.20.20	80	14000	TCP
192.168.10.1	301	210.10.20.20	21	14001	TCP
192.168.10.2	26601	210.10.20.20	80	14002	TCP
192.168.10.3	1275	207.21.1.5	80	14003	TCP

新加列在 NAT 中所起的作用如下所述。

（1）新加的“内部端口”一列数据标识内部主机上的应用程序所使用的端口号。对于每个应用，该端口是随机选取的。当对应于用户请求的响应数据包从外网主机发回时，内部主机需要知道该把此响应递交给哪个应用程序。这将由内部端口号确定。

（2）新加的“外部端口”一列数据标识某一服务应用程序所使用的端口号。对于给定的服务应用程序，该端口总是固定的。例如，HTTP 服务使用 80 端口，而 FTP 服务使用 21 端口，SMTP 使用 25 端口，POP3 使用 110 端口，等等。

（3）新加的“NAT 端口”一列数据是一个依次递增的数字，由 NAT 路由器生成。该列数据与源地址或目的地址绝无任何关系。当外部主机发回一个响应数据包时，此列中的数据才起作用。

下面将针对两种情况讨论 NAT 转换过程。

（1）同一内部主机上的多个应用程序同时访问同一外部主机。

当地址为 192.168.10.1 的内部主机要访问地址为 210.10.20.20 的外部主机上的 HTTP 和 FTP 服务时，内部主机动态地创建两个端口号 300 和 301，并打开两个连接。这两个连接分别与外部主机上的端口号 80 和 21 相连。当数据包从内部主机传到路由器时，NAT 路由器将数据包中的源地址（内部主机地址）替换为 NAT 路由器的地址。此外，它还要把数据包的端口号字段替换为 14000 和 14001，并把这些内容添加到 NAT 转换表中。然后，它将此数据包发给地址为 210.10.20.20 的外部主机。

当外部主机的 HTTP 服务器给 NAT 路由器发回一个响应数据包时，NAT 路由器就知道输入数据包的目的端口号为 14000。通过查询 NAT 转换表，它知道应该将此数据包发送到地址为 192.168.10.1 的内部主机的 300 端口。同样，当从外部主机的 FTP 服务器上返回一个响应时，NAT 路由器就知道该数据包的目的端口为 14001。通过查询 NAT 转换表，它知道应该将此数据包发送到地址为 192.168.10.1 的内部主机的 301 端口。

（2）多个内部主机同时访问同一外部主机。

根据以上讨论，读者很容易理解 NAT 路由器如何处理此类情况。表 12-2 的第 4 行有一个条目，该条目表明有一个地址为 192.168.10.2 的内部主机，需要使用 26601 端口访问地址为 210.10.20.20 的外网主机上的 HTTP 服务。当外部主机响应时，通过查询路由表，NAT 路由器将响应数据包分发到地址为 192.168.10.2 的内部主机的 26601 端口。

为了完整地描述 NAT 存在的各种情况，在表 12-2 的第 5 行中，给出了另一个内部主机与另一个外部主机通信时 NAT 转换表中所增加的条目。读者可以自行分析其工作过程。

12.3 静态包过滤器

静态包过滤防火墙可以采用路由器上的过滤模块来实现，而且具有较高的安全性。由于可以直接使用路由器软件的过滤功能，无须购买专门的设备，因此可以减少投资。路由器是内部网络接入 Internet 所必需的设备，每个网络的入口都配备路由器。直接使用路由器软件作为过滤器，不需要额外付费。当然，用户也可以购买专门的包过滤防火墙。

12.3.1 工作原理

顾名思义，静态包过滤防火墙采用一组过滤规则对每个数据包进行检查，然后根据检查结果确定是转发、拒绝还是丢弃该数据包。这种防火墙对从内网到外网和从外网到内网两个方向的数据包进行过滤，其过滤规则基于 IP 与 TCP/UDP 头中的几个字段。图 12-10 说明了静态包过滤防火墙的设计思想。

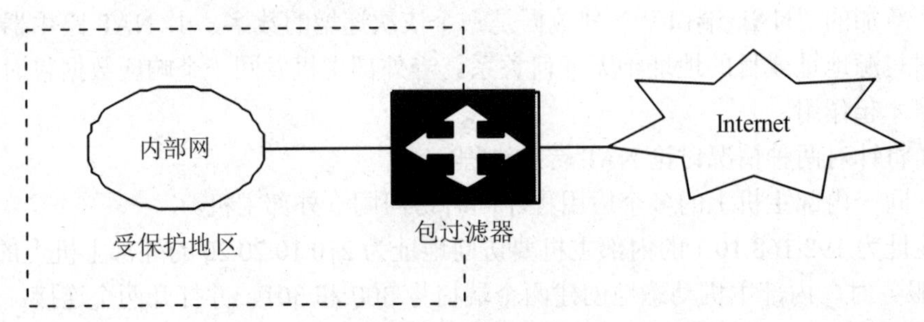

图 12-10 静态包过滤防火墙的设计思想

静态包过滤防火墙的操作如图 12-11 所示，主要实现如下 3 个主要功能。

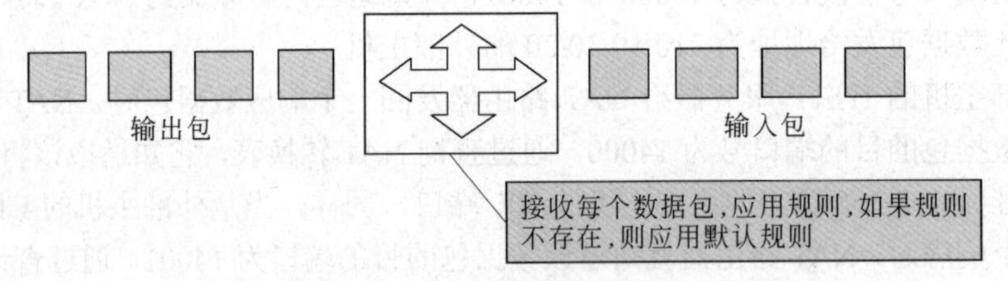

图 12-11 静态包过滤防火墙的操作

（1）接收每个到达的数据包。

（2）对数据包采用过滤规则，对数据包的 IP 头和传输字段内容进行检查。如果数据包的头信息与一组规则匹配，则根据该规则确定是转发还是丢弃该数据包。

（3）如果没有规则与数据包头信息匹配，则对数据包施加默认规则。默认规则可以丢弃或接收所有数据包。默认丢弃数据包规则更严格，而默认接收数据包规则更开放。通常，防火墙首先默认丢弃所有数据包，然后再逐个执行过滤规则，以加强对数据包的过滤。

静态包过滤防火墙是最原始的防火墙，静态数据包过滤发生在网络层上，也就是 OSI 模型的第 3 层上，如图 12-12 所示。

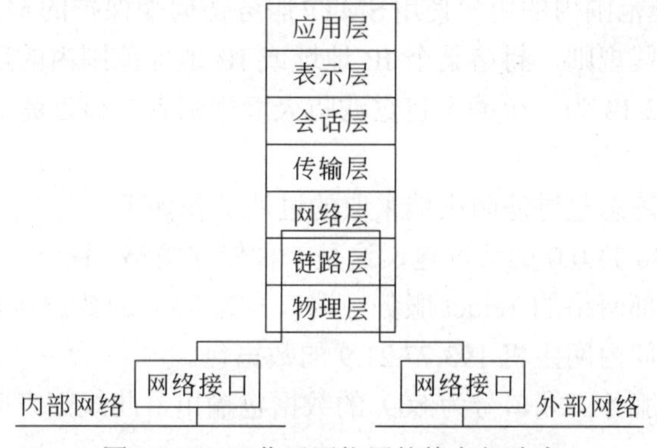

图 12-12　工作于网络层的静态包过滤

对于静态包过滤防火墙来说，决定接收还是拒绝一个数据包，取决于对数据包中 IP 头和协议头等特定域的检查和判定。这些特定域包括：①数据源地址；②目的地址；③应用或协议；④源端口号；⑤目的端口号。静态包过滤防火墙 IP 数据包结构如图 12-13 所示。

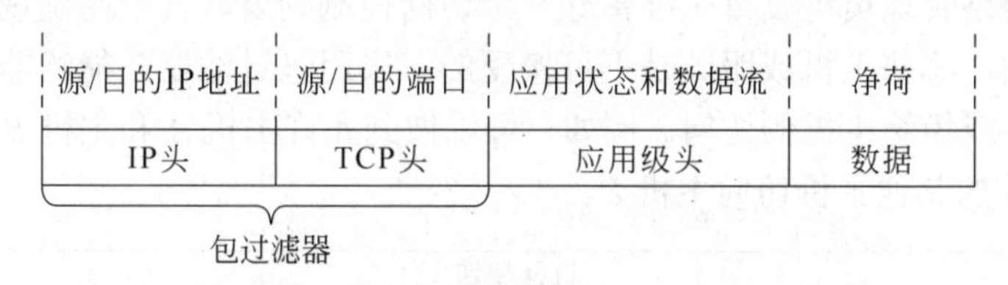

图 12-13　静态包过滤防火墙 IP 数据包结构

在每个包过滤器上，安全管理员要根据企业的安全策略定义一个表单，这个表单也被称为访问控制规则库。该规则库包含许多规则，用来指示防火墙应该拒绝还是接收该数据包。在转发某个数据包之前，包过滤器防火墙将 IP 头和 TCP 头中的特定域与规则库中的规则逐条进行比较。防火墙按照一定的次序扫描规则库，直到包过滤器发现一个特定域满足包过滤规则的特定要求时，才对数据包做出“接收”或“丢弃”的判决。如果包过滤器没有发现一个规则与该数据包匹配，那么它将对其施加一个默认规则。该默认规则在防火墙的规则库中有明确的定义，一般情况下防火墙将不满足规则的数据包丢弃。

在包过滤器所使用的默认规则的定义上，有两种思路：①容易使用；②安全第一。“容易使用”的倡导者所定义的默认规则是“允许一切”，即除非该数据流被一个更高级规则明确“拒绝”，否则该规则允许所有数据流通过。“安全第一”的倡导者所定义的默认规则是“拒绝一切”，即除非该数据流得到某个更高级规则明确“允许”，否则该规则将拒绝任何数据包通过。

在静态包过滤规则库内，管理员可以定义一些规则决定哪些数据包可以被接收，哪些数据包将被拒绝。管理员可以针对 IP 头信息定义一些规则，以拒绝或接收那些发往或来自某个特定 IP 地址或某一 IP 地址范围的数据包。管理员可以针对 TCP 头信息定义一些规则，用来拒绝或接收那些发往或来自某个特定服务端口的数据包。

例如，管理员可以定义一些规则，允许或禁止某个 IP 地址或某个 IP 地址范围的用户使用 HTTP 服务浏览受保护的 Web 页面。同样，管理员也可以定义一些规则，允许某个可信的IP或IP地址范围内的用户使用SMTP服务访问受保护的Mail服务器上的文件。管理员还可以定义一些规则，封堵某个 IP 地址或 IP 地址范围内的用户访问某个受保护的 FTP 服务器。图 12-14 为一个静态包过滤防火墙规则表。该过滤规则表决定是允许转发还是丢弃数据包。

根据该规则表，静态包过滤防火墙采取的过滤动作如下：

（1）拒绝来自 130.33.0.0 的数据包，这是一种保守策略。

（2）拒绝来自外部网络的 Telnet 服务（端口号为 23）的数据包。

（3）拒绝试图访问内网主机 193.77.21.9 的数据包。

（4）禁止 HTTP 服务（端口号为 80）的数据包输出，此规则表明，该公司不允许员工浏览 Internet。

包过滤器的工作原理非常简单，它根据数据包的源地址、目的地址或端口号确定是否丢弃数据包。也就是说，判决仅依赖于当前数据包的内容。根据所用路由器的类型，过滤可以发生在网络入口处，也可以发生在网络出口处，或者在入口和出口同时对数据包进行过滤。网络管理员可以事先准备好一个访问控制列表，其中明确规定哪些主机或服务是可接受的，哪些主机或服务是不可接受的。采用包过滤器，能够非常容易地做到在网络层上允许或拒绝主机的访问。例如，可以做到允许主机 A 和主机 B 互访，或者拒绝除主机 A 之外的其他主机访问主机 B。

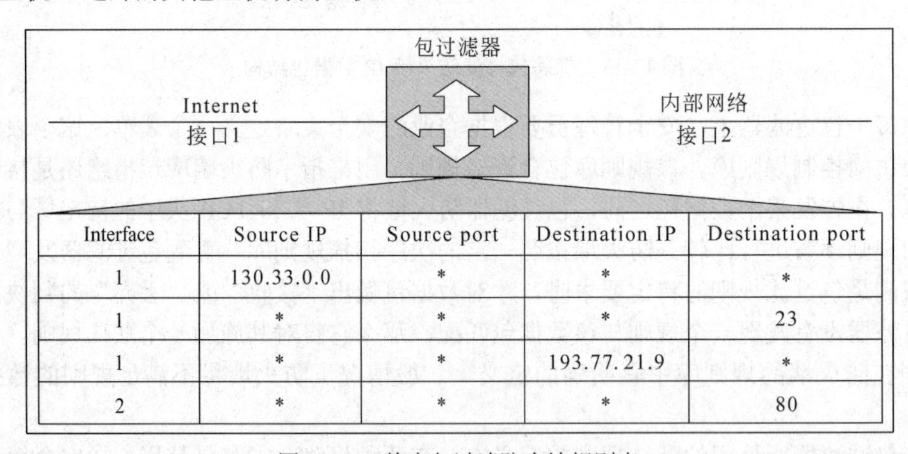

Interface	Source IP	Source port	Destination IP	Destination port
1	130.33.0.0	*	*	*
1	*	*	*	23
1	*	*	193.77.21.9	*
2	*	*	*	80

图 12-14　静态包过滤防火墙规则表

包过滤防火墙的配置分 3 步进行：第一，管理员必须明确企业网络的安全策略，即必须搞清楚什么是允许的、什么是禁止的；第二，必须用逻辑表达式清楚地表述数据包的类型；第三，这也是最难的一步，必须用设备提供商可支持的语法重写这些表达式。

根据静态包过滤的工作原理，可以很容易地构建一个静态包过滤防火墙。实际上，制定精确的静态包过滤规则可能更需要花费一番心思。由于每个网站的安全策略都不一样，因此不可能为每个网站使用的包过滤器设置精确的过滤规则。在本节中，仅提供几个合理的规则配置样本供大家参考。表 12-3 和表 12-4 提供了两个配置样本，它们部分来自美国计算机应急响应中心（CERT）的建议书。最后一条规则的作用是阻止所有其他 UDP 服务，对这条规则人们是有争议的。

表 12-3　某大学的防火墙过滤规则设置

action	src	port	dest	port	flags	comment
allow	secondary	*	our-dns	53	TCP	allow secondary nameserver access
block	*	*	*	53	TCP	no other DNS zone transfers
allow	*	*	*	53	UDP	permit UDP DNS queries
allow	ntp.outside	123	ntp.inside	123	UDP	ntp time access
block	*	*	*	69	UDP	no access to our tftpd
block	*	*	*	87	TCP	the link service is often misused
block	*	*	*	111	TCP	no TCP RPC and ...
block	*	*	*	111	UDP	no UDP RPC and no ...
block	*	*	*	2049	UDP	NFS. This is hardly a guarantee
block	*	*	*	2049	TCP	TCP NFS is coming: exclude it
block	*	*	*	512	TCP	no incoming “r” commands...
block	*	*	*	513	TCP	...
block	*	*	*	514	TCP	...
block	*	*	*	515	TCP	no external lpr
block	*	*	*	540	TCP	uucpd
block	*	*	*	6000-6100	TCP	no incoming X
allow	*	*	adminnet	443	TCP	encrypted access to transcript mgr
block	*	*	adminnet	*	TCP	nothing else
block	pclab-net	*	*	*	TCP	anon. students in pclab can’t go outside
block	pclab-net	*	*	*	UDP	... not even with TFTP and the like!
allow	*	*	*		TCP	all other TCP is OK
block	*	*	*		UDP	suppress other UDP for now

表 12-4　某公司的防火墙过滤规则设置

action	src	port	dest	port	flags	comment
allow	*	*	mailgate	25	TCP	inbound mail access
allow	*	*	mailgate	53	UDP	access to our DNS
allow		*	mailgate	53	TCP	secondary nameserver access
allow	*	*	mailgate	23	TCP	incoming telnet access
allow		123	ntp.inside	123	UDP	external time source
allow		*	*	*	TCP	outgoing TCP packets are OK
allow	*	*	inside-net	*	ACK	return ACK packets are OK
block	*	*	*	*	TCP	nothing else is OK
block	*	*	*	*	UDP	block other UDP, too

今天的校园网络趋向于对 Internet 连接采取开放的安全策略。出于安全的考虑，仍然需要对某些危险的服务施加限制，如 NFS、TFTP 和 Telnet 等。虽然这些服务有时会给人们的工作和学习带来方便，但是它们会带来更大的安全隐患，因此尽量减少对外提供这些服务。在表 12-3 中，假设大学中有一个实验室 PC Lab，若允许该实验室的主机访问 Internet，可能会带来安全风险。因此，在网络管理员在配置防火墙规则时，应禁止该实验室的主机访问 Internet。还有一条规则允许通过 HTTPS 服务访问管理域中的计算机。该服务采用 443 端口，需要强认证和加密措施。

与校园网络不同，许多公司或家庭的网络希望禁止大多数来自 Internet 的访问，而允许大多数去往 Internet 的连接请求。在这类网络中，可以让一个网关接收进入内网的邮件，并为公司的内部主机提供域名解析服务。在表 12-4 中，采用了一条规则禁止 23 号端口上的 Telnet 服务。如果公司的邮件服务器和 DNS 服务器交由 ISP 托管，那么可以进一步简化这些规则。

12.3.2 安全性讨论

因为防火墙对这些规则的检查是按顺序进行的，所以决定包过滤规则的先后次序是一项很困难的事情。在把包过滤规则输入到规则库时，管理员必须要特别小心。即使管理员已经按照一定的先后次序创建了规则，包过滤器还存在先天的缺陷：包过滤器仅检查数据的 IP 头和 TCP 头，它不可能区分真实的 IP 地址和伪造的 IP 地址。若一个伪造的 IP 地址满足包过滤规则，并同时满足其他规则的要求，则该数据包将被允许通过。

假设管理员精心创建了一条规则，该规则指示数据包过滤器丢弃所有来自未知源地址的数据包。这条包过滤规则虽然会极大地增大黑客访问某些可信服务器的难度，但并不能彻底杜绝这类访问。黑客只须用某个已知可信客户机的源地址替代恶意数据包的实际源地址就可以达到目的。把这种形式的攻击称为 IP 地址欺骗（IP Address Spoofing）。用 IP 地址欺骗攻击来对付包过滤防火墙是非常有效的。美国计算机应急响应中心（CERT）已经收到大量 IP 欺骗攻击的报告，报告显示许多攻击已成功侵入网络。尽管包过滤防火墙的性能非常具有吸引力，但是包过滤防火墙的固有结构决定了其安全性不够高，那些水平高超的黑客有可能穿越包过滤防火墙而进入受保护的内部网络。

同样，我们注意到静态包过滤防火墙并没有对数据包做太多的检查。请记住，静态包过滤防火墙仅检查那些特定的协议头信息：① 源/目的 IP 地址；② 源/目的端口号（服务）。因此，黑客可将恶意的命令或数据隐藏在那些未经检查的头信息中。更危险的是，由于静态包过滤防火墙没有检查数据包的净荷部分，使黑客有机会将恶意的命令或数据隐藏到数据净荷中。这一攻击方法通常被称做“隐信道攻击”（Covert Channel Attack）。目前，这种形式的攻击越来越多，必须加倍小心。

最后需说明的是，包过滤防火墙并没有“状态感知”（State Aware）的能力。管理员必须为某个会话的两端都配置相应的规则以保护服务器。例如，要允许用户访问某个受保护的 Web 服务器，管理员必须创建一条规则，该规则既允许来自远端客户机的请求进入内部网络，又允许来自 Web 服务器的响应去往 Internet。值得注意的是，现在人们在使用 FTP 和 E-mail 等服务时，需要静态包过滤防火墙能够动态地为这些服务分配端口，所以管理员必须为静态包过滤规则打开所有的端口。

静态包过滤防火墙有如下优点。

（1）**对网络性能有较小的影响**。由于包过滤防火墙只是简单地根据地址、协议和端口进行访问控制，因此对网络性能的影响比较小。只有当访问控制规则比较多时，才会感觉到性能的下降。

（2）**成本较低**。路由器通常集成了简单包过滤的功能，基本上不再需要单独的防火墙设备实现静态包过滤功能，因此从成本方面考虑，简单包过滤的成本非常低。

静态包过滤防火墙有如下缺点。

（1）**安全性较低**。由于包过滤防火墙仅工作于网络层，其自身的结构设计决定了它不能对数据包进行更高层的分析和过滤。因此，包过滤防火墙仅提供较低水平的安全性。

（2）**缺少状态感知能力**。一些需要动态分配端口的服务需要防火墙打开许多端口，这就增大了网络的安全风险，从而导致网络整体安全性不高。

（3）**容易遭受 IP 欺骗攻击**。由于简单的包过滤功能没有对协议的细节进行分析，因此有可能遭受 IP 欺骗攻击。

（4）**创建访问控制规则比较困难**。包过滤防火墙由于缺少状态感知的能力而无法识别主动方与被动方在访问行为上的差别。要创建严密有效的访问控制规则，管理员需要认真地分析和研究一个组织机构的安全策略，同时必须严格区分访问控制规则的先后次序，这对于新手而言是一个比较困难的问题。

12.4 动态包过滤防火墙

动态包过滤器是最普遍使用的一种防火墙技术，既具有很高的安全性，又具有完全的透明性。动态包过滤器的设计目标是允许所有的客户端软件不加修改即可工作，并让网络管理员仍然对流过防火墙的数据流施加完全的控制。静态包过滤防火墙的规则表是固定的，而动态包过滤防火墙可以根据网络当前的状态检查数据包，即根据当前所交换的信息动态调整过滤规则表。

12.4.1 工作原理

动态（状态）包过滤器是在静态包过滤防火墙的基础上发展而来的。由于动态包过滤防火墙继承了静态包过滤防火墙的某些特征，因此它具有静态包过滤防火墙固有的许多不足。但是，动态包过滤防火墙与静态包过滤防火墙有显著的不同，即它具有“状态感知”的能力。

典型的动态包过滤防火墙也和静态包过滤防火墙一样，都工作在网络层，即 OSI 模型的第 3 层。更先进的动态包过滤防火墙可以在 OSI 的传输层（第 4 层）上工作。在传输层上，动态包过滤防火墙可以收集更多的状态信息，从而增加过滤的深度。工作于传输层的动态包过滤防火墙如图 12-15 所示。

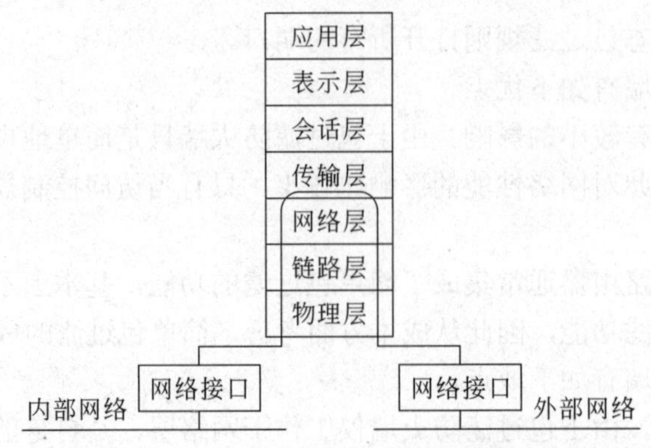

图 12-15　工作于传输层的动态包过滤防火墙

通常，动态包过滤防火墙做出转发还是丢弃一个数据包的判断，取决于对数据包的IP头和协议头的检查。动态包过滤防火墙所检查的数据包头信息包括：①数据源地址；②目的地址；③应用或协议；④源端口号；⑤目的端口号。

动态包过滤防火墙在对数据包的过滤方面，呈现出与普通包过滤防火墙非常相似的特征。如果数据包满足规则，如数据包的端口号或IP地址是可接受的，则被允许通过。但动态包过滤防火墙与普通的包过滤防火墙相比，还有一个不同点：它首先对外出的数据包身份进行记录，此后若有相同连接的数据包进入防火墙，它就直接允许这些数据包通过。

例如，动态包过滤防火墙的一条规则是：如果从外网输入防火墙的TCP数据包是对从内网发出的TCP数据包的回应，则允许这些TCP数据包通过防火墙。由此可以看出，动态包过滤防火墙直接对“连接”进行处理，而不是仅对数据包头信息进行检查。因此，它可以用来处理UDP和TCP。即使UDP缺少ACK标志位，它也可以对其进行过滤。

注意：*动态包过滤防火墙需要对已建连接和规则表进行动态维护，因此它是动态的和有状态的。动态包过滤防火墙根据规则表对数据包进行过滤，图 12-16 显示了其工作原理。*

简而言之，典型的动态包过滤防火墙能够感觉到新建连接与已建连接之间的差别。一旦连接建立，它就会将该连接的状态记于RAM中的一个表单中。后续的数据包与RAM表单中的状态信息进行比较，这一比较由操作系统内核层的软件实现。当动态包过滤防火墙发现进来的数据包是已建连接的数据包时，就会允许该数据包直接通过而不做任何检查。由于避免了对进入防火墙的每个数据包都进行规则库的检查，并且在内核层实现了数据包与已建连接状态的比较，因此动态包过滤防火墙的性能比静态包过滤防火墙的性能有很大的提高。

在概念上，实现动态包过滤器有两种主要的方式。一种方式是实时地改变普通包过滤器的规则集。许多采用这种方式的防火墙实现不是非常令人满意。包过滤器的规则集的创建是一项非常细致的工作，而且规则的次序也很重要。我们通常搞不清楚对规则集所做的哪些改变是有利的，哪些改变是有害的。

此外，还有另一种实现动态包过滤防火墙的方式。此方式不需要检查规则表，而是采用类似电路级网关的方式转发数据包。所有进入防火墙的呼叫连接将终止于防火墙，然后防火墙再与目标主机建立新的连接。防火墙在两个连接之间来回复制数据。

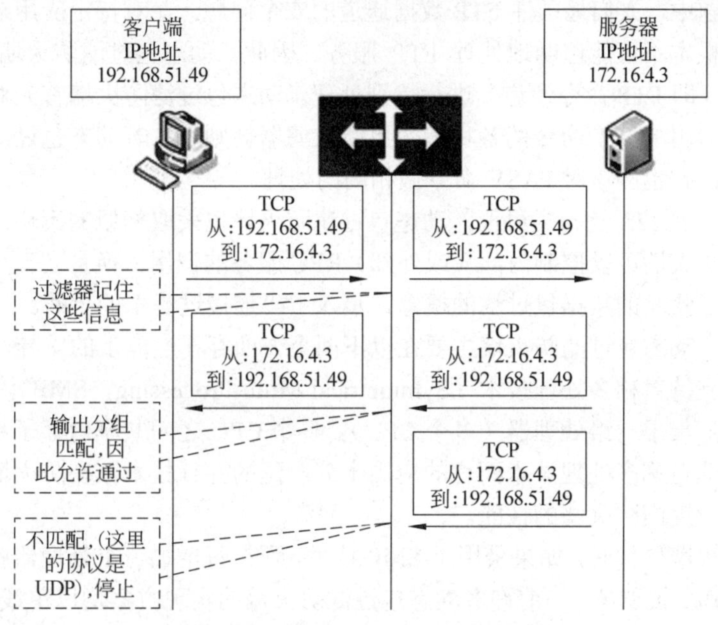

图 12-16　动态包过滤防火墙的工作原理

为了搞清其工作原理，下面再来回忆一下 TCP 连接建立的过程。一个 TCP 连接可以用以下 4 个标准参数来描述：

```
<localhost, localport, remotehost, remoteport>
```

但是，remotehost 不必是一台特定的机器，它可以是声明使用此 IP 地址的任何进程。采用此设计的防火墙可以用任意的主机地址作为回应。当防火墙继续向真正的目标主机发起连接请求的时候，它可以使用主叫的 IP 地址，而不采用其真实的 IP 地址作为回应。动态包过滤防火墙发起重新连接示意图如图 12-17 所示。

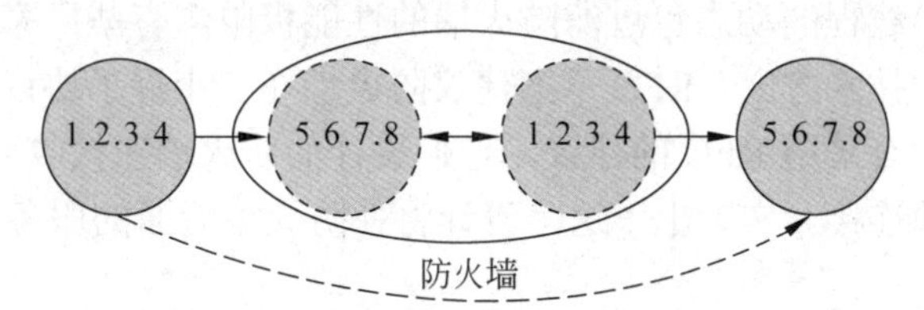

图 12-17　动态包过滤防火墙发起重新连接示意图

在图 12-17 中，虚线箭头表示意向连接，实线箭头表示真实的连接。防火墙在中间起着中继数据包的作用。对通信双方来说，防火墙既是通信的起点，也是通信的终点。防火墙对连接的识别不仅基于以上 4 个标准参数，而且基于网络接口。

12.4.2　安全性讨论

前面曾提到，普通的包过滤器存在一定的局限性。由于某些动态包过滤器增添了许多新的功能，从而有效地解决了普通包过滤防火墙存在的问题。

在这些问题中，人们最关注FTP数据通道的安全问题。在对特定应用缺乏了解的前提下，防火墙根本不可能透明地处理FTP服务。因此，动态包过滤防火墙通常要对21号端口的连接（即FTP命令通道）进行特别处理。动态包过滤防火墙首先对命令数据流进行扫描，然后用PORT命令的各种参数更新过滤器规则表。若动态包过滤器限制内网的数据包流出，它也应该对PASV命令做相同的处理。

对于RPC、H.323及同类协议，动态包过滤防火墙也采取相似的策略。通过检查数据包的内容，防火墙可以控制内部（或外部）RPC服务的调用。换言之，动态包过滤防火墙已经跳出了狭义的数据包过滤的概念，步入了“连接过滤”的范畴。

在现实中，动态包过滤防火墙主要在以下两个方面存在性能上的差异。

（1）是否支持对称多处理技术（Symmetrical Multi-Processing，SMP）。SMP是指在一个计算机上汇集了一组处理器（多个CPU），各个CPU之间共享内存子系统及总线结构。它是相对非对称多处理技术而言的应用十分广泛的并行技术。在防火墙设计中采用此技术可以大大提高防火墙的性能。

在编写防火墙软件时，如果采用了SMP技术，那么每增加一个处理器就会使防火墙的性能提高30%。很遗憾，当前许多动态包过滤防火墙的实现方案均以单线程进程工作，不能充分利用SMP的优势，为了克服单线程带来的性能限制，许多防火墙厂家采用强大且昂贵的基于精简指令集（Reduced Instruction Set Computing，RISC）的处理器，以获取高性能。随着处理器性能的提高及多处理器服务器的广泛应用，单线程的局限性已经非常明显。例如，在昂贵的RISC服务器上运行防火墙软件只能达到150Mb/s的动态包过滤吞吐率，而在廉价的Intel多处理器服务器上运行防火墙软件可以获得600Mb/s以上的动态包过滤吞吐率。

（2）体现在连接建立的方式上。几乎每个防火墙厂商都在建立连接表（Connection Table）方面有自己的专利技术。但是，除了上面讨论的区别之外，动态包过滤防火墙的基本操作在本质上都是相同的。

为了突破基于单线程的动态包过滤防火墙的性能极限，有些厂家在防火墙建立连接时采取了非常危险的技术方案。RFC草案建议防火墙在3步握手协议完成后才能建立连接，而有些厂家并没有采用RFC的建议，他们设计的防火墙在接收到第一个SYN数据包时就打开一个新的连接。实际上，这一设计将使防火墙后面的服务器容易遭到伪装IP地址攻击。

黑客发动的匿名攻击有时更具有危险性。与静态包过滤防火墙相似，假设管理员为防火墙创建了一条规则，指示包过滤器丢弃所有包含未知源地址的数据包。这条规则虽然使黑客的攻击变得非常困难，但是黑客仍然可以采用合法的IP地址访问防火墙后面的服务器。黑客可以将恶意数据包中的源地址替换成某个可信客户机的源地址。在此攻击方法中，黑客必须采用可信主机的IP地址，并通过3步握手建立连接。

如果防火墙厂商没有在连接建立的过程中采用RFC草案的建议，即没有执行3步握手协议就打开了一条连接，黑客就可以伪装成一台可信的主机，对防火墙或受防火墙保护的服务器发动单数据包攻击（Single-Packet Attack），而黑客却完全保持匿名。对于管理员来说，他们并不清楚所使用的防火墙产品具有此种缺陷。长期以来，各种单数据包攻击（如 LAND、Ping of Death 和 Tear Drop 等）一直困扰着管理员。一旦管理员知道了防火墙设计上存在缺陷，他们就不会对发生上述攻击感到吃惊。

总之，动态包过滤防火墙的优点如下所述：

（1）当动态包过滤防火墙设计采用 SMP 技术时，对网络性能的影响非常小。采用 SMP 的系统架构，防火墙可以由不同的处理器分担包过滤处理任务。即使在主干网络上使用动态包过滤防火墙，它也可以满足主干网络对防火墙性能的需求。

（2）动态包过滤防火墙的安全性优于静态包过滤防火墙。由于具有了“状态感知”能力，所以防火墙可以区分连接的发起方与接收方，也可以通过检查数据包的状态阻断一些攻击行为。与此同时，对于不确定端口的协议数据包，防火墙也可以通过分析打开相应的端口。防火墙所具备的这些能力使其安全性有了很大的提升。

（3）动态包过滤防火墙的“状态感知”能力也使其性能得到了显著提高。由于防火墙在连接建立后保存了连接状态，当后续数据包通过防火墙时，不再需要复杂的规则匹配过程，这就减少了由于访问控制规则数量的增加对防火墙性能造成的影响，因此其性能比静态包过滤防火墙好很多。

（4）如果不考虑所采用的操作系统的成本，动态包过滤防火墙的成本也很低。

动态包过滤防火墙的缺点如下所述：

（1）仅工作于网络层，因而仅检查 IP 头和 TCP 头。

（2）由于没有对数据包的净荷部分进行过滤，因此仍然具有较低的安全性。

（3）容易遭受伪装 IP 地址欺骗攻击。

（4）难于创建规则，管理员创建规则时必须要考虑规则的先后次序。

（5）如果动态包过滤防火墙连接在建立时没有遵循 RFC 建议的 3 步握手协议，就会引入额外的风险。如果防火墙在连接建立时仅使用两次握手，很可能导致防火墙在 DoS/DDoS 攻击时因耗尽所有资源而停止响应。

12.5 电路级网关

由于简单包过滤防火墙的缺点十分明显，因此后人提出了所谓电路级网关的理论。然而，电路级网关理论并没有获得很大的进展，目前通常作为应用代理服务器的一部分在应用代理类型的防火墙中实现。

电路级网关又称做线路级网关，当两个主机首次建立 TCP 连接时，电路级网关在两个主机之间建立一道屏障。电路级网关的作用就好像一台中继计算机，用来在两个连接之间来回地复制数据，也可以记录或缓存数据。此方案采用 C/S 结构，网关充当了服务器的角色，而内部网络中的主机充当了客户机的角色。当一个客户机希望连接到某个服务器时，它首先要连接到中继主机上，然后，中继主机再连接到服务器上。对服务器来说，该客户机的名称和 IP 地址是不可见的。

当有来自 Internet 的请求进入时，它作为服务器接收外来请求，并转发请求。当有内部主机请求访问 Internet 时，它则担当代理服务器的角色。它监视两主机建立连接时的握手信息，如 SYN、ACK 和序列号等是否合乎逻辑，判定该会话请求是否合法。在有效会话连接建立后，电路级网关仅复制、传递数据，而不进行过滤。电路级网关的工作原理如图 12-18 所示。在图 12-18 中，电路级网关仅用来中继 TCP 连接。为了增强安全性，电路级网关可以采取强认证措施。

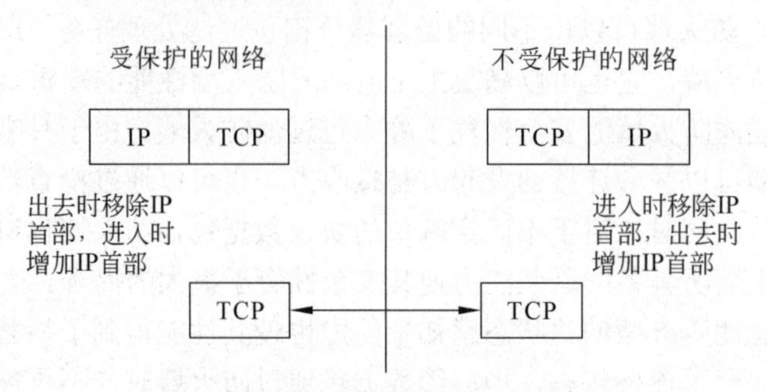

图 12-18　电路级网关的工作原理

在整个过程中，IP 数据包不会实现端到端的流动，这是因为中继主机工作于 IP 层以上。所有在 IP 层上可能出现的碎片攻击、Firewalking 探测等问题都会在中继主机上终结。对于有问题的 IP 数据流，中继主机能很好地加以处理。而在中继主机的另一端，它能发送正常的 TCP/IP 数据包。电路级网关在两个没有任何 IP 连通性的网络之间架起了一道桥梁。

在有些实现方案中，电路连接可自动完成。通过中继主机，特定的 TCP 服务可由外部主机到达内部的数据库主机。在 Internet 上，有很多实现这一功能的软件，如 tcprelay 就是一个 TCP 中继程序。

在另外一些实现方案中，连接服务需要知道确切的目的地址。此时，主叫主机和网关之间要运行一个简单的协议。此协议描述了主叫主机期望连接的目标主机和使用的服务。主叫用户首先向网关的 TCP 端口发出连接请求，然后网关再尝试与目标主机连接。一旦连接建立起来，中继程序就会在进出网关的两个方向上复制数据。

12.5.1　工作原理

电路级网关工作于会话层，即 OSI 模型的第 5 层，如图 12-19 所示。在许多方面，电路级网关仅仅是包过滤防火墙的一种扩展，它除了进行基本的包过滤检查之外，还要增加对连接建立过程中的握手信息及序列号合法性的验证。

在打开一条通过防火墙的连接或电路之前，电路级网关要检查和确认 TCP 及 UDP 会话。因此，电路级网关所检查的数据比静态包过滤防火墙或动态包过滤防火墙所检查的数据更多，安全性也更高。

通常，判断是接收还是丢弃一个数据包，取决于对数据包的 IP 头和 TCP 头的检查，如图 12-20 所示。电路级网关检查的数据包括：①源地址；②目的地址；③应用或协议；④源端口号；⑤目的端口号；⑥握手信息及序列号。

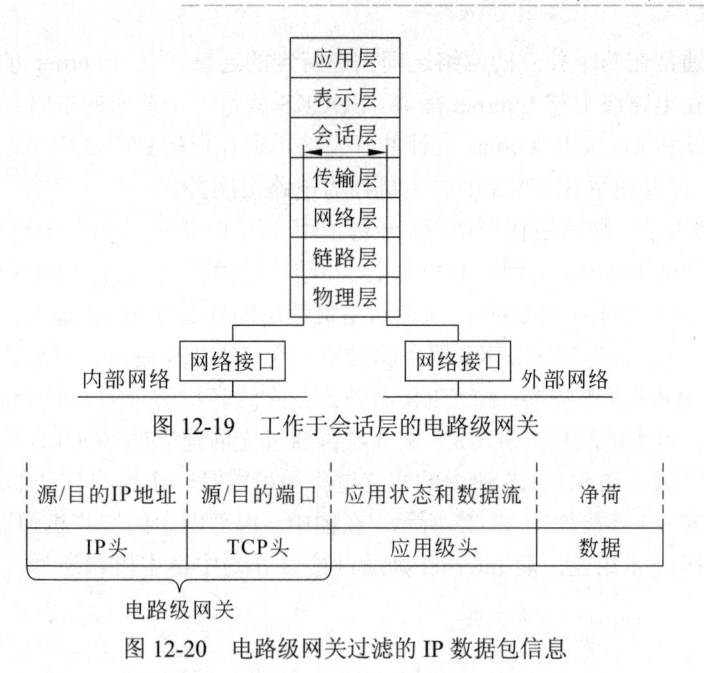

图 12-19 工作于会话层的电路级网关

图 12-20 电路级网关过滤的 IP 数据包信息

与包过滤防火墙类似，电路级网关在转发一个数据包之前，首先将数据包的 IP 头和 TCP 头与由管理员定义的规则表相比较，以确定防火墙是将数据包丢弃还是让数据包通过。在可信客户机与不可信主机之间进行 TCP 握手通信时，仅当 SYN 标志、ACK 标志及序列号符合逻辑时，电路级网关才判定该会话是合法的。

如果会话是合法的，包过滤器就开始对规则进行逐条扫描，直到发现其中一条规则与数据包中的有关信息一致。如果包过滤器没有发现适合该数据包的规则，它就会对该数据包施加一条默认规则。在防火墙的规则表中，这条默认规则有明确的定义，通常是指示防火墙将不满足规则的数据包丢弃。

事实上，电路级网关在其自身与远程主机之间建立一个新的连接，而这一切对内网中的用户来说是完全透明的。内网用户不会意识到这些，他们一直认为自己正与远程主机直接建立连接。在图 12-21 中，电路级网关将输出数据包的源地址改为自己的 IP 地址。因此，外部网络中的主机不会知道内部主机的 IP 地址。图中的单向箭头只是为了说明这一概念，实际上箭头应是双向的。

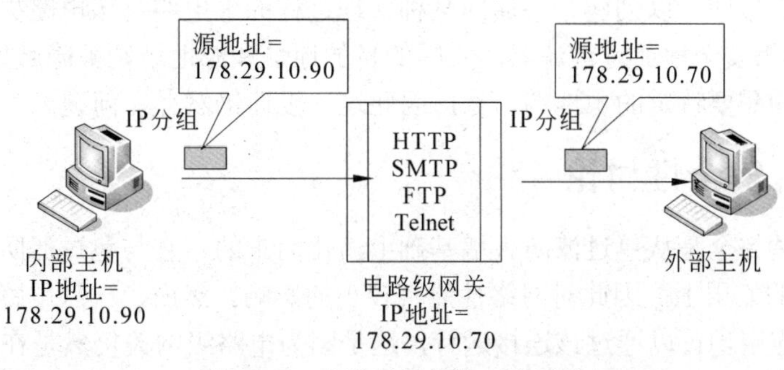

图 12-21 电路级网关的工作原理

电路中继通常在两个独立的网络之间创建特定的连接。在 Internet 的早期，许多公司的内部网均在电路级上与 Internet 隔离。SOCKS 就是一个普通的电路级网关。SOCKS 最初是由 David 和 Michelle Koblas 设计并开发的，现在已得到广泛应用。通过合理配置 SOCKS 协议，可以使用 SOCKS 中继主机作为电路级网关。

SOCKS 其实是一种网络代理协议。一台使用专用 IP 地址的内部主机可通过 SOCKS 服务器获得完全的 Internet 访问。具体网络拓扑结构是：用一台运行 SOCKS 的服务器（双宿主主机）连接内部网和 Internet，内部网主机使用的都是专用 IP 地址。内部网主机请求访问 Internet 时，首先与 SOCKS 服务器建立一个 SOCKS 通道，然后再将请求通过这个通道发送给 SOCKS 服务器；SOCKS 服务器在收到客户请求后，向 Internet 上的目标主机发出请求；得到响应后，SOCKS 服务器再通过先前建立的 SOCKS 通道将数据返回给内网主机。当然，在 SOCKS 通道的建立过程中可能有一个用户认证的过程。

典型的 SOCKS 连接如图 12-22 所示。在图中，内部网中的客户机通过 SOCKS 接口与中继主机的接口 *A* 相连，而 Internet 则通过接口 *B* 与中继主机相连。

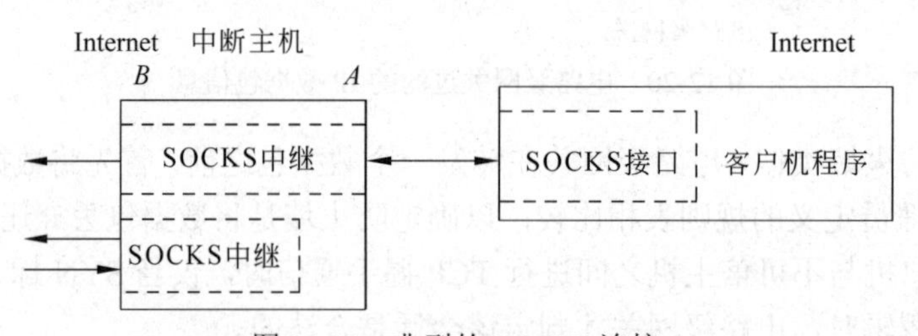

图 12-22　典型的 SOCKS 连接

电路级网关在设计上要能够中继 IP 连接，IP 地址对服务器来说是不可见的。中继请求会到达如图 12-22 所示的接口 *A*。如果在接口 *B* 上也提供该服务，外部用户就会通过中继主机发起连接。现在有很多黑客工具可以用来扫描中继服务器，以发现其存在的漏洞。

显然，必须对中继服务器施加控制。控制措施可采用各种形式，例如，可以对端口的持续时间加以限制，也可以要求列出允许访问该端口的外部用户名单，甚至可以对内部用户的连接建立请求进行用户认证。当然，到底采用什么措施要视具体情况而定。

电路级网关，包括后面要介绍的应用级网关，都非常适合于某些 UDP 应用。此时，必须修改客户机程序，以创建一条通向某种代理进程的虚电路。该电路提供了足够的信息，让 UDP 应用安全地通过过滤器。实际的目的地址和源地址则被隐蔽地发送。然而，由于各种服务均需要特定的本地端口号，因此这一设计仍然存在问题。

12.5.2　安全性讨论

电路级网关完全是从包过滤防火墙基础上演化而来的，它与包过滤防火墙一样，工作于 OSI 模型的低层上，因此对网络性能有较小的影响。然而，一旦电路级网关建立一个连接，任何应用均可以通过该连接运行，这是因为电路级网关仍然是在 OSI 模型的会话层和网络层上对数据包进行过滤的。换句话说，电路级网关不能对可信网络与不可信网络之间中继的数据包内容进行检查。这就存在潜在的风险，电路级网关有可能放过有害的数据包，使其顺利到达防火墙后面的服务器。

总之，电路级网关具有如下优点：

（1）对网络性能有一定程度的影响。由于其工作层次比包过滤防火墙高，因此性能比包过滤防火墙稍差，但是与应用代理防火墙相比，其性能要好很多。

（2）切断了外部网络与防火墙后的服务器直接连接。外网客户机与内网服务器之间的通信需要通过电路级代理实现，同时电路级代理可以对 IP 层的数据错误进行校验。

（3）比静态或动态包过滤防火墙具有更高的安全性。在理论上，防火墙实现的层次越高，过滤检查的项目就越多，安全性就越好。由于电路级网关可以提供认证功能，因此其安全性要优于包过滤防火墙。

电路级网关具有如下缺点：

（1）具有一些包过滤防火墙固有的缺陷，例如，电路级网关不能对数据净荷进行检测，因此无法抵御应用层的攻击等。

（2）仅提供一定程度的安全性。由于电路级网关在设计理论上存在局限性，工作层次决定了它无法提供最高的安全性。只有到了应用级网关的级别，安全问题才能从理论上得到彻底解决。

（3）电路级网关防火墙存在的另外一个问题是：当增加新的内部程序或资源时，往往需要对许多电路级网关的代码进行修改（SOCKS 例外）。

12.6 应用级网关

应用级网关与包过滤防火墙不同，包过滤防火墙能对所有不同服务的数据流进行过滤，而应用级网关则只能对特定服务的数据流进行过滤。包过滤器不需要了解数据流的细节，它只查看数据包的源地址和目的地址或检查 UDP/TCP 的端口号和某些标志位。应用级网关必须为特定的应用服务编写特定的代理程序。这些程序被称为“服务代理”，在网关内部分别扮演客户机代理和服务器代理的角色。当各种类型的应用服务通过网关时，它们必须经过客户机代理和服务器代理的过滤。应用级网关的逻辑结构如图 12-23 所示。

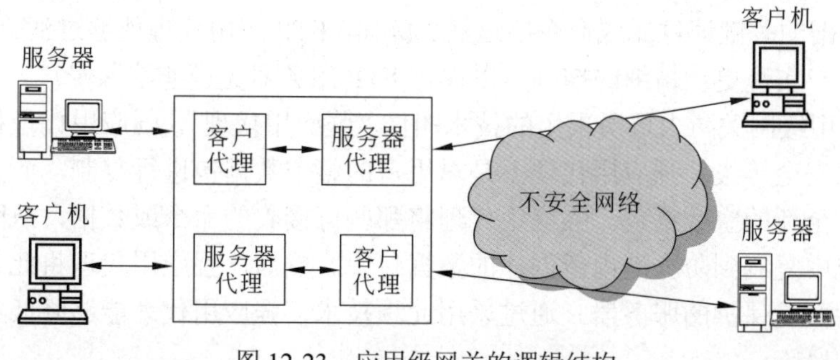

图 12-23　应用级网关的逻辑结构

12.6.1 工作原理

与电路级网关一样，应用级网关截获进出网络的数据包，运行代理程序来回复制和传递通过网关的信息，起着代理服务器的作用。它可以避免内网中的可信服务器或客户机与外网中某个不可信主机之间的直接连接。

应用级网关上所运行的应用代理程序与电路级网关有两个重要的区别：

（1）代理是针对应用的。

（2）代理对整个数据包进行检查，因此能在OSI模型的应用层上对数据包进行过滤。应用级网关的工作层次如图12-24所示。

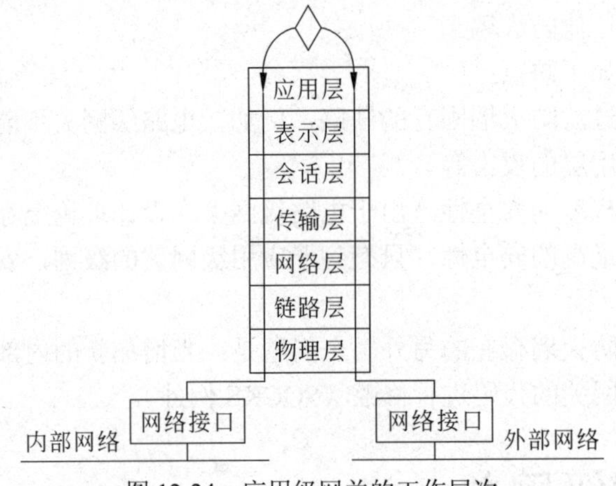

图12-24 应用级网关的工作层次

与电路级网关不同，应用级网关必须针对每个特定的服务运行一个特定的代理，它只能对特定服务所生成的数据包进行传递和过滤。例如，HTTP代理只能复制、传递和过滤HTTP业务流。如果一个网络使用了应用级网关防火墙，而且网关上没有运行某些应用服务的代理，那么这些服务的数据包都不能进出网络。例如，如果应用级网关防火墙上运行了FTP和HTTP代理，那么只有这两种服务的数据包才能通过防火墙，所有其他服务的数据包均被禁止。

应用级网关防火墙上运行的代理程序对数据包进行逐个检查和过滤，而不是简单地复制数据让数据包轻易地通过网关。特定的应用代理检查通过网关的每个数据包，在OSI模型的应用层上验证数据包内容。这些代理可以对应用协议中的特定信息或命令进行过滤，这就是所谓的关键词过滤或命令字过滤。例如，FTP应用代理能够过滤许多命令字，以便对特定用户实现更加精细的控制，以保护FTP服务器免遭非法入侵。

当前，应用级网关防火墙所采用的技术叫做“强应用代理”。强应用代理技术提高了应用级网关的安全等级。强应用代理不是对用户的整个数据包进行复制，而是在防火墙内部创建一个全新的空数据包。强应用代理将那些可接收的命令或数据，从防火墙外部的原始数据包中复制到防火墙内新创建的数据包中。然后，强应用代理将此新数据包发送给防火墙后面受保护的服务器。通过采用此项技术，强应用代理能够降低各类隐信道攻击所带来的风险。

与普通静态或动态包过滤防火墙相比，应用级网关防火墙在更高层上过滤信息，并且能够自动地创建必要的包过滤规则，因此它们比传统的包过滤防火墙更容易配置。

由于应用级网关防火墙对整个数据包进行检查，因此它是当前已有的最安全的防火墙结构之一。虽然应用级网关防火墙具有很高的安全性，但是它有一个固有的缺点，那就是缺乏透明性。此外，缺乏对新应用、新协议的支持也成了制约应用级网关发展的主要障碍。

随着软件技术从原来的 16b 编码转向当前的 32b 编码，再加上 SMP 等新技术的出现，今天的许多应用级网关防火墙既有很高的安全性，也有很好的透明性。此时，公网或内网中的用户不会意识到他们正在通过防火墙访问 Internet。

12.6.2　安全性讨论

包过滤防火墙无须对数据净荷进行检查，它仅检查数据包的源地址和目的地址，也可能检查 UDP 或 TCP 的端口号或标志位。由于应用级网关要对特定服务数据包的细节进行检查，因此它比包过滤防火墙更复杂。

应用级网关不是采用通用机制处理所有应用服务的数据包，而是采用特定的代理程序处理特定应用服务的数据包。例如，针对电子邮件的应用代理程序能理解 RFC 822 头信息和 MIME 编码格式的附件，也可能识别出感染病毒的软件。这类过滤器通常采用存储转发方式工作。

应用级网关还有另外一个优点：它容易记录和控制所有进出网络的数据流。这对于某些环境来说非常关键。它可以对电子邮件中的关键词进行过滤，也可以让特定的数据通过网关。它还能对网页的查询请求进行过滤，使其与公司的安全策略一致，以禁止员工在工作时间上网看新闻。它也能剔除危险的电子邮件附件。

不管网络中的其他防火墙采用何种技术，电子邮件通常必须经过应用级网关的过滤。即使网络中没有安装防火墙，也必须安装电子邮件网关。它还能去掉内部主机的名称，因为此名称中可能含有一些有价值的信息。它甚至还可以进行数据流分析、内容分析并形成日志，以便事后查看被泄漏的信息。

注意：以上描述的安全机制仅用来防止攻击者从外部发起攻击。但是如果网络内部有不法用户想导入含有病毒的文件，这些安全机制将无能为力。当然，这类问题的防范超出了防火墙的功能范围。

应用级网关的主要缺点是：对于大多数应用服务来说，它需要编写专门的用户程序或不同的用户接口。在实践中，这意味着应用级网关只能支持一些非常重要的服务。对于一些专用的协议或应用，应用级网关将无法加以过滤。对于许多新出现的应用服务，应用级网关则无能为力，因为用户必须重新开发新的代理程序，而这需要时间。目前，它仅能对有限的几个常用的应用服务进行过滤，如 HTTP、FTP、SMTP、POP3、Telnet 等。

在复杂的网络环境中，应用级网关显得不太实用，并且可能超负荷运行，以致不能正常工作。如果应用级网关的实现依赖于操作系统的 Inetd 守护程序，则其最大并发连接数目将受到严重限制。今天的网络环境对并行会话的要求非常高，这就要求应用级网关防火墙对网络环境有很强的适应性。因此，是否采用应用级网关防火墙，取决于用户的选择。如果用户为满足某些特殊的安全需求而采用应用级网关防火墙，那么用户就要承担一定的风险。如果内网中的用户太多、流量太大，就可能因所支持的并发连接数不够而造成过滤速度缓慢或死机。

当然，从安全的角度看，人们更偏向于采用应用级网关防火墙。由于它在应用层上对数据进行过滤，因此更安全。网关也可以支持其他的应用，例如，可以让它承担域名服务器或邮件服务器的任务。应用级网关防火墙隐藏了内部主机的IP地址或主机名，对于外部的网络用户来说，这些信息是不可见的。当数据包流出内网的时候，防火墙将消息头中的专用IP地址和主机名去掉；当数据包自外网流入内网时，防火墙的域名服务器对数据包进行解析，再发往内网的用户。因此，对于外部网络来说，防火墙看起来既是源点也是终点。

应用级网关可以解决IP地址缺乏的问题。网络管理员可以将大量的专用IP地址分配给内网用户，使内部主机的IP地址分配变得非常容易。由于应用级网关对Internet隐藏了内部的专用IP地址，因此它只需要ISP提供几个静态IP地址即可。

用户可使用应用级网关上运行的FTP代理程序传输文件。内部用户通过登录防火墙上传或下载文件，外部用户也一样。在进行匿名文件传输时，用户先将文件发给防火墙，再由防火墙将文件发出。这种工作方式也同样适用于Telnet或rlogin会话：用户首先远程登录到防火墙上，防火墙再远程登录到外部网络。E-mail及由网站提供的某些服务均采用这种安全工作模式。这样，内网用户就可以通过应用级网关对外部用户提供服务。当然，用户可以采用Kerberos安全协议来管理内外网用户之间的会话。

有的商用防火墙可为用户提供应用级网关软件。用户可与制造商签署保密协议，让他们提供对许多专用协议的支持。但是，究竟是否真正需要应用级网关支持这些协议，网络管理员要对内网的安全策略仔细研究。即使应用级网关能够对这些专用协议进行过滤，如果根本不需要这些协议，就应该去掉它们。在应用级网关上增加对这些协议的支持，只会增加防火墙的负担，从而降低防火墙的性能。

TIS（Trusted Information Systems）防火墙工具包是一种非常流行的应用级网关软件。读者可以从网上自由下载。该工具包包括Telnet网关、FTP网关、rlogin网关和SSL网关等。另外，还有一些专门为特定服务编写的应用代理软件包，如Squid等。对这些软件加以修改，它们就可以应用于防火墙中。

总之，应用级网关的主要优点如下所述：

（1）**在已有的安全模型中安全性较高**。由于工作于应用层，因此应用级网关防火墙的安全性取决于厂商的设计方案。应用级网关防火墙完全可以对服务（如HTTP、FTP等）的命令字过滤，也可以实现内容过滤，甚至可以进行病毒的过滤。

（2）**具有强大的认证功能**。由于应用级网关在应用层实现认证，因此它可以实现的认证方式比电路级网关要丰富得多。

（3）**具有超强的日志功能**。包过滤防火墙的日志仅能记录时间、地址、协议、端口，而应用级网关的日志要明确得多。例如，应用级网关可以记录用户通过HTTP访问了哪些网站页面、通过FTP上传或下载了什么文件、通过SMTP给谁发送了邮件，甚至邮件的主题、附件等信息，都可以作为日志的内容。

（4）**应用级网关防火墙的规则配置比较简单**。由于应用代理必须针对不同的协议实现过滤，所以管理员在配置应用级网关时关注的重点就是应用服务，而不必像配置包过滤防火墙一样还要考虑规则顺序的问题。

应用级网关的主要缺点如下所述：

（1）**灵活性很差**：对每一种应用都需要设置一个代理。由此导致的问题很明显，每当出现一种新的应用时，必须编写新的代理程序。由于目前的网络应用呈多样化趋势，这显然是一个致命的缺陷。在实际工作中，应用级网关防火墙中集成了电路级网关或包过滤防火墙，以满足人们对灵活性的需求。

（2）**配置复杂**：增加了管理员的工作量。由于各种应用代理的设置方法不同，因此对于不是很精通计算机网络的用户而言，难度可想而知。对于网络管理员来说，当网络规模达到一定程度的时候，其工作量很大。

（3）**性能不高**：有可能成为网络的瓶颈。虽然目前的 CPU 处理速度还是保持以莫尔定律的速度增长，但是周边系统的处理性能（如磁盘访问性能等）远远落后于运算能力的提高，很多时候系统的瓶颈根本不在于处理器的性能。目前，应用级网关的性能依然远远无法满足大型网络的需求，一旦超负荷，就有可能发生宕机，从而导致整个网络中断。

12.7　状态检测防火墙

状态检测技术是防火墙近几年才应用的新技术。传统的包过滤防火墙只是通过检测 IP 包头的相关信息来决定数据流的通过还是拒绝，而状态检测技术采用的是一种基于连接的状态检测机制，将属于同一连接的所有包作为一个数据流的整体看待，构成连接状态表，通过规则表与状态表的共同配合，对表中的各个连接状态因素加以识别。这里动态连接状态表中的记录可以是以前的通信信息，也可以是其他相关应用程序的信息，因此，与传统包过滤防火墙的静态过滤规则表相比，它具有更好的灵活性和安全性。

12.7.1　工作原理

先进的状态检测防火墙读取、分析和利用了全面的网络通信信息和状态，如下所述：

（1）**通信信息**：即所有 7 层协议的当前信息。防火墙的检测模块位于操作系统的内核，在网络层之下，能在数据包到达网关操作系统之前对它们进行分析。防火墙先在低协议层上检查数据包是否满足企业的安全策略，对于满足的数据包，再从更高协议层上进行分析。它验证数据的源地址、目的地址和端口号、协议类型、应用信息等多层的标志，因此具有更全面的安全性。

（2）**通信状态**：即以前的通信信息。对于简单的包过滤防火墙，如果要允许 FTP 通过，就必须做出让步而打开许多端口，这样就降低了安全性。状态检测防火墙在状态表中保存以前的通信信息，记录从受保护网络发出的数据包的状态信息，如 FTP 请求的服务器地址和端口、客户端地址和为满足此次 FTP 临时打开的端口，然后，防火墙根据该表内容对返回受保护网络的数据包进行分析判断，这样，只有响应受保护网络请求的数据包才被放行。这里，对于UDP或RPC等无连接的协议，检测模块可创建虚会话信息用来进行跟踪。

（3）**应用状态**：即其他相关应用的信息。状态检测模块能够理解并学习各种协议和应用，以支持各种最新的应用，它比代理服务器支持的协议和应用要多得多；并且，它能从应用程序中收集状态信息并存入状态表中，以供其他应用或协议做检测策略。例如，已经通过防火墙认证的用户可以通过防火墙访问其他授权的服务。

（4）**操作信息**：即在数据包中能执行逻辑运算或数学运算的信息。状态监测技术采用强大的面向对象的方法，基于通信信息、通信状态、应用状态等多方面因素，利用灵活的表达式形式，结合安全规则、应用识别知识、状态关联信息及通信数据，构造更复杂的、更灵活的、满足用户特定安全要求的策略规则。

状态检查防火墙将动态包过滤、电路级网关和应用级网关等各项技术结合在一起。由于状态检测防火墙可以在OSI模型的所有7个层次上进行过滤，所以在理论上应该具有很高的安全性，如图12-25所示。但是，现在的大多数状态检测防火墙只工作于网络层，而且只作为动态包过滤器对进出网络的数据进行过滤。因此，它对数据包的过滤还基于对源地址、目的IP地址及端口号的检查。有些企业声称，这是管理员在配置防火墙时出错，许多管理员则抱怨采用状态监测功能将造成防火墙超负荷运行，从而使其应用受到限制。

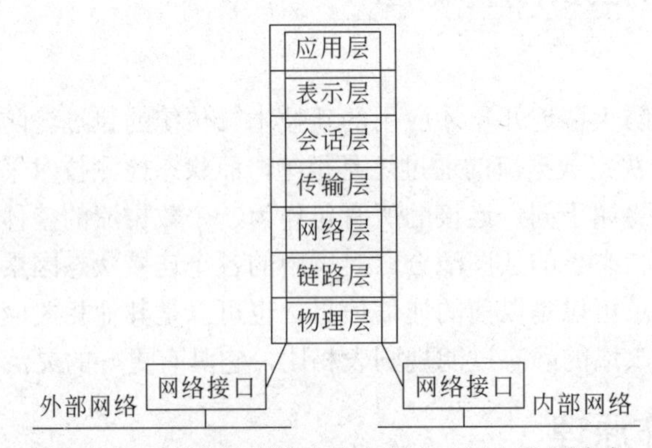

图12-25　状态检测防火墙在所有7层上进行过滤

12.7.2　安全性分析

尽管状态检测防火墙潜在地具有在全部7层上过滤数据包的能力，但是许多管理员在安装防火墙时仅让其运行在OSI的网络层上，作为动态包过滤防火墙使用。前面已指出，状态检测防火墙也可以作为电路级网关工作，以确定是否允许某个会话中的数据包通过防火墙。例如，状态检测防火墙可以验证输入数据包的SYN、ACK标志位和序列号是否符合逻辑。然而，在许多实现方案中，状态检测防火墙仅被当作动态包过滤防火墙使用，并且允许采用单个SYN数据包建立新的连接，这是非常危险的。有的状态检测防火墙方案不能对内部主机发出的数据包的序列号进行检测，这可能导致安全缺陷：一个内部主机可以非常容易地伪装成其他内部主机的 IP 地址，在防火墙上为进入内网的连接打开一扇门。

最后需要说明的是，状态检测防火墙可以模仿应用级网关。状态检测防火墙可以在应用层上对每个数据包的内容进行评估，并且能够确保这些内容与管理员根据本机构的安全策略所设置的过滤规则相匹配。与应用级网关一样，状态检测防火墙可以丢弃那些在应用头（Application Header）中含有特定指令的数据包。例如，管理员可以配置状态检测防火墙，让它丢弃包含“Put”指令的数据包。然而，当采用单线程的状态检测防火墙进行应用层过滤时，其性能会受到很大的影响。因此，管理员为获得较高的吞吐率以满足网络对速度的需求，通常将状态检测防火墙配置成动态包过滤防火墙使用。实际上，状态检测防火墙的默认配置就是采用动态包过滤，而没有对许多广泛使用的协议（如 HTTP）实施状态检测。

与应用级网关不同，状态检测防火墙没有打破用“客户/服务器”模型来分析应用层数据。应用级网关创建了两个连接：一个连接在可信客户机和网关之间，另一个连接在网关和不可信主机之间。网关在这两个连接之间复制信息。这是应用代理和状态检测争论的核心。有些管理员坚持认为这一配置确保了高安全性，而有些管理员则认为这一配置降低了系统的性能。为了提供安全的连接，状态检测防火墙能够在 OSI 的应用层上截获和检查每个数据包。遗憾的是，单线程状态检测进程给防火墙性能带来很大的影响，所以管理员通常不采用这一配置。

状态检测防火墙依靠检测引擎中的算法来识别和处理应用层数据。这些算法将数据包与授权数据包的已知比特模式相比较。有些厂商声称，在理论上，它们的状态检测防火墙在过滤数据包时，要比特定应用代理更加高效。然而，许多状态检测引擎是以单线程工作的，显著地缩小了状态监测防火墙与应用级网关之间的差别。例如，不做状态检测防火墙的 SMP 多架构防火墙与普通状态检测防火墙相比，吞吐量之比为 4∶1，并行会话能力之比高达 12∶1。此外，由于受状态检测引擎中所使用的检测语言的限制，现在人们通常使用应用级网关来代替状态检测防火墙。

总之，状态检测防火墙具有以下优点：

（1）具备动态包过滤的所有优点，同时具有更高的安全性。因为增加了状态检测机制，所以能够抵御利用协议细节进行的攻击。

（2）没有打破客户/服务器模型。

（3）提供集成的动态（状态）包过滤功能。

（4）当以动态包过滤模式运行时，其速度很快；当采用 SMP 兼容的动态包过滤时，其运行速度更快。

状态检测防火墙具有以下缺点：

（1）由于状态检测引擎采用单线程进程，此设计将对防火墙的性能产生很大影响。许多用户将状态检测防火墙当作动态包过滤防火墙使用，过滤的层次仅限于网络层与传输层，无法对应用层内容进行检测，也就无法防范应用层攻击。

（2）许多人认为，没有打破“客户/服务器”结构会产生不可接受的安全风险，因为黑客可以直接与受保护的服务器建立连接。

（3）如果实现方案依赖于操作系统的Inetd守护程序，其并发连接数量将受到严重限制，从而不能满足当今网络对高并发连接数量的要求。

（4）仅能提供较低水平的安全性。没有一种状态检测防火墙能提供高于通用标准EAL2的安全性。EAL2等级的安全产品不能用于对专网的保护。

12.8 切换代理

12.8.1 工作原理

切换代理（Cutoff Proxy）实际上是动态（状态）包过滤器和电路级代理的结合。在许多实现方案中，切换代理首先起电路级代理的作用，以验证RFC建议的3步握手，然后再切换到动态包过滤的工作模式下。因此，切换代理首先工作于OSI的会话层，即第5层，当连接完成后，再切换到动态包过滤模式，即工作于OSI的第3层。切换代理的工作过程如图12-26所示。

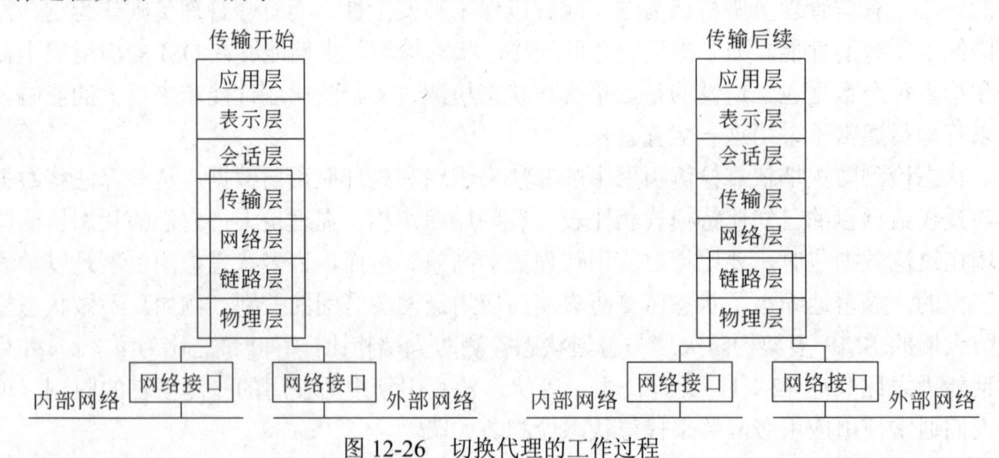

图12-26 切换代理的工作过程

有些厂商已经将切换代理的过滤能力拓展到应用层，使其在切换到动态包过滤模式之前能够处理有限的认证信息。

12.8.2 安全性讨论

前面已讨论了切换代理的工作原理，现在来分析切换代理的缺点。我们知道，切换代理与传统的电路级代理不同：电路级代理能在连接持续期间打破“客户/服务器”模式，而切换代理却不能。远端的客户机与防火墙后面受保护的服务器之间仍然能够建立直接的连接。切换代理可以在安全性和性能两者之间找到一个平衡点。在谈及切换代理时，许多厂商吹嘘切换代理不仅能够提供与电路级网关相同的安全性，而且能够提供与动态包过滤防火墙相同的性能。

我们认为，不同类型的防火墙结构在Internet安全中都有不同的定位。如果安全策略规定需要对一些基本的服务进行认证并检查3步握手，而且不需要打破“客户/服务器”

模式，那么切换代理就是一个非常合适的选择。然而，管理员必须清醒地认识到，切换代理决不等同于电路级代理，因为在建立连接期间，它并未打破“客户/服务器”的工作模式。

总之，切换代理具有以下优点：

（1）与传统的电路级网关相比，它对网络性能造成的影响要小。

（2）由于对 3 步握手进行了认证，所以降低了 IP 欺骗的风险。

切换代理具有以下缺点：

（1）它不是一个电路级网关。

（2）它仍然具有动态包过滤器遗留的许多缺陷。

（3）由于没有检查数据包的净荷部分，因此具有较低的安全性。

（4）难于创建规则（受先后次序的影响）。

（5）其安全性不及传统的电路级网关。

12.9 空气隙防火墙

12.9.1 工作原理

空气隙防火墙（Air Gap）俗称“安全网闸”，它是现有防火墙结构中的新成员。安全网闸技术是模拟人工拷盘的工作模式，通过电子开关的快速切换实现两个不同网段的数据交换的物理隔离安全技术。安全网闸技术源于被称为“Air Gap”的安全技术，它本意是指由空气形成的用于隔离的缝隙。在网络安全技术中，主要指通过专用的硬件设备在物理不连通的情况下，实现两个独立网络之间的数据安全交换和资源共享。目前，有关空气隙防火墙技术的是非争论还在继续。其实，空气隙防火墙的工作原理非常简单。首先，外部客户机与防火墙之间的连接数据被写入一个具有 SCSI 接口的高速硬盘中，然后内部的连接再从该 SCSI 硬盘中读取数据。由于防火墙切断了客户机到服务器的直接连接，并且对硬盘数据的读/写操作都是独立进行的，因此人们相信空气隙防火墙能够提供高度的安全性。其结构如图 12-27 所示。

从图 12-27 中可以看出，它由 3 个组件构成：*A* 网处理机、*B* 网处理机和 GAP 开关设备。可以很清楚地看到连接两个网络的 GAP 设备不能同时连接到相互独立的 *A* 网和 *B* 网中，即 GAP 在某一时刻只与其中某个网络相连。GAP 设备连接 *A* 网时，它是与 *B* 网断开的，*A* 网处理机把数据放入 GAP 中；GAP 在接收完数据后自动切换到 *B* 网，同时，GAP 与 *A* 网断开；*B* 网处理机从 GAP 中取出数据，并根据合法数据的规则进行严格的检查，判断这些数据是否合法，若为非法数据，则删除它们。同理，*B* 网也以同样的方式通过 GAP 将数据安全地交换到 *A* 网中。从 *A* 网处理机往 GAP 放入数据开始，到 *B* 网处理机从 GAP 中取出数据并检查结束，就完成了一次数据交换。GAP 就这样在 *A* 网处理机与 *B* 网处理机之间来回往复地进行实时数据交换。在通过 GAP 交换数据的同时，*A* 网和 *B* 网仍然是相互隔离的。

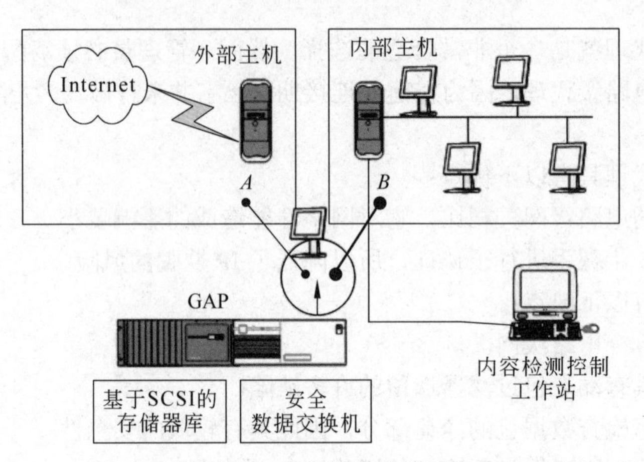

图 12-27　空气隙防火墙结构

安全网闸如何保证网络的安全性呢？首先，这两个网络一直是隔离的，在两个网络之间只能通过 GAP 来交换数据。当两个网络的处理机或 GAP 三者中的任何一个设备出现问题时，都无法通过 GAP 进入另一个网络，因为它们之间没有物理连接；第二，GAP 只交换数据，不直接传输 TCP/IP 数据包，这样就避免了 TCP/IP 的漏洞；第三，任何一方接收到数据，都要对数据进行严格的内容检测和病毒扫描，严格控制非法数据的交流。GAP 安全性的高低关键在于其对数据内容检测的强弱。若不做任何检测，虽然是隔离的两个网络，也能传输非法数据、病毒或木马，甚至利用应用协议漏洞通过 GAP 设备从一个网络直接进入另一个网络。此时，GAP 的作用将大打折扣。

空气隙防火墙的工作原理与应用级网关非常相似，要把空气隙技术同应用级网关技术加以区分是非常困难的。两者的主要差别是：空气隙技术分享的是一个公共的 SCSI 高速硬盘，而应用级网关技术分享的是一个公共的内存。另外，空气隙防火墙由于采用了外部进程（SCSI 驱动），所以性能上受到限制，而应用级网关防火墙是在内核存储空间上运行内核硬化的安全操作系统，在同样安全性的情况下，性能却大大地提高了。

关于空气隙防火墙的各项指标还有待于由第三方权威机构进行检验。但是，目前大多数空气隙防火墙产品的性能远远地落后于传统的应用级网关防火墙产品。如果没有得到权威机构提供的安全性报告，对许多系统管理员来说，使用空气隙防火墙不能不考虑性能上的损失。

12.9.2　安全性分析

尽管作为物理安全设备，安全网闸提供的高安全性是显而易见的，但是由于其工作原理的特殊性，决定了安全网闸存在一些不可避免的缺陷。

安全性和易用性始终是矛盾的。在已有的防火墙、VPN 及 AAA 认证设备等安全设施的多重构架环境中，安全网闸产品的加入使网络日趋复杂化：正常的访问连接越来越多地受到各种不可见和不易见的因素的干扰和影响；已经配置好的各种网络产品和安全产品，可能由于安全网闸的配置不当而受到影响；许多网络由于采用了多重过滤的安全结构，其性能本来就有所下降，而安全网闸的加入使网络性能瓶颈问题更加突出。因为电子开关切换速率的固有特性和安全过滤功能的复杂化，目前安全网闸的交换速率已接近该技术的理论速率极限。可以预见，在不久的将来，随着高速网络技术的发展，安全网闸在交换速率上的问题将会成为阻碍网络数据交换的重要因素。

总之，空气隙防火墙具有以下优点：

（1）切断了与防火墙后面服务器的直接连接，消除了隐信道攻击的风险。

（2）采用强应用代理对协议头长度进行检测，因此能够消除缓冲器溢出攻击。

（3）与应用级网关结合使用，空气隙防火墙能提供很高的安全性。

空气隙防火墙具有以下缺点：

（1）它会在很大程度上降低网络的性能。

（2）只支持静态数据交换，不支持交互式访问。

（3）适用范围窄，必须根据具体应用开发专用的交换模块。

（4）系统配置复杂，安全性在很大程度上取决于网络管理员的技术水平。

（5）结构复杂，实施费用较高。

（6）可能造成其他安全产品不能正常工作，并带来瓶颈问题。

12.10 分布式防火墙

传统意义上的边界防火墙用于限制被保护系统内部网络与外部网络（通常是因特网）之间进行信息存取、传递的操作，它所处的位置在内部网络与外部网络之间。实际上，所有以前出现的各种不同类型的防火墙，从简单的包过滤到应用层代理以至自适应代理，都是基于一个共同的假设，那就是防火墙把内部网络一端的用户看成是可信任的，外部网络一端的用户则都被作为潜在的攻击者来对待。这种假设是整个防火墙开发的指导思想和工作机制。但随着最近几年各种网络技术的发展和各种新的攻击情况不断出现，防火墙“防外不防内”的特点成为导致安全隐患的一个新因素。据统计，80%的攻击和越权访问来自于内部，而边界防火墙在对付网络内部威胁时束手无策。如何控制内部网络的攻击成为一个新的课题，一种新型防火墙——“分布式防火墙”应运而生。

12.10.1 工作原理

分布式防火墙通常由3个部分组成，分别是网络防火墙、主机防火墙和管理中心。

网络防火墙用于内部网与外部网之间，以及内部网各子网之间的防护。与传统边界式防火墙相比，它多了一种用于对内部子网之间的安全防护层，这样整个网络的安全防护体系就显得更加全面可靠。不过在功能上与传统的边界式防火墙类似。

主机防火墙用于对网络中的服务器和桌面机进行防护。这也是传统边界式防火墙所不具有的，也算是对传统边界式防火墙在安全体系方面的一个完善。主机防火墙通常是内核模式应用，它位于操作系统OSI栈的底部，直接面对网卡，它们对所有的信息流进行过滤与限制。也有一些国际著名网络设备开发商（如3COM和Cisco等）以PCI卡或

PCMCIA卡的形式开发了主机防火墙。

管理中心是一个服务器软件，负责总体安全策略的策划、管理、分发及日志的汇总。

这里的主机防火墙与个人防火墙有相似之处，如它们都对应个人系统，但其差别又是本质性的。首先它们管理方式迥然不同，个人防火墙的安全策略由系统使用者自己设置，目标是防外部攻击，而针对桌面应用的主机防火墙的安全策略由整个系统的管理员统一安排和设置，除了对该桌面机起到保护作用外，也可以对该桌面机的对外访问加以控制，并且这种安全机制是桌面机的使用者不可见和不可改动的。其次，不同于个人防火墙面向个人用户，针对桌面应用的主机防火墙是面向企业级客户的，它与分布式防火墙其他产品共同构成一个企业级应用方案，并可以形成一个安全策略中心统一管理、安全检查机制分散布置的分布式防火墙体系结构。

12.10.2 分布式防火墙的优缺点

1. 优点

（1）增强了系统安全性。增加了针对主机的入侵检测和防护功能，加强了对来自内部攻击的防范，可以实施全方位的安全策略。

（2）提高了系统性能。消除了结构性瓶颈问题，提高了系统性能。

（3）提供了系统的扩展性。分布式防火墙随系统扩充提供了安全防护无限扩充的能力。

（4）可实施主机策略。对网络中的各节点可以起到更安全的防护。

2. 缺点

（1）系统部署时间比较长、复杂度高，后期的维护工作量较大。

（2）软件实现的主机防火墙有可能受到来自系统内部的攻击，或者受到系统自身安全性的影响。

12.11 防火墙的发展趋势

未来防火墙的发展趋势是朝高速、多功能化、更安全的方向发展。为了满足高速化，防火墙必须从现在的以软件为主向以硬件为主转化。硬件化评判的标准是看在数据转发控制的过程中，是由软件完成还是硬件完成。以往的防火墙产品，大多通过编写软件，利用CPU的运算能力进行数据处理，而硬件化的系统应该使用专用的芯片级处理机制，如使用ASIC防火墙芯片、网络处理器芯片和FPGA芯片。

12.11.1 硬件化

在网络带宽日渐增大的情况下，防火墙的性能成为关注的焦点。要解决性能方面的问题，唯一的出路就是硬件化。如同路由器的发展经过了由软到硬的转变一样，防火墙产品也走到了这个关口。从性能上看传统的CPU主机+软件的方式，无论是系统总线、

I/O 接口，还是 CPU 的处理能力都显得力不从心，防火墙正在成为网络的最大的瓶颈。因此如何把防火墙从软件转变为硬件以提高性能，成为防火墙发展道路上的一个新问题。

目前防火墙的硬件化主要有两条路：基于 ASIC 芯片的防火墙和基于网络处理器的防火墙。下面分析这两种技术架构各自的特点。

网络处理器是专门为处理数据包而设计的可编程处理器，它的硬件特点是内部包含多个数据处理引擎，这些引擎可以并发进行数据处理工作，在处理 2～4 层的分组数据上比通用处理器具有明显的优势。网络处理器对数据包处理的一般性任务进行了优化，如 TCP/IP 数据的校验和计算、包分类、路由查找等。同时硬件体系结构的设计也大多采用高速的接口技术和总线规范，具有较高的 I/O 能力。这样基于网络处理器设计的网络设备的包处理能力得到了很大提升。它具有以下几个方面的特性：完全的可编程性、简单的编程模式、最大化系统灵活性、高处理能力、高度功能集成、开放的编程接口和第三方支持能力。基于网络处理器架构的防火墙与基于通用 CPU 架构的防火墙相比，在性能上可以得到本质的提高。网络处理器能弥补通用 CPU 架构性能的不足，同时又不需要具备开发基于 ASIC 技术的防火墙所需要的大量资金和技术积累。更关键的是，网络处理器是可编程的，对于防火墙产品，这种灵活性是非常必要的。

第 2 种方案是采用基于 ASIC 技术的架构。Netscreen 公司是采用该技术的代表厂家。采用 ASIC 技术可以为防火墙应用设计专门的数据包处理流水线，优化存储器等资源的利用，是公认的实现千兆线速防火墙、满足千兆骨干级应用的技术方案。Netscreen 公司也因此取得了令人瞩目的成功。但 ASIC 技术开发成本高，开发周期长且难度大，一般的防火墙厂商不具备相应的技术和资金实力。另外，ASIC 的灵活性也是阻碍其被采用的原因之一。目前也有些设计方案采用 FPGA+ASIC 的方式，以获取足够的性能和相对的灵活性。

12.11.2　多功能化

多功能也是防火墙的发展方向之一，鉴于目前路由器和防火墙价格都比较高，组网环境也越来越复杂，一般用户总希望防火墙可以支持更多的功能，满足组网和节省投资的需要。例如，防火墙支持广域网口，并不影响安全性，但在某些情况下却可以为用户节省一台路由器，支持部分路由器协议，如路由、拨号等，可以更好地满足组网需要；支持 IPSec VPN，可以利用因特网组建安全的专用通道，既安全又节省了专线投资。据 IDC 统计，国外 90%的加密 VPN 都是通过防火墙实现的。

不仅如此，防火墙还被要求不再仅仅是一个被动安全产品，要具有主动安全的功能，比如具有入侵检测功能或者具备与入侵检测产品联动的功能，以实现对攻击行为的及时阻断。防火墙需要提供认证机制，无论是防火墙本地认证或者是第三方认证，比如 Radius 等，来实现对不同的内部用户，提供不同的网络访问权限。甚至随着 IPv6 网络的出现，从 IPv4 到 IPv6 网络的相互转换也可能作为对防火墙功能的一个新的需求。作为网络出口（入口）的设备，由于路由器功能的相对明确，越来越多的功能都将被赋予防火墙。

12.11.3 安全性

调查显示，用户对于防火墙关注的重点是性能、功能和易用性，却往往忽视了防火墙最重要的一点：安全性。但是，随着防火墙产品性能与功能的提升，未来对防火墙的价值取向将逐步回归到本质——安全。从前面提到的各种防火墙的优缺点可以看出，目前广泛应用的基于状态检测的包过滤防火墙，其安全性并不是最高的。由于检测的深度只能达到传输层，对于针对应用层的攻击无能为力，安全性有待进一步提高。随着算法和芯片技术的发展，防火墙会更多地参与应用层分析，为应用提供更安全的保障。在信息安全的发展与对抗过程中，防火墙技术一定会日新月异，从而在信息安全的防御体系中起到堡垒的作用。

习　题

一、填空题

1. 防火墙应位于________。

   A. 公司网络内部　　　　B. 公司网络外部

   C. 公司网络与外部网络之间　　D. 都不对

2. 应用网关的安全性________包过滤防火墙。

   A. 不如　　B. 超过　　C. 等于　　D. 都不对

3. 防火墙可以分为________、________、________、________、________、________和________ 7种类型。

4. 静态包过滤防火墙工作于OSI模型的________层上，它对数据包的某些特定域进行检查，这些特定域包括：________、________、________、________和________。

5. 动态包过滤防火墙工作于OSI模型的________层上，它对数据包的某些特定域进行检查，这些特定域包括：________、________、________、________和________。

6. 电路级网关工作于 OSI 模型的________层上，它检查数据包中的数据分别为________、________、________、________、________和________。

7. 应用级网关工作于OSI模型的________层上，它可以对整个数据包进行检查，因此其安全性最高。

8. 状态检测防火墙工作于OSI模型的________层上，所以在理论上具有很高的安全性，但是现有的大多数状态检测防火墙只工作于________层上，因此其安全性与包过滤防火墙相当。

9. 切换代理在连接建立阶段工作于 OSI 模型的________层上，当连接建立完成之后，再切换到________模式，即工作于OSI模型的________层上。

10. 空气隙防火墙也称做________，它在外网和内网之间实现了真正的________。

二、思考题

1. 防火墙一般有几个接口？什么是防火墙的非军事区（DMZ）？它的作用是什么？

2. 为什么防火墙要具有NAT功能？在NAT中为什么要记录端口号？

3. 系统中提到了 NAT 的几种实现方式，试着给出 M-N 的 NAT 转换算法。

4. 防火墙必须同时兼有路由器功能吗？为什么？

5. 简述静态包过滤防火墙的工作原理，并分析其优缺点。动态包过滤防火墙与静态包过滤防火墙的主要区别是什么？

6. 分组过滤的 3 大操作是什么？

7. 结合实际操作，描述动态防火墙在 TCP 连接终止时的状态转换。

8. 电路级网关与包过滤防火墙有何不同？简述电路级网关的优缺点。

9. 应用级网关与电路级网关有何不同？简述应用级网关的优缺点。

10. 下载 TIS，配置应用层网关防火墙。

11. 状态检测防火墙与应用级网关有何不同？简述状态检测防火墙的优缺点。

12. 切换代理在连接建立阶段工作于会话层，而在连接完成后工作于网络层，这样的设计有何好处？简述切换代理的优缺点。

13. 为什么说空气隙防火墙能够实现物理隔离？简述空气隙防火墙的优缺点。

14. 防火墙有什么局限性？

15. 软件防火墙与硬件防火墙之间的区别是什么？

第13章 入侵检测技术

13.1 入侵检测概述

入侵检测系统（Intrusion Detection System，IDS）的发展已有30年历史。1980年4月，James P. Anderson为美国空军做了一份题为“Computer Security Threat Monitoring and Surveillance”（计算机安全威胁监控与监视）的技术报告，第一次详细阐述了入侵检测的概念。他提出了一种对计算机系统风险和威胁进行分类的方法，并将威胁分为外部渗透、内部渗透和不法行为3种，还提出了利用审计跟踪数据监视入侵活动的思想。这份报告被公认为是入侵检测的开山之作。

从1984年到1986年，乔治敦大学的Dorothy Denning和SRI/CSL（SRI公司计算机科学实验室）的Peter Neumann研究设计了一个实时入侵检测系统模型，取名为入侵检测专家系统（Intrusion Detection Expert System，IDES）。该模型由6个部分组成：主体、对象、审计记录、轮廓特征、异常记录和活动规则。1988年，SRI/CSL的Teresa Lunt等人改进了Denning的入侵检测模型，并开发出了一个新型的IDES。该系统包括一个异常探测器和一个专家系统，分别用于统计异常模型的建立和基于规则的特征分析检测。

1990年是入侵检测系统发展史上的一个分水岭，加州大学戴维斯分校的L.T. Heberlein等人开发出了网络安全监视器（Network Security Monitor，NSM）。该系统第一次直接将网络流作为审计数据来源，因而可以在不将审计数据转换成统一格式的情况下监控异种主机。此后，入侵检测系统发展史翻开了新的一页，两大阵营正式形成：基于网络的IDS和基于主机的IDS。

IDS不间断地从计算机网络或计算机系统中的若干关键点上收集信息，集中或分布地分析信息，判断来自网络内部和外部的入侵企图，并实时发出报警。IDS的主要作用是：

- 通过检测和记录网络中的攻击事件，阻断攻击行为，防止入侵事件的发生。
- 检测其他未授权操作或安全违规行为。
- 统计分析黑客在攻击前的探测行为，预先给管理员发出警报。
- 报告计算机系统或网络中存在的安全威胁。
- 提供有关攻击的详细信息，帮助管理员诊断和修补网络中存在的安全弱点。
- 在大型复杂的计算机网络中部署入侵检测系统，提高网络安全管理的质量。

13.1.1　入侵检测的概念

入侵（Intrusion）是个广义概念，它不仅包括攻击者（如恶意的黑客）非法取得系统的控制权的行为，也包括他们对系统漏洞信息的收集，并由此对信息系统造成危害的行为。

美国国家安全通信委员会（NSTAC）下属的入侵检测小组（IDSG）在 1997 年给出的关于“入侵检测”（Intrusion Detection）的定义是：入侵检测是对企图入侵、正在进行的入侵或已经发生的入侵行为进行识别的过程。

关于“入侵检测”的定义，人们还有很多不同的提法，其中包括如下几种说法：

（1）检测对计算机系统的非授权访问。

（2）对系统的运行状态进行监视，发现各种攻击企图、攻击行为或攻击结果，以保证系统资源的保密性、完整性和可用性。

（3）识别针对计算机系统和网路系统或广义上的信息系统的非法攻击，包括检测外部非法入侵者的恶意攻击或探测，以及内部合法用户越权使用系统资源的非法行为。

所有能够执行入侵检测任务和实现入侵检测功能的系统都可称为入侵检测系统（Intrusion Detection System，IDS），其中包括软件系统或软、硬件结合的系统。一个通用的入侵检测系统模型如图 13-1 所示。

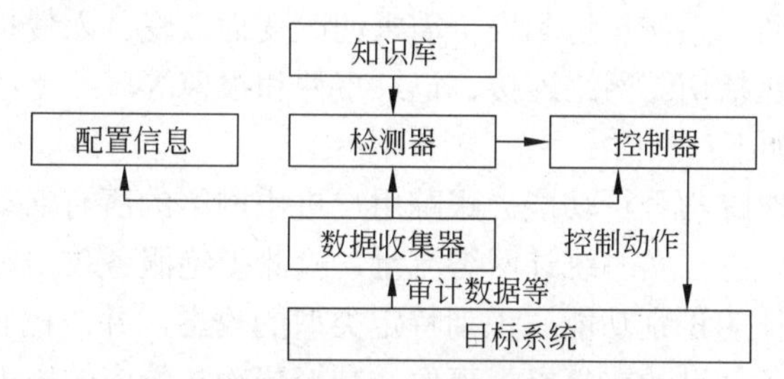

图 13-1　通用的入侵检测系统模型

在图 13-1 中，通用入侵检测系统模型主要由 4 个部分组成。

（1）**数据收集器**（又称探测器）。主要负责收集数据。探测器的输入数据流包括任何可能包含入侵行为线索的系统数据，如各种网络协议数据包、系统日志文件和系统调用记录等。探测器将这些数据收集起来，然后再发送到检测器进行处理。

（2）**检测器**（又称分析器或检测引擎）。负责分析和检测入侵的任务，并向控制器发出警报信号。

（3）**知识库**。为检测器和控制器提供必需的数据信息支持。这些信息包括：用户历史活动档案或检测规则集合等。

（4）**控制器**。根据从检测器发来的警报信号，人工或自动地对入侵行为做出响应。

此外，大多数入侵检测系统都会包含一个用户接口组件，用于观察系统的运行状态和输出信号，并对系统的行为进行控制。

13.1.2 IDS的主要功能

入侵检测是对传统安全产品的合理补充，帮助系统对付网络攻击，扩展了系统管理员的安全管理能力（包括安全审计、监视、进行识别和响应），提高了信息安全基础结构的完整性。它从计算机网络系统中的若干关键点收集信息，并分析这些信息，查看网络中是否有违反安全策略的行为和遭到袭击的迹象。入侵检测被认为是防火墙之后的第二道安全闸门，能在不影响网络性能的情况下对网络进行监测，从而提供对内部攻击、外部攻击和误操作的实时保护。以上功能都是通过执行以下任务来实现：

（1）监视、分析用户及系统的活动。

（2）系统构造和弱点的审计。

（3）识别反映已知进攻的活动模式并向相关人员报警。

（4）异常行为模式的统计分析。

（5）评估重要系统和数据文件的完整性。

（6）操作系统的审计跟踪管理，并识别用户违反安全策略的行为。

对于一个成功的入侵检测系统来说，它不但可以使系统管理员时刻了解网络系统（包括程序、文件和硬件设备）的任何变更，还能给网络安全策略的制定提供依据。更为重要的是，它应该易于管理、配置简单，即使非专业人员也易于使用。而且，入侵检测的规模还应根据网络威胁、系统构造和安全需求的改变而改变。入侵检测系统在发现入侵后会及时做出响应，包括切断网络连接、记录事件和报警等。

IDS的主要功能如下：

（1）网络流量的跟踪与分析功能。跟踪用户进出网络的所有活动，实时检测并分析用户在系统中的活动状态；实时统计网络流量，检测拒绝服务攻击等异常行为。

（2）已知攻击特征的识别功能。识别特定类型的攻击，并向控制台报警，为防御提供依据。根据定制的条件过滤重复警报事件，减轻传输与响应的压力。

（3）异常行为的分析、统计与响应功能。分析系统的异常行为模式，统计异常行为，并对异常行为做出响应。

（4）特征库的在线和离线升级功能。提供入侵检测规则在线和离线升级，实时更新入侵特征库，不断提高IDS的入侵检测能力。

（5）数据文件的完整性检查功能。检查关键数据文件的完整性，识别并报告数据文件的改动情况。

（6）自定义的响应功能。定制实时响应策略；根据用户定义，经过系统过滤，对警报事件及时响应。

（7）系统漏洞的预报警功能。对未发现的系统漏洞特征进行预报警。

（8）IDS 探测器集中管理功能。通过控制台收集探测器的状态和报警信息，控制各个探测器的行为。

一个高质量的IDS产品除了具备以上入侵检测功能外，还必须具备较高的可管理性和自身安全性等功能。

13.1.3 IDS 的任务

1. 信息收集

IDS 的第一项任务是信息收集。IDS 所收集的信息内容包括用户（合法用户和非法用户）在网络、系统、数据库及应用系统中活动的状态和行为。为了准确地收集用户的信息活动，需要在信息系统中的若干个关键点（包括不同网段、不同主机、不同数据库服务器、不同应用服务器等处）设置信息探测点。

IDS 可利用的信息来源如下：

（1）系统和网络的日志文件

日志文件中包含发生在系统和网络上的异常活动的证据。通过查看日志文件，能够发现黑客的入侵行为。

（2）目录和文件中的异常改变

信息系统中的目录和文件中的异常改变（包括修改、创建和删除），特别是那些限制访问的重要文件和数据的改变，很可能就是一种入侵行为。黑客经常替换、修改和破坏他们获得访问权的系统上的文件，替换系统程序或修改系统日志文件，达到隐藏他们活动痕迹的目的。

（3）程序执行中的异常行为

信息系统上的程序执行一般包括操作系统、网络服务、用户启动程序和特定目的的应用。每个在系统上执行的程序由一个或多个进程来实现。每个进程执行在具有不同权限的环境中，这种环境控制着进程可访问的系统资源、程序和数据文件等。一个进程出现了异常的行为，表明黑客可能正在入侵系统。

（4）物理形式的入侵信息

物理形式的入侵包括两个方面的内容：一是对网络硬件的非授权连接；二是对物理资源的未授权访问。黑客会想方设法去突破网络的周边防卫，如果他们能够在物理上访问内部网，就能安装他们自己的设备和软件。依此，黑客就可以知道网上存在的不安全（或未授权使用）的设备，然后利用这些设备访问网络资源。

2. 信息分析

对收集到的上述 4 类信息，包括网络、系统、数据及用户活动的状态和行为信息等进行模式匹配、统计分析和完整性分析，得到实时检测所必需的信息。

（1）模式匹配

模式匹配技术，即模式发现技术，就是将收集到的信息与已知的网络入侵模式的特征数据库进行比较，从而发现违背安全策略的行为。假定所有入侵行为和手段（及其变种）都能够表达为一种模式或特征，那么所有已知的入侵方法都可以用匹配的方法来发现。模式匹配的关键是如何表达入侵模式，把入侵行为与正常行为区分开来。模式匹配的优点是误报率小，其局限性是只能发现已知攻击，却对未知攻击无能为力。

（2）统计分析

统计分析是入侵检测常用的异常发现方法。假定所有入侵行为都与正常行为不同，如果能建立系统正常运行的行为轨迹，那么就可以把所有与正常轨迹不同的系统状态视为可疑的入侵企图。统计分析方法就是先创建系统对象（如用户、文件、目录和设备等）的统计属性（如访问次数、操作失败次数、访问地点、访问时间、访问延时等），再将信息系统的实际行为与统计属性进行比较。当观察值在正常值范围之外时，则认为有入侵行为发生。统计分析模型常用的测量参数包括审计事件的数量、间隔时间、资源消耗情况等。

常用的5种入侵检测统计模型如下：

① **操作模型**。该模型假设可将测量结果与一些固定指标比较来发现异常，固定指标可以根据经验值或一段时间内的统计平均值获得。例如，在短时间内的多次失败的登录很有可能是口令猜测攻击。

② **方差**。该模型计算参数的方差，设定其置信区间，当测量值超过置信区间的范围时，表明可能有异常事件。

③ **多元模型**。该模型是操作模型的扩展，通过同时分析多个参数实现检测。

④ **马尔柯夫过程模型**。该模型将每种类型的事件定义为系统状态，用状态转移矩阵来表示状态的变化。当一个事件发生时，若在状态矩阵中该事件的转移概率较小，则可能是异常事件。

⑤ **时间序列分析**。该模型将事件计数与资源耗用根据时间排成序列，如果一个新事件在该时间发生的概率较低，则该事件可能是入侵。

统计分析方法的最大优点是它可以“学习”用户的使用习惯，从而具有较高检出率与可用性，缺点是误报率较高，且不适应用户正常行为的突然改变。

（3）完整性分析

完整性分析检测某个文件或对象是否被更改。完整性分析常利用杂凑函数（例如SHA-256），它能识别微小的变化。该方法的优点是只要某个文件或对象有任何改变，都能够被发现。缺点是当完整性分析未开启时，不能主动发现入侵行为。

3. 安全响应

IDS 在发现入侵行为后会及时做出响应，包括终止网络服务、记录事件日志、报警和阻断等。响应可分为主动响应和被动响应两种类型。主动响应由用户驱动或系统本身自动执行，可对入侵行为采取终止网络连接、修正系统环境（如修改防火墙的安全策略）等；被动响应包括发出告警信息和通知等。

目前比较流行的响应方式有记录日志、实时显示、E-mail 报警、声音报警、SNMP 报警、实时 TCP 阻断、防火墙联动、WinPop 显示、手机短信报警等。

13.1.4 IDS 的评价标准

一个较为完整的入侵检测系统的评价标准集合应该包括3个方面的内容：性能测试、功能测试和用户可用性测试。性能测试主要衡量入侵检测系统在高工作负荷条件下的运行情况。例如，数据包截获和过滤的速度，是否出现丢包现象，以及检测引擎的总体吞吐量等。功能测试衡量入侵检测系统自身功能特征，如系统的架构是否支持可扩展性、是否支持规则定制功能、是否能够检测到集中所有的攻击样本的测试样本、警报系统的功能是否强大及是否提供强大友好的报表功能等。用户可用性测试则是衡量用户在使用某个入侵检测系统时的操作友好性，如界面设计是否合理、使用是否方便等。综合来说，一个好的 IDS 应该具有以下基本特性：

（1）先进的检测能力和响应能力。

（2）不影响被保护网络环境中主机和各应用系统的正常运行。

（3）在无人监督管理的情况下，能够连续不断地正常运行。

（4）具有坚固的自身安全性。

（5）具有很好的可管理性。

（6）消耗系统资源较少。

（7）可扩展性好，能适应网络环境和应用系统的变化。

（8）支持 IP 碎片重组。

（9）支持 TCP 流重组。

（10）支持 TCP 状态检测。

（11）支持应用层协议解码。

（12）灵活、可扩展、可配置的用户报告功能。

（13）安装、配置、调整简单易行。

（14）能与常用的其他安全产品集成。

（15）支持常用的网络协议和拓扑结构等。

13.2 入侵检测原理及主要方法

13.2.1 异常检测基本原理

异常检测技术又称为基于行为的入侵检测技术，用来识别主机或网络中的异常行为。它假设攻击与正常的（合法的）活动有明显的差异。异常检测首先收集一段时间操作活动的历史数据，再建立代表主机、用户或网络连接的正常行为描述，然后收集事件数据并使用一些不同的方法来决定所检测到的事件活动是否偏离了正常行为模式，从而判断是否发生了入侵。异常检测模型的结构如图 13-2 所示。

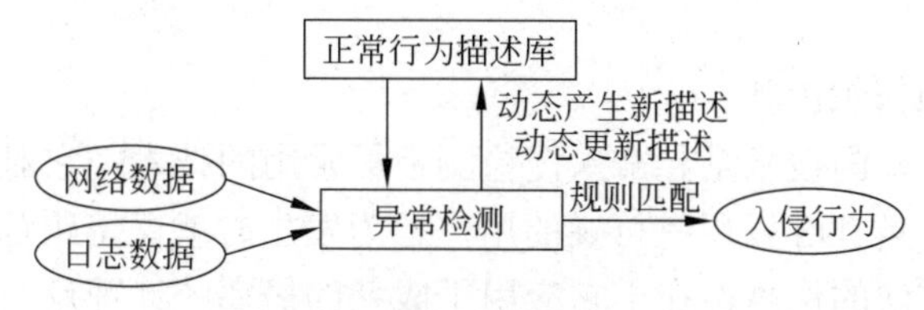

图 13-2　异常检测模型的结构

基于异常检测原理的入侵检测方法有以下几种：

（1）统计异常检测方法。

（2）特征选择异常检测方法。

（3）基于贝叶斯推理异常检测方法。

（4）基于贝叶斯网络异常检测方法。

（5）基于模式预测异常检测方法。

其中，比较成熟的方法是统计异常检测方法和特征选择异常检测方法。目前，已经有根据这两种方法开发而成的软件产品面市，其他方法目前还停留在理论研究阶段。

13.2.2 误用检测基本原理

误用检测技术又称基于知识的检测技术。它假定所有入侵行为和手段（及其变形）都能够表达为一种模式或特征，并对已知的入侵行为和手段进行分析，提取检测特征，构建攻击模式或攻击签名，通过系统当前状态与攻击模式或攻击签名的匹配判断入侵行为。误用检测模型的结构如图13-3所示。

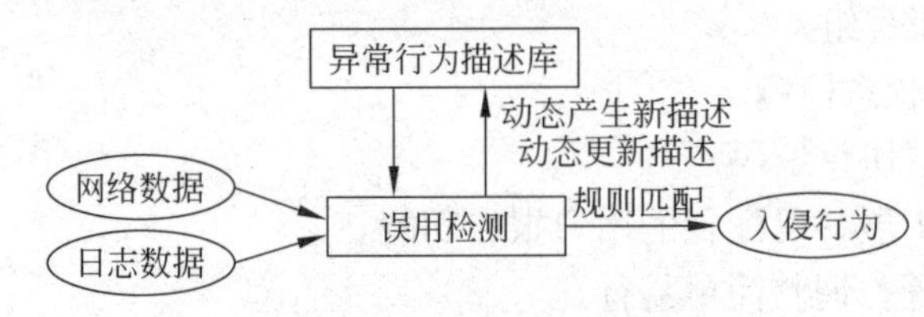

图13-3　误用检测模型的结构

误用检测技术的优点在于可以准确地检测已知的入侵行为，缺点是不能检测未知的入侵行为。误用检测的关键在于如何表达入侵行为，即攻击模型的构建，把真正的入侵与正常行为区分开来。基于误用检测原理的入侵检测方法有以下几种：

（1）基于条件的概率误用检测方法。

（2）基于专家系统误用检测方法。

（3）基于状态迁移分析误用检测方法。

（4）基于键盘监控误用检测方法。

（5）基于模型误用检测方法。

13.2.3 各种入侵检测技术

当前在网络安全实践中存在多种入侵检测技术，下面分别对一些常见的入侵检测技术进行简要介绍。

1. 基于概率统计的检测

基于概率统计的检测技术是异常入侵检测中最常用的技术，它对用户历史行为建立模型。根据该模型，当IDS发现有可疑的用户行为发生时就保持跟踪，并监视和记录该用户的行为。这种方法的优越性在于它应用了成熟的概率统计理论；缺点是由于用户行为非常复杂，因而要想准确地匹配一个用户的历史行为非常困难，易造成系统误报、错报和漏报。定义入侵阈值比较困难，阈值高则误检率提高，阈值低则漏检率提高。

SRI（Standford Research Institute）研制开发的IDES是一个典型的实时监测系统。

IDES 能根据用户以前的历史行为生成每个用户的历史行为记录库，并能自适应地学习被检测系统中每个用户的行为习惯。当某个用户改变其行为习惯时，这种异常就被检测出来。这种系统具有固有的弱点，例如，用户的行为非常复杂，因而要想准确地匹配一个用户的历史行为和当前行为是非常困难的。这种方法的一些假设是不准确或不贴切的，容易造成系统误报、错报或漏报。

在这种实现方法中，检测器首先根据用户对象的动作为每一个用户都建立一个用户特征表，通过比较当前特征和已存储的以前特征判断是否有异常行为。用户特征表需要根据审计记录情况不断更新。在 SRI 的 IDES 中给出了一个特征简表的结构：{变量名，行为描述，例外情况，资源使用，时间周期，变量类型，阈值，主体，客体，特征值}，其中，变量名、主体、客体唯一确定了特征简表，特征值由系统根据审计数据周期产生。这个特征值是所有有悖于用户特征的异常程度值的函数。

这种方法的优越性在于能应用成熟的概率统计理论，不足之处在于：

（1）统计检测对于事件发生的次序不敏感，完全依靠统计理论，可能会漏掉那些利用彼此相关联事件的入侵行为。

（2）定义判断入侵的阈值比较困难，阈值太高则误检率提高，阈值太低则漏检率提高。

2. 基于神经网络的检测

基于神经网络的检测技术的基本思想是用一系列信息单元训练神经单元，在给定一个输入后，就可能预测出输出。它是对基于概率统计的检测技术的改进，主要克服了传统统计分析技术的一些问题。

基于神经网络的模块，将当前命令和刚过去的 W 个命令组成了网络的输入，其中，W 是神经网络预测下一个命令时所包含的过去命令集的大小。根据用户代表性命令序列训练网络后，该网络就形成了相应的用户特征表。网络对下一事件的预测错误率在一定程度上反映了用户行为的异常程度。这种方法的优点在于能够更好地处理原始数据的随机特性，即不需要对这些数据做任何统计假设并有较好的抗干扰能力；缺点是网络的拓扑结构及各元素的权值很难确定，命令窗口的 W 值也很难选取。窗口太大，网络效率降低；窗口太小，网络输出不理想。

目前，神经网络技术提出了对基于传统统计技术的攻击检测方法的改进方向，但尚不十分成熟，所以传统的统计方法仍继续发挥作用，仍然能为发现用户的异常行为提供相当有参考价值的信息。

3. 基于专家系统的检测

安全检测工作自动化的另外一个值得重视的研究方向就是基于专家系统的攻击检测技术，即根据安全专家对可疑行为的分析经验来形成一套推理规则，然后再在此基础上建立相应的专家系统。专家系统对所涉及的攻击操作自动进行分析工作。

所谓专家系统，是基于一套由专家经验事先定义的规则的推理系统。例如，某个用户在数分钟之内连续进行登录，且失败超过 3 次，专家系统就可以认为是一种攻击行为。类似的规则在统计系统中似乎也有，但要注意的是基于规则的专家系统或推理系统也有其局限性，因为作为这类系统的基础推理规则一般都是根据已知的安全漏洞进行安排和策划的，而对系统的最危险的威胁则主要来自未知的安全漏洞。实现基于规则的专家系统是一个知识工程问题，而且其功能应当能够随着经验的积累而利用其自学能力进行规则的扩充和修正。当然，这样的能力需要在专家的指导和参与下才能实现，否则可能会导致较多的错误。一方面，推理机制使得系统面对一些新的行为现象时可能具备一定的应对能力（即有可能发现一些新的安全漏洞）；另一方面，攻击行为也可能不会触发任何一个规则，从而被检测到。专家系统对历史数据的依赖性总的来说比基于统计技术的审计系统少，因此系统的适应性比较强，可以较灵活地适应广泛的安全策略和检测需求。但迄今，推理系统和谓词演算的可计算问题还未得到很好的解决。

在具体实现过程中，专家系统主要面临的问题是：

（1）**全面性问题**——很难从各种入侵检测手段中抽象出全面的规则化知识。

（2）**效率问题**——需要处理的数据量过大，而且在大型系统上很难获得实时、连续的审计数据。

4. 基于模型推理的检测

攻击者在攻击一个系统时往往采用一定的行为程序，如猜测口令的程序，这种行为程序构成了某种具有一定行为特征的模型，根据这种模型所代表的攻击意图的行为特征，可以实时地检测出恶意的攻击企图。用基于模型的推理方法，人们能够为某些行为建立特定的模型，从而能够监视具有特定行为特征的某些活动。根据假设的攻击脚本，这种系统就能够检测出非法的用户行为。为了准确判断，一般要为不同的攻击者和不同的系统建立特定的攻击脚本。

当有证据表明某种特定的攻击发生时，系统应收集其他证据来证实或否定攻击的真实性，既不能漏报攻击对信息系统造成实际损害，又能尽可能避免错报。

当然，上述几种方法都不能彻底解决攻击检测问题，最好是综合地利用各种手段强化计算机信息系统的安全程序，以增加攻击成功的难度，同时根据系统本身的特点选择适合的攻击检测手段。

5. 基于免疫的检测

基于免疫的检测技术是将自然免疫系统的某些特征运用到网络系统中，使整个系统具有适应性、自我调节性、可扩展性。人的免疫系统成功地保护人体不受各种抗原和组织的侵害，这个重要特性吸引了许多计算机安全专家和人工智能专家。通过学习免疫专家的研究成果，计算机专家提出了计算机免疫系统。在许多传统的网络安全系统中，每个目标都将它的系统日志和收集到的信息传送给相应的服务器，由服务器分析整个日志和信息，判断是否发生恶意入侵。基于免疫的入侵检测系统运用计算免疫的多层性、分布性、多样性等特性设置动态代理，实施分层检测和响应机制。

6. 入侵检测的新技术

数据挖掘技术被 Wenke.lee 用在了入侵检测中。用数据挖掘程序处理搜集到的审计数据，为各种入侵行为和正常操作建立精确的行为模式，这个过程是一个自动过程，不需要人工分析和编码入侵模式。移动代理用于入侵检测中，具有应对主机间动态迁移、一定的智能性、与平台无关性、分布的灵活性、低网络数据流量和多代理合作特性。移动代理技术适用于大规模信息搜集和动态处理，在入侵检测系统中采用该技术，可以提高入侵检测系统的性能。

7. 其他相关问题

为了防止过多的不相干信息的干扰，用于安全目的的攻击检测系统在审计系统之外，还要配备适合系统安全策略的信息采集器或过滤器。同时，除了依靠来自审计子系统的信息，还应当充分利用来自其他信息源的信息。在某些系统内可以在不同层次进行审计跟踪。例如，有些系统的安全机制采用 3 级审计跟踪，包括审计操作系统核心调用行为、审计用户和操作系统界面级行为和审计应用程序内部行为。

另一个重要问题是决定入侵检测系统的运行位置。为了提高入侵检测系统的运行效率，可以安排在与被监视系统独立的计算机上执行审计跟踪分析和攻击性检测。因为监视系统的响应时间对被监视系统的运行完全没有负面影响，也不会因为其他安全有关的因素而受到影响，这样做既提高了效率，又保证了安全性。

总之，为了有效地利用审计系统提供的信息，通过攻击检测措施防范攻击威胁，计算机安全系统应当根据系统的具体条件选择适用的主要攻击检测方法，并且有机地融合其他可选用的攻击检测方法。同时，我们应当清醒地认识到，任何一种攻击检测措施都不能一劳永逸，必须配备有效的管理和组织措施。

人们对于安全技术的要求将越来越高。这种需求也刺激着攻击检测技术和其理论研究向前发展，同时也必将促进实际安全产品的进一步发展。

13.3　IDS 的结构与分类

通过对计算机网络或计算机系统中的若干关键点收集信息并进行分析，入侵检测系统从中发现网络或系统中是否有违反安全策略的行为和被攻击的迹象。进行入侵检测的软件与硬件的组合构成入侵检测系统。

入侵检测系统执行的主要任务包括监视、分析用户及系统活动；审计系统构造和弱点；识别、反映已知进攻的活动模式，向相关人员报警；统计分析异常行为模式；评估重要系统和数据文件的完整性；审计、跟踪管理操作系统，识别用户违反安全策略的行为。

入侵检测一般分为 3 个步骤：信息收集、数据分析和响应（被动响应和主动响应）。

（1）信息收集

信息收集的内容包括系统、网络、数据用户活动的状态和行为。入侵检测利用的信息一般来自系统日志、目录及文件中的异常改变、程序执行中的异常行为及物理形式的入侵信息 4 个方面。

（2）数据分析

数据分析是入侵检测的核心。它首先构建分析器，把收集到的信息经过预处理，建立一个行为分析引擎或模型，然后向模型中植入时间数据，在知识库中保存植入数据的模型。数据分析一般通过模式匹配、统计分析和完整性分析 3 种方法进行。前两种方法用于实时入侵检测，而完整性分析则用于事后分析。数据分析采用 5 种统计模型：操作模型、方差、多元模型、马尔可夫过程模型和时间序列分析。统计分析的最大优点是可以学习用户的使用习惯。

（3）响应

入侵检测系统在发现入侵后会及时做出响应，包括切断网络连接、记录时间和报警等。响应一般分为主动响应（阻止攻击或影响，从而改变攻击的过程）和被动响应（报告和记录所检测出的问题）两种类型。主动响应由用户驱动或系统本身自动执行，可对入侵者采取行动（如断开连接）、修正系统环境或收集有用信息；被动响应则包括告警和通知、简单网络管理协议（SNMP）陷阱和插件等。另外，还可以按策略配置响应，分别采取立即、紧急、适时、本地的长期和全局的长期等行动。

13.3.1 IDS 的结构

通用入侵检测架构（Common Intrusion Detection Framework，CIDF）阐述了入侵检测系统的通用模型。它将一个入侵检测系统分为以下组件：

（1）事件产生器（Event Generators）。

（2）事件分析器（Event Analyzers）。

（3）响应单元（Response Units）。

（4）事件数据库（Event Databases）。

CIDF 将入侵检测系统需要分析的数据统称为事件（Event），它可以是基于网络的入侵检测系统中的网络数据包，也可以是基于主机的入侵检测系统从系统日志等其他途径得到的信息。它也对各部件之间的信息传递格式、通信方法和标准 API 进行了标准化。

事件产生器从整个计算环境中获得事件，并提供给系统的其他部分。事件分析器对得到的数据进行分析，并产生分析结果。响应单元则是对分析结果做出反应的功能单元，它可以做出切断连接、改变文件属性等强烈反应，甚至发动对攻击者的反击，或者报警。事件数据库是存放各种中间数据和最终数据的地方的统称，它可以是复杂的数据库，也可以是简单的文本文件。

一个入侵检测系统的功能结构如图 13-4 所示，它至少包含事件提取、入侵分析、入侵响应和远程管理 4 部分功能。

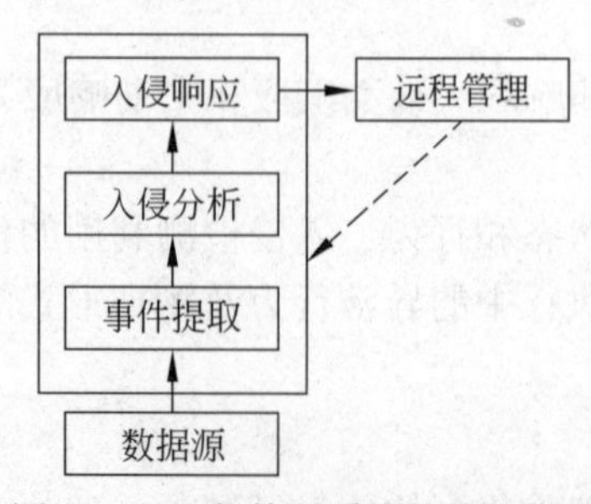

图 13-4 入侵检测系统的功能构成

在图 13-4 中，各部分功能如下：

（1）事件提取功能负责提取与被保护系统相关的运行数据或记录，并负责对数据进行简单的过滤。

（2）入侵分析的任务就是在提取到的运行数据中找出入侵的痕迹，区分授权的正常访问行为和非授权的不正常访问行为，分析入侵行为并对入侵者进行定位。

（3）入侵响应功能在分析出入侵行为后被触发，根据入侵行为产生响应。

（4）由于单个入侵检测系统的检测能力和检测范围有限，入侵检测系统一般采用分布监视、集中管理的结构，多个检测单元运行于网络中的各个网段或系统上，通过远程管理功能在一台管理站上实现统一的管理和监控。

13.3.2 IDS 的分类

1. 按照数据来源分类

根据数据来源的不同，IDS 可以分为以下 3 种基本结构。

（1）**基于网络的入侵检测系统**（Network Intrusion Detection System，NIDS）。数据来源于网络上的数据流。

NIDS 能够截获网络中的数据包，提取其特征并与知识库中已知的攻击签名相比较，从而达到检测目的。其优点是侦测速度快、隐蔽性好、不易受到攻击、对主机资源消耗少；缺点是有些攻击是由服务器的键盘发出的，不经过网络，因而无法识别，误报率较高。

（2）**基于主机的入侵检测系统**（Host Intrusion Detection System，HIDS）。数据来源于主机系统，通常是系统日志和审计记录。

HIDS 通过对系统日志和审计记录的不断监控和分析来发现攻击后的误操作。优点是针对不同操作系统捕获应用层入侵，误报少；缺点是依赖于主机及其子系统，实时性差。

HIDS 通常安装在被保护的主机上，主要对该主机的网络实时连接及系统审计日志进行分析和检查，在发现可疑行为和安全违规事件时，向管理员报警，以便采取措施。

（3）**采用上述两种数据来源的分布式入侵检测系统**（Distributed Intrusion Detection System，DIDS）。

这种系统能够同时分析来自主机系统审计日志和网络数据流，一般为分布式结构，由多个部件组成。DIDS 可以从多个主机获取数据，也可以从网络传输取得数据，克服了单一的 HIDS、NIDS 的不足。

典型的 DIDS 采用控制台/探测器结构。NIDS 和 HIDS 作为探测器放置在网络的关键节点，并向中央控制台汇报情况。攻击日志定时传送到控制台，并保存到中央数据库中，新的攻击特征能及时发送到各个探测器上。每个探测器能够根据所在网络的实际需要配置不同的规则集。

2. 按照入侵检测策略分类

根据入侵检测的策略，IDS 也可以分成 3 种类型：滥用检测、异常检测、完整性分析。

（1）**滥用检测**

滥用检测（Misuse Detection）就是将收集到的信息与已知的网络入侵和系统误用模式数据库进行比较，从而发现违背安全策略的问题。该方法的优点是只需收集相关的数据集合，可显著减少系统负担，且技术已相当成熟。该方法存在的弱点是需要不断地升级以对付不断出现的黑客攻击手段，不能检测到从未出现过的黑客攻击手段。

（2）**异常检测**

异常检测（Abnormal Detection）首先给系统对象（如用户、文件、目录和设备等）创建一个统计描述、统计正常使用时的一些测量属性（如访问次数、操作失败次数和延时等）。测量属性的平均值将被用来与网络、系统的行为进行比较，如果观察值在正常范围之外，就认为有入侵发生。其优点是可检测到未知的入侵和更加复杂的入侵。缺点是误报、漏报率高，且不适应用户正常行为的突然改变。

（3）**完整性分析**

完整性分析（Integrality Analysis）主要关注某个文件或对象是否被更改，这通常包括文件和目录的内容及属性，它在发现更改或特洛伊木马应用程序方面特别有效。其优点是只要成功的攻击导致了文件或其他对象的任何改变，它都能发现；缺点是一般以批处理方式实现，不易于实时响应。

在下面的讨论中，将按照第一种分类方法分别讨论NIDS、HIDS和DIDS。

13.4 NIDS

随着计算机网络技术的发展，单独依靠主机审计入侵检测难以适应网络安全需要。在这种情况下，人们提出了基于网络的入侵检测系统体系结构，这种检测系统根据网络流量、网络数据包和协议来分析入侵检测。

基于网络的入侵检测系统使用原始网络包作为数据包。基于网络的IDS通常利用一个运行在随机模式下的网络适配器来实现监视并分析通过网络的所有通信业务。它的攻击辨别模块通常采用4种常用技术来识别攻击技术：

（1）模式、表达式或字节匹配。

（2）频率或穿越阈值。

（3）低级事件的相关性。

（4）统计学意义上的非常规现象检测。

一旦检测到攻击行为，IDS的响应模块将提供多种选项，以通知、报警并对攻击采取相应的反应。

基于网络的入侵检测系统主要有以下优点：

（1）**拥有成本低**。基于网络的IDS可以部署在一个或多个关键访问点来检测所有经过的网络通信。因此，基于网络的IDS系统并不需要安装在各种各样的主机上，从而大大减小了管理的复杂性。

（2）**攻击者转移证据困难**。基于网络的IDS使用活动的网络通信进行实时攻击检测，因此攻击者无法转移证据，被检测系统捕获的数据不仅包括攻击方法，而且包括对识别和指控入侵者十分有用的信息。

（3）**实时检测和响应**。一旦发生恶意访问或攻击，基于网络的IDS检测即可随时发现，并能够很快地做出反应。如果黑客使用TCP启动基于网络的拒绝服务（DoS），IDS可以通过发送一个TCP reset来立即终止这个攻击，这样就可以避免目标主机遭受破坏或崩溃。这种实时性使系统可以根据预先定义的参数迅速采取相应的行动，从而将入侵活动对系统的破坏降到最低。

（4）**能够检测未成功的攻击企图**。一个置于防火墙外部的 NIDS 可以检测到旨在利用防火墙后的资源的攻击，尽管防火墙本身可能会拒绝这些攻击企图。基于主机的系统不能发现未能到达受防火墙保护的主机的攻击企图，而这些信息对于评估和改进安全策略是十分重要的。

（5）**操作系统独立**。基于网络的 IDS 并不依赖于将主机的操作系统作为检测资源，而基于主机的系统需要特定的操作系统才能发挥作用。

基于网络的入侵检测系统（NIDS）一般安装在需要保护的网段中，实时监视网段中传输的各种数据包，并对这些数据包进行分析和检测。如果发现入侵行为或可疑事件，入侵检测系统就会发出警报甚至切断网络连接。基于网络的入侵检测系统如同网络中的摄像机，只要在一个网络中安放一台或多台入侵检测探测器，就可以监视整个网络的运行情况，在黑客攻击造成破坏之前，预先发出警报，并通过 TCP 阻断或防火墙联动等方式，以最快的速度阻止入侵事件的发生。基于网络的入侵检测系统自成体系，它的运行不会给原系统和网络增加负担。

13.4.1 NIDS 设计

基于网络的入侵检测产品放置在比较重要的网段内，可连续监视网段中的各种数据包，对每个数据包或可疑的数据包进行特征分析。如果数据包与产品内置的某些规则吻合，入侵检测系统就会发出警报甚至直接切断网络连接。目前，大部分入侵检测产品都基于网络。NIDS 整体框架流程图如图 13-5 所示。

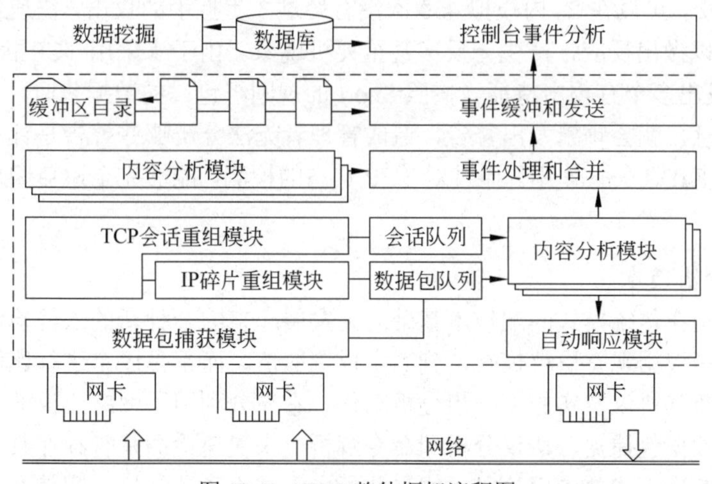

图 13-5 NIDS 整体框架流程图

在网络入侵检测系统中，有多个久负盛名的开放源码软件，它们是 Snort、NFR、Shadow、Bro、Firestorm 等，其中，Snort 的社区（http://www.snort.org）非常活跃，其入侵特征更新速度与研发的进展已超过了大部分商品化产品。可以通过分析 Snort 代码和结构来学习 NIDS 的设计。

13.4.2 NIDS 关键技术

1. IP 碎片重组技术

为了躲避入侵检测系统，攻击者往往会使用 Fragroute 碎片数据包转发工具，将攻击请求分成若干个 IP 碎片包发送到目标主机；目标主机接收到碎片包以后，则进行碎片重组还原出真正的请求。碎片攻击包括碎片覆盖、碎片重写、碎片超时和针对网络拓扑的碎片技术（如使用小的 TTL）等。IDS 需要在内存中缓存所有的碎片，模拟目标主机对网络上传输的碎片包进行重组，还原出真正的请求内容，然后再进行入侵检测分析。

2. TCP 流重组技术

对于入侵检测系统，最艰巨的任务是重组通过 TCP 连接交换的数据。TCP 提供了足够多的信息帮助目标系统判断数据的有效性和数据在连接中的位置。TCP 的重传机制可以确保数据准确到达，如果在一定的时间之内没有收到接收方的响应信息，发送方会自动重传数据。但是，由于监视 TCP 会话的入侵检测系统是被动的监视系统，因此无法使用 TCP 重传机制。如果在数据传输过程中发生顺序被打乱或报文丢失的情况，将加大其检测难度。更严重的是，重组 TCP 数据流需要进行序列号跟踪，但是如果在传输过程中丢失了很多报文，就可能使入侵检测系统无法进行序列号跟踪。如果没有恢复机制，就可能使入侵检测系统不能同步监视 TCP 连接。不过，即使入侵检测系统能够恢复序列号跟踪，也同样能够被攻击。

3. TCP 状态检测技术

目前，攻击 NIDS 最有效的办法是利用 Coretez Giovanni 写的 Stick 程序。Stick 使用了很巧妙的办法，可以在 2s 内模拟 450 次没有经过 3 步握手的攻击，快速告警信息的产生会让 IDS 难以做出反应，产生无反应甚至死机现象。由于未采用 TCP 状态检测技术，所以当 Stick 发出多个有攻击特征（按照 Snort 的规则组包）的数据包时，IDS 匹配了这些数据包的信息，就会频繁发出警告，造成管理者无法分辨哪些警告是针对真正的攻击发出的，从而使 IDS 失去作用。通过对 TCP 状态的检测，能够完全避免因单包匹配造成的误报。

4. 协议分析技术

协议分析是在传统模式匹配技术基础之上发展起来的一种新的入侵检测技术。协议分析的原理就是根据现有协议模式，到固定位置取值，而不是逐个进行比较，然后根据取得的值来判断其协议及实施下一步分析动作。它充分利用了网络协议的高度有序性，并结合了高速数据包捕捉、协议分析和命令解析，来快速检测是否存在某个攻击特征，这种技术正逐渐进入成熟应用阶段。协议分析大大减小了计算量，即使在高负载的高速网络上，也能逐个分析所有的数据包。

采用协议分析技术的 IDS 能够理解不同协议的原理，由此分析这些协议的流量，寻找可疑的或不正常的行为。对每一种协议的分析不仅基于协议标准，还基于协议的具体实现，因为很多协议的实现偏离了协议标准。协议分析技术观察并验证所有的流量，当流量不是期望值时，IDS 就发出告警。协议分析具有寻找任何偏离标准或期望值的行为的能力，因此能够检测到已知和未知攻击。

状态协议分析就是在常规协议分析技术的基础上加入状态特性分析，即不仅检测单一的连接请求或响应，而是将一个会话的所有流量作为一个整体来考虑。仅靠检测单一的连接请求或响应，有些网络攻击行为是检测不到的，因为攻击行为包含在多个请求中，此时状态协议分析技术就显得十分必要。与模式匹配技术相比，协议分析和状态协议分析技术具有如下的优点。

（1）**性能提高**。与模式匹配系统中传统的穷举分析方法相比，协议分析利用已知结构的通信协议在处理数据帧和连接时更迅速、有效。

（2）**准确性提高**。与非智能化的模式匹配相比，协议分析减少了误警和漏警。将命令解析和协议解码技术相结合，在命令字符串到达操作系统或应用程序之前，模拟命令字符串的执行，以确定它是否具有恶意。

（3）**基于状态的分析**。协议分析入侵检测系统引擎在评估某个数据包时，不仅要检查之前的相关数据包，而且还要检查之后可能出现的数据包。与此相反，模式匹配入侵检测系统只孤立地检查当前的数据包。

（4）**反规避能力大大增强**。因为协议分析具有判别通信行为真实意图的能力，因此能够有效抵御利用路径模糊、十六进制编码和 Unicode 编码等进行隐藏攻击的行为。

（5）**系统资源开销小**。协议分析的高效性降低了系统资源在网络和主机探测中的消耗，而模式匹配技术却能大量消耗系统资源。

5. 零复制技术

零复制的基本思想是在数据包从网络设备到用户程序空间传递的过程中，减少数据复制次数，减少系统调用，实现 CPU 的零参与，彻底消除 CPU 在这方面的负载。实现零复制用到的主要技术是 DMA 数据传输技术和内存区域映射技术。传统的网络数据报处理需要经过网络设备到操作系统内存空间、系统内存空间到用户应用程序空间这两次复制，同时还需要经历用户向系统发出的系统调用。而零复制技术则首先利用 DMA 技术将网络数据报直接传递到系统内核预先分配的地址空间中，避免 CPU 的参与；同时，将系统内核中存储数据报的内存区域映射到检测程序的应用程序空间（还有一种方式是在用户空间建立一缓存，并将其映射到内核空间，类似于 Linux 系统下的 Kiobuf 技术），检测程序直接对这块内存进行访问，从而减少系统内核向用户空间的内存复制，同时减少系统调用的开销，实现“零复制”。

零复制数据流程如图 13-6 所示，图中左侧是传统的处理网络数据包的方式。由于网卡驱动程序运行在内核空间，当网卡收到数据包后，数据包会存放在内核空间内。由于上层应用运行在用户空间，无法直接访问内核空间，因此要通过系统调用将网卡中的数据包复制到上层应用系统中，从而占用系统资源，造成 IDS 性能下降。图 13-6 右侧是改进后的网络数据包处理方式。通过重写网卡驱动，使网卡驱动与上层系统共享一块内存区域，网卡从网络上捕获到的数据包直接传递给入侵检测系统。上述过程避免了数据的内存复制，不需要占用 CPU 资源，最大程度地将有限的 CPU 资源让给协议分析和模式匹配等进程，提高了整体性能。Luca Deri 提出一种改进数据包捕获效率的新方法，详细内容见相关参考文献。但是零复制只能解决“抓包”的瓶颈问题，实现高性能的 IDS 仍要依靠协议分析和匹配检测等其他功能模块性能的进一步加强。

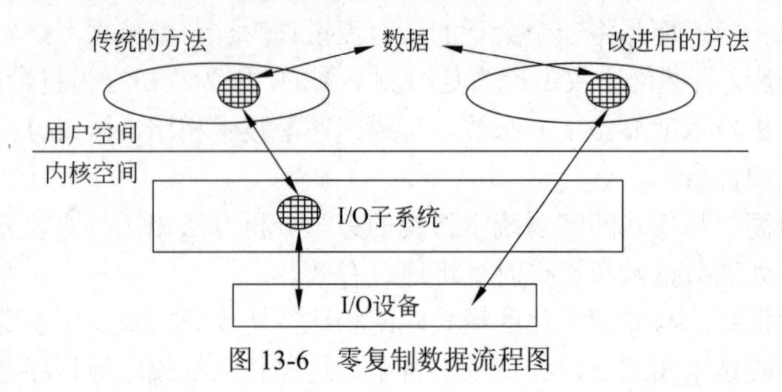

图 13-6　零复制数据流程图

6. 蜜罐技术

从传统意义上讲，信息安全意味着单纯的防御。防火墙、入侵检测系统、加密等安全机制只是用来防御，以保护用户的资源免受黑客的损害。从战术上来讲，应尽可能好地保护网络，减少安全漏洞，并对出现的安全性泄漏及时响应。这种技术的问题在于它的单纯防御特性，主动权掌握在攻击者的手中。而蜜罐技术的出现将改变这一切。现代的 IDS 采用了蜜罐（Honeypot）技术的新思想。蜜罐是一个吸引潜在攻击者的陷阱，它的作用是：

- 把潜在入侵者的注意力从关键系统移开。
- 收集入侵者的动作信息。
- 设法让攻击者停留一段时间，使管理员能检测到它并采取相应的措施。

蜜罐技术的主要目的是收集和分析现有威胁的信息。将这种技术集成到 IDS 中，我们就可以发现新的黑客工具、确定攻击的模式、研究攻击者的动机。

（1）蜜罐技术的实现

蜜罐可被视为情报收集系统。蜜罐是故意引诱攻击的目标，引诱黑客前来攻击。当攻击者入侵后，就可以知道攻击者是如何得逞的，并随时了解攻击者针对公司服务器发动的最新攻击及系统的漏洞；还可以通过窃听黑客之间的联系，收集黑客所用的各种工具并掌握黑客之间的社交网络。

设置蜜罐并不难，只要在外部 Internet 上的一台计算机上运行有明显安全漏洞的操作系统即可，如运行一台没有打补丁的微软 Windows 或 Red Hat Linux 服务器。因为黑客可能会设陷阱，以获取计算机的日志和审查功能，所以要在计算机和 Internet 连接之间安置一套网络监控系统，以便悄悄记录进出计算机的所有流量。然后，只需坐下来，等待攻击者自投罗网。

然而，设置蜜罐并不是没有风险。这是因为，大部分安全受到威胁的系统会被黑客用来攻击其他系统。这就是下游责任（Downstream Liability），由此引出了蜜网（Honeynet）这一话题。

蜜网是指另外采用了各种入侵检测和安全审计技术的蜜罐，它可以用合理方式记录下黑客的行动，同时尽量减小或排除对 Internet 上其他系统造成的风险。设置在反向防火墙后的蜜罐就是一个例子。防火墙的目的不是防止入站连接，而是防止蜜罐建立出站连接。不过，虽然这种方法可以使蜜罐不会破坏其他系统，但很容易被黑客发现。

数据收集是设置蜜罐的另一项技术挑战。蜜罐监控者只要记录下进出系统的每个数据包，就能够对黑客的所作所为一清二楚。蜜罐本身的日志文件也是很好的数据来源。但日志文件很容易被攻击者删除。所以通常的办法就是让蜜罐向同一网络上防御机制较完善的远程日志服务器发送日志备份。

（2）蜜罐技术的优势

蜜罐系统的优点之一就是大大减少了所要分析的数据。对于通常的网站或邮件服务器，攻击流量通常会被合法流量所淹没，而蜜罐进出的数据大部分是攻击流量。因此，浏览数据、查明攻击者的实际行为也相对容易了。

自 1999 年启动以来，蜜网计划已经收集了大量信息，详情可访问 www.honeynet.org。信息表明：攻击率在过去一年增加了一倍；攻击者越来越多地使用能够堵住漏洞的自动点击工具（如果发现新漏洞，工具很容易更新）；尽管声势很大，但很少有黑客采用新的攻击手法。

蜜罐不仅是一种研究工具，同样有着真正的商业应用价值。将蜜罐设置在与公司网站或邮件服务器相邻的 IP 地址上，就可以了解公司网络所遭到的攻击了。

蜜罐领域最让人兴奋的发展成果之一就是出现了虚拟蜜网。虚拟计算机网络运行在使用 VMware 或 User-Mode Linux 等虚拟计算机系统的单一机器之上。虚拟系统可以在单一主机系统上运行几台虚拟计算机（通常是 4～10 台）。虚拟蜜网大大降低了蜜罐的成本及管理的难度，节省了机器占用的空间。此外，虚拟系统通常支持“悬挂”和“恢复”功能，这样就可以冻结受到安全威胁的计算机，分析攻击方法。

13.5 HIDS

HIDS 出现在 20 世纪 80 年代初期，那时网络还没有今天这样普遍、复杂，且网络之间也没有完全连通。其检测的目标主要是主机系统和本地用户。检测原理是根据主机的审计数据和系统日志发现可疑事件，检测系统可以运行在被检测的主机或单独的主机上。

在这一较为简单的环境中，最常见的操作是检查可疑行为的检测记录。由于入侵行为在当时很少见，对攻击进行事后分析就可以防止日后的攻击。

当前的 HIDS 仍使用验证记录，但自动化程度大大提高，并发展了精密的可迅速做出响应的检测技术。通常，基于主机的 IDS 可监测系统、事件和 Windows NT 下的安全记录及 UNIX 环境下的系统记录。当有文件发生变化时，IDS 将新的记录条目与攻击标记相比较，看二者是否匹配，如果匹配，系统就会向管理员报警并向其他的目标报告，以采取措施。

基于主机的入侵检测系统有以下特点：

1. 监视特定的系统活动

HIDS 监视用户和访问文件的活动，包括文件访问、改变文件权限、试图建立新的可执行文件或试图访问特殊的设备。例如，基于主机的 IDS 可以监督所有用户的登录及下网情况，以及每位用户在连接网络后的行为，而基于网络的系统要做到这种程度是非常困难的。

HIDS 还可以监视只有管理员才能实施的异常行为。操作系统记录了任何有关用户账号的增加、删除、更改的情况，一旦发生变化，基于主机的 IDS 就能检测到这种不适当的变化。基于主机的 IDS 还可审计能影响系统记录的校验措施的改变。

最后，HIDS 可以监视主要系统文件和可执行文件的改变。系统能够查出那些欲改写重要系统文件或安装特洛伊木马及后门的尝试，并将它们中断。而 NIDS 有时不会发现这些异常行为。

2. 非常适用于加密和交换环境

既然基于主机的系统驻留在网络中的主机上，那么，它们可以克服基于网络的入侵检测系统在交换和加密环境中所面临的一些困难。由于在大的交换网络中确定 IDS 的最佳位置和网络覆盖非常困难，因此基于主机的检测驻留在关键主机上可避免这一难题。

根据在加密后驻留在协议栈中的位置，NIDS 可能无法检测到某些攻击。基于主机的 IDS 并没有这个限制，因为当操作系统（也包括 HIDS）收到发来的数据包时，数据序列已经被解密。

3. 近实时的检测和应答

尽管基于主机的检测并不提供真正实时应答，但新的基于主机的检测技术已经能够提供近实时检测和应答。早期的系统主要使用一个进程来定时检测日志文件的状态和内容，而许多现有的 HIDS 在任何日志文件发生变化时，都可以从操作系统及时接收一个中断，这样就大大缩短了攻击识别和应答之间的时间。

4. 不需要额外的硬件

基于主机的检测驻留在现有的网络基础设施上，其中包括文件服务器、Web 服务器和其他的共享资源等，这样就减少了基于主机的 IDS 的实施成本；因为不需要添加新的硬件，所以也就减少了以后维护和管理这些硬件设备的负担。

13.5.1 HIDS 设计

越来越多的计算机病毒和黑客绕过外围安全设备向主机发起攻击。在检测针对主机的攻击方面，基于网络的入侵检测系统（NIDS）显得无能为力，而基于主机的 IDS（HIDS）却能够检测这种攻击。HIDS 软件安装在服务器上，也可以安装在 PC 和笔记本当中，被认为是保护关键服务器的最后一道防线，是企业整体安全策略的关键部分。

在通常情况下，企业针对服务器业务价值的大小采取不同的安全措施。HIDS 代理程序通常被部署在关键服务器上。这些服务器通常是网络基础设施服务器、业务基础设施服务器和保存着企业商业机密的服务器。

HIDS 能够监测系统文件、进程和日志文件，寻找可疑活动。多数 HIDS 代理程序根据攻击特征来识别攻击。与防病毒软件功能类似，HIDS 代理能够分析不同形式的数据包和不同特征的攻击行为。HIDS 扫描操作系统和应用程序日志文件，查找恶意行为的痕迹；检测文件系统，查看敏感文件是否被非法访问或被篡改；检测进出主机的网络传输流，发现攻击。

黑客和病毒常用的一个攻击手段是利用关键系统存在的缓冲区溢出漏洞进行攻击。缓冲区溢出相当于打开了系统后门，为非法访问者提供了根级或管理员级的访问权限。攻击者通过操作系统的后门，将一个特洛伊木马程序复制到系统文件夹中，并将这个特洛伊文件注册到操作系统或程序调用中，并在系统被重新引导时执行该特洛伊木马程序。每当系统启动时，这个恶意的特洛伊程序就会开始执行事先定义的各种恶意活动。

通过将代理程序安装在服务器上，HIDS 可以检测缓冲区溢出攻击。如果需要，HIDS 还可以在特洛伊程序被复制时、Windows 注册表被修改时或特洛伊程序被执行时阻止入侵。

一旦检测到入侵，HIDS 代理程序可以利用多种方式做出反应。它可以生成一个与其他事件相关联的事件报告；可以利用电子邮件、呼机或手机向管理人员发出警报；可以执行特定的程序或脚本，阻止攻击。越来越多的 HIDS 能够在可疑活动的传输过程中检测到它们，从而可以在攻击到达目标之前阻止它们。

在加强主机防御和降低主机安全风险方面，HIDS 具有独特的优势。它能够弥补 NIDS、基于蜜罐的 IDS 及防火墙在保护主机方面的不足，应当成为企业多层安全战略的组成部分。

13.5.2 HIDS 关键技术

主机入侵检测系统通常在被重点检测的主机上运行一个代理程序。该代理程序扮演着检测引擎的角色，根据主机行为特征库对受检测主机上的可疑行为进行采集、分析和判断，并把告警日志发送给控制端程序，由管理员集中管理。此外，代理程序需要定期给控制端发出信号，使管理员能确信代理程序工作正常。如果是个人主机入侵检测，代理程序和控制端管理程序可以合并在一起，管理程序也简单得多。

在 Windows NT/2000 中，系统有自带的安全工具，类似于早期 Windows 版本的策略编辑器。利用这个工具可以使安全策略的规划和实施变得更加容易。安全策略问题包括账号策略、本地策略、共钥策略和 IP 安全策略。系统中违反安全策略的行为都作为事件发送给系统安全日志。主机入侵检测可以根据安全日志分析、判断入侵行为。

1. 文件和注册表保护技术

在主机入侵检测系统中，无论采用什么操作系统，普遍使用到各种勾子技术，对系统的各种事件、活动进行截获分析。在 Windows NT/2000 中，由于系统中的各种 API 子系统（如 Win32 子系统、Posix 子系统及其他系统）最终都要调用相应的系统服务例程（System Services Routines），所以可以将系统服务例程勾子化。入侵检测系统通过捕获操作文件系统和注册表的函数来检测对文件系统和注册表的非法操作。在某些系统中，可以通过复制勾子处理函数。这不仅可以对敏感文件或目录检测非法操作，还可以阻止对文件或目录进行的操作。

2. 网络安全防护技术

网络安全防护是大多数主机入侵检测系统的核心模块之一。该模块需要使用 NDIS 等技术分析数据包的有关源地址、协议类型、访问端口和传输方向（OUT/IN）等，并与事件库中的事件特征进行匹配，判断数据包是否能访问主机或是否作为入侵事件被报警。

NDIS 是用于 Windows 系列操作系统的网络驱动程序接口。按照 NDIS 提供的接口标准，任何与 NDIS 兼容的传输驱动程序都能够和与 NDIS 兼容的网络适配器驱动程序进行信息交流。也可以采用 NDIS HOOK + WinSock2 SPI 双重技术实现更复杂、更灵活的安全防护和入侵分析功能。编写 NDIS 驱动程序，需要的技巧比较高，而且烦琐，需要考虑很多细节。有关具体的实现方法，请参见 Win2k DDK 文档。

拨号检测在主机入侵检测系统中也有其特殊用途。很多重要部门都装有内部网，出于对信息的高度安全要求，公司（或部门）不希望员工私自安装 Modem 拨号入网。安装于内部网中的带有拨号检测的主机入侵检测系统可以检测到员工的这种违规行为并及时阻止。在内部网中，如果要阻止员工侵入其他员工的系统窃取机密信息，通常需要主机入侵检测系统对不同主机中的敏感文件或目录进行检测。

3. IIS 保护技术

作为一个 WWW 服务器软件，微软公司的 Internet 信息服务器（Internet Infomation Server，IIS）简单易学，管理方便，被广泛使用。大部分 HIDS 产品都增加了 IIS 保护模块。IIS 保护主要是针对“HTTP 请求”、“缓冲区溢出”、“关键字”和“物理目录”等完成对 IIS 服务器的加固功能。该模块能检测常见的针对微软 IIS 服务器的攻击，并能在一定程度上预防利用未知漏洞所进行的攻击。

（1）HTTP 请求类型

指定可以到达 IIS 服务器的 HTTP 请求的类型，被禁止的请求类型将被拦截，从而使 IIS 服务不对这些请求进行处理。因为某些类型的 HTTP 请求曾被发现存在潜在的安全漏洞。

通常只需要允许 GET、POST、HEAD 类型的请求，便可以让其他人通过浏览器正常访问 IIS 网站。

（2）缓冲区溢出

攻击者通常通过工具构造出各种畸形数据包对服务器进行试探，以发现目标机器中潜在的缓冲区溢出漏洞。IIS 保护模块可以对超长的 HTTP 请求包进行检测，拦截非法的请求。

（3）关键字

对 HTTP 请求进行内容分析，禁止包含某些关键字的请求，如 cmd.exe 等。

（4）物理目录

禁止通过 HTTP 请求进行物理目录的非法映射操作。

可以通过 ISAPI 过滤器实现上述功能，进行自己定制的处理。ISAPI 过滤器可以定制以下的处理：接收 HTTP 协议头预处理、发送 HTTP 协议头预处理、发送数据预处理、获得数据预处理、HTTP 会话结束信息处理、自定义的安全认证机制、URL 映射信息处理及日志记录处理等。

4. 文件完整性分析技术

基于主机的入侵检测系统的一个优势是可以根据结果进行判断。判据之一就是关键系统文件有没有在未经允许的情况下被修改，包括访问时间、文件大小和 MD-5 密码校验值。HIDS 一般使用杂凑函数进行文件完整性分析。有关杂凑算法的详细介绍，请参考相关的密码学教材。

主机入侵检测系统需要与现有系统紧密集成，支持的平台越多越好。目前的主流商业入侵检测系统通常支持或将支持大部分主流的企业级 Windows 和 UNIX 系统。

13.6 DIDS

在实际应用中，经常发现如下一些现象：

（1）系统的弱点或漏洞分散在网络的各个主机上，这些弱点有可能被入侵者一起用来攻击网络，而依靠唯一的主机或网络，IDS 不能发现入侵行为。

（2）入侵行为不再是单一的行为，而表现出协作入侵的特点，如分布式拒绝服务攻击（DDoS）。

（3）入侵检测所依靠的数据来源分散化，收集原始数据变得困难，如交换网络使得监听网络数据包受到限制。

（4）网络传输速度加快，网络的流量大，集中处理原始数据的方式往往造成检测瓶颈，从而导致漏检。

为了解决上述问题，DIDS 应运而生。DIDS 通常由数据采集构件、通信传输构件、入侵检测分析构件、应急处理构件和用户管理构件等组成，如图 13-7 所示。这些构件可根据不同情况组合，如数据采集构件和通信传输构件组合就产生出新的构件，这些新的构件能够完成数据采集和传输的双重任务。所有这些构件组合起来就变成一个入侵检测系统。各构件的功能如下：

（1）数据采集构件：收集检测使用的数据，可驻留在网络中的主机上，或者安装在网络的检测点上。数据采集构件需要通信传输构件的协作，将采集的信息送到入侵检测分析构件中进行处理。

（2）通信传输构件：传递加工、处理原始数据的控制命令，一般需要和其他构件协作完成通信功能。

（3）入侵检测分析构件：依据检测的数据，采用检测算法，对数据进行误用分析和异常分析，产生检测结果、报警和应急信号。

（4）应急处理构件：按入侵检测的结果和主机、网络的实际情况做出决策判断，对入侵行为进行响应。

（5）用户管理构件：管理其他构件的配置，产生入侵总体报告，提供用户和其他构件的管理接口、图形化工具或可视化的界面，供用户查询和检测入侵系统的情况等。

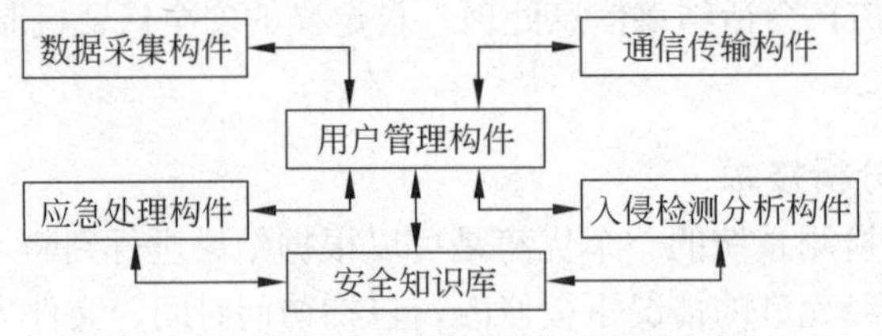

图 13-7　分布式入侵检测系统结构示意图

采用分布式结构的 IDS 目前成为研究的热点，较早的系统有 DIDS 和 CSM。DIDS 是典型的分布式结构系统，系统框图如图 13-8 所示。其目标是既能检测网络入侵行为，又能检测主机入侵行为。

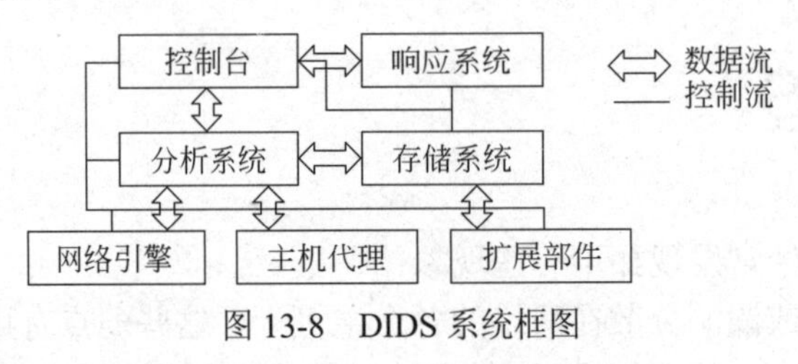

图 13-8　DIDS 系统框图

13.7　IDS 设计上的考虑与部署

13.7.1　控制台的设计

控制台通过直观、方便的操作界面管理远程探测器，汇总各个探测器报告的告警事件，并实现日志检索、备份、恢复、报表等功能。控制台的设计重点是日志检索、探测器管理、规则管理、日志报表及用户管理等。

1. 日志检索

网络管理员可以使用单一条件或复合条件进行检索，当告警日志数量庞大、来源广泛时，系统需要对告警日志按照危险等级进行分类，从而突出显示网络管理员需要的最重要信息。日志检索的条件至少包括来源地址、目标地址、来源端口、目标端口、攻击特征、风险等级、时间段等。

2. 探测器管理

控制台可以一次管理多个探测器，包括启动、停止、配置探测器和查看探测器运行状态等。

3. 规则管理

为用户提供根据不同网段具体情况灵活配置安全策略的工具，针对不同情况制定相应的安全规则。提供规则的在线和离线升级功能，设置每条规则的响应策略及允许管理自定义规则等。

另外，针对每条规则还需要提供详细的帮助信息（包括攻击类型、详细描述、风险等级、解决方案、受影响的操作系统、CVE、相关参考链接等）。

4. 日志报表

至少需要提供多种文本和图形的报表模板，且报表格式可以导出 WORD、HTML、TXT、EXCEL、PDF 等常用的格式。

5. 用户管理

对用户权限进行严格的定义，提供口令修改、添加用户、删除用户、用户权限配置等功能，有效保护系统使用的安全性。

控制台功能框图如图 13-9 所示。

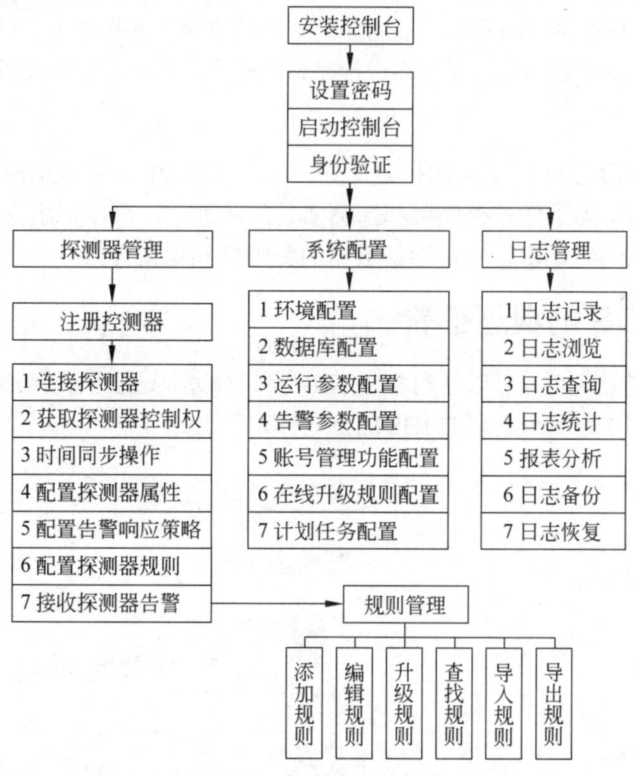

图 13-9　控制台功能框图

13.7.2　自身安全设计

计算机网络入侵检测系统部署在网络的关键节点上，捕获并记录黑客的入侵行为。这一特殊性决定它必然受到攻击者的特别关注，所以入侵检测系统自身的安全问题非常重要。在系统设计中，需要充分考虑系统自身的安全体系结构。

1. 系统安全

计算机网络入侵检测系统部署在网络的关键节点上，通常放置在防火墙的DMZ中，当攻击成功通过防火墙后，该系统会识别攻击，产生告警，并通过与防火墙联动来阻断攻击。这样不仅能检测到黑客的攻击和入侵，同时又能够减少黑客的干扰。将监听网口与管理网口分离，监听网口卸掉IP栈使得监听网口不带任何IP地址，实现隐藏IDS探测器的目的。检测系统所在的操作系统平台安装最新的系统补丁，停止一些不必要的守护服务程序，禁止大部分远程访问权限，设置安全策略审核策略管理、登录事件等重要的系统操作，删除默认共享，禁止匿名账号等，防止黑客对IDS主机的攻击。

2. 认证和审计

为了防止非法用户的使用，控制台管理程序的登录必须首先进行高强度的身份认证，并且对用户的登录事件和具体操作过程进行详细的审计。在身份认证方面，密码和账号不能少于6位，必须是数字和字母的组合，并且密码和账号不能相同，以增加破解难度；设计账号锁定和定期修改策略，防止暴力破解。另外，最好不保存管理员密码，使用SHA-1等单向算法，只保存杂凑后的数据，从而保证密码的安全。在程序安全性方面，使用完整性检查功能，设置策略定期对重要文件进行完整性检查，防止程序和文件的非法篡改。

3. 通信安全

控制台和探测器之间的通信采用TCP/IP。由于TCP/IP本身没有任何安全措施，通信内容有可能泄漏。为了保护控制台和探测器之间的通信，可以采用安全套接层（SSL）协议对传输的数据进行加密，实现通信数据的完整性和保密性。

13.7.3 IDS的典型部署

在网络中部署IDS时，可以使用多个NIDS和HIDS，这要根据网络的实际情况和自己的需求。图13-10是一个典型的IDS的部署图。

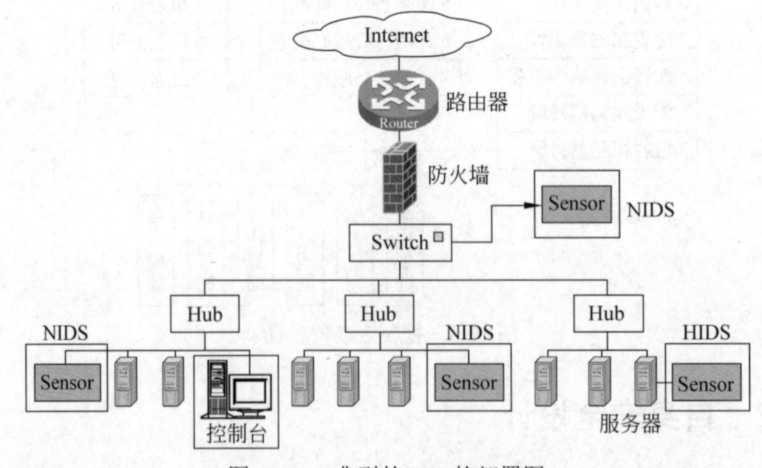

图13-10 典型的IDS的部署图

13.8　IDS 的发展方向

随着网络技术和网络规模的不断发展，人们对于计算机网络的依赖也不断增强。同时，针对网络系统的攻击越来越普遍，攻击手法日趋复杂。IDS 也随着网络技术和相关学科的发展而日趋成熟，其未来发展的趋势主要表现在以下方面：

1. 宽带高速实时的检测技术

大量高速网络技术，如 ATM、千兆以太网等相继出现，在此背景下的各种宽带接入手段层出不穷。如何实现高速网络下的实时入侵检测已经成为现实面临的问题。目前的千兆 IDS 产品其性能指标与实际要求相差很远。要提高其性能主要应考虑以下两个方面：首先，IDS 的软件结构和算法需要重新设计，以期适应高速网的环境，提高运行速度和效率；其次，随着高速网络技术的不断发展与成熟，新的高速网络协议的设计也必将成为未来发展的趋势，现有 IDS 如何适应和利用未来的新网络协议将是一个全新的问题。

2. 大规模分布式的检测技术

传统的集中式 IDS 的基本模型是在网络的不同网段放置多个探测器来收集当前网络状态的信息，然后将这些信息传送到中央控制台进行处理分析。这种方式存在明显的缺陷。首先，对于大规模的分布式攻击，中央控制台的负荷将会超过其处理极限，这种情况会造成大量处理信息的遗漏，导致漏报率的增高。其次，多个探测器收集到的数据在网络上的传输会在一定程度上增加网络负担，导致网络系统性能的降低。再者，由于网络传输的时延问题，中央控制台处理的网络数据包中所包含的信息只反映了探测器接收到它时的网络状态，不能实时反映当前网络状态。

面对以上问题，新的解决方法也随之产生，例如 Purdue 大学开发的 AAFID 系统，该系统是 Purdue 大学设计的一种采用树形分层构造的代理群体，根部是监视器代理，提供全局的控制、管理，以及分析由下一层节点提供的信息，在树叶部分的代理专门用来收集信息。处在中间层的代理被称为收发器，这些收发器一方面实现对底层代理的控制，一方面可以对信息做预处理，把精练的信息反馈给上层的监视器。这种结构采用了本地代理处理本地事件，中央代理负责整体分析的模式。与集中式不同，它强调通过全体智能代理的协同工作来分析入侵策略。这种方法明显优于前者，但同时带来一些新的问题，如代理间的协作和通信等。这些问题仍在进一步研究中。

3. 数据挖掘技术

操作系统的日益复杂和网络数据流量的急剧增加，导致了审计数据以惊人速度增加，如何在海量的审计数据中提取具有代表性的系统特征模式，以及对程序和用户行为做出更精确的描述，是实现入侵检测的关键。

数据挖掘技术是一项通用的知识发现技术，其目的是要从海量数据中提取对用户有用的数据。将该技术用于入侵检测领域，利用数据挖掘中的关联分析、序列模式分析等算法提取相关的用户行为特征，并根据这些特征生成安全事件的分类模型，应用于安全事件的自动鉴别。一个完整的基于数据挖掘的入侵检测模型包括对审计数据的采集、数据预处理、特征变量选取、算法比较、挖掘结果处理等一系列过程。这项技术难点在于如何根据具体应用的要求，从用于安全的先验知识出发，提取可以有效反映系统特性的特征属性，应用合适的算法进行数据挖掘。另一个技术难点在于如何将挖掘结果自动地应用到实际的IDS中。目前，国际上在这个方向上的研究很活跃，这些研究多数得到了美国国防部高级计划署、国家自然科学基金的支持。但也应看到，数据挖掘技术用于入侵检测的研究总体上来说还处于理论探讨阶段，离实际应用还有相当距离。

4. 更先进的检测算法

在入侵检测技术的发展过程中，新算法的出现可以有效提高检测效率。下述3种机器学习算法为当前检测算法的改进注入了新的活力。它们分别是计算机免疫技术、神经网络技术和遗传算法。

（1）计算机免疫技术是直接受到生物免疫机制的启发而提出的。在生物系统中，脆弱性因素由免疫系统来处理，而这种免疫机制在处理外来异体时呈现出分布、多样性、自治及自修复等特征，免疫系统通过识别异常或以前未出现的特征来确定入侵。计算机免疫技术为入侵检测提供了一个思路，即通过正常行为的学习来识别不符合常态的行为序列。这方面的研究工作已经开展很久，但仍有待于进一步深入。

（2）神经网络技术在入侵检测中的应用研究时间较长，并在不断发展。早期的研究通过训练后向传播神经网络来识别已知的网络入侵，进一步研究识别未知的网络入侵行为。今天的神经网络技术已经具备相当强的攻击模式分析能力，能够较好地处理带噪声的数据，而且分析速度很快，可以用于实时分析。现在提出了各种其他神经网络架构，诸如自组织特征映射网络等，以期克服后向传播网络的若干限制性缺陷。

（3）遗传算法在入侵检测中的应用研究时间不长，在一些研究试验中，利用若干字符串序列来定义用于分析检测的命令组，用以识别正常或异常行为。这些命令在初始训练阶段不断进化，分析能力明显提高。该算法的应用还有待于进一步的研究。

5. 入侵响应技术

当IDS检测出入侵行为或可疑现象后，系统需要采取相应手段，将入侵造成的损失降至最小。系统一般可以通过生成事件告警、E-mail或短信息来通知管理员。随着网络变得日益复杂和安全要求的不断提高，更加实时的系统自动入侵响应方法正逐渐得到研究和应用。这类入侵响应大致分为3类：系统保护、动态策略和攻击对抗。这3方面都属于网络对抗的范畴，系统保护以减少入侵损失为目的；动态策略以提高系统安全性为职责；而攻击对抗则不仅可以实时保护系统，还可实现入侵跟踪和反入侵的主动防御策略。

总之，入侵检测技术作为当前网络安全研究的热点，它的快速发展和极具潜力的应用前景需要更多的研究人员参与。IDS只有在基础理论研究和工程项目开发多个层面上同时发展，才能全面提高整体检测效率。

习　　题

一、填空题

1. 根据数据的来源不同，IDS 可分为________、________和________3 种类型。

2. 一个通用的 IDS 模型主要由________、________、________和________4 部分组成。

3. 入侵检测一般分为 3 个步骤，分别为________、________和________。

4. 一个 NIDS 在功能结构上应至少包含________、________、________和________4 部分功能。

5. DIDS 通常由________、________、________、________和________5 个构件组成。

6. IDS 控制台主要由________、________、________、________和________5 个功能模块构成。

7. HIDS 常安装于________上，而 NIDS 常安装于________入口处。

8. 潜在入侵者的信息可以通过检查________日志来获得。

9. 吸引潜在攻击者的陷阱称为________。

二、思考题

1. 入侵检测系统的定义是什么？
2. 入侵检测系统按照功能可分为哪几类？有哪些主要功能？
3. 一个好的 IDS 应该满足哪些基本特性？
4. 常用的入侵检测统计模型有哪些？
5. 试分析基于异常与基于误用这两种检测技术的优缺点。
6. 什么是异常检测？基于异常检测原理的入侵检测方法有哪些？
7. 什么是误用检测？基于误用检测原理的入侵检测方法有哪些？
8. 简述 NIDS 和 HIDS 的区别，并对各自采用的关键技术加以描述。
9. 除了异常检测和误用检测之外，还有哪些常用的入侵检测技术？
10. 简述 NIDS 的数据流程。
11. 蜜网和蜜罐的作用是什么？它们在检测入侵方面有什么优势？
12. IDS 在自身安全设计上应该注意哪些问题？
13. 请画出各类 IDS 在一个实际网络中的部署图。
14. 请简述 IDS 的发展方向。

第14章 VPN技术

14.1 VPN 概述

随着电子商务和电子政务应用的日益普及，越来越多的企业欲把处于世界各地的分支机构、供应商和合作伙伴通过 Internet 连接在一起，以加强总部与各分支机构的联系，提高企业与供应商和合作伙伴之间的信息交换速度；使移动办公人员能在出差时访问总部的网络进行信息交换。为了实现 LAN-to-LAN 的互连，传统的企业组网方案是租用电信 DDN 专线或帧中继电路以组成企业的专用网络，但这种方案成本太高，企业无法承受。对于移动用户而言，出差时只能通过拨号线路访问所属企业的网络。随着全球化步伐的加快和公司业务的增长，移动办公人员会越来越多，公司的客户关系也越来越庞大，这样的方案必然导致昂贵的线路租用费和长途电话费。在这种背景下，人们便想到是否可以使用无处不在的 Internet 来构建企业自己的专用网络。这种需求就导致了虚拟专网（Virtual Private Network，VPN）概念的出现。

采用 VPN 技术组网，企业可以以一种相对便宜的月付费方式上网。然而，Internet 是一个共享的公共网络，因此不能保证数据在两点之间传递时不被他人窃取。要想安全地将两个企业子网连在一起，或者确保移动办公人员能安全地远程访问公司内部的秘密资源，就必须保证 Internet 上传输数据的安全，并对远程访问的移动用户进行身份认证。

14.1.1 VPN 的概念

所谓虚拟专网，是指将物理上分布在不同地点的网络通过公用网络连接而构成逻辑上的虚拟子网。它采用认证、访问控制、机密性、数据完整性等安全机制在公用网络上构建专用网络，使得数据通过安全的“加密管道”在公用网络中传播。这里的公用网通常指 Internet。

VPN 技术实现了内部网信息在公用信息网中的传输，就如同在茫茫的广域网中为用户拉出一条专线。对于用户来讲，公用网络起到了“虚拟”的效果，虽然他们身处世界的不同地方，但感觉仿佛是在同一个局域网里工作。VPN 对每个使用者来说也是“专用”的。也就是说，VPN 根据使用者的身份和权限，直接将其接入 VPN，非法的用户不能接入 VPN 并使用其服务。

14.1.2 VPN 的特点

在实际应用中，用户需要什么样的 VPN 呢？好的 VPN 应具备以下几个特点。

1. 费用低

由于企业使用 Internet 进行数据传输，相对于租用专线来说，费用极为低廉，所以 VPN 的出现使企业通过 Internet 既安全又经济地传输机密信息成为可能。

2. 安全保障

虽然实现 VPN 的技术和方式很多，但所有的 VPN 均应保证通过公用网络平台所传输数据的专用性和安全性。在非面向连接的公用 IP 网络上建立一个逻辑的、点对点的连接，称为建立了一个隧道。经由隧道传输的数据采用加密技术进行加密，以保证数据仅被指定的发送者和接收者知道，从而保证了数据的专用性和安全性。

3. 服务质量保证（QoS）

VPN 应当能够为企业数据提供不同等级的服务质量保证。不同的用户和业务对服务质量（QoS）保证的要求差别较大。例如，对于移动办公用户来说，网络能提供广泛的连接和覆盖性是保证 VPN 服务质量的一个主要因素；而对于拥有众多分支机构的专线 VPN，则要求网络能提供良好的稳定性；其他一些应用（如视频等）则对网络提出了更明确的要求，如网络时延及误码率等。所有网络应用均要求 VPN 根据需要提供不同等级的服务质量。

在网络优化方面，构建 VPN 的另一重要需求是充分、有效地利用有限的广域网资源，为重要数据提供可靠的带宽。广域网流量的不确定性使其带宽的利用率很低，在流量高峰时可能会引起网络阻塞，产生网络瓶颈，使实时性要求高的数据得不到及时发送；而在流量低谷时又造成大量的网络带宽闲置。QoS 通过流量预测与流量控制策略，可以按照优先级分配带宽资源，实现带宽管理，使各类数据能够被合理地有序发送，并预防阻塞的发生。

4. 可扩充性和灵活性

VPN 必须能够支持通过内联网（Intranet）和外联网（Extranet）的任何类型的数据流、方便增加新的节点、支持多种类型的传输媒介，可以满足同时传输语音、图像和数据对高质量传输及带宽增加的需求。

5. 可管理性

从用户角度和运营商角度来看，对 VPN 进行管理和维护应该非常方便。在 VPN 管理方面，VPN 要求企业将其网络管理功能从局域网无缝地延伸到公用网，甚至是客户和合作伙伴处。虽然可以将一些次要的网络管理任务交给服务提供商去完成，企业自己仍需要完成许多网络管理任务。所以，一个完善的 VPN 管理系统是必不可少的。VPN 管理系统的设计目标为：降低网络风险，在设计上应具有高扩展性、经济性和高可靠性。事实上，VPN 管理系统的主要功能包括安全管理、设备管理、配置管理、访问控制列表管理、QoS 管理等内容。

14.1.3　VPN 的分类

根据 VPN 组网方式、连接方式、访问方式、隧道协议和工作层次（OSI 模型或 TCP/IP

模型）的不同，VPN 可以有多种分类方法。根据访问方式的不同，VPN 可分为两种类型：一种是移动用户远程访问 VPN 连接；另一种是网关-网关 VPN 连接。这两种 VPN 将在本节中做简单介绍。根据隧道协议及工作层次分类的 VPN，将在 14.3 节中详细阐述。

1. 远程访问 VPN

移动用户远程访问 VPN 连接，由远程访问的客户机提出连接请求，VPN 服务器提供对 VPN 服务器或整个网络资源的访问服务。在此连接中，链路上第一个数据包总是由远程访问客户机发出。远程访问客户机先向 VPN 服务器提供自己的身份，之后作为双向认证的第二步，VPN 服务器也向客户机提供自己的身份。

2. 网关-网关 VPN

网关-网关 VPN 连接，由呼叫网关提出连接请求，另一端的 VPN 网关做出响应。在这种方式中，链路的两端分别是专用网络的两个不同部分，来自呼叫网关的数据包通常并非源自该网关本身，而是来自其内网的子网主机。呼叫网关首先向应答网关提供自己的身份，作为双向认证的第二步，应答网关也应向呼叫网关提供自己的身份。

一个典型 VPN 的组成如图 14-1 所示。

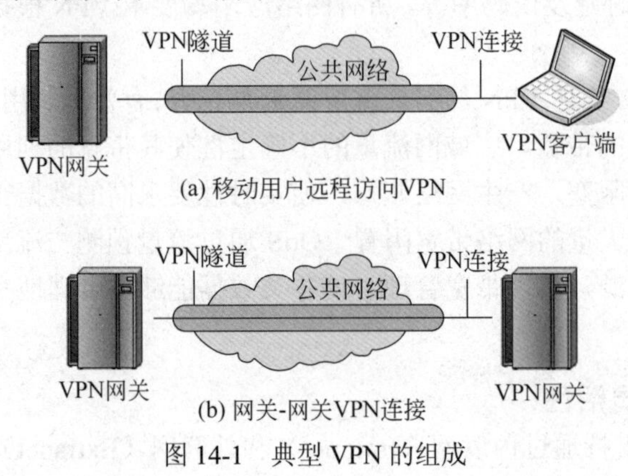

图 14-1　典型 VPN 的组成

14.1.4　VPN 关键技术

VPN 采用多种技术来保证安全，这些技术包括隧道技术（Tunneling）、加/解密（Encryption & Decryption）、密钥管理（Key Management）、使用者与设备身份认证（Authentication）、访问控制（Access Control）等。

1. 隧道技术

隧道技术是 VPN 的基本技术，它在公用网上建立一条数据通道（隧道），让数据包通过这条隧道进行传输。隧道是由隧道协议构建的，常用的有第 2、3 层隧道协议。第 2 层隧道协议首先把各种网络协议封装到 PPP 中，再把整个数据包装入隧道协议中。这种双层封装方法形成的数据包靠第 2 层协议进行传输。第 2 层隧道协议有 L2F、PPTP、L2TP 等。L2TP 是由 PPTP 与 L2F 融合而成，目前它已经成为 IETF 的标准。

第 3 层隧道协议把各种网络协议直接装入隧道协议中，形成的数据包依靠第 3 层协议进行传输。第 3 层隧道协议有 GRE，VTP、IPSec 等。IPSec（IP Security）是由一组 RFC 文档描述的安全协议，它定义了一个系统来选择 VPN 所用的密码算法，确定服务所使用密钥等服务，从而在 IP 层提供安全保障。

2. 加/解密技术

在 VPN 应用中，加/解密技术是将认证信息、通信数据等由明文转换为密文的相关技术，其可靠性主要取决于加/解密的算法及强度，这部分内容在密码学课程中有详细介绍。

3. 密钥管理技术

密钥管理的主要任务是保证密钥在公用数据网上安全地传递而不被窃取。现行的密钥管理技术又分为 SKIP 与 ISAKMP/OAKLEY 两种。SKIP 主要利用 Diffie-Hellman 密钥分配协议，使通信双方建立起共享密钥。在 ISAKMP 中，双方都持有两把密钥，即公钥/私钥对，通过执行相应的密钥交换协议而建立共享密钥。

4. 身份认证技术

在正式的隧道连接开始之前，VPN 需要确认用户的身份，以便系统进一步实施资源访问控制或对用户授权。

5. 访问控制

访问控制决定了谁能够访问系统、能访问系统的何种资源及如何使用这些资源。采取适当的访问控制措施能够阻止未经允许的用户有意或无意地获取数据，或者非法访问系统资源等。

14.2 隧道协议与 VPN

通常，隧道是指为修建公路或铁路，挖通山麓而形成的通道。VPN 的隧道概念指的是通过一个公用网络（通常是 Internet）建立的一条穿过公用网络的安全的、逻辑上的隧道。在隧道中，数据包被重新封装发送。所谓封装，就是在原 IP 分组上添加新的报头，就好像将数据包装进信封一样。因此，封装操作也称为 IP 封装化。总部和分公司之间交流信息时所传递的数据，经过 VPN 设备封装后通过 Internet 自动发往对方的 VPN 设备。这种在 VPN 设备之间建立的封装化数据的 IP 通信路径在逻辑上被称为隧道。发端 VPN 在对 IP 数据包前加新报头封装后，将封装后的数据包通过 Internet 发送给收端 VPN。收端 VPN 在接收到封装数据包后，将隧道标头删除，再发给目标主机。数据包在隧道中的封装及发送过程如图 14-2 所示。

隧道封装和加密方式多种多样。一般来说，只对数据加密的通信路径不能称为隧道。在一个数据包上再添加一个报头才称做封装化。是否对封装的数据包加密取决于隧道协议。例如，IPSec 的 ESP 是加密封装化协议，而 L2TP 则不对分组加密，保持原样进行封装。

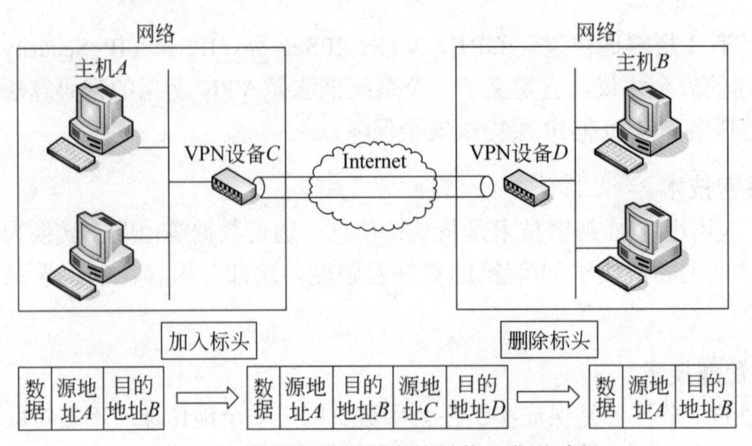

图 14-2 数据包在隧道中的封装及发送过程

现有的封装协议主要包括两类：一类是第2层的隧道协议，由于隧道协议是对数据链路层的数据包进行封装（即 OSI 开放系统互连模型中第2层的数据包），所以称其为第2层隧道协议，这类协议包括 PPTP、L2TP、L2F 等，主要用于构建远程访问 VPN；另一类是第3层隧道协议，如 IPSec、GRE 等，它们把网络层的各种协议数据包直接封装到隧道协议中进行传输，由于被封装的是第3层的网络协议数据包，所以称为第3层隧道协议，它主要用于构建 LAN-to-LAN 型的 VPN。

14.2.1 第2层隧道协议

第2层隧道协议主要有3个：一个是由微软、Asend、3COM 等公司支持的点对点隧道协议（Point to Point Tunneling Protocol，PPTP）；另一个是 Cisco、Nortel 等公司支持的第2层转发（Layer 2 Forwarding，L2F）协议；第三个是由 IETF 起草，微软、Cisco、3COM 等公司共同制定的第2层隧道协议（Layer 2 Tunneling Protocol，L2TP），该协议结合了以上两个协议的优点。下面对这3个协议进行简要介绍。

1. PPTP

PPTP 是一种用于让远程用户拨号连接到本地 ISP、通过 Internet 安全远程访问公司网络资源的新技术。PPTP 对 PPP 本身并没有做任何修改，只是使用 PPP 拨号连接，然后获取这些 PPP 包，并把它们封装进 GRE 头中。PPTP 使用 PPP 的 PAP 或 CHAP（MS-CHAP）进行认证，另外也支持 Microsoft 公司的点到点加密技术（MPPE）。PPTP 支持的是一种 Client-LAN 型隧道的 VPN 实现。

PPTP 具有两种不同的工作模式，即被动模式和主动模式。被动模式的 PPTP 会话通过一个一般位于 ISP 处的前端处理器发起，在客户端不需要安装任何与 PPTP 有关的软件。在拨号连接到 ISP 的过程中，ISP 为用户提供所有相应的服务和帮助。被动方式的优点是降低了对客户的要求，缺点是限制了客户对 Internet 其他部分的访问。

主动方式是由客户建立一个与网络另外一端服务器直接连接的 PPTP 隧道，这种方式不需要 ISP 的参与，不再需要位于 ISP 处的前端处理器，ISP 只提供透明的传输通道。这种方式的优点是客户拥有对 PPTP 的绝对控制；缺点是对用户的要求较高，并需要在客户端安装支持 PPTP 的相应软件。

通过 PPTP，远程用户经由 Internet 访问企业的网络和应用，而不再需要直接拨号至企业的网络。这样大大地减少了建立和维护专用远程线路的费用，同时也为企业提供了充分的安全保证。另外，PPTP 还在 IP 网络中支持 IP 协议。PPTP“隧道”将 IP、IPX、APPLE-TALK 等协议封装在 IP 包中，使用户能够运行基于特定网络协议的应用程序。同时，“隧道”采用现有的安全检测和认证策略，还允许管理员和用户对数据进行加密，使数据更加安全。PPTP 还提供灵活的 IP 地址管理。如果企业专用网络使用未经注册的 IP 地址，那么 PNS 将把此地址和企业专用地址联系起来。

PPTP 是为中小企业提供的 VPN 解决方案，但此协议在实现上存在着重大安全隐患。有研究表明其安全性甚至比 PPP 还要弱，因此不适用于对安全性需求很高的通信。如果条件允许，用户最好选择完全能够替代 PPTP 的下一代二层协议 L2TP。

2. L2F

L2F 协议由 Cisco 公司在 1998 年 5 月提交给 IETF，RFC2341 对 L2F 有详细的阐述。L2F 可以在多种介质（如 AMT、帧中继、IP 网）上建立多协议的安全虚拟专用网，它将链路层的协议（如 HDLC，PPP，ASYNC 等）封装起来传送。因此，网络的链路层完全独立于用户的链路层协议。L2F 远程用户能够通过任何拨号方式接入公共 IP 网络。首先，按常规方式拨号到 ISP 的接入服务器（NAS），建立 PPP 连接；然后，NAS 根据用户名等信息，发起第二重连接，呼叫用户网络的服务器。在这种方式下，隧道的建立和配置对用户是完全透明的。L2F 允许拨号接入服务器发送 PPP 帧，并通过 WAN 连接到达 L2F 服务器。L2F 服务器将包解封装后，把远程用户接入到公司自己的网络中。

3. L2TP

L2TP 的前身是 Microsoft 公司的点到点隧道协议（PPTP）和 Cisco 公司的二层转发（L2F）协议。PPTP 是为中小企业提供的 VPN 解决方案，但此协议在安全性上存在着重大隐患。L2F 协议是一种安全通信隧道协议，它的主要缺陷是没有把标准加密算法定义在内，因此它已成为过时的隧道协议。IETF 的开放标准 L2TP 结合了 PPTP 和 L2F 协议的优点，特别适合组建远程接入方式的 VPN，因此已经成为事实上的工业标准。

远程拨号的用户通过本地 PSTN、ISDN 或 PLMN 拨号，利用 ISP 提供的 VPDN 特服号，接入 ISP 在当地的接入服务器（NAS）。NAS 通过当地的 VPDN 管理系统（如认证系统）对用户身份进行认证，并获得用户对应的企业安全网关（CPE）的隧道属性（如企业网关的 IP 地址等）。NAS 根据获得的这些信息，采用适当的隧道协议封装上层协议，建立一个位于 NAS 和 LNS（本地网络服务器）之间的虚拟专网。

第 2 层隧道协议具有简单易行的优点，但是它们的可扩展性都不好。更重要的是，它们没有提供内在的安全机制，不能支持企业和企业的外部客户及供应商之间会话的保密性需求。因此，当企业欲将其内部网与外部客户及供应商网络相连时，第 2 层隧道协议不支持构建企业外域网（Extranet）。Extranet 需要对隧道进行加密并需要相应的密钥管理机制。

14.2.2 第3层隧道协议

第3层隧道协议主要包括IPSec、GRE（Generic Routing Encapsulation）和多协议标记交换（Multiprotocol Label Switching，MPLS）技术。由这3种协议和技术构建的VPN分别称为IPSec VPN、GRE VPN和MPLS VPN。

下面分别对这3种VPN协议和技术做简要介绍。

1. IPSec

IPSec是专为IP设计提供安全服务的一种协议（其实是一种协议族）。IPSec可有效保护IP数据报的安全，具体保护形式包括数据源验证、无连接数据的完整性验证、数据内容的机密性保护、抗重放保护等。

IPSec主要由AH（认证头）、ESP（封装安全载荷）、IKE（Internet密钥交换）3个协议组成。IPSec协议既能用于点对点连接型VPN，也可以用于远程访问型VPN。

在14.3节中，将对IPSec VPN进行深入讨论。

2. GRE

通用路由协议封装（GRE）是由Cisco和NetSmiths等公司于1994年提交给IETF的协议，标号为RFC1701和RFC1702。目前多数厂商的网络设备均支持GER隧道协议。

GRE规定了如何用一种网络协议去封装另一种网络协议的方法。GRE隧道由两端的源IP和目的IP来定义，允许用户使用IP包封装IP、IPX、AppleTalk包，并支持全部路由协议（如RIP2、OSPF等）。通过GRE，用户可以利用公共IP网络连接IPX网络、AppleTalk网络，还可以使用保留地址进行网络互连，或者对公网隐藏企业网的IP地址。GRE只提供数据包的封装，并没有采用加密功能来防止网络侦听和攻击，所以在实际环境中经常与IPSec一起使用，由IPSec提供用户数据的加密，从而给用户提供更好的安全性。GRE的实施策略及网络结构与IPSec非常相似，只要网络边缘的接入设备支持GRE协议即可。

3. MPLS

MPLS属于第3层交换技术，引入了基于标记的机制。它把选路和转发分开，用标签来规定一个分组通过网络的路径。MPLS网络由核心部分的标签交换路由器（LSR）和边缘部分的标签边缘路由器（LER）组成。

MPLS为每个IP包加上一个固定长度的标签，并根据标签值转发数据包。MPLS实际上就是一种隧道技术，所以使用它来建立VPN隧道十分容易。同时，MPLS是一种完备的网络技术，可以用来建立VPN成员之间简单而高效的VPN。MPLS VPN适用于实现对服务质量、服务等级的划分及网络资源的利用率、网络的可靠性有较高要求的VPN业务。

CE路由器用于将一个用户站点接入服务提供者网络的用户边缘路由器。CE路由器不使用MPLS，它可以只是一台IP路由器。CE不必支持任何VPN的特定路由协议或信令。

PE路由器是与用户CE路由器相连的服务提供者边缘路由器。PE实际上就是MPLS

中的边缘标记交换路由器（LER），能够支持 BGP、一种或几种 IGP 路由协议及 MPLS 协议，能够执行 IP 包检查、协议转换等功能。

用户站点指这样一组网络或子网，它们是用户网络的一部分，并且通过一条或多条 PE/CE 链路接至 VPN。一组共享相同路由信息的站点就构成了 VPN。一个站点可以同时位于不同的几个 VPN 之中。

从 MPLS VPN 网络的结构可以看到，与前几种 VPN 技术不同，MPLS VPN 网络中的主角虽然仍然是边缘路由器（此时是 MPLS 网络的边缘 LSR），但是它需要公共 IP 网内部的所有相关路由都能够支持 MPLS，所以这种技术对网络有特殊的要求。

VPN 有多种类型，本书将主要讨论 IPSec VPN、PPTP VPN、SSL VPN 和 MPLS VPN。SSL VPN 也称做传输层安全（Transport Layer Security，TLS）协议 VPN。之所以讨论这些 VPN，是因为它们的应用最为广泛。由于 PPTP VPN 和 MPLS VPN 的安全性相对较低，所以这里将重点讨论 IPSec VPN 和 TLS VPN，而对 PPTP VPN 和 MPLS VPN 原理只做简要的阐述。

14.3 IPSec VPN

14.3.1 IPSec 协议概述

IPSec 在 IPv6 的制定过程中产生，用于提供 IP 层的安全性。由于所有支持 TCP/IP 的主机在进行通信时都要经过 IP 层的处理，所以提供了 IP 层的安全性就相当于为整个网络提供了安全通信的基础。鉴于 IPv4 的应用仍然很广泛，所以后来在 IPSec 的制定中也增添了对 IPv4 的支持。

IPSec 标准最初由 IETF 于 1995 年制定，但由于其中存在一些未解决的问题，从 1997 年开始 IETF 又开展了新一轮的 IPSec 标准的制定工作，1998 年 11 月，主要协议已经基本制定完成。由于这组新的协议仍然存在一些问题，IETF 将来还会对其进行修订。

IPSec 所涉及的一系列 RFC 标准文档如下。

- RFC2401：IPSec 系统结构。
- RFC2402：认证首部协议（AH）。
- RFC2406：封装净荷安全协议（ESP）。
- RFC2408：Internet 安全联盟和密钥管理协议（ISAKMP）。
- RFC2409：Internet 密钥交换协议（IKE）。
- RFC2764：基本框架文档。
- RFC2631：Diffie-Hellman 密钥协商方案。
- SKEME。

在后面的讨论中，重点将放在 ESP 的保密性和完整性方面。

IPSec 协议由 AH 和 ESP 提供了两种工作模式（注意，切勿将它们和下文要讨论的 ISAKMP 模式相混淆），如图 14-3 所示。这两个协议可以组合起来使用，也可以单独使用 AH 或 ESP，还可以同时使用 AH 和 ESP。IPSec 的功能和模式如表 14-1 所示。

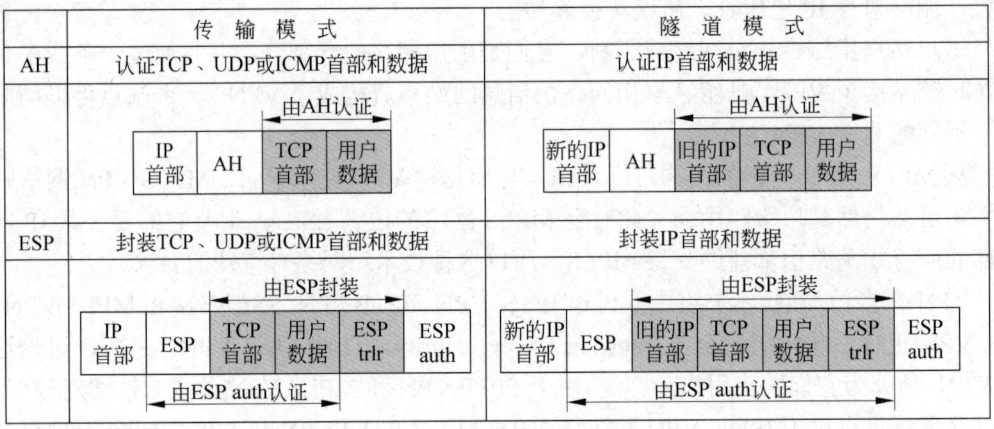

	传 输 模 式	隧 道 模 式
AH	认证TCP、UDP或ICMP首部和数据	认证IP首部和数据
	由AH认证 IP首部 | AH | TCP首部 | 用户数据	由AH认证 新的IP首部 | AH | 旧的IP首部 | TCP首部 | 用户数据
ESP	封装TCP、UDP或ICMP首部和数据	封装IP首部和数据
	由ESP封装 IP首部 | ESP | TCP首部 | 用户数据 | ESP trlr | ESP auth 由ESP auth认证	由ESP封装 新的IP首部 | ESP | 旧的IP首部 | TCP首部 | 用户数据 | ESP trlr | ESP auth 由ESP auth认证

图 14-3 IPSec 协议的构成

AH、ESP 或 AH+ESP 既可以在隧道模式中使用，又可以在传输模式中使用。隧道模式在两个 IP 子网之间建立一个安全通道，允许每个子网中的所有主机用户访问对方子网中的所有服务和主机。传输模式在两个主机之间以端对端的方法提供安全通道，并且在整个通信路径的建立和数据的传递过程中采用了身份认证、数据保密性和数据完整性等安全保护措施。

表 14-1 IPSec 的功能和模式

功能/模式	认证首部（AH）	封装安全负荷（ESP）	ESP+AH
访问控制	Yes	Yes	Yes
认证	Yes	—	Yes
消息完整性	Yes	—	Yes
重放保护	Yes	Yes	Yes
机密性	—	Yes	Yes

14.3.2 IPSec 的工作原理

IPSec 的工作原理类似于包过滤防火墙，可以把它看做是包过滤防火墙的一种扩展。我们知道，防火墙在接收到一个 IP 数据包时，它就在规则表中查找是否有与数据包的头部相匹配的规则。当找到一个相匹配的规则时，包过滤防火墙就按照该规则的要求对接收到的 IP 数据包进行处理：丢弃或转发。

IPSec 通过查询安全策略数据库（Security Po1icy Database，SPD）决定如何对接收到的 IP 数据包进行处理。但是 IPSec 与包过滤防火墙不同，它对 IP 数据包的处理方法除了丢弃和直接转发（绕过 IPSec）外，还可以对数据包进行 IPSec 处理。正是这种新增添的处理方法，使 VPN 提供了比包过滤防火墙更高的安全性。

进行 IPSec 处理意味着对 IP 数据包进行加密和认证。包过滤防火墙只能控制来自或去往某个站点的 IP 数据包的通过，即它可以拒绝来自某个外部站点的 IP 数据包访问内部网络资源，也可以拒绝某个内部网络用户访问某些外部网站。但是包过滤防火墙不能保证自内部网络发出的数据包不被截取，也不能保证进入内部网络的数据包未经篡改。只有在对 IP 数据包实施了加密和认证后，才能保证在公用网络上传输数据的机密性、认证性和完整性。

IPSec 既可以对 IP 数据包只进行加密或认证，也可以同时实施加密和认证。但无论是进行加密还是进行认证，IPSec 都有两种工作模式：一种是传输模式；另一种是隧道模式。

采用传输模式时，IPSec 只对 IP 数据包的净荷进行加密或认证。此时，封装数据包继续使用原 IP 头部，只对 IP 头部的部分域进行修改，而 IPSec 协议头部插入到原 IP 头部和传输层头部之间。IPSec 传输模式如图 14-4 和图 14-5 所示。

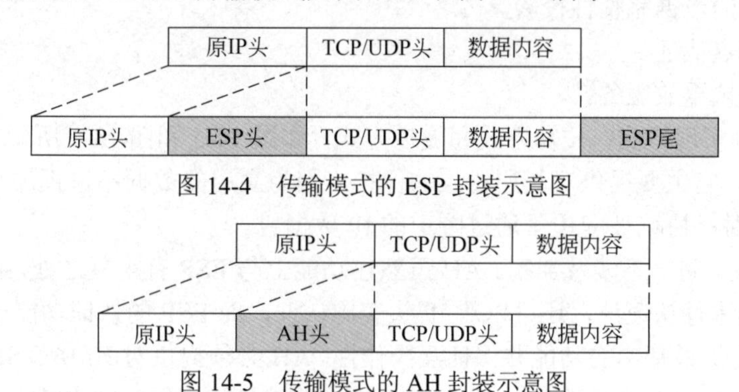

图 14-4　传输模式的 ESP 封装示意图

图 14-5　传输模式的 AH 封装示意图

采用隧道模式时，IPSec 对整个 IP 数据包进行加密或认证。此时，需要产生一个新的 IP 头，IPSec 头被放在新产生的 IP 头和原 IP 数据包之间，从而组成一个新的 IP 头。IPSec 隧道模式如图 14-6 和图 14-7 所示。

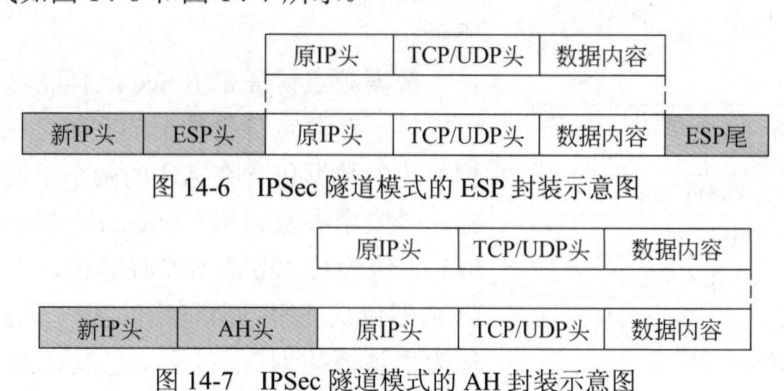

图 14-6　IPSec 隧道模式的 ESP 封装示意图

图 14-7　IPSec 隧道模式的 AH 封装示意图

14.3.3　IPSec 中的主要协议

前面已经提到 IPSec 的主要功能为加密和认证。为了进行加密和认证，IPSec 还需要有密钥的管理和交换功能，以便为加密和认证提供所需要的密钥并对密钥的使用进行管理。以上 3 方面的工作分别由 AH、ESP 和 IKE 3 个协议来实现。为了介绍这 3 个协议，需要先引入一个非常重要的术语——安全关联（Security Association，SA）。所谓安全关联，是指安全服务与它服务的载体之间的一个“连接”，文中还会详细讨论 SA。AH 和 ESP 的实现都需要 SA 的支持，而 IKE 的主要功能就是建立和维护 SA。

如果要用 IPSec 建立一条安全的传输通路，通信双方需要事先协商好将要采用的安全策略，包括使用的加密算法、密钥、密钥的生存期等。当双方协商好使用的安全策略后，通常就说双方建立了一个 SA。给定了一个 SA，就确定了 IPSec 要执行的处理，如加密、认证等。

1. AH（Authentication Header）

RFC2402 的作者设计了 AH 协议来防御中间人攻击。RFC2402 对 AH 协议进行了极为详细的定义，将 AH 服务定义如下：

- 非连接的数据完整性校验。
- 数据源点认证。
- 可选的抗重放服务。

AH 有两种实现方式：传输方式和隧道方式，如图 14-5 和图 14-7 所示。当 AH 以传输方式实现时，它主要提供对高层协议的保护，因为高层的数据不进行加密。当 AH 以隧道方式实现时，协议被应用于通过隧道的 IP 数据包。

AH 只涉及认证，不涉及加密。AH 虽然在功能上与 ESP 有重复之处，但 AH 除了可以对 IP 的净荷进行认证外，还可以对 IP 头实施认证，而 ESP 的认证功能主要是面向 IP 的净荷。为了提供最基本的功能并保证互操作性，AH 必须提供对 HMAC SHA 和 HMAC MD-5（HMAC 是由杂凑函数 SHA 和 MD-5 构造的消息认证码）的支持。

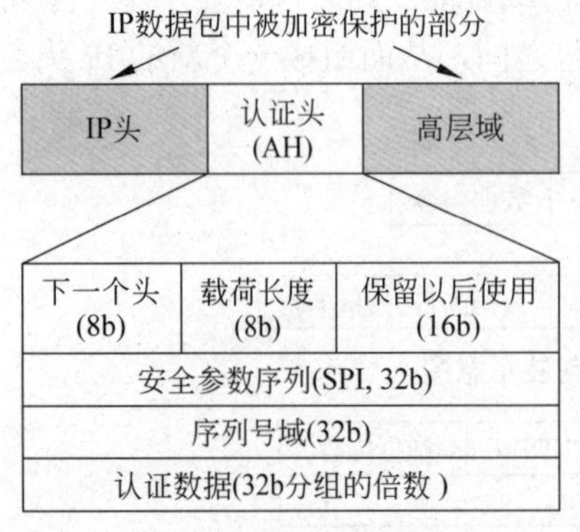

图 14-8　认证头的结构及其在 IP 数据包中的位置

AH 的长度是可变的，但必须是 32b 数据报长度的倍数。AH 域被细分为几个子域，其中包含为 IP 数据包提供密码保护所需的数据，如图 14-8 所示。

数据源点认证是 IPSec 的强制性服务，它实际上提供了对源点身份数据的完整性保护。提供该保护所需的数据包含在 AH 的两个子域中，一个子域称为“安全参数索引”（Security Parameters Index，SPI），包含长 32b 的某个任意值，用于唯一标识该 IP 数据包认证服务所采用的密码算法；另一个子域称为“认证数据”，包含消息发送方为接收方生成的认证数据，用于接收方进行数据完整性验证，因此这部分数据也被称为完整性校验值（Integrity Check Value，ICV）。该 IP 数据包的接收方能够使用密钥和 SPI 所标识的算法重新生成“认证数据”，然后将其与接收到的“认证数据”相比较，从而完成 ICV 校验。

AH 还有一个“序列号”子域，用来抵御 IP 数据包重放攻击。AH 的其他子域（包括“下一个头”、“载荷长度”和“保留以后使用”）都没有安全方面的意义，因此这里不对它们进行讨论。

2. ESP

ESP（Encapsulating Security Payload）协议主要用于对 IP 数据包进行加密，此外也对认证提供某种程度的支持。ESP 独立于具体的加密算法，几乎可以支持各种对称密钥加密算法，如 DES、TripleDES 和 RC5 等。为了保证各种 IPSec 实现之间的互操作性，目前要求 ESP 必须支持 56b 密钥长度的 DES 算法。

ESP 的格式如图 14-9 所示。ESP 协议数据单元格式由 3 部分组成，除了头部、加密数据部分外，在实施认证时还包含一个可选尾部。头部有两个域：安全参数索引（SPI）和序列号（Sequence Number）域。使用 ESP 进行安全通信之前，通信双方需要先协商好一组将要采用的加密策略，包括所使用的加密算法、密钥及密钥的有效期等。SPI 用来标识发送方在处理 IP 数据包时使用了哪组加密策略，当接收方看到了这个标识后就知道如何处理收到的 IP 数据包。“序列号”用来区分使用同一组加密策略的不同数据包。被加密的数据部分除了包含原 IP 数据包的净荷外，还包括填充数据。填充数据是为了保证加密数据部分的长度满足分组加密算法的要求。这两部分数据在传输时都要进行加密。“下一个头”（Next Header）用来标识净荷部分所使用的协议，它可能是传输层协议（TCP 或 UDP），也可能是 IPSec 协议（ESP 或 AH）。

前面已经提到，IPSec 有两种工作模式，这意味着 ESP 协议也有两种工作模式：传输模式（Transport Mode）和隧道模式（Tunnel Mode）。当 ESP 工作于传输模式时，封装包头部采用当前的 IP 头部。在 ESP 工作于隧道模式时，IPSec 将整个 IP 数据包进行加密作为 ESP 净荷，并在 ESP 头部前增添以网关地址为源地址的新的 IP 头部，此时 IPSec 可以起到 NAT 的作用。

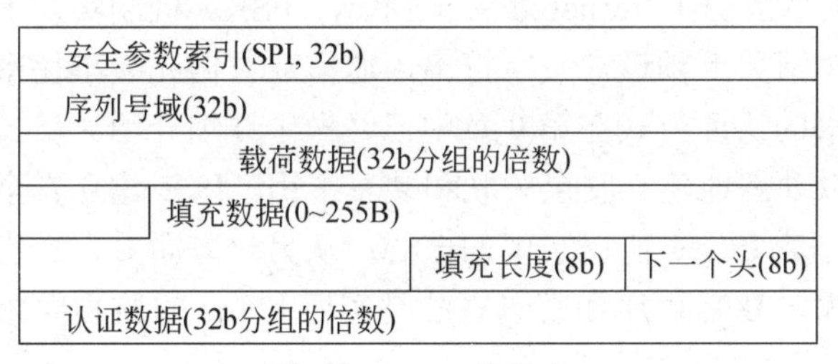

图 14-9　ESP 的格式

3. IKE

Internet 密钥交换协议（Internet Key Exchange，IKE）用于动态建立安全关联（Security Association，SA）。由 RFC2409 描述的 IKE 属于一种混合型协议。它汲取了 ISAKMP、Oakley 密钥确定协议及 SKEME 的共享密钥更新技术的精华，从而设计出独一无二的密钥协商和动态密钥更新协议。此外，IKE 还定义了两种密钥交换方式。IKE 使用两个阶段的 ISAKMP：在第一阶段，通信各方彼此间建立一个已通过身份验证和安全保护的通道，即建立 IKE 安全关联；在第二阶段，利用这个既定的安全关联为 IPSec 建立安全通道。IKE 图解如图 14-10 所示。

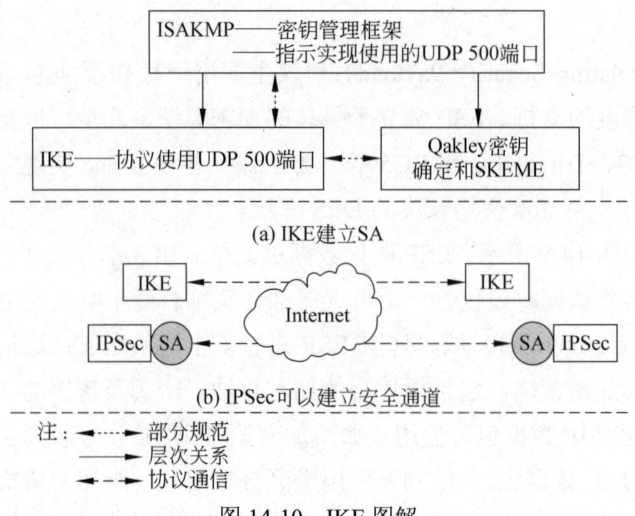

图 14-10　IKE 图解

IKE 定义了两个阶段：阶段 1 交换和阶段 2 交换。Oakley 定义了 3 种模式，分别对应 ISAKMP 的 3 个阶段：快速模式、主模式和野蛮模式。在阶段 1 交换，IKE 采用的是身份保护交换（“主模式”交换），以及根据 ISAKMP 文档制定的“野蛮模式”交换；在阶段 2 交换，IKE 则采用了一种“快速模式”交换。

ISAKMP 通过 IKE 对以下几种密钥交换机制提供支持：

- 预共享密钥（PSK）。
- 公钥基础设施（PKI）。
- IPSec 实体身份的第三方证书。

不难理解，预共享密钥（Preshared Secret Key，PSK）机制实质上是一种简单的口令方法。在 IPSec VPN 网关上预设常量字符串，通信双方据此共享秘密实现相互认证。而采用 PKI 和数字证书的认证方式在第 9 章中已经做了详细介绍。

总之，IKE 可以动态地建立安全关联和共享密钥。IKE 建立安全关联的实现极为复杂。从一方面看，它是 IPSec 协议实现的核心；从另一方面看，它也很可能成为整个系统的瓶颈。进一步优化 IKE 程序和密码算法是实现 IPSec 的核心问题之一。

14.3.4　安全关联

IPSec 的中心概念之一是“安全关联”（Security Association，SA）。从本质上讲，IPSec 可被视为 AH+ESP。当两个网络节点在 IPSec 保护下通信时，它们必须协商一个 SA（用于认证）或两个 SA（分别用于认证和加密），并协商这两个节点间所共享的会话密钥以便它们能够执行加密操作。要在两个安全网关之间建立安全双工通信，需要为每个方向建立一个 SA。在 IPSec 当前的实现方案中，SA 管理机制只定义了单一特性的 SA。这意味着当前的 SA 只能建立点到点的通信。在未来，增强功能将会支持点到点及一点到多点的通信。

每个 SA 的标识由 3 部分组成：

- 安全性参数索引，即 SPI。

- IP 目的地址。
- 安全协议标识，即 AH 或 ESP。

如前所述，SA 有两种模式，即传输模式和隧道模式。传输模式下的 SA 是两个主机间的安全关联；隧道模式下的 SA 只适用于 IP 隧道。如果在两个安全网关之间或一个安全网关和一个主机之间建立安全关联，那么此 SA 必须使用隧道模式。

当然，也可以将不同的 SA 组合起来使用，以提供多层次的安全性或封装能力。当对 SA 进行组合时，称组合结果为一个 SA 束。此时，IPSec 在对传输数据进行处理时，也必须进行一系列的安全关联。

14.3.5　IPSec VPN 的构成

VPN 由管理模块、密钥分配和生成模块、身份认证模块、数据加/解密模块、数据分组封装/分解模块和加密函数库等几部分组成。一个 IPSec VPN 的组成如图 14-11 所示。

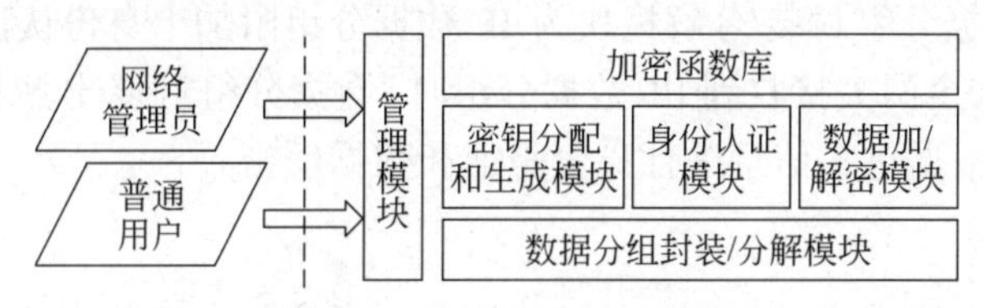

图 14-11　IPSec VPN 的组成

1. 管理模块

管理模块负责整个系统的配置和管理，它决定了采取何种传输模式，对哪些 IP 数据包进行加/解密。由于对 IP 数据包进行加密要消耗系统资源、增大网络延迟，因此对两个安全网关之间的所有 IP 数据包提供 VPN 服务是不现实的。网络管理员可以通过管理模块指定对哪些 IP 数据包进行加密。Intranet 内部用户也可以通过 Telnet 协议传送专用命令，指定 VPN 系统对自己的 IP 数据包提供加密服务。

2. 密钥分配和生成模块

密钥分配和生成模块负责完成身份认证和数据加密所需的密钥生成和分配。其中，密钥的生成采取随机生成的方式。各安全网关之间的密钥分配采取手工分配的方式，或者通过非网络传输的其他安全通信方式完成密钥在各安全网关之间的传送。各安全网关的密钥存储在密钥数据库中，支持以 IP 地址为关键字的快速查询和获取。

3. 身份认证模块

身份认证模块对 IP 数据包进行消息认证码的运算。整个数字签名的过程如图 14-12 所示。

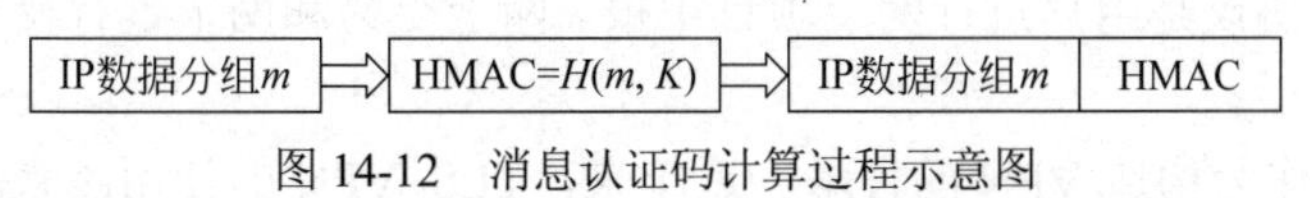

图 14-12　消息认证码计算过程示意图

首先，发送方对数据 m 和密钥 K 进行杂凑运算 HMAC=$H(m, K)$，得到消息认证码 HMAC。发送方将 HMAC 附在明文后，一起传送给接收方。接收方收到数据后，首先用

共享密钥 K 计算 HMAC′，并将其与接收到的 HMAC 进行比较，如果二者一致，则表明数据未被篡改。消息认证码在保证数据完整性的同时也起到了身份认证的作用，因为只有在通信双方有共享密钥的情况下才能得到相同的消息认证码。

4. 数据加/解密模块

数据加/解密模块对 IP 数据包进行加密和解密操作。可选的加密算法有 IDEA 算法和 DES 算法。前者在用软件方式实现时可以获得较快的加密速度。为了进一步提高系统效率，可以采用专用硬件实现数据的加密和解密，这时采用 DES 算法能得到较快的加密速度。目前，随着计算机计算能力的提高，DES 算法已不能满足安全要求。对于安全性要求更高的网络数据，数据加/解密模块可采用 Triple DES 或 AES 加密算法。

5. 数据分组封装/分解模块

数据分组封装/分解模块实现对 IP 数据分组的安全封装或分解。当从安全网关发送 IP 数据分组时，数据分组封装/分解模块为 IP 数据分组附加上身份认证头 AH 和安全数据封装头 ESP。当安全网关接收到 IP 数据分组时，数据分组封装/分解模块对 AH 和 ESP 进行协议分析，并根据包头信息进行身份验证和数据解密。

6. 加密函数库

加密函数库为上述模块提供统一的加密服务。设计加密函数库的一条基本原则是通过一个统一的函数接口与上述模块进行通信。这样可以根据实际需要，在挂接加密算法和加密强度不同的函数库时，无须改动其他模块。

14.3.6 IPSec 的实现

FreeS/WAN 是 Linux 操作系统中包含的 IPSec VPN 实现方案，在网上可以找到其开放的源代码（下载网址：www.freeswan.org）。

14.4 SSL/TLS VPN

14.4.1 TLS 协议概述

SSL VPN 也称做传输层安全协议（TLS）VPN。它起初由 Netscape 公司定义并开发，后来 IETF 将 SSL 重新更名为 TLS。就设计思想和目标而言，SSL v3 和 TLS v1 是相同的。在本章后面的讨论中，将使用 TLS 来替代 SSL。

TLS 协议主要用于 HTTPS 协议中。HTTPS 协议将 Web 浏览协议 HTTP 和 TLS 结合在一起。HTTPS 协议是用户进行网上项目申报、网上交易和网上银行操作时常用的一个工具。

TLS 也可以作为构造 VPN 的技术。近年来，TLS VPN 的使用越来越广泛。企业使用 TLS VPN，可以大大降低通信费用，并使网络的安全性得到明显提高。与 IPSec VPN 相比，TLS VPN 的最大优点是用户不需要安装和配置客户端软件，只需要在客户端安装一个 IE 浏览器即可。相反，IPSec 需要在每台计算机上配置相应的安全策略。虽然 IPSec 的安全性很高，但这需要技术人员花费很多精力去研究 IPSec 的配置。虽然有一些方法可以自动完成这个过程，但使用 IPSec VPN 通常会增加管理成本。

由于 TLS 协议允许使用数字签名和证书，因此 TLS 协议能提供强大的认证功能。在建立 TLS 连接过程中，客户端和服务器之间要进行多次的信息交互。TLS 协议的连接建立过程如图 14-13 所示。

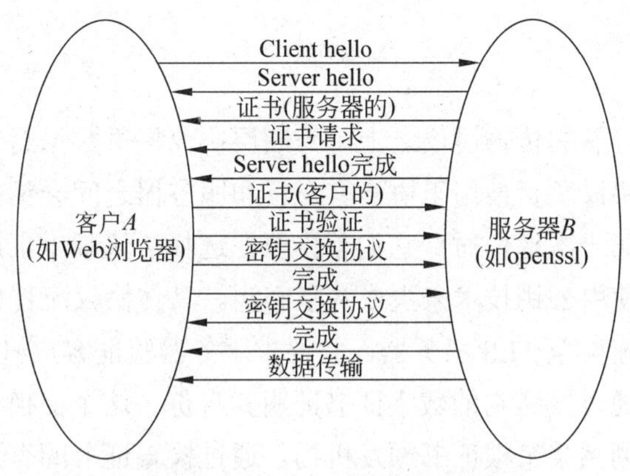

图 14-13 TLS 协议的连接建立过程

与许多客户/服务器方式一样，客户端通过向服务器发送“Client hello”信息打开连接，服务器用“Server hello”回答。然后，服务器要求客户端提供它的数字证书。服务器在完成对客户端证书的验证后，就会启动执行密钥交换协议。密钥交换协议的主要任务是：

- 产生一个主密钥。
- 由主密钥产生两个会话密钥：$A \rightarrow B$ 的密钥和 $B \rightarrow A$ 的密钥。
- 由主密钥产生两个消息认证码密钥。

完整的 TLS 协议体系结构如图 14-14 所示。可以看出，TLS 记录协议属于第 3 层协议，而 TLS 握手协议、TLS 密钥交换协议和 TLS 报警协议均与 HTTP 和 FTP 一样，属于应用层协议。

<table>
<tr><td>TLS
握手协议</td><td>TLS密钥
交换协议</td><td>TLS
报警协议</td><td>HTTP</td><td>FTP</td></tr>
<tr><td colspan="5">TLS记录协议</td></tr>
<tr><td colspan="5">传输控制协议(TCP)</td></tr>
<tr><td colspan="5">网间协议(IP)</td></tr>
</table>

图 14-14 完整的 TLS 协议体系结构

14.4.2 TLS VPN 的原理

大多数 TLS VPN 都采用 HTTP 反向代理，这样它们非常适合于具有 Web 功能的应用，通过任何 Web 浏览器都可访问。HTTP 反向代理支持其他查询/应答应用，如企业的电子邮件及 ERP 和 CRM 等客户/服务器应用。为了访问这些类型的应用，TLS VPN 为远程连接提供了一种简单、经济的方案。它属于即插即用型，不需要任何附加的客户端软件或硬件。一般来讲，TLS VPN 的实现方式是在企业的防火墙后面放置一个 TLS 代理服务器。如果用户欲安全地连接到公司网络，首先要在浏览器上输入一个 URL，该连接请求将被 TLS 代理服务器取得。当该用户通过身份验证后，TLS 代理服务器将提供远程用户与各种不同应用服务器之间的连接。TLS VPN 的实现主要依靠下面 3 种协议的支持。

1. 握手协议

握手协议建立在可靠的传输协议之上，为高层协议提供数据封装、压缩和加密等基本功能的支持。这个协议负责被用于协商客户机和服务器之间会话的加密参数。当一个 TLS 客户机和服务器第一次通信时，它们首先要在选择协议版本上达成一致，选择加密算法和认证方式，并使用公钥技术来生成共享密钥。具体协议流程如下。

（1）TLS 客户机连接至 TLS 服务器，并要求服务器验证客户机的身份。

（2）TLS 服务器通过发送它的数字证书证明其身份。这个交换还可以包括整个证书链，该证书链可以追溯到某个根证书颁发机构。通过检查证书的有效日期并验证数字证书中所包含的可信任 CA 的数字签名来确认 TLS 服务器公钥的真实性。

（3）服务器发出一个请求，对客户端的证书进行验证。但由于缺乏 PKI 系统的支撑，当今的大多数 TLS 服务器不进行客户端认证。

（4）协商用于消息加密的加密算法和用于完整性检验的杂凑函数，通常由客户端提供它所支持的所有算法列表，然后由服务器选择最强的密码算法。

（5）客户机生成一个随机数，并使用服务器的公钥（从服务器证书中获取）对它加密，并将密文发送给 TLS 服务器。

（6）TLS 服务器通过发送另一随机数据做出响应。

（7）对以上两个随机数进行杂凑函数运算，从而生成会话密钥。

其中，最后 3 步用来生成会话密钥。

2. TLS 记录协议

TLS 记录协议建立在 TCP/IP 之上，用于在实际数据传输开始前通信双方进行身份认证、协商加密算法和交换加密密钥等。发送方将应用消息分割成可管理的数据块，然后与密钥一起进行杂凑运算，生成一个消息认证代码（Message Authentication Code，MAC），最后将组合结果进行加密并传输。接收方接收数据并解密，校验 MAC，并对分段的消息进行重新组合，把整个消息提供给应用程序。TLS 记录协议如图 14-15 所示。

3. 告警协议

告警协议用于提示何时 TLS 协议发生了错误，或者两个主机之间的会话何时终止。只有在 TLS 协议失效时告警协议才会被激活。

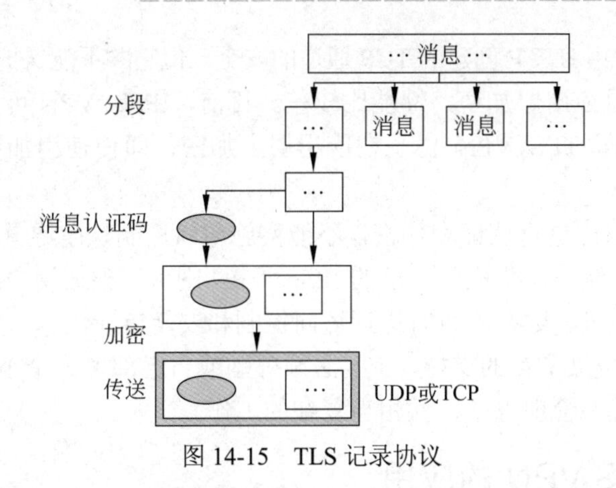

图 14-15　TLS 记录协议

14.4.3　TLS VPN 的优缺点

与其他类型的 VPN 相比，TLS VPN 有独特的优点，归纳起来主要有如下几点。

（1）无须安装客户端软件。只需要标准的 Web 浏览器连接 Internet，即可以通过网页访问企业总部的网络资源。

（2）适用于大多数设备。浏览器可以访问任何设备，如可上网的 PDA 和蜂窝电话等设备。Web 已成为标准的信息交换平台，越来越多的企业开始将 ERP、CRM、SCM 移植到 Web 上。TLS VPN 起到为 Web 应用保驾护航的作用。

（3）适用于大多数操作系统，如 Windows，Macintosh，UNIX 和 Linux 等具有标准浏览器的系统。

（4）支持网络驱动器访问。

（5）TLS 不需要对远程设备或网络做任何改变。

（6）较强的资源控制能力。基于 Web 的代理访问，可对远程访问用户实施细粒度的资源访问控制。

（7）费用低且具有良好的安全性。

（8）可以绕过防火墙和代理服务器进行访问，而 IPSec VPN 很难做到这一点。

（9）TLS 加密已经内嵌在浏览器中，无须增加额外的软件。

TLS VPN 有以下不足。

（1）TLS VPN 的认证方式比较单一，只能采用证书，而且一般是单向认证。支持其他认证方式往往要进行长时间的二次开发。而 IPSec VPN 的认证方式更加灵活，支持口令、RADIUS、令牌等认证方式。

（2）TLS VPN 应用的局限性很大，只适用于数据库-应用服务器-Web 服务器-浏览器这一种模式。

（3）TLS 协议只对通信双方所使用的应用通道进行加密，而不是对整个通道进行加密。

（4）TLS 不能对应用层的消息进行数字签名。

（5）LAN-to-LAN 的连接缺少理想的 TLS 解决方案。

（6）TLS VPN 的加密级别通常不如 IPSec VPN 高。

（7）TLS 能保护由 HTTP 创建的 TCP 通道的安全，但它并不能保护 UDP 通道的安全。

（8）TLS VPN 是应用层加密，性能比较差。目前，IPSec VPN 可以达到千兆位每秒甚至接近 10Gb/s，而 TLS VPN 由于在应用层上加密，即使使用加速卡，也只能达到 300Mb/s。

（9）TLS VPN 只能进行认证和加密，不能实施访问控制。在隧道建立后，管理员对用户不能进行任何限制。而集成防火墙的 IPSec VPN 则可以根据用户的身份和角色，在其访问内部资源（主机、数据库）时进行访问控制和安全审计。

（10）TLS VPN 需要 CA 的支持，企业必须外购或自己部署一个小型的 CA 系统。对于一个企业来说，证书管理也是一件相当复杂的工作。

14.4.4　TLS VPN 的应用

目前，远程客户采用 TLS VPN 主要用于访问内部网中的一些基于 Web 的应用，这些 Web 应用目前主要有内部网页浏览、电子邮件及其他基于 Web 的查询工作。在客户与 TLS VPN 的通信中，人们通常采用 TLS Proxy 技术来提高 VPN 服务器的通信性能和安全身份验证能力。在为企业高级用户（Power User）提供远程访问及为企业提供 LAN-to-LAN 隧道连接方面，IPSec 具有无可比拟的优势。但是，人们认为典型的 TLS VPN 最适合普通员工远程访问基于 Web 的应用。虽然 TLS VPN 有很多优点，但它并不能取代 IPSec VPN，因为这两种技术分别应用在不同的领域。TLS VPN 更多考虑的是用户远程接入 Web 应用的安全性，而 IPSec VPN 主要提供 LAN-to-LAN 的隧道安全连接，它保护的是点对点之间的通信。当然，它也可以提供对 Web 应用的远程访问。目前，IPSec VPN 的厂商也开始研究如何让 IPSec VPN 兼容 TLS VPN，以增强可用性。如果能做到这点，IPSec VPN 的扩展性将大大加强，市场占有率也会更高，生命力也将更长久。

14.4.5　TLS VPN 与 IPSec VPN 比较

TLS VPN 与 IPSec VPN 的性能比较如表 14-2 所示。

表 14-2　TLS VPN 与 IPSec VPN 的性能比较

选　项	TLS VPN	IPSec VPN
身份验证	单向身份验证 双向身份验证 数字证书	双向身份验证 数字证书
加密	强加密 基于 Web 浏览器	强加密 依靠执行
全程安全性	端到端安全 从客户到资源端全程加密	网络边缘到客户端 仅对从客户到 VPN 网关之间通道加密
可访问性	适用于任何时间、任何地点访问	限制适用于已经定义好受控用户的访问
费用	低（无须任何附加客户端软件）	高（需要管理客户端软件）
安装	即插即用安装 无须任何附加的客户端软、硬件安装	通常需要长时间的配置 需要客户端软件或硬件

续表

选　项	TLS VPN	IPSec VPN
用户的易使用性	对用户非常友好，使用非常熟悉的 Web 浏览器 无须终端用户的培训	对没有相应技术的用户比较困难 需要培训
支持的应用	基于 Web 的应用 文件共享 E-mail	所有基于 IP 的服务
用户	客户、合作伙伴用户、远程用户、供应商等	更适合在企业内部使用
可伸缩性	容易配置和扩展	在服务器端容易实现自由伸缩，在客户端比较困难
穿越防火墙	可以	不可以

14.5 PPTP VPN

由 3COM 公司和微软公司合作开发的点对点隧道协议（Point-to-Point Tunneling Protocol，PPTP）是第一个用来建立 VPN 的协议。PPTP 之所以能得到广泛应用，是因为它使用起来比较灵活，容易部署，而且能得到大多数运营商的解决方案的支持。该协议最初于 1998 年提出，是 Windows NT 4.0 的一个重要组成部分。但是，此协议在提出之初存在严重的安全问题，随后在 Windows 2000 和 Windows 2003 中进行了大量的修改。即便如此，PPTP 的声誉还是由于最初的错误而受到损害。

14.5.1 PPTP 概述

PPTP VPN 最早是 Windows NT 4.0 支持的隧道协议标准，是 PPP 的扩展。PPTP 主要增强了 PPP 的认证和加密功能。PPTP 在一个已存在的 IP 连接上封装 PPP 会话，只要网络层是连通的，就可以运行 PPP。PPTP 将控制包与数据包分开，控制包采用 TCP 传输，用来进行严格的状态查询和信令信息交换；数据包部分先封装在 PPP 中，然后再封装到 GRE 协议中，用于在标准 IP 包中封装任何形式的数据包。因此，PPTP 可以支持所有的主流协议，包括 IP、IPX 和 NetBEUI 等。

PPTP 的主要功能是开通 VPN 隧道，它还是采用原来的 PPP 拨号建立网络连接。除了搭建隧道外，PPTP 对 PPP 本身没有做任何修改，只是将用户的 PPP 帧采用 GRE 封装成 IP 数据包，在 Internet 中经隧道传送。PPTP 本身并没有定义新的加密机制，它只是继承了 PPP 的认证和加密机制，包括 PAP、CHAP、MS-CHAP 身份认证机制及微软的点对点加密（Microsoft Point-to-Point Encrypt，MPPE）机制。

PPTP 是支持远程访问（Client-to-LAN）型 VPN 的一种隧道方案，它可用于移动办公或个人用户远程访问 VPN 服务器网络。同时，PPTP 也适用于企业网络之间建立 LAN-to-LAN 的 VPN 隧道连接。PPTP 在 PPP 的基础上增加了一个新的安全等级，并且可以通过Internet进行多协议通信，也支持通过Internet建立按需的、多协议的虚拟专网。

PPTP的两个主要任务是“封装”和“加密”。PPTP的“封装”使用GRE的头部数据和IP头部数据包装PPP帧。IP头部数据用来标识与客户机和VPN服务器相关的源和目的IP地址等路由信息。PPP帧在PPTP中的数据封装方式如图14-16所示。从图中可以看出，PPTP的VPN隧道包封装方式仅是在PPP帧的前面添加了一个用来标识源和目的地址的IP头和一个GRE头。

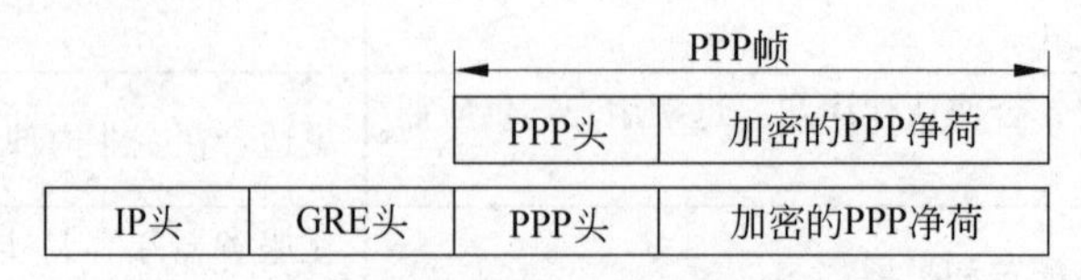

图14-16　PPP帧在PPTP中的数据封装方式

由于PPTP本身没有定义加密功能，因此所谓的“加密”实际上是PPP通过MS-CHAP和EAP-TLS协议建立会话密钥，然后再对净荷部分采用MPPE机制进行加密。因此，PPTP本身不提供加密服务，只是对先前已加密的PPP帧进行封装。

14.5.2　PPTP VPN的原理

点对点隧道协议由RFC2637定义，是一种应用比较广泛的VPN。由于PPTP VPN使用了一个不安全的控制通道（该通道采用TCP 1723端口），且PPTP本身没有定义任何加密机制，因此它的安全性不如IPSec VPN和TLS VPN高。PPTP VPN构成示意图如图14-17所示。

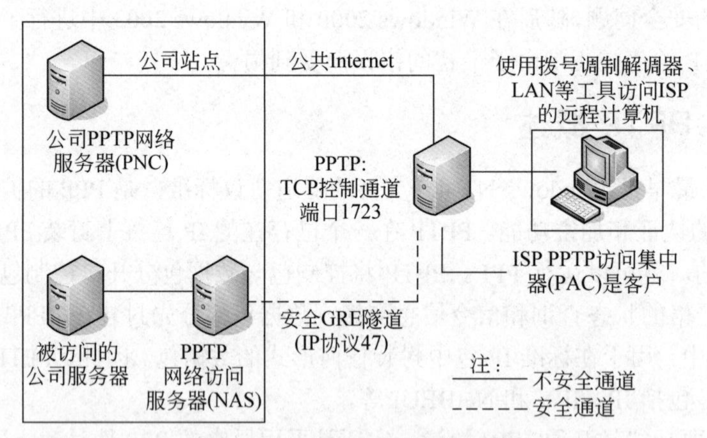

图14-17　PPTP VPN构成示意图

PPTP基于C/S结构，它将认证和连接设置功能分离开来，而在其他类型的VPN（如IPSec VPN）中，这两个功能是统一的，即在同一个协议中实现了AH和ESP两个功能。PPTP定义了3个功能实体：PPTP访问集中器（PPTP Access Server，PAC）、网络访问服务器（Network Access Server，NAS，有时称做RAS）、PPTP网络服务器（PPTP Network Server，PNS）。

传统网络访问服务器（NAS）具有以下功能：作为PSTN或ISDN的本地接口，控制着外部的 Modem 或终端适配器；是 PPP 链路控制协议会话的逻辑终点；是 PPP 认证协议的执行者；为 PPP 多链路由协议进行信道汇聚管理；是各种 PPP 网络控制协议的逻辑终点。PPTP 将上述功能分解成由两部分——PAC（PPTP 访问集中器）和 PNS（PPTP 网络服务器）来分别执行。这样，拨号 PPP 链路的终点就延伸至 PNS。

PPTP 正是利用了“NAS 功能分解”机制的支持，才能在 Internet 上实现 VPN。ISP 的 NAS 将执行 PPTP 中指定的 PAC 的功能。而企业 VPN 中心服务器将执行 PNS 的功能，通过 PPTP，远程用户首先拨号到本地 ISP 的 NAS，访问企业的网络和应用，而不再需要直接拨号至企业的网络，这样，由 GRE 将 PPP 报文封装成 IP 报文就可以在 PAC－PNS 之间经由 Internet 传递，即在 PAC 和 PNS 之间为用户的 PPP 会话建立一条 PPTP 隧道。

建立 PPTP 连接，首先需要建立客户端与本地 ISP 的 PPP 连接。一旦成功接入 Internet，下一步就是建立 PPTP 连接。从最顶端的 PPP 客户端、PAC 和 PNS 服务器之间开始，由已经安装好 PPTP 的 PAC 建立并管理 PPTP 任务。如果 PPP 客户端将 PPTP 添加到它的协议中，所有列出的 PPTP 通信都会在支持 PPTP 的客户端上开始与终止。由于所有通信都将在 IP 包内通过隧道，因此 PAC 只起着通过 PPP 连接进入 Internet 的入口点的作用。从技术上讲，PPP 包从 PPTP 隧道的一端传输到另一端，这种隧道对用户是完全透明的。

14.5.3　PPTP VPN 的优缺点

从 14.5.2 节的分析知，PPTP VPN 连接的思路是：先由用户通过 PPP 拨号连接到 ISP，然后通过 PPTP 在客户端和 VPN 服务器之间开通一个专用的 VPN 隧道，数据经隧道进行交换。具体做法如下。

（1）远程 Windows 用户通过拨号网络中的远程访问服务（RAS）与本地 ISP 进行 PPP 拨号连接。

（2）当 PPP 连接建立后，VPN 客户再使用 VPN 连接选项进行二次拨号。第二次连接不再使用与当地 ISP 连接的电话号码，而是直接使用 VPN 服务器的 WAN 适配器的 IP 地址或域名，并且客户端用 VPN 端口替代第一次电话拨号所用的 COM 端口。

从上面的分析看出，建立 PPTP VPN 如同电话拨号上网一样方便。因此，PPTP 的最大优点是：它不依赖于 TCP/IP 协议族，可以与 Novell 的 IPX 或 Microsoft 的 NetBEUI 协议一起使用。然而，由于现今的大多数网络都基于 TCP/IP，所以 PPTP 的应用具有一定的局限性。

此外，由于 PPTP 中没有定义加密功能，所以 PPTP VPN 的安全性是所有类型的 IP VPN 中最低的。因此，本书中没有把 PPTP VPN 作为讨论的重点。

14.6　MPLS VPN

MPLS VPN 是一种基于多协议标记交换（Multiprotocol Label Switching，MPLS）技术的 IP VPN。在网络路由和交换设备上应用 MPLS 技术可以简化核心路由器的路由选择方式。MPLS 利用传统路由中的标记交换技术来实现 IP 虚拟专网（IP VPN）。MPLS VPN

可用来构造宽带的Internet和Extranet，它能够满足企业对业务多样性的需求。

14.6.1 MPLS协议概述

MPLS是基于标记的IP路由选择方法。用这些标记可以标识逐跳式或显式路由，并标识服务质量（QoS）、特定类型的流量（或一个特殊用户的流量）及流量的传输方式等各类信息。MPLS采用简化技术完成第3层和第2层的转换，可为每个IP数据包提供一个标记。该标记与IP数据包一起被封装于新的MPLS数据包中，它决定了IP数据包的传输路径及优先顺序。支持MPLS协议的路由器会仅读取该MPLS数据包的包头标记，无须再去读取每个IP数据包中的IP地址等信息，即可将IP数据包按相应路径转发。因此，MPLS技术可以大大加快路由器交换和转发数据包的速度。

目前的路由协议都是在一个指定源和目的地之间选择最短路径，而没有考虑该路径的带宽、载荷等链路状态，也没有绕过缺乏安全保障链路的有效方法。MPLS技术利用显式路由选择，可灵活选择一条低延迟、高安全的路径来传输数据。

MPLS协议实现了第3层路由到第2层交换的转换。MPLS可以使用各种第2层协议。迄今，MPLS工作组已经对帧中继、ATM、PPP链路及IEEE 802.3局域网上使用的标记进行了标准化。MPLS可为帧中继和ATM这些面向连接的技术提供IP的任意连通性。目前，MPLS的主要发展方向在ATM方面，这主要是因为ATM具有很强的流量管理功能，能提供QoS服务。ATM与MPLS技术相结合，能充分发挥ATM在流量管理和QoS方面的作用。标记用于转发数据包的报头，报头的格式则取决于所使用的网络。在路由器网络中，标记是单独的32b报头；在ATM网络中，标记置于虚电路标识符/虚通道标识符（VCI/VPI）信元报头中。MPLS之所以具有很强的可扩展性，关键是因为标记只在两个通信设备之间才有特定的意义，而路由器和交换机只解读标记而不解析IP数据包。

IP数据包进入网络时，边界路由器给它分配一个标记。自此，MPLS设备就会自始至终查看这些标记信息，将这些有标记的数据包发送至其目的地。由于路由处理减少，网络的等待时间也就随之缩短，而可扩展性却有所增加。MPLS数据包的QoS类型可以由MPLS边界路由器根据IP数据包的各种参数来确定，如IP的源地址、目的地址、端口号、TOS值等参数。

对于到达同一目的地的IP数据包，可根据其TOS值的要求建立不同的转发路径，以确保传输质量。同时，通过对特殊路由的管理，还能有效地解决网络中的负载均衡和拥塞问题。当网络出现拥塞时，MPLS可实时建立新的转发路由分散流量，以缓解网络拥塞。

MPLS由Cisco的标记交换技术演变而来，已成为IETF的标准协议，是标记转发的典范。与传统的网络层技术相比，它引入了以下一些新概念。

（1）流（Flow）：从一个特定源发出的分组序列，它们被单播或多播（unicast/multicast）到特定目的地。

（2）标记（Label）：一个短且定长、物理连续、只具有局部意义的标识符，用来标识一个“流”。“局部意义”是指一个标记仅在邻接的两个MPLS节点之间有意义。

（3）标记交换（Label Swap）：一种基本的链路层转发操作，包括查找流入分组的标记以决定对应的流出标记、封装操作、输出及其他数据处理操作。

（4）MPLS 节点（MPLS Node）：可以用标记交换方式转发数据包的网络节点。同时，MPLS 节点还必须运行相应的 MPLS 控制协议和一定的网络层路由协议。MPLS 节点也可以选择支持传统的网络层数据包转发。

（5）标记交换路径（Label Switched Path，LSP）：由若干 MPLS 节点连接起来所组成的点到点的路径。在该路径上，数据包在两 MPLS 节点之间以标记交换方式转发。

（6）MPLS 域（MPLS Domain）：运行 MPLS 路由选择和数据包转发的一组连续节点的集合，这些节点存在于同一个路由或管理域中。

（7）MPLS 边界节点（MPLS Edge Node）：连接一个 MPLS 域及一个域外节点的 MPLS 节点。域外节点可以不在 MPLS 方式下运行，也可以属于另外一个 MPLS 域。

（8）标记交换路由器（Label Switching Router，LSR）：核心设备。根据已计算好的交换表交换被加上标记的数据包。LSR 可以称为 MPLS 边界节点。处于边缘的设备称为边缘标记交换路由器 ELSR（Edge LSR）。边缘标记交换路由器对数据包进行初始分类处理，并加上第一个标签。

（9）标记分发协议（Label Distribution Protocol，LDP）：是一系列 FSR 之间的通信规程。当在 FSRs 之间交换和转发数据包时，该协议用来进行标记的交流及信息的传递。

14.6.2　MPLS VPN 的原理

与采用 ATM、帧中继或其他各种隧道技术建立的 VPN 相比，MPLS VPN 是一个更具吸引力的选择。传统的 VPN 采用专线技术组网，投资大，效率低。利用 Internet 构建 VPN，网络的服务质量不能得到保证，同时为保证网络安全还需投入大量资金。

在基于 MPLS 的 VPN 中，每个 VPN 子网分配有一个标识符，称做路由标识符（RD），这个标识符在服务提供商的网络中是独一无二的。RD 和用户的 IP 地址连接，又形成转发表中一个独一无二的地址，称为 VPN-IP 地址。

VPN 转发表中包括与 VPN-IP 地址相对应的标签。通过这个标签将数据传送到相应地点。因为标签代替了 IP 地址，所以用户可以保持他们的专用地址结构，无须进行网络地址转换（NAT）来传送数据。根据数据入口，交换机选择一个特定的转发表，该表中只包括在 VPN 中有效的目的地址。为了创建 Extranet，服务提供商在 VPN 之间要明确配置可达性。

这种解决方案的优势是：可以通过相同的网络结构支持多种 VPN，并不需要为每一个用户建立单独的 VPN 网络连接。MPLS VPN 可以很容易地与基于 IP 的用户网络结合起来，这种方案将 IP VPN 的能力内置于网络本身，因此服务提供商可以为租用者配置一个网络以提供专用的 IP 网（如 Intranet 和 Extranet）服务，而无须管理隧道。因为 QoS 和 MPLS 都是基于标记的技术，所以 QoS 服务可与 MPLS VPN 无缝结合，为每个 VPN 提供特有的业务策略。而且，MPLS VPN 用户能够使用他们专有的 IP 地址上网，无须网络地址转换（NAT）的帮助。

MPLS VPN 的工作原理如下：

步骤一：网络自动生成路由表。标记分配协议（LDP）使用路由表中的信息建立相邻设备的标记值、创建标记交换路径（LSP）、预先设置与最终目的地之间的对应关系。

步骤二：将连续的网络层数据包看做“流”，MPLS 边界节点可以首先通过传统的网络层数据转发方式接收这些数据包；边缘 LSR 通过一定的标记分配策略来决定需要哪种第 3 层服务，如 QoS 或带宽管理。基于路由和策略的需求，有选择地在数据包中加入一个标记，并把它们转发出去。

步骤三：当加入标记的链路层数据包在 MPLS 域中转发时，就不再需要经过网络层的路由选择，而由标记交换路径（LSP）上的 MPLS 节点在链路层通过标记交换进行转发。LSR 读取每一个数据包的标记，并根据交换表替换一个新值，直至标记交换进行到 MPLS 边界节点。

步骤四：加入标记的链路层数据包在将要离开此 MPLS 域时，有两种情况：①MPLS 边界节点的下一跳为非 MPLS 节点，此时带有标记的链路层数据包将采用传统的网络层分组转发方法，先经过网络层的路由选择，再继续向前转发，直至到达目的节点；②MPLS 边界节点的下一跳为另一 MPLS 域的 MPLS 边界节点。此时可以采用“标记栈”（Label Stack）技术，使数据包仍然以标记交换方式进行链路层转发，进入邻接的 MPLS 域。

从上面的 MPLS 工作原理可以看出，MPLS 用最简化的技术来完成第 3 层交换向第 2 层交换的转换。采用 MPLS 技术的网络对于 IP 业务的转发，既不需要采用“逐跳方式”（Hop-by-Hop）转发，也不再需要对网络中的所有路由器进行第 3 层路由表的查询，而只需要在边缘标记交换路由器（ELSR）上做一次路由表查询，就可以给进入 MPLS 域的 IP 包打上一个标签。然后，该 IP 包在网络中仅进行第 2 层交换，快速转发到 MPLS 的目的地端，由出口 ELSR 将其恢复成传统 IP 再进行传统 IP 转发。此举加快了 MPLS 交换机查找路由表的速度，减轻了交换机的负担。由此可见，MPLS 可以满足网络高速转发 IP 包的需求，同时它也继承了 ATM 的 QoS 机制，可以满足用户对不同服务质量的要求。

14.6.3 MPLS VPN 的优缺点

MPLS 能够充分利用公用骨干网络强大的传输能力构建 VPN，它可以大大降低政府和企业建设内部专网的成本，极大地提高用户网络运营和管理的灵活性，同时能够满足用户对信息传输安全性、实时性、宽频带和方便性的需要。与其他基于 IP 的虚拟专网相比，MPLS 具有很多优点。

（1）降低了成本。MPLS 简化了 ATM 与 IP 的集成技术，使第 2 层和第 3 层技术有效地结合起来，降低了成本，保护了用户的前期投资。

（2）提高了资源利用率。由于在网内使用标签交换，企业各局域子网可以使用重复的 IP 地址，提高了 IP 资源利用率。

（3）提高了网络速度。由于使用标签交换，缩短了每一跳过程中搜索地址的时间及数据在网络传输中的时间，提高了网络速度。

（4）提高了灵活性和可扩展性。由于MPLS使用了“任意到任意”（Any to Any）的连接，提高了网络的灵活性和可扩展性。所谓灵活性，是指用户可以制定特殊的控制策略，以满足不同用户的特殊需求，实现增值业务；所谓扩容性，是指同一网络中可以容纳的VPN的数目很容易得到扩充。

（5）方便了用户。MPLS技术将被更广泛地应用在各个运营商的网络中，这给企业用户建立全球的VPN带来了极大的便利。

（6）安全性高。采用MPLS作为通道机制实现透明报文传输，MPLS的LSP具有与帧中继和ATM VCC（Virtual Channel Connection，虚通道连接）类似的高安全性。

（7）业务综合能力强。网络能够提供数据、语音、视频相融合的能力。

（8）MPLS的QoS保证。用户可以根据自己的不同业务需求，通过在CE侧的配置来赋予MPLS VPN不同的QoS等级。这种QoS技术既能保证网络的服务质量，又能减少用户的费用。

（9）适用于城域网（PAN）这样的网络环境。另外，有些大型企业分支机构众多，业务类型多样，业务流向流量不确定，也特别适合使用MPLS。

MPLS VPN既具有交换机的高速度与流量控制能力，又具备路由器的灵活性；能够与IP/ATM很好地结合，使ATM设备的投资得到充分利用。MPLS技术将交换机与路由器的优点完美地结合在一起。

但是，MPLS技术也存在明显的不足：

（1）由于ATM技术本身目前备受争议，所以MPLS VPN的存在价值大打折扣。

（2）MPLS VPN与IP-in-IP VPN、PPTP VPN一样，本身没有采用加密机制，因此MPLS VPN实际上并不十分安全。

总之，IPSec VPN是最安全的协议，其安全性优于其他类型的VPN。IPSec与L2TP和MPLS并不相互排斥，而是可以结合使用的。在基于L2TP或MPLS构建VPN时，如果需要“绝对”的安全保障，则可以与IPSec结合使用。

除了以上讨论的各种类型的VPN之外，还有许多其他类型的VPN。例如，在RFC2003中还定义了一种“IP中的IP（IP-in-IP）”隧道技术。它常被看做NAT技术的一种变形。IP-in-IP VPN被单独使用时，不提供任何加密和认证。

最后必须强调的是：安全问题是一个系统问题，不仅取决于VPN的这些隧道协议自身的安全性，还取决于网络中采用的其他技术和设备的安全性，以及所采用的物理安全措施。

通过本章的学习，要求读者掌握VPN的基本概念和分类，了解构建VPN的各种隧道协议，掌握IPSec VPN、TLS VPN、PPTP VPN和MPLS VPN的概念、工作原理和优缺点。IPSec VPN既适合于构建LAN-to-LAN型的VPN连接，也适合于构建Client-LAN型的VPN连接；TLS VPN和PPTP VPN则仅支持Client-LAN型的VPN连接；MPLS VPN适用于用户数量众多、流量很大、媒体格式多样的城域网应用，它也可以与IPSec VPN

结合起来使用，以获得更高的安全性。在实际应用中，究竟选择何种类型的VPN，需要根据企业或组织的安全策略和安全需求而定。希望读者能将本章学到的知识运用到实践中去。

习　题

一、填空题

1. 根据访问方式的不同，VPN可以分为________和________两种类型。

2. VPN的关键技术包括________、________、________、________和________等。

3. 第2层隧道协议主要有________、________和________3个协议。

4. 第3层隧道协议主要有________、________和________3个协议。

5. IPSec的主要功能是实现加密、认证和密钥交换，这3个功能分别由________、________和________3个协议来实现。

6. IPSec VPN主要由________、________、________、________和________5个模块组成。

7. IPSec在OSI参考模型的________层提供安全性。

   A. 应用　　B. 传输　　C. 网络　　D. 数据链路

8. ISAKMP/Oakley与________相关。

   A. SSL　　B. SET　　C. SHTTP　　D. IPSec

9. IPSec中的加密是由________完成的。

   A. AH　　B. TCP/IP　　C. IKE　　D. ESP

10. 在________情况下，IP头才需要加密。

    A. 信道模式　　B. 传输模式
    C. 信道模式和传输模式　　D. 无模式

二、思考题

1. 如何理解虚拟专用网络中的“虚拟”和“专用”？
2. 什么是VPN？一个好的VPN应具备哪些特点？
3. VPN的安全性因素有哪些？
4. IPSec有哪两种工作模式？如何通过数据包格式区分这两种工作模式？
5. 在有IPSec保护的IP数据报中，“认证头”（AH）起什么作用？
6. 请解释一下AH和ESP协议。
7. IPSec和IKE的关系是什么？
8. 简述TLS VPN的工作原理，并指出其优缺点。
9. 简述PPTP VPN的工作原理，并指出其优缺点。
10. 简述MPLS VPN的工作原理，并指出其优缺点。
11. 请制作一个表格，详细比较IPSec VPN、SSL VPN、PPTP VPN和MPLS VPN的

功能特点。

12. 你认为 IPSec VPN 能代替 SSL VPN 吗？SSL VPN 能代替 IPSec VPN 吗？为什么？

13. 画出各类 VPN 在网络拓扑图中所处的位置。

14. 尝试通过阅读文档，熟悉、配置 Linux 操作系统下的 VPN 工具——FreeSWAN。

第15章 身份认证技术

15.1 身份证明

在充满竞争的现实社会中，身份欺诈时有发生。为了防止身份欺诈，常常需要个人身份认证。通信和数据系统的安全性也取决于能否正确验证用户或终端的个人身份。例如，银行的自动柜员机（Automatic Teller Machine，ATM）可将现金发给经它正确识别的账号持卡人，从而提高银行的工作效率和服务质量。计算机的访问和使用、安全区的出入，也都以精确的身份认证为基础。

传统的身份证明一般是通过检验“物”的有效性来确认该物持有者的身份。“物”可以为徽章、工作证、信用卡、驾驶证、身份证、护照等，卡上含有个人照片（易于换成指纹、视网膜图样、牙齿的X光照相等），并有权威机构签章。过去这类靠人工进行的识别工作现在已逐步由机器代替。在信息化社会中，随着信息业务的扩大，要求验证的对象集合也迅速加大，因而大大增加了身份验证的复杂性和实现的困难性。例如，银行自动转账系统中可能有上百万个用户，若用个人识别号（Personal Identification Number，PIN），至少需要6位十进制数字。若要用户个人签字来代替PIN，必须能区分数以百万计的人的签字。

目前，一些采用电子方式实现个人身份证明的方法均存在安全风险。例如，从银行的ATM机取款时需要将信用卡和PIN送入其中；电话购货需证实信用卡的号码；用电话公司发行的电话卡支付长途电话费需验证4位十进制的PIN；网站登录时需输入用户的名字和口令等。但是，现实社会中的攻击者常常使这类简单的身份验证方法失效。

如何实现安全、准确、高效和低成本的数字化认证，是目前网络安全实践中的一个热点。本章将讨论几种常用的身份认证技术，如口令认证系统、基于个人生物特征的身份证明及一次性口令身份认证系统等。

15.1.1 身份欺诈

下面给出一些例子，说明几种可能的身份欺诈的方式。

1. 象棋大师问题（The Chess Grandmaster Problem）

A 不懂象棋，但可向Kasparov和Karpov同时挑战，在同一时间和地点（不在一个房间）进行对弈，以白子棋对前者、以黑子棋对后者，而两位大师彼此不交流，如图15-1所示。Karpov持白子棋先下一步，*A* 记下该步并下同样一招棋对付Kasparov，而后看

Kasparov 如何下黑子棋，*A* 记下这第二步并下同样一招棋对付 Karpov，依此类推。在这场博弈中，*A* 是中间人，他实施的就是一种中间人欺诈攻击。

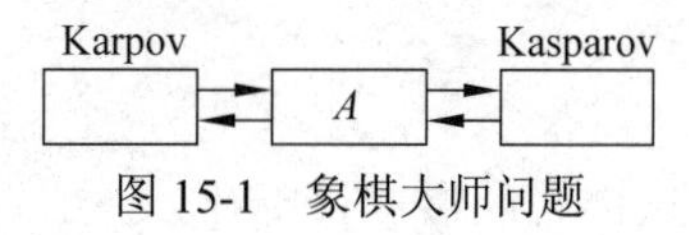

图 15-1　象棋大师问题

2. Mafia 欺诈

A 在 Mafia 集团成员 *B* 开的饭馆吃饭，Mafia 集团另一成员 *C* 到 *D* 的珠宝店购买珠宝，*B* 和 *C* 之间有秘密无线通信联络，*A* 和 *D* 不知道其中有诈。*A* 向 *B* 证明 *A* 的身份并付账，*B* 通知 *C* 开始欺骗：*A* 向 *B* 证明身份，*B* 经无线通知 *C*，*C* 以同样协议向 *D* 证明身份。当 *D* 询问 *C* 时，*C* 经 *B* 向 *A* 问同一问题，*B* 再将 *A* 的回答告诉 *C*，*C* 向 *D* 回答，如图 15-2 所示。实际上，*B* 和 *C* 起到中间人作用而完成 *A* 向 *D* 的身份证明，达到了 *C* 向 *D* 购买了珠宝，而把账记在 *A* 的账上的目的。这是中间人 *B* 和 *C* 合伙进行的欺诈。

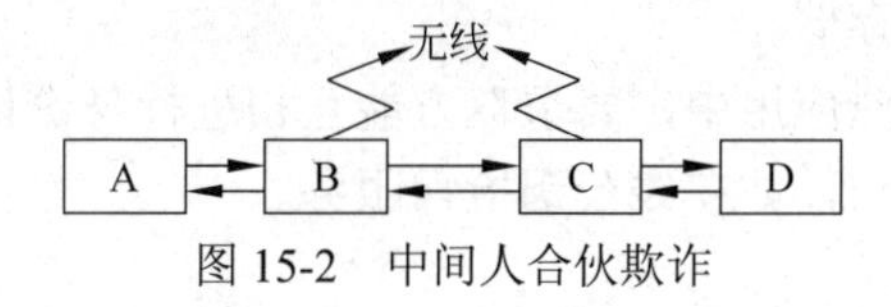

图 15-2　中间人合伙欺诈

3. 恐怖分子欺诈

假定 *C* 是一名恐怖分子，*A* 要帮助 *C* 进入某国，*D* 是该国移民局官员，*A* 和 *C* 之间用秘密无线电联络，如图 15-3 所示。*A* 协助 *C* 得到 *D* 的入境签证。

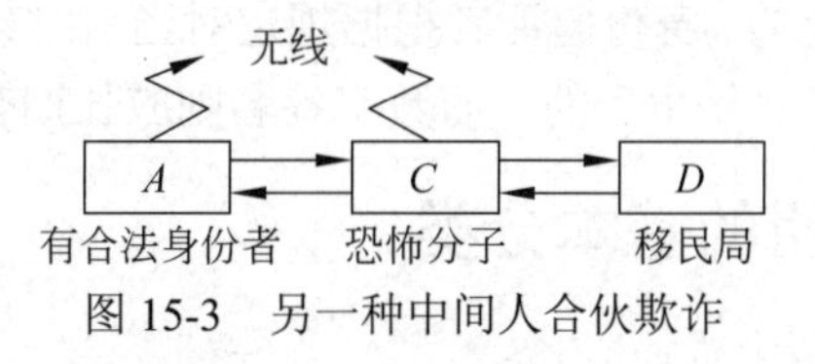

图 15-3　另一种中间人合伙欺诈

这类欺诈攻击可以用防电磁辐射和精确时戳等技术来抗击。

4. 多身份欺诈（Multiple Identity Fraud）

A 首先建立几个身份并向外公布。其中之一他从未用过，他以这一身份作案，并只用一次，除目击者（Witness）外无人知道犯罪人的个人身份。由于 *A* 不再使用此身份，警方无法跟踪。采用一种身份证颁发机构确保每人只有一个身份证，就可抗击这类欺诈。

15.1.2　身份证明系统的组成和要求

身份证明系统一般由三方组成：一方是出示证件的人，称做示证者（Prover），又称做申请者（Claimant），他提出某种入门或入网请求；另一方为验证者（Verifier），检验示证者出示证件的正确性和合法性，决定是否满足其要求；第三方是攻击者，他可以窃听并伪装示证者骗取验证者的信任。认证系统在必要时也会有第四方，即可信者，他的作用是参与调解纠纷。称此类技术为身份证明技术，又称做身份识别（Identification）、实体认证（Entity Authentication）、身份验证（Identity Verification）等。实体认证与消息认证的差别在于：消息认证本身不具有时间性，而实体认证一般都具有实时性。此外，实体认证通常证实实体本身，而消息认证除了证实消息的合法性和完整性外，还要知道消息的含义。

对身份证明系统的要求如下：

（1）验证者正确识别合法示证者的概率极大化。

（2）不具有可传递性（Transferability），验证者 *B* 不可能重用示证者 *A* 提供给他的信息来伪装示证者 *A* 去骗取其他人的验证而获取信任。

（3）攻击者伪装示证者欺骗验证者成功的概率要小到可以忽略的程度，特别是要能抗击已知密文攻击，即能防止攻击者在截获示证者和验证者多次通信后伪装示证者以欺骗验证者。

（4）计算有效性（为实现身份证明所需的计算量要小）。

（5）通信有效性（为实现身份证明所需通信次数和数据量要小）。

（6）秘密参数能安全存储。

（7）交互识别（在有些应用中，要求双方能互相进行身份认证）。

（8）第三方的实时参与，如在线公钥检索服务。

（9）第三方的可信性。

（10）可证明安全性。

其中，（7）～（10）是对某些身份证明系统所提出的要求。

身份识别与数字签名密切相关。数字签名是实现身份识别的一个途径，但在身份识别中消息的语义基本上是固定的，身份验证者根据规定对当前时刻申请者提出的申请或接受或拒绝。身份识别一般不是“终生”的，而数字签名则应长期有效，在未来仍可启用。

15.1.3 身份证明的基本分类

身份证明可分为以下两大类。

（1）**身份验证**。它要回答这样一个问题——“你是否是你所声称的你？”即只对个人身份进行肯定或否定。一般方法是：在个人信息输入后，系统将经公式和算法运算所得的结果与从卡上（或库中）存储的信息经公式和算法运算所得结果进行比较，根据比较结果得出结论。

（2）**身份识别**。它要回答这样一个问题——“我是否知道你是谁？”一般方法是：在个人信息输入后，系统将其加以处理后提取出模板信息，并试着在存储数据库中搜索出一个与之匹配的模板，而后给出结论。例如，确定一个犯罪嫌疑人是否曾有前科的指纹检验系统就是一个身份识别系统。

显然，身份识别要比身份验证难得多。读者可以通过一些实例仔细体会身份验证系统和身份识别系统之间存在的差异。

15.1.4 实现身份证明的基本途径

身份证明可以依靠下述3种基本途径之一或组合实现，如图15-4所示。

（1）**所知**（Knowledge）：个人所知道的或所掌握的知识，如密码、口令等。

（2）**所有**（Possesses）：个人所具有的东西，如身份证、护照、信用卡、钥匙等。

（3）**个人特征**（Characteristics）：如指纹、笔迹、声纹、手型、脸型、血型、视网膜、虹膜、DNA 及个人一些动作方面的特征等。

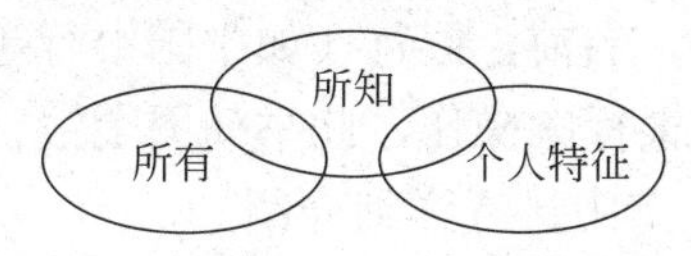

图 15-4 身份证明的基本途径

根据安全水平、系统通过率、用户可接受性、成本等因素，可以选择适当的组合设计实现一个自动化身份证明系统。

身份证明系统以合法用户遭拒绝的概率（即**拒绝率**（False Rejection Rate，FRR）或**虚报率**（Ⅰ型错误率））和非法用户伪造身份成功的概率（即**漏报率**（False Acceptance Rate，FAR）（Ⅱ型错误率））作为服务质量评价指标。为了保证系统有良好的服务质量，要求Ⅰ型错误率要足够小；为保证系统的安全性，要求Ⅱ型错误率也要足够小。这两个指标常常是相悖的，应根据不同的用途进行适当的折中选择，如为了安全（降低 FAR）牺牲一点服务质量（增大 FRR）。设计时除了考虑安全性外，还要考虑经济性和可用性。

15.2 口令认证系统

15.2.1 概述

口令是一种根据已知事物验证身份的方法，也是一种被广泛使用的身份验证方法。在现实世界中，采用口令的例子不胜枚举：如中国古代调兵用的虎符、阿里巴巴打开魔洞的“芝麻”密语、军事上采用的各种口令及现代通信网的访问控制协议。大型应用系统的口令通常采用一个长为 5～8 个字符的字符串。口令的选择原则为：①易记；②难以被别人猜中或发现；③能抵御蛮力破解分析。在实际系统中，需要考虑和规定口令的选择方法、使用期限、字符长度、分配和管理及在计算机系统内的存储保护等。根据系统对安全水平的要求，用户可选择不同的口令方案。

在口令的选择方法上，Bell 实验室也做过一些试验。结果表明，让用户自由选择自己的口令，虽然易记，但往往带有个人特点，容易被别人推测出来。而完全随机选择的字符串又太难记忆，难以被用户接受。较好的办法是以可拼读的字节为基础构造口令。例如，若限定字符串的长度为 8 字符，在随机选取时可有 2.1×10^{11} 种组合；若限定可拼读时，可能的选取个数只为随机选取时的 2.7%，但仍有 5.54×10^{9} 之多。而普通英语大词典中的字数不超过 2.5×10^{5} 个。

一个更好的办法是采用**通行短语**（Pass Phrases）代替口令，通过**密钥碾压**（Key Crunching）技术，如杂凑函数，可将易于记忆的足够长的短语变换为较短的随机性密钥。

口令分发系统的安全性也不容忽视。口令可由用户个人选择，也可由系统管理员选定或由系统自动产生。有人认为，用户专用口令不应让系统管理员知道，并提出一种实现方法。用户的账号与他选定的护字符组合后，在银行职员看不到的地方输入系统，通过单向加密函数加密后存入银行系统中。当访问系统时，将账号和口令通过单向函数变换后送入银行系统，通过与存储的值相比较进行验证。若用户忘记了自己的口令，可以再选一个并重新办理登记手续。当前，银行（如中国银行等）通常为用户颁发一次性口令令牌，用户持令牌进行网上银行的操作，此举使网上银行的安全性大大提高。有关一次性口令系统的内容将在 15.4 节中进行详细介绍。

图 15-5 给出了一种单向函数检验口令框图。有时系统需要双向认证，即不仅系统要检验用户的口令，用户也要检验系统的口令。在这种情况下，如何确保一方在另一方给出口令之前不会受到对方的欺骗是一个关键问题。图 15-6 给出一种双方互换口令的安全验证方法：甲、乙分别以 P、Q 作为护字符。为了验证，他们彼此都知道对方的口令，并通过一个单向函数 f 进行响应。例如，若甲要联系乙，甲先选一随机数 x_1 送给乙，乙用 Q 和 x_1 计算 $y_1=f(Q, x_1)$送给甲，甲将收到的 y_1 与自己计算的 $f(Q, x_1)$进行比较，若相同，则验证了乙的身份；同样，乙也可选随机数 x_2 送给甲，甲将计算的 $y_2=f(P, x_2)$回送给乙，乙将所收到的 y_2 与他自己计算的值进行比较，若相同，就验证了甲的身份。

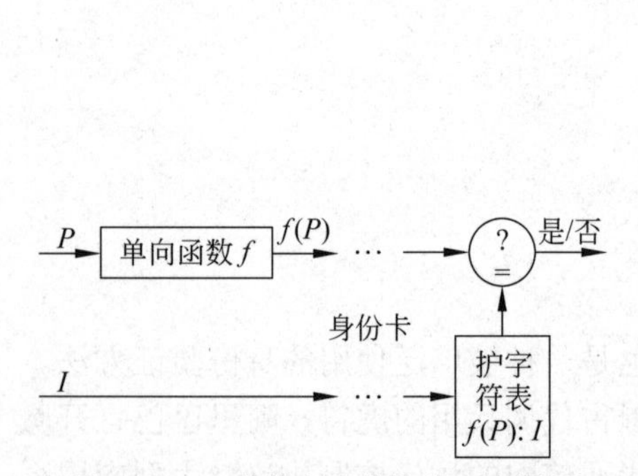

图 15-5　一种单向函数检验口令框图

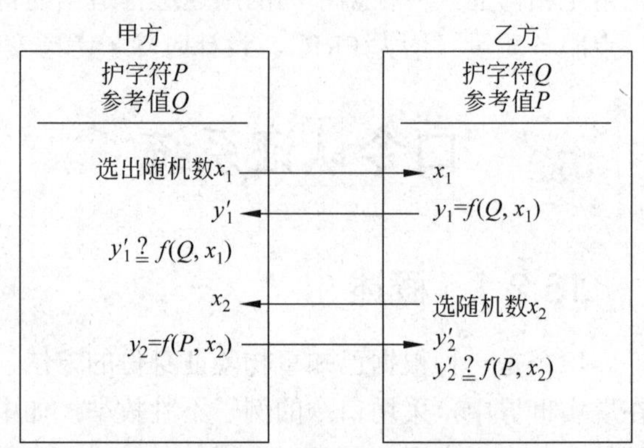

图 15-6　一种双方互换口令的安全验证方法

为了解决因口令短而造成的安全性低的问题，常在口令后填充随机数，如在 16b（4 位十进制数字）护字符后附加 40b 随机数 R_1，构成 56b 数字序列进行运算，形成

$$y_1=f(Q, R_1, x_1) \tag{15-1}$$

这会使安全性大为提高。

上述方法仍未解决谁先向对方提供口令和随机数的难题。

可变口令也可由单向函数来实现。这种方法只要求交换一对口令而不是口令表。令 f 为某个单向函数，x 为变量。定义

$$f^n(x)=f(f^{n-1}(x)) \tag{15-2}$$

甲取随机变量 x，并计算

$$y_0=f^n(x) \tag{15-3}$$

送给乙。甲将 $y_1=f^{n-1}(x)$作为第一次通信用口令。乙收到 y_1 后计算 $f(y_1)$，并检验与 y_0 是否相同，若相同，则将 y_1 存入备用。甲第二次通信时发 $y_2=f^{n-2}(x)$。乙收到 y_2 后，计算 $f(y_2)$，并检验是否与 y_1 相同，依此类推。这样一直可用 n 次。若中间数据丢失或出错，

甲可向乙提供最近的取值，以求重新同步，而后乙可按上述方法进行验证。

一个更安全但较费时的身份验证方法是**询问法**（Questionaries）。业务受理者可利用他知道而别人不知道的一些信息向申请用户进行提问。他可提问一系列互不相关的问题，如你原来的中学校长是谁？祖母多大年纪？某作品的作者是谁？等。回答不必都完全正确，只要足以证实用户身份即可。应选择一些易于记忆的事务并让验证者预先记住。这只适用于安全性高又允许耗时的情况。

15.2.2 口令的控制措施

（1）**系统消息**（System Message）。一般系统在联机和脱机时都显示一些礼貌性用语，而成为识别该系统的线索，因此这些系统应当可以抑制这类消息的显示，口令当然更不能显示。

（2）**限制试探次数**。不成功传送口令一般限制为 3～6 次，超过限定试验次数，系统将该用户 ID 锁定，直到重新认证授权后再开启。

（3）**口令有效期**。限定口令的使用期限。

（4）**双口令系统**。首先输入联机口令，在接触敏感信息时还要输入一个不同的口令。

（5）**最小长度**。限制口令至少为 6～8B 以上，防止猜测成功的概率过大，可采用掺杂（Salting）或采用通行短语（Passphrase）等加长和随机化。

（6）**封锁用户系统**。可以封锁长期未联机用户或口令超过使用期用户的 ID 号，直到用户重新被授权。

（7）**根（Root）口令的保护**。根口令是系统管理员访问系统时所用的口令，由于系统管理员被授予的权力远大于一般用户，因此管理员口令自然成为攻击者的攻击目标。因此，管理员口令在选择和使用中要倍加保护。管理员口令通常必须采用十六进制字符串，不能通过网络传送，并且要经常更换。

（8）**系统生成口令**。有些系统不允许用户自己选定口令，而是由系统生成和分配。系统如何生成易记忆又难以被猜中的口令是要解决的一个关键问题。如果口令难以记忆，则用户要将其写下来，这反而增加了口令泄漏的风险；若系统的口令生成算法被窃，则更加危险，因为这将危及整个系统的安全。

15.2.3 口令的检验

1. 反应法（Reactive）

利用一个程序（Cracker）让被检口令与一批易于猜中的口令表中的成员逐个比较，若都不相符，则通过。

ComNet 的反应口令检验（Reactive Password Checking）程序大约可以猜出近 1/2 的口令。Raleigh 等设计的口令验证系统 CRACK 利用网络服务器分析口令。美国 Purdue 大学研制出了 OPUS 口令分析选择软件。

这类反应检验法的缺点是：①检验一个口令太费时间，一个攻击者可能要用几小时甚至几天来攻击一个口令；②现用口令都有一定的可猜性，但如果直到采用反应检验后用户才更换口令，会存在一定的安全隐患。

2. 支持法（Proactive）

用户先自行选择一个口令。当用户第一次使用该口令时，系统利用一个程序检验其安全性。如果口令易于猜中，则拒绝登录，并请用户重新选一个口令。程序通过准则要考虑在可猜中性与安全性之间取得折中：若检验算法太严格，则造成用户所选口令屡遭拒绝，从而招致用户报怨；如果检验算法太宽松，则很易猜中的口令也能通过检验，这会影响系统的安全性。

15.2.4 口令的安全存储

1. 一般方法

（1）用户的口令多以加密形式存储，入侵者要得到口令，必须知道加密算法和密钥。算法可能是公开的，但密钥只有管理员才知道。

（2）许多系统可以存储口令的单向杂凑值，入侵者即使得到此杂凑值也难以推算出口令的明文。

2. UNIX 系统中的口令存储

口令为 8 个字符，采用 7b ASCII 码，即 56b 串，加上 12b 填充（一般为用户输入口令的时间信息）。第一次输入 64b 全“0”数据进行加密，第二次则以第一次加密结果作为输入数据，迭代 25 次，将最后一次输出变换成 11 个字符（其中，每个字符是 A～Z，a～z，0～9，“0”，“1”等共 64 个字符之一）作为口令的密文，如图 15-7 所示。

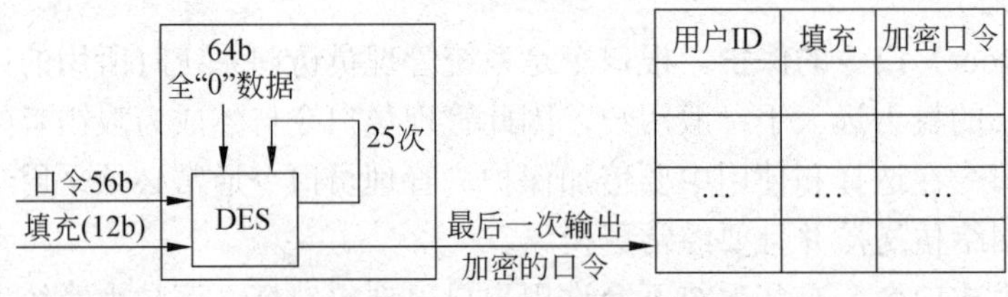

图 15-7 UNIX 系统中的口令存储

检验时，用户发送 ID 和口令。UNIX 系统由 ID 检索出相应填充值（12b），并与口令一起送入加密装置算出相应密文，与从存储器中检索出的密文进行比较，若一致则通过检验。

3. 用智能卡令牌（Token）产生一次性口令

这种口令在本质上是由一个随机数生成器产生的，可以由安全服务器用软件生成，一般用于第三方认证，智能卡认证系统如图 15-8 所示。

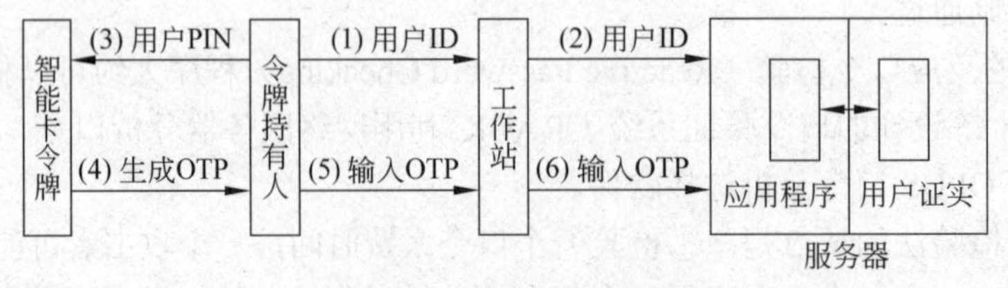

图 15-8 智能卡认证系统

利用令牌产生一次性口令的优点是：①即使口令被攻击者截获也难以使用；②用户需要输入 PIN（只有持卡人才知道），因此，即使令牌被偷也难以用其进行违法活动。

如美国 Secure Dynamics Inc.的 Secure ID 卡和 RSA 公司的 Secur ID 令牌等，均用来产生这类一次性口令。在后面，还会对一次性口令技术进行深入讨论。

15.3 个人特征的身份证明技术

在对安全性要求较高的系统中，由护字符和持证等方案提供的安全性不能满足要求，因为护字符可能被泄漏、证件可能丢失或被伪造。更高级的身份验证方案是根据被授权用户的个人生物特征来进行认证，这是一种可信度高而又难以伪造的身份验证方法。这种方法早已用于刑事案件的侦破中。自 1870 年开始，法国人采用 Bertillon 体制对人的前臂、手指长度、身高、足长等进行测试，它根据**人体测量学**（Anthropometry）进行身份验证。这种方法比指纹还精确，自使用以来还未发现过两个人的数值完全相同的情况。伦敦市警厅已于 1900 年采用了这一体制。

新的**生物统计学**（Biometrics）方法正在成为实现个人身份认证最简单而安全的方法。它利用个人的生物特征来实现身份认证。一个人的生物特征包括很多方面，有静态的，也有动态的，如容貌、肤色、发长、身材、姿势、手印、指纹、脚印、唇印、颅相、口音、脚步声、体味、视网膜、血型、遗传因子、笔迹、习惯性签字、打字韵律及在外界刺激下的反应等。当然，所采用的认证方式还要为被验证者所接受。有些检验项目，如唇印、足印等虽然认证率很高，但因难于被人们接受而不能广泛使用。有些生物特征可由人工认证，有些则须借助仪器，当然，不是所有场合都能采用生物特征识别的方式。这类物理认证还可与报警装置配合使用，可作为一种**“诱陷模式”**（Entrapment Module）在重要入口进行接入控制，使敌手的风险加大。由于个人特征具有因人而异和随身携带的特点，所以它不会丢失且难以伪造，非常适用于个人身份认证。

有些个人特征会随时间变化。验证设备必须有一定的容差。容差太小可能导致系统不能正确认出合法用户，造成虚警概率过大；容差太大则可能使敌手成为漏网之鱼。在实际系统设计中，要在这两者之间做出最佳折中选择。有些个人特征则具有终生不变的特点，如 DNA、视网膜、虹膜、指纹等。

目前，这类产品由于成本较高而尚未得到广泛采用，但是在一些重要的部门，如银行、政府、医疗、商业、军事、保密、机场等系统中，已经逐步得到应用。下面介绍几种研究较多且具有实用价值的身份验证体制。

15.3.1 手书签字验证

传统的协议、契约等都以手书签字生效。发生争执时，则由法庭判决，一般都要经过专家鉴定。由于每个人的签名动作和字迹具有明显的个性，因此手书签名可作为身份验证的可靠依据。

由于形势发展的需要，机器自动识别手书签字的研究得到了广泛的重视，成为模式识别中的重要研究课题之一。机器识别的任务有二：一是签字的文字含义；二是手书的字迹风格。后者对于身份验证尤为重要。识别可从已有的手迹和签字的动力学过程中的个人动作特征出发来实现。前者为静态识别，后者为动态识别。静态验证根据字迹的比例、倾斜的角度、整个签字布局及字母形态等实现；动态验证根据实时签字过程进行证实。这要测量和分析书写时的节奏、笔画顺序、轻重、断点次数、环、拐点、斜率、速度、加速度等个人特征。英国物理实验室研制出 VERISIGN 系统，它采用一种叫做 CHIT 的书写垫记录签字时笔尖的运动状况，并进行分析得出结论。IBM 公司的手书验证研究一种采用加速度动态识别方法，但分辨率不高，在增加了测量书写笔压力变化的装置后，性能得到了大大改进。Ⅰ型错误率为 1.7%，Ⅱ型错误率为 0.4%，目前已有实用。Cadix 公司为电子贸易设计了笔迹识别系统。笔迹识别软件 Penop 可用于识别委托指示、验证公司审计员身份及税收文件的签字等，并已集成到 Netscape 公司的 Navigation 和 Adobe 公司的 Acrobat Exchange 软件中。Penop 成为软件安全工具的新成员，它将对 Internet 的安全发挥重要作用。

可能的伪造签字类型有两种：一种是不知真迹时按得到的信息（如银行支票上印的名字）随手签的字；另一种是已知真迹时的模仿签字或映描签字。前者比较容易识别，而对后者的识别则相对困难。

签字系统作为接入控制设备的组成部分时，应先让用户书写几个签名进行分析，提取适当的参数存档备用。对于个别签字一致性极差的人要特殊对待，如采用容错值较大的准则处理其签字。

15.3.2 指纹验证

指纹验证早就用于契约签证和侦察破案中。由于没有两个人的指纹完全相同，相同的可能性不到 10^{-10}，而且指纹形状不随时间而变化、提取指纹作为永久记录存档又极为方便，因此指纹识别成为进行身份验证的准确而可靠的手段。每根手指的纹路可分为两大类：环状和涡状。每类又根据其分叉等细节分成 50～200 个不同的图样。通常由专家来进行指纹识别。近年来，许多国家都在研究计算机自动识别指纹图样。将指纹验证作为接入控制手段会大大提高计算机系统的安全性和可靠性。但由于指纹验证常与犯罪联系在一起，人们从心理上不愿接受按指纹。目前，由于机器识别指纹的成本已经大大降低，所以高端的笔记本已经开始使用指纹识别进行身份认证。

1984 年，美国纽约州 North White Plain 的 Fingermatrix 公司宣称其研制出一种指纹阅读机（Ridge Reader）和个人接触证实（Personal Touch Verification，PTV）系统，可用于计算机网络中，参考文件库在主机之中。系统特点如下：①阅读机的体积约为 0.028m^3，内有光扫描器；②新用户注册需 3～5 分钟；③从一个人的两个手指记录图样需两分钟，存储量为 500～800 字节；④每次访问不超过 5 秒；⑤能自动恢复破损的指纹；⑥Ⅰ型错误率小于 0.1%；⑦Ⅱ型错误率小于 0.001%；⑧可选择俘获和存储入侵者的指纹。每套设备成本为 6000 美元。Identix 公司的产品 Identix System 已在四十多个国家使用，包括美国五角大楼的物理入口的进出控制系统。

美国的 FBI 已成功地将小波理论应用于压缩和识别指纹图样，将一个 10Mb 的指纹图样压缩成 500kb，大大减少了数百万指纹档案的存储空间和检索时间。

全世界有几十家公司经营和开发新的自动指纹身份识别系统（AFIS），一些国家已经或正在考虑将自动指纹身份识别作为身份证或社会安全卡的有机组成部分，以有效地防止欺诈、假冒及一人申请多个护照等。执法部门、金融机构、证券交易、福利金发放、驾驶证、安全入口控制等将广泛采用 AFIS。

15.3.3　语音验证

每个人的语音都各有其特点，而人对于语音的识别能力是很强的，即使在强干扰下也能分辨出某个熟人的语音。在军事和商业通信中，常常根据对方的语音实现个人身份验证。长期以来，人们一直在研究如何用机器自动识别人说话。语音识别技术有着广泛的应用，其一就是用于个人身份验证。例如，将对每个人讲的一个短语所分析出来的全部特征参数存储起来，如果每个人的参数都不完全相同，就可实现身份验证。存储的语音特征称为语声纹（Voice-print）。美国 Texas 仪器公司曾设计一个 16 个字集的系统；美国 AT&T 公司为拨号电话系统研制了一种语音口令系统（Voice Passsword System，VPS），并为 ATM 系统研制了智能卡系统。这些系统均以语音分析技术为基础。

德国汉堡的 Philips 公司和西柏林的 Heinrich Hertz 研究所合作研制了 AUROS 自动说话人识别系统，该系统利用语音参数实现实用环境下的身份识别，I 型错误率为 1.6%，II 型错误率为 0.8%。在最佳状态下，I 型错误率为 0.87%，II 型错误率为 0.94%，明显优于其他方法。美国 Purdue 大学、Threshold Technology 公司等都在研究这类验证系统。目前，可以分辨数百人的语声纹识别系统的成本可降至 1000 美元以下。

电话和计算机的盗用是相当严重的问题，语声纹识别技术可用于防止黑客进入语音函件和电话服务系统。

15.3.4　视网膜图样验证

人的视网膜血管图样（即视网膜脉络）具有良好的个人特征。采用视网膜血管图样的身份识别系统已在研制中。其基本方法是利用光学和电子仪器将视网膜血管图样记录下来，一个视网膜血管的图样可压缩为小于 35B 的数字信息，然后可根据对图样的节点和分支的检测结果进行分类识别。被识别的人必须充分合作，允许采样。研究表明，识别验证的效果相当好。如果注册人数小于 200 万，其 I 型和 II 型识别的错误率都为 0，所需时间为秒级，在安全性要求很高的场合可以发挥作用。由于这种系统的成本较高，因此目前仅在军事系统和银行系统中采用。

15.3.5　虹膜图样验证

虹膜是巩膜的延长部分，是眼球角膜和晶体之间的环形薄膜，其图样具有个人特征，可以提供比指纹更细致的信息。虹膜图样可以在 35～40cm 的距离范围内采集，比采集视网膜图样更方便，易为人所接受。存储一个虹膜图样需要 256B，所需的计算时间为 100ms。其Ⅰ型和Ⅱ型错误率都为 1/133 000。可用于安全入口、接入控制、信用卡、POS、ATM、护照等的身份认证。美国 IriScan Inc.已研发出此种产品。

15.3.6 脸型验证

Harmon 等设计了一种用照片识别人脸轮廓的验证系统。对 100 个“好”对象识别结果正确率达百分之百。但对“差”对象的识别要困难得多，要求更细致的实验。对于不加选择的对象集合的身份验证几乎可达到完全正确。这一研究还扩展到对人耳形状的识别，而且耳形识别的结果令人鼓舞，可作为司法部门的有力辅助工具。目前有十几家公司从事脸型自动验证新产品的研制和生产。这些产品利用图像识别、神经网络和红外扫描探测人脸的“热点”进行采样、处理并提取图样信息。目前已开发出能存入 5000 个脸型、每秒可识别 20 人的系统。未来的产品可存入 100 万个脸型，但识别检索所需的时间将增加到两分钟。Microsoft 公司正在开发符合 Cyber Watch 技术规范的 Ture Face 系统，将用于银行等部门的身份识别系统中。Visionics 公司的面部识别产品 FaceIt ARGUS 已用于网络环境中，其软件开发工具（SDK）可以集成到信息系统的软件系统中，作为金融、接入控制、电话会议、安全监视、护照管理、社会福利发放等系统的应用软件。

15.3.7 身份证明系统的设计

选择和设计实用身份证明系统并非易事。Mitre 公司曾为美国空军电子系统部评价过基地设施安全系统规划，并分析比较了语音、手书签字和指纹 3 种身份验证系统的性能。分析表明，选择评价这类系统的复杂性需要从很多方面进行研究。美国 NBS 的自动身份验证技术的评价指南提出了下述 12 个需要考虑的问题：

（1）抗欺诈能力。

（2）伪造容易程度。

（3）对于设陷的敏感性。

（4）完成识别的时间。

（5）方便用户。

（6）识别设备及运营的成本。

（7）设备使用的接口数目。

（8）更新所需时间和工作量。

（9）为支持验证过程所需的计算机系统的处理工作。

（10）可靠性和可维护性。

（11）防护器材的费用。

（12）分配和后勤支援费用。

总之，设计身份认证系统主要考虑 3 个因素：①安全设备的系统强度；②用户的可接受性；③系统的成本。

15.4 一次性口令认证

目前，随着人们生活中信息化水平的提高，网上支付、网上划账等网上金融交易行为随着电子商务的展开越来越普及，大量的重要数据存储在网络数据库中，并通过网络共享为人们的生活提供了方便，但是也带来了巨大的信息安全隐患和金融风险。黑客攻击的主要技术有以下几种：缓冲区溢出技术、木马技术、计算机病毒（主要是宏病毒和网络蠕虫）、分布式拒绝服务攻击技术、穷举攻击（Brute Force）、Sniffer 报文截获等。在大部分黑客技术文献和攻击日志中，我们发现一个很重要的相似特征：几乎没有多少攻击行为是针对协议和密码学算法的，最常见的攻击方式是窃取系统口令文件和窃听网络连接，以获取用户 ID 和口令。大部分攻击的主要目的是设法得到用户 ID 和用户密码，只要获得用户 ID 和密码，所有敏感数据将暴露无遗。因此，必须改进基于口令的登录和验证方法，以抵御口令窃取和搭线窃听攻击。

一次性口令认证就是在这一背景下出现的，它的主要设计思路是在登录过程中加入不确定因素，通过某种运算（通常是单向函数，如 MD-5 和 SHA）使每次登录时用户所使用的密码都不相同，以此增强整个身份认证过程的安全性。

根据不确定因素的选择不同，一次性口令系统可以分为不同的类型。下面将对现用的一次性口令方案进行详细介绍。

15.4.1 挑战/响应机制

在挑战/响应机制中，不确定因素来自认证服务器，用户要求登录时，服务器产生一个随机数（挑战信息）发送给用户；用户用某种单向函数将这个随机数进行杂凑后，转换成一个密码，并发送给服务器。服务器用同样的方法进行验算即可验证用户身份的合法性。

挑战/响应机制认证流程如图 15-9 所示。

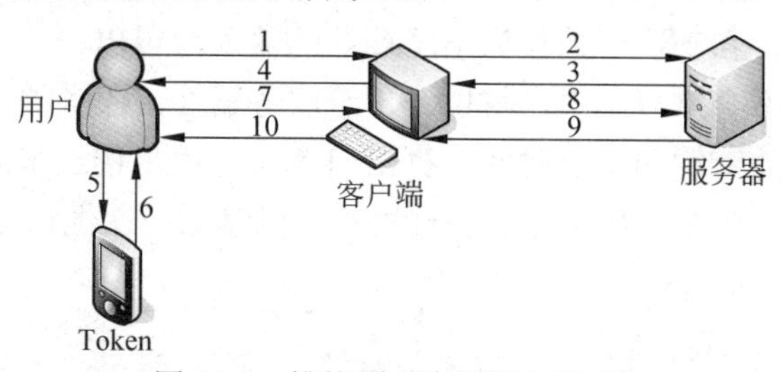

图 15-9　挑战/响应机制认证流程

（1）用户在客户端发起认证请求。

（2）客户端将认证请求发往服务器。

（3）服务器返回客户端一个挑战值。

（4）用户得到此挑战值。

（5）用户把挑战值输入给一次性口令产生设备（令牌）。

（6）令牌经过某一算法，得出一个一次性口令，返回给用户。

（7）用户把这个一次性口令输入客户端。

（8）客户端把一次性口令传送到服务器端。

（9）服务器得到一次性口令后，与服务器端的计算结果进行匹配，返回认证结果。

（10）客户端根据认证结果进行后续操作。

挑战/响应机制可以保证很高的安全性，但该机制存在一些缺陷：用户需多次手工输入数据，易造成较多的输入失误，使用起来十分不便；在整个认证过程中，客户端和服务器信息交互次数较多；挑战值每次都由服务器随机生成，使得服务器开销过大。

15.4.2 口令序列机制

口令序列（S/key）机制是挑战/响应机制的一种实现，原理如下。

在口令重置前，允许用户登录 n 次，那么主机需要计算出 $F_n(x)$，并保存该值，其中 F 为一个单向函数。用户第一次登录时，需提供 $F_{n-1}(x)$。系统计算 $F_n(F_{n-1}(x))$，并验证是否等于 $F_n(x)$。如果通过，则重新存储 $F_{n-1}(x)$。下次登录时，则验证 $F_{n-2}(x)$，依此类推。为方便用户使用，主机把 $F_{n-1}(x)$～F_1（x）计算出来，编成短语，打印在纸条上。用户只需按顺序使用这些口令登录即可。需要注意的是，纸条一定要保管好，不可遗失。由于 n 是有限的，用户用完这些口令后，需要重新生成新的口令序列。

该机制的致命弱点在于它只支持服务器对用户的单方面认证，无法防范假冒的服务器欺骗合法用户。另外一个缺点是，当迭代值递减为 0 或用户的口令泄漏后，则必须对 S/key 系统重新进行初始化。

15.4.3 时间同步机制

基于时间同步机制的令牌把当前时间作为不确定因素，从而产生一次性口令。

用户注册时，服务器会分发给用户一个密钥（内置于令牌中），同时服务器也会在数据库中保存这个密钥。对于每一个用户来说，密钥是唯一的。当用户需要身份认证时，令牌会提取当前时间，和密钥一起作为杂凑算法的输入，得出一个口令。由于时间在不断变化，其口令也绝不会重复。用户将口令传给服务器后，服务器运行同样的算法，提取数据库中用户对应的密钥和当前时间，算出口令，与用户传过来的口令匹配，然后将匹配结果回传给用户。图 15-10 就是基于时间同步机制的一次性口令认证过程。

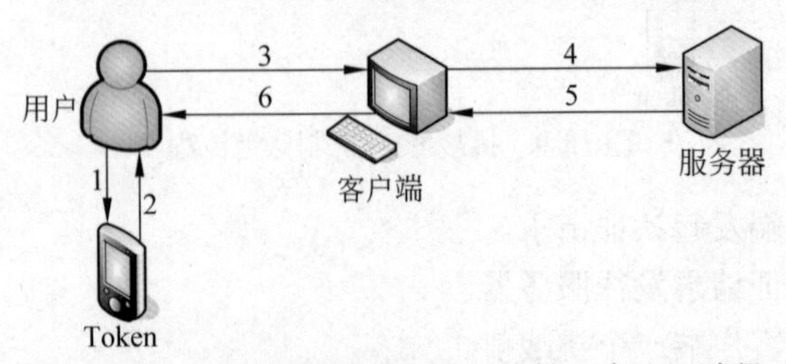

图 15-10　基于时间同步机制的一次性口令认证过程

（1）用户需要登录，启动令牌。

（2）令牌显示出当前时间对应的一次性口令。

（3）用户把令牌产生的口令输入到客户端。

（4）客户端把口令传到服务器，服务器进行认证。

（5）服务器把认证结果回传给客户端。

（6）客户端把认证结果显示出来。

时间同步机制的优点是：用户使用简单、方便，不需要像挑战/响应机制那样频繁地输入数据；一次认证的通信量小，通信效率高；服务器的计算量不是很大。

但是时间同步机制要求用户的手持令牌和服务器的时钟偏差不能太大，所以对设备的时钟精度要求比较高，设计成本较高。为此，在服务器端设置一个窗口，例如，如果令牌的时间单位是 1 分钟，即令牌上的密码 1 分钟改变 1 次，这时候考虑到令牌时钟和服务器时钟的偏差，服务器端在进行认证的时候，可以把时间窗口设置得略大一些，服务器可以计算出该用户对应的前 1 分钟、当前分钟、后 1 分钟的 3 个口令，所以只要用户传过来的口令是这 3 个口令中的任意一个，服务器都会通过认证。

15.4.4　事件同步机制

事件同步机制又名计数器同步机制。基于事件同步的令牌将不断变化的计数器值作为不确定因素，从而产生一次性口令。下面分两个方面对事件同步机制进行介绍。

1. 事件同步机制的认证过程

用户注册时，服务器会产生一个密钥 Key（Key 是唯一的）和一个已初始化的计数器（下文中用 Counter 代表计数器的值），并一起注入到用户手持的令牌中，同时服务器保存 Key 和 Counter 到数据库中。当用户需要身份认证时，用户触发令牌上的按钮，令牌中的 Counter 加 1，和预先注入的 Key 一起作为一个杂凑函数的输入，生成一个口令；用户把这个口令发送给服务器，服务器端根据用户名在数据库中找到相应的 Key 和 Counter，用同样的杂凑函数进行运算，将产生的结果和用户发送过来的口令相匹配，然后返回认证结果。如果认证成功，服务器端的 Counter 值加 1，否则 Counter 不变。

2. 事件同步机制的重同步方法

事件同步机制的一个明显不足就是用户和服务器端很容易失去同步，例如，用户不小心或故意按了令牌上的按钮，但不进行认证，令牌的 Counter 就会加 1。由于服务器上的 Counter 还是原来的值，因此服务器和令牌就失去了同步。为了解决这个问题，服务器端设置了一个窗口值（ewindow），当用户使用令牌产生一次性口令登录服务器时，服务器会在此窗口范围内逐一匹配用户发送过来的口令，只要在窗口内的任何一个值匹配成功，服务器就会返回认证成功信息，并且更改数据库中的计数器值，使服务器和令牌再次同步。令牌重同步过程如图 15-11 所示。

显然，出于安全性的考虑，这个 ewindow 的值不能设置得太大，如果产生的一次性口令是 6 位十进制数，这个值的范围最好是 5～10 之间。但是还有一种极端情况：用户把令牌当成了玩具，不停地去触发事件，使令牌的 Counter 远远超前于服务器的 Counter，这样，ewindow 就失去了效用，就要依靠另外一个窗口值（rwindow）来重同步。rwindow 和 ewindow 一样，也规定了窗口范围，不过这个窗口要比 ewindow 的窗口大得多（对 6 位十进制口令来说，这个窗口的值大概在 50～100 之间）。如果用户令牌上的计数器超出了 ewindow 的范围，但还没有超出 rwindow 的范围，这时服务器会启用 rwindow 机制：用户只要连续输入两个在 rwindow 范围内的一次性口令，验证也会成功；但是如果用户不停地把玩令牌，使令牌的 Counter 超过了 rwindow 的范围，那就别无他法，用户只能拿着相关证件去注册中心办理重同步业务了。

事件同步机制类似于时间同步机制，用户操作简单；一次认证过程通信量小；可以防止小数攻击；服务器计算量稍大；系统实现比较简单，对设备的时钟精度没有要求。

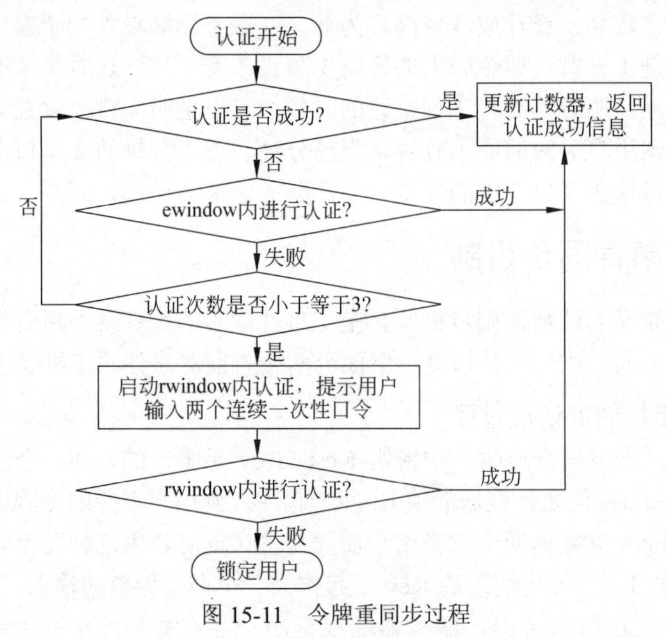

图 15-11　令牌重同步过程

15.4.5　几种一次性口令实现机制的比较

以上介绍了几种当前比较流行的一次性口令实现机制，下面对这几种机制在认证过程中的通信量、系统实现复杂度、机制安全性和服务器计算量等几个方面做出比较，如表 15-1 所示。

表 15-1　一次性口令实现机制的比较

机　　制	通 信 量	系统实现复杂度	机制安全性	服务器计算量
挑战/响应	较大	较简单	较差	较大
S/key	较大	较简单	较差	较大
时间同步	较小	较复杂	较好	较小
事件同步	较小	较简单	较好	适中

从表 15-1 中可以看出，时间同步和事件同步的优势比较明显，目前市场上很多公司

的产品采用的大都是基于时间同步和事件同步的方案。

15.5 基于证书的认证

15.5.1 简介

近年来，人们越来越多地使用基于数字证书的认证机制。FIPS-196 标准对基于证书的认证操作进行了详细的说明。通过第 9 章的学习，我们已经知道，在 PKI 中，服务器和客户机要验证对方的数字证书才可以进行相互认证。

基于证书的认证机制比基于口令的认证机制更加安全，因为这种认证是靠“用户拥有某种东西”而不是靠“用户知道什么”来实现认证的。登录时，用户要通过网络向服务器发送证书（与登录请求一起发送）。服务器中有证书的副本，可以用于验证证书是否有效。但是，认证的过程并非如此简单。这里存在冒用他人证书进行登录的问题。例如，在 Alice 不知情的情况下，Bob 把 Alice 的证书（其实就是一个计算机文件）复制到其存储介质（如 U 盘）上，然后以 Alice 的身份登录服务器。

可以看出，这里存在的主要安全问题是滥用别人的证书。在实际应用中，如何防止证书的滥用问题呢？要解决这个问题，就必须把基于证书的认证变成双因子认证。也就是说，要在基于证书的认证基础上，加上基于口令的认证。

15.5.2 基于证书认证的工作原理

基于证书的认证过程分为以下几个步骤。

1. 生成、存储与发布数字证书

CA 为每个用户生成数字证书，并将其发给相应的用户。此外，服务器数据库中以二进制格式存储证书的副本，以便用户登录时验证用户的证书。用户证书的生成、存储与发布过程如图 15-12 所示。

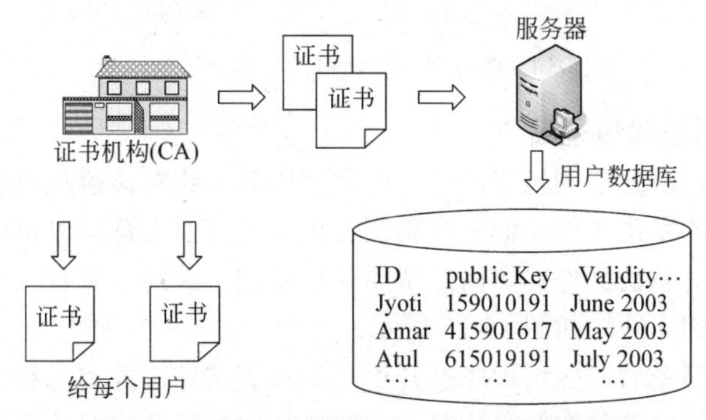

图 15-12　数字证书的生成、存储与发布过程

2. 用户发出登录请求

在登录服务器时，用户发送用户名和数字证书至服务器，如图 15-13 所示。

3. 服务器随机生成挑战值

当服务器收到用户的用户登录请求时，首先验证证书，检查用户是否有效。如果无效，则向用户返回出错信息；如果用户名有效，则服务器生成一个随机挑战值，并将其返回给用户。随机挑战值可以以明文形式传送到用户计算机，如图 15-14 所示。

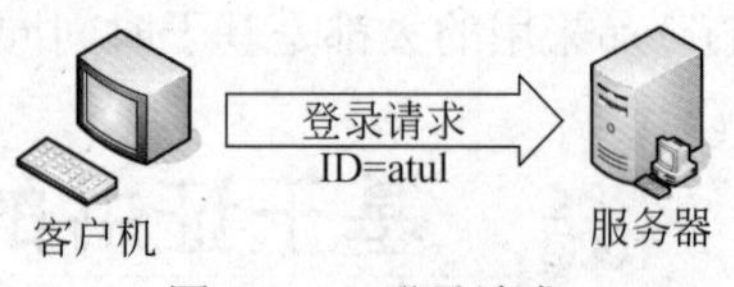

图 15-13　登录请求

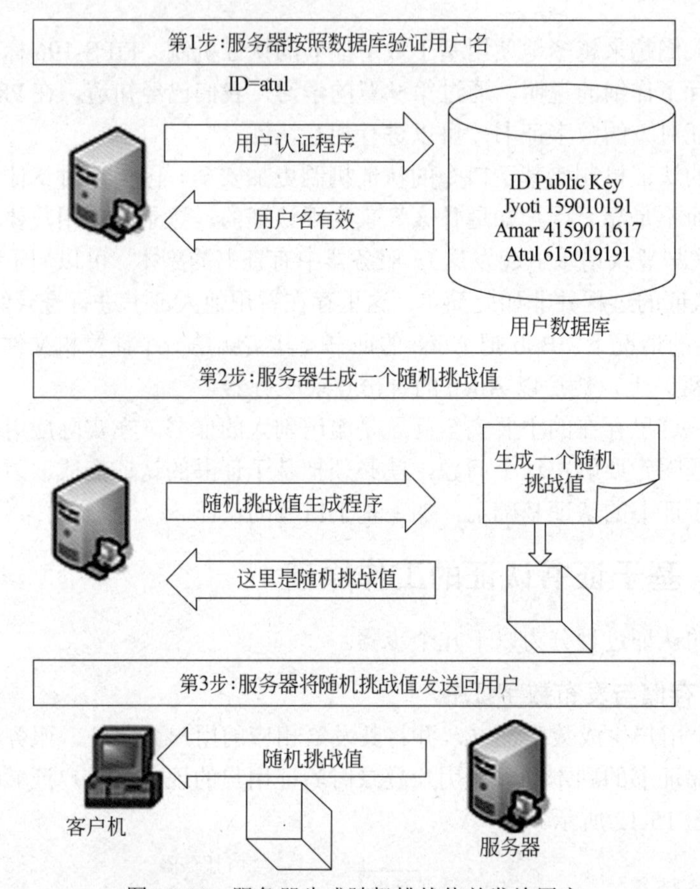

图 15-14　服务器生成随机挑战值并发给用户

4. 用户对随机挑战值签名

在用户收到来自服务器的挑战值后，用户就用其私钥对该挑战值签名。因此，用户要访问存储介质中的私钥文件。但是，私钥文件不是任何人都可以访问的。实际上，可以使用口令来限制对私钥文件的访问，从而保护私钥。因此，只有当用户输入正确的口令时，才能打开私钥文件，如图 15-15 所示。

用户输入正确口令后，应用程序打开用户的私钥文件，并用此私钥对挑战值进行签名。实际上，正确的做法是在签名运算之前对挑战值进行杂凑运算，以获得固定长度的杂凑值，再对杂凑值进行签名；然后，用户计算机将此签名发送给服务器。以上过程如图 15-16 所示，为了叙述简单，图 15-16 中省略了杂凑运算的步骤。

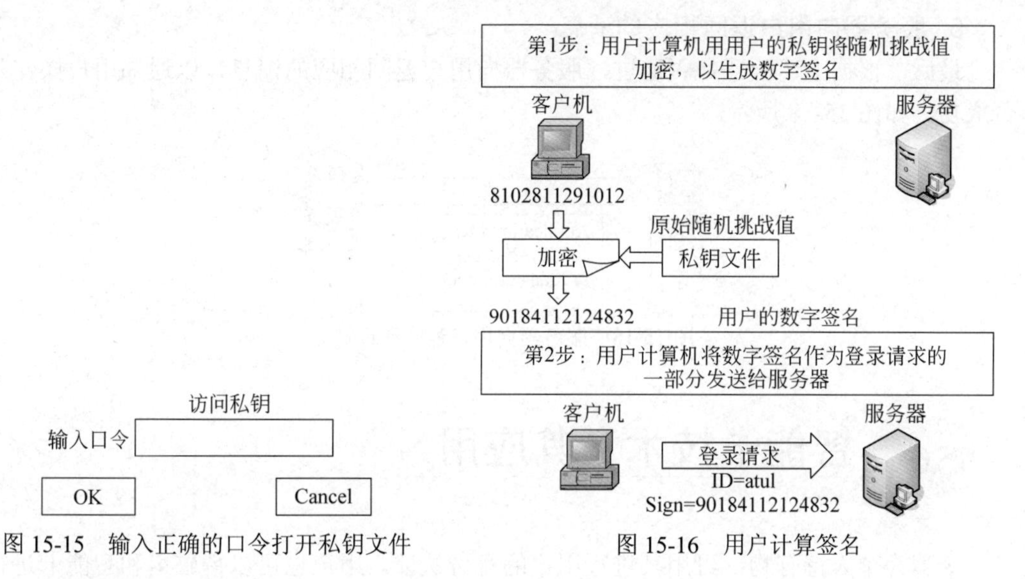

图 15-15　输入正确的口令打开私钥文件　　　　图 15-16　用户计算签名

服务器在收到用户签名后，立即对签名进行验证。为此，服务器首先应从用户数据库中取得用户的公钥，再用此公钥验证此签名，并恢复出挑战值。最后，服务器比较恢复的挑战值与原先发送给用户的挑战值（实际上是比较两个挑战值的杂凑值）是否相同。以上过程如图 15-17 所示。

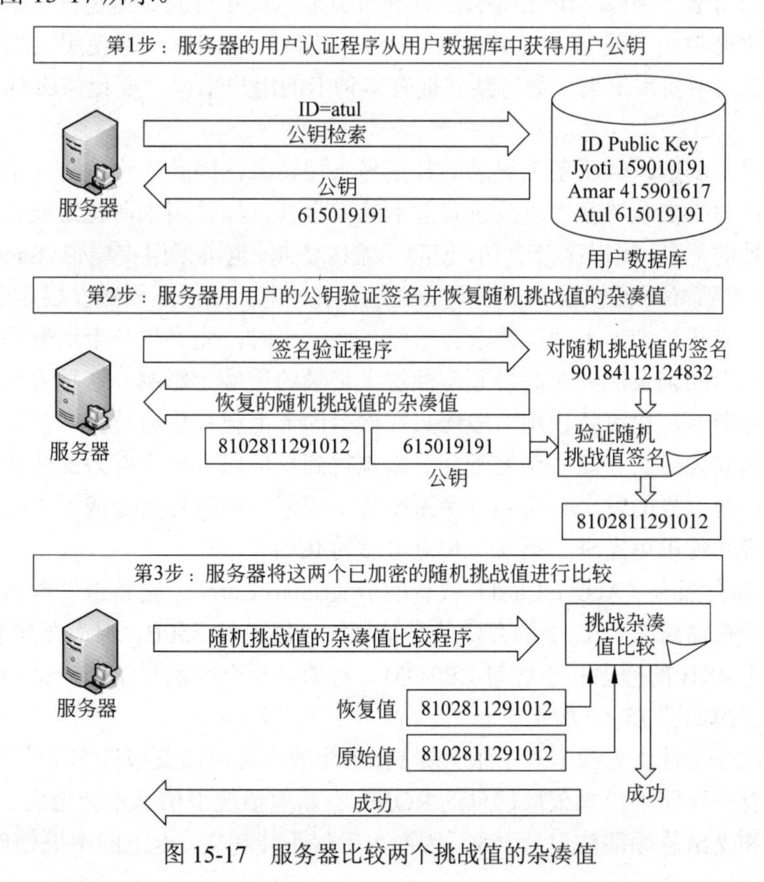

图 15-17　服务器比较两个挑战值的杂凑值

5. 服务器向用户返回相应的消息

最后，根据上述验证是否通过，服务器向用户返回相应的消息，以通知用户操作是否成功，如图15-18所示。

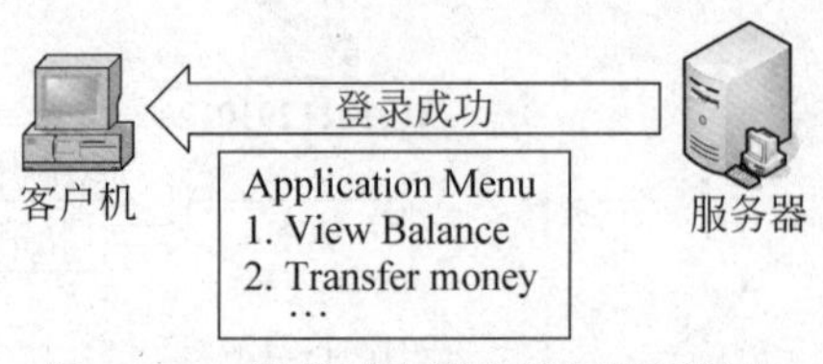

图15-18　服务器向用户返回认证结果

15.6 智能卡技术及其应用

令牌为个人持有物，可用其进行用户的身份认证。用户也可以持磁卡和智能卡进行身份认证。通常把这些卡称为身份卡，简称ID卡。早期的磁卡是一种嵌有磁条的塑卡，磁条上有2～3个磁道，记录有关个人信息，用于机器读入识别。它由高强度、耐高温的塑料制成，防潮、耐磨、柔韧、便于携带。发达国家在20世纪60年代就开始在各类ATM上推广使用信用卡。国际标准化组织曾对卡和磁条的尺寸布局提出建议。卡的作用类似于钥匙，用来开启电子设备，这类卡常与个人识别号（PIN）一起使用。当然，最好将PIN记在心里而不要写出来，但对某些拥有多种卡的用户来说，要记住所有卡的PIN也不容易。

这类卡易于制造，且磁条上记录的数据易于被转录，因此应设法防止卡的复制。人们已发明了许多“安全特征”以改进智能卡的安全性，如采用水印花纹或在磁条上添加永久不可擦掉的记录，用以区分真伪，使敌手难以仿制。也可采用夹层带（Sandwich Tape）的卡，这种卡将高矫顽磁性层和低矫顽磁性层粘在一起，使低矫顽磁性层靠近记录磁头。记录时用强力磁头，使上下两层都录有信号；而读出时，先产生一个消磁场，洗掉表面低矫顽磁性层上的记录，但对高矫顽磁性层上记录的记号无影响。这种方案可以防止用普通磁带伪造塑卡，也可防止用一般磁头在偷得的卡上记录伪造数据。但这种卡的安全性不高，因为高强磁头和高矫顽磁带并非太难得到。信用卡缺少有效的防伪和防盗等安全保护措施，全世界的发卡公司和金融系统每年都因安全事件而造成巨大损失。因此，人们开始研究和使用更先进、更安全和更可靠的IC卡。

IC卡又称有源卡（Active Card）或智能卡（Smart Card）。它将微处理器芯片嵌在塑卡上代替无源存储磁条。IC卡的存储信息量远大于磁条的250B，且有处理功能。IC卡上的处理器有4KB的程序和小容量EPROM，有的甚至有液晶显示和对话功能。智能卡的工作原理框图如图15-19所示。

智能卡的安全性比无源卡有了很大提高，因为敌手难以改变或读出卡中所存的数据。在智能卡上有一存储用户永久性信息的ROM，在断电情况下信息不会消失。每次使用卡进行的交易和支出总额都被记录下来，因而可确保不能超支。卡上的中央处理器对输入、输出数据进行处理。卡中存储器的某些部分信息只由发卡公司掌握和控制。通过中央处理器，智能卡本身就可检验用卡人所提供的任何密码，将它同储于秘密区的正确密码进行比较，并将结果输出到卡的秘密区中，秘密区还存有持卡人的收支账目，以及由公司选定的一组字母或数字编号，用以确定其合法性。存储器的公开区存有持卡人姓名、住址、电话号码和账号，任何读卡机都可读出这些数据，但不能改变它。系统的中央处理机也不会改变公开区内的任何信息。人们正在研究如何将更强的密码算法嵌入智能卡系统，进行认证、签字、杂凑、加/解密运算，以增强系统的安全性。

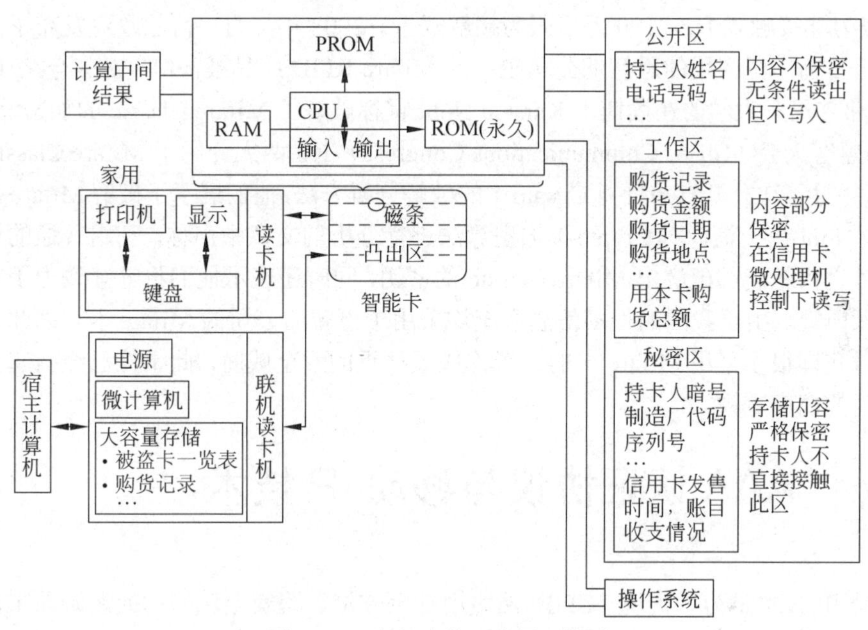

图 15-19　智能卡的工作原理框图

智能卡发行时都要经过**个人化**（Personalization）或**初始化**（Initialization）阶段，其具体内容因卡的种类不同和应用模式不同而异。发卡机构根据系统设计要求将应用信息（如发行代码等）和持卡人的个人信息写入卡中，使该智能卡成为持卡人的专有物，并用于特定的应用模式。一般 IC 卡的个人化有以下几方面的内容：①软、硬件逻辑的格式化；②写入系统应用信息和个人有关信息；③在卡上印制持卡人名称、发行机构的名称、持卡人的照片等。

现在，IC 卡已经广泛地应用于电子货币、电子商务、劳动保险、医疗卫生等对安全性要求更高的系统中。除了银行系统外，在付费电视系统中也有应用。付费广播电视系统每 20s 改变一次加密电视节目信号的密钥，用这类智能卡可以同步地更换解密密钥，以正常收看加密频道的节目。随着智能卡的存储容量和处理功能的进一步加强，它将成为身份认证的一种工具，可进一步扩大其应用范围，如制作电子护照、二代身份证、公交一卡通、校园一卡通、电话/电视计费卡、个人履历记录、电子门禁系统等。在不久的将来，个人签字、指纹、视网膜图样等信息就可能存入智能卡，成为身份验证的更有效手段。未来的智能卡所包含的个人信息将越来越多，人们将智能卡作为高度个人化的持证来实施身份认证。

智能卡的安全涉及许多方面，如芯片的安全技术、卡片的安全制造技术、软件的安全技术及安全密码算法和安全可靠协议的设计。智能卡的管理系统的安全设计也是其重要组成部分，对智能卡的管理包括制造、发行、使用、回收、丢失或损坏后的安全保障及补发等。此外，智能卡的防复制、防伪造等也是实际工作中要解决的重要课题。

目前，全球生产制造IC卡的公司很多。据统计，国内生产IC卡的公司有二百多家，国外的主要厂商有 23 家，销量最大的要属荷兰的恩智浦（NXP）公司、德国的英飞凌（Infineon）公司、瑞士的LEGIC公司等。我国IC卡的发行量已经达到9.39亿张，其中9亿多张为非接触式卡，2100万多张为接触式卡。2008年2月，荷兰政府发布了一项警告，指出目前广泛应用的恩智浦公司生产的Mifare RFID产品被破解。德国学者Henryk Plotz和弗吉尼亚大学的在读博士Karsten Nohl宣称破解了Mifare Classic的加密算法。在第24届黑客大会（Chaos Communications Congress）上，两人介绍了Mifare Classic的加密机制，并且首次公开宣布针对Crypto-1的破解分析方法，他们展示了破解Mifare Classic的手段。Nohl在一篇针对Crypto-1加密算法进行分析的文章中声称，利用普通的计算机在几分钟之内就能够破解出Mifare Classic的密钥，同时还表示他们将继续致力于这个领域的深入研究。由于我国的很多信息系统均采用了恩智浦公司的Mifare卡，因此该卡的破解也对我国很多采用Mifare卡的系统构成了严重的安全威胁，此事件已经引起我国各相关部门的高度重视。

15.7 AAA认证协议与移动IP技术

移动IP技术是为了实现TCP/IP网络用户全方位、跨安全域移动或漫游而采用的通信技术。采用移动IP技术，移动用户可以在基于TCP/IP的网络中随意跨域移动和漫游，不用修改计算机原来的IP地址就可继续享有原网络中的一切服务权限。

移动IP网络中的节点有3种类型：移动节点（Mobile Node，MN）、所属地代理（Home Agent，HA）和外地代理（Foreign Agent，FA）。移动IP网络架构示意图如图15-20所示。

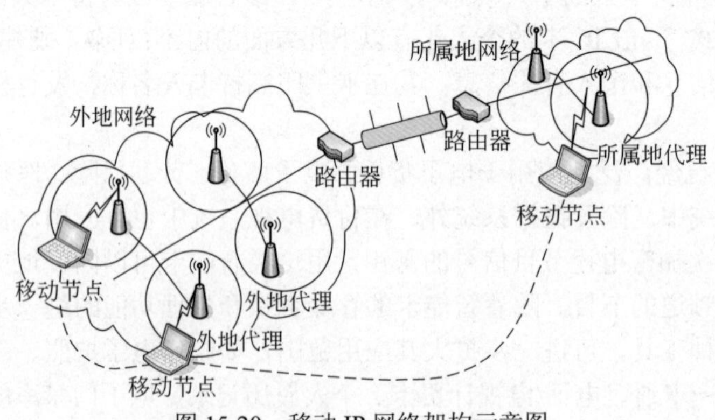

图15-20 移动IP网络架构示意图

MN 为从所属地网络移动到外地网络的便携式终端。在 MN 移动到外地网络后，依然使用所属地网络的 IP 地址进行通信。HA 是所属地网络中的代理服务器，它保存有 MN 的位置信息。当 MN 移动到外地网络时，HA 能够将发往 MN 的数据包转发给 FA，并解析 MN 发回的数据包，转发给相应的通信节点。FA 是外地网络中的代理服务器，它能够将 HA 送来的数据包转发给 MN，并作为外地网络中移动终端的默认路由器。

移动 IP 有两类：基于 IPv4 的移动 IPv4 及基于 IPv6 的移动 IPv6。有关两种移动 IP 的工作机制请参见相关文献。移动 IP 的安全问题主要集中在两个方面：① 移动节点注册开始前各个实体间会话密钥的分发，以及彼此之间安全关联的建立；② 移动节点注册过程中轻量级保密与认证协议的设计与应用。将移动 IP 技术与 AAA（Authentication, Authorization, Accouting）技术相结合，可以解决移动 IP 的认证、授权及计费问题，为实现移动 IP 技术的大规模商业化应用奠定安全基础。

15.7.1　AAA 的概念及 AAA 协议

早期的 AAA 的概念是为了解决电话接入用户的身份认证、授权和计费而提出的。随着 Internet 的发展，IETF 工作组对原 AAA 协议进行了改进，提出了 RADIUS、DIAMETER 等新的 AAA 协议。下面对 AAA 的基本概念及其主流协议加以介绍。

1. AAA 的基本概念

认证（Authentication）是网络运营商在允许用户使用网络资源前对用户身份进行验证的过程。授权（Authorization）定义了在用户通过认证之后可以享受的服务。计费（Accounting）记录了用户使用资源的详细信息，这些原始信息可以用来生成计费账单或进行审计。图 15-21 给出了一个典型的 AAA 应用体系结构。远程用户通过电话线与网络接入服务器（NAS）连接，向 NAS 提出接入请求。NAS 接收这个请求，然后把用户的有关信息封装在 NAS 消息包中，发送给 AAA 服务器，由 AAA 服务器对这个请求进行认证，并返回相应的允许信息或拒绝信息。

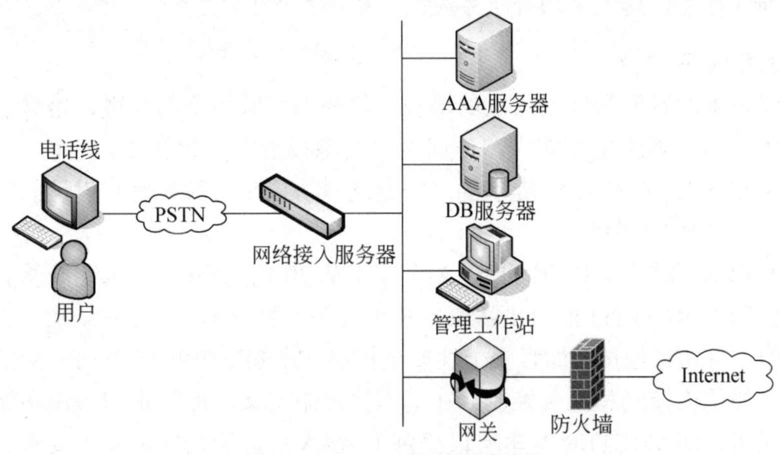

图 15-21　AAA 应用体系结构

AAA这种分布式结构由服务器来完成认证、授权和计费工作，大大减轻了网关的压力，能够处理大量的用户请求，支持多种计费功能，可以对用户进行有效的控制，因而具有较强的生命力，在接入网中有着广泛的应用。

2. RADIUS协议

RADIUS（Remote Access Dial-in User Sevice）是为了在NAS和RADIUS服务器之间传递认证、授权和配置信息而设计的。它最初的设计思路是为电话接入访问服务的。NAS通过Modem池或其他接口与外界相连。用户通过这些接口进入网络分享信息和资源。

RADIUS实现了对通过这些接口进入的用户进行身份识别、授权和计费功能。这个协议基于客户/服务器模式，NAS作为RADIUS的客户端运行，它负责将用户的信息传递给指定的RADIUS服务器，并将服务器的回应返回给用户，并为客户返回所有为用户提供服务所必需的配置信息。它还可以为其他RADIUS服务器或其他种类的认证服务器提供代理，在RADIUS服务器和NAS之间共享一对密钥，它们之间的通信受到这对密钥的保护，同时提供一定的完整性保护；对于一些敏感信息（如用户口令），还提供了机密性保护。

RADIUS服务器能支持多种认证用户的方法，当用户提供了用户名和原始密码后，RADIUS服务器可以支持点对点的PAP认证（PPP PAP），点对点的CHAP认证（PPP CHAP），以及UNIX的登录操作（UNIX Login）和其他认证。

RADIUS的基本特征有如下两个。

（1）采用客户/服务器（Client/Server）结构。通常情况下，NAS作为RADIUS客户端和RADIUS服务器进行通信。而RADIUS服务器还可以扮演代理服务器的角色，可以把一个认证或计费请求转发给另一个RADIUS服务器。

（2）采用属性方式增加功能。RADIUS消息中使用属性来携带AAA信息。常见的属性有用户名、用户口令、封装协议、端口号、应用类型等。RADIUS通过增加属性的方式来使RADIUS有更强的功能，这种方式使得RADIUS可以方便地对已有的系统进行扩充以增加新的功能，这大大增强了系统的可扩展性。

3. DIAMETER协议

随着网络技术的发展和应用需求的增长，新的网络服务不断涌现，用户需要一种安全的方式接入网络，网络也要对用户访问网络资源授权并进行计费。目前，这种AAA服务是由RADIUS或TACACS+提供的，但是这些协议是为拨号用户设计的，无法有效地为新的业务提供AAA服务。

针对RADIUS的不足，IETF的AAA工作组从20世纪90年代末期开始着手设计下一代的AAA协议DIAMETER。DIAMETER定义了一种AAA的体系结构，它由一个基本协议和一组扩展协议组成（如强安全性安全扩展、Mobile IP扩展和PPP漫游扩展等）。通用的功能（如传输控制和流量控制）在基本协议中定义，而特定的应用功能在相应的扩展中进行说明。DIAMETER基本协议提供了AAA协议所需的最基本要求，基本协议不能单独使用，必须与DIAMETER应用扩展相结合才能使用。

图15-22描述了逻辑上的DIAMETER的框架结构。Mobile IP扩展为Mobile IP用户

提供 AAA 服务，漫游扩展为漫游的 PPP 用户提供认证和计费支持，Mobile IP、PPP 漫游等应用的扩展协议建立在基本协议之上。

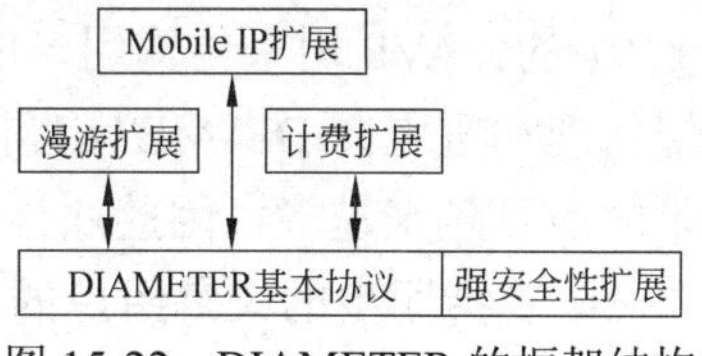

图 15-22　DIAMETER 的框架结构

4. RADIUS 与 DIAMETER 比较

RADIUS 协议是在 20 世纪 90 年代初期设计的。随着 Internet 的飞速发展，路由器和 NAS 在数量上和复杂性上都有了很大的提高，各种新的网络服务也不断出现，使得 RADIUS 越来越不适应现在的网络。主要表现在以下几个方面。

（1）可携带的属性数据的长度太短

在 RADIUS 中，包头的长度段只有 1B，这就大大限制了一个 RADIUS 消息包的长度。随着网络的复杂化和服务的多样化，用户的认证信息越来越多，这意味着 AAA 协议信息包中需要携带更多的信息。

（2）同时等待认证的用户数最多为 255 个

一个用户提出请求后，在得到回复之前有一段等待时间，在这段时间内，用户处于等待状态，RADIUS 通过给用户分配一个 ID 号来识别同一时刻不同的等待用户，但是用来标识 ID 号的字段只有 8b，这就限制了同时等待回复的用户数只有 255 个，这在某些大型网络中是远远不能满足要求的。

（3）无法控制到服务器的流量

RADIUS 是使用 UDP 进行数据传输的，而 UDP 没有流量控制，RADIUS 对此也没有进行扩展，随着用户数量的增加，服务器的负担越来越重，没有流量控制机制，将会造成大量的认证、计费请求涌向服务器，造成服务器的瘫痪，从而影响网络的稳定性和可靠性。

（4）无重传过程和错误恢复支持

RADIUS 的客户端在一段时间之内没有收到回复时，可以重发原来的请求。但是，服务器端没有重发机制。如果服务器的回复丢失，即使客户端的请求正确到达了，也必须重新发送一个请求。

（5）客户/服务器模式的协议

RADIUS 采用客户/服务器模式，其缺点是服务器端只能被动地回答客户端的请求，而不能主动发起一个认证过程，这也大大限制了客户端和服务器端的通信能力。

（6）安全性差

RADIUS 只对用户的口令部分进行加密，而且无法防止重放攻击；另外，RADIUS 支持代理功能，即允许一个 RADIUS 服务器把一个请求转发给另一个 RADIUS 服务器。但是，在这种情况下，RADIUS 只支持点到点的安全性，即中间的每一个代理 RADIUS 服务器都有能力对用户的认证、计费信息进行修改，这也是一个很大的安全隐患。

DIAMETER 协议是 IETF 为了解决 RADIUS 的不足而设计的，它在 RADIUS 的基础之上增加了新的功能，更能满足网络接入和应用需求，主要表现在以下几方面。

（1）轻量级而且易于实现。DIAMETER 基本协议的目标是为各种应用扩展协议提供安全、可靠、快速的传输平台，因此必须是轻量级的和易于实现的。

（2）**大的属性数据空间**。在DIAMETER中，数据对象是封装在AVP（Attribute Value Pair）中的，AVP用来传输用户的认证信息和授权信息、交换用以计费的资源使用信息、中继代理和重定向DIAMETER消息包等。随着网络的复杂化，DIAMETER消息包所要携带的信息越来越多，因此属性空间一定要足够大才能满足未来大型复杂网络的需要。

（3）**支持同步的大量用户的请求**。随着网络规模的扩大，AAA服务器要求同时处理大量的用户的请求，这要求NAS端能保存大量等待认证结果的用户的接入信息，RADIUS的255个同步请求显然是不够的，DIAMETER中定义了同时支持2^{32}个用户的接入请求。

（4）**可靠的传输机制和错误恢复机制**。DIAMETER要求能够控制重传策略，这一点在NAS切换到一个备用DIAMETER服务器时更加重要。DIAMETER还支持窗口机制，这要求每个会话方动态调整自己的接收窗口，以免发送超出对方处理能力的请求。

虽然DIAMETER和RADIUS有很大的不同，但是作为一个完善的认证协议，RADIUS还是有很多值得DIAMETER借鉴的东西；作为一个还处于草案阶段的协议，DIAMETER还有很多方面需要进行改进。

15.7.2 移动IP与AAA的结合

1. 移动IP下的AAA模型

具有移动IP的AAA服务器如图15-23所示。AAAF和AAAH完成认证功能，FA和HA完成授权和计费功能。当一个移动节点MN漫游到外地域时，需要在外地域中进行注册。在初始注册过程中，MN需要访问AAAH，AAAH对移动节点的证书进行验证；认证成功后，FA得到授权继续处理移动节点的注册过程。初始的AAA事务不需要HA的参与，但移动IP要求HA和FA处理随后的每一个注册过程，如图15-23中虚线所示。要使HA和FA能够处理以后的注册过程，这意味着在初始注册过程中，通信各实体之间要执行一系列的协议。在初始注册过程完成后，AAAF和AAAH就不再参与交互，随后的注册过程只需沿着图15-23中的虚线路径进行即可。

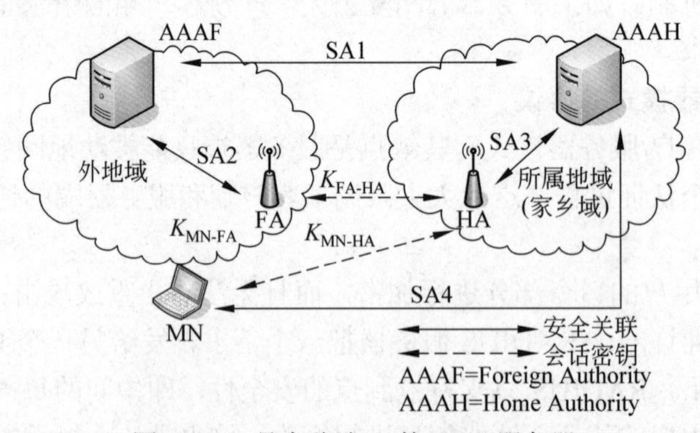

图15-23 具有移动IP的AAA服务器

任何由FA通过AAAF送往AAAH的移动IP数据对AAA服务器来说都是不透明的。AAA服务器所需要的授权数据都必须由FA传送给它们，这些授权数据由MN提供。FA为一个在移动IP注册协议和AAA之间的转换代理。

对于不同域中的两个节点之间交换的数据，需要采取一定的措施来保证它们的安全性，这通过对称或非对称的密码算法来实现。

为了保证随后的注册过程的安全性，AAA 服务器必须在初始移动 IP 注册过程中进行密钥的分配。这些分配的密钥可以提供必要的安全功能。

2. AAA 下的移动 IP 注册

为了保证注册过程中交互的信令消息的安全，AAA 方案要求通信实体之间预先建立 4 个安全关联。这 4 个安全关联分别为：

- AAAF 与 AAAH 共享的安全关联（SA1）。
- AAAF 与 FA 共享的安全关联（SA2）。
- AAAH 与 HA 共享的安全关联（SA3）。
- AAAH 与 MN 共享的安全关联（SA4）。

在认证及注册之后，AAA 过程已经结束。MN、FA 和 HA 之间开始执行移动 IP 操作，AAAF 和 AAAH 不再参与。为了确保在认证之后 FA、HA、MN 之间传递的移动 IP 消息的安全性，AAAH 要在认证过程中为它们分发 3 个会话密钥（Session Key），以便它们在两两之间建立安全关联。这 3 个共享的会话密钥分别为：

- MN 与 HA 共享的密钥（$K_{\text{MN-HA}}$）。
- MN 与 FA 共享的密钥（$K_{\text{MN-FA}}$）。
- FA 与 HA 共享的密钥（$K_{\text{FA-HA}}$）。

移动 IP 的认证注册过程如图 15-24 所示，具体步骤如下。

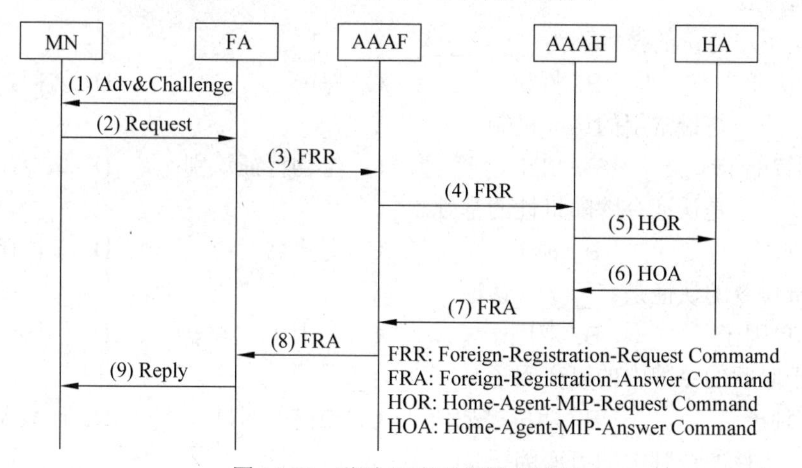

图 15-24　移动 IP 的认证注册过程

（1）MN 进入外地域，开始监听 FA 的路由广播消息，并根据消息中的地址前缀，结合接口标识，生成转交地址 COA。

（2）MN 将包含身份标识 NAI（user@realm）、注册请求及密码等认证数据的请求消息发送给 FA。

（3）FA 根据消息中的随机数或时间戳判断消息是否新鲜。如果新鲜，FA 将提取出 NAI、密码、所属地等信息，重新封装成 AAA 请求消息 FRR，并将 FRR 发送给 AAAF。

（4）AAAF 收到 FRR 消息后，首先利用与 FA 共享的安全关联 SA2 验证消息是否来自真正的 FA，如果验证成功，将该消息转发给 AAAH 服务器进行 MN 身份认证。

（5）AAAH 利用 SA1 验证收到的 FRR 消息是否来自合法的 AAAF。若验证成功，则根据 NAI 和用户认证数据验证用户身份是否合法。如果确为合法用户，AAAH 提取出注册请求消息并嵌入 HOR 消息中，发送给 HA 进行绑定更新，并根据要求分发 MN 的会话密钥。

（6）HA 对 MN 绑定更新成功后，生成注册应答消息，将其封装在 HOA 消息中，返回给 AAAH。

（7）AAAH 把注册应答和用户认证授权信息封装成 FRA 消息，转发给 AAAF。

（8）FRA 消息中包含认证结果。如果对 MN 的身份认证成功，则 AAAF 将 MN 相关信息（如会话密钥等）添加到缓存中；同时将 FRA 转发给 FA。

（9）FA 将嵌入在 FRA 消息中的注册应答消息发送给 MN。若认证是成功的，则 FA 将允许 MN 享受网络服务。

认证注册过程主要完成了以下任务：①认证 MN 的身份，并根据认证结果对 MN 授权；②保护注册消息的安全，并按注册请求消息中的内容更新 MN 绑定列表；③为 FA、HA、MN 之间分配会话密钥。

习　题

一、选择题

1. 确定用户身份的技术称为________。

   A. 认证　　B. 授权　　C. 保密　　D. 访问控制

2. ________是最常用的认证机制。

   A. 智能卡　　B. PIN　　C. 生物特征识别　　D. 口令

3. ________是认证令牌随机性的基础。

   A. 口令　　B. 种子　　C. 用户名　　D. 杂凑函数

4. 基于口令的认证是________认证。

   A. 单因子　　B. 双因子　　C. 三因子　　D. 四因子

5. 基于时间的令牌中的可变因子是________。

   A. 种子　　B. 随机挑战值　　C. 当前的时间　　D. 计数器值

6. 基于事件的令牌中的可变因子是________。

   A. 种子　　B. 随机挑战值　　C. 当前的时间　　D. 计数器值

7. 生物认证基于________。

   A. 人的特性　　B. 口令　　C. 智能卡　　D. PIN

8. 在________认证中，只有一方认证另一方。

   A. 单向　　B. 双向　　C. 基于时间戳的　　D. 基于身份的

二、简答题

1. 在实际应用中，人们对身份认证系统的要求有哪些？

2. 身份证明系统可以分为哪两类？它们之间有什么区别？
3. 什么是口令认证？请简述这种方式的优缺点。
4. 什么是一次性口令？实现一次性口令有哪几种方案？请简述它们的工作原理。
5. 如何解决基于时间机制令牌的失步问题？
6. 如何解决基于事件机制令牌的失步问题？
7. 动态口令令牌有哪两种类型？它们的工作原理有何不同？
8. 基于生物特征的身份识别有哪几种？与其他身份认证相比，它们有哪些优缺点？
9. 请画一个表格，详细比较各种一次性口令认证方案的优缺点。
10. 移动 IP 的安全问题集中在哪两个方面？移动 IP 与 AAA 结合主要解决的问题是什么？
11. 移动 IP 的网络架构是什么样的？
12. 简要描述移动 IP 与 AAA 结合的注册过程。

参考文献

Adleman L M, DeMarrais J, Huang M D A. 1994. A subexponential algorithm for discrete logarithms over the rational subgroup of the jacobians of large genus hyperelliptic curves over finite fields[C]// Proceedings of the First International Symposium on Algorithmic Number Theory, Ithaca, May 6-9, 1994. Berlin: Springer-Verlag: 28-40.

Adleman L M. 1991. Factoring numbers using singular integers[C]// Proceedings of the Twenty-third Annual ACM Symposium on Theory of Computing, New Orleans, May 5-8, 1991. New York: ACM Press: 64-71.

Alagappan K, Tardo J. 1991. SPX Guide: Prototype Public Key Authentication Service[J]. Digital Equipment Corp.: 1-28.

Anderson R, Biham E, Knudsen L. 1998. Serpent: A proposal for the advanced encryption standard[J]. NIST AES Proposal: 1-13 (Also available at http://www.cl.cam.ac.uk/~rja14/serpent.html).

ANSI X 9.9(Revised). 1986. American National Standard—Financial Institution Message Authentication (Wholesale)[S] (replace X9.9—1982).

ANSI X9.17(Revised) . 1985. American National Standard—Financial Institution Key Management(Wholesale)[S]. ASC X9 Secretariat—American Bankers Association.

ANSI X9.57. 1995. Public key cryptography for the financial services industry—Certificate management[S]. draft.

Aziz A, Diffie W. 1994. Privacy and authentication for wireless local area networks[J]. IEEE Personal Communications, 1(1): 25-31.

B.S. Kaliski Jr, 1992. The MD2 Message-Digest Algorithm, RFC1319. RSA Laboratories, April 1992.

Bach E. 1990. Number-theoretic algorithms[J]. Annual Review of Computer Science, 4(1): 119-172.

Balenson D. 1993. Privacy Enhancement for Internet Electronic Mail—Part III: Algorithms, Modes, and Identifiers, RFC 1423[EB/OL]. http://tools.ietf.org/html/rfc1423.

Bauer R K, Berson T A, Feiertag R J. 1983. A key distribution protocol using event markers[J]. ACM Transactions on Computer Systems, 1(3): 249-255.

Bellare M, Canetti R, Krawczyk H. 1996a. Keying hash functions for message authentication[C]// Advances in Cryptology, Santa Barbara, August 18-22, 1996. Berlin: Springer-Verlag: 1-15 (An expanded version is available at http://www.cse.ucsd.edu/users/mihir).

Bellare M, Canetti R, Krawczyk H. 1996b. Message authentication using hash functions—the HMAC construction[J]. RSA Laboratories'CryptoBytes, 2(1): 12-15.

Bellare M, Rogaway P. 1993. Random oracles are practical: A paradigm for designing efficient protocols[C]// Proceedings of the First ACM Conference on Computer and Communications security, Fairfax, November 3-5, 1993. New York: ACM Press: 62-73.

Bellovin S M, Merritt M. 1992. Encrypted key exchange: Password-based protocols secure against dictionary attacks[C]// Proceedings of Computer Society Symposium on Research in Security and Privacy, Oakland, May

4-6, 1992. Piscataway: IEEE Press: 72-84.

Bellovin S M, Merritt M. 1994. An attack on the interlock protocol when used for authentication[J]. IEEE Transactions on Information Theory, 40(1): 273-275.

Berkovits S. 1991. How to broadcast a secret[C]// Advances in Cryptology, Brighton, April 8-11, 1991. Berlin: Springer-Verlag: 535-541.

Biham E, Shamir A. 1991. Differential cryptanalysis of DES-like cryptosystems[J]. Journal of CRYPTOLOGY, 4(1): 3-72.

Biham E. 1992. On the applicability of differential cryptanalysis to hash functions. Lecture at EIES Workshop on Cryptographic Hash Functions.

Blakley G, Borosh I. 1979. Rivest-Shamir-Adleman public key cryptosystems do not always conceal messages[J].Computers and Mathematics with Applications, 5(3): 169-178.

Blöcher U, Dichdtl M. 1994. Fish: a fast software stream cipher[C]//Fast Software Encryption, Cambridge Security Workshop. December 9-11, 1994,Cambridge, UK. Berlin: Springer-Verlag: 41-44.

Boyar J, Chaum D, Damgård I. 1990. Convertible undeniable signatures[C]//Advances in Cryptology—CRYPTO'90.1990, California, USA . Berlin: Springer-Verlag:189-205.

Boyd C, Mao W. 1993. On a limitation of BAN logic.[C]//Advances in Cryptology—EUROCRYPT'93. May 23–27, 1993, Lofthus, Norway. Berlin: Springer-Verlag: 240-247.

Brands S. 1995. Restrictive blinding of secret key certificates[C]//Advances in Cryptology—CRYPTO'95. August 27-31, 1995, California, USA. Berlin: Springer-Verlag: 231-247.

Bressoud D M. 1989. Factorization and PrimalityTesting[M]. Berlin:Springer-Verlag.

Buhler J P, LenstraJr H W, Pomerance C. 1993. Factoring integers with the number field sieve[M]// A K Lenstra and H W Lenstra Jr. (Ed.), The Development of the Number Field Sieve, volume 1554 of Lecture notes in Mathematics. Berlin: Springer-Verlag: 50-94.

Burrows M, Abadi M, Needham R M. 1990. A Logic of Authentication[J]. ACM Transactions on Computer Systems, 8(1): 18-36.

Burwick C，Coppersmith D，D'Avignon E，Gennaro R，Halevi S，Jutla C，MatyasJr S M，O'Connor L，Peyravian M， Safford D，Zunic N. 1999. MARS – a candidate cipher for AES,NIST AES Proposal [EB/OL]. (1999-09-22)[2014-01-03]http://www.researchgate.net /publication/ 2528494_MARS_-_a_candidate_cipher_for_AES.

Cain B, Deering S,Kouvelas I, Fenner B, Thyagarajan A. 2002. Internet group management protocol. Version 3. RFC 3376. Internet Engineering Task Force[EB/OL]. (2002-10-15)[2014-01-03] http://tools.ietf.org/html/rfc3376.

Camenisch J L, Piveteau J M, Stadler M A. 1994. An efficient electronic payment system protecting privacy[C]//Computer Security ESORICS'94. November 7–9, 1994, Brighton, United Kingdom. Berlin: Springer-Verlag: 207-215.

Carton T R, Silverman R D. 1988. Parallel implementation of the quadratic sieve[J] .The Journal of Supercomputing, 1(3): 273-290.

Certicom. 2014. ECC Tutorial[EB/OL]. [2014-01-03]http://www.certicom.com /index. php /ecc-tutorial.

Chambers W G. 1994. Two stream ciphers[C]// Fast Software Encryption, Cambridge Security Workshop. December 9-11, 1994,Cambridge, UK. Berlin: Springer-Verlag: 51-55.

Chaum D, van Antwerpen H. 1990. Undeniable signatures, Advances[C]//Advances in Cryptology—CRYPTO'89 Proceedings, 1990, California, USA. Berlin: Springer-Verlag: 212-216.

Chaum D, van Heyst E. 1990. Group signature[C]//Advances in Cryptology—EUROCRYPT'90, May 21–24, 1990,Aarhus, Denmark. Berlin: Springer-Verlag: 257-265.

Chaum D. 1982. Blind signatures for untraceable payments[C]//Advances in Cryptology—CRYPTO'82.1982, California, USA. Berlin: Springer-Verlag: 199-203.

Chaum D. 1989. Privacy protected payments: Unconditional payer and/or payee untraceability[M]//D Chaum and I Schaumuller-Bichl (Ed.),Smart card 2000.Amsterdam: North Holland: 69-93.

Chaum D. 1990. Zero-knowledge undeniable signatures[C]// Advances in Cryptology—EUROCRYPT'90. May 21–24,1990, Aarhus, Denmark. Berlin: Springer-Verlag: 458-464.

Chaum D. 1994. Designated confirmer signatures[C]//Advances in Cryptology—EUROCRYPT'94. May 9–12, 1994, Perugia, Italy. Berlin: Springer-Verlag: 86-91.

Chen L , Pedersen T P. 1994. New group signature schemes[C]//Advances in Cryptology—EUROCRYPT'94. May 9–12, 1994, Perugia, Italy. Berlin: Springer-Verlag: 171-181.

Chen L. 1994. Oblivious signatures[C]//Computer Security—ESORICS 94. November 7–9, 1994, Brighton, United Kingdom. Berlin: Springer-Verlag: 161-172.

Chiou G C, Chen W C. 1989. Secure broadcasting using the secure lock[J]. IEEE Transactions on Software Engineering, 15(8):929-934.

Chor, Ben-Zion. 1986. Two Issue in Public Key Cryptography—RSA bit Security and a New Knapsack Type System[D] (ACM distinguished dissertation, 1985). Cambridge: MIT.

Coppersmith D, Franklin M, Patarin J, Reiter M. 1996. Low-exponent RSA with related messages[C]// Advances in Cryptology—EUROCRYPT'96. May 12–16, 1996,Saragossa, Spain. Berlin: Springer-Verlag: 1-9.

Coppersmith D, Stern J, Vaudenay S.1997. The security of the birational permutation signature schemes[J]. Journal of Cryptology. 10(3):207-221.

Coppersmith D. 1993. Modifications to the number field sieve[J]. Journal of Cryptology,6: 169-180.

Cowie J, Dodson B, Elkenbracht-Huizing B M, Lenstra A K, Montgomery P L, Zayer J. 1996. A world wide number field sieve factoring record: on to 512 bits[C]//Advances in Cryptology—ASIACRYPT'96. November 3–7, 1996, Kyongju, Korea. Berlin: Springer-Verlag: 382-394.

Czyz J, Kallitsis M, Gharaibeh M, et al. 2014. Taming the 800 pound gorilla: The rise and decline of ntp ddos attacks[C].IMC'14. Vancouver, BC.

Daemen J, Rijmen V. 2003. AES Proposal: Rijndael.(National Institute of Standards and Technology). [EB/OL]. (2003-09-04)[2014-01-03] http://csrc.nist.gov/archive/aes/rijndael/ Rijndael-ammended. pdf #page=1.

Damgård I B, Pedevson T P, Pfitzmann. 1997. On the existence of statistically hiding bit commitment schemes and fait-stop signature[J]. J. of Cryptology, 10(3):163-194.

Davies D W, Price W L. 1989. Security for Computer Networks[M]. 2nd ed. John Wiley & Sons.

de Rooij P. 1991. On the security of the Schnorr scheme using preprocessing[C]//Advances in Cryptology—EUROCRYPT'91. April 8–11, 1991, Brighton, UK. Berlin: Springer-Verlag: 71-80.

de Rooij P. 1993. On Schnorr's preprocessing for digital signature schemes[C]//Advances in Cryptology—EUROCRYPT'93. May 23–27, 1993, Lofthus, Norway. Berlin: Springer-Verlag: 435-439.

Deamen J, Rijmen V. 1999. AES Proposal: Rijndael, Version 2. Submission to NIST[EB/OL]. (1999-03-09)[2014-01-03] http://csrc.nist.gov/archive/aes/rijndael/Rijndael-ammended.pdf.

Deering S, Hinden R. 1998. Internet protocol. Version 6. (IPv6) specification. RFC 2460, Internet Engineering Task Force [EB/OL]. (1998-12-15)[2014-01-03] http://www.ietf.org/rfc/rfc2460.txt.

Demytko N. 1993. A new elliptic curve based analogue of RSA[C]// Advances in Cryptology—EUROCRYPT'93. May 23–27, 1993, Lofthus, Norway. Berlin: Springer-Verlag: 435-439.

den Boer B, Bosselaers A. 1993. Collisions for the compression function of MD-5[C]// Advances in Cryptology—EUROCRYPT'93. May 23–27, 1993, Lofthus, Norway.Berlin: Springer-Verlag,: 435-439.

den Boer B. 1998. Cryptanalysis of F.E.A.L.[C]// Advances in Cryptology—EUROCRYPT'88.May 25–27, 1988, Switzerland, Berlin: Springer-Verlag: 293-299.

Denning D E, Sacco G M. 1981. Timestamps in key distribution protocols[J]. Communications of the ACM, 24: 533-536.

Denning D E, 王育民,肖国镇译. 1991. 密码学与数据安全[M]. 北京：国防工业出版社.

Denny T, Dodson B, Lenstra A K, Manasse M S. 1993. On the factorization of RSA-120[C]//Advances in Cryptology—CRYPTO'93. August 22–26, 1993, California, USA. Berlin: Springer-Verlag: 166-174.

Desmedt Y. 1985. Unconditionally secure authentication schemes and practical and theoretical consequences [C]//Advances in Cryptology—CRYPTO'85.1985, California, USA . Berlin: Springer-Verlag: 42-55.

Desmedt Y. 1988. Subliminal-free authentication and signature[C]//Advances in Cryptoloy— EUROCRYPT'88 Proceedings. May 25–27, 1988, Switzerland. Berlin: Springer-Verlag: 23-33.

Desmedt Y. 1994. Threshold cryptography[J]. European Transactions on Telecommunications, 5: 449-457.

Diffie W, Hellman M E. 1976. New directions in cryptography[J]. IEEE Trans. on Information Theory, IT-22(6): 644-654.

Diffie W, Hellman M E. 1979. Privacy and authentication: An introduction to cryptography[C]// Proceedings of the IEEE, March 1979: 397-427.

Diffie, W. 1992. The first ten years of public-key cryptography[J].Proceedings of the IEEE, 76(5): 560-577 (also in Contemporary Cryptology: The Science of Information Integrity, G. J. Simmons (Ed.), IEEE Press: 135-175).

Dobbertin H. 1996. Cryptanalysis of MD-4[C]// Lecture Notes in Computer Science. Fast Software Encryption. Third International Workshop, February 21-23, 1996, Cambridge. Springer-Verlag Berlin Heidelberg: LNCS: 53-69.

ElGamal T. 1985. A public-key cryptosystem and a signature scheme based on discrete logarithms[C]// Lecture Notes in Computer Science. Advances in Cryptology, Proceedings of CRYPTO'84, August 19-22, 1984, Santa Barbara, California. Springer-Verlag Berlin Heidelberg: LNCS: 10-18 (Also in IEEE Transactions on Information Theory, IT-31(4): 469-472).

ElGamal T. 1985. A subexponential-time algorithm for computing discrete logarithms over GF(p2)[J]. IEEE Transactions on Information Theory, IT-31(4): 473-481.

ETSI/SAGE Specification: Specification of the 3GPP Confidentiality and Integrity Algorithms 128-EEA3 & 128-EIA3. Document 1: 128-EEA3 and 128-EIA3 Specification . Version: 1.6 Date: 1st July, 2011.

ETSI/SAGE Specification: Specification of the 3GPP Confidentiality and Integrity Algorithms 128-EEA3 & 128-EIA3. Document 2: ZUC Specification. Version: 1.6 Date: 28th June 2011.

ETSI/SAGE Technical report: Specification of the 3GPP Confidentiality and Integrity Algorithms 128-EEA3 & 128-EIA3. Document 4: Design and Evaluation Report .Version: 1.3 Date: 18th Jan. 2011.

Feistel H. 1970. Cryptographic Coding for Data-Bank Privacy, RC 2872[R]. Yorktown Heights, New York: IBM Research.

Fernandes A. 1999. Elliptic Curve Cryptography[J]. Dr. Dobb's Journal, 24(12): 56-62.

Fiat A, Shamir A. 1987. How to prove yourself: Practical solutions to identification and signature problems [C]//Lecture Notes in Computer Science. Advances in Cryptology, Proceedings of CRYPTO'86, 1986, Santa Barbara, California. Springer-Verlag Berlin Heidelberg: LNCS: 186-194.

Fiat A, Shamir A. 1987. Unforgeable proofs of identity[C]// Proceedings of Securicom 87, March 1987, Paris: 147-153.

Ford W. 1994. Computer Communications Security: Principles, Standard Protocols and Techniques[M]. New Jersey: Prentice Hall, Englewood Cliffs.

Frankel Y, Yung M. 1995. Escrow encryption systems visited: Attacks, analysis and designs[C]// Lecture Notes in Computer Science. Advances in Cryptology, Proceedings of CRYPTO'95, August 27-31, 1995, Santa Barbara, California. Springer-Verlag Berlin Heidelberg: LNCS: 222-235.

Franklin M K, Reiter M K. 1995. Verifiable signature sharing[C]// Lecture Notes in Computer Science. Advances in Cryptology – EUROCRYPT'95, International Conference on the Theory and Application of Cryptographic Techniques, May 21-25, 1995, Saint-Malo, France. Springer-Verlag Berlin Heidelberg: LNCS: 50-63.

Gligor V D, Kailar S, Stubblebine S, Gong L. 1991. Logics for cryptographic protocols--virtues and limitations[C]// The Computer Security Foundations Workshop IV, Jun 18-20, 1991, Franconia. IEEE: 219-226.

Goldwasser S, Micali S, Rivest R L. 1988. A digital signature scheme secure against adaptive chosen-message attacks[J]. SIAM Journal on Computing, 17(2): 281-308.

Gong L. 1992. A security risk of depending on synchronized clocks[J]. Association of Computing Machinery. Operating Systems Review, 26(l): 49-53.

Gong L. 1994. New protocols for third-party-based authentication and secure broadcast[C]// Association of Computing Machinery. Proceedings of the 2nd ACM Conference on Computer and communications security, November 2-4, 1994, Fairfax, Virginia. New York: ACM: 176-183.

Goodell G, Aiello W, Griffin T, Ioannidis J, McDaniel PD, Rubin AD.2003.Working around BGP: An Incremental Approach to Improving Security and Accuracy in Interdomain Routing[C]// the 10th Annual Network & Distributed System Security Symp (NDSS 2003). February 6-7, San Diego, California.

GOST. 1989. Gosudarstvennyi Standard 28147-89 Cryptographic protection for data processing systems[S]. Russia: Government Committee of the USSR for Standards.

Guillou L C, Quisquater J J, Walker M, et al. 1991. Precautions taken against various potential attacks[C]// Lecture Notes in Computer Science. Advances in Cryptology, Proceedings of Eurocrypt'90, May 21-24, 1990, Aarhus, Denmark. Springer-Verlag Berlin Heidelberg: LNCS: 465-473.

Harn L, Yang S. 1992. Group-oriented undeniable signature schemes without the assistance of a mutually trusted party[C]// Lecture Notes in Computer Science. Advances in Cryptology, Proceedings of AUSCRYPT'92, December 13-16, 1992, Queensland, Australia. Springer-Verlag Berlin Heidelberg: LNCS: 133-142.

Harpes C, Kramer G G, Massey J L. 1995. A generalization of linear cryptanalysis and the applicability of Matsui's piling-up lemma[C]// Lecture Notes in Computer Science. Advances in Cryptology, Proceedings of Eurocrypt'95, May 21–25, 1995, Saint-Malo, France. Springer-Verlag Berlin Heidelberg: LNCS: 24-38.

Heffernan, A. 1998. Protection of BGP sessions via the TCP MD5 signature option, RFC 2385. [EB/OL]. Internet Engineering Task Force. August 1998. http:// www.ietf.org/rfc/rfc2385.txt.

Hoffman P. 2002. SMTP service extension for secure SMTP over Transport Layer Security, RFC3207 [EB/OL]. http://www.ietf.org/rfc/rfc3207.txt.

Horster P, Michels M, Petersen H. 1995. Meta-message recovery and meta-blind signature schemes based on the discrete logarithm problem and their applications[C]// Lecture Notes in Computer Science. Advances in Cryptology, Proceedings of ASIACRYPT'94, November 28-December 1, 1994, Wollongong, Australia. Springer-Verlag Berlin Heidelberg: LNCS: 224-237.

Hu X, Mao ZM. 2007. Accurate real-time identification of IP prefix hijacking[C]// the IEEE Symposium on Security and Privacy, May 20-23, Oakland, California, USA: 3-17.

Ingemarsson I, Tang D, Wong C. 1982. A conference key distribution system [J]. IEEE Transactions on Information Theory, 28(5): 714-720.

International Organization for Standardization. ISO 10202-7. 1994. Financial Transaction Cards-Security Architecture of Financial Transaction Systems Using Integrated Circuit Cards-Part 7: Key Management[S], Geneva: International Organizaton for Standardization.

International Organization for Standardization. ISO 8372. 1987. Information Processing-Modes of Operation for a 64-bit Block Cipher Algorithm[S]. Geneva: International Organization for Standardization.

International Organization for Standardization. ISO/IEC 11770-1. 1996b. Information technology-Security techniques-Key management-Part 1: Framework[S]. Geneva: International Organizaton for Standardization.

International Organization for Standardization. ISO/IEC 11770-2. 1996a. Information Technlolgy-Security Techiques-Key Management-Part2: Mechanisms Using Symmetric Techniques[S]. Geneva: International Organization for Standardization.

International Organization for Standardization. ISO/IEC10118-3. 2001. Information Technology-Security Techniques-Hash Functions-Past 3: Dedicated hash-functions[S]. Geneva: International Organization for Standardization and International Electro-technical Commission.

International Telecommunication Union. ITU-T Rec. X.509 (1988 and 1993). 1995a. Technical Corrigendum 2 The Directory-Authentication framework[S]. Geneva: International Telecommunication Union (Also

Technical Corrigendum 2 to ISO/IEC 9594-8:1990 & 1995).

International Telecommunication Union. ITU-T Rec. X.509 (1993) Amendment 1: Certificate Extensions. 1995b. The Directory-Authentication framework[S]. Geneva: International Telecommunication Union (Also Amendment 1 to ISO/IEC 9594-8: 1995).

International Telecommunication Union. ITU-T Rec. X.509. 1993. The directory-authentication framework[S]. Geneva: International Telecommunication Union (Also ISO/IEC 9594-8: 1995).

James F.Kurose, Keith W.Ross, 陈鸣 等译. 2014. 计算机网络:自顶向下方法[M]. 第6版. 北京: 机械工业出版社.

Jeffrey L. Carrell Laura A. Chappell Ed，金名 等译. 2014. TCP/IP 协议原理与应用[M]. 第4版. 北京: 清华大学出版社.

Jurišic A, Menezes A. 1997. Elliptic curves and cryptography[J]. Dr. Dobb's Journal: 26-36.

Kaliski B S. 1997. A chosen message attack on Demytko's elliptic curve cryptosystem[J]. Journal of Cryptology, 10(1): 71-72.

Kaliski B. 1993. Privacy Enhancement for Internet Electronic Mail—Part IV: Key Certification and Related Services, RFC 1424[EB/OL]. http://tools.ietf.org/html/rfc1424.

Kaliski Jr B S, Robshaw M J B. 1994. Fast block cipher proposal[C]// Lecture Notes in Computer Science. Fast Software Encryption, December 9-11, 1993, Cambridge, U. K. Springer-Verlag Berlin Heidelberg: LNCS: 33-40.

Kaliski Jr B S, Robshaw M J B. 1995. Linear cryptanalysis using multiple approximations and FEAL[C]// Lecture Notes in Computer Science. Fast Software Encryption, December 14-16, 1994, Leuven, Belgium. U. K. Springer-Verlag Berlin Heidelberg: LNCS: 249-264.

Kantor B, Lapsley P, Kantor B, Lapsley P. 1986. Network news transfer protocol, RFC977[EB/OL]. http://tools.ietf.org/html/rfc977.txt.

Kehne A, Schönwälder J, Langendörfer H. 1992. A nonce-based protocol for multiple authentications[J]. ACM SIGOPS Operating Systems Review, 26: 84-89.

Kemmerer R, Meadows C, Millen J. 1994. Three systems for cryptographic protocol analysis[J]. Journal of CRYPTOLOGY, 7: 79-130.

Kent S, Lynn C, Seo K. 2000. Secure border gateway protocol (S-BGP)[J]. IEEE Journal on Selected Areas in Communications. 18(4): 582-592.

Kent S, Lynn, C, Seo, K. 2000. Design and analysis of the secure border gateway protocol (S-BGP)[C]// In DARPA Information Survivability Conference and Exposition (DISCEX'00), January 25-27, Los Alamitos, California: 18-33.

Kent S. 1993. Privacy enhancement for Internet electronic mail: part II: certificate-based key management[J], 36: 48-60.

Kent S. 1993. Privacy Enhancement for Internet Electronic Mail—Part II: Certificate-based Key Management, RFC 1422[EB/OL]. http://tools.ietf.org/html/rfc1422.

Klein D V. 1990. Foiling the cracker: A survey of, and improvements to, password security[C]. Proceedings of the 2nd USENIX Security Workshop.

Klensin J. 2001. Simple Mail Transfer Protocol, RFC2821[EB/OL]. www.ietf.org/rfc/rfc2821.txt.

Knudsen L R, Berson T A. 1996. Truncated differentials of SAFER: Fast Software Encryption: Third International workshop(LNCS 1039) [C]. Berlin: Springer.

Knudsen L R, Meier W, Preneel B, Rijmen V. 1998. Analysis methods for (alleged) RC4: International Conference on the Theory and Application of Cryptology and Information Security, Beijing, China, October 18-22, 1998[C]. Berlin: Springer.

Knudsen L R. 1995. A key-schedule weakness in SAFER K-64: 15th Annual International Cryptology Conference Santa Barbara, California, USA, August 27–31, 1995[C]. Berlin: Springer.

Knuth Donald E. 1998a. The Art Of Computer Programming, Volume 1: Seminumerical Algorithms [M]. Pearson Education India.

Knuth Donald E. 1998b. The Art Of Computer Programming, Volume 2: Seminumerical Algorithms [M]. Pearson Education India.

Koblitz N. 1987. A course in number theory and cryptography[M]. New York: Springer-Verlag.

Koblitz N. 1987. Elliptic curve cryptosystems[J]. Mathematics of computation, 48(177): 203-209.

Koblitz N. 1989. Hyperelliptic cryptosystems[J]. Journal of Cryptology, 1(3): 129-150.

Kohl J, Neuman C. 1993. The Kerberos Network Authentication Service (V5), RFC 1510[EB/OL]. http://tools.ietf.org/html/rfc1510.

Koyama K, Maurer U M, Okamoto T, Vanstone S A. 1992. New public-key schemes based on elliptic curves over the ring Zm: 11th Annual International Cryptology Conference Santa Barbara, California, USA, August 27–31, 1991[C]. Berlin: Springer.

Krawczyk H. 1995. New hash functions for message authentication: International Conference on the Theory and Application of Cryptographic Techniques Saint-Malo, France, May 21–25, 1995 [C]. Berlin: Springer.

Kurosawa K, Okada K, Tsujii S. 1995. Low exponent attack against elliptic curve RSA: 4th International Conferences on the Theory and Applications of Cryptology Wollongong, Australia, November 28 – December 1, 1994[C]. Berlin: Springer.

Lad M, Massey D, Pei D, Wu Y, Zhang B, Zhang L. 2006. PHAS: A Prefix Hijack Alert System[C]// the 15th USENIX Security Symposium, July 31- August 4, Vancouver, B.C., Canada:153-166.

Lai X, Massey J L. 1991. A proposal for a new block encryption standard: Workshop on the Theory and Application of Cryptographic Techniques Aarhus, Denmark, May 21–24, 1990[C]. Berlin: Springer.

Lai X, Massey J L. 1993. Hash functions based on block ciphers: Workshop on the Theory and Application of Cryptographic Techniques Balatonfüred, Hungary, May 24–28, 1992[C]. Berlin: Springer.

Lai X, Zürich E T H. 1992. On the design and security of block ciphers[M]. Hartung-Gorre Verlag Konstanz, Theniche Hochschule, Zurich.

LaMacchia B A, Odlyzko A M. 1991. Computation of discrete logarithms in prime fields[J]. Des. Codes Cryptography, 1(1): 47-62.

Lamport L. 1981. Password authentication with insecure communication[J]. Communications of the ACM, 24(11): 770-772.

Lenstra A K, Lenstra H W J. 1993. The Development of the Number Field Sieve[M]. Springer.

Lenstra A K, Lenstra Jr H W. 1990b. Algorithms in number theory[M]// Handbook of Theoretical Computer Science, Elsevier Science Publishers: 674-715.

Lenstra A K,Lenstra Jr H W, Manasse M S. 1990a. The development of the number field sieve[M]. Springer.

Lenstra Jr H W. 1987. Factoring integers with elliptic curves[J]. Annals of mathematics, 2(126): 649-673.

Lepinski M, Kent S. 2012. An Infrastructure to Support Secure Internet Routing, RFC 6480. [EB/OL]. Internet Engineering Task Force. February 2012. http:// www.ietf.org/rfc/rfc6480.txt.

Lepinski M. 2012. Bgpsec protocol specification, Internet-Draft. [EB/OL]. Network Working Group. September 2012. https://tools.ietf.org/html/draft-ietf-sidr-bgpsec-protocol-05.

Li S, Zhuge JW, Li X. 2013. Study on BGP security[J]. Ruanjian Xuebao/Journal of Software. 24(1):121-38.

Lim C H, Lee P J. 1993. A practical electronic cash system for smart cards[R]. Proceedings of the 1993 Korea-Japan Workshop on Information Security and Cryptography, Seoul, Korea, Oct 24-26, 1993: 34-47.

Lin H C, Lai S C, Chen P W. 1998. An algorithm for automatic topology discovery of IP networks[C]// Communications. ICC 98. Conference Record. 1998 IEEE International Conference on. IEEE, 1998:1192-1196.

Linn J. 1993. Privacy Enhancement for Internet Electronic Mail—Part I: Message Encryption and Authentication Procedures, RFC 1421[EB/OL]. http://tools.ietf.org/html/rfc1421.

Lougheed K, Rekhter Y. 1989.A Border Gateway Protocol (BGP), RFC 1005[EB/OL]. Internet Engineering Task Force. June 1989. http:// www.ietf.org/rfc/rfc1005.txt.

Lu N, Zhu X, Jiang Z, et al. Performance of LTE-Advanced macro-pico heterogeneous networks[J]. 2013:545-550.

Malhotra A, Cohen I E, Brakke E, et al. 2016. Attacking the Network Time Protocol[J]. NDSS'16. San Diego.

Malkin G. 1995. RIP version 2-carrying additional information[EB/OL]. RFC 1723. Internet Engineering Task Force.

Mambo M, Usuda K, Okamoto E. 1995. Proxy signatures[C]// Proceedings of the 1995 Symposium on Cryptography and Information Security(SCIS'95), Inuyama, Japan, Jan 24-27: 147-158.

Mantin I, Shamir A. 2001. A Practical Attack on Broadcast RC4[C]. Proceedings, Fast Software Encryption.

Mao Wenbo. 2004. Modern Cryptograhpy—Theory and Practice[M]. Hewlett-Packard Books: Walter Bruce.

Massey J L. 1985. Fundamentals of Coding and Cryptography[M]. Advanced Technology Seminars of SFIT, Zurich.

Massey J L. 1994. SAFER K-64: A byte-oriented block-ciphering algorithm[C]// Fast Software Encryption, Cambridge Security Workshop Proceedings, Berlin: Springer-Verlag: 1-17.

Massey J L. 1995. SAFER K-64: One year later[C]// K. U. Leuven Workshop on Cryptographic Algorithms, Berlin: Springer-Verlag: 212-241.

Matyas S M, Le A V, Abraham D G. 1991. A key management scheme based on control vectors[J]. IBM Systems Journal, 30(2):175-191.

Maurer U M, Yacobi Y. 1991. Noninteractive public key cryptography[C]// Advances in Cryptology—EUROCRYPT'91 Proceedings, Springer-Verlag: 498-507.

Maurer U M, Yacobi Y. 1993. A remark on a non-interactive public-key distribution system[C]// Advances in

Cryptology—EUROCRYPT'92 (INCS 658): 458-460.

Maurer U M. 1991. New approaches to the design of selfsychronizing stream ciphers[C]// Advances in Cryptology—Eurocrypt'91 (INCS 547): 485-471.

Maurer U M. 1993. Secret key agreement by public discussion based on common information[J]// IEEE Trans. on Inform. Theory, May 1993,39(3):733-742.

Maurer U M. 1994. Towards the equivalence of breaking the Diffie-Hellman protocol and computing discrete logarithms[C]// Advances in Cryptology—CRYPTO'94 (INCS 839): 271-281.

McCurley K S. 1988. A key distribution system equivalent to factoring[J]// Journal of Cryptology, 1(2): 95-106.

McCurley K S. 1990. The discrete logarithm problem[C]// Cryptography and Computational Number Theory (Proceedings of the Symposium on Applied Mathematics), American Mathematics Society: 49-74.

Meadows C A. 1995. Formal verification of cryptographic protocols: a survey[C]// Advances in Cryptology—ASIACRYPT'94 Proceedings, Springer-Verlag: 133-150.

Menezes A J, van Oorstone P C, Vanstone S C. 1997. Handbook of Applied Cryptology, 1997[C], CRC Press.

Menezes A, Okamoto T, Vanstone S A. 1991. Reducing elliptic curve logarithms to logarithms in a finite field[C]// Proc. of the 22nd Annual ACM Symposium on the Theory of Computing: 80-89 (also in IEEE Trans. on Infomation Theory, 1993,39: 1639-1646.)

Menezes A, Qu M, Vanstone S. 1995. Some new key agreement protocols providing implicit authentication[C]. 2nd Workshop on Selected Areas in Cryptography, May 1995, Ottawa, Canada.

Menezes A, Qu M, Vanstone S. 1996. IEEE P1363, Part 6: Elliptic Curve System, ftp://stdsbbs.ieee.org/pub/p1363/1996.

Menezes A, Vanstone S A, Zuccheratio R. 1993b. Counting points on elliptic curves over F2m [J]. Math. Comp, 60(4): 407-420.

Menezes A, Vanstone S A. 1993a. Elliptic curve cryptosystems and their inplementations[J]// Journal of Cryptology, 6(4): 209-224.

Menezes A. 1993. Elliptic Curve Public Key Cryptosystems[M]. Kluwer Academic Publishers.

Meyer C H, Matyas S M. 1982. Cryptography: A New Dimension in Computer Data Security[M]. New York: John Wiley & Sons.

Meyer D. 1998. Administratively scoped IP multicast[C]. RFC 2365. Internet Engineer Task Force, University of Oregon, July 1998.

Millen J K, Clark S C, Freedman S B. 1987. The Interrogator: protocol security analysis[J]. IEEE Trans. on Software Engineering, SE-13(2):274-288.

Miller V S. 1986. Use of elliptic curves in cryptography[C]// Advances in Cryptology—CRYPTO'85 Proceedings, 1986, Springer-Verlag, 417-426.

Mister S, Tavares S. 1998. Cryptanalysis of RC4-Like Ciphers[J]. Proceedings, Workshop in Selected Areas of Cryptography, SAC'98.

Mitchell C J, Piper F, Wild P. 1992. Digital signatures,Simmons, G. J. (Eds.)[M]// Contemporary Cryptology: The Science of Information Integrity, IEEE Press: 325-378.

Montgomery P L. 1987. Speeding the Pollard and elliptic curve methods of factorization[J]. Mathematics of Computation, Jan 1987,48(177): 243-264.

Moore J H. 1988. Protocol failures in cryptosystems[J]. Proceedings of the IEEE, May 1988, 76(5):594-602 (also in Simmons, G.J. (Ed.), Contemporary Cryptology: The Science of Information Integrity, IEEE Press, 1992: 541-558).

Naor M, Yung M. 199. Public-key cryptosystems provably secure against chosen ciphertext attacks[M]. Proceedings of the 22nd Annual ACM Symposium on Theory of Computing, New York, USA: 427-437.

Needham R M, Schroeder M D. 1978. Using encryption for authentication in large networks of computers[J]. Communications of the ACM, Dec. 1978, 21(12): 993-999.

Needham R M, Schroeder M D. 1987. Authentication revisited[J].Operating Systems Review, 21(1): 7.

Neuman B C, Stubblebine S. 1993. A note on the use of timestamps as nonces[J]. Operating Systems Review, Apr 1993, 27(2): 10-14.

NIST. 2001a. Specification for the Advanced Encryption Standard (AES)[C] // Federal Information Processing Standards Publication (FIPS PUB) 197, Department of Commerce/ N.I.S.T. November 2001,U. S. .

NIST. 2001b. Recommendation for block cipher modes of operation.[C] // NIST Special Publication Department of Commerce /N.I.S.T. Decemberx.800-38A 2001 Edition, December 2001, U.S. .

Nyberg K, Rueppel R. 1993. A new signature scheme based on the DSA giving message recovery[C]// 1st ACM Conference on Computer and Communications security. ACM Press: 58-61.

Ohta K, Aoki K. 1994. Linear cryptanalysis of the Fast Data Encipherment Algorithm[M]. Advances in Cryptology—CRYPTO'94 (INCS 839): 12-16.

Okamoto T, Ohta K. 1994. Designated confirmer signatures using trapdoor functions[C]//Symposium on Cryptography and Information Security, Lake Biwa, Japan: 1-11.

Okamoto T. 1995. An efficient divisible electronic cash scheme[C] // Advances in Cryptology—CRYPTO'95 (INCS 963): 438-451.

Otway D, Rees O. 1987. Efficient and timely mutual authentication[J]. ACM SIGOPS Operating Systems Review, 21(1): 8-10.

Pedersen T P. 1991. Distributed provers with applications to undeniable signatures[C]//Advances in Cryptology —EUROCRYPT'91. Springer Berlin Heidelberg: 221-242.

Pfitzmann B, Waidner M. 1991. Fail-stop signatures and their application[J]: 145-160.

Pohlig S C, Hellman M E. 1978. An improved algorithm for computing logarithms in GF(p) and its cryptographic significance[J], Information Theory, IEEE Transactions on, 24(1): 106-110.

Pollard J M. 1993. Factoring with cubic integers[M]. The development of the number field sieve: Springer Berlin Heidelberg: 4-10.

Pomerance C (Editor), Shafi Goldwasser, et al. 1990. Proceeding and Computational Number Theory: Cryptology and Computational Number Theory, Boulder, Colorado, August 6-7, 1989[C], AMS Bookstore.

Pomerance C. 1985. The quadratic sieve factoring algorithm[C]//Advances in cryptology. Springer Berlin Heidelberg: 169-182.

Pomerance C. 1994. The number field sieve[C]//Proceedings of Symposia in Applied Mathematics. American

Mathematical Society: 465-480.

Preneel B, Govaerts R, Vandewalle J. 1994. Hash functions based on block ciphers: A synthetic approach[C] //Advances in Cryptology—CRYPTO'93. Springer Berlin Heidelberg: 368-378.

Preneel B. 1993. Analysis and design of cryptographic hash functions[D]. Katholieke Universiteit te Leuven.

Primitives R I. 1992. Ripe Integrity primitives: Final report of RACE integrity primitives evaluation (R1040)[R]. RACE.

R.L. Rivest, 1991.The MD4 message digest algorithm, Advances in Cryptology (Crypto '90). Springer-Verlag (1991), 303-311.

R.L. Rivest,1992. The MD4 Message-Digest Algorithm, RFC 1320,Network Working Group, 1992.

Rabin M O. 1978. Digitalized signatures[J]. Foundations of Secure Computation, 78: 155-166.

Rabin M O. 1979. Digital signatures and public key functions as intractable as factoring[R]. Technical Memo TM-212, Lab. for Computer Science, MIT.

Rackoff C, Simon D R. 1992. Non-interactive zero-knowledge proof of knowledge and chosen ciphertext attack[C]//Advances in Cryptology—CRYPTO'91. Springer Berlin Heidelberg: 433-444.

Rekhter, Y, T. Li. 1995. A Border Gateway Protocol 4 (BGP-4), RFC 1771[EB/OL]. Internet Engineering Task Force. March 1995. http:// www.ietf.org/rfc/rfc1771.txt.

Richard T, Edward O. 2008. Firewalls and VPNs: Principles and Practices [M]. Pearson Education, Inc, Prentice Hall.

Rivest R L, Shamir A, Adleman L M. 1979. On Digital Signatures and Public Key Cryptosystems[R]. MIT/LCS/TR-212, MIT Laboratory for Computer Science.

Rivest R L, Shamir A, Adleman L. 1978. A method for obtaining digital signatures and public-key cryptosystems[J]. Communications of the ACM, 21(2): 120-126.

Rivest R L, Shamir A. 1984. How to expose an eavesdropper[J]. Communications of the ACM, 27(4): 393-395.

Rivest R L. 1978. Remarks on a proposed cryptanalytic attack on the M.I.T. public-key cryptosystem[J], Cryptologia 2: 62-65.

Rivest R L. 1990a. The MD4 Message Digest Algorithm. RFC1186 [EB/OL]. http://tools.ietf.org/html/rfc1320.

Rivest R L. 1990b. Cryptography J van Leeuwen (Ed.) Handbook of Theoretical Computer Science [M]. Elsevier Science Publishers: 719-755.

Rivest R L. 1992. The RC4 Encryption Algorithm [J]. RSA Data Security Inc: 46.

Rivest R L. 1992a. The MD4 Message-Digest Algorithm, RFC 1320[EB/OL]. http://tools.ietf.org/html/ rfc1320.

Rivest R L. 1992b. The MD5 Message-Digest Algorithm, RFC 1321[EB/OL]. http://tools.ietf.org/html/rfc1321.

Rivest R L. 1995. The RC5 encryption algorithm [J], Dr. Dobb's Journal: 146-148(also in B Preneel (Ed.), Fast Software Encryption 2nd International[C]. Workshop on Cryptographic Algorithms, 1995, Springer-Verlag Berlin Heidelberg: 86-96).

Roger Abell Andrew Daniels Herman Knief Jeffrey Graham. 2000. Windows 2000 DNS 技术指南[M]. 北京: 机械工业出版社.

RSA Laboratories. 1993. Public-key cryptography standards (PKCS)# 1: RSA cryptography specifications, version 1.4[J]. RSA Data Security, Inc., Redwood City, California, Nov. 1993:12.

Rueppel R A. 1986a. Stream ciphers[M]. Analysis and Design of Stream Ciphers. Springer-Verlag Berlin Heidelberg: 5-16.

Rueppel R A. 1986b. Linear complexity and random sequences. Advances in Cryp tology—EUROCRYPT'85[C]// Springer-Verlag Berlin Heidelberg.

Rueppel R A. 1992. Security models and notions for stream ciphers[J]. Cryptography and Coding II, C. Mitchell(Ed.),Oxford:Clarendon Press: 213-230.

Sakano K, Park C, Kurosawa K. 1993. (k, n) threshold undeniable signature scheme: proceedings of the 1993 Korea-Japan Workshop on Information Security and Cryptography, Seoul, Korea[C], CiteSeer.

Sakurai K, Shizuya H. 1998. A structural comparison of the computational difficulty of breaking discrete log cryptosystems[J]. Journal of Cryptology, 11(1): 1-28.

Schneier B, Kelsey J, Whiting D, Wagner D, Hall C, Ferguson. 1998. Twofish: A 128-bit block cipher[J]. National Institute of standards and Technology (NIST), AES Proposal: 15.

Schneier B, Whiting D. 1997. Fast software encryption: Designing encryption algorithms for optimal software speed on the Intel Pentium processor[C]// Fast Software Encryption, Fourth International Workshop Proceedings. Springer-Verlag Berlin Heidelberg: 242-259.

Schneier B. 1994. Description of a new variable-length key, 64-bit block cipher (Blowfish)[C]// Fast Software Encryption, Cambridge Security Workshop Proceedings. Springer-Verlag Berlin Heidelberg.

Schneier B. 1995. The GOST encryption algorithm[J]. Dr. Dobb's Journal, 20(1): 123-124.

Schneier B. 1996. Applied cryptography: protocols, algorithms, and source code in C[J], John Wiley & Sons, Inc.: 31-32.

Schnorr C P. 1991. Method for identifying subscribers and for generating and verifying electronic signatures in a data exchange system: U.S. Patent 4,995,082[P/OL]. 1991-02-19.

Shamir A. 1978. A Fast Signature Scheme[R]. Technical Memorandum, MIT/LCS/TM-107, Massachusetts Institute of Technology.

Shamir A. 1979. On the crypto complexity of knapsack systems[C]// Association for Computing Machinery. Proceedings of the 11th ACM Symposium on the Theory of Computing, April 30 - May 2, 1979, Atlanta, Georgia, USA. New York:ACM: 118-129.

Shamir A. 1983. A polynomial time algorithm for breaking the basic Merkle-Hellman cryptosystem[C]// Advances in Cryptology : Proceedings of CRYPTO, August 23-25,1982, Santa Barbara, California, USA. New York: Plenum Press: 279-288. Also in 1983 IEEE Trans. on Information Theory, IT-30(5), 1984(9): 699-704.

Shamir A. 1993. An efficient signature scheme based on birational permutation[C]// Lecture Notes in Computer Science. Advanced in Cryptology: Proceedings of CRYPTO, 13th Annual International Cryptology Conference, August 22-26, 1993, Santa Barbara, California, USA. Berlin: Springer: LNCS: 1-12.

Shand M, Bertin P, Vuillemin J. 1990. Hardware speedups in long integer multiplication[C]// Association for Computing Machinery. Proceedings of the 2nd Annual ACM Symposium on Parallel Algorithms and

Architecture, March, 1991. New York:ACM: 138-145.

Shannon C E. 1949. Communication theory of secrecy systems[J]. Bell System Technical Journal, 28(4): 656-715.

Shizuya H, Itoh T, Sakurai K. 1991. On the compleixity of hyperelliptic discrete logarithm problem[C]// Lecture Notes in Computer Science. Advances in Cryptology: Proceedings of EUROCRYPT, Workshop on the Theory and Application of of Cryptographic Techniques, April 8-11, 1991, Brighton, UK. Berlin: Springer: LNCS: 337-351.

Shmuley Z. 1985. Composite Diffie-Hellman Public-Key Generating Systems Are Hard to Break[R]. Computer Science Department, Technion, Haifa, Israel, Technical Report 356.

Sidney R Rivest, R L Robshaw M J B, Yin Y L. 1998. The RC6 Block Cipher, v1.1 AES proposal: National Institute of Standards and Technology[EB/OL]. [1998-8-20]. http://www. rsa. com/rsalabs/aes/.

Silverman R D. 1987. The multiple polynomial quadratic sieve[J]. Mathematics of Computation, Jan, 48(177): 329-339.

Simmons G J. 1983A 'weak'privacy protocol using the RSA cryptosystem[J] Cryptologia, 7(2):180-182.

Simmons G J. 1993. How the subliminal channels of the U.S. digital signature algorithm (DSA)[C]// Proceedings of the Third Symposium on State and Progress of Research in Cryptography, Rome: Fondazone Ugo Bordoni: 35-54.

Simmons G J. 1994. Subliminal communication is easy using the DSA[C]// Lecture Notes in Computer Science. Advances in Cryptology: Proceedings of EUROCRYPT, Workshop on the Theory and Application of Cryptographic Techniques, May 23-27, 1993, Perugia, Italy. Berlin: Springer: LNCS: 218-232.

Simmons G J. 1994a. Cryptanalysis and protocol failures[J]. Communications of the ACM, 37(11): 56-65.

Simmons G J. 1994b. Proof of soundness (integrity) of cryptographic protocol[J]. Journal of Cryptology,7: 67-77.

Smid M E, Branstad D K. 1992. The data encryption standard: Past and future[J].Proceedings of the IEEE, May 1988,76(5):550-559. Also in Contemporary Cryptology: The Science of Information Integrity: 43-64.

Smid M E, Branstad D K. 1993. Response to the comments on the NIST proposed digital signature standard[C]// Lecture Notes in Computer Science. Advances in Cryptology: Proceedings of CRYPTO, 12th Annual International Cryptology Conference, August 16-20, 1992, Santa Barbara, California, USA. Berlin: Springer: LNCS: 76-87.

Stadler M, Piveteau J M, Camenisch J. 1995. Fair blind signatures[C]// Lecture Notes in Computer Science. Advances in Cryptology: Proceedings of EUROCRYPT, International Conference on the Theory and Application of Cryptographic Techniques, May 21-25, 1995, Saint-Malo, France. Berlin: Springer: LNCS: 209-219.

Stewart III, John W. 1998. BGP4: inter-domain routing in the Internet. Bostton, MA, USA: Addison-Wesley Longman Publishing Co., Inc..

Stinson D R. 1994. Decomposition construction for secret sharing schemes[J]. IEEE Trans.on Inform. Theory, 40: 118-125.

Stinson D R. 1995. Cryptography — Theory and Practice[M]. CRC Press.

Tardo J, Alagappan K. 1991. SPX: global authentication using public key certificates[C]// Proceedings of the 1991 IEEE Computer Society Symposium on Security and Privacy, May 20-22, 1991, Oakland, California, USA. IOS: 232-244.

Thompson J P. 1998. Web-based enterprise management architecture[J]. IEEE Communications Magazine, 36(3): 80-86.

Tuchman W. 1979. Hellman presents no shortcut solutions to the DES[J]. IEEE Spectrum, 16: 40-41.

U. S. Department of Commerce/N.I.S.T.. FIPS 180. 1993. Secure Hash Standard. Federal Information Processing Standards Publication[S]. Springfield: National Technical Information Service.

U. S. Department of Commerce/N.I.S.T.. FIPS 186. 1994. Digital Signature Standard (DSS). Federal Information Processing Standards Publication[S]. Springfield: National Technical Information Service.

Unruh W. 1996. The feasibility of breaking PGP— The PGP attack FAQ[EB/OL]. 50(2), 1996 [beta] infinity [sawmon9@netcom/route@infonexus.com/htp:/axion.physics.ubc.ca/pgp- attack.htm.

van Heyst E, Pedersen T P. 1993. How to make efficient fail-stop signatures[C]// Advances in Cryptology—EUROCRYPT'92 (INCS 658), May 24-28, Hungary: 366-377.

van Oorschot P C. 1991. A comparison of practical public key cryptosystems based on integer factorization and discrete logarithms[C]// Advances in Cryptology-CRYPT0'90, Lecture Notes in Computer Science, University of Waterloo: 577-581.

van Oorschot P C. 1993. Extending cryptographic logics of belief to key agreement protocols (Extended Abstract)[C]// 1st ACM Conference on Computer and Communications Security, New York: 232-243.

Vanstone S A, Zuccherato R J. 1997. Elliptic curve cryptosystems using curves of smooth order over the ring Zn[J]. IEEE Trans. on Information Theory, 43(4): 1231-1237.

Vaudenary S. 1995. On the need for multipermutations: Cryptanalysis of MD4 and SAFERB[C]// Preneel (Ed.), Fast Software Encryption, Second International Workshop, Springer-Verlag: 286-297.

Vedder K. 1993. Security aspects of mobile communications[C]// B.Preneel et al (Eds) Computer Security and Industrial Cryptography: State of the Art and Evolution，EAST Course, Leuven, Belgium, May 21-23, 1991, (LNCS 741), Spinger-Verlag: 193-210.

Wahl M, Alvestrand H, Hodges J, Morgan R. 2000. Authentication methods for LDAP，RFC 2829. [EB/OL]. Internet Engineering Task Force. May 2000. http://www.ietf.org/rfc/rfc2829.txt.

Waldvogel C P, Massey J L. 1993. The probability distribution of the Diffie-Hellman key[C]// Advances in Cryptology—AUSCRYPT'92(INCS 718),December 13–16, 1992, Queensland, Australia: 492-504.

White R. 2003. Securing BGP through secure origin BGP[J]. The Internet Protocol Journal, 6 (3):15-22.

William S. 2006. Cryptography and Network Security: Principles and Practices[M]. 4th Edition: Pearson Education, Inc., Prentice Hall.

Woo T Y C, Lam S S. 1992. Authentication for distributed systems[J]. Computer, 25(1): 39-52.

Yen S M. 1994. Design and Computation of Public Key Cryptosystems[D]. TaiWan: National Cheng Kun University.

Yeong W, Howes T, Kille S. 1995. Lightweight directory access peotocol, RFC 1777[EB/OL]. Internet Engineering Task Force. March 1995. http://www.ietf.org/rfc/rfc1777.txt.

Zhang Z, Zhang Y, Hu YC, Mao ZM, Bush R. 2010. iSPY: Detecting IP prefix hijacking on my own[J]. IEEE/ACM Transactions on Networking.18(6): 1815-1828.

Zhao X, Pei D, Wang L, Massey D, Mankin A, Wu SF, Zhang L. 2001. An analysis of BGP multiple origin AS (MOAS) conflicts[C]// the 1st ACM SIGCOMM Workshop on Internet Measurement, November 1, New York, NY, USA: 31-35.

Zheng C, Ji L, Pei D, Wang J, Francis P. 2007. A light-weight distributed scheme for detecting IP prefix hijacks in real-time[C]// the SIGCOMM Computer Communication Review 2007, Aug 27-31, Kyoto, Japan: 277-288.

Zheng Y, Seberry J. 1993. Immunizing public key cryptosystems against chosen ciphertext attacks[J]. IEEE Journal on Selected Areas in Communications, 11: 715-724.

曹洪英. 2007.SNMP 协议安全分析及检测[J].

杜红红，张文英. 祖冲之算法的安全分析[J]. 计算机技术发展，2012，(6).

郭方平. 2014. OSPF 路由协议安全性探讨[J]. 中国新通信, 2014(15): 45-45.

李艳霞, 李红辉, 周华春. 2002. CORBA/SNMP 网关在综合网管系统中的应用研究[J]. 计算机工程与应用, 38(22):64-64.

王冬梅. 1996. 数字签名方案的设计与分析硕士论文[D].西安：西安电子科技大学.

王育民, 刘建伟. 1999. 通信网的安全——理论与技术[M].西安：西安电子科技大学出版社.

文远. 2007. PGP 安全电子邮件系统研究与实现[D]. 北京邮电大学.

伍娟. 基于国密 SM4 和 SM2 的混合密码算法研究与实现[J]. 软件导刊, 2013(8):127-130.

张焕国. 密码学引论[M]. 武汉：武汉大学出版社, 2015.

张蕾，吴文玲. SMS4 密码算法的差分故障攻击[J]. 计算机学报，2006, 29(9):1596-1602.First LTE-Advanced Commercial Network Deployed[J]. IEEE Vehicular Technology Magazine, 2013, 8(1):10-17.

朱华飞. 1996. 密码安全杂凑算法的设计与应用[D].西安：西安电子科技大学.